DIV+CSS 网站布局从入门到精通

196集
1000分钟
全程多媒体教学光盘
DVD

朱印宏 邓艳超 编著

权威编著
本教程由业内权威专家结合多年工作经验和设计技巧精心编著而成

注重实践
提供了10个大型商业网站案例，逐层分析，以帮助读者在实践中掌握CSS的设计技巧

轻松入门
对于每个知识点以及每个案例的讲解都深入浅出，一读就会，不管有无基础，都可以让读者快速入门

快速精通
在实战中渗透了大量专业知识和技能，使用高级设计师的目光和标准设计每个细节，确保读者在学会之余能够快速精通CSS的高级布局之道

为您精心准备的超值学习套餐

196集总时长1000分钟的、与手册内容同步的多媒体教学录像，手把手教您学会实战操作

200个教程所使用的实例源文件，让您轻松调用和参考

7套实用技术参考手册，包括Ajax参考手册、ASP参考手册、CSS参考手册、HTML参考手册、JavaScript参考手册、jQuery 1.3参考手册和VBScript参考手册

2套Dreamweaver和jQuery的PDF电子教程，读者通过学习，可以深入拓展网页设计和开发的方法和途径

赠送作者多年积累和收集的各类网页设计素材和辅助工具，包括DW插件、经典网址收藏、网站欣赏、Logo模板、Banner模板、 Banner欣赏、Icon图标等

北京希望电子出版社
Beijing Hope Electronic Press
www.bhp.com.cn

内容简介

本教程介绍了商业类型的网页设计，以及目前流行的DIV+CSS标准布局方法和实战技法。通过对十个经典案例进行分析，分别从不同类型网站的布局风格以及实现方法来讲解DIV+CSS网页布局和制作方法。本教程系统地讲解了CSS样式的基础理论和实际运用技术，并结合实例来讲解层叠样式表与层布局相结合制作网页的方法。在实例制作过程中除了介绍CSS样式设计各方面的知识外，还结合实际网页制作中可能遇到的问题提供解决问题的思路、方法和技巧，使初学者也可以轻松掌握DIV+CSS的布局方式，以制作出精美的网页并搭建出功能强大的网站。

本教程力求模拟真实开发场景，用简单的方法帮助读者掌握使用Web标准进行网页设计的方方面面，以及CSS布局中表现与内容分离的相关知识。通过对本教程的学习，希望读者能够以符合标准的设计思维，采用实战操作步骤完成网页设计，进而融入到Web标准设计领域。

本教程光盘中收录了配套手册中的全部视频教学演示，以便更直观地辅助读者学习，达到事半功倍的效果。另外，光盘中还赠送了2套Dreamweaver和jQuery的PDF电子教程和7套实用技术参考手册，以及作者多年积累和收集的各类网页设计素材和辅助工具，以确保读者能够快速精通CSS的布局之道。

本教程结构清晰，讲解到位，内容实用，知识点覆盖面广，适合初、中级网页设计爱好者以及希望学习Web标准对原有网站进行重构的网页设计者。

需要技术支持的读者，请与北京清河6号信箱（邮编：100085）发行部联系，电话：010-62978181（总机）转发行部、010-82702675（邮购），传真：010-82702698，E-mail：tbd@bhp.com.cn。

DIV+CSS网站布局从入门到精通/朱印宏 邓艳超 编著
—北京希望电子出版社，2011.1
（从入门到精通）
ISBN 978-7-89499-133-1

Ⅰ.D… Ⅱ.①朱…②邓… Ⅲ.计算机—网站布局

责任编辑：赵丽丽 / 责任校对：刘 伟
责任印刷：双 青 / 封面设计：深度文化

北京希望电子出版社 出版
北京市海淀区上地三街9号金隅嘉华大厦C座611
邮政编码：100085
http://www.bhp.com.cn
北京市四季青双青印刷厂印刷

北京希望电子出版社发行 各地新华书店经销

*

2011年1月第1版 开本：787mm×1092mm 1/16
2011年1月第1次印刷 印张：30.5
印数：1-3 500 字数：329千字

定价：58.00元（1DVD光盘+1配套手册）

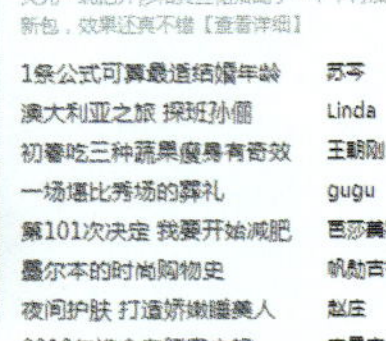

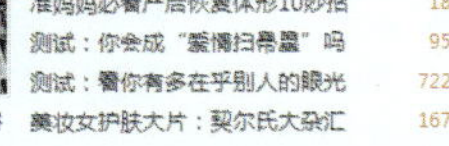

◀ 生活时尚类网站以蓝色为基调，页面背景采用蓝色云彩扩散的形态，为网站的时尚风格加分

▲ 休闲旅游类网站以绿色为主色调，在内容方面体现“休闲”二字，且需介绍特定的文化景观和服务项目，同时通过介绍名人留下的足迹增加旅游地区的文化内涵

▶ 儿童类网站配色可以参考以粉色系为主体色、绿色辅助的搭配方法，力求页面整洁、内容健康，只有这样才能够吸引住小浏览者的注意力

▶ 影视类网站主色调以蓝色为主，通过蓝色色调值的增减来实现色彩搭配

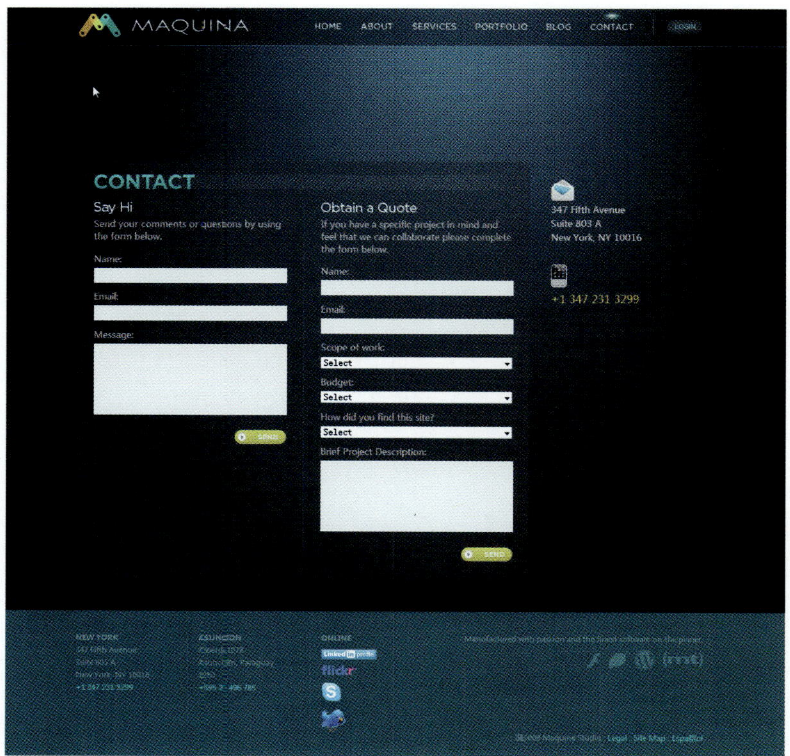

◀ 个性风格类网站大多数以个人网站、博客网站为主，不适合内容丰富的门户网站。此类网站的设计风格应体现个性和时尚的特点

▼ 此网站的首页导航和广告部分采用Flash，以展示其公司实力，也可以通过使用3D技术来实现此种效果

▶ 该网站的主色调以红色为主，因其股票行业的红涨绿跌特点，故设计为红色系，通过红色色调值的增减来实现色彩搭配

◀ 青春校园类网站的主色调以冷色调为主，应考虑网站本身的教育引导作用，设计风格应体现教书育人、校园青春活力的特点

▶ 信息分类网站页面一般设计较为简洁、明快，色彩采用一到两种颜色进行搭配即可，不必过多地考虑颜色搭配问题，而应该考虑信息分类和样式设计

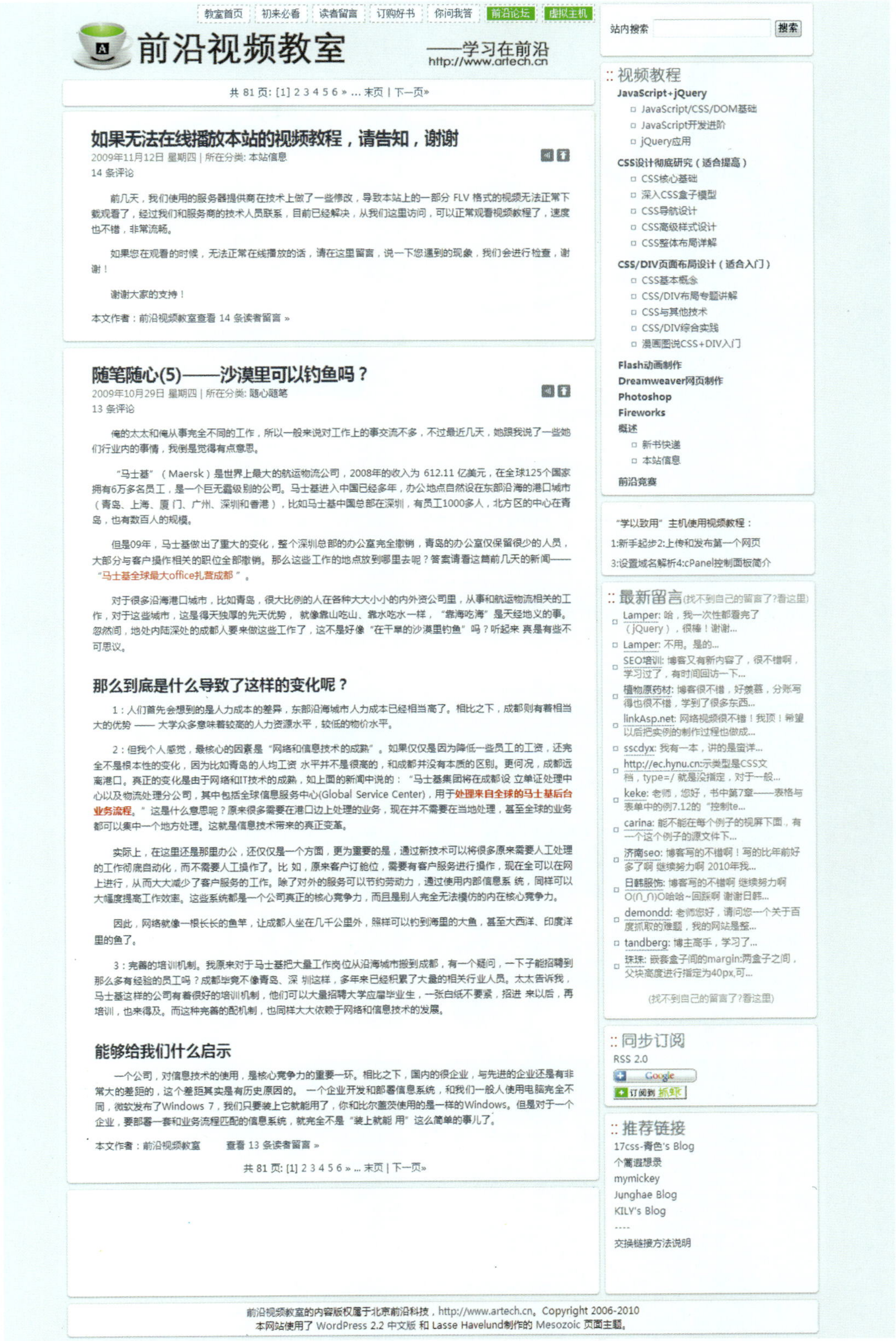

教室首页 初来必看 读者留言 订购好书 你问我答 前沿论坛 虚拟主机

前沿视频教室 ——学习在前沿 http://www.artech.cn

共 81 页: [1] 2 3 4 5 6 » ... 末页 | 下一页»

如果无法在线播放本站的视频教程，请告知，谢谢

2009年11月12日 星期四 | 所在分类: 本站信息
14 条评论

前几天，我们使用的服务器提供商在技术上做了一些修改，导致本站上的一部分 FLV 格式的视频无法正常下载观看了，经过我们和服务商的技术人员联系，目前已经解决，从我们这里访问，可以正常观看视频教程了，速度也不错，非常流畅。

如果您在观看的时候，无法正常在线播放的话，请在这里留言，说一下您遇到的现象，我们会进行检查，谢谢！

谢谢大家的支持！

本文作者：前沿视频教室查看 14 条读者留言 »

随笔随心(5)——沙漠里可以钓鱼吗？

2009年10月29日 星期四 | 所在分类: 随心随笔
13 条评论

俺的太太和俺从事完全不同的工作，所以一般来说对工作上的事交流不多，不过最近几天，她跟我说了一些她们行业内的事情，我倒是觉得有点意思。

“马士基”（Maersk）是世界上最大的航运物流公司，2008年的收入为 612.11 亿美元，在全球125个国家拥有6万多名员工，是一个巨无霸级别的公司。马士基进入中国已经多年，办公地点自然设在东部沿海的港口城市（青岛、上海、厦 门、广州、深圳和香港），比如马士基中国总部在深圳，有员工1000多人，北方区的中心在青岛，也有数百人的规模。

但是09年，马士基做出了重大的变化，整个深圳总部的办公室完全撤销，青岛的办公室仅保留很少的人员，大部分与客户操作相关的职位全部撤销。那么这些工作的地点放到哪里去呢？答案请看这篇前几天的新闻——“马士基全球最大office扎营成都”。

对于很多沿海港口城市，比如青岛，很大比例的人在各种大大小小的内外资公司里，从事和航运物流相关的工作，对于这些城市，这是得天独厚的先天优势， 就像靠山吃山、靠水吃水一样，“靠海吃海”是天经地义的事。忽然间，地处内陆深处的成都人要来做这些工作了，这不是好像“在干旱的沙漠里钓鱼”吗？听起来 真是有些不可思议。

那么到底是什么导致了这样的变化呢？

1：人们首先会想到的是人力成本的差异，东部沿海城市人力成本已经相当高了。相比之下，成都则有着相当大的优势 —— 大学众多意味着较高的人力资源水平，较低的物价水平。

2：但我个人感觉，最核心的因素是“网络和信息技术的成熟”。如果仅仅是因为降低一些员工的工资，还完全不是根本性的变化，因为比如青岛的人均工资 水平并不是很高的，和成都并没有本质的区别。更何况，成都远离港口。真正的变化是由于网络和IT技术的成熟，如上面的新闻中说的：“马士基集团将在成都设 立单证处理中心以及物流处理分公司，其中包括全球信息服务中心(Global Service Center)，用于**处理来自全球的马士基后台业务流程**。”这是什么意思呢？原来很多需要在港口边上处理的业务，现在并不需要在当地处理，甚至全球的业务都可以集中一个地方处理。这就是信息技术带来的真正变革。

实际上，在这里还是那里办公，还仅仅是一个方面，更为重要的是，通过新技术可以将很多原来需要人工处理的工作彻底自动化，而不需要人工操作了。比 如，原来客户订舱位，需要有客户服务进行操作，现在全可以在网上进行，从而大大减少了客户服务的工作。除了对外的服务可以节约劳动力，通过使用内部信息系 统，同样可以大幅度提高工作效率。这些系统都是一个公司真正的核心竞争力，而且是别人完全无法模仿的内在核心竞争力。

因此，网络就像一根长长的鱼竿，让成都人坐在几千公里外，照样可以钓到海里的大鱼，甚至大西洋、印度洋里的鱼了。

3：完善的培训机制。我原来对于马士基把大量工作岗位从沿海城市搬到成都，有一个疑问，一下子能招聘到那么多有经验的员工吗？成都毕竟不像青岛、深 圳这样，多年来已经积累了大量的相关行业人员。太太告诉我，马士基这样的公司有着很好的培训机制，他们可以大量招聘大学应届毕业生，一张白纸不要紧，招进 来以后，再培训，也来得及。而这种完善的配机制，也同样大大依赖于网络和信息技术的发展。

能够给我们什么启示

一个公司，对信息技术的使用，是核心竞争力的重要一环。相比之下，国内的很企业，与先进的企业还是有非常大的差距的，这个差距其实是有历史原因的。 一个企业开发和部署信息系统，和我们一般人使用电脑完全不同，微软发布了Windows 7，我们只要装上它就能用了，你和比尔盖茨使用的是一样的Windows。但是对于一个企业，要部署一套和业务流程匹配的信息系统，就完全不是“装上就能 用”这么简单的事儿了。

本文作者：前沿视频教室 查看 13 条读者留言 »

共 81 页: [1] 2 3 4 5 6 » ... 末页 | 下一页»

站内搜索 搜索

:: 视频教程

JavaScript+jQuery
- JavaScript/CSS/DOM基础
- JavaScript开发进阶
- jQuery应用

CSS设计彻底研究（适合提高）
- CSS核心基础
- 深入CSS盒子模型
- CSS导航设计
- CSS高级样式设计
- CSS整体布局详解

CSS/DIV页面布局设计（适合入门）
- CSS基本概念
- CSS/DIV布局专题讲解
- CSS与其他技术
- CSS/DIV综合实践
- 漫画图说CSS+DIV入门

Flash动画制作
Dreamweaver网页制作
Photoshop
Fireworks
概述
- 新书快递
- 本站信息

前沿竞赛

“学以致用”主机使用视频教程：
1:新手起步2:上传和发布第一个网页
3:设置域名解析4:cPanel控制面板简介

:: 最新留言(找不到自己的留言了?看这里)
- Lamper: 哈，我一次性都看完了（jQuery），很棒！谢谢...
- Lamper: 不用。是的...
- SEO培训: 博客又有新内容了，很不错啊，学习过了，有时间回访一下...
- 植物原药材: 博客很不错，好羡慕，分账写得也很不错，学到了很多东西...
- linkAsp.net: 网络视频很不错！我顶！希望以后把实例的制作过程也做成...
- sscdyx: 我有一本，讲的是蛮详...
- http://ec.hynu.cn:示类型是CSS文档，type=/ 就是没搞定，对于一般...
- keke: 老师，您好，书中第7章——表格与表单中的例7.12的“控制te...
- carina: 能不能在每个例子的视屏下面，有一个这个例子的源文件下...
- 济南seo: 博客写的不错啊！写的比年前好多了啊 继续努力啊 2010年我...
- 日韩服饰: 博客写的不错啊 继续努力啊 O(∩_∩)O哈哈~回踩啊 谢谢日韩...
- demondd: 老师您好，请问您一个关于百度抓取的难题，我的网站是整...
- tandberg: 博主高手，学习了...
- 珠珠: 嵌套盒子间的margin:两盒子之间，父块高度进行指定为40px,可...

(找不到自己的留言了?看这里)

:: 同步订阅
RSS 2.0
Google
订阅到 抓虾

:: 推荐链接
17css-青色's Blog
个篱遐想录
mymickey
Junghae Blog
KILY's Blog

交换链接方法说明

前沿视频教室的内容版权属于北京前沿科技，http://www.artech.cn。Copyright 2006-2010
本网站使用了 WordPress 2.2 中文版 和 Lasse Havelund制作的 Mesozoic 页面主题。

▲ 该网站设计以圆角为主，通过圆角投影给人以非常圆润、舒适的感觉

▲ 两幅图片 + 曲线式构图 = 简约中透出高雅，创意完美个人主页

▲ 一个苹果女孩的唯美网站，很有特色，也超级漂亮，把自己的童话写入了网页中

▲ 边框和圆角在网页设计中能够起到画龙点睛的作用

◀ 简单、明了、也时尚，网页设计的目的就是为了实用，实用至上应该是设计师必须考虑的法则之一

▲ 色彩搭配是网页设计的灵魂，使用黑、红搭配，妆点夜生活女性的职业品质，也更容易打动闺蜜的心

宝宝吧工具箱

◀ 好玩是儿童类网站构建成功的基础，所以设计儿童网站时，你应该以顽童的心态进行设计。卡通、绿色、不规则、故事性、有趣等都是它的重要组成元素

▲ 多媒体网站必须要有视觉冲击力，正如进入电影院看电影一样，否则网页的味道就会变淡，而访问的激情也会锐减

◀ 邮箱就是用的，你不能够把它设计得太花哨，怎么方便怎么来，其实简单并不容易

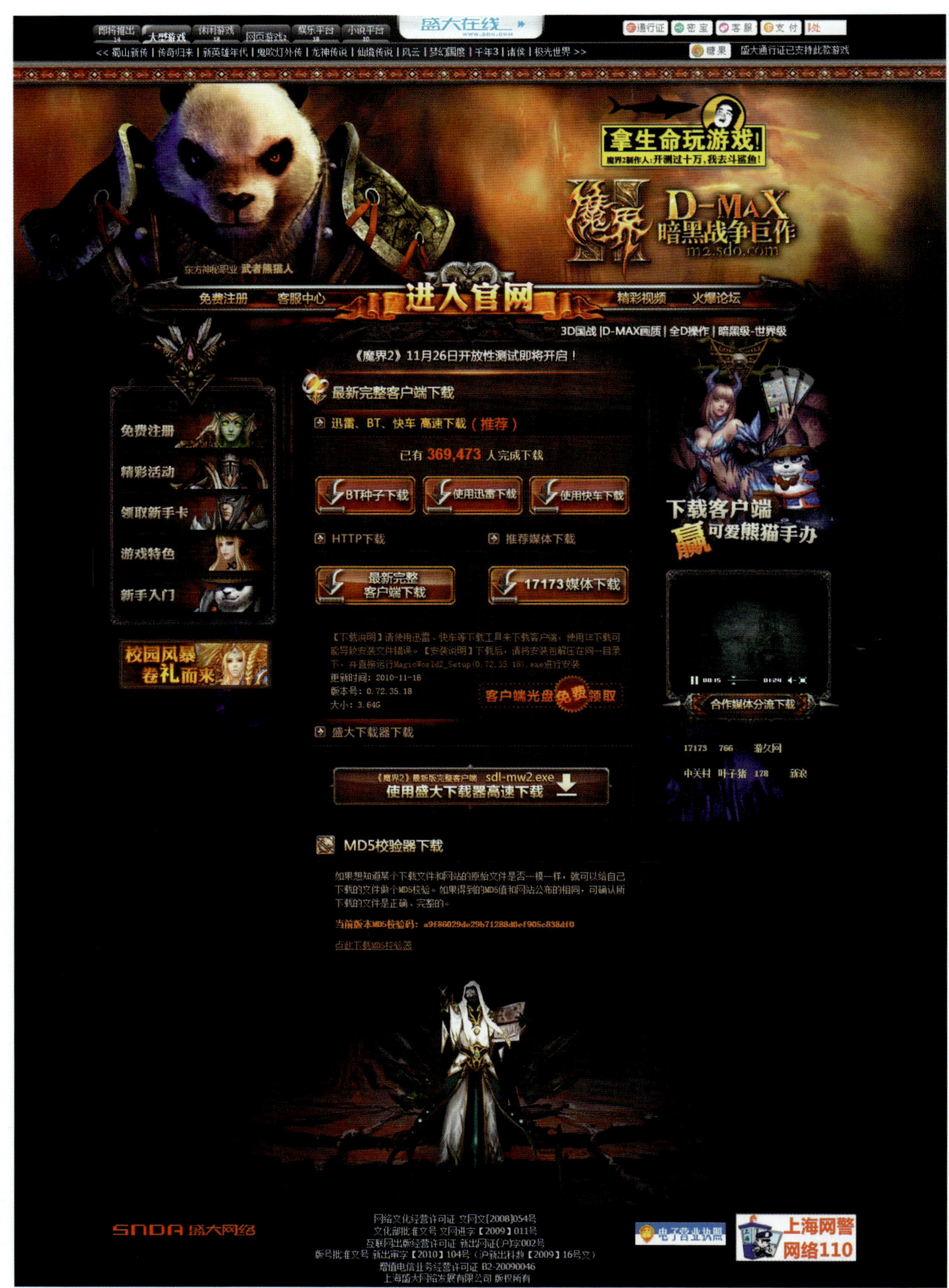

▲ 游戏网站需要让玩家尽快入戏，进入网站即进入情境，这样才能够留住玩家，吸引更多的浏览者

前 言

很多读者来信反映CSS类图书偏重基础理论和基本知识讲解，介绍的案例简单，脱离了实战，学习之后无法在日常工作中应用。有鉴于此我们就策划了本教程，希望帮助读者在CSS学习过程中快速进入到实战状态，尽早融入到实际工作团队中去。本教程还为读者介绍了实际工作过程中将会遇到的各种问题，切实让读者学以致用，节省读者的学习成本和时间成本。

我们知道很多初学者都是半路出家，没有经过专业技术指导和系统学习实践，由于兴趣开始接触网页设计，然后是摸着石头过河，对于知识半生不熟，对于具体操作模棱两可，总是感觉心有余而力不足，很容易出现各种问题。出现问题不可怕，但问题的关键是：读者该如何找到学习的方向，又该如何把握前进的动力，能不能有本可以帮助读者渡过这段艰难时期的书籍，以便更好地进行系统指导。

本教程中的案例以及知识点都是我们在实际工作中遇到的问题。在每章基础部分通过一些小的实例演示知识点的运用；在综合案例部分通过解析经典网站的结构和布局，以帮助读者能够更好地理解基础知识的运用方式。

◎ 关于本教程

本教程共分为14章，其中第1章至第3章讲解了网页制作的基础知识，包括网页基本概念、HTML基础、CSS基础；第4章至第13章为CSS基础和案例部分，在这部分的每章前半部分中重点讲解CSS基础知识，后半部分讲解如何使用CSS实现商业网站的布局，以综合案例快速帮助读者掌握CSS布局技法；第14章通过讲解HTML+CSS在实践开发中应该注意的核心技术问题，力图帮助读者更加高效地运用CSS，减少日常开发量，加快日常页面开发。

◎ 关于本教程光盘

本教程光盘中收录了配套手册中的全部视频教学演示，以便更直观地辅助读者学习，达到事半功倍的效果。另外，光盘中还赠送了2套Dreamweaver和jQuery的PDF电子教程和7套实用技术参考手册，以及作者多年积累和收集的各类网页设计素材，以确保读者能够快速精通CSS的布局之道。

◎ 关于作者

本教程由朱印宏、邓艳超编写，参与资料整理的还包括袁衍明、常才英、袁祚寿、张敏、袁江、田明学、唐荣华、毛荣辉、卢敬孝、刘玉凤、李坤伟、旷晓军、陈万林、陈锐、钱佩林、苏敬波、冉东林、杨龙贵、张炜、王慧明、涂怀清、卢国才、苏恢定、司成向、胡体清、陈宗亮、徐清银、周秀成、颜昌学、王幼平、冉原洲、李经键、胡厚成等，在此对大家的辛勤工作表示衷心的感谢。

由于水平有限，书中难免会有疏漏之处，恳请广大读者提出宝贵意见，电子邮箱是bhpbangzhu@163.com。如果希望知悉更多的图书信息，请浏览北京希望电子出版社的网站www.bhp.com.cn。

编著者

目 录

第1章 网页基础和网站开发流程

本章视频教学长度：0：47：16

第2章 (X) HTML语言基础

本章视频教学长度：0：40：08

第3章 CSS语言详解

本章视频教学长度：1：32：25

第4章 儿童类网站的结构与布局——网页文本样式

本章视频教学长度：1：21：05

第5章 青春校园类网站的结构与布局——超链接和图片样式

本章视频教学长度：1：13：01

第6章 影视音乐类网站的结构与布局——列表结构和样式

本章视频教学长度：1：17：02

第7章 信息分类网站的结构与布局——导航菜单样式

本章视频教学长度：0：36：25

第8章 企业类网站的结构与布局——表格的结构

本章视频教学长度：0：57：54

第9章 个性风格类网站的结构与布局——表单结构和样式

本章视频教学长度：0：57：29

第10章 生活时尚类网站的结构与布局——CSS盒模型

本章视频教学长度：0：54：11

第11章 休闲旅游类网站的结构与布局——CSS定位

本章视频教学长度：1：03：35

第12章 建筑房产类网站的结构与布局——CSS布局模型

本章视频教学长度：0：45：13

第13章 博客类网站的结构与布局——背景图片处理和圆角设计

本章视频教学长度：0：46：32

第14章 从页面小工到产品经理——设计高效、可维护的网页

本章视频教学长度：1：17：03

第1章 网页基础和网站开发流程

随着互联网技术的不断发展和普及，网络与现实生活的结合变得更加紧密，越来越多的人开始学习和制作网页。但是，网页制作是一个复杂的过程，需要用户掌握很多网络技术。首先应该了解网页和网站的基础知识，以及网站制作的基本流程。基于这样的阅读背景，本章将为读者讲解与网页相关的技术和概念，并介绍网页设计和网站开发的基本方法。

1.1　认识网页

网页（Web Page）是互联网上显示的信息页面，类似生活中的一页书，是展示信息的最小单元。

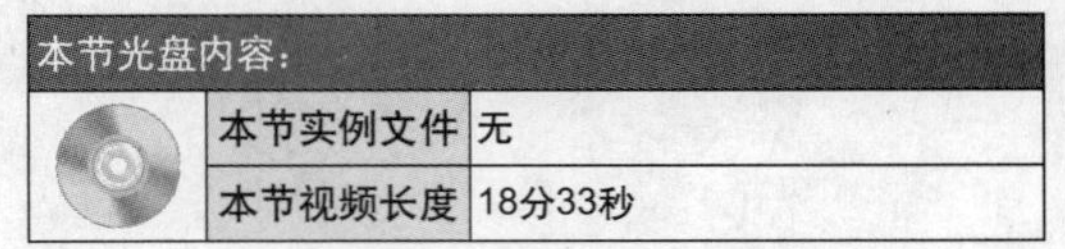

在网页中包含文字、图像、多媒体等内容，通过这些内容向浏览者传达一定的信息。

1.1.1　网页和网站

网页是构成网站的基本元素，是承载各种网站应用的平台。通俗地说，网站就是由网页组成的，如果只有域名和虚拟主机而没有制作任何网页的话，任何人都无法访问网站。图 1.1 所示是在浏览器中显示的网页效果。

图1.1　在浏览器中显示的网页效果

实际上，网页就是一个文件，通常是 HTML 格式，文件扩展名一般为 .html 或 .htm，也可以是 .asp、.aspx、.php 或 .jsp 等。网页存放在世界某个角落的某一台计算机中，而这台计算机必须是与互联网相连的。网页经由网址（URL）来识别和存储，当我们在浏览器中输入网址后，经过一段复杂而又快速的程序处理，网页文件会被传送到你的计算机上，然后再通过浏览器解释网页的内容，再展示到你的眼前。

所谓网站（Web Site）就是指在因特网上，根据一定的规则，使用 HTML 等工具制作的用于展示特定内容的相关网页的集合。简单地说，网站是一种通讯工具，就像布告栏一样，人们可以通过网站来发布自己想要公开的信息，或者利用网站来提供相关的服务。人们可以通过网页浏览器来访问网站，获取自己需要的信息，或者应用网络服务。

在网站中，有一个网页比较特殊，当人们在浏览器地址栏中输入网站的网址后，会首先看到这个页面，通常被称为主页（Home Page），或者称为首页。首页类似于图书中的目录，具有导航作用。

1.1.2 网页类型

视频路径：视频文件\files\1.1.2.swf | 实例文件：无

网页有多种分类方法，习惯上人们把网页分为静态网页和动态网页。

静态网页一般以 .html 或 .htm 为文件扩展名，多通过网页设计工具一次性设计，并通过手工更新页面信息，信息更新速度相对比较缓慢。当然现在有的网站管理系统也可以生成静态网页，我们称这种静态网页为伪静态。

动态网页是通过网页脚本与语言自动处理、自动更新的页面，例如，论坛中的帖子就是通过网站服务器运行程序，自动处理信息，按照流程更新网页。动态网页一般以 .asp、.aspx、.php 或 .jsp 作为文件扩展名。

实际上，上述不同扩展名的动态网页文件分别代表了不同的服务器技术，要开发动态网站，用户需要先指定一种服务器端技术。目前实现动态网页的服务器技术主要包括CGI、ASP/ASP.NET、PHP和JSP等，简单说明如下。

1. CGI

CGI（Common Gateway Interface）是一种通用的网关接口，是外部程序与网页服务器之间的标准编程接口。用户可以使用不同的语言编写 CGI 程序，例如，Visual Basic、Delphi 或 C/C++ 等。可以将已经写好的 CGI 代码放在网页服务器的计算机上运行，再将其运行结果通过网页服务器传输到客户端的网页浏览器上。事实上，由于 CGI 技术比较低级，普通用户在编写代码时会比较困难，效率也很低，而且每次修改程序都必须将 CGI 程序编译成可执行文件，因此现在很少再有用户使用。

2. ASP

ASP（Active Server Pages）是在 CGI 技术基础上由微软公司开发的一种快速、简便的服务器技术，由于它的学习门槛比较低，初学者很容易学习，且功能强大，一经推出就受到了众多专业人士的好评，凭借微软公司强有力的技术支持，可以说是时下网站建设中最为流行的技术之一。

3. ASP.NET

ASP.NET 是微软公司在 ASP 基础上推出的一种服务器技术，它全面采用效率较高的、面向对象的方法来创建动态 Web 应用程序。在原来的 ASP 技术中，服务器端代码和客户端 HTML 混合、交织在一起，常常导致页面的代码冗长而复杂，程序的逻辑难以理解，而 ASP.NET 能很好地解决这个问题，而且能与浏览器独立，且可以支持 VB.NET、C#、VC++.NET、JS.NET 四种编程语言。

4. PHP

PHP（Hypertext Preprocessor，超文本预处理器）是一种 HTML 内嵌式的语言，PHP 与微软的 ASP 很相似，都是一种在服务器端执行的嵌入 HTML 文档的脚本语言，语言的风格类似于 C 语言，现在被很多网站编程人员广泛应用。由于 PHP 源代码是开放的，所有的 PHP 源代码事实上都可以得到。同时 PHP 技术又是免费的，因此深受一些用户欢迎。

5. JSP

JSP（Java Server Pages）是 Sun 公司推出的网站开发技术，是将纯 Java 代码嵌入 HTML 中实现动态功能的一项技术。目前，JSP 已经成为 ASP 的有力竞争者。

与 ASP 技术非常相似，JSP 和 ASP 都是在 HTML 代码中嵌入某种脚本并由语言引擎解释执行程序代码，它们都是面向服务器的技术，客户端浏览器不需要任何附加软件的支持。两者最明显的区别在于 ASP 使用的编程语言是 VBScript 之类的脚本程序，而 JSP 使用的是 Java。此外，ASP 中的 VBScript 代码被 ASP 引擎解释执行，而 JSP 中的脚本在第一次执行时被编译成 Servlet 并由 Java 虚拟机执行，这是 ASP 与 JSP 本质的区别。

1.1.3 静态网页和动态网页

>> 视频路径：视频文件\files\1.1.3.swf | >> 实例文件：无

静态网页和动态网页主要根据网页制作的语言来区分。

- 静态网页使用语言 HTML，如图 1.2 所示。
- 动态网页使用语言 HTML + ASP、HTML + PHP 或 HTML + JSP 等，如图 1.3 所示。

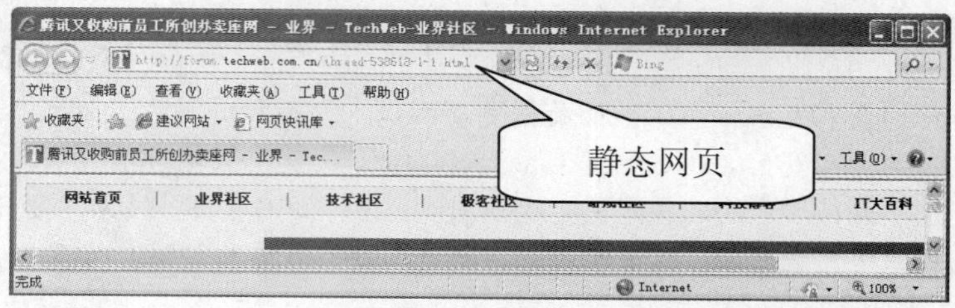

图1.2 静态网页显示的网址

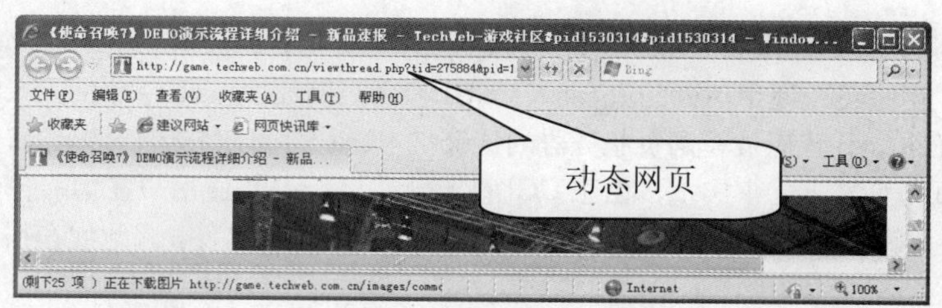

图1.3 动态网页显示的网址

动态网页的程序都是在服务器端运行，最后把运行的结果返回到客户端浏览器上显示。而静态网页是事先制作好的，直接通过服务器传递给客户端浏览器浏览。

静态网页和动态网页各有特点，网站采用动态网页还是静态网页主要取决于网站的功能需求和网站内容的多少，如果网站功能比较简单，内容更新量不是很大，采用纯静态网页的方式会更简单，反之要采用动态网页技术来实现。

静态网页具有下面几个特点。

- 静态网页每个网页都有一个固定的URL，且网页URL以.htm、.html、.shtml等常见形式为后缀，而不含有“?”。
- 网页内容一经发布到网站服务器上，无论是否有用户访问，每个静态网页的内容都是保存在网站服务器上的，也就是说，静态网页是实实在在保存在服务器上的文件，每个网页都是一个独立的文件。
- 静态网页的内容相对稳定，因此容易被搜索引擎检索。
- 静态网页没有数据库的支持，在网站制作和维护方面工作量较大，因此当网站信息量很大时完全依靠静态网页制作方式比较困难。
- 静态网页的交互性较差，在功能方面有较大的限制。

动态网页具有下面几个特点。

- 动态网页以数据库技术为基础，可以大大减少网站维护的工作量。
- 采用动态网页技术的网站可以实现更多的功能，例如，用户注册、用户登录、在线调查、用户管理、订单管理等。
- 动态网页实际上并不是独立存在于服务器上的网页文件，只有当用户请求时服务器才返回一个完整的网页。
- 动态网页中的“？”对搜索引擎检索存在一定的问题，搜索引擎一般不可能从一个网站的数据库中访问全部网页，或者出于技术方面的考虑，搜索引擎的机器人一般不会抓取URL（网址）字符串中的“？”内容。因此，采用动态网页的网站在进行搜索引擎推广时需要做一定的技术处理才能适应搜索引擎的要求。

静态网页是网站建设的基础，静态网页和动态网页之间并不矛盾，为了网站适应搜索引擎检索的需要，即使采用动态网站技术，也可以将网页内容转化为静态网页发布。

动态网站也可以采用静动结合的原则，适合采用动态网页的地方用动态网页，如果必须使用静态网页，静态网页相关图片则可以考虑用静态网页的方法来实现。在同一个网站上，动态网页内容和静态网页内容同时存在也是很普遍的。

1.1.4　网页基本构成元素

视频路径：视频文件\files\1.1.4.swf　　实例文件：无

网页可以包含很多内容，如文本、图像、动画等，这些信息构成了网页的基本元素，如图1.4所示。实际上网页包含的元素是很多的，有些元素可以直观地看到，而有的元素可能看不到，只能够通过代码才能够看到。组成网页内容的各种元素如图1.4所示，具体说明如下。

图1.4　组成网页内容的各种元素

1. 文本

网页信息主要以文本为主，这里指的文本是文本文字，而非图片中的文字。在网页中可以通过字体、大小、颜色、底纹、框等选项来设置文本的属性。中文文字常用宋体、9 磅或 12 像素大小、黑色即可，颜色不要太杂乱。大段文本文字的排列，建议参考一些优秀的杂志或报纸。

2. 图像

网页的丰富多彩主要是因为图像的缘故。网页支持的图像格式包括 JPG、GIF 和 PNG 等格式。常用图形包括如下。

- Logo 图标，代表网站形象或栏目内容的标志性图片，一般在网页左上角。
- Banner 广告，用于宣传站内某个栏目或者活动的广告，一般以 GIF 动画形式为主。
- 图标，主要用于导航，在网页中具有重要的作用，相当于路标。

◆ 背景图，用来装饰和美化网页。

3. 链接

超级链接是网站的灵魂，它是从一个网页指向另一个目的端的链接，如指向另一网页或者相同网页上的不同位置。超级链接可以指向一幅图片、一个电子邮件地址、一个文件、一个程序或者也可以是本页中的其他位置。超级链接的载体可以是文本、图片或者是Flash动画等。超级链接广泛地存在于网页的图片和文字中，提供与图片和文字相关内容的链接，在超级链接上单击，即可链接到相应地址（URL）的网页。有链接的地方，鼠标指上时默认会变成小手形状。可以说超级链接是网页的最大特色。

4. 表格

表格在网页中的作用非常大，它可以用来布局网页，设计各种精美的网页效果，也可以用来组织和显示数据。

5. 表单

表单主要用来收集用户信息，实现浏览者与服务器之间的信息交互。

6. 导航条

导航条是一组超级链接，方便用户访问网站内部各个栏目。导航条可以是文字，也可以是图片，还可以使用Flash来制作。导航条可以显示多级菜单和下拉菜单效果。

7. 其他元素

除了上面几个网页基本元素外，在页面中可能还包括GIF动画、Flash动画、音频、视频、框架等。

1.2 页面设计概述

成功的网站首先需要优秀的设计，然后辅之优秀的制作。

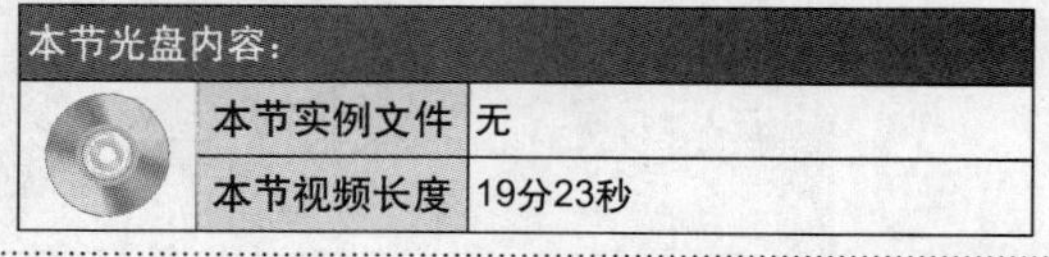

本节光盘内容：	
本节实例文件	无
本节视频长度	19分23秒

设计是网站的核心和灵魂，是一个感性思考与理性分析相结合的复杂过程，它的方向取决于设计的任务，它的实现依赖于网页的制作。网页设计中最重要的东西并非在软件的应用上，而是在我们对网页设计的理解以及设计制作的水平上，在于我们自身的美感以及对页面的把握上。

1.2.1 网页设计的任务

视频路径：视频文件\files\1.2.1.swf　　实例文件：无

设计是一种审美活动，成功的设计作品一般都很艺术化。但艺术只是设计的手段，而并非设计的任务。设计的任务是要实现设计者的意图，而并非创造美。

网页设计的任务是指设计者要表现的主题和实现的功能。站点的性质不同，设计的任务也不同。根据网站性质，可以把网页设计任务分为三类。

◆ 资讯类网站：这类网站以内容为主，提供大量的信息，因此网页设计就需要注意页面的分割、结构的合理、页面的优化、网页的亲和力等问题。

◆ 形象类网站：这类网站以宣传为主，网站规模较小，页面少，信息少，功能也较为简单，网页设计的主要任务是突出企业形象，因此对设计者的美工水平要求较高。

◆ 应用类网站：这类网站在设计上要求较高，网页信息不求大而全，但是页面设计追求简洁、精致、大方，既要保证网站的可操作性，同时还要保证应用的灵活性，突出鲜明的应用特性。

1.2.2　网页设计原则

视频路径：视频文件\files\1.2.2.swf　　实例文件：无

网页设计是有原则的，无论使用什么方法对网页元素进行组合，都必须遵循基本原则，具体说明如下。

◆ 统一原则：就是指设计作品的整体性、一致性。设计作品的整体效果是至关重要的，在设计中切勿将各组成部分孤立分散，那样会使画面呈现出一种枝蔓纷杂的凌乱效果。
◆ 连贯原则：就是指要注意页面的相互关系。设计中应利用各组成部分在内容上的内在联系来表现形式上的相互呼应，并注意整个页面设计风格的一致性，实现视觉上和心理上的连贯，使整个页面设计的各个部分极为融洽，犹如一气呵成。
◆ 分割原则：就是指将页面分成若干小块，小块之间有视觉上的不同，这样可以使观者一目了然。在信息量很多时，为了使观者能够看清楚，就要注意到将画面进行有效分割。分割不仅是表现形式的需要，换个角度来讲，分割也可以被视为对页面内容的一种分类归纳。
◆ 对比原则：就是通过矛盾和冲突，使设计更加富有生气。对比手法有很多，例如，多与少、曲与直、强与弱、长与短、粗与细、疏与密、虚与实、主与次、黑与白、动与静、美与丑、聚与散等。在使用对比的时候应慎重，对比过强容易破坏美感，影响统一。
◆ 和谐原则：就是指整个页面符合美的法则，浑然一体。如果一件设计作品仅仅是色彩、形状、线条等的随意混合，那么作品将不但没有"生命感"，而且也根本无法实现视觉设计的传达功能。和谐不仅要看结构形式，而且要看作品所形成的视觉效果能否与人的视觉感受形成一种沟通，产生心灵的共鸣，这也是设计能否成功的关键。

1.2.3　网页设计流程

视频路径：视频文件\files\1.2.3.swf　　实例文件：无

网页设计可以有两种方式实现，一种是传统的表格布局方式，另一种就是通过 CSS 布局方式。两种方式体现了两种设计思想，形象比较如下。

◆ 表格布局方式就是画网页。使用 Photoshop 或 Fireworks 等工具画图、切图，最后输出为 HTML 页面，这种设计方式不考虑代码的质量问题。
◆ CSS 布局方式就是写网页。直接在网页编辑工具中写 HTML 和 CSS 代码，这种设计方式不考虑页面效果，但是保证高质量的代码。

当然，在实际设计中设计师会结合这两种方式，设计的实现可以分为两步。

第一步，画图和切图

可以先在草稿上画一画，设计一个草图，然后根据设计草图在 Photoshop 或者 Fireworks 中把网页绘制出来。Photoshop 的灵活多变以及超级强大的功能，完全可以画出绚烂的网页。

我们虽然在草图上定出了页面的大体轮廓，但是灵感一般都是在制作过程中产生的。设计作品一定要有创意，这是最基本的要求，没有创意的设计是失败的。在绘图的过程中，用户可能会遇到很多问题，其中最敏感的莫过于网页配色了。

切图就是使用 Photoshop 或者 Fireworks 的切片工具把大的网页图像切割成若干个小图片。

第二步，编写代码

根据切图将设计的蓝图变为现实，这一步主要是利用 HTML 构建网页结构，然后使用 CSS 设计网页呈现效果。本教程后面各章的案例都是讲解这一步的操作，这里就不再详细说明了。

实际上，在团队协作开发中，网页设计流程会稍显复杂些。

（1）产品负责人或者项目总监先设计出产品的文字策划方案，然后根据此方案，产品负责人出一个大致的画板草稿。

画板其实就是一个图版的策划方案，也是我们常说的线框模型和原型图，它以直观图的形式显示页面的大框架和布局，以方便设计师对要设计的页面有了一个非常直观的感受，知道页面有多少版块和栏目，并且在什么位置放置什么内容。

（2）根据文字草案和画板，网页设计师与技术支撑人员讨论页面功能是否能实现，以及通过什么方式实现。这里需要沟通设计和技术之间的一些功能需求。

（3）产品负责人会对网页设计师提出网页风格等视觉方面的要求，一般为简单的描述，例如，时尚、艳丽、简洁等。网页设计师根据以上所有信息开始设计，完成网页初稿。

（4）在初稿基础上，产品负责人和项目领导提出修改反馈意见，网页设计师综合所有意见，继续修改设计，完善网页细节。

（5）网页设计师把设计稿交给网页重构师，完成页面的HTML和CSS代码重构。

（6）完成的HTML文稿被移交给技术支撑进行互动设计和后台技术完善。

1.2.4 网页配色

视频路径：视频文件\files\1.2.4.swf　　实例文件：无

色彩代表了不同的情感，有着不同的象征含义。这些象征含义是人们思想交流中的一个复杂问题，它因人的年龄、地域、时代、民族、阶层、经济地区、工作能力、教育水平、风俗习惯、宗教信仰、生活环境、性别差异而有所不同。

单纯的颜色并没有实际的意义，和不同的颜色搭配，它所表现出来的效果也不同。例如，绿色和金黄、淡白搭配，可以产生优雅、舒适的气氛。蓝色和白色混合，能体现柔顺、淡雅、浪漫的气氛。红色和黄色、金色的搭配能渲染喜庆的气氛。而金色和栗色的搭配则会给人带来暖意。设计的任务不同，配色方案也随之不同。

网页配色没有法则，如果一定要套用某个法则，则设计效果就会适得其反。经验上我们可先确定一种能表现主题的主体色，然后根据具体的需要，应用近似的颜色和对比的颜色来完成整个页面的配色方案。整个页面在视觉上应是一个整体，以达到和谐、悦目的视觉效果。例如，红色是火的颜色，热情、奔放，也是血的颜色，可以象征生命。黄色是明亮度最高的颜色，显得华丽、高贵、明快。绿色是大自然草木的颜色，意味着纯自然和生长，象征安宁、和平与安全，如绿色食品。紫色是高贵的象征，有庄重感。白色能给人以纯洁与清白的感觉，表示和平与圣洁。

1.2.5 网页优化

视频路径：视频文件\files\1.2.5.swf　　实例文件：无

在网页设计中，网页的优化是较为重要的一个环节，它的成功与否会影响页面的浏览速度和页面的适应性，并影响观者对网站的印象。

在资讯类网站中，文字是页面中最大的构成元素，因此字体的优化显得尤为重要。使用CSS定义字体为宋体，大小为12像素，颜色要视背景色而定，原则上以能看清且与整个页面搭配和谐为准。在白色的背景上，一般使用黑色，这样不易产生视觉疲劳，能保证浏览者较长时间地浏览网页。

图片是网页中的重要元素。图片的优化可以在保证浏览质量的前提下尽力压缩，这样可以成倍地提高网页的下载速度。利用Photoshop或Fireworks软件可以将图片切成小块，分别进行优化。输出的格式可以为GIF或JPG，要根据具体情况而定。一般把有较复杂颜色变化的小块优化为JPG格式，而把那种只有单纯色块的卡通画式的小块优化为 GIF 格式，这是由这两种格式的特点决定的。

DIV 和表格是页面中的重要元素，是页面排版的主要手段。我们可以设定 DIV 与表格的宽度、高度、边框、背景色、对齐方式等参数。很多时候，将表格的边框设为 0，以此来定位页面中的元素，或者籍此确定页面中各元素的相对位置。浏览器在读取网页源代码时，是读完整个表格才将它显示出来的。如果一个大表格中含有多个子表格，必须等大表格读完，才能将子表格一起显示出来。因此，在设计页面表格的时候，应该尽量避免将所有元素嵌套在一个表格里，而且表格嵌套层次尽量要少。也可以采用 DIV 套表格的方式来减少嵌套，提高网页的浏览速度。

网页的兼容性是很重要的，在不同的系统上、不同的分辨率下、不同的浏览器上，我们将会看到不同的结果，因此设计时要统筹考虑。在网页设计中要考虑网页的兼容性，特别是不同浏览器对网页的解析差异。

1.3　网站开发流程

拥有自己的网站是无数网页制作初学者的梦想，对于广大网页制作初学者来说，网站开发充满太多的好奇和神秘。

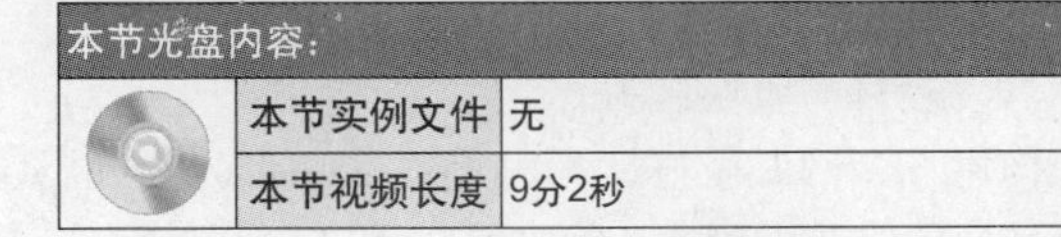

本节光盘内容：	
本节实例文件	无
本节视频长度	9分2秒

虽然很多初学者最后未必都会进入到网站开发的职业生涯中，但是了解网站开发的流程还是一件很有意义的事情。当然，网站开发的流程并不是一成不变的，随着网络技术的发展以及网站服务的变化，网站开发的过程也是不断在变化的，即使是不同类型以及不同规模的网站，它们的开发过程也是千差万别的，下面我们介绍三种常规网站的制作流程。

1.3.1　个人网站制作流程

视频路径：视频文件\files\1.3.1.swf　|　实例文件：无

网站开发没有固定的模式和套路，但是对于个人网站制作来说，基本上都应该遵循几个基本的操作步骤。很多网页设计初学者准备开发一个个人网站时，往往是千头万绪，不知道如何开头，也不知道如何下手，制作的过程显得手忙脚乱，因此就更有必要阅读本节内容。

1. 确定网站主题

首先，必须要解决的就是网站内容问题，即确定网站的主题，例如，网上求职、网上聊天 / 即时信息 /ICQ、网上社区 / 讨论 / 邮件列表、计算机技术、网页 / 网站开发、娱乐网站、旅行、参考 / 资讯、家庭 / 教育、生活 / 时尚等。我们可以参看上面的分类，继续细分。如果自己在某些方面有兴趣，或掌握的资料较多，也可以做一个自己感兴趣的东西，这样可以做出自己的特色，同时会感觉很有趣。

对于内容主题的选择，要做到小而精，主题定位要小，内容要精。不要去试图制作一个包罗万象的网站，这往往会失去自己的特色，也会带来高强度的劳动，给网站的及时更新带来困难。一定要记住，在互联网上只有第一，没有第二。

2. 选择好域名

域名是网站在互联网上的名字。一个非产品推销的纯信息服务网站，其所有建设的价值，都凝结在其网站域名之上，失去这个域名，所有前期工作都将全部落空。

3. 掌握网页设计和开发工具

网络技术的发展带动了软件业的发展，所以网页设计和开发的工具也非常多。从最基本的

HTML 编辑器到现在非常流行的 Flash 互动网页制作工具等。

另外，还要了解 W3C 的 HTML、CSS 规范，掌握 JavaScript 语言。对于常用的一些脚本程序，如 ASP、CGI、PHP 也要有所了解，还要熟练使用图形处理工具和动画制作工具以及矢量绘图工具，并能够部分地了解多种图形图像动画工具的基本用法，熟练使用 FTP 工具以及拥有相应的软硬件和网络知识也是必备的。

4. 选择服务器技术

读者可以先了解一个服务器技术，如 ASP 、PHP 、JSP 、CGJ 或 .NET 等。一般个人网站多使用 ASP 服务器技术，并选择 Access 数据库形式来制作，.NET 是 ASP 技术的升级版本。而 PHP + MYSQL 这种形式也广泛流行，读者可以根据个人技术背景和兴趣爱好进行选择。

一般来说，个人网站动态网站技术为 ASP + Access 数据库，或者 PHP + MYSQL 数据库。

5. 确定网站界面

界面就是网站给浏览者的第一印象，往往决定着网站的可看性，在确定网站的界面时需要注意以下四点内容。

（1）栏目与版块编排

构建一个网站就好比写一篇论文，首先要列出题纲，才能主题明确、层次清晰。网站建设初学者最容易犯的错误就是：确定题材后立刻开始制作，没有进行合理规划，从而导致网站结构不清晰，目录庞杂混乱，版块编排混乱等，结果不但浏览者看得糊里糊涂，制作者自己在扩充和维护网站时也相当困难。所以，我们在动手制作网页前，一定要考虑好栏目和版块的编排问题。

网站的题材确定后，就要将收集到的资料内容作一个合理的编排。另外，版块的编排设置也要合理安排与划分。版块比栏目的概念要大一些，每个版块都有自己的栏目。

（2）目录结构

网站实际上就是一堆文件的集合，怎么样去规划这些文件，就是目录的安排。好的网站的目录很清晰，让人一目了然。读者应该根据个人网站包含的内容和支持的功能定义目录集，不同文件夹表示不同的网站版块或者功能模块。

目录结构的好坏对浏览者来说并没有什么太大的感觉，但是对于站点本身的维护、以后内容的扩充和移植有着重要的影响。所以建立目录结构时也要仔细安排。

（3）链接结构

网站的链接结构是指页面之间相互链接的拓扑结构。它建立在目录结构基础之上，但可以跨越目录。形象地说，每个页面都是一个固定点，链接则是在两个固定点之间的连线。一个点可以和一个点连接，也可以和多个点连接。更重要的是，这些点并不是分布在一个平面上，而是存在于一个立体的空间中。

（4）形象设计

网站的设计可以从以下几点出发。

- 设计网站标志（LOGO）。
- 设计网站色彩。
- 设计网站字体。
- 设计网站宣传语。

6. 确定网站风格

网站风格是指站点的整体形象给浏览者的综合感受。这个整体形象包括站点的 CI（标志、色彩、字体、标语）、版面布局、浏览方式、交互性、文字、语气、内容价值等因素，网站可以是平易近人的、生动活泼的，也可以是专业严肃的。

不管是色彩、技术、文字、布局，还是交互方式，只要能让浏览者明确分辨出这是你独有的网站，这就形成了网站的风格。

7. 数据库规划

选择网站需要什么规模的数据库支持，以及服务器能够支持的数据库，然后选择网站应该使用的数据库类型。

确定数据库类型之后，就可以设计数据库的结构了。数据库结构和字段设计需要严谨，这方面内容需要读者学习相关专业知识。大型网站会有专职的数据库架构师、数据库管理人员。

8. 内容选择

好的内容选择需要有好的创意，创意的目的是为了更好地宣传与推广网站。从根本上说，网站内容仍然左右着网站流量。以内容为主依然是个人网站成功的关键。

9. 后台开发

网站开发最核心的问题就是编写后台程序，后台程序包含大量复杂的逻辑，同时需要处理各种数据，从数据库中执行读取数据、写入数据、修改数据、删除数据等操作。开发网站应该是先编写好后台程序，这样后面的工作就好做了，前台只是数据显示的过程，没有复杂的逻辑处理。当然，要设计复杂的交互动作或者效果，也需要使用 JavaScript 设计复杂的逻辑。不过，这个不会影响网站工作的系统性和性能。

10. 前台开发

前台程序比较简单，只需要使用 JavaScript 实现各种交互动作和数据显示。不过，随着用户对网站易用性要求的增加，前台程序的开发也显得越来越重要了。大型网站或项目都有专业的前端开发团队，以便更好地服务于用户。

11. 测试网站

网站测试和修改是必不可少的，当然也可以在初步测试之后，立即发布并在使用中不断完善和修改。在大量网站中，这一步要求是非常严格的，也是对网站质量把关的最后一道关口，通常直接由项目经理把关，或者由网站负责人亲自进行测试，以确保发布后不会发生重大问题。

12. 发布网站

网站做完之后就可以发布了。如果网站仅是练习或者内部交流，可以直接在本地虚拟服务器上进行运行即可。如果你的网站准备长期放在互联网上，并体会一把中国互联网站长的滋味，那么可以考虑购买虚拟空间。利用上传工具把整个网站上传到远程服务器上，然后把虚拟空间绑定到域名上，此时在浏览器地址栏中输入网站域名，就可以访问个人网站了。

13. 网站推广

网站的营销推广在网站运行中也占据着重要的地位，在推广网站之前，请确保已经做好了以下内容：网站信息内容丰富、准确、及时；网站技术具有一定专业水准，网站的交互性能良好。一般来说，个人网站的推广有以下几种方式。

- 搜索引擎注册与搜索目录登录技巧。
- 广告交换技巧。
- 目标电子邮件推广。

14. 网站日常运行

当网站做到某一程度时，就必须把赚钱提到议事日程上来，通常来说，个人网站获取资金有以下两种渠道。

- 销售网站的广告位。
- 与大型网站合作。通过与大型网站合作，获取经费，也可以维持个人网站的日常运行。

1.3.2 网络项目开发流程

视频路径：视频文件\files\1.3.2.swf | 实例文件：无

对于一个大型网络公司来说，开发一个新项目或者产品就不像建设个人网站那么简单了，它需要长期的市场调研，需要多个部门根据一定的流程进行审查，然后才能够实施，特别是前期策划和准备就显得非常关键。

个人网站一般都有现成的模式和操作流程，只需要用户懂得技术，根据别的网站的制作过程和方法来设计即可。但是对于新的网络产品研发来说，要考虑的问题就非常多了，技术层面的问题已经不是主要障碍，产品创意、产品运行策略、团队执行力等因素决定了产品的成败。

当然，新项目的开发也是有章可循的，它必须遵循一定的规律和流程，否则也会出现问题。一般来说，网络新产品开发的流程如下。

（1）产品制作人写产品计划书。

（2）用户体验研究员作调查分析。

（3）信息建构师设计产品架构。

（4）互动设计师作出互动流程。

（5）视觉设计师和用户界面设计师作出页面视觉设计。

（6）前台工程师进行前台开发。

（7）后台工程师进行后台开发。

（8）用户体验研究员作用户测试确保质量。

针对上面的开发流程，简单说明如下。

首先，产品制作人写出产品计划书，确定新产品或新功能的市场意义和经济效益，提交部门审批。部门审批后，确认需要设计的部分，然后召开新产品前期交流会，召集用户体验研究员、信息建构师、视觉设计师、互动设计师、网页重构师、系统开发工程师一起讨论方案的可行性，以及需要的支持。

经过前期讨论和交流之后，由项目主管制订产品开发时间表，并协调好分工合作。一般是先由用户体验研究员作市场调查。根据市场调查结果，分析市场需求、潜在用户群、各种挑战和机会等要素。然后由信息建构师设计产品架构，由互动设计师作出互动流程，之后交给视觉设计师和互动设计师作出视觉设计。

视觉设计定稿后，网页重构师把设计稿通过编写程序（使用前台技术，如 HTML、CSS、DOM、JavaScript 等）再现出来，最后交给系统开发工程师。

系统开发工程师做完产品程序后，由用户体验研究员根据需要作用户测试、质量跟踪并测验产品的每一步骤，确认产品的使用质量，如果有问题，需要返回系统开发工程师或相关人员解决。

对于小型项目来说，产品开发流程往往局限于有限的人力和时间，经常是短、平、快：初步确定产品构思之后，立即进行设计，然后发布到网站，在运行中不断进行系统更新和完善。

1.3.3 承包网站开发流程

视频路径：视频文件\files\1.3.3.swf | 实例文件：无

承包网站的开发和建设与个人网站、网络项目开发性质不同，它是开发者（或者网络公司）与客户（或者企业）之间的互动过程。这里面涉及双方多轮交流、沟通的过程和环节，不是开发人员闭门造车，也不是客户异想天开。承包网站开发的成败既需要开发人员的技术水平、诚信和负责精神，同时也需要客户积极、主动的配合。

为了避免在开发过程中不必要的误解、纠纷，防止合同交接后的后遗症，甲乙双方都应该遵循承包网站的一般开发流程，并严格遵守合同约定，只有这样才能够确保合作愉快。承包网站一般的开发流程如图 1.5 所示。

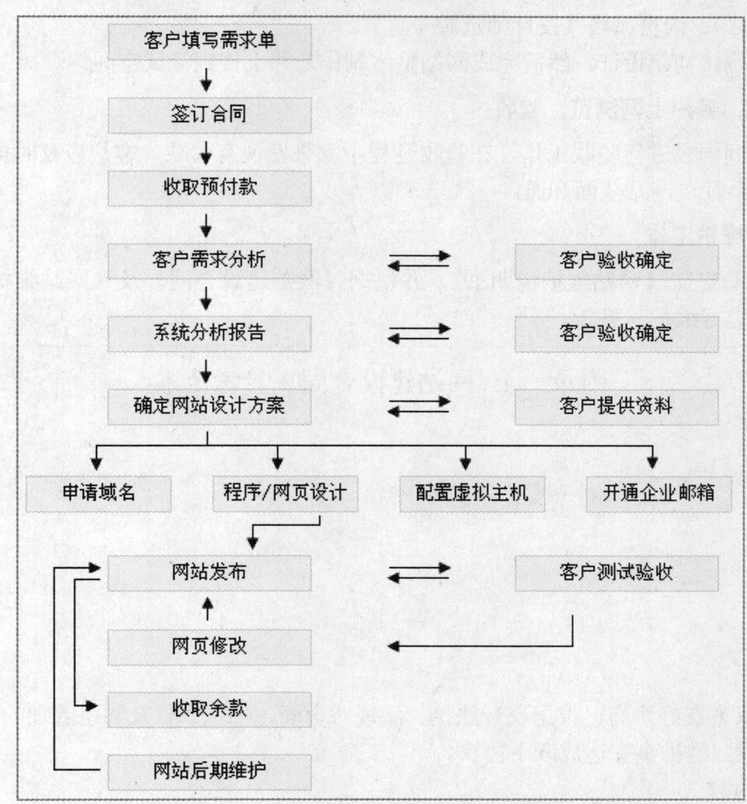

图1.5　承包网站的一般开发流程

结合上图开发流程，下面简单说明一下整个流程的执行过程。

1. 客户提出建站申请

客户提出网站建设基本要求：提供相关文本及图片资料，例如，公司介绍、项目描述、网站基本功能需求、基本设计要求等。所有要求建议以书面形式提出，尽量避免口头描述，防止口头申请的随意性和不确定性。

对于专业网络公司来说，可能会有专职前台服务人员在前期主动通过电话与客户保持联系。甚至会派遣专职销售人员与客户面谈制作需求并提出有效的建议。

2. 承包人制定网站建设方案

双方就网站建设内容进行协商、修改、补充，以达成共识，然后由承包人（或网络公司）制定《网站建设方案》（如果网站构架较简单，此步可省略），双方最终确定建设方案具体细节及价格。

3. 签署相关协议，客户支付预付款

双方签订《网站建设合同》，客户首先应支付预付款（一般为承包总价的 10%~30%），这时客户应该提供建站所需资料，例如，公司标志、公司介绍、产品图片及说明、联系方式。承包人可以根据情况为客户注册域名，开通网站空间。

如果是网络公司，可能会有专职的销售人员始终保持与客户的联系和沟通，由销售人员根据网络公司预订的文案模板制作网站策划方案并报价。通过电话或者面谈形式与客户确定方案，签订网页设计合作协议并支付预付款。

4. 完成初稿，经客户确认后进行建设

按合同设计部分内容，并指定设计师负责设计。设计师根据要求完成初稿设计，例如，首页风格（如无，则省略）、内页风格（设计师选做一页）。

客户审核并确认初稿设计，然后完成网站整体制作，并上传到测试空间。

5. 网站测试，客户上网浏览、验收

客户根据合同内容进行验收工作，在验收过程中如果发现有欠缺，客户应及时提出。如果验收合格，客户支付余款，网站全面开通。

6. 网站后期维护工作

承包人向客户提交《网站维护说明书》，并根据《网站建设合同》及《网站维护说明书》相关条款对客户网站进行维护与更新。

附录一：《网站建设合同》参考范本

甲方：
身份证号：
联系方式：
乙方：
身份证号：
联系方式：

现经甲乙双方友好协商，根据现行法律、法规对合同、知识产权及网络管理的有关规定，就甲方的网站建设与维护事宜达成以下协议。

一、设计内容

（双方约定内容）

二、网页设计项目及价款

甲方要求乙方设计制作的网页的项目、数量及收费标准如下（可以根据具体项目增减）。

项　目	数量（页）	价格（元）	备　注
主页			
普通页			
纯文字页			
其他类型页			
其他语种页			
Flash或Flash页面			
GIF动画			
动态效果			
虚拟实境			
维护费			
其他要求的收费			

上述网页设计的总价款为人民币　　元。

三、甲方义务

1、甲方负责向乙方提供制作网页所需的文字、图片及电子文件资料。

2、甲方应及时审验乙方为甲方制作完成的网页内容，并提出修改意见。

3、甲方不得要求乙方制作的网页中包含有关色情、宗教、人种歧视、政治敏感问题等内容，否则乙方有权终止合同并不退还已收费用。

4、甲方对其内容的真实性和合法性负完全责任，一切由其内容所引起的纠纷、争议及所涉及的法律责任均由甲方承担。

5、甲方应在收到乙方书面完工通知的 7 日内对整个方案进行验证，并通知乙方进行修改，否则，视为全部设计验收合格。

四、乙方义务

1、乙方应在约定的期限内完成所有网页的设计，并提交甲方审核。

2、在制作过程中，对甲方陆续提出的修改要求，乙方应尽力协助实现，并经甲方认可。

3、网页修改完成经甲方审验合格后，由乙方负责上传至甲方的网络服务器，并保证网站的正常运行和访问。

4、乙方需通过必要的技术手段保证网站具有良好的安全性能。

五、期限

1、乙方在收到甲方提供的相关资料之日起　　个工作日内完成所有网页的设计。

2、制作过程中乙方应甲方的要求对网页进行修改，修改完成的时限参照本合同中《网站维护说明书》参考范本中的有关约定。

3、对甲方提出的有可能影响双方约定的完成时间的要求，乙方有权提出延期请求，由双方协商确定具体时间。

六、乙方向甲方提供其网站服务器及网页的维护工作

服务内容包括如下。

1、保障甲方网站服务器稳定、正常地工作，力保网络通信不因非第三方的原因或不可抗力而出现中断及拥塞。

2、根据甲方的要求对其网站网页进行更新和维护。

3、对甲方的技术维护人员及其他相关人员进行必要的技术培训，并提供技术支持。

七、服务费用

（乙方向甲方提供上述服务的收费标准）

八、甲方的义务

1、及时向乙方提供维护与更新互联网站所需的全部文字、图片资料。

2、为乙方的维护工作提供必要的条件和协助。

九、乙方的义务

1、在甲方网站服务器或网络通信出现故障后采取及时、准确、适当的措施进行维护和补救。

2、在甲方提出维护、更新网页的要求并提供相关资料后三天内完成网页的维护、更新。

3、乙方应向甲方提供互联网站维护与更新的网页副本，网页副本以数字形式保存到由甲方指定的计算机中。

4、乙方应保证甲方网站运行的连续性、可靠性，在没有不可抗力事件发生的情况下，网站在线率不低于 99%。

5、本合同结束时，乙方应向甲方移交网站管理、维护、更新的文字说明、网站密码。

6、本合同结束时，在相同合同条件下，乙方有为甲方提供互联网站维护服务的优先权。

十、特别约定

1、甲方对其互联网站的所有网页拥有版权。

2、乙方有权在版面上标注设计单位名称，未经许可甲方不得更改。

3、乙方对甲方提供的文字及图片资料中所涉及的包括知识产权在内的一切法律问题不承担任何责任。

4、甲方对乙方提供服务过程中使用的技术、软件、设备等所涉及的包括知识产权在内的一切法律问题不承担任何责任。

十一、保密

1、甲乙双方对在履约过程中获悉的对方之商业秘密及技术秘密承担保密义务，该保密义务不受本合同期限的限制。

2、乙方对甲方提供的文字及图片资料，未经甲方许可不得以任何方式泄露给第三方。

十二、付款方式

1、甲方应在合同签订后三日内付给乙方人民币 元。

2、甲方应在乙方制作好数据库、网站正常工作、审核访问合格后，向乙方一次性付清网页设计余款为 元人民币。

3、网站主机和网页的维护费用的支付：在网站验收合格后，甲方应在 个月到期前向乙方支付当期费用。

十三、违约责任

1、乙方若在规定的期限内没有完成甲方的网页设计工作，则每延迟一日，应向甲方交付网页设计总价款的 %，即人民币 元。

2、乙方因其自身的原因而未能按时完成网页的维护、更新，则每延迟一日，应向甲方支付违约金 元（RMB）。

3、甲方没有按时履行支付义务，除向乙方补交余款外，应按每日 元（RMB）向乙方支付迟延履行金。

4、甲乙双方违反本合同项下的其他义务，需赔偿因此给对方造成的损失。

十四、争议解决

凡因本合同引起或与本合同有关的任何争议，甲乙双方应本着诚实信用的原则协商解决。协商不成，应将争议事项提交 仲裁委员会，按照申请仲裁时该会现行有效的仲裁规则进行仲裁。仲裁裁决是终局的，对双方均有约束力。

十五、合同文本生效时间

本合同一式两份，甲乙双方各持一份。合同自甲乙双方签字盖章之时起生效。

十六、合同期限

合同的有效期为 年。期满后甲乙双方如需继续合作，则延续协议为本合同的有效补充部分。

甲方签字（盖章）： 乙方签字（盖章）：

签订时间：

附录二：《网站维护说明书》参考范本

甲方

身份证号：

联系方式：

乙方

身份证号：

联系方式：

甲乙双方就甲方网站维护一事进行友好协商，本着诚信合作的理念，并一致同意订立本《网站维护说明书》，内容如下。

一、协议目的

保障甲方网站正常使用，乙方代理甲方进行域名空间的续费、网站内容更新维护、企业网站上传、下载及程序升级调试等服务。

二、甲方网站情况

1、网站域名：

2、域名价格：　　元（人民币）/ 每年，主机价格：　　元（人民币）/ 每年。

三、网站维护情况

1、网站维护期限：　　年　月　日至　　年　月　日。

2、网站维护内容：乙方为甲方提供网站维护更新、域名主机续费及其维护期间邮局、主机、网站程序升级调试等服务，维护内容为页面文字、图片的更新，不包括原页面风格和模板的改动（如有页面增加或改版按页面进行收费）。

四、甲方的责任和义务

1、本协议签署后，甲方应一次性向乙方交付剩余费用。

2、每次网站维护，甲方应提前将要更新的资料邮寄给乙方，明确、清晰地指明更新或维护项目。

3、甲方须按时交纳域名的续费和网站维护费用（另有书面约定除外）。

五、乙方的责任和义务

1、乙方应在不改变甲方网站原页面风格和模板的前提下为甲方进行网站维护。

2、乙方应在收到甲方邮件后 5 个工作日内完成资料的修改（非工作日时间除外）。

3、乙方在每次维护网站后，应及时将维护内容上传到甲方网站所在的服务器上。

4、乙方以甲方提供的电子邮件或书面通知为依据进行更新或维护网站。

5、甲方在发现网站及邮件不能正常使用时，应及时通知乙方，乙方应在第一时间向服务器空间商电话通知，以及时让甲方正常使用网站。

6、乙方根据甲方要求进行站点维护，并及时回应甲方提出的问题，做到各种技术支持以及电子邮件支持。

五、免责条件

1、因电信部门检修等原因造成服务中断的，双方互不承担责任。

2、因国家政策、法规调整，自然灾害等不可抗力造成的服务中断，双方互不承担责任。

六、附则

本协议一式二份，双方各执一份，经签字、盖章后方生效，本协议于签署之日起生效。

甲方签字（盖章）：　　　　　　　　乙方签字（盖章）：

签订时间：

读书笔记

第2章

(X) HTML语言基础

根据规范化设计要求，网页设计师必须从三个方面入手进行系统学习：结构（Structure）、表现（Presentation）和行为（Behavior），这些方面对应的技术也分为以下三个方面。

- 结构化语言：主要包括 HTML、XHTML 和 XML。
- 表现语言：主要包括 CSS。
- 行为语言：主要包括对象模型（如 W3C DOM）、ECMAScript、JavaScript、VBScript 等。

在学习本教程之前，需要先掌握 HTML 语言，能够熟练使用 HTML 标签。对于大部分初学网页制作的读者来说，通过认真阅读本章知识，能够初步达到这个目标。但是如果你习惯于传统网页制作方式，例如，使用工具来切图，然后生成网页，那么还需要纠正一些不标准的操作习惯，养成良好的手写代码的习惯。

2.1 认识HTML、XHTML和XML

熟悉了HTML语言，再稍加熟悉标准结构和规范，也就熟悉了XHTML语言。XHTML兼顾了HTML和XHTML的实际需要。

本节光盘内容：	
本节实例文件	无
本节视频长度	3分13秒

HTML是Hypertext Markup Language的缩写，中文翻译为超文本标识语言。使用HTML标签编写的文档称为HTML文档，目前最新版本是HTML 5.0，使用最广泛的是HTML 4.1版本。

HTML语言（有时我们习惯用HTML页面来称呼所有的网页，其中HTML表示广义的标识语言，包括HTML和XHTML，而HTML语言中的HTML表示狭义的标识语言版本，不适合构建标准化网页，因为它把结构和表现混淆在一起。例如，HTML把不同类型的元素（描述性元素color、i等和结构性元素div、table等）以及元素属性放在一起，为以后的维护和管理埋下了隐患。

如果说HTML语言给网页设计赋予了无限生机的话，那么XML语言的出现则可以算是网页设计的一次新生了。HTML语言具有较强的表现力，但也存在结构过于灵活、语法不规范的弱点。当信息以HTML语言的面貌出现时，网页信息显得杂乱无章、没有秩序。为了能够使所有信息都有章可循，我们需要一种更为规范、更能够体现信息特点的语言。

1996年，W3C在SGML语言的基础上提出了XML语言草案。1998年，W3C正式发布了XML 1.0标准。XML是The Extensible Markup Language的缩写，中文翻译为可扩展标识语言。XML语言对信息的格式和表达方法做了最大程度的规范。如果说HTML语言关心的是信息的表现形式，而XML语言关心的就是信息本身的格式和数据内容。从这个意义上说，XML语言不但可以将客户端的信息展现技术提高到一个新的层次，而且可以显著提高服务器端的信息获取、生成、发布和共享能力。

XML语言具有强大的数据转换能力，适合构建标准网页，也是W3C推荐的最完善的网页结构，但面对成千上万已有的站点，直接采用XML还为时过早，目前它更多的用于Web数据的交换。考虑到与现有网页和浏览器的兼容性，W3C在HTML 4.0的基础上使用XML的规则对其进行扩展，得到了XHTML。简单地说，建立XHTML的目的就是实现HTML向XML的过渡。

XHTML是The Extensible HyperText Markup Language的缩写，中文翻译为可扩展的超文本标识语言。XHTML语言在HTML和XML之间做了一下折中，因此成为设计师设计网页结构的首选语言，目前遵循的是W3C于2000年1月推荐的XHTML1.0（参考http://www.w1.org/TR/xhtml1）。实际上，XHTML和HTML在语法和标签使用方面差别不大。XHTML具有如下特点。

- 用户可以扩展元素，从而扩展功能，但在目前1.0版本下，用户只能够使用固定的预定义元素，这些元素基本上与HTML 4版本元素相同，但删除了部分属性描述性的元素。
- 能够与HTML很好地沟通，可以兼容当前不同的网页浏览器，实现XHTML页面的正确浏览。

2.2 HTML基础

HTML是目前在网络上应用最为广泛的语言，也是构成网页文档的主要语言。

本节光盘内容：	
本节实例文件	无
本节视频长度	21分38秒

HTML文档是由HTML标签组成的描述性文本，HTML标签可以标识文字、图形、动画、声音、表格、链接等。

2.2.1 HTML语言作用

视频路径：视频文件\files\2.2.1.swf | 实例文件：无

HTML 作为一种网页内容标识语言，易学易懂，熟悉使用该语言可以制作出功能强大、美观大方的网页。HTML 语言的主要作用说明如下。

- 使用 HTMl 语言标识文本，例如，定义标题文本、段落文本、列表文本、预定义文本等。
- 使用 HTML 语言建立超链接，通过超链接可以访问互联网上的所有信息，当使用鼠标单击超链接时，会自动跳转到链接页面。
- 使用 HTML 语言创建列表，把信息有序地组织在一起，以方便浏览。
- 使用 HTMl 语言在网页中显示图像、声音、视频、动画等多媒体信息，把网页设计得更富冲击力。
- 使用 HTML 语言可以制作表格，以方便显示大量数据。
- 使用 HTML 语言制作表单，允许在网页内输入文本信息，执行其他用户操作，方便信息互动。

2.2.2 HTML文档基本结构

视频路径：视频文件\files\2.2.2.swf | 实例文件：实例文件\2\html文档基本结构.html

HTML 文档一般都应包含两部分：头部区域和主体区域。HTML 文档基本结构由三个标签负责组织：<html>、<head> 和 <body>。其中 <html> 标签标识 HTML 文档，<head> 标签标识头部区域，而 <body> 标签标识主体区域。

一个完整的 HTML 文档基本结构如下。

```
<html> <!--语法开始-->
  <head>
    <!--头部信息，如<title>标签定义的网页标题-->
  </head>
  <body>
    <!--主体信息，包含网页显示的内容-->
  </body>
</html> <!--语法结束-->
```

可以看到，每个标签都是成对组成，第一个标签（如 <html>）表示标识的开始位置，而第二个标签（如 </html>）表示标识的结束位置。<html> 标签包含 <head> 和 <body> 标签，而 <head> 和 <body> 标签并列排列。

如果把上面字符代码放置在文本文件中，然后另存为 test.html，就可以在浏览器中浏览了。当然，由于这个简单的 HTML 文档还没有包含任何信息，所以在浏览器中是看不到任何显示内容的。

2.2.3 HTML基本语法

视频路径：视频文件\files\2.2.3.swf | 实例文件：实例文件\2\HTML基本语法.html

编写 HTML 文档时，必须遵循 HTML 语法规范。HTML 文档实际上就是一个文本文件，它由标签和信息混合组成。当然这些标签和信息必须遵循一定的组合规则，否则浏览器是无法解析的。

HTML 语言的规范条文不多，相信读者也很容易理解。从逻辑上分析，这些标签包含的内容就表示一类对象，也可以称为网页元素。从形式上分析，这些网页元素通过标签进行分隔，然后表达一定的语义。很多时候，我们会把网页标签和网页元素混为一团，而实际上，网页文档就是由元素和标签组成的容器。

◆ 所有标签都包含在“<”和“>”起止标识符中，构成一个标签，例如，<style>、<head>、<body> 和 <div> 等。

◆ 在 HTML 文档中，绝大多数元素都有起始标签和结束标签，在起始标签和结束标签之间包含的是元素主体。例如，<body> 和 </body> 中间包含的就是网页内容主体。

◆ 起始标签包含元素的名称以及可选属性，也就是说元素的名称和属性都必须在起始标签中。结束标签以反斜杠开始，然后附加上元素名称，例如：

```
<tag>元素主体</tag>
```

◆ 元素的属性包含属性名称和属性值两部分，中间通过等号进行连接，多个属性之间通过空格进行分隔。属性与元素名称之间也是通过空格进行分隔的，例如：

```
<tag a1="v1" a2="v2" a3="v3" …… an="vn">元素主体</tag>
```

◆ 少数元素的属性也可能不包含属性值，仅包含一个属性名称，例如：

```
<tag a1 a2 a3 …… an>元素主体</tag>
```

◆ 一般属性值应该包含在引号内，虽然不加引号，浏览器也能够解析，但是应该养成良好的书写习惯。

◆ 属性是可选的，元素包含多少个属性，也是不确定的，这主要根据不同元素而定。不同的元素会包含不同的属性。HTML 也为所有元素定义了公共属性，如 title、id、class、style 等。

虽然大部分标签都是成对出现的，但是也有少数标签不是成对的，这些孤立的标签被称为空标签。空标签仅包含起始标签，没有结束标签，例如：

```
<tag>
```

同样，空标签也可以包含很多属性，用来标识特殊效果或者功能，例如：

```
<tag a1="v1" a1="v1" a2="v2" …… an="vn">
```

◆ 标签可以相互嵌套，形成文档结构。嵌套必须匹配，不能交错嵌套，例如，<div><span></div></span>。合法的嵌套应该是包含或被包含的关系，例如，<div><span></span></div> 或 <span><div></div></span>。

◆ HTML 文档所有信息必须包含在 <html> 标签中，所有文档元信息应包含在 <head> 子标签中，而 HTML 传递信息和网页显示内容应包含在 <body> 子标签中。

对于 HTML 文档来说，除了必须符合基本语法规范外，我们还必须保证文档结构信息的完整性。完整的文档结构如下所示：

```
<!DOCTYPE html PUBLIC "-//W3C//DTD XHTML 1.0 Transitional//EN" "http://www.w1.org/TR/xhtml1/DTD/xhtml1-transitional.dtd">
<html xmlns="http://www.w1.org/1999/xhtml">
<head>
<meta http-equiv="Content-Type" content="text/html; charset=utf-8" />
<title>文档标题</title>
</head>
<body></body>
</html>
```

HTML 文档应主要包括如下内容。

◆ 必须在首行定义文档的类型，过渡型文档可省略。

◆ <html> 标签应该设置文档名字空间，过渡型文档可省略。

- 必须定义文档的字符编码，一般使用 <meta> 标签在头部定义，常用字符编码包括中文简体（gb2312）、中文繁体（big5）和通用字符编码（utf-8）。
- 应该设置文档的标题，可以使用 <title> 标签在头部定义。

HTML 文档扩展名为 .htm 或 .html，保存时必须正确使用扩展名，否则浏览器无法正确解析。如果要在 HTML 文档中增加注释性文本，则可以在“<!--”和“-->”标识符之间增加，例如：

```
<!-- 单行注释-->
```

或

```
<!------------------
多行
注释
------------------>
```

2.2.4 HTML常用标签

视频路径：视频文件\files\2.2.4.swf | 实例文件：无

HTML 定义的标签很多，下面我们就常用标签进行说明。随着学习的不断深入，相信你能够完全掌握HTML所有标签的用法和使用技巧，更详细的说明请参阅本教程光盘中附赠的HTML参考手册。

1. 文档结构标签

此类标签主要用来标识文档的基本结构，主要包括如下。

- <html>...</html>：标识 HTML 文档的起始和终止。
- <head>...</head>：标识 HTML 文档的头部区域。
- <body>...</body>：标识 HTML 文档的主体区域。

例如：

```
<html>
<head>
<meta http-equiv="Content-Type" content="text/html; charset=utf-8" />
<title>无标题文档</title>
</head>
<body> 网页正文写在这里……
</body>
</html>
```

2. 文本格式标签

这些标签主要用来标识文本区块，并附带一定的显示格式，主要标签说明如下。

- <title>...</title>：标识网页标题。
- <hi>...</hi>：标识标题文本，其中 i 表示 1、2、3、4、5、6，分别表示一级、二级、三级、四级、五级和六级标题。
- <p>...</p>：标识段落文本。
- <pre>...</pre>：标识预定义文本。
- <blockquote>...</blockquote>：标识引用文本。

例如，下面实例分别使用 <h1> 和 <p> 标签标识网页标题和段落文本。

```
<html>
<head>
```

```
<meta http-equiv="Content-Type" content="text/html; charset=utf-8" />
<title>实例代码</title>
</head>
<body>
<h1>文本格式标签</h1>
<p>&lt;p&gt;标签标识段落文本</p>
</body>
</html>
```

3. 字符格式标签

字符格式标签主要用来标识部分文本字符的语义。很多字符格式标签可以呈现一定的显示效果，例如，加粗显示、斜体显示或者下划线显示等。主要标签说明如下。

- <b>...</b>：标识强调文本，以加粗效果显示。
- <i>...</i>：标识引用文本，以斜体效果显示。
- <blink>...</blink>：标识闪烁文本，以闪烁效果显示。IE 浏览器不支持该标签。
- <big>...</big>：标识放大文本，以放大效果显示。
- <small>...</small>：标识缩小文本，以缩小效果显示。
- ^{...}：标识上标文本，以上标效果显示。
- _{...}：标识下标文本，以下标效果显示。
- <cite>...</cite>：标识引用文本，以引用效果显示。

例如，下面实例分别使用各种字符格式标签显示一个数学方程式的解法。

```
<html>
<head>
<meta http-equiv="Content-Type" content="text/html; charset=utf-8" />
<title>实例代码</title>
</head>
<body>
<p>例如，针对下面这个一元二次方程：</p>
<p><i>x</i><sup>2</sup>-<b>5</b><i>x</i>+<b>4</b>=0</p>
<p>我们使用<big><b>分解因式法</b></big>来演示解题思路如下：</p>
<p><small>由：</small>(<i>x</i>-1)(<i>x</i>-4)=0</p>
<p><small>得：</small><br /><i>x</i><sub>1</sub>=1<br />
    <i>x</i><sub>2</sub>=4</p>
</body>
</html>
```

4. 列表标签

在 HTML 文档中，列表结构可以分为两种类型：有序列表和无序列表。无序列表使用项目符号来标识列表，而有序列表则使用编号来标识列表的项目顺序。具体使用标签说明如下。

- <ul>...</ul>：标识无序列表。
- <ol>...</ol>：标识有序列表。
- <li>...</li>：标识列表项目。

例如，下面实例使用无序列表的形式分别显示了一元二次方程求解的四种方法。

```
<html>
<head>
```

```
<meta http-equiv="Content-Type" content="text/html; charset=utf-8" />
<title>实例代码</title>
</head>
<body>
<h1>解一元二次方程</h1>
<p>一元二次方程求解有四种方法：</p>
<ul>
     <li>直接开平方法 </li>
     <li>配方法 </li>
     <li>公式法 </li>
     <li>分解因式法</li>
</ul>
</body>
</html>
```

另外，还可以定义列表。定义列表是一种特殊的结构，它包括词条和解释两块内容。包含的标签说明如下。

- <dl>...</dl>：标识定义列表。
- <dt>...</dt>：标识词条。
- <dd>...</dd>：标识解释。

例如，下面实例使用定义列表显示两个成语的解释。

```
<html>
<head>
<meta http-equiv="Content-Type" content="text/html; charset=utf-8" />
<title>实例代码</title>
</head>
<body>
<h1>成语词条列表</h1>
<dl>
     <dt>知无不言，言无不尽</dt>
     <dd>知道的就说，要说就毫无保留。</dd>
     <dt>智者千虑，必有一失</dt>
     <dd>不管多聪明的人，在很多次的考虑中，也一定会出现个别错误。</dd>
</dl>
</body>
</html>
```

5. 链接标签

链接标签可以实现把多个网页联系在一起，主要结构如下。

<a>...</a>：标识超链接。

例如，下面使用 <a> 标签定义一个超链接，单击该超链接可以跳转到百度首页。

```
<html>
<head>
<meta http-equiv="Content-Type" content="text/html; charset=utf-8" />
<title>实例代码</title>
</head>
```

```
<body>
<a href=" http://www.baidu.com/" >去百度搜索</a>
</body>
</html>
```

<a> 标签还可以定义锚点。锚点是一类特殊的超链接，它可以定位到网页中某个具体的位置。例如，在上面实例中单击超链接文本，就可以跳转到网页的底部。

```
<html>
<head>
<meta http-equiv="Content-Type" content="text/html; charset=utf-8" />
<title>实例代码</title>
</head>
<body>
<a href=" #btm" >跳转到底部</a>
<div id="box" style="height:2000px; border:solid 1px red;">撑开浏览器滚动条</div>
<span id="btm">底部锚点位置</span>
</body>
</html>
```

6. 多媒体标签

多媒体标签主要用于引入外部多媒体文件，并进行显示。多媒体标签主要包括下面三个标签。

- <img />：嵌入图像。
- <embed>...</embed>：嵌入多媒体。
- <object>...</object>：嵌入多媒体。

7. 表格标签

表格标签用来组织和管理数据，主要包括下面几个标签。

- <table>...</table>：定义表格结构。
- <caption>...</caption>：定义表格标题。
- <th>...</th>：定义表头。
- <tr>...</tr>：定义表格行。
- <td...</td>：定义表格单元格。

例如，在下面实例中使用表格结构显示五行三列的数据集。

```
<html>
<head>
<meta http-equiv="Content-Type" content="text/html; charset=utf-8" />
<title>实例代码</title>
</head>
<body>
<table summary=" ASCII是英文American Standard Code for Information Interchange的缩写。ASCII编码是目前计算机最通用的编码标准。因为计算机只能接受数字信息，ASCII编码将字符转换为数字来表示，以便计算机能够接受和处理。">
                <caption>ASCII字符集（节选）</caption>
    <tr>
        <th>十进制</th>
        <th>十六进制</th>
```

```
        <th>字符</th>
      </tr>
      <tr>
        <td>9</td>
        <td>9</td>
        <td>TAB（制表符）</td>
      </tr>
      <tr>
        <td>10</td>
        <td>A</td>
        <td>换行</td>
      </tr>
      <tr>
        <td>13</td>
        <td>D</td>
        <td>回车</td>
      </tr>
      <tr>
        <td>32</td>
        <td>20</td>
        <td>空格</td>
      </tr>
    </table>
    </body>
    </html>
```

8. 表单标签

表单标签主要用来制作交互式表单，主要包括下面标签。

- <form>...</form>：定义表单结构。
- <input />：定义文本域、按钮和复选框。
- <textarea>...</textarea>：定义多行文本框。
- <select>...</select>：定义下拉列表。
- <option>...</option>：定义下拉列表中的选择项目。

例如，下面实例分别定义了单行文本框、多行文本框、复选框、单选按钮、下拉菜单和提交按钮的复杂表单。

```
<html>
<head>
<meta http-equiv="Content-Type" content="text/html; charset=utf-8" />
<title>实例代码</title>
</head>
<body>
<form id="form1" name="form1" method="post" action="">
    <p>单行文本域：<input type="text" name="textfield" id="textfield" /></p>
    <p>密码域：<input type="password" name="passwordfield" id="passwordfield" /></p>
    <p>多行文本域：<textarea name="textareafield" id="textareafield"> </textarea></p>
    <p>复选框：复选框1<input name="checkbox1" type="checkbox" value="" />
```

```
            复选框2<input name="checkbox2" type="checkbox" value="" />
        </p>
        <p>单选按钮：
            <input name="radio1" type="radio" value="" />按钮1
            <input name="radio2" type="radio" value="" />按钮2</p>
        <p>下拉菜单：
            <select name="selectlist">
                <option value="1">选项1</option>
                <option value="2">选项2</option>
                <option value="3">选项3</option>
            </select>
        </p>
        <p><input type="submit" name="button" id="button" value="提交" /></p>
</form>
</body>
</html>
```

2.2.5 HTML公共属性

视频路径：视频文件\files\2.2.5.swf | 实例文件：无

HTML 元素包含的属性众多，这里无法列出所有元素的全部属性，当然也没有这个必要，这里仅就公共属性进行分析。公共属性大致可分为基本属性、语言属性、键盘属性和内容属性等类型。

1. 基本属性

基本属性主要包括下面三个，这三个基本属性为大部分元素所拥有。

```
class                                   定义类规则或样式规则
id                                      定义元素的唯一标识
style                                   定义元素的样式声明
```

但是下面这些元素不拥有基本属性。

```
html、head          文档和头部基本结构
title                                   网页标题
base                                    网页基准信息
meta                                    网页元信息
param                                   元素参数信息
script、style       网页的脚本和样式
```

这些元素一般位于文档头部区域，用来标识网页元信息。

2. 语言属性

语言属性主要用来定义元素的语言类型，包括下面两个属性。

```
lang                                    定义元素的语言代码或编码
dir                                     定义文本的方向，包括ltr和rtl取值，分别表示
                                        从左向右和从右向左
```

下面这些元素不拥有语言语义属性。

```
frameset、frame、iframe                 网页框架结构
```

```
br                                      换行标识
hr                                      结构装饰线
base                                    网页基准信息
param                                   元素参数信息
script                                  网页的脚本
```

例如，下面分别为网页代码定义了中文简体的语言，字符对齐方式为从左到右的方式。第二行代码为body定义了美式英语。

```
<html xmlns="http://www.w3.org/1999/xhtml" dir="ltr" xml:lang="zh-CN">
<body id="myid" lang="en-us">
```

3. 键盘属性

键盘属性定义元素的键盘访问方法，包括下面两个属性。

```
accesskey                               定义访问某元素的键盘快捷键
tabindex                                定义元素的Tab键索引编号
```

使用accesskey属性可以使用快捷键（Alt+字母）访问指定URL，但是浏览器不能很好支持，在IE中仅激活超链接，需要配合Enter键确定，而在FF（Firefox）中没有反应。例如：

```
<a href="http://www.css8.cn/" accesskey="a">按住Alt键单击A键可以链接到样吧首页</a>
```

一般在导航菜单中经常设置快捷键。

tabindex属性用来定义元素的Tab键访问顺序，可以使用Tab键遍历页面中的所有链接和表单元素。遍历时会按照tabindex的大小决定顺序，当遍历到某个链接时，按Enter键即可打开链接页面。例如：

```
<a href="#" tabindex="1">Tab 1</a>
<a href="#" tabindex="3">Tab 3</a>
<a href="#" tabindex="2">Tab 2</a>
```

4. 内容属性

内容属性定义元素包含内容的附加信息，这些信息对于元素来说具有重要的补充作用，避免元素本身包含信息不全而被误解。内容语义包括五个属性。

```
alt                                     定义元素的替换文本
title                                   定义元素的提示文本
longdesc                                定义元素包含内容的大段描述信息
cite                                    定义元素包含内容的引用信息
datetime                                定义元素包含内容的日期和时间
```

alt和title是两个常用的属性，分别定义元素的替换文本和提示文本，但是很多设计师习惯于混用这两个属性，没有刻意去区分它们的语义性。实际上，除了IE浏览器外，其他标准浏览器都不会支持它们的混用，但是由于IE浏览器的纵容，才导致了很多设计师误以为alt属性就是设置提示文本的。

```
<a href="URL" title="提示文本">超链接</a>
<img src="URL" alt="替换文本" title="提示文本" />
```

替换文本（Alternate Text）并不是用来做提示的（Tool Tip），或者更确切地说，它并不是为图像提供额外说明信息的。相反，title属性才负责为元素提供额外说明信息。

当图像无法显示时，必须准备替换的文本来替换无法显示的图像，这对于图像和图像地图是必须的，因此alt属性只能用在img、area和input元素中（包括applet元素）。对于input元素，alt属性用来替换提交按钮的图片。例如：

```
<input type="image" src="URL" alt="替换文本" />.
```

为什么要设置替换文本呢？这主要是因为浏览器被禁止显示、不支持或无法下载图像时，通过替换文本给那些不能看到图像的浏览者提供文本说明，这是一个很重要的预防和补救措施。另外，还应该考虑到网页对于视觉障碍者，或者使用其他用户代理，如屏幕阅读器、打印机等代理设备的影响。当然，从语义角度考虑，替换文本应该提供图像的简明信息，并保证在上下文中有意义，而对于那些修饰性的图片可以使用空值（alt=""）。

title属性为元素提供提示性的参考信息，这些信息是一些额外的说明，具有非本质性，因此该属性也不是一个必须设置的属性。当鼠标指针移到元素上面时，即可看到这些提示信息。但是title属性不能够用在下面元素上：

```
html、head          文档和头部基本结构
title                                        网页标题
base、basefont                               网页基准信息
meta                                         网页元信息
param                                        元素参数信息
script                                       网页的脚本和样式
```

相对而言，title属性可以比alt属性设置更长的文本，不过有些浏览器可能会限制提示文本的长度，但是不管怎么规定，提示文本一定要简明、扼要，并用在恰当的地方，而不是所有元素身上都定义一个提示文本，那样就显得画蛇添足了。提示文本一般多用在超链接上，特别是对图标按钮必须提供提示性说明信息，否则用户就会不明白这些图标按钮的作用。

如果要为元素定义更长的描述信息，则应该使用longdesc属性。longdesc属性可以用来提供链接到一个包含图片描述信息的单独页面或者长段描述信息。其用法如下：

```
<img src="URL" alt="人物照" title="朱印宏于2010-5-1中国馆留念" longdesc="这是朱印宏于2010年5月1日在中国馆前的留影，当时天很热，穿着短裤，手里拿着矿泉水，到处都是云集于此的世博会开幕式观众，场面热闹非凡" />
```

或

```
<img src="UTL" alt="替换文本" longdesc="详细描述图像的网页.html" />
```

这种方法意味着从当前页面链接到另一个页面，由此可能会造成理解上的困难。另外，浏览器对于longdesc属性的支持也不一致，因此应该避免使用。如果感觉对图片的长描述信息很有用，那么不妨考虑把这些信息简单地显示在同一个文档里，而不是链接到其他页面或者藏起来，这样能够保证每个人都可以阅读。

cite一般用来定义引用信息的URL。例如，下面一段文字引自http://www.css8.cn/csslayout/index.htm，所以可以这样来设置：

```
<blockquote cite="http://www.css8.cn/csslayout/index.htm">
    <p>CSS的精髓是布局，而不是样式，布局需要缜密的结构分析和设计</p>
</blockquote>
```

datetime属性定义包含文本的时间，这个时间表示信息的发布时间，也可能是更新时间，例如：

```
<ins datetime="2010-5-1 8:0:0">2010年上海世博会</ins>
```

2.3 XHTML基础

XHTML 语言是在 HTML 语言的基础上发展而来的，XHTML 文档与 HTML 文档的区别不大，只是添加了 XML 语言的基本规范和要求。

本节光盘内容：	
本节实例文件	无
本节视频长度	16分29秒

2.3.1 XHTML文档基本结构

视频路径：视频文件\files\2.3.1.swf | 实例文件：无

完整的 XHTML 文档结构如下：

```
<!--[XHTML文档基本框架]-->
<!--定义XHTML文档类型-->
<!DOCTYPE html PUBLIC "-//W3C//DTD XHTML 1.0 Transitional//EN" "http://www.w3.org/TR/xhtml1/DTD/xhtml1-transitional.dtd">
<!--XHTML文档根元素，其中xmlns属性声明文档命名空间-->
<html xmlns="http://www.w3.org/1999/xhtml">
<!--头部信息结构元素-->
<head>
<!--设置文档字符编码-->
<meta http-equiv="Content-Type" content="text/html; charset=gb2312" />
<!--设置文档标题-->
<title>无标题文档</title>
</head>
<!--主体内容结构元素-->
<body>
</body>
</html>
```

XHTML 代码不排斥 HTML 规则，在结构上也基本相似，但如果仔细比较，它有下面两点不同。

1. 定义文档类型

在 XHTML 文档第一行新增了 <!DOCTYPE> 元素，该元素用来定义文档类型。DOCTYPE 是 document type（文档类型）的简写，它设置 XHTML 文档的版本。使用时应注意该元素的名称和属性必须大写。

DTD（如 xhtml1-transitional.dtd）表示文档类型定义，里面包含了文档的规则，网页浏览器会根据预定义的 DTD 来解析页面元素，并把这些元素所组织的页面显示出来。要建立符合网页标准的文档，DOCTYPE 声明是必不可少的关键组成部分，除非你的 XHTML 确定了一个正确的 DOCTYPE，否则页面内的元素和 CSS 不能正确生效。

2. 声明命名空间

在 XHTML 文档根元素中必须使用 xmlns 属性声明文档的命名空间。xmlns 是 XHTML NameSpace 的缩写，中文翻译为命名空间（也有人翻译为名字空间、名称空间）。命名空间是收集元素类型和属性名字的一个详细 DTD，它允许通过一个 URL 地址指向来识别命名空间。

XHTML 是 HTML 向 XML 过渡的标识语言，它需要符合 XML 规则，因此也需要定义名字空间。又因为 XHTML 1.0 还不允许用户自定义元素，因此它的命名空间都相同，就是“http://www.w3.org/1999/xhtml”，这也是为什么你发现每个 XHTML 文档的 xmlns 值都相同的缘故。

2.3.2 XHTML基本语法

视频路径：视频文件\files\2.3.2.swf | 实例文件：无

XHTML 是根据 XML 语法简化而来的，因此它遵循 XML 文档规范。同时 XHTML 又大量继承了 HTML 语言的语法规范，因此与 HTML 语言非常相似，不过它对代码的要求更加严谨。遵循以下要求，对于培养良好的 XHTML 代码书写习惯是非常重要的。

- 在文档的开头必须定义文档类型。
- 在根元素中应声明命名空间，即设置 xmlns 属性。
- 所有标签都必须是闭合的。在 HTML 中，你可能习惯书写独立的标签，如<p>、<li>，而不爱写对应的</p>和</li>来关闭它们，但在 XHTML 中这是不合法的。XHTML 要求有严谨的结构，所有标签都必须关闭。如果是单独不成对的标签，应在标签的最后加一个“/”来关闭它，如
。
- 所有元素和属性都必须小写，这与 HTML 不同，XHTML 对大小写是敏感的，<title>和<TITLE>表示不同的标签。
- 所有的属性必须用引号""括起来。在 HTML 中，你可以不需要给属性值加引号，但是在 XHTML 中，它们必须被加引号，如<table height="80"></table>。特殊情况下，可以在属性值里使用双引号或单引号。
- 所有标签都必须合理嵌套。这是因为XHTML要求有严谨的结构，因此所有的嵌套都必须按顺序。
- 所有属性都必须被赋值，没有值的属性就用自身来赋值。例如：

错误写法：

```
<td nowrap>
```

正确写法：

```
<td nowrap="nowrap">
```

- 所有特殊符号都用编码表示，例如，小于号（<）不是元素的一部分，必须被编码为“<”；大于号（>）不是元素的一部分，必须被编码为“>”。
- 不要在注释内容中使用“—”。“—”只能出现在 XHTML 注释的开头和结束，也就是说，在内容中它们不再有效。例如：

错误写法：

```
<!--注释----------注释-->
```

正确写法：

```
<!--注释————注释-->
```

- XHTML 规范废除了 name 属性，而使用 id 属性作为统一的名称。在 IE 4.0 及以下版本中应保留 name 属性，使用时可以同时使用 id 和 name 属性。

上面列举的几点是 XHTML 最基本的语法要求，习惯于 HTML 的读者，应克服代码书写中的随意性。

2.3.3 XHTML文档类型

视频路径：视频文件\files\2.3.3.swf | 实例文件：无

XHTML 1.0 支持三种 DTD（文档类型定义）声明：过渡型（Transitional）、严格型（Strict）和框架型（Frameset）。

1. 过渡型

这种文档类型对于标签和属性的语法要求不是很严格，允许在页面中使用HTML4.01的标签（符合XHTML语法标准）。过渡型DTD语句如下：

```
<!DOCTYPE html PUBLIC "-//W3C//DTD XHTML 1.0 Transitional//EN"
"http://www.w1.org/TR/xhtml1/DTD/xhtml1-transitional.dtd">
```

2. 严格型

这类文档类型对于文档内的代码要求比较严格，不允许使用任何表现层的标签和属性。严格型DTD语句如下：

```
<!DOCTYPE html PUBLIC "-//W3C//DTD XHTML 1.0 Strict//EN"
"http://www.w1.org/TR/xhtml1/DTD/xhtml1-strict.dtd">
```

在严格型文档类型中，以下元素将不被支持：

```
center          居中（属于表现层）
font            字体样式，如大小、颜色和样式（属于表现层）
strike          删除线（属于表现层）
s               删除线（属于表现层）
u               文本下划线（属于表现层）
iframe          嵌入式框架窗口（专用于框架文档类型或过渡型文档）
isindex         提示用户输入单行文本（与input元素语义重复）
dir             定义目录列表（与dl元素语义重复）
menu            定义菜单列表（与ul元素语义重复）
basefont        定义文档默认字体属性（属于表现层）
applet          定义插件（与object元素语义重复）
```

在严格型文档类型中，以下属性将不被支持：

```
align（支持table包含的相关元素：tr 、td、th、col、colgroup、thead、tbody、tfoot）
language
background
bgcolor
border（table元素支持）
height（img和object元素支持）
hspace
name（在HTML 4.01 Strict中支持，在XHTML 1.0 Strict中的form和img元素不支持）
noshade
nowrap
target
text、link、vlink和alink
vspace
width（img、object、table、col和colgroup元素支持）
```

3. 框架型

这是一种专门针对框架页面所使用的DTD，当页面中含有框架元素时，就应该采用这种DTD。框架型DTD语句如下：

```
<!DOCTYPE html PUBLIC "-//W3C//DTD XHTML 1.0 Transitional//EN"
"http://www.w1.org/TR/xhtml1/DTD/xhtml1-frameset.dtd">
```

使用严格的DTD来制作页面，当然是最理想的方式，但是对于没有深入了解Web标准的网页设计者来说，比较适合使用过渡型DTD。因为过渡型DTD还允许使用表现层元素和属性，比较适合大多数网页制作人员使用。

对于大多数标准网页设计师来说，过渡型 DTD（XHTML 1.0 Transitional）是比较理想的选择。因为这种 DTD 允许使用描述性的元素和属性，也比较容易通过 W3C 的代码校验。

2.3.4 DTD文档类型解析

视频路径：视频文件\files\2.3.4.swf　　实例文件：无

在 XHTML 文档中，DOCTYPE 是一个必要元素，它决定了网页文档的显示规则。DOCTYPE 是 Document Type 的简写，中文翻译为文档类型。在网页中通过在首行代码中定义文档类型，用来指定页面所使用的 HTML 的版本类型。在构建符合标注的网页中，只有确定正确的 DOCTYPE（文档类型），HTML 文档的结构和样式才能被正常解析和呈现。

实际上，DTD 是一套关于标签的语法规则。DTD 文件是一个 ASCII 的文本文件，后缀名为 .dtd。利用 DOCTYPE 声明中的 URL 可以访问指定类型的 DTD 详细信息。例如，对于 XHTML 1.0 过渡型 DTD 的 URL 为：http://www.w1.org/TR/xhtml1/DTD/xhtml1-transitional.dtd，在浏览器地址栏中输入该地址即可打开 XHTML 1.0 过渡型 DTD 文档，如图 2.1 所示。

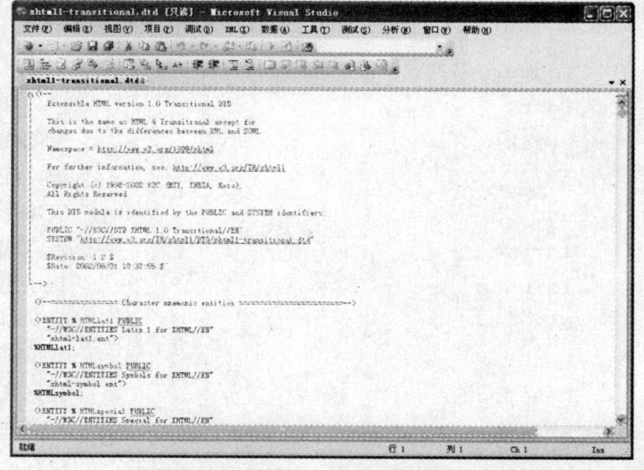

图2.1　XHTML 1.0过渡型DTD文档

一个 DTD 文档包含元素的定义规则，元素间关系的定义规则，元素可使用的属性、实体或符号规则。这些规则用于标签 Web 文档的内容。此外还包括了一些其他规则，它们规定了哪些标签能出现在其他标签中。文档类型不同，它们对应的 DTD 也不相同。

例如，下面是从 XHTML 1.0 过渡型 DTD 文档中截取的有关 image 元素定义的相关规则。

```
<!--==================== Images ===================================-->
<!--
  To avoid accessibility problems for people who aren't
  able to see the image, you should provide a text
  description using the alt and longdesc attributes.
  In addition, avoid the use of server-side image maps.
-->
<!ELEMENT img EMPTY>
<!ATTLIST img
  %attrs;
  src         %URI;                        #REQUIRED
  alt         %Text;                       #REQUIRED
  name        NMTOKEN                      #IMPLIED
  longdesc    %URI;                        #IMPLIED
  height      %Length;                     #IMPLIED
  width       %Length;                     #IMPLIED
  usemap      %URI;                        #IMPLIED
  ismap       (ismap)                      #IMPLIED
  align       %ImgAlign;                   #IMPLIED
  border      %Length;                     #IMPLIED
```

```
    hspace        %Pixels;                          #IMPLIED
    vspace    %Pixels;                              #IMPLIED
  >
```

“<!—”和“-->”表示注释，与HTML文档中的注释语句相同。然后使用“<!ELEMENT”命令定义一个image元素，后面的关键字“EMPTY”表示该元素可以为空，不包含其他元素。

使用“<!ATTLIST”命令定义属性，后面跟随的img表示被定义元素的属性。%attrs;表示属性列表。在跟随的属性列表中，第一列为属性的名称，第二列以“%”标识符定义属性的数据类型。例如，URI表示文件的地址，Text;表示字符串文本，Length表示长度，Pixels表示像素等。第三列表示属性的默认值类型，其中#REQUIRED表示属性值是必须的，#IMPLIED表示属性值不是必须的，#FIXED value表示属性值是固定的。

由于不同的浏览器对于HTML和CSS语言的解释效果并不完全相同，换句话说就是不同浏览器的解析规则是不同的。如果页面中没有显示声明DOCTYPE，则不同浏览器就会自动采用各自默认的DOCTYPE规则来解析文档中的各种标签和CSS样式码。因此，从浏览器兼容性来考虑，声明DOCTYPE是必须的。

DOCTYPE声明必须放在（X）HTML文档的顶部，在文档类型声明语句的上面不能够包含任何HTML代码，也不能包括HTML注释标签。DOCTYPE声明语句的说明如图2.2所示。

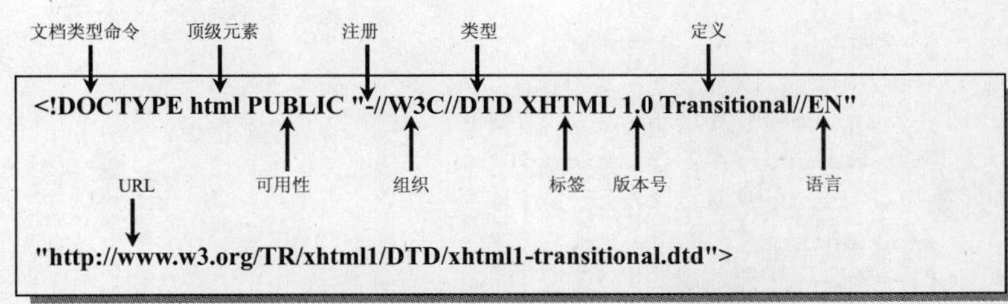

图2.2 DOCTYPE结构图

DOCTYPE声明中各个部分说明如下。

- 顶级元素：指定DTD中声明的顶级元素类型，这与声明的SGML文档类型相对应。HTML文档默认的顶级元素为html。
- 可用性：指定正式公开标识符（FPI）是可公开访问的对象（PUBLIC）还是系统资源（SYSTEM）。默认为PUBLIC，SYSTEM系统资源包括本地文件或URL。
- 注册：指定组织是否由国际标准化组织（ISO）注册。“+”（默认）表示组织名称已注册，“-”表示组织名称未注册。W3C是属于非注册的ISO组织，所以显示为“-”符号。
- 组织：指定在!DOCTYPE声明引用的DTD（文档类型定义）的创建和维护的团体或组织的名称。HTML语言规范的创建和维护组织为W3C。
- 类型：指定公开文本的类，即所引用的对象类型。HTML默认为DTD。
- 标签：指定公开文本的描述，即对所引用的公开文本的唯一描述性名称，后面可附带版本号。HTML默认为HTML，XHTML默认为XHTML，后面跟随的是语言版本号。
- 定义：指定文档类型定义，包含Frameset（框架集文档）、Strict（严格型文档）和Transitional（过渡型文档）。Strict（严格型文档）禁止使用W3C规范中指定将逐步淘汰的元素和属性，而Transitional（过渡型文档）可以包含除Frameset（框架集文档）元素以外的全部内容。
- 语言：指定公开文本的语言，即用于创建所引用对象的自然语言编码系统。该语言定义已编写为ISO 639语言代码（两个字母要大写），默认为EN（英语）。
- URL：指定所引用对象的位置。

从上面的结果分析，我们可以看到DOCTYPE声明语句的写法是严格遵循一定规则的，只有这样浏览器才能够调用对应文档类型的规则集来解释文档中的标签。所谓的文档类型规则集也就是W3C公开发布的一个文档类型定义（DTD）中包含的规则。

2.3.5 名字空间

视频路径：视频文件\files\2.3.5.swf | 实例文件：实例文件\2\名字空间.html、名字空间1.html

在XHTML文档中，读者还需要注意另一个容易忽略的问题：给<html>标签定义名字空间。例如：

```
<html xmlns="http://www.w1.org/1999/xhtml">
```

xmlns 是 html 元素的一个特殊属性。这个 xmlns 属性是 XHTML Name Space 的缩写，中文翻译为名字空间，该属性声明了 html 顶级元素的名字空间。那么名字空间在文档中是必须的吗？它有什么作用呢？

在标准设计中，名字空间是必须设置的一个属性，用来定义该顶级元素以及其包含的各级子元素的唯一性。名字空间声明允许你通过一个网址指向来识别文档内标签的唯一性。

由于 XML 语言允许用户自定义标签，这样就可能存在你定义的标签与别人定义的标签名称发生冲突。虽然标签名称不同，但是标签所表示的语义可能相同。当这些文档在网上自由传播或者相互交换文件时，由于名称相同可能会发生语义冲突。为此需要为各自的文档指定其语义的限制空间，于是 xmlns 属性就派上了用场。

为了帮助读者理解这个概念，下面举一个简单的实例。这里有张三和李四两个人分别定义的文档。

```
<!--张三：自定义文档 -->
<document>
    <name>书名</name>
    <author>作者</author>
    <content>目录</content>
</document>
<!--李四：自定义文档 -->
<document>
    <title>论文题目</title>
    <author>作者</author>
    <content>论文内容</content>
</document>
```

文档的根元素都是 document，同时文档中包含有很多相同的元素名。如果文档都在网上共享就会发生语义冲突。

如果我们使用 xmlns 分别为它们定义一个名字空间，这样就不会发生冲突了。例如：

```
<!--张三：自定义文档 -->
<document xmlns="http://www.css8.cn/zhangsan">
    <name>书名</name>
    <author>作者</author>
    <content>目录</content>
</document>
<!--李四：自定义文档 -->
<document xmlns="http://www.css8.cn/lisi">
    <title>论文题目</title>
    <author>作者</author>
    <content>论文内容</content>
</document>
```

在上面代码中，张三的文档名字空间为http://www.css8.cn/zhangsan，而李四的文档名字空间为http://www.css8.cn/lisi，虽然他们的文档存在相同的标签，但是借助顶级元素中定义的名字空间，相互之间就不会发生语义冲突。通俗地说，名字空间就是给文档做一个标签，标明该文档是属于哪个网站的。对于HTML文档来说，由于它的元素是固定的，不允许用户进行定义，所以指定的名字空间永远为http://www.w1.org/1999/xhtml”。

第3章

CSS语言详解

网页结构和网页布局是网页设计中的两个基本内容。HTML 语言具有强大的标识功能，利用其丰富的标签可以轻松构建网页的结构和显示内容，但在网页布局以及内容显示样式方面功能就显得比较弱小。CSS 样式表填补了 HTML 语言缺陷，为用户提供了功能强大的页面样式美化和布局功能。

CSS 布局是 CSS 语言的高级使命，它与我们常说的网页样式略有不同，布局涉及到网页整体结构的呈现，而样式则过多地关注局部效果的显示。由于 CSS 布局涉及到 CSS 的核心技术，Web 设计师需要吃透 CSS 布局原理，能够灵活应用、统筹规划，并能兼容主流浏览器，因此其开发的难度也是可想而知的。本章是您准备学习网页设计的基础，读者应该通过本章系统学习 CSS 基础知识，为后面各章实战奠定扎实的基础。

3.1 CSS概述

在网页设计中，CSS负责设计网页的表现效果，HTML负责构建网页的基本结构，JavaScript负责开发网页的交互效果。

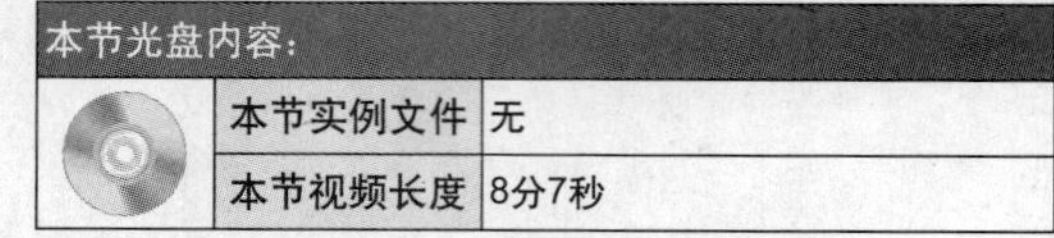

本节光盘内容：	
本节实例文件	无
本节视频长度	8分7秒

3.1.1 认识CSS

视频路径：视频文件\files\3.1.1.swf　　实例文件：无

如今随意查看页面源代码，你可能会看到类似下面的代码段：

```
<style type="text/css">
    ......
</style>
```

或者

```
<link href="style.css" rel="stylesheet" type="text/css" />
```

这些代码正是本教程要讲解的CSS样式表，更准确地讲就是CSS样式脚本。

CSS是Cascading Style Sheets的简写，中文翻译为层叠样式表的意思，它是W3C组织用来改善HTML在显示网页方面的缺陷的。虽然HTML在一开始就制定了各种网页样式标签和各种页面修饰属性，但随着网页信息的飞速增加，这种把信息显示内容与信息显示样式混在一起的设计方法已经无法满足人们对网络信息的快速搜索需求，更不能适应互联网技术的发展。

W3C标准化组织于1996年12月17日推出了CSS1规范，并得到了微软与网景公司的支持。1998年5月12日，W3C组织又推出了CSS2，从此该项技术在世界范围内得到推广和使用。现在大部分网页中使用的CSS样式表都遵循CSS 2标准。最新的CSS 3标准虽然早已经定义完毕，但由于支持的浏览器和使用者都比较少，因此还没有大规模普及使用。

CSS语言不需要编译，也不需要特殊的处理，用户只要把它们放在<style>和</style>标签之间，或者单独存储在一个文本文件之中，然后保存到扩展名为.css的文件，最后利用<link>标签链接或导入到网页中即可。

3.1.2 为什么学习CSS

视频路径：视频文件\files\3.1.2.swf　　实例文件：无

CSS是在HTML语言的基础上发展而来的，是为了克服HTML网页布局所带来的弊端而出现的。在HTML语言中，各种功能都是通过标签元素来实现的，然后通过标签的各种属性来定义标签的个性化显示，这也造成了各大浏览器厂商为了实现不同的显示效果而创建各种自定义标签。同时为了设计出不同的效果，经常会把各种标签互相嵌套，造成了网页代码的臃肿杂乱。

例如，要在一段文字中把一部分文字变成蓝色，HTML语言标识如下：

```
<p><font color=blue>显示信息</font></p>
```

而利用CSS技术，上例代码可以变成：

```
<p style="color: blue ">显示信息</p>
```

这样简单比较就可以看出CSS简化了HTML中各种烦琐的标签，使得各个标签的属性更具有一般性和通用性，并且样式表扩展了原先的标签功能，能够实现更多的效果。样式表甚至超越了网页本身的显示功能，而把样式扩展到了多种媒体上，显示了难以抗拒的魅力。如果把整个网页，甚至全部网站都用一张或几张样式表来专门设计网页的属性和显示样式，就会发现使用CSS的优越性，特别是为后期的更改维护提供了方便。

样式表的另一个巨大贡献就是把对象引入了HTML，使得可以使用脚本程序（如JavaScript、VBScript）来调用网页标签的属性，并且可以改变这些对象属性，达到动态的目的，这在以前的HTML中是无法实现的。

3.1.3 CSS特性

视频路径：视频文件\files\3.1.3.swf | 实例文件：无

层叠样式表比较简单、灵活、易学，能支持任何浏览器。可以使用HTML标签或命名的方式定义，除了可以控制一些传统的文本属性外，例如，字体、字号、颜色等，还可以控制一些比较特别的HTML属性，例如，对象位置、图片效果、鼠标指针等。

通过CSS样式表，可以统一地控制HTML中各标签的显示属性。对页面布局、字体、颜色、背景和其他图文效果实现更加精确的控制。用户只修改一个CSS样式表文件就可以实现改变一批网页的外观和格式，保证在所有浏览器和平台之间的兼容性，拥有更少的编码、更少的页数和更快的下载速度。具体地说，CSS样式表具有如下特点。

- 可以将网页样式和内容分离。HTML定义了网页的结构和各要素功能，而让浏览器自己决定应该让各要素以何种模样显示。CSS样式表解决了这个问题，它通过将结构定义和样式定义分离，能够对页面的布局格式施加更多的控制，这样，可以保持代码的简明。也就是把CSS代码独立出来，从另一角度控制页面外观。样式和内容的分离简化了维护，因为在样式表中更改某些内容，就意味着在任何地方也更改了这些内容。
- 能以前所未有的能力控制页面的布局。HTML总体上的控制能力很有限，如不能精确地设置高度、行间距和字间距，不能在屏幕上精确定位图像的位置。但是CSS样式表能够实现所有页面控制功能。
- 可以制作出体积更小、下载更快的网页。CSS样式表只是简单的文本，就像HTML那样，它不需要图像，不需要执行程序，不需要插件。就像HTML指令那样快，使用CSS样式表可以减少表格标签，减少图像用量，从而减少文件尺寸。
- 可以更快、更容易地维护及更新大量的网页。没有样式表时，如果想更新整个站点中所有主体文本的字体，必须一页一页地修改每张网页。即便站点用数据库提供服务，仍然需要更新所有的模板，样式表的主要目的就是将格式和结构分离。利用样式表，可以将站点上所有的网页都指向单一的一个CSS文件，只要修改CSS样式表文件中的某一行，那么整个站点都会随之发生变动。
- 浏览器成为更友好的界面。CSS样式表代码具有很好的兼容性，只要是可以识别CSS样式表的浏览器就可以应用它，不像其他的网络技术，如果用户丢失了某个插件时就会发生中断；或者使用老版本的浏览器时，代码就会出现杂乱无章的情况。

3.2 CSS语法和用法

CSS是一种高级的、弱类型的语言，与HTML一样都是一种标识语言，在任何文本编辑器中都可以打开和编辑。

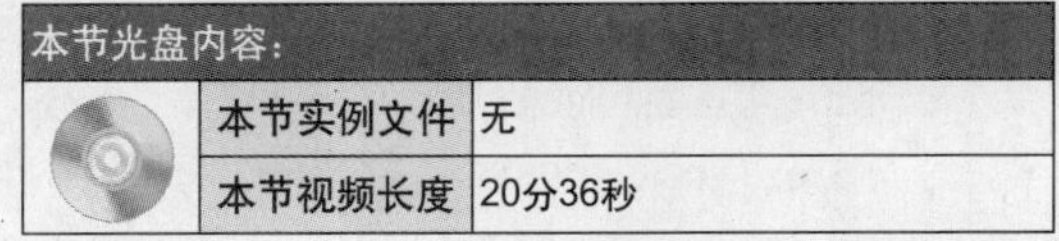

本节光盘内容：	
本节实例文件	无
本节视频长度	20分36秒

不管你有没有基础，初次接触CSS时会感到很简单，也很亲切，而一旦完全使用CSS来布局页面时，你就会发现它很艰涩。因此，读者必须在开始学习时就要打下扎实的基础，下面我们就来

讲解 CSS 的基本语法和简单用法。

3.2.1 CSS基本结构

视频路径：视频文件\files\3.2.1.swf　　实例文件：无

CSS的语法单元是样式，每个样式包含两部分内容：选择符和声明（或称为规则），如图3.1所示。

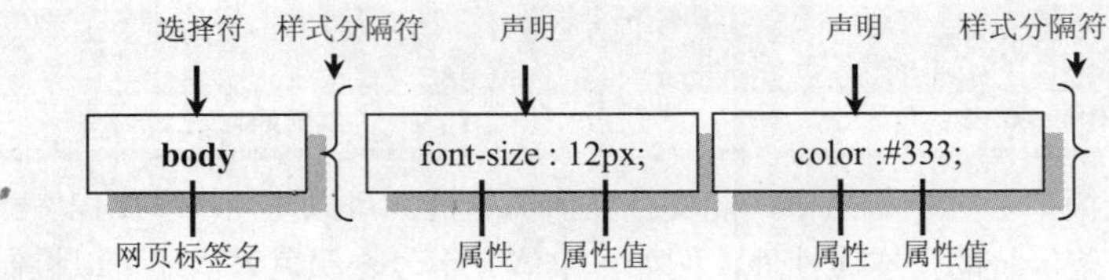

图3.1　CSS样式基本格式

- 选择符（Selector）：选择符告诉浏览器该样式将作用于页面中哪些对象，这些对象可以是某个标签、所有网页对象、指定Class或Id值等。浏览器在解析这个样式时，根据选择符来渲染对象的显示效果。
- 声明（Declaration）：声明可以增加一个或者无数个，这些声明命令浏览器如何去渲染选择符指定的对象。声明必须包括两部分：属性和属性值，并用分号来标识一个声明的结束（在一个样式中最后一个声明可以省略分号）。所有声明被放置在一对大括号内，然后整体紧邻选择符的后面。
- 属性（Property）：属性是CSS提供的设置好的样式选项。属性名由一个单词或多个单词组成，多个单词之间通过连字符相连，这样能够很直观地表示属性所要设置样式的效果。
- 属性值（Value）：属性值是属性用来显示效果的参数，它包括数值和单位，或者关键字。

例如，定义网页字体大小为12像素，字体颜色为深灰色，则我们可以设置如下样式：

```
body{font-size: 12px; color: #CCCCCC;}
```

多个样式可以并列在一起，不需要考虑如何进行分隔，例如，我们再定义段落文本的背景色为紫色，则可以在上面样式的基础上定义如下样式：

```
body{font-size: 12px; color: #CCCCCC;}p{background-color: #FF00FF;}
```

由于CSS语言忽略空格（除了选择符内部的空格外），因此我们可以利用空格来美化CSS源代码，则上面代码可以进行如下美化：

```
body {
     font-size: 12px;
     color: #CCCCCC;
}
p { background-color: #FF00FF; }
```

这样在阅读CSS源代码时就一目了然了，既方便阅读，也更容易维护。

任何语言都需要注释，HTML 使用“<!-- 注释语句→”来进行注释，而 CSS 使用“/* 注释语句 */”来进行注释。例如，对于上面的代码可以进行如下注释：

```
body {/*页面基本属性*/
     font-size: 12px;
     color: #CCCCCC;
}
/*段落文本基础属性*/
p { background-color: #FF00FF; }
```

3.2.2 CSS基本用法

视频路径：视频文件\files\3.2.2.swf　　实例文件：无

CSS的样式必须放置在特定类型的文件、标签或属性中，否则是无效的，浏览器会视其如普通字符串，而不对其进行解析。CSS代码一般可以放置在三个地方，详细说明如下：

◆ 直接放在标签的style属性中。例如，

```
<span style=" color:red; ">红色字体</span>
<div style=" border:solid 1px blue; width:200px; height:200px; "></div>
```

这样，当浏览器解析这些标签时，检测到该标签包含有style属性，于是就调用CSS引擎来解析这些样式码，并把效果呈现出来。

这种通过style属性直接把样式码放在标签内的做法被称之为行内样式，因为它与传统网页布局中在标签增加属性的设计方法没有什么两样，这种方法实际上还没有真正把HTML结构和CSS表现分开进行设计，因此不建议使用，除非为页面中个别元素设置某个特定样式效果而单独进行定义。

◆ 把样式代码放在<style>标签内。例如：

```
<style type="text/css">
body {/*页面基本属性*/
    font-size: 12px;
    color: #CCCCCC;
}
/*段落文本基础属性*/
p { background-color: #FF00FF; }
</style>
```

在设置 <style> 时应该指定 type 属性，告诉浏览器该标签包含的代码是 CSS 源代码，这样当浏览器遇到 <style> 之后，会自动调用 CSS 引擎进行解析。

这种CSS应用方式也被称为网页内部样式。如果仅为一个页面定义CSS样式时，使用这种方法比较高效，且管理方便。但是在一个网站中或多个页面之间引用时，使用这种方法会产生代码冗余，不建议使用，而且一页一页地管理样式也是不经济的。

内部样式一般放在网页的头部区域，目的是让CSS源代码早于页面源代码下载并被解析，这样可以避免当网页信息下载之后，由于没有CSS样式渲染而使页面信息无法正常显示。

◆ 把样式放置在单独的文件中，然后使用<link>标签或者@import关键字导入。

这样当浏览器遇到这些代码时，会自动根据它们提供的URL把外部样式表文件导入到页面中并进行解析，这种应用样式的方式也被称为外部样式。一般网站都采用外部样式来设计网站的表现层问题，以便于统筹设计CSS样式，并能够快速开发和高效管理。

3.2.3 CSS样式表

视频路径：视频文件\files\3.2.3.swf　　实例文件：无

一个或多个CSS样式便组成了一个样式表。样式表包括内部样式表和外部样式表。

内部样式表包含在<style>标签内，一个<style>标签就表示一个内部样式表。而通过标签的style属性定义的样式属性就不是样式表。如果一个网页文档中包含多个<style>标签，就表示该文档包含了多个内部样式表。

如果CSS样式被放置在网页文档外部的文件中，则称为外部样式表，一个CSS样式表文档就表示一个外部样式表。实际上，外部样式表也就是一个文本文件，其扩展名为.css。当把不同的样式

复制到一个文本文件中后，另存为.css文件，则它就是一个外部样式表。如图3.2所示就是禅意花园的外部样式表。

外部样式表与内部样式表没什么两样，都是由无数个样式组成的。你也可以在外部样式表文件顶部定义CSS源代码的字符编码，例如，下面代码定义样式表文件的字符编码为中文简体。

```
@charset "gb2312";
```

如果不设置CSS文件的字符编码，可以保留默认设置，则浏览器会根据HTML文件的字符编码来解析CSS代码。

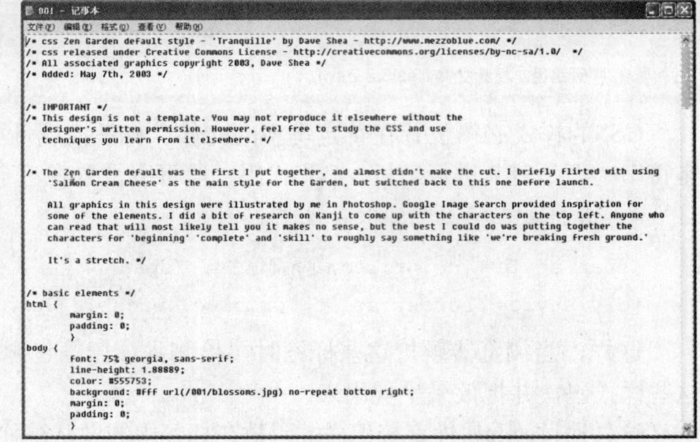

图3.2 CSS禅意花园外部样式表文件

3.2.4 导入外部样式表

视频路径：视频文件\files\3.2.4.swf　　实例文件：无

外部样式表必须导入到网页文档中，才能够被识别和解析。外部样式表文件可以通过两种方法导入到HTML文档中。

1. 使用 <link> 标签导入

使用<link>标签导入外部样式表文件：

```
<link href="001.css" rel="stylesheet" type="text/css" />
```

其中href属性设置外部样式表文件的地址，可以是相对地址，也可以是绝对地址；rel属性定义该标签关联的是样式表标签；type属性定义文档的类型，即为CSS文本文件。

因为不同浏览器要求不同，一般在定义<link>标签时，应该显式设置这三个属性，其中href是必须设置属性。具体说明如下。

- href：定义样式表文件URL。
- type：定义导入文件类型，同style元素一样。
- rel：用于定义文档关联，这里表示关联样式表。

我们也可以在 link 元素中添加 title 属性，设置可选样式表的标题，即当一个网页文档导入了多个样式表后，可以通过 title 属性值选择所要应用的样式表文件，例如，在 Firefox 浏览器中，可以在菜单栏中选择【查看】|【页面风格】命令，然后在子菜单中会显示 title 属性值，你只需选择不同的 title 属性值，即可有选择地应用需要的样式表文件，但 IE 浏览器不支持该功能。

另外，title 属性与 rel 属性存在联系，按 W3C 组织的设想，未来的网页文档会使用多个 <link> 元素导入不同的外部文件，例如，样式表文件、脚本文件、主题文件，甚至可以包括个人自定义的其他补充文件。导入这么多不同类型、名称各异的文件后，可以使用 title 属性进行选择，这时 rel 属性的作用就显现出来了，它可以指定网页文件初始显示时应用的导入文件类型，目前只能关联样式表文件。虽然目前浏览器的支持不是太好，不过建议读者加上 rel 属性，以后随着浏览器支持该功能后就显得非常有用了。如果在网页中导入外部样式时没有设置 rel 属性，那么在 Firefox 浏览器中浏览网页时导入的样式表文件会无效，道理就是在 link 元素中没有用 rel 属性关联样式表。

外部样式是CSS应用的最佳方案，一个样式表文件可以被多个网页文件引用，同时一个网页文件也可以导入多个样式表，方法是重复使用link元素导入不同的样式表文件。

2. 使用 @import 关键字导入

在 <style> 标签内使用 @import 关键字导入外部样式表文件：

```
<style type="text/css">
@import url(“001.css”);
</style>
```

在@import关键字后面，利用url()函数包含具体的外部样式表文件的地址。

使用这种方式导入的外部样式表可以被文档执行，但是一些较低版本的浏览器对它的支持性不是很好，常被用来实现浏览器的兼容处理。外部样式表能够实现CSS样式与XHTML结构的分离，这种分离原则是W3C所提倡的，因为它可以更高效地管理文档结构和样式，实现代码的优化和重用。

3.2.5　CSS注释和空格

视频路径：视频文件\files\3.2.5.swf　　实例文件：无

在CSS中增加注释很简单，所有被放在“/*”和“*/”分隔符之间的文本信息都被称为注释。例如：

```
/* 注释 */
```

或

```
/*
注释
*/
```

在 CSS 中，各种空格是不被解析的，因此读者可以利用 Tab 键、空格键对样式表和样式代码进行排版。

3.3　CSS属性、属性值和单位

读者如果想要灵活使用 CSS，就必须掌握 CSS 属性的语义和用法，只有这样才能使用 CSS 设计出漂亮、兼容和灵活的网页样式和布局效果。

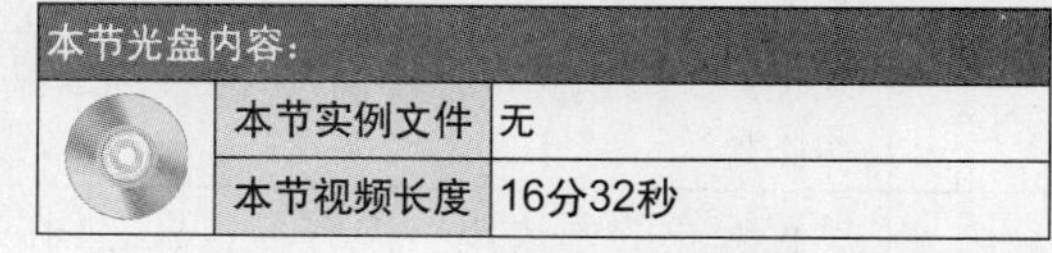

本节光盘内容：	
本节实例文件	无
本节视频长度	16分32秒

3.3.1　CSS属性

视频路径：视频文件\files\3.3.1.swf　　实例文件：无

CSS属性众多，在W3C CSS 2.0版本中共有122个标准属性（http://www.w3.org/TR/CSS2/propidx.html），在W3C CSS 2.1版本中共有115个标准属性（http://www.w3.org/TR/CSS21/propidx.html），其中删除了CSS 2.0版本中的七个属性：font-size-adjust、font-stretch、marker-offset、marks、page、size和text-shadow。在W3C CSS 3.0版本中又新增加了20多个属性（http://www.w3.org/Style/CSS/current-work#CSS3）。

如果再加上IE专有属性，CSS属性有170多个，这远远超出了C语言中所有关键字，但这是CSS定义丰富样式的基础。对于初学者来说可能有点难，好在CSS属性比较有规律，记忆方便，找准了主要属性，就会纲举目张。另外，其中很大一部分是冷僻的属性，且少数属性还不被浏览器支持，特别是IE浏览器不支持的属性很多，还有一些是IE专用属性，普及的价值也不大。这么一算，真正常用的不过三分之一，所以，初学者不必害怕，勇敢面对，积极学习。

本节不准备逐个介绍每个属性的用法，以及属性取值选项，读者可以参考本教程光盘中免费提供的CSS参考手册，本手册比较详细地介绍了所有属性的用法。下面我们从战略的角度对CSS属性进行学习，如表3.1所示，具体属性可以参考手册。

表3.1 CSS属性分类说明

分类	说明	数目	使用评价	使用频率
字体	定义字体属性，包括字体基本属性、行距、字距和文字修饰、大小写等属性	16	排版使用，美化文本比较有用	******
文本	定义段落属性，如缩进、文本对齐、书写方式、换行、省略等	25	排版使用，部分属性比较实用，有些比较专业生僻，浏览器的支持不是太好	****
背景	设置对象的背景，如背景色、背景图片及其显示位置	10	修饰使用，比较常用	******
定位	布局网页，包括定位方式、定位坐标	6	布局使用，比较常用	*********
尺寸	设置对象的大小，包括宽、高、最大宽高、最小宽高	6	布局使用，比较常用，IE 6及更低版本对最小或最大宽和高支持不好	******
布局	布局网页，包括清除、浮动、裁切、显示方式、是否可见、伸缩滚动	8	布局使用，比较常用，技巧比较多	*********
外边距	设置对象的外边距（边框外的空隙），包括全部和四个方向外边距设置	5	布局使用，比较常用	*******
轮廓	设置对象的轮廓，包括轮廓的样式、颜色和宽	4	修饰使用，如同外阴影，浏览器的支持不好	*
边框	设置对象的边框，包括边线样式、颜色、宽度	20	布局或修饰使用，比较常用	*******
内容	设置对象的内容，包括插入内容、元素、自动化等	4	不好用，浏览器的支持也不好	*
内边距	设置对象的内边距（内容与边框之间的距离），包括全部和四个方向外边距设置	5	布局使用，比较常用	*******
列表	设置列表项，包括列表样式、图像样式、显示位置等	5	布局使用，比较常用	******
表格	设置表格，包括单元格边的显示方式、空隙、标题、是否隐藏空单元格、表格解析方式等	6	个别属性有用，IE浏览器的支持不够好	****
滚动条	设置滚动条，包括滚动条的不同区域颜色	8	修饰使用，IE浏览器支持，其他浏览器不支持	****
打印	设置打印，包括打印页面、页眉、页脚、打印尺寸、元素等	7	打印使用，浏览器的支持不好	***
声音	设置声音，主要为特殊设置显示使用，方便残疾人浏览网页	18	特殊显示使用，浏览器的支持不好	*
其他	一些特殊设置，包括鼠标样式、行为、特效、对象缩放	4	特效使用，浏览器的支持不错	***

在网页布局中，网页设计师主要使用到下面属性（如表 3.2 所示），请读者务必记住。

表3.2 CSS常用布局属性

分类	属性	取值	说明
定位	position	static（默认值）| absolute（绝对）| fixed（固定）| relative（相对）	设置对象的定位方式。取值为absolute表示对象脱离文档流动，根据浏览器、具有定位功能的父元素或特殊父元素的左上角为坐标原点来定位；取值为relative表示以文档流动中的当前对象自身位置为坐标原点进行定位；取值为fixed表示不受任何网页影响，根据浏览器的左上角进行定位，定位之后在窗口中的显示位置就被固定，不随滚动条滚动
定位	z-index	auto（自动）| number（数字）	设置对象层叠顺序，取值越大，显示越靠上，此属性仅作用于position 属性值设置为relative或absolute 的元素
定位	top	auto | length（高度）	设置对象与其最近一个具有定位属性的上级元素顶边框的距离，该属性仅在定位（position）属性被设置时可用，否则会被忽略
定位	right	auto | length（高度）	设置对象与其最近一个具有定位属性的上级元素右边框的距离，该属性仅在定位（position）属性被设置时可用，否则会被忽略
定位	bottom	auto | length（高度）	设置对象与其最近一个具有定位属性的上级元素底边框的距离，该属性仅在定位（position）属性被设置时可用，否则会被忽略
定位	left	auto | length（高度）	设置对象与其最近一个具有定位属性的上级元素左边框的距离，该属性仅在定位（position）属性被设置时可用，否则会被忽略
尺寸	height	auto | length（长度）	定义对象的高度，注意IE 5.x及其以下版本浏览器对于盒模型的高度解析存在误解
尺寸	width	auto | length（长度）	定义对象的宽度，注意IE 5.x及其以下版本浏览器对于盒模型的宽度解析存在误解
尺寸	max-height	auto | length（长度）	定义对象的最大高度，现代标准浏览器支持，IE 6及其以下版本浏览器不支持
尺寸	min-height	auto | length（长度）	定义对象的最小高度，现代标准浏览器支持，IE 6及其以下版本浏览器不支持
尺寸	max-width	auto | length（长度）	定义对象的最大宽度，现代标准浏览器支持，IE 6及其以下版本浏览器不支持
尺寸	min-width	auto | length（长度）	定义对象的最小宽度，现代标准浏览器支持，IE 6及其以下版本浏览器不支持
布局	clear	none（无）| left（左）| right（右）| both（两侧）	设置对象左右不允许有浮动对象，该属性需要与float属性配合使用
布局	float	none（无）| left（左）| right（右）	设置对象是否浮动以及浮动方向。当被定义为浮动时，对象将被视作块状显示，即display属性等于block，此时浮动对象的display属性将被忽略
布局	clip	auto | rect（number number number number）（裁切区域）	设置对象的可视区域，可视区域外的部分是透明的。取值为rect (number number number number)表示依据上—右—下—左的顺序提供自对象左上角为（0,0）坐标计算的四个偏移数值，其中任一数值都可用auto替换，即此边不剪切。该属性仅在定位（position）属性值设为 absolute时才可以使用，目前支持的浏览器不是很多

（续表）

分类	属性	取值	说明
布局	overflow	visible（可见）| auto | hidden（隐藏）| scroll（显示滚动条）	设置对象内容超过指定高和宽时如何显示内容。所有元素默认为 visible，除了textarea元素和body元素的默认值是auto外。设置 textarea 元素此属性值为 hidden，将隐藏其滚动条
布局	overflow-x	visible（可见）| auto | hidden（隐藏）| scroll（显示滚动条）	设置对象内容超过指定高时如何显示
布局	overflow-y	visible（可见）| auto | hidden（隐藏）| scroll（显示滚动条）	设置对象内容超过指定宽时如何显示
布局	display	Block（块状）| none（隐藏）| inline（内联）| list-item（列表）|等（不常用就不再显示）	设置对象显示类型或方式
布局	visibility	Inherit（继承）| visible | hidden（隐藏）|等（不常用）	设置是否显示对象

3.3.2 巧记CSS属性

视频路径：视频文件\files\3.3.2.swf　　实例文件：无

CSS属性众多，其中CSS 2.0版本竟包含了150多个属性，这些属性被分为不同的类型，如字体属性、文本属性、边框属性、边距属性、布局属性、定位属性、打印属性等。对于初学者来说，学习CSS的最大障碍是如何熟悉并掌握这些属性的使用。关于CSS属性的详细列表和用法可以参阅本教程附赠的CSS参考手册。这里给读者一点小建议：不要急于记住CSS的所有属性，不要急于一下吃透它们的用法，更不能机械记忆，如果使用背英语单词的方法来记忆，效果势必会很差。

最佳的方法是边学习边记忆，步步为营，在实践中逐个突破。当你学习网页排版时，不妨集中精力把字体和文本属性研究一下。当学习网页布局时，不妨再研究与盒模型和布局相关的几个属性。

记忆这些属性时，一定要结合实践，不断去尝试并举一反三，只有这样你才能够完全掌握CSS所有属性，并能够熟练应用。例如，当你准备学习CSS布局时，不妨先集中精力把与CSS盒模型相关的属性记住，此时你可以绘制一个图（如图3.3所示）。

CSS属性的名称比较有规律，且名称与意思紧密相连，如同象形文字，根据意思记忆属性名称是一个不错的方法。

CSS盒模型讲的就是网页中任何元素都会显示为一个矩形形状，它可以包括外边距、边框、内边距、宽和高等，用英文表示就是：margin（外边距，或称为边界）、border（边框）、padding（内边距，或称为补白）、height（高）和width（宽），盒子还有background（背景）。

外边距按方位又可以包含margin-top、margin-right、margin-bottom、margin-left共四个分支属性，分别表示顶部外边距、右侧外边距、底部外边距和左侧外边距。

同样的道理，内边距也可以包含padding-top、padding-right、padding-bottom、padding-left、 padding属性。边框可以分为边框类型、粗细和颜色，因此可以包含border-width、border-color和border-style属性，这些属性又可以按四个方位包含很多属性，例如，border-width属性又分为border-top-width、border-right-width、border-bottom-width、border-left-width和border-width属性。

如果你顺着这个思路可以很快记住与盒模型相关的几十个属性。同样的方法，你还可以轻松记住其他类型的CSS属性。

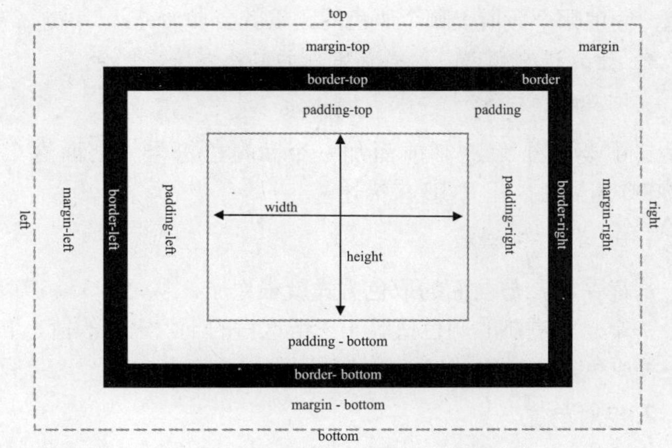

图3.3 CSS盒模型相关的属性

3.3.3 CSS属性值及其单位

视频路径：视频文件\files\3.3.3.swf　　实例文件：无

设置CSS属性值的难点在于单位的选用。它覆盖范围很广，从长度单位到颜色单位，再到URL地址等。单位的取舍很大程度上依赖于用户的显示器和浏览器，不恰当的使用单位会给页面布局带来很多麻烦，因此属性值的设置需要网页设计师认真对待。

1. 颜色值

设置颜色值可以选用颜色名、百分比、数字和十六进制数值。

- 如果读者仅使用几个基本的颜色，使用颜色名是最简单的方法。虽然目前已经命名的颜色约有184种，但真正被各种浏览器支持，并且作为CSS规范推荐的颜色名称只有16种，如表3.3所示。

表3.3 CSS规范推荐的颜色名称

名 称	颜 色	名 称	颜 色	名 称	颜 色
black	纯黑	silver	浅灰	navy	深蓝
blue	浅蓝	green	深绿	lime	浅绿
teal	靛青	aqua	天蓝	maroon	深红
red	大红	purple	深紫	fuchsia	品红
olive	褐黄	yellow	明黄	gray	深灰
white	亮白				

不建议在网页中使用颜色名，特别是大规模的使用，避免有些颜色名不被浏览器解析，或者不同浏览器对颜色的解释差异。

- 使用百分比。这是一种最常用的方法，例如：

```
color:rgb(100%,100%,100%);
```

这个声明将红、蓝、绿三种原色都设置为最大值，结果组合显示为白色。相反，可以设置rgb(0%,0%,0%)为黑色。三个百分值相等将显示灰色。同理，哪个百分值大就偏向哪个原色。

- 使用数值。数字范围从 0 到 255，例如：

```
color:rgb(255,255,255);
```

上面这个声明将显示白色，相反，可以设置为rgb（0,0,0）将显示黑色。三个数值相等将显示灰色，同理哪个数值大哪个原色的比重就会加大。

- 十六进制颜色。这是最常用的取色方法，例如：

```
color:#ffffff;
```

其中要在十六进制前面加一个 # 颜色符号。上面这个声明将显示白色，相反，可以设置 #000000 为黑色，用 RGB 来描述：

```
color: #RRGGBB;
```

这样一看，与前面的取色方式就很像了，从0到255，实际上十进制的255正好等于十六进制的FF，一个十六进制的颜色值等于三组这样的十六进制的值，它们按顺序连接在一起就等于红、蓝、绿三种原色，这样理解起来就会更明白。

2. 绝对单位

绝对单位在网页中很少使用，一般多用在传统平面印刷中，但在特殊的场合使用绝对单位是很必要的。绝对单位包括：英寸、厘米、毫米、磅和pica。

- 英寸（in）：是使用最广泛的长度单位。
- 厘米（cm）：生活中最常用的长度单位。
- 毫米（mm）：在研究领域使用广泛。
- 磅（pt）：在印刷领域使用广泛，也称点。CSS也常用pt设置字体大小，12磅的字体等于六分之一英寸大小。
- pica（pc）：在印刷领域使用，1pica等于12磅，所以也称12点活字。

3. 相对单位

相对单位与绝对单位相比，其显示大小不是固定的，它所设置的对象受屏幕分辨率、可视区域、浏览器设置、相关元素的大小等多种因素影响。

- em。

em 单位表示元素的字体高度，它能够根据字体的 font-size 属性值来确定单位的大小，例如：

```
p{/*设置段落文本属性*/
    font-size:12px;
    line-height:2em;/*行高为24px*/
}
```

从上面样式代码中可以看出：一个em等于font-size的属性值，如果设置font-size:12pt，则line-height:2em就会等于24pt。

如果设置font-size属性的单位为em，则em的值将根据父元素的font-size属性值来确定。例如：

```
<!--[XHTML结构]-->
<div id="main">
    <p>em相对长度单位使用</p>
</div>

<!--[CSS样式]-->
#main {
    font-size:12px;
}
p {
    font-size:2em; /*字体大小将显示为24px*/
}
```

同理，如果父对象的 font-size 属性的单位也为 em，则将依次向上级元素寻找参考的 font-size 属性值，如果都没有定义，则会根据浏览器默认字体进行换算，默认字体一般为 16 像素。

◆ ex。

ex单位根据所使用的字体中小写字母x的高度作为参考。在实际使用中，浏览器将通过em的值除以2得到ex的值，为什么这样计算呢？

因为x高度计算比较困难，且小写x的高度值是大写X的一半；另一个影响ex单位取值的是字体，由于不同字体的形状差异，这也导致相同大小的两段文本。但由于字体设置不同，ex单位的取值也会存在很大的差异。

◆ px。

px单位是根据屏幕像素点来确定的，这样，不同的显示分辨率就会使相同取值的px单位所显示出来的效果截然不同。

在实际设计中，建议网页设计师多使用相对长度单位em，且在某一类型的单位上使用统一的单位。如设置字体大小，根据个人使用习惯，在一个网站中，可以统一使用px或em。

4. 百分比

百分比也是一个相对单位值。百分比值总是通过另一个值来计算，一般参考父对象中相同属性的值。例如，如果父元素宽度为500px，子元素的宽度为50%，则子元素的实际宽度为250像素。

百分比可以取负值，但在使用中受到很多限制。

5. URL

设置URL的值也是读者最容易糊涂的地方，URL包括绝对地址和相对地址。绝对地址一般不会出错，只要完整输入地址即可。问题就在于相对地址的设置，如果当CSS文件和引用的HTML文档不在同一个文件夹中时，能否正确输入URL对于初学者来说确实是一个不小的考验。

如图3.4所示是一个简单的站点模拟结构，其中在根目录下存在两个文件夹images和css。在images文件夹中存放着logo.gif图像，在css文件夹中存放着style.css样式文件。如果想在index.htm网页文件中显示logo.gif图像，该如何设置URL呢？对于高手来说这可能很简单，不假思索，但对于初学者来说可能有困难了。

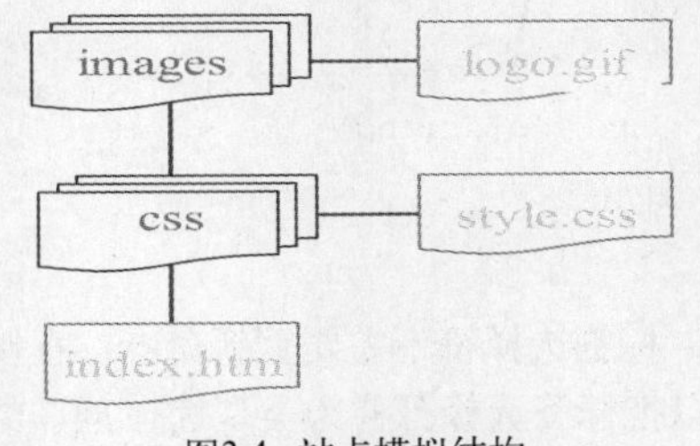

图3.4 站点模拟结构

首先，把style.css导入index.htm很简单：

```
<link href="css/style.css" type="text/css" rel="stylesheet" />
```

问题是从 logo.gif 到 style.css 的参照物是什么？是 index.htm，还是 style.css。显然是以 style.css 样式文件本身作为参照物的，正确的写法如下：

```
background:url(../images/logo.gif);
```

这与 JavaScript 的用法可就截然不同了，假设在 css 文件夹中有一个 .js 文件需要导入到 index.htm 网页中，而 .js 文件也引用了 logo.gif 图像，再使用 url(../images/logo.gif) 就不对了，而是：

```
url(images/logo.gif)
```

因为它们的参照物不同，或者更本质地说，是因为它们在浏览器中被解析的顺序和方式不同。

3.4 基本选择器

CSS 中的选择符类似于 Photoshop 中各种选取工具或命令，灵活使用这些 CSS 选择符是使用 CSS 控制网页的基础。

本节光盘内容：	
本节实例文件	无
本节视频长度	10分25秒

如果您使用过Photoshop或其他图像编辑软件，相信对于图像选取工具并不陌生。可以说在Potoshop中，所有操作都是建立在选取操作基础之上的，例如，选框工具、魔棒工具、路径选取工具、通道选取工具、色彩选取命令等，所有这些工具或命令都是为了方便用户精确选取图像区域，以实现更准确的图像编辑。

本节将详细讲解 CSS 基本选择符，它也是 CSS 学习的难点和重点。

3.4.1 标签选择器

视频路径：视频文件\files\3.4.1.swf | 实例文件：无

HTML文档都是由很多标签通过一定的规则编织而成的，我们也可以把这些标签称为网页元素。标签选择符正是确定要定义样式的网页元素对象。

例如，在下面这个样式中声明了p元素的基本样式，该样式将应用于网页中所有段落文本，它将段落内的字体大小定义为12像素，字体颜色定义为红色。

```
<style type="text/css">
p {
    font-size:12px;                                  /* 字体大小为12像素 */
    color:red;                                       /* 字体颜色为红色 */
}
</style>
```

标签选择符不需要重新命名，直接引用HTML特定标签的名称即可，如图3.5所示。有时候我们可以把标签选择符称为类型选择符。类型选择符规定了网页元素在页面中的默认显示样式，因此，类型选择符可以快速、方便地控制页面的基本样式。

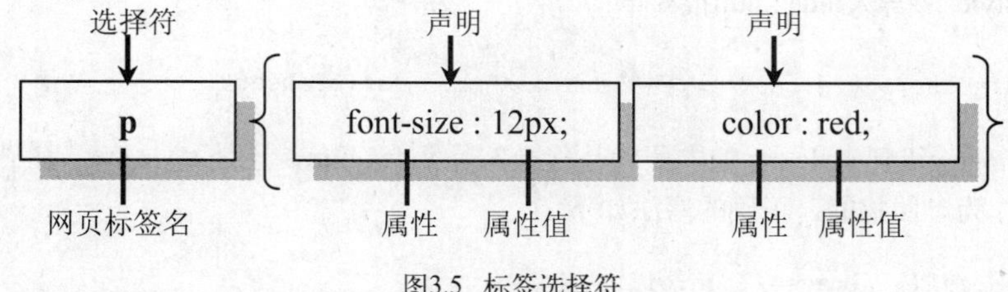

图3.5 标签选择符

网页设计师可以在定制页面样式时利用标签选择符来统一网页常用元素的基本样式。标签选择符在CSS中是使用率最高的一类选择符，且也容易管理，因为它们都是与网页元素同名的。

3.4.2 类别选择器

视频路径：视频文件\files\3.4.2.swf | 实例文件：实例文件\3\类别选择器.html

标签选择符虽然很方便，但是也存在很多缺陷。因为每个标签选择符所定义的样式不仅仅影响某一个标签，而是影响页面中所有同名的标签。如果希望同一个标签在网页的不同位置显示不同的样式，使用这种方法定义的样式就存在很多弊端，怎么办？此时不妨使用类选择符。

类（Class）选择符就是为不同元素拥有相同的显示样式而定义的。例如，在下面这个页面中包含三段文本，通过标签选择符将所有段落文本的字体大小定义为12像素，字体颜色为红色。

```
<style type="text/css">
p {
    font-size:12px;                              /* 字体大小为12像素 */
    color:red;                                   /* 字体颜色为红色 */
}
</style>
<p>问君能有几多愁，恰似一江春水向东流。</p>
<p>剪不断，理还乱，是离愁。别是一般滋味在心头。</p>
<p>独自莫凭栏，无限江山，别时容易见时难。流水落花春去也，天上人间。</p>
```

但是现在我们希望第二段文本的字体大小为18像素，这时就可以使用类选择符。假设定义一个18像素大小的字体类：

```
.font18px {
    font-size:18px;
}
```

> **TIP** 类选择符必须以一个点（.）前缀开头，然后跟随一个自定义的类名（如图3.6所示）。然后在页面中第二段段落标签中引用font18px类样式。引用类样式时，可以使用class属性来实现，HTML所有元素都支持该属性。

```
<p>问君能有几多愁，恰似一江春水向东流。</p>
<p class=”font18px”>剪不断，理还乱，是离愁。别是一般滋味在心头。</p>
<p>独自莫凭栏，无限江山，别时容易见时难。流水落花春去也，天上人间。</p>
```

这时如果在浏览器中预览则，显示如图3.7所示，你可以看到第二段文本被单独放大显示了。

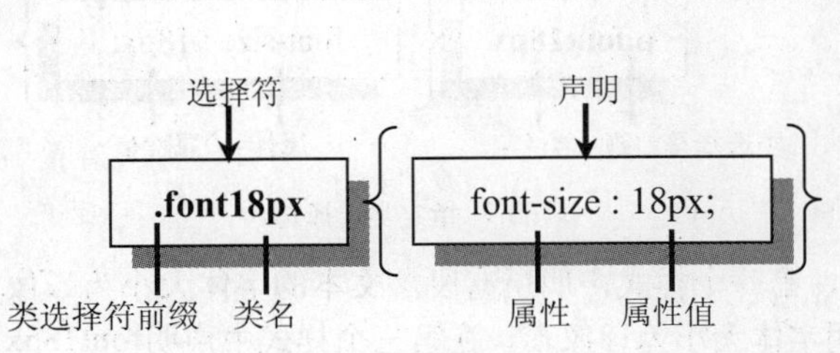

图3.6 类选择符

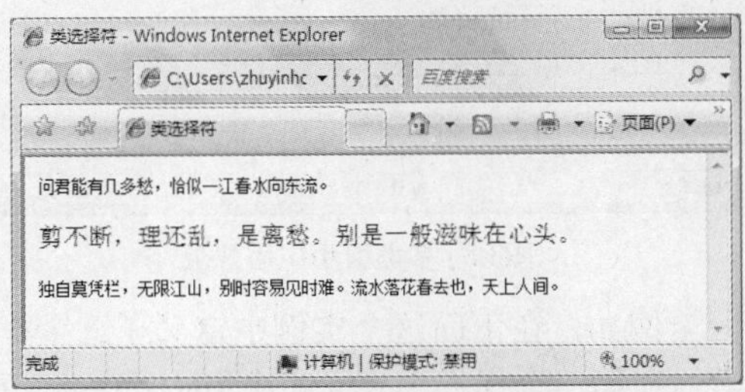

图3.7 类选择符应用效果

类选择符可以精确地控制页面中某个具体的元素对象，而不管这个对象是属于什么类型的标签，同时一个类样式可以在多个标签中被引用。因此，类选择符除了拥有标签选择符的影响广泛性之外，还具备了精确控制页面标签样式的优势，是设计师常用的选择符之一。

类选择符虽然比标签选择符在使用上更精确，但是必须把类引用到具体的标签上时才有效，任何标签在没有设置class属性时，所定义的类样式是无效的，故类在一定程度上给设计师的使用带来了麻烦。

在自定义类名时，只能够使用字母、数字、下划线（_）和连字符（-），类名首字符必须以字母开头，否则无效。另外，类名是区分大小写的，所以类font18px和类Font18px是属于两个不同的类。

标签的class属性可以被设置成多个类，这为类的广泛使用奠定了基础。如果一个标签只能够引用一个类，那么这与定义标签选择符没有什么区别。例如，在下面这个实例中定义了三个类：

font18px、underline和italic，然后在段落文本中分别引用这些类，其中第二段文本标签引用了三个类（如图3.8所示）。

```
<style type="text/css">
p {/* 段落默认样式 */
    font-size:12px;                    /* 字体大小为12像素 */
    color:red;                         /* 字体颜色为红色 */
}
.font18px {/* 字体大小类  */
    font-size:18px;                    /* 字体大小为18像素 */
}
.underline {/* 下划线类 */
    text-decoration:underline;         /* 字体修饰为下划线 */
}
.italic {/* 斜体类 */
    font-style:italic;                 /* 字体样式为斜体 */
}
</style>
<p class=" underline">问君能有几多愁，恰似一江春水向东流。</p>
<p class=" font18px italic underline">剪不断，理还乱，是离愁，别是一般滋味在心头。</p>
<p class=" italic">独自莫凭栏，无限江山，别时容易见时难。流水落花春去也，天上人间。</p>
```

如果把标签与类捆绑在一起来定义选择符，则可以限定类的使用范围，指定该类仅适用于特定的标签范围内。它的用法是在标签的后面紧跟一个类，组成一个指定类范围的复合选择符，如图3.9所示。

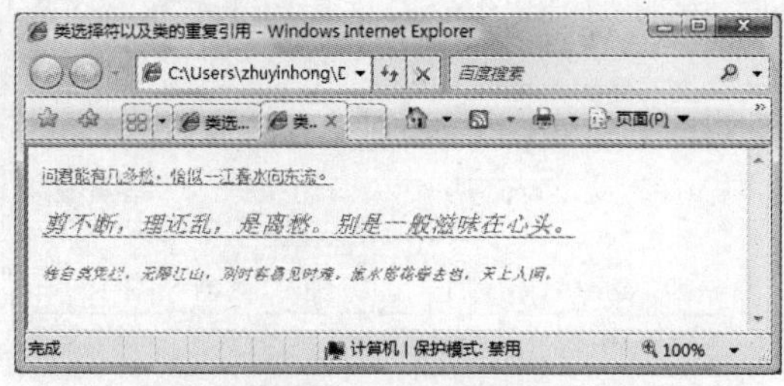

图3.8 多类引用应用效果

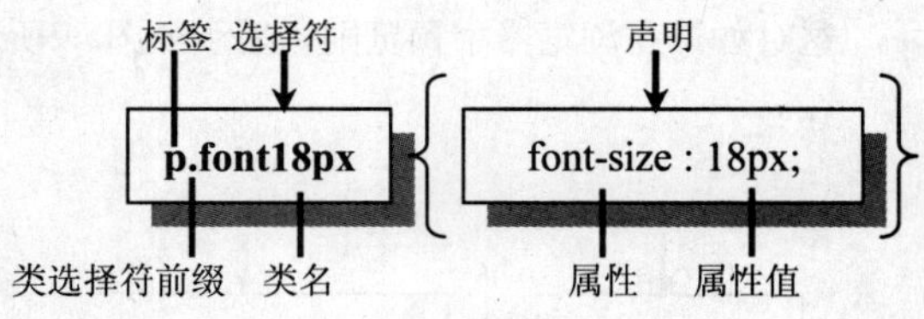

图3.9 指定类选择符

例如，在下面这个实例中定义了三个样式，第一个样式声明所有段落文本的字体大小为12像素，在第二个样式中定义一个font18px类，声明字体大小为18像素，在第三个样式中声明font18px类，在段落文本中显示为24像素，显示效果如图3.10所示。

```
<style type="text/css">
p {/* 段落样式  */
    font-size:12px;                    /* 字体大小为12像素 */
}
.font18px {/* 类样式  */
    font-size:18px;                    /* 字体大小为18像素 */
}
p.font18px {/* 指定段落的类样式  */
    font-size:24px;                    /* 字体大小为24像素 */
}
```

```
</style>
<div class="font18px">问君能有几多愁，恰似一江春水向东流。</div>
<p class="font18px">剪不断，理还乱，是离愁。别是一般滋味在心头。</p>
<p>独自莫凭栏，无限江山，别时容易见时难。流水落花春去也，天上人间。</p>
```

通过为类选择符指定标签范围，能够更准确地控制页面元素的样式，避免类样式对于所有元素的影响，这也是设计师最喜欢使用的一种组合选择符方式。

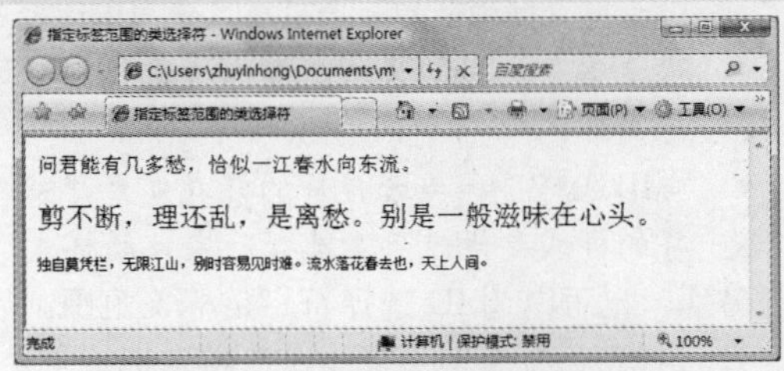

图3.10 指定类选择符的应用效果

3.4.3 ID选择器

视频路径：视频文件\files\3.4.3.swf | 实例文件：实例文件\3\ID选择器.html、ID选择器1.html

ID是英文IDentity的缩写，它表示身份标识号码的意思，在网络上一般指用户账号，但是在Web设计中一般指定标签在HTML文档中的唯一编号。JavaScript等脚本语言通过这个id值来捕获和控制页面中每一个元素，而对于CSS来说则通过id值为不同元素定义特定的样式。从这点来分析，ID选择符只能够在HTML页面中用一次，它是与标签选择符和类选择符作用范围相反的一个选择符。一般设计师通过ID选择符来定义HTML框架结构的布局效果，因为HTML框架元素的id值都是唯一的。

ID选择符必须以井号（#）前缀开始，然后是一个自定义的ID名，用法如图3.11所示。

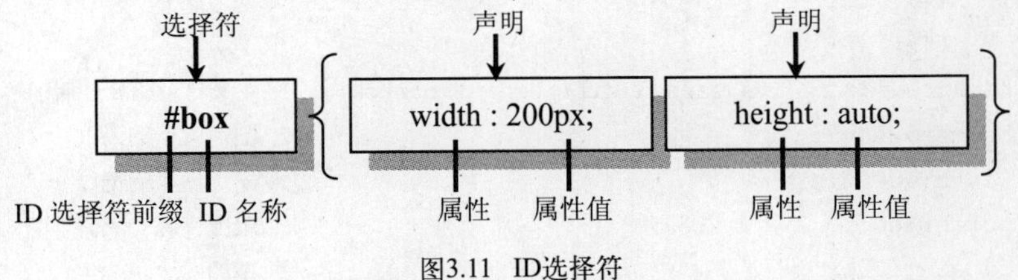

图3.11 ID选择符

例如，下面实例定义了一个盒子，为该盒子固定宽和高，并设置背景图片，以及边框和内边距大小，显示效果如图 3.12 所示。

```
<style type="text/css">
#box {/* ID样式 */
        background:url(images/bg1.gif) center bottom; /* 定义背景图片并居中、底部对齐 */
        height:200px;                                 /* 固定盒子的高度 */
        width:400px;                                  /* 固定盒子的宽度 */
        border:solid 2px red;                         /* 边框样式 */
        padding:20px;                                 /* 增加内边距 */
}
</style>
<div id="box">问君能有几多愁，恰似一江春水向东流。</div>
```

一个ID选择符所定义的样式可以被多处引用，也就是说在一个HTML文档中一个id值可以多处使用。虽然CSS能够容忍这种做法，但是JavaScript等脚本遇到这种情况就会出现错误，所以建议读者在定义id值时，应该保证其在文档中的唯一性。在一个ID属性中不能够设置多个Id值，这与Class

有所不同。

图3.12 ID选择符的应用效果

与Class用法一样，在HTML文档中，每个元素都拥有ID属性，id值的命名规则与Class命名规则相同。

那么如何确定使用类选择符和ID选择符呢？

◆ 对于网页结构问题，一般建议使用ID选择符来定义。
◆ 对于重复出现的样式，可以考虑使用类选择符来进行提炼。
◆ 当ID选择符和类选择符的样式发生冲突时，ID选择符的样式要优先于类选择符定义的样式。

另外，也可以为 ID 选择符指定标签范围。您可能疑惑了，ID 选择符已经针对页面中某个特定标签定义了样式，还有必要给它指定范围吗？当然没有这个必要，采用这种方法的真实目的是提高该样式的优先级。定义指定 ID 选择符的语法结构如图 3.13 所示。

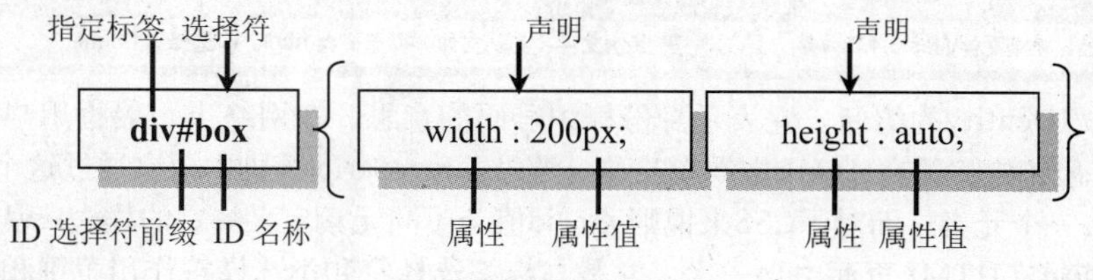

图3.13 指定ID选择符

例如，针对上面实例，可以在ID选择符前面增加一个div标签，这样div#box选择符的优先级会大于#box选择符的优先级，在同等条件下，浏览器会优先解析div#box选择符定义的样式。

```
<style type="text/css">
div#box {/* ID样式  */
        background:url(images/bg1.gif) center bottom;  /* 定义背景图片并居中、底部对齐 */
        height:200px;                                  /* 固定盒子的高度 */
        width:400px;                                   /* 固定盒子的宽度 */
        border:solid 2px red;                          /* 边框样式 */
        padding:20px;                                  /* 增加内边距 */
}
</style>
<div id="box">问君能有几多愁，恰似一江春水向东流。</div>
```

3.4.4 通配选择符

视频路径：视频文件\files\3.4.4.swf |  实例文件：无

如果对 HTML 所有元素都定义了相同的样式，那么使用分组方式还是感觉很麻烦，怎么办？这时不妨使用通配选择符。通配选择符是固定的，它使用星号（*）来表示，例如，对于上面的清除边距样式，可以使用下面方式来定义：

```
* {
    margin: 0;
    padding: 0;
}
```

这样是不是很简单，当然，使用通配选择符会影响到页面中所有元素的显示效果，在使用时要慎重选择。

3.5 复合选择器

标签选择符、类选择符和ID选择符是CSS的三大基本选择符，也是最常用的类型。

本节光盘内容：	
本节实例文件	无
本节视频长度	22分39秒

如果仅仅掌握标签选择符、类选择符和ID选择符的使用还是不够的，读者还需要掌握高级选择符的使用，如子选择符、相邻选择符和属性选择符。

利用标签选择符和类选择符可以控制网页中众多对象的样式；而利用ID选择符、子选择符和相邻选择符可以精确控制页面中特定对象的样式；使用属性选择符可以更敏捷、更模糊地控制页面中包含不同属性的对象样式。对于成批的对象来说，逐个定义会很麻烦，而对于一些特殊的对象又无法进行控制，因此读者还要掌握包含选择器、分组选择器的使用。

3.5.1 子选择符

视频路径：视频文件\files\3.5.1.swf | 实例文件：实例文件\3\子选择器.html、子选择器1.html

所谓子选择符就是指定父元素所包含的子元素的样式。子选择符使用尖角号（>）来表示，如图 3.14 所示。

例如，在下面实例中我们先定义所有span元素的字体大小为12像素，然后再利用子选择符来定义所有div元素包含的子元素span的样式为24像素，显示效果如图3.15所示。

```
<style type="text/css">
span { /* span元素的默认样式 */
    font-size:12px;                        /* 增加内边距 */
}
div > span { /* div元素包含的span子元素的默认样式 */
    font-size:24px;                        /* 增加内边距 */
}
</style>
<h2><span>HTML文档树状结构</span></h2>
<div id="box"><span class="font24px">问君能有几多愁，恰似一江春水向东流。</span></div>
```

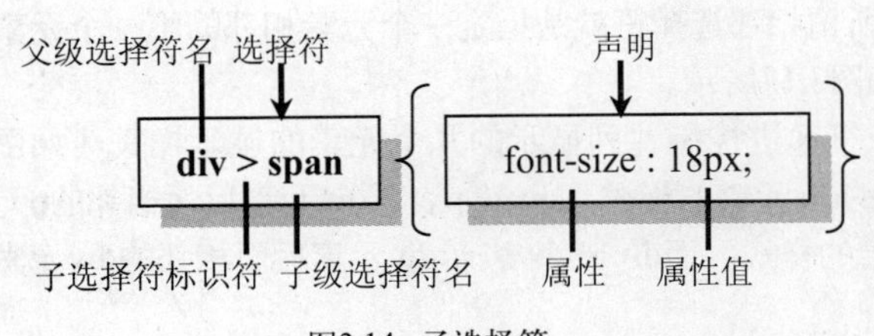

图3.14 子选择符

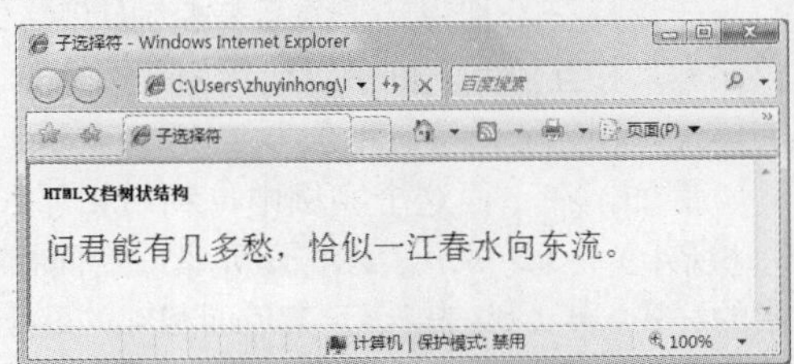

图3.15 子选择符应用效果

从上面演示效果图可以看到，包含在div元素内的子元素span被定义了字体大小为24像素，通过这种方式，我们可以准确定义HTML文档某个或一组子元素的样式，而不再需要为它们定义ID属性或者Class属性。

当然，我们也可以使用Id值或Class值来定义子选择符。例如，在下面这个实例中我们分别使用不同的方式定义三个子选择符：div > span表示div元素包含的所有span子元素的样式，div > .font24px表示div元素包含的所有命名font24px类的子元素，#box > .font24px表示#box元素包含的类名为font24px的所有子元素的样式，演示效果如图3.16所示。

```
<style type="text/css">
span {
     font-size:12px;
}
div > span {
     font-size:16px;
}
div > .font24px {
     font-size:20px;
}
#box > .font24px {
     font-size:24px;
}
</style>
<h2><span>HTML文档树状结构</span></h2>
<div id="box"><span class="font24px">问君能有几多愁，恰似一江春水向东流。</span></div>
<div><span class="font24px">问君能有几多愁，恰似一江春水向东流。</span></div>
<div><span>问君能有几多愁，恰似一江春水向东流。</span></div>
```

IE 6及其以下版本浏览器目前不支持子选择符，在使用时应该适当考虑浏览器的兼容性问题，毕竟IE 6占据着浏览器多数市场份额。

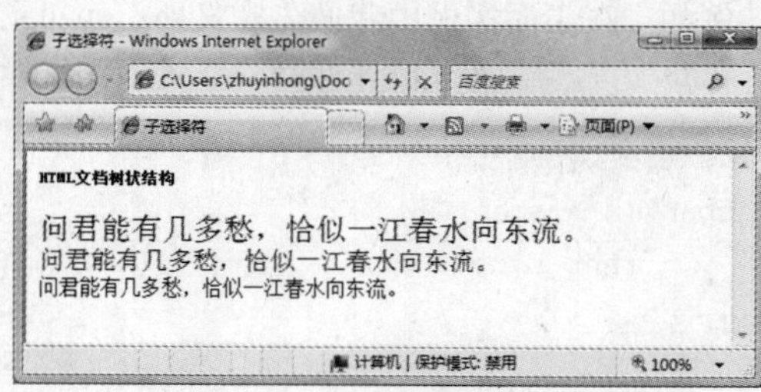

图3.16　子选择符演示效果

3.5.2　相邻选择器

视频路径：视频文件\files\3.5.2.swf　|　实例文件：实例文件\3\相邻选择器.html

子选择符是利用父子关系来控制HTML结构中某个特定对象或一组子对象，而要通过相邻的兄弟元素来相互控制，则可以使用相邻选择符。所谓相邻选择符就是指定一个元素相邻的下一个元素的样式。相邻选择符使用加号（+）来表示，如图3.17所示。

例如，在下面这个实例中，利用相邻选择符递进控制并列显示的几个元素的显示样式（如图3.18所示）。h2 + div表示标题元素h2后面相邻的div元素的样式，div + p表示div元素后面相邻的p元素的样式，p + div表示p元素后面相邻的div元素的样式，而div + div表示div元素后面相邻的div元素的样式。

```
<style type="text/css">
h2 {
     font-size:12px;
}
h2 + div {
     font-size:16px;
}
```

```
div + p {
    font-size:20px;
}
p + div {
    font-size:24px;
}
div + div {
    font-size:28px;
}
</style>
<h2>HTML文档树状结构</h2>
<div>问君能有几多愁，恰似一江春水向东流。</div>
<p>问君能有几多愁，恰似一江春水向东流。</p>
<div class="class1">问君能有几多愁，恰似一江春水向东流。</div>
<div>问君能有几多愁，恰似一江春水向东流。</div>
```

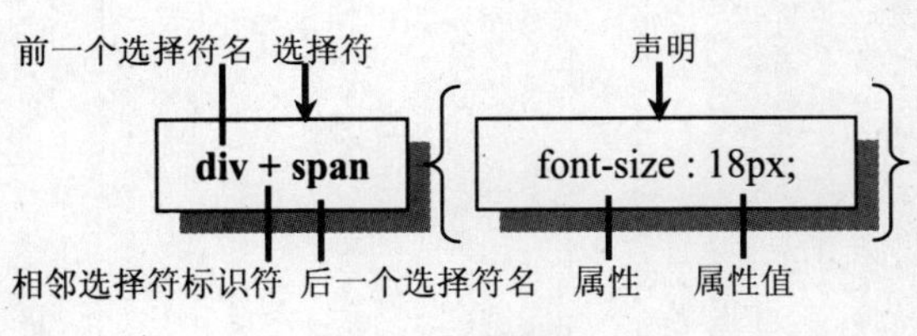

图3.17　相邻选择符

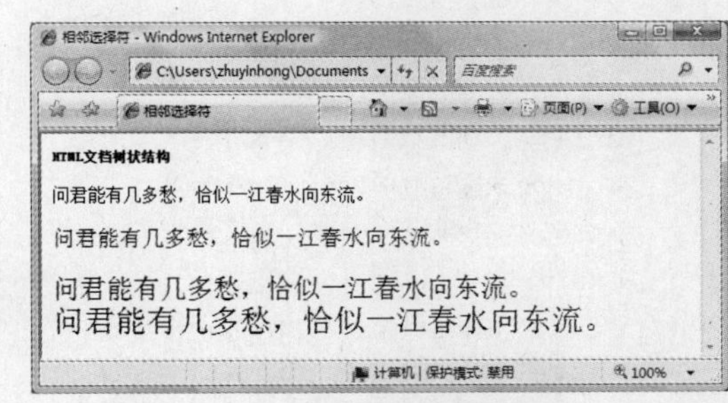

图3.18　相邻选择符演示效果

对于上面的样式也可以借助 Class 值或者 id 值来进行控制，例如，修改上面的样式中相邻选择符的用法如下：

```
<style type="text/css">
h2 {
    font-size:12px;
}
h2 + div {
    font-size:16px;
}
div + p {
    font-size:20px;
}
p + .class1 {
    font-size:24px;
}
.class1 + div {
    font-size:28px;
}
</style>
```

相邻选择符在 IE 6 及其以下版本中也不被支持，使用时应该考虑浏览器的兼容性问题。

3.5.3 包含选择器

视频路径：视频文件\files\3.5.3.swf　实例文件：实例文件\3\包含选择器.html

有时候我们还会希望设置网页头部区域段落文本的字体颜色为黑色，主体区域段落文本的字体颜色为深灰色，而定义脚部区域段落文本的字体颜色为灰色等。对于这种不能够确定要定义的对象，但是知道要控制的页面区域的情况，此时可以使用包含选择符。

包含选择符通过空格标识符来表示，前面的一个选择符表示包含框对象的选择符，而后面的选择符表示被包含的选择符（如图 3.19 所示）。

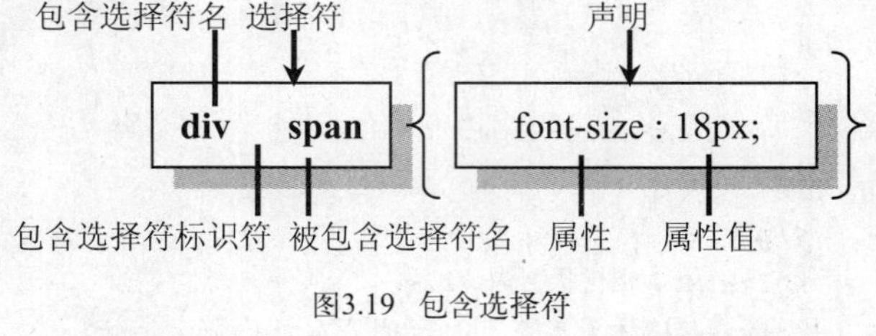

图3.19　包含选择符

例如，在下面这个实例中我们希望定义 <div id="header"> 包含框内的段落文本字体大小为 14 像素，然后定义 <div id="main"> 包含框内的段落文本字体大小为 12 像素。

```
<div id="wrap">
   <div id="header">
      <p>头部区域第1段文本</p>
      <p>头部区域第2段文本</p>
      <p>头部区域第3段文本</p>
   </div>
   <div id="main">
      <p>主体区域第1段文本</p>
      <p>主体区域第2段文本</p>
      <p>主体区域第3段文本</p>
   </div>
</div>
```

这时可以利用包含选择符来快速定义它们的样式，代码如下：

```
<style type="text/css">
#header p {
      font-size:14px;
}
#main p {
      font-size:12px;
}
</style>
```

当然，对于上面的结构，也可以使用子选择符来定义它们的样式：

```
<style type="text/css">
#header > p {
      font-size:14px;
}
#main > p {
      font-size:12px;
}
</style>
```

但是如果页面结构比较复杂，所有包含元素不仅仅是子元素，这时就只能够使用包含选择符了。

例如，对于下面这样的结构就只能够使用包含选择符来进行定义。

```
<div id="wrap">
   <div id="header">
      <h2>
         <p>头部区域第1段文本</p>
      </h2>
      <p>头部区域第2段文本</p>
      <p>头部区域第3段文本</p>
   </div>
   <div id="main">
      <div>
         <p>主体区域第1段文本</p>
         <p>主体区域第2段文本</p>
      </div>
      <p>主体区域第3段文本</p>
   </div>
</div>
```

包含选择符的用处是比较广泛的，在选择符嵌套中经常被使用，同时该选择符还可以被 IE 6 版本浏览器识别，因此使用它不用考虑浏览器的兼容性问题。

3.5.4 多层选择器嵌套

视频路径：视频文件\files\3.5.4.swf | 实例文件：实例文件\3\多层选择器嵌套.html

在CSS选择符中，您还可以使用选择符嵌套来实现对HTML结构中纵深元素的控制。嵌套的层级没有明确限制，嵌套的方法是利用空格来实现（如图3.20所示）。

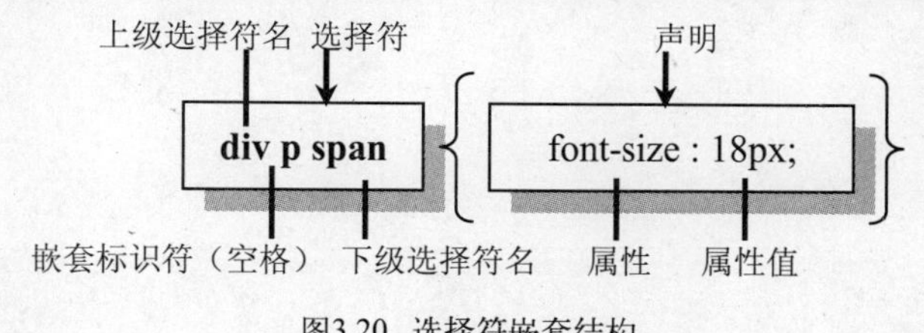

图3.20 选择符嵌套结构

例如，在下面这个相对复杂的HTML结构中，包含了两个标题元素。

```
<div id="wrap">
   <div id="header">
      <h2><span>网页标题</span></h2>
      <div id="menu">
         <ul>
            <li><span>首页</span></li>
            <li>菜单项</li>
         </ul>
      </div>
   </div>
   <div id="main">
      <h2><span>栏目标题</span></h2>
      <p>主体内容</p>
   </div>
</div>
```

如果要控制标题的不同显示样式，此时使用选择符嵌套是比较理想的选择。使用多层嵌套，一方面能够精确控制元素，另一方面还能够提升选择符的优先级。

```
<style type="text/css">
#wrap #header h2 span {
     font-size:24px;
}
#wrap #main h2 span {
     font-size:14px;
}
</style>
```

使用上面多级选择符嵌套所定义的不同标题显示样式，如图3.21所示。

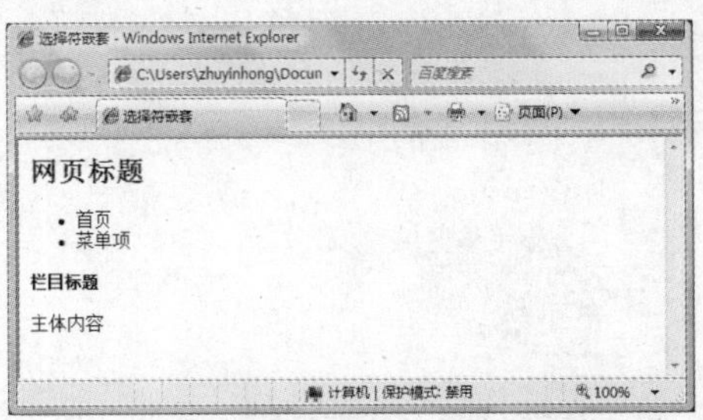

图3.21　嵌套选择符的演示效果

当然您还可以嵌套更多的选择符，或者跳级嵌套，例如，针对上面所定义的样式，可以使用如下嵌套选择符来进行定义。当然，对于读者来说，具体采用哪种嵌套结构可以根据需要进行选择。

```
<style type="text/css">
#header h2 span {
     font-size:24px;
}
#main h2 span {
     font-size:14px;
}
</style>
```

3.5.5 属性选择器

视频路径：视频文件\files\3.5.5.swf | 实例文件：实例文件\3\属性选择器.html~属性选择器4.html

实际上，ID 选择符和类选择符在本质上与属性选择符类似，它们借助 HTML 文档中的 id 属性值和 class 属性值来定位页面中某个或某一类元素。

所谓属性选择符就是利用网页标签包含的属性及其属性值来定义特定元素或一定范围元素的样式，这与Dreamweaver CS3所提供的匹配查找在功能上有点类似。属性选择符一般是一个元素后面紧跟中括号，中括号内是属性或者属性表达式，如图3.22所示。

属性选择符比较复杂，功能也比较强大，设计师可以借助属性选择符精确控制页面中任意一个元素，它犹如正则表达式一样让很多设计师为之神往。由于属性选择符用法比较复杂，下面我们分类进行讲解。

请注意在 IE 6 及其以下版本浏览器中对于属性选择符还不支持，使用时要注意兼容性处理。

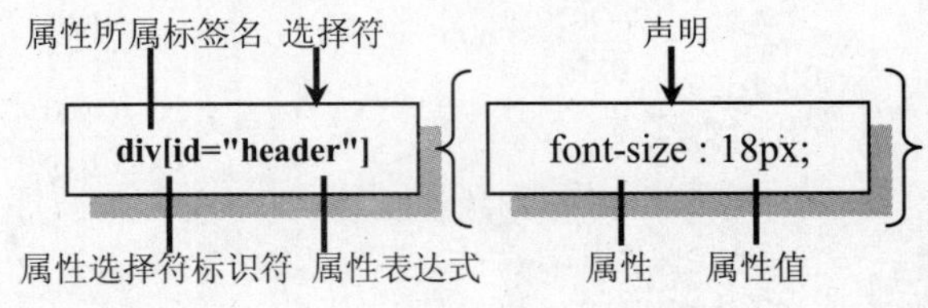

图3.22　属性选择符

1. 匹配属性名选择符

匹配属性名选择符的语法格式如图 3.23 所示。

这是一种简单的属性选择符，它能够为包含指定属性名的所有该类型标签定义样式。例如，在下面这个实例中定义了一个 div[class] 属性选择符，该选择符能够为 div 元素设置 Class 属性的对象定义样式，而不管 Class 属性的属性值是什么，显示效果如图 3.24 所示。

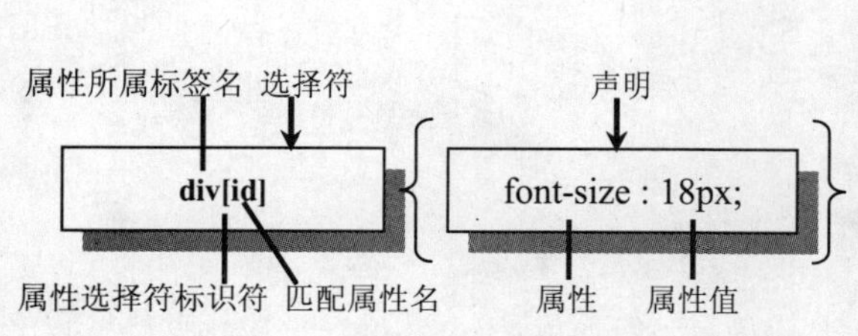

图3.23　匹配属性名选择符

图3.24　匹配属性名选择符演示效果

```
<style type="text/css">
body {
     font-size:12px;
}
div[class] {
     font-size:24px;
}
</style>
<div class=”class1”>问君能有几多愁，恰似一江春水向东流。</div>
<p>问君能有几多愁，恰似一江春水向东流。</p>
<div class="class2">问君能有几多愁，恰似一江春水向东流。</div>
<div>问君能有几多愁，恰似一江春水向东流。</div>
```

上面实例演示了如何匹配Class属性的选择符，当然，可以设置匹配所有合法属性。例如，在下面这个实例中定义img[alt]属性选择符，匹配设置了alt属性的所有图像对象显示红色边框线，显示效果如图3.25所示。

```
<style type="text/css">
img {
     width:260px;
}
img[alt] {
     border:solid 2px red;
}
</style>
<img src=”images/pic1.jpg” alt=”图像1" />
<img src="images/pic2.jpg" alt="" />
<img src="images/pic3.jpg" />
```

您还可以设置多个属性名，多个匹配属性名之间分别使用不同的中括号来表示（如图3.26所示）。例如，在下面这个实例中，在属性选择符中定义了两个匹配属性，则最终显示红色边框线的为第一幅图像。

```
<style type="text/css">
img {
     width:260px;
```

```
}
img[alt][title] {
    border:solid 2px red;
}
</style>
<img src=" images/pic1.jpg" alt=" 图像" title="图像" />
<img src="images/pic2.jpg" alt="图像" />
<img src="images/pic3.jpg" />
```

图3.25 匹配图像中属性名样式演示效果

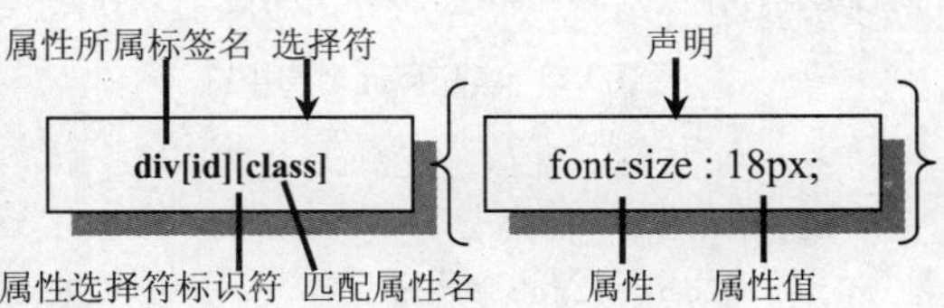

图3.26 匹配多个属性名选择符

2. 匹配属性值选择符

匹配属性值选择符的语法格式如图3.27所示。

在指定属性值时应该确保值被双引号括起来。例如，在下面这个实例中通过指定属性值来为第一个图像定义样式，使第一个图像显示红色边框线，效果如图3.28所示。

```
<style type="text/css">
img {
    width:260px;
}
img[alt=" 图像"][title="图像"] {
    border:solid 2px red;
}
</style>
<img src="images/pic1.jpg" alt="图像" title="图像" />
<img src="images/pic2.jpg" alt="图像" />
<img src="images/pic3.jpg" title="图像" />
```

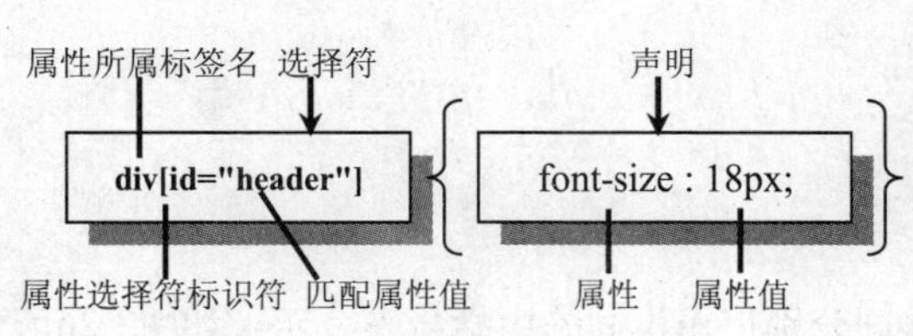

图3.27 匹配属性值选择符

图3.28 匹配图像中多个属性值的样式演示效果

您还可以设置多个匹配属性值，这里就不再举例了，方法同上。

3. 模糊匹配属性值选择符

这是一类特殊的属性选择符，类似于正则表达式的匹配模式，也是属性选择符中功能最强大的一部分功能。主要包括如下几种匹配模式。

- [|=]（连字符匹配）：以连字符为分隔符，匹配属性值中局部字符串。
- [~=]（空白符匹配）：以空白符为分隔符，匹配属性值中局部字符串。
- [^=]（前缀匹配）：匹配属性值中起始字符。
- [$=]（后缀匹配）：匹配属性值中结束字符。
- [*=]:（子字符串匹配）：匹配属性值存在的指定字符。

例如，在下面这个实例中分别定义了五个模糊匹配的属性选择符，然后把匹配的div元素显示出来以测试浏览器是否支持该属性选择符（如图3.29所示）。

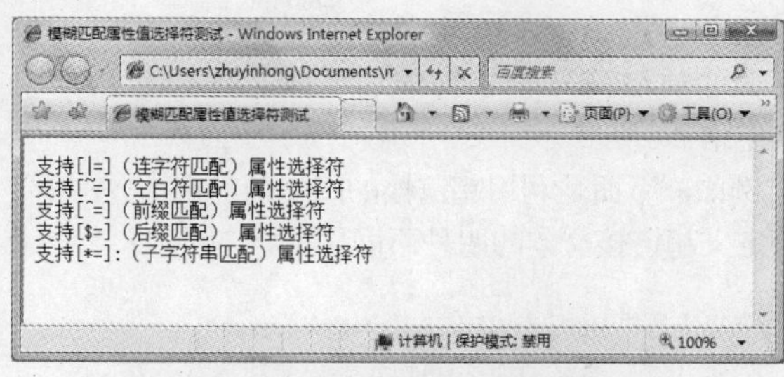

图3.29 模糊匹配属性选择符演示效果

```
<style type="text/css">
div {                       /* 隐藏所有div元素 */
        display: none;
}
[class|="blue"] {           /* 连字符匹配 */
        display: block;
}
[class~="blue"] {           /* 空白符匹配 */
        display: block;
}
[class^="Red"] {            /* 前缀匹配 */
        display: block;
}
[class$="Green"] {          /* 后缀匹配 */
        display: block;
}
[class*="gre"] {            /* 子字符串匹配 */
        display: block;
}
</style>
<div class="red-blue-green">支持[|=]（连字符匹配）属性选择符</div>
<div class="red blue green">支持[~=]（空白符匹配）属性选择符</div>
<div class="Red-blue-green">支持[^=]（前缀匹配）属性选择符</div>
<div class="red-blue-Green">支持[$=]（后缀匹配） 属性选择符</div>
<div class="red-blue-green">支持[*=]:（子字符串匹配）属性选择符</div>
```

上面实例中省略了属性选择符的指定标签选择符，这时它将匹配任意标签元素，可以使用星号（*）通配符来指定任意元素。

3.5.6 伪选择器

» 视频路径：视频文件\files\3.5.6.swf | »  实例文件：实例文件\3\伪选择器.html、伪选择器1.html

伪类和伪元素是一类特殊的选择符，它定义了一些特殊区域或特殊状态下的样式，这些特殊的区域或特殊状态是无法通过标签、ID或Class以及其他属性来进行精确控制的。

例如，我们希望控制段落中第一行文本或第一个字符的样式，但是又无法通过具体的标签或属性来进行控制，此时只能够通过伪元素来进行定义。也许您希望控制鼠标单击过程中超链接显示为不同的状态，这时只能够通过伪类来控制鼠标经过、单击时、单击之后等不同的超链接样式。

伪类和伪元素以冒号（:）为前缀来表示，用法格式如图 3.30 所示。注意伪类和伪元素的前缀符号（:）与前后名称之间不要有空格。

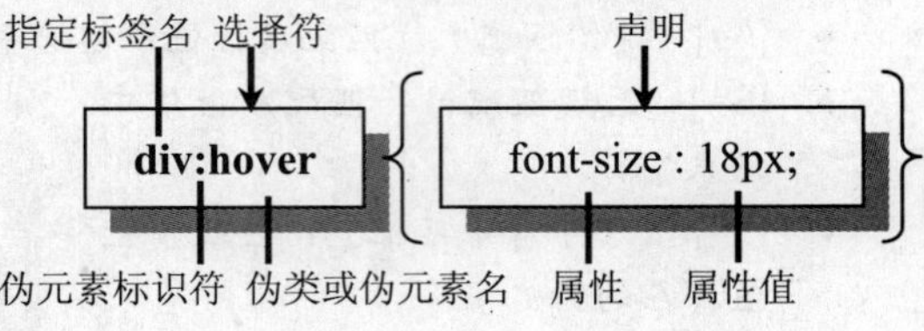

图3.30 伪类和伪元素选择符

例如，下面是利用超链接的四个伪类选择符定义超链接文本的四种不同显示状态。

```
<style type="text/css">
a:link {        /* 正常链接状态下样式 */
        color: #FF0000;
}
a:visited {     /* 被访问之后的样式 */
        color: #0000FF;
}
a:hover {       /* 鼠标经过时的样式 */
        color: #00FF00;
}
a:active {      /* 超链接被激活时的样式 */
        color: #FF00FF;
}
</style>
<a href="#">超链接文本</a>
```

如果去除上面样式前面的 a 元素，还可以为其他元素，甚至所有元素定义鼠标的四种状态样式。例如，在下面的样式中就可以为 body、div 和 span 元素定义鼠标的活动状态样式。

```
<style type="text/css">
:link {         /* 正常状态下样式 */
        color: #FF0000;
}
:visited {      /* 被访问之后的样式 */
        color: #0000FF;
}
:hover {        /* 鼠标经过时的样式 */
        color: #00FF00;
}
:active {       /* 单击被激活时的样式 */
        color: #FF00FF;
}
</style>
<div>鼠标经过样式</div>
<p>鼠标经过样式</p>
```

当然在演示时，您可能看不到完整鼠标的四种状态样式，因为 body 元素也被定义了四种状态样式，所以，应该在伪类标识符前面指定一个具体的标签名。

其他伪类和伪对象的说明和使用可以参考本教程光盘附赠的 CSS 参考手册。另外，在使用时应该注意：除了超链接的四种伪类选择符之外，其他伪类和伪对象选择符不被 IE 6 及其以下版本浏览器支持，使用时应慎重。

3.5.7 选择器分组

视频路径：视频文件\files\3.5.7.swf |  实例文件：实例文件\3\选择器.html、选择器1.html

您可能使用过下面方式来定义标题样式：

```
<style type="text/css">
h1 { font-size:14px; }
h2 { font-size:14px; }
h3 { font-size:14px; }
h4 { font-size:14px; }
h5 { font-size:14px; }
h6 { font-size:14px; }
</style>
<h1>一级标题</h1>
<h2>二级标题</h2>
<h3>三级标题</h3>
<h4>四级标题</h4>
<h5>五级标题</h5>
<h6>六级标题</h6>
```

是不是很麻烦，其实这些标题的样式是相同的，这时就可以利用选择符分组来实现：

```
<style type="text/css">
h1, h2, h3, h4, h5, h6 {
    font-size:14px;
}
</style>
```

这些标题元素被分成一组，称为样式群，以实现快速开发。在网页设计中，我们都会很习惯地使用选择符分组的方式把所有元素的边距清除为 0，例如：

```
html, body,
h1, h2, h3, h4, h5, h6,
p,
table, caption, tr, td, th,
ul, ol, li, dl, dt, dd,
form, legend, fieldset                    {
    margin: 0;
    padding: 0;
}
```

除了对标签元素进行分组之外，我们还可以给类选择符、ID 选择符等其他选择符进行分组，方法完全相同，多个选择符之间通过逗号进行分隔。

3.6 CSS的继承性、层叠性和特殊性

在面向对象的编程语言中，继承是一个重要的概念，CSS 语言虽然没有其他语言那么严谨、复杂，但是也具有编程语言的一些基本特征（如继承性等）。

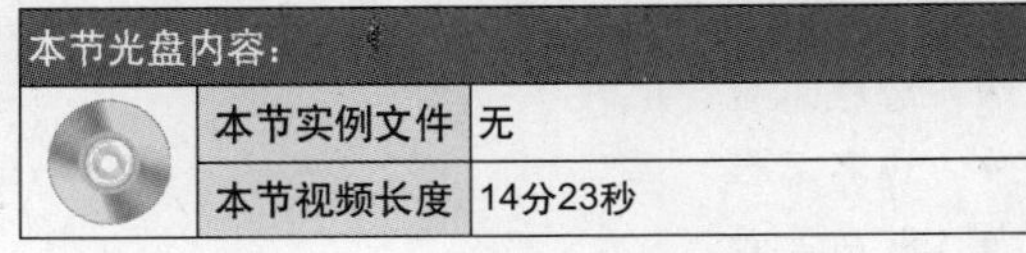

本节光盘内容：	
本节实例文件	无
本节视频长度	14分23秒

3.6.1 CSS继承性

视频路径：视频文件\files\3.6.1.swf　实例文件：实例文件\3\CSS继承性.html

继承是一种机制，它允许CSS样式不仅可以应用于某个特定的元素，还可以应用于它的后代。通俗地说，就是在HTML文档结构中，包含在内部的标签将拥有外部标签的某些样式。

CSS继承性最典型的应用就是在body元素中定义整个页面的字体大小、字体颜色等基本页面属性，这样包含在body元素内的其他元素都将继承该基本属性，以实现页面显示效果的统一。例如，在body元素中定义字体大小为12像素，通过继承性，包含在body元素的所有其他元素都将继承该属性，并设置包含的字体大小为12像素（如图3.31所示）。

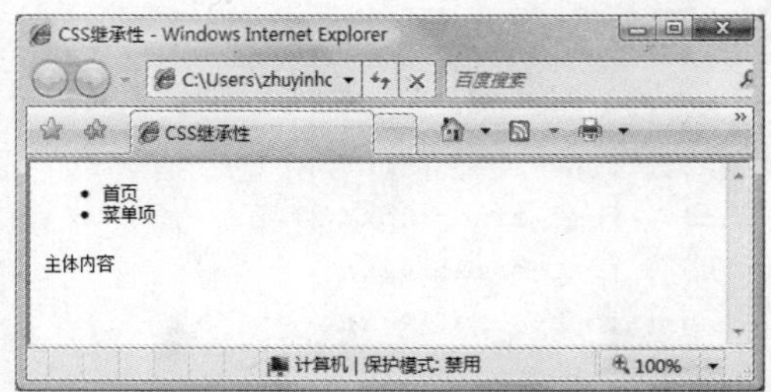

图3.31　CSS继承性演示效果

```
<style type="text/css">
body {
  font-size:12px;
}
</style>
<div id="wrap">
  <div id="header">
    <div id="menu">
      <ul>
          <li><span>首页</span></li>
          <li>菜单项</li>
      </ul>
    </div>
  </div>
  <div id="main">
    <p>主体内容</p>
  </div>
</div>
```

灵活应用CSS的继承性可以为您节省大量的CSS代码，缩短开发时间。因此，当您准备开发时，建议先总结一下页面显示样式的效果，并把页面或模块中相同的可以继承的属性提取出来，然后在总包含框中定义，利用继承性让这些属性影响所包含的所有子元素。

CSS继承性给网页设计师节省了大量开发时间，提供了更大的发挥空间。也许当您在使用CSS时都没有想到样式继承的问题，很自然地想到在body元素中定义网页字体大小，甚至不需要考虑是否能够这样去做，但是继承也有其局限性。

首先，有些属性是不能继承的，这没有任何原因，只是因为它就是这么设置的。例如，对于background属性来说，我们都知道该属性是用来设置元素背景的，它是没有继承性的，实际上它也不应该有继承性，如果所有包含元素都继承了背景属性，那么文档看起来就会很怪异，除非你不使用该属性。CSS强制规定部分属性不具有继承特性，分类说明如下。

- 边框属性。
- 边界属性。
- 补白属性。

- 背景属性。
- 定位属性。
- 布局属性。
- 元素宽、高属性。

有关CSS属性的继承性可以参阅本教程光盘附赠的CSS参考手册，每个属性都显示了它继承性选项。

继承是非常重要的，使用它可以简化代码，降低 CSS 样式的复杂性。但是，如果在网页中所有元素都大量继承样式，那么判断样式的来源就会变得很困难，所以建议读者对于字体、文本类属性等涉及到网页中通用属性可以使用继承，例如，网页显示字体、字号、颜色、行距等可以在 body 元素中统一设置，然后通过继承影响文档中所有文本。

其次，CSS 继承性还会存在一些错误。例如，在下面这个实例中，有些浏览器中的表格就不会继承 body 元素的属性（如 IE 6 以下版本浏览器），因此并不显示为 12 像素大小。

```
<style type="text/css">
body {
     font-size:12px;
}
</style>
<table width="100%" border="0" cellspacing="0" cellpadding="0">
     <tr>
          <td>表格字体大小</td>
     </tr>
</table>
```

这显然是不正确的，为了稳妥起见，我们还需要利用群组的方式来进行定义：

```
<style type="text/css">
body,table,th,td{
     font-size:12px;
}
</style>
```

最后，元素通过继承性获取上级元素的样式，但是这些样式的影响力是非常弱的，专业讲就是优先级比较低。如果当元素本身包含了相冲突的样式，则将忽略继承得来的样式。例如，在下面结构中，由于 h2 元素默认定义了字体大小，所以将忽略从 body 元素继承来的属性，故显示为不同的大小效果（如图 3.32 所示）。

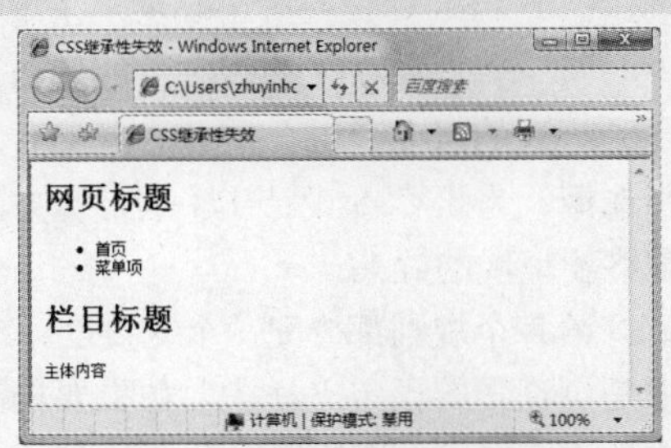

图3.32 CSS继承性失效演示效果

```
<style type="text/css">
body {
     font-size:12px;
}
</style>
<div id="wrap">
     <div id="header">
        <h2><span>网页标题</span></h2>
        <div id="menu">
```

```
            <ul>
                <li><span>首页</span></li>
                <li>菜单项</li>
            </ul>
        </div>
    </div>
    <div id="main">
        <h2><span>栏目标题</span></h2>
        <p>主体内容</p>
    </div>
</div>
```

3.6.2 CSS的层叠性

视频路径：视频文件\files\3.6.2.swf | 实例文件：实例文件\3\CSS的层叠性.html

CSS 的全称为 Cascading Style Sheets，中文翻译为层叠样式表。自然层叠也是 CSS 的一个重要特性，为了理解这个概念，我们看一个实例：

```
div {
    font-size:12px;
}
div {
    font-size:14px;
}
```

上面代码都是相同属性声明并应用于同一个元素上，那么div元素内的字体到底显示为多大呢？最后字体显示为14像素，也就是说14像素字体大小覆盖了12像素的字体大小，这就是样式层叠。既然说到层叠，那么什么是层叠呢？

层叠是指 CSS 能够对同一个元素或者同一个网页应用多个样式或多个样式表的能力。例如，可以创建一个 CSS 样式来应用颜色，创建另一个样式来应用边距，然后将这两个样式应用于同一个页面中的同一个元素，这样 CSS 就能够通过样式层叠设计出各种页面效果。

但是样式的层叠性也会带来问题，例如，当同一属性的不同声明的样式作用于同一个对象时如何进行选择？为此 CSS 设计出一套计算方法，根据计算出来的加权值来确定不同样式的重要性，并决定最终要呈现的效果。

CSS 给每个规则都分配一个重要度，其中作者定义的样式表是最重要的，然后是用户的样式表，最后才是浏览器的预定义样式。如果要提高样式的重要度，可以使用 !important 命令来强制提高它的重要性，使它优先于任何规则。

然后根据选择符的特殊性来决定规则的优先顺序。具有更特殊的选择符的规则优先于一般的选择符的规则。如果两个规则的特殊性相同，那么就会根据在网页中位置的先后顺序来决定规则的优先性，一般是后面的样式会优先前面相同声明的样式。为了明白这个逻辑规则，下面举一个通俗的例子来加以说明。

假设您所用的浏览器默认显示字体样式是宋体，这是浏览器定义的样式；而您通过修改浏览器的设置来改变浏览器中字体显示为楷体，由于您是用户，所以这也是用户定义的样式；现在，当您打开的网页中自带一个样式表文件，它定义的字体属性为幼圆，因为网页样式是由设计师定义的，所以这也是作者定义的样式。很明显，网页字体最终显示为幼圆，因为根据层叠规则，三者中作者的样式具有最高的重要性，用户定义的样式次之，最后是浏览器的样式。

如果作者没有定义某个属性，则浏览器会寻找用户是否定义该属性的样式，如果用户也没有设置该属性的样式，则最终将根据浏览器预定义的样式来呈现页面效果。

如果作者的样式被设置如下：

```
body {
    font-family:" 隶书"!important;
}
body {
    font-family:" 幼圆";
}
```

那么根据规则，虽然它们都是作者定义的样式，都具有相同的重要性。但根据位置排列的先后顺序，后面的样式将优先于前面的样式，最终网页字体显示为隶书。

3.6.3 CSS样式的优先级

视频路径：视频文件\files\3.6.3.swf | 实例文件：实例文件\3\CSS样式的优先级.html

3.6.2 节简单介绍了 CSS 样式的优先级，下面我们再进行详细说明。

1. CSS 样式表的优先级

如果按照CSS的起源，我们可以将网页定义的样式分为四种：HTML、作者、用户、浏览器。HTML表示元素的默认样式，作者就是创建人，即创建网站的所编辑的CSS，用户也就是浏览网页的人所设置的样式，浏览器就是指浏览器默认的样式。

原则上讲，作者定义的样式优先于用户设置的样式，用户设置的样式优先于浏览器的默认样式，而浏览器的默认样式会优先于HTML的默认样式。

但请注意，在 CSS2 中，当用户设置的样式中使用了 !important 命令声明之后，用户的 !important 命令会优先于作者声明的 !important 命令。

2. CSS 样式的优先级

但是对于相同的 CSS 起源来说，不同位置的样式其优先级也是不同的。一般来说，行内样式会优先于内样式表，内部样式表会优先于外部样式表，而被附加了 !important 关键字的声明会拥有最高的优先级。

例如，在下面这个实例中，我们分别在 p 元素行内定义一个内嵌属性样式（style="font-size:14px"），然后在文档的头部定义一个内部样式 p { font-size:24px;}，最后在外部样式表文件（style1.css）中定义一个外部样式 p { font-size:34px;}，并利用 <link> 标签链接到文档中。

在浏览器中预览，则根据 CSS 样式的优先级，最终显示结果为 14 像素（如图 3.33 所示）。

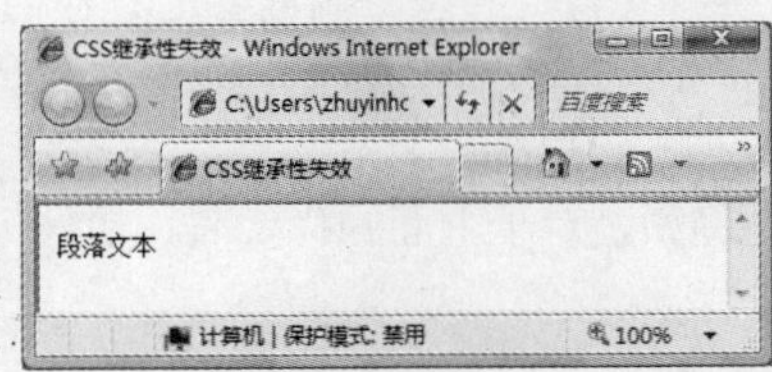

图3.33 CSS样式的优先级演示效果

```
<style type="text/css">
p {
    font-size:24px;
}
</style>
<link href="style1.css" rel="stylesheet" type="text/css" />
<p style="font-size:14px">段落文本</p>
```

3.6.4 CSS的特殊性

视频路径：视频文件\files\3.6.4.swf | 实例文件：实例文件\3\CSS的特殊性.html

当然，样式的应用并不是这么简单，一个设计庞杂的文档样式表，可能会出现很多异想不到的情况，这些特殊性该如何面对？例如，假设让您扮演一次浏览器的角色，如何解析下面的样式，实例中这个 div 元素该显示为什么边框线呢？

```
<style type="text/css">
body div#box {
    border:solid 2px red;
}
#box {
    border:dashed 2px blue;
}
div.red {
    border:double 3px red;
}
</style>
<div id="box" class="red">CSS选择符的优先级</div>
```

对于这样的问题比较复杂，不过这里教您一个快速计算方法，一切都可以简单解决。

首先，请读者记住，对于常规选择符，它们都拥有一个优先级加权值，说明如下。

- 标签选择符：优先级加权值为 1。
- 伪元素或伪对象选择符：优先级加权值为 1。
- 类选择符：优先级加权值为 10。
- 属性选择符：优先级加权值为 10。
- ID 选择符：优先级加权值为 100。
- 其他选择符：优先级加权值为 0，如通配选择符等。

然后，以上面加权值数为起点来计算每个样式中选择符的总加权值数。计算的规则如下。

- 统计选择符中 ID 选择符的个数，然后乘于 100。
- 统计选择符中类选择符的个数，然后乘于 10。
- 统计选择符中的标签选择符的个数，然后乘于 1。

以此方法类推，最后把所有加权值数相加，即可得到当前选择符的总加权值，最后根据加权值来决定哪个样式的优先级大。

例如，对于上面的样式表，我们可以这样计算它们的优先级加权值：

```
body div#box = 1 + 1 + 100 = 102;
#box = 100
di.red = 1 + 10 = 11
```

因此，最后的优先级为 body div#box 大于 #box，#box 大于 di.red，所以我们可以看到显示效果为 2 像素宽的红色实线（如图 3.34 所示）。

图3.34 CSS优先级的样式演示效果

很难想象，CSS 的开发者们具有怎样的思维，他们要在千头万绪的凌乱逻辑中理出一条最简单的思维线索，最终方便用户去理解和使用。例如，在下面代码中，我们把每个选择符的特殊性进行加权，希望读者好好研究一下，它们都具有比较实用的典型性，其他选择符的特殊性也将以此类推：

```
/*[选择符特殊性加权值]*/
div{/*特殊性加权值=1*/
     color:Green;
}
div h2{/*特殊性加权值：1+1+2*/
     color:Red;
}
.blue{/*特殊性加权值：10=10*/
     color:Blue;
}
div.blue{/*特殊性加权值：1+10=11*/
     color:Aqua;
}
div.blue .dark{/*特殊性加权值：1+10+10=21*/
     color:Maroon;
}
#header{/*特殊性加权值：100=100*/
     color:Gray;
}
#header span{/*特殊性加权值：100v1=101*/
     color:Black;
}
```

另外，读者还应该注意下面几个特殊性的应用。

◆ 在特殊性逻辑框架下，被继承的值具有特殊性0，即不管父级样式的优先权多大，被子级元素继承时，它的特殊性为0，也就是说一个元素显示声明的样式都可以覆盖继承来的样式，例如：

```
span{
     color:Gray;
}
#header{
     color:Black;
}

<div id="header" class="blue">
     <span>遗产继承不如白手起家</span>
</div>
```

在上面这个实例中，虽然div具有100的特殊性，但被span继承时，特殊性就为0，而span选择符的特殊性虽然仅为1，但它大于继承样式的特殊性，所以元素最后显示颜色为灰色。

◆ 内联样式优先。带有style属性的元素，其内联样式的特殊性可以为100或者更高，总之，它拥有比上面提到的选择符更大的优先权，例如：

```
/*[样式优先级别]*/
div {/*元素样式*/
     color:Green;
}
```

```
.blue{/*class样式*/
     color:Blue;
}
#header{/*id样式*/
     color:Gray;
}

<div id="header" class="blue" style="color:Yellow">
     内部优先
</div>
```

在上面这个实例中，虽然我们通过 id 和 Class 分别定义了 div 元素的字体属性，但由于 div 元素同时定义了内联样式，内联样式的特殊性大于 id 和 Class 定义的样式，因此 div 元素最终显示为黄色。

◆ 在相同特殊性下，CSS将遵循就近原则，也就是说靠近元素的样式具有最大优先权，或者说排在最后的样式具有最大优先权，例如，请输入下面外部样式表文件：

```
/*CSS 文档，名称为style.css*/
#header{/*外部样式*/
     color:Red;
}
```

XHTML 文档结构：

```
<!DOCTYPE html PUBLIC "-//W3C//DTD XHTML 1.0 Transitional//EN" "http://www.w3.org/
TR/xhtml1/DTD/xhtml1-transitional.dtd">
<html xmlns="http://www.w3.org/1999/xhtml">
<head>
<meta http-equiv="Content-Type" content="text/html; charset=gb2312" />
<title>样式特殊性比较</title>
<link href="style.css" rel="stylesheet" type="text/css" /><!—导入外部样式-->
<style type="text/css">
#header{/*内部样式*/
color:Gray;
}
</style>
</head>
   <body>
<div id="header" >
     就近优先
</div>
</body>
</html>
```

上面页面被解析后，则 <div> 元素显示为灰色。如果此时把内部样式改为：

```
div{/*内部样式*/
     color:Gray;
}
```

则特殊性不同，最终文字显示为外部样式所定义的红色。同样的道理，如果同时导入两个外部样式表，则排在下面的样式表会比上面样式表具有较大优先权。

- CSS 定义了一个 !important 命令，该命令被赋予最大权力。也就是说不管特殊性如何，也不管样式位置的远近，!important 都具有最大优先权。例如，请输入下面外部样式表文件：

```
/*CSS 文档，文件名称为style.css*/
#header{/*外部样式*/
    color:Red!important;
}
```

XHTML 文档结构：

```
<!DOCTYPE html PUBLIC "-//W3C//DTD XHTML 1.0 Transitional//EN" "http://www.w3.org/TR/xhtml1/DTD/xhtml1-transitional.dtd">
<html xmlns="http://www.w3.org/1999/xhtml">
<head>
<meta http-equiv="Content-Type" content="text/html; charset=gb2312" />
<title>!important命令权大遮天</title>
<link href="style.css" rel="stylesheet" type="text/css" /><!—导入外部样式-->
<style type="text/css">
#header{/*内部样式*/
color:Gray;
}
</style>
</head>
<body>
<div id="header"  style="color:Yellow"><!--内嵌样式-->
    天王盖地虎，天下唯!important命令独尊
</div>
</body>
</html>
```

上面页面被解析后，则<div>元素显示为红色。注意!important命令必须位于属性值和分号之间，否则无效，IE 6及其更低版本不支持!important命令。

读书笔记

第 4 章

儿童类网站的结构与布局——网页文本样式

文本样式是网页设计的基础。早期的设计师习惯使用 HTML 标签属性来设置文本显示效果，这带来了诸多问题，如网页结构混乱，大量冗余代码的存在，后期编辑的工作量成倍飙升等。而 CSS 的出现解决了设计师所面临的难题。

实际上，早期的 CSS 起源于类样式（Class），设计师为了简化逐一设计每个标签的文本样式，把页面中相同的样式进行统一，称之为类样式，并借助 Class 属性快速把类样式应用到相同效果的不同标签中，以达到高效控制整个页面中字体的显示样式。后来 CSS 技术逐渐发展和完善，最终成为网页样式设计的基本技术。

文本是网页信息的主要载体，因为它所传递的信息是最准确的，也是最丰富的。如何设计网页文本的呈现效果，将在一定程度上影响浏览者对于网页信息的关注和阅读兴趣。例如，红色的字体醒目，加粗的字体给人提醒，大号字体是标题等。本章将重点讲解如何使用 CSS 设计文本样式，以及在设计文本样式时应该注意的问题和使用技巧。

4.1 网页字体

网页字体样式包括文字的类型、字体的显示大小、字体的显示颜色以及各种样式。字体样式又包括粗体、斜体、下划线等。

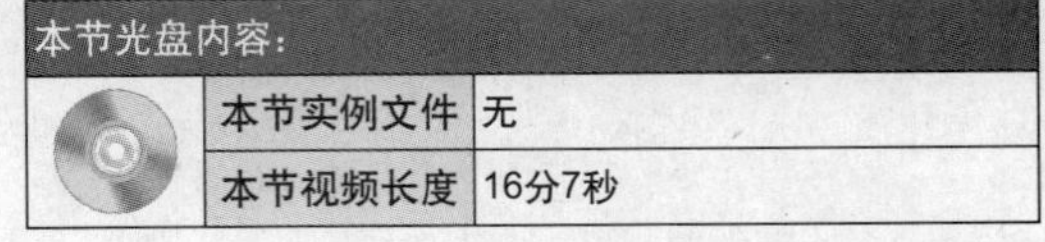
本节光盘内容：

本节实例文件	无
本节视频长度	16分7秒

4.1.1 字体类型

视频路径：视频文件\files\4.1.1.swf　　实例文件：无

为了设置字体类型，CSS定义了两个属性：font和font-family。

其中font是复合属性。所谓复合属性，就是该属性能够设置多个属性值，相当于合并了多个属性设置，属性值之间以空格分隔。

font 属性的用法如下所示：

```
font : font-style || font-variant || font-weight || font-size || line-height || font-family
font : caption | icon | menu | message-box | small-caption | status-bar
```

font 属性至少应设置字体大小和字体类型，且必须放在后面，否则无效。前面可以自由定义字体样式、字体粗细、大小写和行高。例如，下面是一个简单的字体类型的设置实例。

```
body {/* 页面基本属性 */
    font-family:Arial, Helvetica, sans-serif;     /* 字体类型 */
}
p {/* 段落样式 */
    font:24px "隶书";                              /* 24像素大小的隶书字体 */
}
```

默认网页中汉字的字体是宋体，对于标题或提示语句，可以根据需要设置其他字体类型，以便与正文字体类型进行区分。

由于中文字体类型比较少，通用字体类型就更少了，字体的表现力比较弱，即使存在各种艺术字体，但是考虑到浏览器的支持问题，设计师对于字体类型的设计一般都保持默认值。如果有特殊需要，一般使用图片文字进行设计。

而对于英文网站（或其他拉丁文字符）来说，由于其字体类型丰富，通用字体的选择余地大、艺术表现力强，所以在外文网站中，字体类型的变化会比较丰富。例如，一般标题都使用无衬线字体、艺术字体或手写体等，而对于网页正文则多使用衬线字体等。

font-family 属性的用法如下所示：

```
font-family : name
font-family : ncursive | fantasy | monospace | serif | sans-serif
```

其中，ncursive、fantasy、monospace、serif 和 sans-serif 都表示通用字体。所谓通用字体就是一个字体备用机制，当用户的浏览器无法显示特定的字体时，会根据通用字体类型在用户系统中选择一种类似字体进行替代显示。CSS 提供了五类通用字体，这五类通用字体说明如下。

- sans-serif：无衬线字体，没有突变、交叉笔划或其他修饰线，无衬线字体通常是变宽的，字体粗细笔划的变化不明显。
- cursive：草体，表现为斜字型、联笔或其他草体的特征。看起来像是用手写笔或刷子书写，而不是印刷出来的。
- fantasy：奇异字体，主要是装饰性的，但保持了字符的呈现效果，换句话说就是艺术字，用画写字，或者说字体像画。

◆ monospace：等宽字体，唯一标准就是所有的字型宽度都是一样的。

设置字体类型时，读者还可以在font-family和font属性中以列表的形式设置字体类型。例如，在上面代码中就为font-family属性设置了三种字体类型，字体列表以逗号进行分隔，浏览器会根据这个字体列表来检索用户系统中的字库，按从左到右的顺序进行选用。如果系统中没有找到列表中对应的字体，则选用浏览器默认字体进行显示。

```
p {
     font-family:"Times New Roman", Times, serif
}
```

如果字体名称中间有空格符，为了避免浏览器在解析时发生歧义，建议读者用引号括起字体名称。

4.1.2　字体大小

视频路径：视频文件\files\4.1.2.swf　|　实例文件：无

字体大小可以使用font-size和font属性进行控制。常用font-size属性快速定义网页字体大小。其语法格式如下所示：

```
font-size : xx-small | x-small | small | medium | large | x-large | xx-large |
larger | smaller | length
```

例如，下面为页面所有字体设置大小为12像素，为段落文本设置0.76em，设置div元素内的字体大小为9pt。

```
body {font-size:12px;}                              /* 以像素为单位设置字体大小 */
p {font-size:0.75em;}                               /* 以父辈字体大小为参考设置大小 */
div {font:9pt Arial, Helvetica, sans-serif;}/* 以点为单位设置字体大小*/
```

在字体大小设置中，单位的选择是重点，也是初学者所面临的难点。CSS 为了设置字体大小定义了很多单位，它们可以分为两大类：绝对单位和相对单位。

绝对单位所定义的字体大小一般都比较固定，大小显示效果不会受外界因素影响。因此，绝对单位在传统桌面印刷中使用比较广泛，但是在网页中很少使用，例如，in（inch，英寸）、cm（centimeter，厘米）、mm（millimeter，毫米）、pt（point，印刷的点数）、pc（pica，1pc=12pt）。此外，CSS还提供了七个绝对单位的关键字：xx-small、x-small、small、medium、large、x-large、xx-large，这些关键字将根据一定的缩放系数来决定字体的显示大小。例如，CSS2版本规定缩放系数为1.2，如果medium字体为12pt，则large字体为14.4pt。不同的媒介可能有不同的缩放系数，另外，不同的字体对于缩放效果也会有一定的影响。

相对单位所定义的字体大小一般是不固定的，会根据一定的外界因素而不断发生变化。

◆ px（pixel，像素），根据屏幕像素点的尺寸变化而变化。因此，不同分辨率的屏幕所显示的像素字体大小也是不同的，屏幕分辨率越大，相同像素字体就显得越小。

◆ em，相对于父辈字体的大小来定义字体大小。例如，如果父元素字体大小为12像素，而子元素的字体大小为2em，则实际大小应该为24像素。

◆ ex，相对于父辈字体的x高度来定义字体大小，因此ex单位大小既取决于字体的大小，也取决于字体类型。在固定大小的情况下，实际的x高度将随字体类型不同而不同。

◆ %，以百分比的形式定义字体大小，它与em效果相同，相对于父辈字体的大小来定义字体大小。

对于em、ex和%单位来说，如果父辈字体大小不固定，则将按顺序向上寻找参考字体大小；如果所有上级元素都没有定义字体大小，则以浏览器的默认字体大小（16像素）为参考进行换算。

另外，CSS为相对单位也提供了两个关键字：larger和smaller。这两个关键字将以父元素的字体大小为参考进行换算。如果父元素的字体大小为medium，则larger值将等于当前元素的字体大小large。

最后我们来讨论一下网页中该选用哪种单位来设置字体大小比较合适。网页中常用字体大小单位包括了像素和百分比。使用像素字体，对于相同分辨率的屏幕，实际上它的大小永远都是固定的，所以很多人错误地认为像素是绝对单位。

- 对于网页宽度固定或者栏目宽度固定的页面，使用像素是正确的。
- 对于页面宽度不固定或者栏目宽度也不固定的页面，此时使用百分比或em是一个正确选择。

从用户易用性角度考虑，不少有识之士呼吁字体大小应该以 em（或 %）为单位进行设置，这个呼吁是比较有远见的。这样做的目的一方面有利于客户端浏览器调整字体大小（说白了就是为了适应 IE 6 浏览器及其以下版本浏览器），因为这些浏览器不能够放大或缩小网页，要放大字体显示，则必须保证页面字体以 em 为单位，否则 IE 6 是无法调整字体大小的。

另一方面，通过设置字体大小的单位为em或百分比，这样使字体能够适应版面宽度的变化。例如，假设页面正文字体大小为12像素，使用em来设置，则代码如下：

```
body {/* 网页字体大小 */
    font-size:0.75em;                    /* 约等于12像素 */
}
```

计算的方法是：浏览器默认字体大小为16像素，用16像素乘以0.75即可得到12像素。同样的道理，预设14像素，则应该是0.875em；预设10像素，则应该是0.625em。

当然，em或百分比是一把双刃剑，在简单的结构中使用它们没有什么后果，但是如果在一个复杂的结构中反复定义em或百分比字体大小，可能就会出现字体大小显示混乱的状况。例如，在下面这个实例中，分别定义body、div和p元素的字体大小为0.75em，但是由于em单位是以上级字体大小为参考进行显示的，所以如果在浏览器中预览，就会很惊奇地发现整个文本犹如蚊蚁，根本看不清楚（如图4.1所示），原因就是body字体大小为12像素，而<div id="content">内字体大小只为9像素，<div id="sub">内字体只为7像素，而段落文本的字体大小只为5像素。所以，在使用em为单位设置字体大小时，一般不要嵌套两层（不是说结构不能嵌套两层，而是字体设置不要超过两层）。

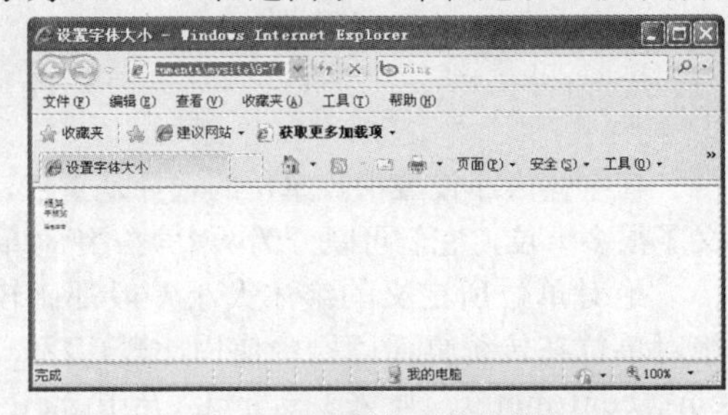

图4.1 以em为单位所带来的隐患

```
<style type="text/css">
body, div, p {
    font-size:0.75em;
}
</style>
<div id="content">框架
    <div id="sub">子框架
        <p>段落文本</p>
    </div>
</div>
```

4.1.3 字体颜色

视频路径：视频文件\files\4.1.3.swf | 实例文件：无

字体颜色由 Color 属性负责。设置 Color 属性的难点是如何灵活使用颜色值，习惯上设计师都很喜欢使用十六进制颜色表示法来定义颜色值。颜色值的各种常用方法如下：

```
body { color:gray;}                          /* 使用颜色名 */
p { color:#666666;}                          /* 使用十六进制 */
div { color:rgb(120,120,120);}               /* 使用RGB */
span { color:rgb(50%,50%,50%);}              /* 使用RGB */
```

CSS定义了很多颜色名，实际上系统自身也保留了很多颜色名，例如，black（黑色）、white（白色）、gray（灰色）、red（红色）、blue（蓝色）、green（绿色）和yellow（黄色）等。如果感兴趣，建议读者记住几个常用的颜色名，使用时能很方便地输入，同时也能快速读懂他人设置的颜色名。

以十六进制表示的RGB颜色值的格式为：#＋3个/6个十六进制字符。

三位 RGB 表示通过重复数字（而不是加零）转化到六位的 RGB 表示，例如，#fb0 扩展为 #ffbb00，这样保证了白色（#ffffff）可以简化为 #fff。

以函数表示的RGB颜色值的格式为rgb()，其中包含三个数值（可以是三个整数或三个百分比值），值之间使用逗号进行分隔。整数值255代表100%，相当于十六进制表示的F或FF。例如：

```
rgb(255,255,255) = rgb(100%,100%,100%) =#FFF
```

颜色值中的数值周围可以保留空白字符，不过会影响颜色值的有效性。

4.1.4　字体样式

视频路径：视频文件\files\4.1.4.swf　　实例文件：无

文字在一般网站中要占据近90%以上的页面内容，对于导航、列表等元素而言，文字需要设计得符合导航及列表的需求，醒目、清晰易于操作，对于大段段落文本而言，正文也需要进行合理的排版与组合，以方便用户阅读，下面我们再来探索CSS关于字体样式的设置思路和方法。

1. 粗体

一般来说，字体显得越黑就越粗，它就被认为越重要。当然有很多方式可以标记字体粗细，例如，Times是大家比较熟悉的一种字体，然而Times实际上是许多字体系列的统称，它包括TimesBold、TimesItalic、TimesBoldItalic等，这些字体虽然都是Times字体，但它们显示为不同的字形，粗细也不同。不过这样设置比较麻烦，且需要浏览器安装这些字体，因此我们一般使用如下方式设置粗体：

```
h1{/*给标题加粗*/
    font-weight:bold;
}
```

在CSS规范中，把字体的粗细分为九个等级，分别从100到900，其中100映射为最轻的字体变形，而900对应最重的字体变形。

但是，这些数字并不存在本质的字体粗细约定，根据CSS规定，每个数字对应的字体粗细不得小于较小数字对应的字体粗细。一般400等价于normal，而700等价于bold。不过，有些字体没能提供九个等级的字体粗细级，这时浏览器就会根据最近原则进行解析。

如果设置字体粗细为bolder关键字，则浏览器会根据父元素字体的粗细，然后选择与其最接近的一种，而且显示为更粗一些字体。如果没有可用字体，浏览器会将元素字体粗细值设置为下一个数字值，如果为900，则保持不变。与此相反，lighter关键字会根据父元素字体的粗细设置较细字体。

2. 斜体

斜体在西文网站中使用比较多，如果要强调或表达引用语义的信息，或者是代码、地址等特殊信息，都会以斜体来显示，难怪 HTML 在最初开发 i、cite、em、var 和 address 元素时都是以斜体作为默认样式的，但是在中文网站中很少使用斜体。

CSS 把斜体样式的重任赋予给了 font-style 属性。例如，下面样式定义了一个斜体样式类：

```
.italic {/* 斜体样式类 */
    font-style:italic;                          /* 斜体 */
}
```

把斜体样式类应用到段落文本中：

```
<p><span class="italic">dfn</span>元素表示术语的定义。</p>
```

提及font-style属性总会让人想到斜体效果，实际上font-style属性并非仅有一个斜体效果（italic），它还有一个侧体效果（oblique），不过一般人很少使用它。那什么是侧体呢？在W3C的官方说明中是这样说的：如果字体名中带有Oblique、Slanted或Incline的字体，在字体数据库中通常标记为oblique（直译为倾斜的）。在用户端数据库中标记为oblique的字体实际上是将正常显示的字体向左右侧偏而得到。通俗地说，就是把正常字体侧偏一下，相当于在图像编辑器中把字体轻轻旋转一点，所以说它与斜体在效果上略有一点区别，不过很少有人去注意这些细微差别。

3. 变形

使用下面规则可以实现字体变形：

```
.variant{/*设置变形*/
    font-variant:small-caps;
}
```

该属性取值包括 normal 和 small-caps，其中 normal 表示普通文本，而 small-caps 表示小型大写字母文本。一般用来设置英文字母大小写，不适合汉字使用。

4. 下划线

下划线的存在是因为它醒目，网页设计的最终目的不就是为了易用吗，所以方便读者阅读是设计的终极目标，而不是把超链接隐藏在“繁花嫩叶”之间，让人去找链接，笔者个人认为这些唯美方法都是一种很失败的设计。

当然，下划线不是超链接样式的专利，CSS定义了text-decoration属性，该属性不仅能够定义下划线，还可以定义删除线、上划线等多种文本修饰性样式。例如：

```
<style type="text/css">
.underline {text-decoration:underline;}             /* 下划线样式类 */
.overline {text-decoration:overline;}               /* 上划线样式类 */
.line-through {text-decoration:line-through;}       /* 删除线样式类 */
</style>
<p class="underline">设置下划线</p>
<p class="overline">设置上划线</p>
<p class="line-through">设置删除线</p>
```

这里还有一个有趣的现象：如果把上面定义的几个修饰线取值都定义到一个声明中时，则文本会同时显示多个修饰线效果。例如，下面这个样式中，把上划线、下划线和删除线都定义到声明中（多值之间要用空格分隔），而在其他属性中是绝对不允许的，因为它违反了CSS的基本特性——层叠性。

```
<style type="text/css">
.line {
    text-decoration:line-through overline  underline;
}
</style>
<p class="line">设置多重修饰线</p>
```

当然，text-decoration属性还包括闪烁效果（取值为blink），但是IE浏览器不支持它，加上该效果没有很大的实用价值，所以也就虚设一场了。

W3C把text-decoration属性归为文本类，我们从其名字也略知一二，按道理文本修饰线应该作用于文本，而不是字体的特性，但是根据中国人的使用习惯，仍然认为它该属于字体的一个基本特性，所以把它放在这儿讲解。

5. 大小写

关于英文字母大小写问题，CSS 提供了两个属性：font-variant 和 text-transform。font-variant 属性能够定义小型的大写字母，通俗地说就是大写形式，不过在字型上与大写体略有区别。正如它的解释所言，比大写字母要稍微小点，即尺寸较小且比例略有不同。例如：

```
<style type="text/css">
.small-caps {/* 小型大写字母样式类 */
    font-variant:small-caps;
}
</style>
<p class="small-caps">font-variant </p>
```

有一点还需要提醒读者：如果设置了小型大写字体，但是该字体没有找到原始的小型大写字体，则浏览器会模拟一个，例如，可以通过使用一个常规字体，并将其小写字母替换为缩小过的大写字母。作为最后的措施，常规字体中未缩小的大写字母替换小型大写字体中的字型，因此文本全部以大写字母出现。

text-transform被W3C归为文本类属性，实际上它主要定义单词大小写样式，取值包括：none（无）、capitalize（首字母大写）、uppercase（大写）、lowercase（小写），这是一个比较实用的属性，例如，下面实例分别演示了这个属性的不同取值的用法和显示效果。

```
<style type="text/css">
.capitalize {/* 首字母大小样式类 */
    text-transform:capitalize;
}
.uppercase {/* 大写样式类 */
    text-transform:uppercase;
}
.lowercase {/* 小写样式类 */
    text-transform:lowercase;
}
</style>
<p class="capitalize">text-transform:capitalize;</p>
<p class="uppercase">text-transform:uppercase;</p>
<p class="lowercase">text-transform:lowercase;</p>
```

请注意，IE 与 Firefox 对于首字母大写的解析效果是不同的。IE 认为只要是单词就把首字母转换为大写，如图 4.2 所示；而 Firefox 认为只有单词通过空格间隔之后，才能够成为独立意义上的单词，所以几个单词连在一起时就算作一个词，如图 4.3 所示。

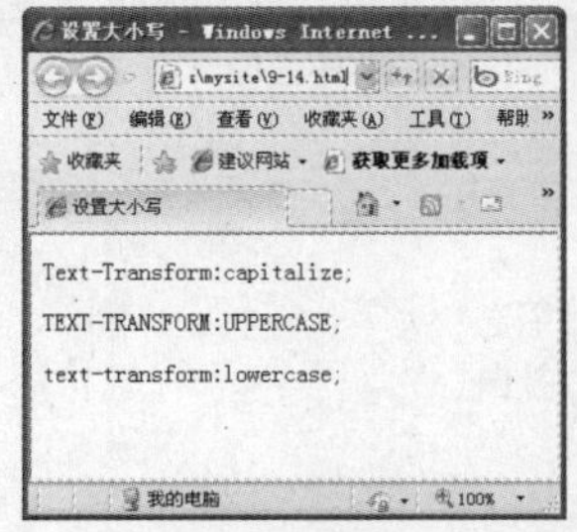

图4.2 IE中解析的首字母大写效果

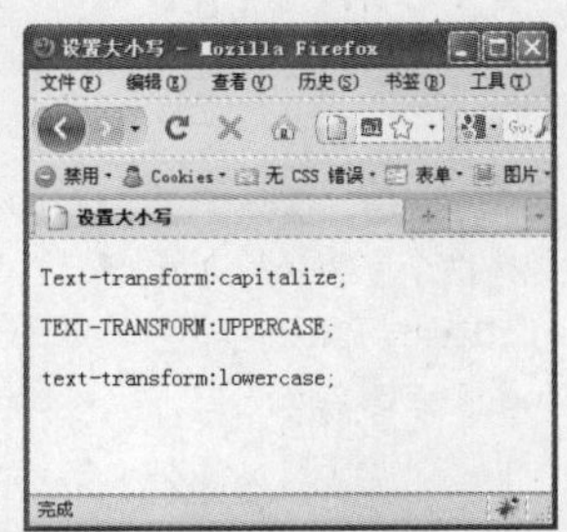

图4.3 Firefox中解析的首字母大写效果

4.2 网页段落样式

段落样式主要包括缩进、行距、对齐、间距等效果。下面将带领读者详细学习段落排版的各个要素。

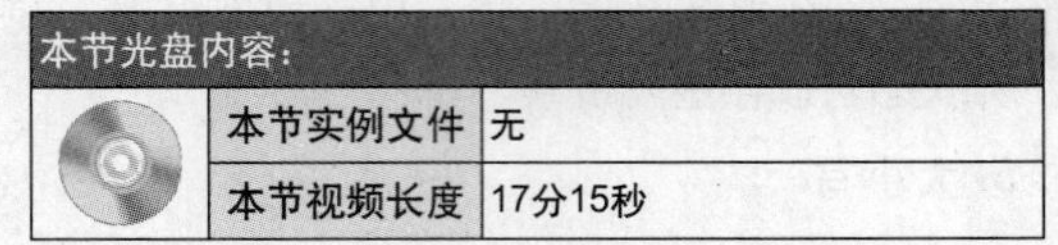

本节光盘内容：

本节实例文件	无
本节视频长度	17分15秒

如果您使用过 Word 字处理软件，应该了解这些段落样式的效果。当然，段落样式相对于字体样式要复杂得多，它需要设计师从更大的版面视角来编排文本格式问题。

4.2.1 首行缩进

视频路径：视频文件\files\4.2.1.swf ｜ 实例文件：实例文件\4\基础示例\首行缩进.html、首行缩进1.html

在中文报刊杂志中会经常看到首行缩进效果，凡是段落文本，基本上都会采用首行缩进两个字距。英文好像不在意首行缩进的样式，在外文网站中很难看到有段落缩进的版式效果。

在CSS中可以使用 text-indent属性定义首行缩进样式。text-indent属性的值可以设置任何长度单位，但是建议以em为设置单位，它表示一个字距。例如，在下面这个实例中定义了段落文本首行缩进两个字距。

```
<style type="text/css">
p {/* 首行缩进两个字距 */
    text-indent:2em;
}
</style>
<h1>《天才梦》节选</h1>
<h2>张爱玲</h2>
<p>我是一个古怪的女孩，从小被目为天才，除了发展我的天才外别无生存的目标。然而，当童年的狂想逐渐褪色的时候，我发现我除了天才的梦之外一无所有——所有的只是天才的乖僻缺点。世人原谅瓦格涅①的疏狂，可是他们不会原谅我。</p>
```

当然，使用 text-indent 属性也可以有很多设计技巧，例如，利用如下方法可以设计悬垂缩进效果，如图 4.4 所示。text-indent 属性可以取负值，定义左侧补白，防止取负值缩进导致首行文本延伸到段落的边界外边。

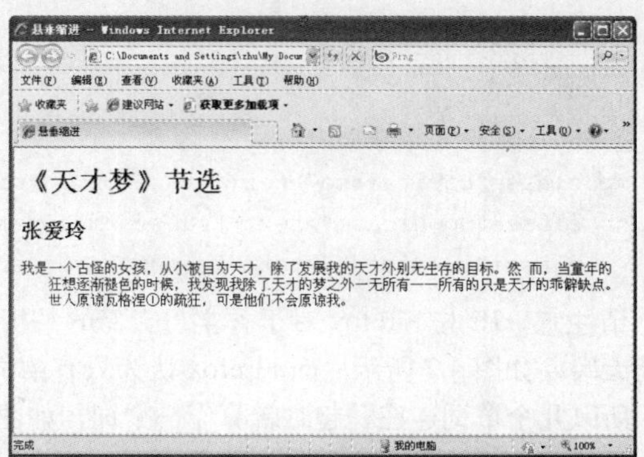

图4.4 悬垂缩进效果

```
<style type="text/css">
p {/* 悬垂缩进两个字距 */
    text-indent:-2em;                          /* 首行缩进 */
    padding-left:2em;                          /* 左侧补白 */
}
</style>
```

```
<h1>《天才梦》节选</h1>
<h2>张爱玲</h2>
<p>我是一个古怪的女孩，从小被目为天才，除了发展我的天才外别无生存的目标。然而，当童年的狂想逐渐褪色的时候，我发现我除了天才的梦之外一无所有——所有的只是天才的乖僻缺点。世人原谅瓦格涅①的疏狂，可是他们不会原谅我。</p>
```

4.2.2　左右缩进

视频路径：视频文件\files\4.2.2.swf　|　实例文件：实例文件\4\基础示例\左右缩进.html

实际上，缩进效果包括左缩进、右缩进、首行缩进和悬垂缩进。悬垂缩进使用比较少，在CSS中没有直接属性可以选用，不过使用text-indent属性能够实现首行缩进和悬垂缩进。在网页中多使用padding-left和padding-right属性来实现左右缩进。

例如，在下面实例中，第一段显示为左右缩进两个字体大小，同时首行缩进两个字体大小。第二段显示为悬垂缩进两个字体大小。设计悬垂缩进时必须配合使用padding-left属性与text-indent属性，只有这样才能实现预定效果。演示效果如图4.5所示。

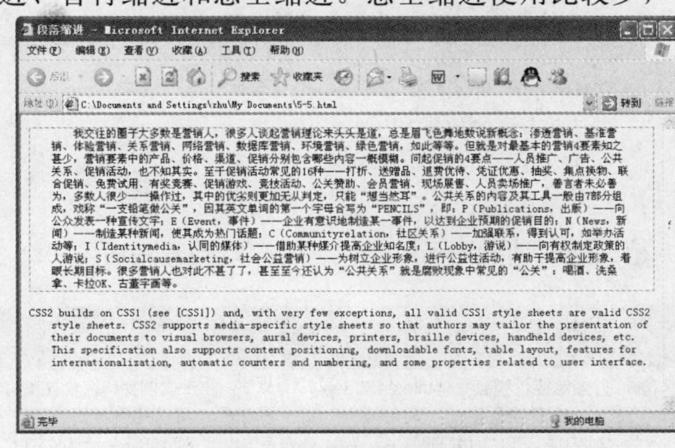

图4.5　左右缩进演示效果

```
XHTML:
<p id="parag1">
我交往的圈子大多数是营销人，很多人谈起营销理论来头头是道，总是眉飞色舞地数说新概念：渗透营销、基准营销、体验营销、关系营销、网络营销、数据库营销、环境营销、绿色营销，如此等等。但就是对最基本的营销要素知之甚少，营销要素中的产品、价格、渠道、促销分别包含哪些内容一概模糊。问起促销的要点——人员推广、广告、公共关系、促销活动，也不知其实。至于促销活动常见的种类——打折、送赠品、退费优待、凭证优惠、抽奖、集点换物、联合促销、免费试用、有奖竞赛、促销游戏、竞技活动、公关赞助、会员营销、现场展售、人员卖场推广，善言者未必善为，多数人很少一一操作过，其中的优劣则更加无从判定，只能“想当然耳”。公共关系的内容及其工具一般由7部分组成，戏称“一支铅笔做公关”，因其英文单词的第一个字母合写为“PENCILS”，即：P（Publications，出版）——向公众发表一种宣传文字；E（Event，事件）——企业有意识地制造某一事件，以达到企业预期的促销目的；N（News，新闻）——制造某种新闻，使其成为热门话题；C（Communityrelation，社区关系）——加强联系，得到认可，如举办活动等；I（Identitymedia，认同的媒体）——借助某种媒介提高企业知名度；L（Lobby，游说）——向有权制定政策的人游说；S（Socialcausemarketing，社会公益营销）——为树立企业形象进行公益性活动，有助于提高企业形象，着眼长期目标。很多营销人也对此不甚了了，甚至至今还认为“公共关系”就是腐败现象中常见的“公关”：喝酒、洗桑拿、卡拉OK、古董字画等。
</p>
<p id="parag2">
CSS2 builds on CSS1 (see [CSS1]) and, with very few exceptions, all valid CSS1 style sheets are valid CSS2 style sheets. CSS2 supports media-specific style sheets so that authors may tailor the presentation of their documents to visual browsers, aural devices, printers, braille devices, handheld devices, etc. This specification also supports
```

```
content positioning, downloadable fonts, table layout, features for internationalization,
automatic counters and numbering, and some properties related to user interface.
  </p>
  CSS:
  p {/*定义段落字体大小*/
        font-size:13px;
  }
  #parag1{/*定义段落1格式，首行缩进和左右缩进*/
        text-indent:2em;                              /*首行缩进两个字体大小*/
        padding:0 2em;                                /*左右缩进两个字体大小*/
        border:solid 1px #aaa;
  }
  #parag2 {/*定义段落2格式，悬垂缩进*/
        text-indent:-2em;                             /*首行凸出两个字体大小*/
        padding-left:2em;                             /*左侧补白两个字体大小*/
  }
```

感兴趣的读者还可以尝试在第二段的开头插入一个小图标，以实现类似项目符号效果的样式。

4.2.3 行距

视频路径：视频文件\files\4.2.3.swf | 实例文件：实例文件\4\基础示例\行距.html

定义行高可以使用 line-height 属性，该属性的值可以选择 px、em、% 等作为单位。其中 em 和 % 单位的取值大小与行内字体的大小存在关系。例如，为段落文本定义 20 像素高的行高，则样式代码如下：

```
  p{
        line-height:20px
  }
```

一般来说，在定义行高时使用 em 和 % 作为单位会更好，不建议读者使用 px 作为单位。原因很简单，就是行高能够随文本字体大小随时进行调整，而使用 px 作为单位，如果要调整字体大小，还需要手动调整行高的值。

浏览器默认行高是 120%，也就是行内字体大小的 1.2 倍，如果使用 em 来表示就是 1.2em。默认行高显示效果如图 4.6 所示。对于段落文本来说，默认行高稍显紧密，比较合适的行高为 160% ～ 180%，如图 4.7 所示设置为 160%的行高。不过超过 200%又稍显疏离，不利于视力的集中。而当行高小于 100%时就会发生重叠现象。这个也可以理解，行高减去字体大小所得数值是行上下边距的和，如果除以 2 就可以得到文本行一边的间距。例如，假设行内字体大小为 12 像素，行高为 1.5em，则行高为 18 像素，如果行高减去字体大小，然后再除以 2，就可以得到 3 像素的行间距。

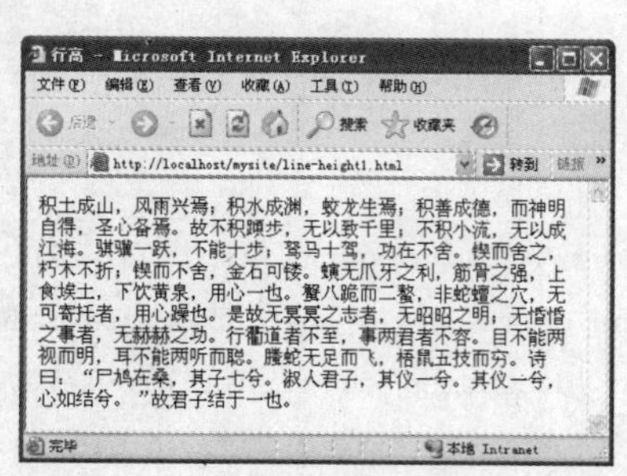

图4.6 默认行高

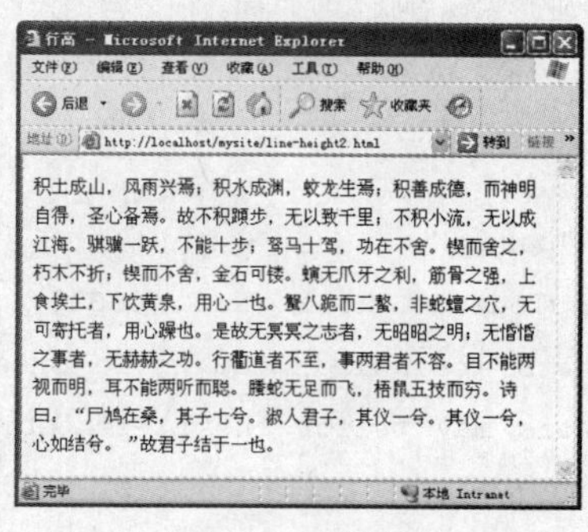

图4.7 160%的行高

可能您有疑问了？上一行的边距为 3 像素，下一行的边距也为 3 像素，加起来应该是 6 像素，也就是说行间距应该为 6 像素？

从理论上计算是正确的，但是 CSS 规定，在段落文本行中，上下行之间可以发生重叠，所以也就只有 3 像素的间距。

实际上，CSS 也允许我们直接使用数字来表示行高，例如，在下面的样式中，虽然没有指定单位，但是 CSS 能够理解它为 1.6em。

```
p {
    line-height:1.6;
}
```

> **TIP** line-height具有继承性，当在body中定义line-height为1.6em，则所有文本行的行高都为1.6em，为了避免此类问题的发生，建议您在需要的段落文本逐一定义，或者在body中定义一个默认的行高，然后在其他特殊需要的文本段再进行修改。

一般情况下，文字显示越大，行距应该越小，这样不至于在阅读时有疏离的感觉。对于正文字体大小为12像素来说，160%～180%的行高是比较合适的。定义的字体越大，建议适当调低行高。当然，文字越小，大的行距反而有利于阅读。具体设置还需要读者根据需要进行把握。

行高不等于边距，在 CSS 中定义行高使用 line-height 属性来实现，而定义边距通过 margin 和 padding 属性来实现。

但是初学者在具体设计时把它们混用在一起。例如，为了增加导航菜单与上下元素的距离，而把行高定义一个很大的值，期望用行高来代替边距的定义，以实现与上下元素的间距控制。这种方法虽然有时很管用，但是不提倡。因为不同浏览器对于行高的解析规则是不同的。例如，针对下面的结构，我们希望调整导航菜单与主体内容之间的间距：

```
<ul>
    <li>菜单1</li>
    <li>菜单2</li>
    <li>菜单3</li>
</ul>
<div id="main"> 主体内容 </div>
```

使用行高来实现拉大间距，样式代码如下：

```
<style type="text/css">
ul {
    list-style:none;                    /* 清除列表中的项目符号 */
    margin:0;                           /* 清除列表缩进 */
    padding:0;                          /* 清除列表缩进 */
}
li {
    float:left;                         /* 列表项向左浮动 */
    width:100px;                        /* 宽度 */
    height:30px;                        /* 高度 */
    text-align:center;                  /* 居中 */
    line-height:42px;                   /* 行高 */
}
#main {
    float:left;                         /* 浮动显示 */
    border:solid 2px red;               /* 增加边框 */
    height:100px;                       /* 高度 */
```

```
    width:100%;                              /* 宽度 */
}
</style>
```

通过这种方式在 IE 浏览器中可以正确显示（如图 4.8 所示），而在 Firefox 中无法正确显示（如图 4.9 所示）。也就是说行高只对文本起作用，不具有拉开与其他元素距离的功能，但是 IE 能够把行高与边距问题联系在一起，所以给很多初学者发出一个错误的信号。对此使用 margin 或 padding 属性来设计会更安全、更方便。

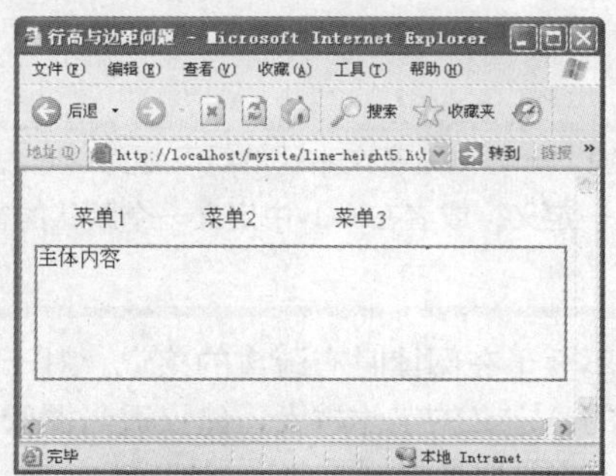

图4.8 IE浏览器下行高显示效果

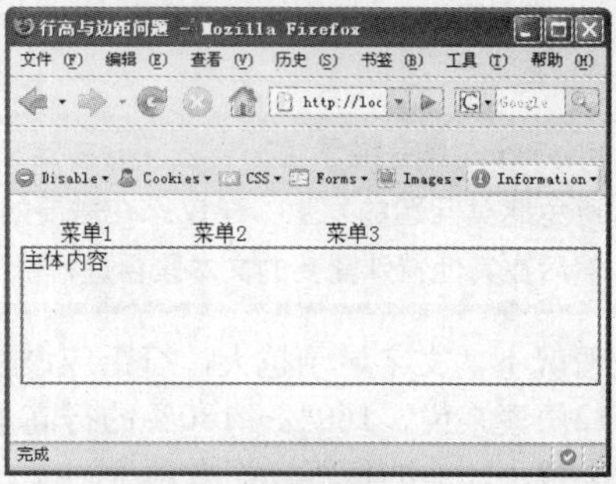

图4.9 Firefox浏览器下行高显示效果

当我们在文本行内插入图像、Flash动画、行内块元素时，你会发现行高突然变大了（如图4.10所示）。其实文本行的高度依然保持原来的高度，仅是一种错觉，故称为伪行高。不过利用这种伪行高，你也可以利用透明图像块来设计文本行的高度，这在传统表格布局中经常被使用，因为它比较安全、有效。但是在CSS布局中，实现这种效果的方法有很多，且符合标准，一般设计师都不再使用了。

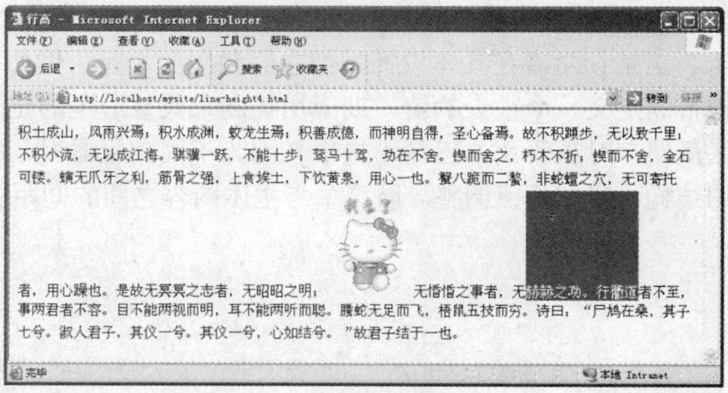

图4.10 伪行高效果

4.2.4 段落文本间距

视频路径：视频文件\files\4.2.4.swf | 实例文件：实例文件\4\基础示例\段落文本间距.html

CSS 提供了两个独特的属性：letter-spacing 和 word-spacing，分别用来调整文本的字距和词距。什么是字距和词距呢？我们先看一个实例。

```
<style type="text/css">
.lspacing {/* 字距样式类 */
    letter-spacing:1em;
}
.wspacing {/* 词距样式类 */
    word-spacing:1em;
}
</style>
<p class="lspacing">letter spacing word spacing（字间距）</p>
<p class="wspacing">letter spacing word spacing（词间距）</p>
```

在上面这个实例中，定义了字距样式类和词距样式类，然后应用到不同文本行中，所得效果如

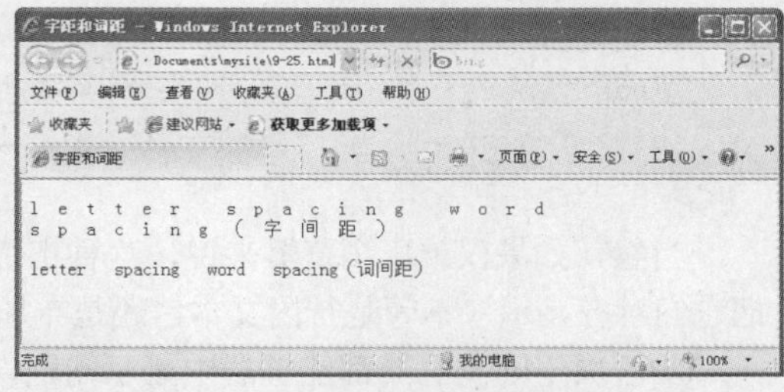

图4.11　字距和词距演示效果比较

图 4.11 所示。从图中可以直观地看到，所谓字距就是定义字母之间的间距，而词距就是定义西文单词的距离。

使用字距和词距时请注意三个问题。

第一，字距和词距一般很少使用，使用时请慎重考虑用户的阅读体验和感受。

第二，对于中文汉字来说，letter-spacing 属性有效，而 word-spacing: 属性无效。换句话说，就是汉字此时被当作独立的字符了。

第三，定义词距时，以空格为基准进行调节，如果多个单词被连在一起，则被 word-spacing: 视为一个单词；如果汉字被空格分隔，则分隔的多个汉字就被视为不同的单词，word-spacing: 属性此时有效。

4.2.5　水平对齐

视频路径：视频文件\files\4.2.5.swf

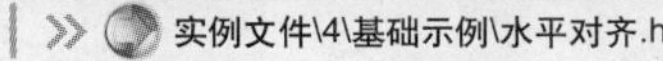

在 CSS 中要对齐文本或行内对象，可以使用 text-align 属性来实现。例如，在下面代码中，不管是文本、图像或者其他任何行内对象都被居中显示（如图 4.12 所示）。

```
<style type="text/css">
div {
     text-align:center;
}
</style>
<div><img src="1.gif" /><br /><br />居中显示</div>
```

text-align 属性也包括四个属性值：left、right、center 和 justify，各种浏览器对此支持的标准是统一的。其中 justify 表示两端对齐，言外之意，就是说当段落文本不满一行时，会强制其分散实现满行显示。

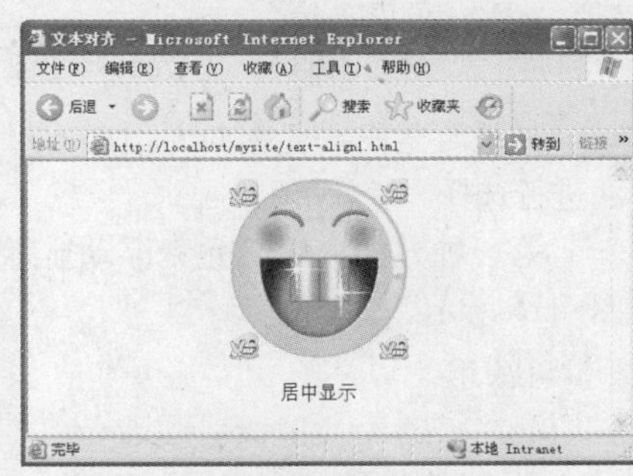

图4.12　居中显示

CSS 没有直接使用 align 作为文本对齐的属性，大概也是在强调 text-align 属性仅能够作用于文本。因此，text-align 属性对于布局对齐问题也就无能为力。所以，有时候您会感觉很奇怪：为什么定义了网页居中对齐，但是总不听话呢？例如，下面的实例代码，在标准浏览器中是无法居中显示的（如图 4.13 所示），不过在 div 元素内的文本倒是居中显示了，这是因为文本属性都拥有继承特性。

```
<html xmlns="http://www.w3.org/1999/xhtml">
<head>
<style type="text/css">
body {
     text-align:center;
}
div {
          border:solid 1px red;
     width:60%;
     }
```

```
</style>
</head><body>
<div><img src="1.gif" /><br /><br />居中显示</div>
</body></html>
```

当然，如果仅就IE浏览器来说，这种担忧是不必要的，因为不管是布局还是文本，IE统统能够把它们对齐显示（不管是行内文本，还是布局的模块），效果如图4.14所示。

要解决不同浏览器都能够居中显示问题，可以通过为布局元素定义margin属性来实现，即定义其左右边距都为自动，则标准浏览器都会自动把布局元素置于居中的位置。代码如下：

```
body {
    text-align:center;
}
div {
        margin-left:auto;
        margin-right:auto;
        border:solid 1px red;
        width:60%;
  }
```

图4.13　无效的居中效果

图4.14　在IE浏览器下居中显示效果

如果希望布局元素向左或向右对齐，就不能够使用 text-align 属性来实现了。您可以有两种方法进行选择。

第一种方法，定义元素浮动显示。例如，在上面实例的基础上增加如下代码，则显示效果如图 4.15 所示。

```
div {
    float:right;
    border:solid 1px red;
    width:60%;
}
```

float属性表示浮动的意思，取值主要包括left和right，设置为none则可以定义元素不浮动。对于向左对齐，如果没有特殊布局需要，其实也可以不用设置float:left;属性。

第二种方法，通过绝对定位来实现。例如，在上面实例的基础上，删除 float:right; 声明，增加如下代码，则显示效果与图 4.15 所示一样。其中 position:absolute; 声明表示绝对定位的意思，所谓绝对定位就是元素能够精确地在网页中确定自己的位置，不受周围元素的影响（不过话不能够说得太绝对了，因为后面我们还会讲解绝对定位的元素如何与周围元素发生关系）。right 属性用来定义绝对定位元素的坐标值，可以与 left、top 和 bottom 属性配合使用。right:0; 声明表示元素向右看齐。

```
div {
    position:absolute;
```

```
    right:0;
    border:solid 1px red;
    width:60%;
}
```

也许有的读者又有疑问了，为什么使用text-align:right;声明时可以使div元素向右对齐呢（如图4.16所示）？这是IE浏览器自己的规矩，不符合W3C标准，因此没有得到其他标准浏览器的支持，也建议您不要采用这种方式进行对齐布局。

```
<html xmlns="http://www.w3.org/1999/xhtml">
<head>
<style type="text/css">
body {
    text-align:right;
}
div {
        border:solid 1px red;
    width:60%;
    }
</style>
</head><body>
<div><img src="1.gif" /> </div>
</body></html>
```

图4.15　绝对定位右对齐

图4.16　IE浏览器下的右对齐

4.2.6　垂直对齐

视频路径：视频文件\files\4.2.6.swf　|　实例文件：实例文件\4\基础示例\垂直对齐.html

对齐包括水平对齐和垂直对齐。在传统表格布局中，垂直对齐比较好用，例如，在单元格中，您可以使用valign属性定义单元格中任何对象向上（valign="top"）、向下（valign="bottom"）、垂直居中（valign="middle"）或基线（valign="baseline"）对齐等。但在标准布局下，用CSS实现垂直对齐比较困难，虽然CSS提供了vertical-align垂直对齐属性，该属性提供了强大的功能，可以实现更多的垂直对齐效果，包括了八种对齐样式，但浏览器的支持性不是很好。

例如，输入下面代码，您会发现在 IE 或 Firefox 等不同类型浏览器中所显示的效果都没有对齐底部（如图 4.17 所示）。

```
<style type="text/css">
div {
    vertical-align:bottom;
    width:12em;
```

```
        height:6em;
        border:solid 1px red;
        }
    </style>
    <div>文本垂直对齐</div>
```

原来 vertical-align 仅能够作用于单元格或图像显示而定义的一个属性。因此如果要在上面样式内增加 display:table-cell; 声明，则在 Firefox 等标准浏览器中能够正确显示（如图 4.18 所示），而 IE 浏览器还不支持这样的定义。

```
div {
    vertical-align:bottom;
    display:table-cell;
        width:12em;
        height:6em;
        border:solid 1px red;
    }
```

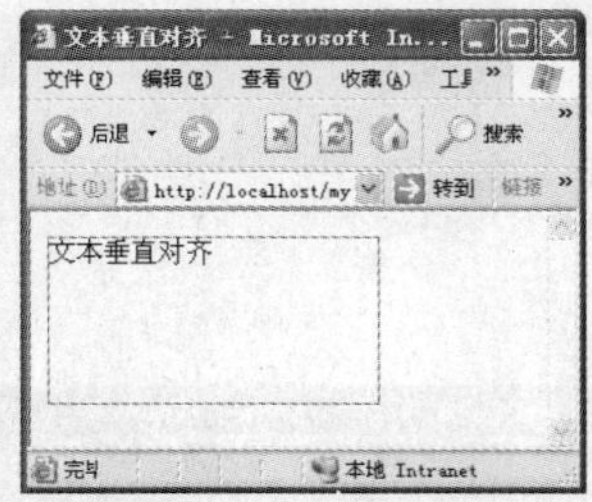

图4.17 IE浏览器下无效的垂直对齐底部

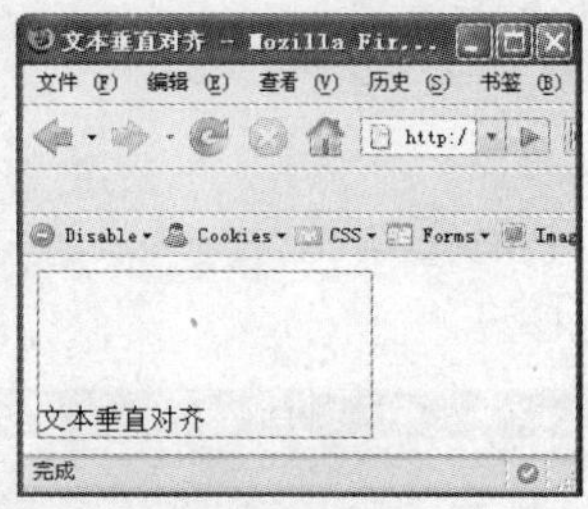

图4.18 在Firefox浏览器下垂直对齐底部显示

如果在表格单元格标签内定义vertical-align属性，则不同类型的浏览器都能够很好的支持。例如，对于下面的垂直对齐样式，IE浏览器和Firefox浏览器的解析效果是相同的。

```
<style type="text/css">
.cell {
    vertical-align:bottom;
    height:60px;
}
</style>
<table width=”200” border=”1”>
    <tr>
        <td class=”cell”>文本垂直对齐</td>
    </tr>
</table>
```

但是在其他元素内，IE浏览器就不能够很好地支持vertical-align属性了，即使声明了display:table-cell;也是如此。这使得该属性的普及率大打折扣，为此设计师只能另辟途径，当然也涌现出很多间接的、不成熟的垂直对齐技术或技巧。下面介绍一下单行文本垂直居中对齐设计技巧。

单行文本垂直居中对齐是经常需要解决的问题，您可以使用下面方法巧妙解决：

```
<style type="text/css">
div {
    line-height:6em;
    width:12em;
    height:6em;
```

```
    border:solid 1px red;
    }
</style>
<div>文本垂直居中对齐</div>
```

定义单行文本的高度和行高相同，这样就能够间接地实现文本垂直居中显示问题（如图 4.19 所示）。当然，对于多行文本来说，这种方法就失效了。

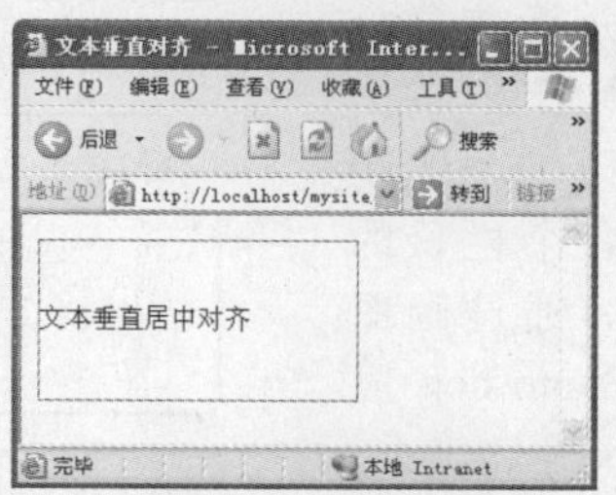

图4.19　单行文本垂直居中显示

4.3　案例实战

设计师在设计儿童类网站时，应该力求页面整洁、内容健康，只有这样才能够吸引浏览者的注意力。

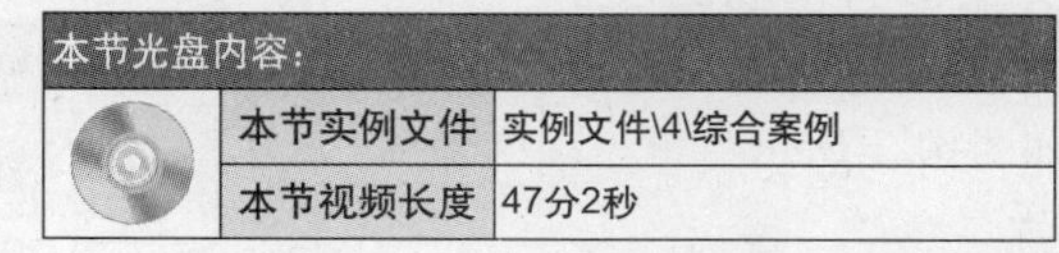

本节光盘内容：	
本节实例文件	实例文件\4\综合案例
本节视频长度	47分2秒

4.3.1　产品策划

视频路径：视频文件\files\4.3.1.swf　　实例文件：无

儿童类网站中的页面应该保证色彩活泼、生动有趣、快乐、阳光，避免以黑色、大红色调给小朋友带来压抑的感觉。网站配色可以参考以粉色系为主体色、绿色辅助的搭配方法，或者以绿色生机为主。内容方面可以加入儿童的圈子以及每日一星等积极的话题。

4.3.2　画板

视频路径：视频文件\files\4.3.2.swf　　实例文件：无

本案例中的儿童类网站主要分为以下几大板块：丫丫论坛、积分兑换、圈圈、宝宝主页、丫丫学堂等。丫丫论坛为小朋友提供交流的场所，并将精彩的话题在主页上显示，以便更多的小朋友参与进来。圈圈可以将不同地区的宝宝们集合在一起，如上海区域定义一个圈子、北京区域定义一个圈子，扩大宝宝们交友的范围。根据主页栏目规划，主页页面的设计草图如图 4.20 所示。

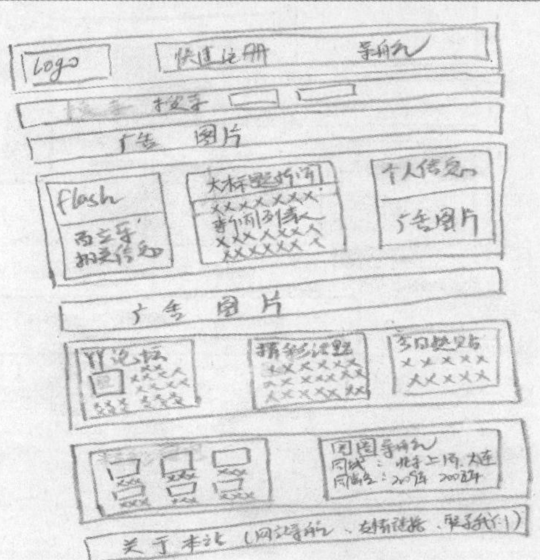

图4.20　画板最终设计图

4.3.3 设计图

视频路径：视频文件\files\4.3.3.swf | 实例文件：无

通过画板对页面进行分析并划分画板设计图中各个栏目的区域。现在需要将各个栏目的具体内容通过画图软件Photoshop或Fireworks设计出来，在后面重构中将给出栏目划分的XHTML结构，在布局中将给出页面大体结构以及具体内容编写结构的实现过程。效果如图4.21所示。

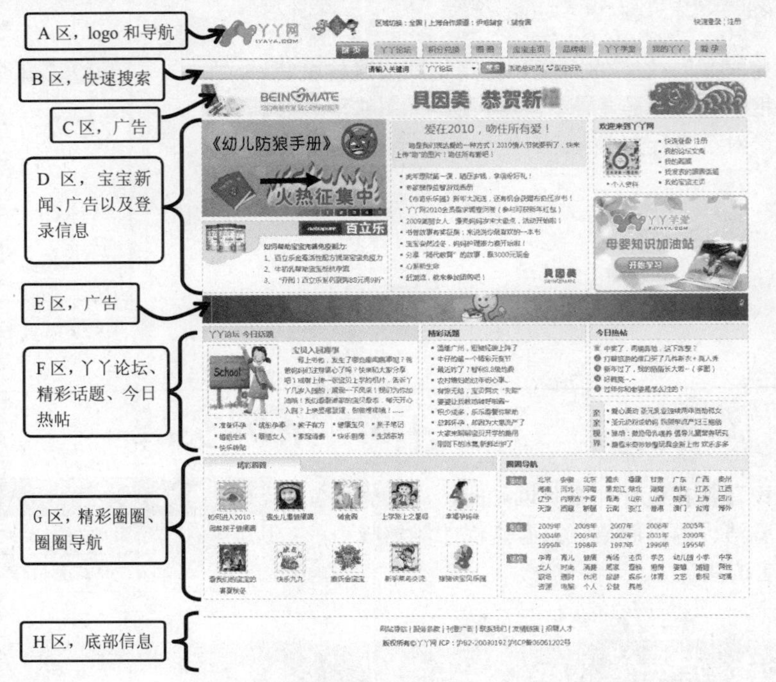

图4.21 设计模块划分图

4.3.4 切图

视频路径：视频文件\files\4.3.4.swf | 实例文件：无

使用Photoshop软件中的工具将设计图以下部分切出来，因篇幅有限，只讲解设计图一部分，重复部分此处不再讲解。然后剪切并组合出下面图片，这些图片将作为网页元素的背景图或插入图片，具体操作步骤将在视频中演示。效果如图4.22所示。

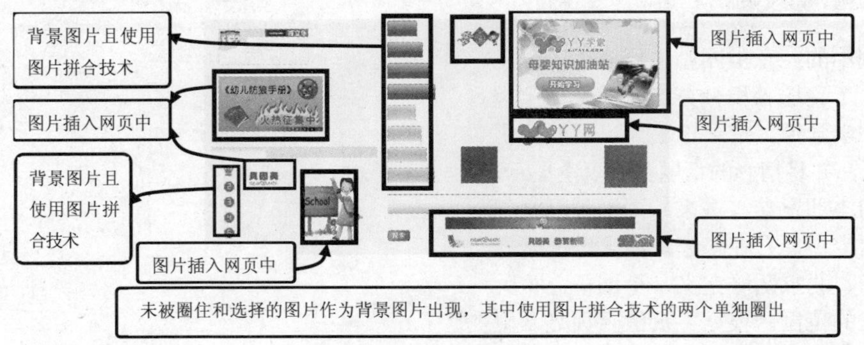

图4.22 切图

4.3.5 重构

视频路径：视频文件\files\4.3.5.swf | 实例文件：无

根据图4.21进行区域划分，划分八个大区域（在此处有重复区域，即结构相同或相似，内容不同，例如C区、E区完全一致），在每个大区域内可划分几个小区域，下面给出其二级结构。

```
<html>
<head>
</head>
<body>
<div class="header">
   <div class="logo"></div>
   <div class="header_right"></div>
</div>
<div class="so_div">
   <div class="so_table"></div>
</div>
<div class="ad1"><a href="#"></a></div>
<div class="important">
   <div class="fl5-1"></div>
   <div class="top_center"></div>
   <div id="top_right"></div>
   <div class="clear"></div>
</div>
<div class="ad1"><a href="#"></a></div>
<div class="important2">
   <div class="red_div"></div>
   <div class="huati"></div>
   <div class="retie"></div>
   <div class="clear"></div>
</div>
<div class="important3">
   <div class="qq_right"></div>
   <div class="jingcai"></div>
   <div class="clear"></div>
</div>
<div class="footer_links"><a href="#"></a></div>
</body>
</html>
```

4.3.6　布局

视频路径：视频文件\files\4.3.6.swf　　实例文件：无

第一步，打开Dreamweaver软件，执行“文件” →“新建”命令，弹出“新建文档”对话框，如图9.23所示，建立一个空白的XHTML文档页面，并保存文件为“An4.html”。

第二步，创建外部CSS样式表文件，保存为Astyle.css文件。首先执行“窗口”→ “CSS样式”命令，打开“CSS样式”面板，接着单击“附加样式表”按钮，在弹出的“链接外部样式表”对话框中选择“浏览”按钮，如图9.24所示，找到Astyle.css文件，将其链接到“An4.html”文档，最后单击“确定”按钮。

为 XHTML 文件添加如下代码：

```
<link href="css/Astyle.css" rel="stylesheet" type="text/css" />
```

第三步，XHTML 元素初始化，将所有要用到以及即将用到的元素进行初始化，确保所有元素在不同浏览器下默认状态是一致的，其中包括清除内间距、外边距，超链接颜色为蓝色，鼠标滑过时添加下划线效果，<ul> 标签的列表符号隐藏等。

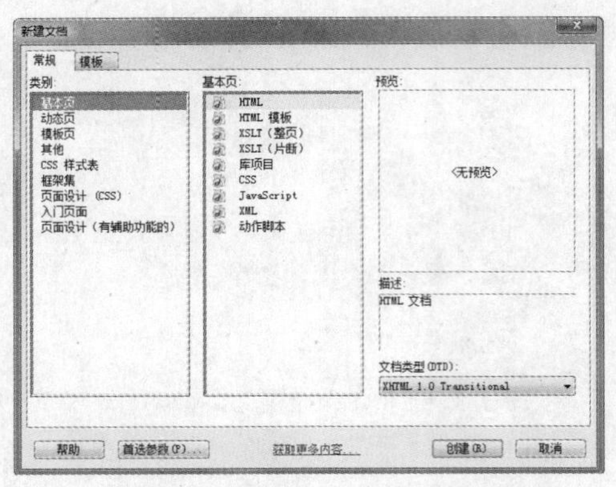
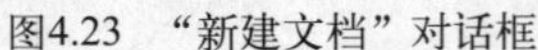

图4.23 “新建文档”对话框

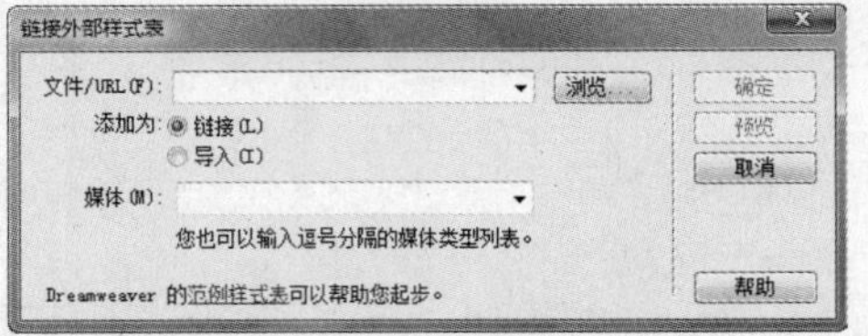

图4.24 “链接外部样式表”对话框

TIP 限于篇幅，案例讲解部分CSS代码、XHTML结构代码，具体CSS代码、XHTML结构代码请查看本章案例文件。index.html文件完成设计图所有部分，而本章案例文件重复部分、非重要部分不再讲解。

第四步，C 区、E 区内只有一个广告图片，故设置层和图大小以及边距即可。CSS 属性设置 ad1 层宽度为 970 像素、高度为 60 像素、上下边距设置为 5 像素，因其结构、样式简单就不再给出截图以及结构样式。

第五步，根据A区XHTML结构代码，编写CSS样式代码。定义A区：宽度为970像素、高度为80像素，通过上边距调整其顶端位置。A区包含两部分：logo层和header_right层。logo层设置宽度为200像素、高度为39像素，首先通过左浮动使其飘至A区header层左侧、上间距调整logo图片位置，接着设置居中对齐；header_right层定义宽度为740像素，通过右浮动使其飘至A区header层右侧。最终logo层在A区左侧，header_right层在A区右侧。

logo层包括logo图片和老虎图片。logo图片通过CSS设置其大小为156*5，因其父层logo层设置了上间距，故此处不需要再调整其位置（否则将设置logo图片的上边距）；老虎图片class命名为tiger，通过相对定位使其脱离普通文档流，接着使用left、top值使其偏离原先位置并调整新位置，最后定义图片大小。

header_right层包括header_right_top层和top_nav层。header_right_top层存放地区切换和快速登录，定义空间位置高度为40像素，宽度继承header_right层，通过上间距调整其位置；top_nav层存放导航，清除浮动，定义高度为30像素。

header_right_top层包含co_div层、log层。co_div层存放地区切换，设置文本居中对齐、通过左间距调整文字与左侧老虎图片的位置，接着左浮动，使其飘至header_right_top层最左侧；而log层设置为右浮动，文本对齐方式为右对齐，接着右间距调整其位置，最终header_right_top层中co_div层在左，log层在右。co_div层和log层内一条竖线，通过左右间距设置调整该属性与左右两侧文字之间的距离，并改变其竖线颜色为粉色。

top_nav层存放导航，首先导航内超链接高度与top_nav层高度一致，为30像素，文本大小为14像素、左浮动、超链接之间10像素的距离、字体颜色为#ca0989，接着设置背景图片为top.gif。因其超链接字数不同（两个、三个、四个字的不等），故背景图片top.gif内包含多个背景图，而在超链接内添加不同的class名：not_active_2、not_active_3、not_active_4，接着调整背景图片的位置，使其对应不同长度的背景图片；“首页”添加class名active，调整它的背景图片，使其颜色与其他两个、三个、四个字超链接颜色不同。

图 4.25 所示为 A 区效果图。

```
XHTML:
<div class="header">
   <div class="logo">
      <a href="#"><img src="images/logo.gif"/></a><img src="images/tiger.jpg"
class="tiger"/>
```

```
        </div>
        <div class="header_right">
            <div class="header_right_top">
                <div class="co_div">区域切换：全国|<a href="#">上海</a>合作频道：<a href="#" >伊威
辅食</a>
                    <span class="splitter">|</span><a href="#" >辅食圈</a>
                </div>
                <div class="log">
                    <a href="#">快速登录</a><span class="splitter">|</span><a href="#">注册</a>
                </div>
            </div>
            <div class="top_nav">
                <a href="#" class="active">首页</a><a href="#" class="not_active_4">丫丫论坛</a>
                <a href="#" class="not_active_4">积分兑换</a><a href="#" class="not_
active_2">圈圈</a>
                <a href="#" class="not_active_4">宝宝主页</a><a href="#" class="not_
active_3">品牌街</a>
            </div>
        </div><!--header_right end-->
    </div>
    CSS:
    .header{height:80px;width:970px; margin:0 auto;margin-top:6px; overflow:hidden;}
    .logo{width:200px; float:left; text-align:center; padding-top:10px; height:39px; }
    .header_right{width:740px; float:right;}
    .logo img{width:156px; height:53px;}
    .logo img.tiger{width: 82px; height: 39px; position:relative; left: 140px; top: -60px;}
    .header_right_top{height:40px; padding-top:10px;}
    .co_div{float:left;text-align:center;padding-left: 80px;}
    .splitter{font-size:12px; color:#FF99FF; padding:0px 4px;}
    .log{float:right; widtdh:100px; text-align:right; padding-right:10px;}
    .top_nav{height:30px; clear:both;}
    .top_nav a{display:inline-block; height:30px; background-image:url(../images/top.
gif);font-size:14px;
        text-align:center; line-height:30px; float:left; margin-left:10px;color:#ca0989}
    .top_nav a:hover{color:#ff0000; text-decoration:none; }
    .top_nav a.active,.top_nav a.active:hover{font-weight:bold; color:#fff; text-
decoration:none;
        width:58px; background-position:0 1px; letter-spacing:6px;}
    .top_nav a.not_active_2{width:55px; background-position:0 -159px; letter-spacing:4px; }
    .top_nav a.not_active_3{width:66px; background-position:0 -199px;}
    .top_nav a.not_active_4{width:76px; background-position:0 -239px;}
```

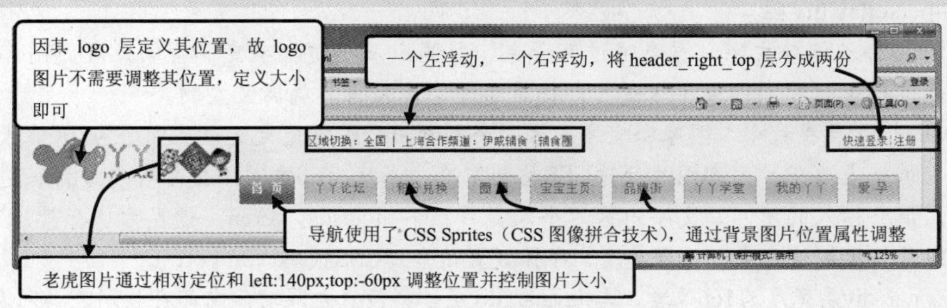

图4.25 A区效果

第六步，根据D区XHTML结构代码编写CSS样式代码。定义D区：宽度为970像素、高度暂不定义。D区包含四部分：fl5-1层、top_center层、top_right层以及clear层。clear层用于高度自适应，其余三层用于划分D区important层。fl5-1层定义宽度为328像素、高度为308像素，通过左浮动使其飘至D区important层左侧；top_center层定义宽度为350像素、高度为306像素、1像素边框线，通过左浮动使其飘至A区fl5-1层附近，通过相对定位调整其位置；#top_right层定义宽度为274像素、高度为306像素，通过右浮动使其飘至D区important层右侧。最终fl5-1层在A区左侧、#top_right层在D区右侧、top_right层在中间，因这三层都设置浮动，而父层important层未设置高度，故定义clear层清除浮动，使父层高度自适应。

flash2-1层包括flash2-1层和co-bbs层。

- flash2-1层存放flash，此处通过插入图片代替，设置该层宽度为328像素，高度为172像素，图片大小通过CSS控制且与层大小一致即可。
- co-bbs层存放“百事乐”，设置宽度为330像素，高度为129像素、背景图片为pp_bll.jpg，其中背景图片包含了除文字之外所有区域部分，故内部子层只需调整其在背景图片中的位置即可。通过上边距设置拉开与flash2-1层的距离。
- co-bbs层的子层fr2-1层，首先通过右浮动使其飘至背景图片pp_bll.jpg最右侧，接着根据上边距将其远离顶部图片位置，最后设置该层宽度为220像素。
- fr2-1层内存放了<ul>一组标签，故通过上边距调整位置，设置每个<li>标签之间的行高为20像素，针对有的<li>标签内红色超链接，专门添加class名red，设置颜色即可。

top_center层包括top_story层和hi_story层。

- top_story层存放最重要的新闻和新闻简介，进行宽度、高度设置以及淡粉色背景设置，通过边距设置使其与父层top_center层边框之间存在白色区域。
- top_story层超链接a.title将要转换成块元素且只显示一行新闻大标题，通过行高、字体类型以及字体颜色等设置使其进入网站后能够看到这是主要新闻。
- top_story层子层top_story_note层存放新闻简介，同时也加入了超链接设置，设置行高为16像素，通过高度等设置使其只显示两行，超出部分隐藏。
- hi_story层宽度为340像素，包含logo_bym层和新闻列表ul.red。新闻列表ul.red调整外边距设置；内部子元素<li>标签，设置其左边距为26像素；超链接字体为12号、高度和行高为20像素；接着设置<li>标签方块背景fangkuai.jpg，并调整方块在超链接垂直方向、左右方向的位置。若超链接高度、行高、字体大小未提前设置，则方块背景即使一开始设置了，后来依然需要根据字体等进行调整。新闻列表ul.red作为模块部分，以便其他位置调用。
- hi_story层子层logo_bym存放“贝因美”三个文字图标，通过相对定位和右浮动调整其方向以及边距。

top_right层包括blue_div层和广告，广告图片设置为275*171即可。

- blue_div层存放个人信息，通过宽度、高度设置以及边框线设置，确定其占用的空间；接着设置下边距为6像素，拉开与下面广告图片的距离。blue_div层包含#title层、#avatar_div层和#personal_div层。
- #title层存放标题文字，首先通过背景色、行高以及下边框确定其空间位置，内部字体进行加粗、颜色改变、14号字体设置，接着通过左边距将其偏离最左侧。
- #avatar_div层存放个人图像和文字内容“个人资料”，首先定义该层大小为100像素以及左浮动，调整上边距；内部图片通过CSS控制宽度、高度为60像素，接着对内边距和边框进行修饰，调整插入的图片。文字内容“个人资料”添加class名.geren，设置方块背景、宽度100像素以及转换成块元素，其余高度、字体设置请查看CSS代码。
- personal_div层宽度为166像素，与#avatar_div层一样设置左浮动，内部存放列表。列表定义class

迷宫为blue，并且继承上一步top_center层内ul.red的模块设置，故此处调整ul.blue的边距设置以及内部超链接，重置超链接高度、行高为18像素，并改变超链接颜色为#0080FF即可。

图 4.26 所示为 D 区效果图。

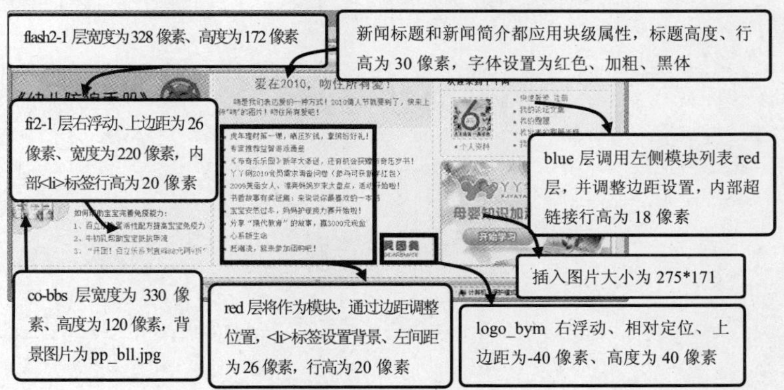

图4.26 D区效果

```
XHTML:
<div class="important">
   <div class="fl5-1">
      <div class="flash2-1"><img src="images/f1.jpg" width="328" height="172" /></div>
      <div id="co-bbs">
         <div class="fr2-1">
            <ul><li>如何帮助宝宝完善免疫能力:</li>
               <li><a href="#">1、百立乐金冕活性配方提高宝宝免疫力</a></li>
               <li><a class="red" href="#">3、“开团！百立乐系列直降88元再9折”</a></li>
            </ul>
         </div>
      </div><!--co-bbs end-->
   </div><!--fl5-1 end-->
   <div class="top_center">
      <div class="top_story"><a id="title" href="#">爱在2010，吻住所有爱！</a>
         <div class="top_story_note"><a href="#">吻是我们表达爱的一种方式！。。。。</a></div>
      </div><!--top_story-->
      <div class="hi_story">
         <ul class="red">
            <li><a href="#">虎年理财第一课，晒压岁钱，拿缤纷好礼！</a></li>
            <li><a href="#">专家推荐益智游戏画册</a></li>
         </ul>
         <span class="logo_bym"><a href="#"><img src="images/logo_bym.jpg"/></a></span>
      </div><!--hi_story-->
   </div><!--top_center-->
   <div id="top_right">
      <div class="blue_div">
         <div id="title">欢迎来到丫丫网</div>
         <div id="avatar_div">
            <a href=""><img src="images/admin365.jpg"/></a><a href="#" class="geren">个人资料</a>
         </div>
```

```
            <div id="personal_div">
               <ul class="red blue">
                  <li><a href="#">快速登录</a> <a href="#">注册</a></li>
                  <li><a href="#">我的论坛文集</a></li><li><a href="#">我的圈圈</a></li>
               </ul>
            </div><!--personal_div end-->
         </div><!--blue_div end-->
         <img src="images/golden_xt.jpg" width="275" height="171"/>
      </div><!--top_right end--><div class="clear"></div>
   </div><!--important end-->
   CSS:
   #co-bbs{background:url(../images/pp_bl1.jpg) no-repeat;color:#3b5998;width:330px;
      height:129px;margin-top:7px;}
   #co-bbs .fr2-1{width:220px;float:right;text-align:left;overflow:hidden; margin-
top:26px;}
   #co-bbs ul{margin:10px 0 0 0;padding:0;list-style-type:none;line-height:20px;}
   .red{color:#ff0000;}
   /*********百里乐 end*********/
   .flash2-1{width:328px; height:172px;}
   .top_story{width:346px; height:84px; background:#ffeef7; margin-top:2px; margin-
left:2px; }
   .top_story #title{display:block; font-size:20px; color:#ea1717; font-family:黑体;
      width:346px; text-align:center; overflow:hidden; height:30px; line-height:30px;}
   .top_story_note a{line-height:16px; text-indent: 2em; margin-left:6px; margin-
top:6px; width:336px;
      display:block; height:32px; overflow:hidden; }
   .hi_story{width:340px; overflow:hidden;}
   .logo_bym{position: relative; height: 40px; margin-top: -40px; float: right;}
   /********主要新闻 start**********/
   ul.red{margin-bottom:8px; margin-top:4px;margin-right:10px;overflow: hidden;}
   ul.red li{background:url(../images/fangkuai.jpg) no-repeat 16px 8px; padding-
left:26px; }
   ul.red li a{font-size:12px; line-height:20px; height:20px; }
   ul.blue{margin:0;margin-bottom:4px;margin-top:4px; }
   ul.blue li a{height:18px; line-height:18px; color:#0080FF; overflow:hidden;}
   /********欢迎来到丫丫网 start**********/
   #top_right{width:274px; height:306px; float:right;}
   .blue_div{border:1px solid #ccdfe7; overflow:hidden;width:272px; height:130px;
margin-bottom:6px;}
   .blue_div #title{background:#f3f7f3; border-bottom:1px solid #ccdfe7; color:#003366;
font-size:14px;
      font-weight:bold; padding-left:10px; line-height:26px;}
   #avatar_div{width:100px; float:left; margin-top:10px; text-align:center;}
   #avatar_div a img{width:60px; height:60px; padding:2px; border:1px solid #c5c5c5}
   .geren{ width:100px;display:block; color:#0080FF; line-height:27px;
      background:url(../images/fangkuai.jpg) no-repeat 23px 10px; padding-left:5px;}
   #personal_div{width:166px; float:left;  heght:80px;}
   /***********************************LY start*********************************/
   .important{width:970px; margin:0 auto; clear:both}
   .fl5-1{ float:left; width:328px; height:308px;}
```

```
.top_center{width:350px; height:306px; border:1px solid #ffcbe4;float:left;overflow:h
idden;
    left:7px; position:relative;}
#top_right{width:274px; height:306px; float:right;}
```

第七步，根据F区XHTML结构代码编写CSS样式代码。定义F区宽度为970像素。F区包含四部分：red_div层、huati层、retie层以及clear层。clear层依然是父层高度自适应；huati层和retie层定义空间大小即可，内部元素不讲解，详细内容请查看index.html文件（An4.html文件存放本章讲解的内容，index.html文件存放完整案例）；red_div层设置宽度为382像素、高度为227像素，定义左浮动使其飘至F区important2层左侧；red_div层包括title层和div层，div层只是起到包含内部元素的作用，它包含today_topics_img层、today_topics_hi_title层以及today_topics_2层。

- title层存放标题文字“丫丫论坛 今日话题”，通过背景色、行高以及底部边框线定义其占用空间位置；设置字体粉色加粗效果，为表示区分其他字体，专设字体为14像素，接着通过左间距调整其位置。
- today_topics_img层存放图片超链接，设置层宽度为120像素、高度为120像素，通过内间距调整与顶部title层以及父层red_div层左边框线的位置，图片大小与层大小一致即可，通过内间距和边框进一步修饰该图片。
- today_topics_hi_title层存放新闻标题和新闻简介，标题部分定义class名为big_pink_bold，新闻简介定义层名为gray_note。today_topics_hi_title层设置为右浮动效果，接着进行宽度、高度以及内间距大小设置。
- 标题部分a.big_pink_bold设置字体颜色为#E54F8，且字体通过加粗表明这里很重要，接着进行大小、行高、边距等设置。
- 新闻简介gray_note层，首先定义段落文字首行缩进两个文字大小的空间，高度为97像素、行高为18像素、下间距为8像素，最终段落文字最多显示六行（[97+8]/18=6），多余的隐藏。内部超链接字体大小为12像素，以便突出标题a.big_pink_bold的文字内容，接着设置字体颜色为灰色#666。
- co-bbs 层的子层 fr2-1 层，首先定义右浮动，使其飘至背景图片 pp_bll.jpg 最右侧，接着根据上边距将其远离顶部图片位置，最后设置该层宽度为 220 像素。
- today_topics_2 层存放多个超链接，定义该层大小并清除 today_topics_img 层和 today_topics_hi_title 层带来的浮动问题，即设置 clear:bot;，其内部超链接定义方块背景 fangkuai2.jpg，通过使用浮动使多个 <li> 标签在一行显示，定义 <li> 宽度、行高、间距以及边距设置。行高、高度以及字体大小影响着背景图片 fangkuai2.jpg 的横向、纵向位置。

图 4.27 所示是 H 区效果图。

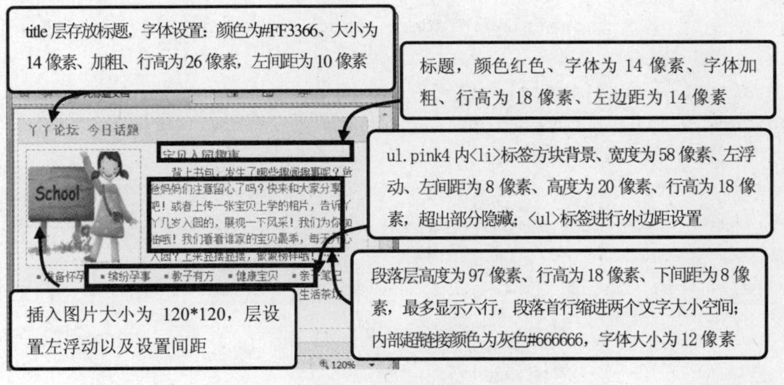

图4.27　H区效果

```
XHTML:
<div class="important2">
   <div class="red_div">
      <div class="title">丫丫论坛 今日话题</div>
      <div>
         <div id="today_topics_img"><a href="#"><img src="images/i1.jpg" /></a></div>
         <div id="today_topics_hi_title">
            <a class="big_pink_bold" href="#">宝贝入园趣事</a>
            <div class="gray_note"><a href="#">背上书包，发生了哪些趣闻趣事呢？……</a></div>
         </div><!--today_topics_hi_title end-->
         <div class="today_topics_2">
            <ul class="pink4"><li><a href="#">准备怀孕</a></li><li><a href="#">缤纷孕事</
a></li></ul>
         </div><!--today_topics_2 end-->
      </div>
   </div><!--red_div end-->
   <div class="huati"></div>
   <div class="retie"></div>
   <div class="clear"></div>
</div>
CSS:
.important2{width:970px; margin:0 auto; clear:both;}
.red_div {width: 382px; float: left;border:1px solid #FFCBE4; height:227px;
overflow:hidden;}
.huati{left:6px; position:relative;}
.retie{ width:282px; height:229px; float:right; overflow:hidden;}
.red_div .title{background:#ffe7f0; border-bottom:1px solid #ffcbe4; color:#ff3366;
   font-size:14px; font-weight:bold; padding-left:10px; line-height:26px;}
#today_topics_img{float:left; width:120px; padding-left:8px; width:120px; padding-
top:6px;}
#today_topics_img a img{width:120px; height:120px; padding:2px; border:1px solid
#ffa5ca}
#today_topics_hi_title{float:right; width:234px; height:134px; overflow:hidden;
padding-top:6px;
   padding-right:4px;}
a.big_pink_bold{width:222px;margin-left:14px;line-height:18px;height:auto;font-
size:14px;color:#E54F80;
   font-weight:bold;display:block; overflow:hidden;}
.gray_note{height:97px; overflow:hidden; padding-bottom:8px;line-height:18px;text-
indent: 2em;}
.gray_note a{font-size:12px;color:#666;}
.today_topics_2{width:360px; height:52px;padding-left:10px; clear:both; }
*+html .today_topics_2{position:relative; top:-10px;}
ul.pink4{margin-left:6px; margin-bottom:4px;margin-top:4px; }
ul.pink4 li{width:58px;  padding-left:4px;float:left; height:20px; overflow:hidden;
line-height:18px;
   margin-left:4px; background:url(../images/fangkuai2.jpg) no-repeat 0px 6px;
padding-left:8px; }
```

第 5 章

青春校园类网站的结构与布局——超链接和图片样式

超链接是网络互通的桥梁，通过它可以帮助我们在浩瀚无边的互联网上快速找到目标。最初的网页也都是由简单的超链接组合而成的，即超链接构成了网页的主要元素。超链接能够引导浏览者快速阅读详细信息。如果没有超链接，难以想象把所有的信息都堆放在同一个页面中的场景，如果在这样一个超级页面中查找所需的一条信息，将是一件多么伤神的事情。更重要的是，在搜索引擎检索库中，超链接将作为跳转到目标网站的一个地址，帮助我们更快速、更方便地找到需要的内容。

网页超链接一般分三种类型：绝对 URL 的超链接、相对 URL 的超链接、锚点超链接。最常见的是网站通用地址，如 http://www.baidu.com/，也称为绝对 URL 的超链接。相对 URL 超链接是网站内部链接，通过单击超链接可以跳转到网站内相对文件夹中的页面上。最后一种就是网页内部超链接，也称书签，或者锚点，当单击锚点，可以从当前位置跳转到当前页或者其他页面内某个位置上。

5.1 超链接样式

超链接文字颜色默认是蓝色，且文字下方有一条下划线。

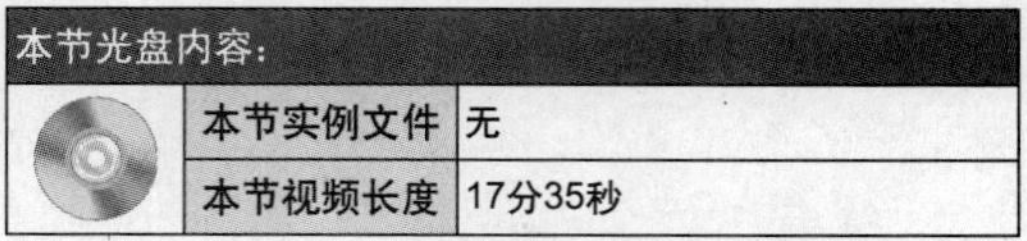

当鼠标指针移动至超链接文字上时，鼠标指针变成一只手的形状；单击鼠标，跳转到与这个超链接相关联的网页或网站；如果用户已经浏览过某个超链接，超链接的文本颜色此时改为浏览过的默认紫色。

5.1.1 伪类样式

视频路径：视频文件\files\5.1.1.swf | 实例文件：实例文件\5\基础示例\伪类样式.html

页面设置离不开超链接颜色的改变。CSS样式对于超链接的控制通过伪类来实现，使页面上显示不同的效果。网页超链接样式包括超链接未访问时的样式、鼠标滑过超链接时的样式、超链接访问过后的样式以及超链接被激活时的样式。

CSS 定义四种伪类属性：a:link、a:hover、a:active 和 a:visited，CSS 通过这四个伪类属性来设计超链接的动态样式，详细说明如下。

```
a:link        /* 超链接默认样式 */
a:visited     /* 单击超链接后的样式 */
a:hover       /* 鼠标移动到超链接上时的样式 */
a:active      /* 在单击鼠标时的样式，即被激活样式 */
```

a:link伪类样式一般使用a{}直接代替。a:active鼠标单击超链接之后马上松开，无人会关注单击瞬间超链接的文字或图片变化效果，故应用场合比较少。鼠标移动至超链接和超链接访问后的样式比较常用。

例如，在下面实例中，定义超链接四种状态下的字体颜色变化。

```
a {/* 默认超链接样式 */
    font-size:12px;                          /* 字体大小12像素 */
    color: #FF0000;                          /*字体的颜色*/
}
a:hover{/* 鼠标滑过超链接样式 */
    color:#396;                              /*字体的颜色*/
}
a:active {/* 鼠标单击与释放之间的超链接样式 */
    color:#CC66FF;                           /*字体的颜色*/
}
a:visited{/* 鼠标单击后超链接样式 */
    color:#FFCC33;                           /*字体的颜色*/
}
```

在上面实例中，首先统一超链接样式。设置超链接文本默认状态下为红色、字体大小为12像素；当鼠标经过时，字体颜色呈现为#396；若用户在超链接上单击鼠标，则超链接文本的字体颜色变为#CC66FF；访问之后，字体颜色显示为#FFCC33。

TIP 在实际应用中，如果a元素没有设置href属性（如<a href="#">超链接</a>变为<a>超链接</a>），那么a:active的样式将不会有效。如果书写为<a>超链接</a>，那么a:link{color:#ff7300}样式也不会发生作用，即只有实效地址的链接，a:link样式才有效。

5.1.2　下划线样式

视频路径：视频文件\files\5.1.2.swf　实例文件：实例文件\5\基础示例\下划线样式.html、背景图片实现的闪烁下划线.html

设置超链接的下划线样式，可以通过 border、background 或 text-decoration 属性来实现。

text-decoration属性可以定位下划线的位置，表示该文本信息比较重要或者被链接到其他地方，也可以使用text-decoration属性定义删除线，表示删除一段文本。text-decoration属性的语法格式如下所示：

```
text-decoration : none || underline || blink || overline || line-through
```

下划线应用范围广泛，不仅可应用于超链接 <a> 标签，还可应用在其他标签上，例如，<div>、<span>、<strong>、<em>、<ul>、<ol>、<p> 等 XHTML 标签。

例如，在下面实例中，分别为 <div>、<span>、<p>、<strong>、<em> 标签设置下划线样式。

```
<html><head>
<style type="text/css">
div {
      text-decoration: underline;              /* div块元素设置下划线 */
}
p {
      text-decoration: underline;              /* p块元素设置下划线 */
}
span {
      text-decoration: underline;              /* span行内元素设置下划线 */
}
strong{
      text-decoration: underline;              /* strong行内元素设置下划线 */
}
em{
      text-decoration: underline;              /* em行内元素设置下划线 */
}
</style>
</head><body>
<div>为div块元素设置下划线</div>
<p>为p块元素设置下划线，这是段落</p>
<span>为span行内元素设置下划线</span><br />
<strong>为strong行内元素设置下划线，strong表示更加强调</strong><br />
<em>为em行内元素设置下划线，em表示强调</em>
</body></html>
```

页面演示效果如图 5.1 所示。

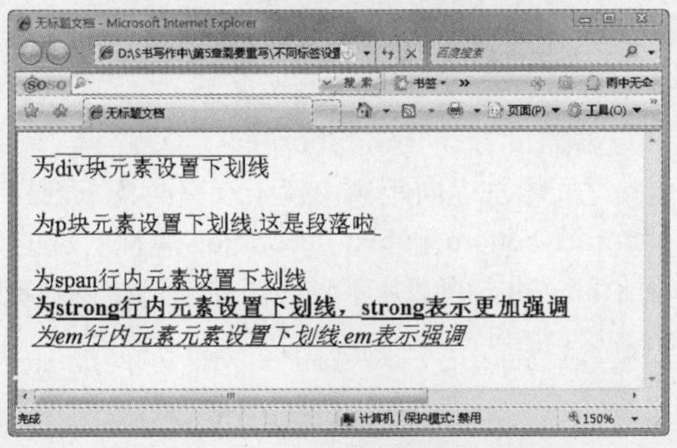

图5.1　使用不同标签设置下划线效果

下划线颜色主要根据字体颜色来确定。在上面实例中（如图5.1所示），因页面默认字体颜色为黑色，故下划线的颜色为黑色，可通过设置字体颜色来改变下划线的颜色。

如果超链接文本与下划线显示不同的颜色，则需要使用 border-bottom 属性来定义下划线样式。border-bottom 属性的语法格式如下所示：

```
border-bottom: border-width || border-style || border-color;
```

border-bottom 是复合属性，可以定义边框线宽度、样式以及颜色。例如，在下面实例中，超链接文本设置红色字体及绿色下划线，class 为 underline 的超链接设置红色字体、红色下划线以及 border 实现的绿色下划线。

```
<html><head>
<style type="text/css">
body {/* 页面基本属性 */
     font-family:"宋体";                          /* 字体类型 */
     font-size:12px;                              /* 设置字体为12像素 */
}
div a{/* 对超链接的默认设置 */
     color:#F30; /* 设置文字颜色为#F30 */
     line-height:2.5em;                           /* 设置行高为2.5em */
     text-decoration:none;                        /* 去掉默认超链接的下划线 */
}
div a:hover{/* 设置鼠标滑过超链接设置 */
     border-bottom:1px solid #3C0;            /* border-bottom实现的下划线 */
}
div a .underline:hover{/* 设置鼠标滑过超链接设置 */
     border-bottom:1px solid #3C0;            /* border-bottom实现的下划线，注意颜色 */
     text-decoration:underline;               /* text-decoration实现的下划线 */
}
</style>
</head><body>
<div>
     <a href="#">文字颜色和下划线颜色是不一致的</a>
</div>
<div>
     <a href="#" class="underline">使用border和text-decoration显示不一样的下划线</a>
</div>
</body></html>
```

页面演示效果如图 5.2 所示。

在上面实例中，第一行超链接与第二行超链接的样式不同。第二行超链接下有两条下划线且下划线颜色不相同：红色下划线通过设置text-decoration属性实现，与字体颜色一致；绿色下划线是通过设置border-bottom属性实现的，颜色与字体颜色不同。行高的设置让文字与border-bottom之间增加纵向距离，便于观察两条下划线的不同。

图5.2 border和text-decoration实现的下划线

border-bottom 和 text-decoration 属性实现的下划线颜色单一，而通过设置 background 属性可以实现多彩、动态的图片下划线，使超链接色彩更加炫目。background 属性的语法格式如下所示：

```
background : background-color || background-image || background-repeat ||
             background-attachment || background-position
```

其中 background 是复合属性，与 font 属性设置性质是一样的。该属性能够设置多个属性值，相当于合并多个属性设置，属性值之间以空格分隔。

例如，在下面实例中，使用gif格式的背景图片设计闪烁的下划线效果。

```
<html><head>
<style type="text/css">
body {/* 页面基本属性 */
     font-family:Arial, Helvetica, sans-serif; /* 字体类型 */
     font-size:12px;                            /* 设置字体为12像素*/
}
div a{/* 对超链接的默认设置 */
     display:block;                             /* 设置为块元素*/
     width:200px;                               /* 设置块的宽度为200像素*/
     height:16px;                               /* 设置块的高度为16像素*/
     text-decoration:none;                      /* 去掉默认超链接的下划线*/
}
div a:hover{/* 设置鼠标滑过超链接设置 */
     background:url(img/1.gif) repeat-x left bottom;    /* 设置闪烁背景图片下划线 */
}
</style>
</head><body>
<div>
     <a href="#">我有背景图片，可以大张旗鼓地闪烁</a>
</div>
</body></html>
```

页面演示效果如图5.3所示。

在上面实例中，背景图片的宽度为60像素、高度为1像素，而超链接<a>标签的宽度为200像素，横向平铺图片填满块元素底部空间，故使用CSS的background的repeat-x属性值，该属性值可以实现横向平铺。

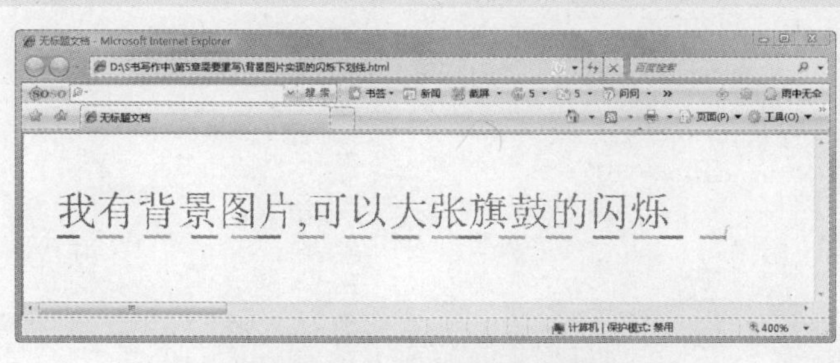

图5.3　background实现的下划线

5.1.3　立体样式

视频路径：视频文件\files\5.1.3.swf　|　实例文件：实例文件\5\基础示例\立体样式.html

随着网页设计技术的发展，人们已经不满足于原有的一些HTML标记的纯文本网页，而是希望在页面显示中添加一些多媒体效果，例如，添加立体、投影效果等。使用背景图片虽然能为文字实现立体背景效果，但是如何利用纯CSS属性实现立体效果呢？

例如，在下面实例中，通过两种方法设置立体效果：第一种方法，通过设置背景颜色和边框颜色的不同及边框颜色的差异来实现立体效果；第二种方法，通过定位偏移来实现立体效果。

```
<html>
<head>
<style type="text/css">
body {/* 页面基本属性 */
     font-family:Arial, Helvetica, sans-serif;       /* 字体类型 */
     font-size:12px;                                  /* 设置字体为12像素*/
```

```
}
.blue a{
     text-decoration:none;                        /* 隐藏超链接的下划线 */
     border-top: #a6c1df 2px solid;               /* 设置上边线颜色 */
     border-right: #002200 2px solid;             /* 设置右边线颜色 */
     border-bottom:#002200 2px solid;             /* 设置下边线颜色 */
     border-left: #a6c1df 2px solid;              /* 设置左边线颜色 */
     color:#ffffff;                               /* 设置字体颜色 */
     background-color:#3a6ea5;                    /* 设置背景颜色 */
}
h1 a{
     position: relative;                          /* 设置为相对定位 */
     font-size: 50px;                             /* 设置文字大小为50像素 */
     letter-spacing: -5px;                        /* 设置文字间距 */
     color: #Ff7300;                              /* 设置字体颜色 */
     display:block;                               /* 转化为块元素 */
     text-decoration:none;                        /* 隐藏超链接的下划线，存在则文字立体效果难看 */
     font-weight:bold;                            /* 文字加粗效果，便于观察 */
}
h1 a span{
     position: absolute;                          /* 设置为绝对定位 */
     left: 1px;                                   /* 左偏移1像素 */
     top: 1px;                                    /* 上偏移1像素 */
     color:#069;/* 字体颜色 */
}
</style>
</head><body>
<div class="blue">
   <a href="#">立体效果</a>
</div>
<h1>
   <a href="#">立体效果<span>立体效果</span></a>
</h1>
</body></html>
```

页面演示效果如图 5.4 所示。

在上面实例中，class为blue立体效果利用的是边框线颜色的差异，<h1>标签的立体效果通过文字定位偏移实现，将其放大，然后对照CSS和XHTML代码分析就不难实现。

首先，<h1>标签内的<a>标签使用相对定位设置。其次，<a>标签的子元素<span>标签进行绝对定位，<span>标签根据父元素相对定位的<a>标签位置进行偏移，设置较大的偏移值可以实现阴影效果。

图5.4　立体效果

> **TIP** 父元素进行定位设置时，最好父元素拥有宽度和高度属性，其子元素才能有效地判断自己的top及left属性值。尤其是在XHTML结构复杂的时候，一般父元素里只有一个子元素，否则过多的子元素会让浏览器（IE 6和IE 7之间对定位元素的解释）判断失误。

5.1.4 设计导航样式

视频路径：视频文件\files\5.1.4.swf | 实例文件：实例文件\5\基础示例\导航.html

网站导航是网站最重要的元素，也是网站提供给用户的最直接、最方便的访问网站的内容。使用站内导航，用户可以了解到当前所处的位置，不至于在网页中迷失。

例如，在下面实例中，定义站内导航，显示用户当前所处于网站的位置。

```
<html><head>
<style type="text/css">
body {text-align: center;font-family:"宋体", arial;margin:0; padding:0; font-size:12px; color:#000;}
div{margin:0 auto;}
a{
    color:#000000;text-decoration:none;      /* 默认状态下无下划线 */
}
a:hover {
    color: #bc2931;text-decoration:underline; /* 鼠标移动过来有下划线 */
}
.Navigation{
    font-size:14px;                           /* 设置文字大小 */
    text-align:left;                          /* 设置文字对齐方式 */
    border:1px solid #aeaeae;                 /* 设置边框属性（宽度、实线、颜色） */
    line-height:30px;                         /* 设置文字的行高 */
    text-indent:15px;                         /* 设置文字前缩进值 */
    height:30px;                              /* 设置文字高度和行高一致 */
    margin:20px auto;                         /* 设置文字外间距 */
    width:720px;                              /* 设置层的大小 */
  }
.Navigation a{ padding:0px 3px;}
</style>
</head><body>
<div class="Navigation">
  你的位置：<a href="#">首页</a>><a href="#">大宗资讯</a>><a href="#">正文</a>
</div>
</body></html>
```

页面效果如图5.5所示。

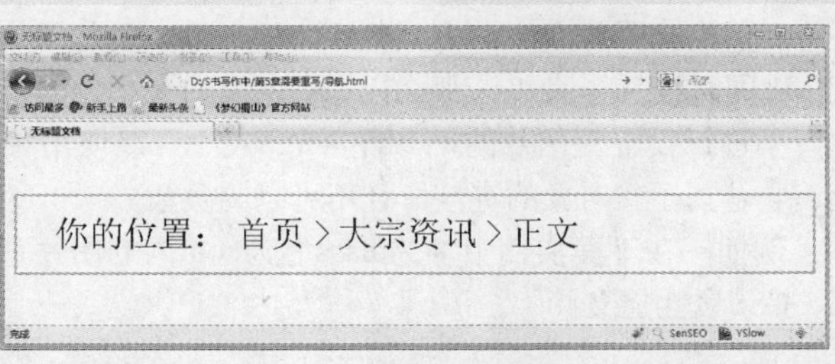

图5.5 站内导航

实现一个网站的导航，首先清除默认XHTML元素的默认设置（各个浏览器默认设置都不一样），接着根据网站设计进行一些基本设置，此时需要根据网站内容决定，如字体大小、字体颜色，<div>标签设置margin：0 auto;实现页面居中对齐，IE居中对齐，则设置text-align:center;。

```
body {text-align: center;font-family:"宋体", arial;margin:0; padding:0; font-size:12px; color:#000;}
div{margin:0 auto;}
```

下面设置超链接文字。根据设计图中超链接文字颜色用的最多的颜色值、鼠标滑过超链接文字时下划线是否显示及下划线的颜色进行设置。

```
a{color:#000000;text-decoration:none;}
a:hover {color: #bc2931;text-decoration:underline;}
```

第一步，在导航中设置边框、宽度、高度，且文字左对齐，即设置border、width、text-align属性。

```
.Navigation{ border:1px solid #aeaeae; height:30px; width:720px; text-align:left; }
```

第二步，文字内容未紧贴在左边框线，通过Fireworks或者Photoshop相关工具测量，一般情况下，段落是首行缩进两个文字大小的间距，其余行不缩进，而导航只有一行文字，故采用text-indent属性缩进15像素。

```
.Navigation{ text-indent:15px; }
```

第三步，页面中超链接文字比初始化时设置的字体大，重置字体大小为14像素。文字需设置垂直居中，故设置line-height和height大小一致（针对单行文字）为30像素。

```
.Navigation{ font-size:14px; line-height:30px;height:30px; }
```

第四步，设置边距margin，拉开与Navigation兄弟元素之间的距离，链接之间设置3像素间距。

```
.Navigation{ margin:20px auto; }
.Navigation a{ padding:0px 3px;}
```

5.2 图片样式

图片是网页的基本构成元素，通过 img 元素的属性值可以调整图片在浏览器中的显示效果，如图片的边框、大小以及为图片设置透明效果等各种样式。

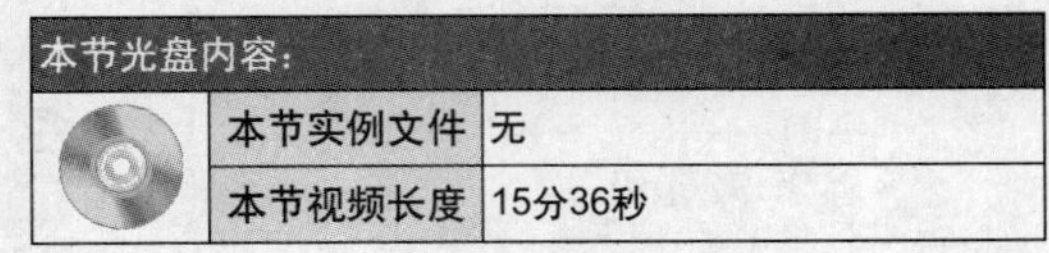

本节光盘内容：	
本节实例文件	无
本节视频长度	15分36秒

通过img元素的属性值可以调整图片在浏览器中的显示效果会给文档添加大量无意义的代码，而使用CSS属性对页面上的图片进行统一管理，会事半功倍。

5.2.1 图片大小

CSS控制图片大小的方式与HTML一致，也是通过width和height两个属性来控制。如果CSS和HTML同时设置了大小，那么以CSS定义的大小为准，而且通过CSS属性可以使用更多的方法对图片大小进行设置。图片的width和heigh大小可以使用相对和绝对单位，如果对图片大小值使用百分比，它是基于父对象的宽度，且不可以为负数。

例如，在下面实例中，为class名为cont内的图片宽度、高度使用两种方式定义：HTML代码内部、CSS属性定义。

```
<html>
<head>
<style type="text/css">
. cont{/* 图片父元素样式 */
    width:100px;                          /* 父元素宽度为100像素 */
    height:200px;                         /* 父元素高度为200像素 */
    background-color:#099;                /* 父元素设置背景颜色 */
}
```

```
img {/* 图片样式 */
     width:50%;                              /* 图片宽度为父元素的50% */
     height:50%;                             /* 图片高度为父元素的50% */
}
</style>
</head><body>
<div class='cont'><img src="img/1.gif" width="170" height="50" /></div>
</body></html>
```

页面演示效果如图 5.6 所示。

在上面实例中，XHTML代码设置宽度、高度时为绝对大小，而CSS属性设置为相对单位，宽度、高度皆为50%。图片的实际大小为：宽度为100像素、高度为100像素，故CSS属性设置级别高于XHTML代码中属性设置，且图片高度为父元素高度的50%，宽度也是如此。

如果没有class为cont元素包裹着图片，那么图片的大小是取决于浏览器窗口的宽度和高度，改变浏览器窗口大小时，图片的大小随浏览器窗口的改变而改变。根据XHTML嵌套规则，<body>标签下面只能为块元素，所以不能直接加入图片元素，代码如下：

图5.6　图片百分百设置效果

```
Xhtml:
<body>
   <img src="img/1.gif" width="170" height="50" />
</body>
```

此处写法是错误的，却不妨碍用它来测试宽度和高度设置百分百的情况。即设置宽度为百分比，高度为绝对大小，那么宽度的大小将随浏览器窗口的大小变化而变化，而设置了固定大小的高度则不发生变化；反之高度为百分比、宽度为固定大小，亦是如此。

5.2.2　图片边框

视频路径：视频文件\files\5.2.2.swf　|　实例文件：实例文件\5\基础示例\三张图片设置边框样式.html、四条边框线设置不同样式.html

在HTML中可以通过<img>标签的border属性设置图片边框，通过设置数值控制边框的大小，当border为0时表示没有边框。

例如，在下面实例中，第一个图片设置边框border值为0，第二个图片设置边框border值为2，通过浏览器显示发现左边图片为没有边框，右边图片边框为黑色实线。

```
<html>
<head>
<style type="text/css">
</style>
</head><body>
<div>
   <img src="img/1.gif" width="270" height="129"  border='0'  />
   <img src="img/1.gif" width="270" height="129"  border='2'  />
```

```
</div>
</body></html>
```

页面演示效果如图 5.7 所示。

图5.7 图片边框效果

在CSS中通过border属性设置为图片添加各种各样的边框：通过border-style定义边框的样式，如虚线、实线以及点虚线等；改变边框的颜色使用border-color属性；改变边框的粗细使用border-width属性。例如：

```
border-width: medium | thin | thick | length
border-color: color
border-style : none | hidden | dotted | dashed | solid | double | groove | ridge |
inset | outset
```

通过上面实例可以发现：设置边框的颜色，它的颜色取值就是 color 值；当设置边框宽度时，直接设置数值比较准确；如果采用 medium 等关键词，则边框粗细不确定且浏览器解释不同；如果要设置边框的样式，则 border-style 提供的属性值比较多。详细说明如表 5.1 所示。

表5.1 border-style属性的取值及含义

属性值	说 明
none	没有边界
hidden	隐藏边框
dotted	点线
dashed	虚线
solid	实线
groove	3D凹槽
ridge	菱形边框
inset	3D凹边
outset	3D凸边

例如，在下面实例中，通过CSS边框属性设置，为页面三张图片设置不同粗细的边框样式：text1设置2像素的边框；text2设置4像素的边框；text3设置6像素的边框，三张图片设置不同的边框颜色。

```
<html>
<head>
<style type="text/css">
img{
    border-style:solid;                     /* 所有的图片设置实线边框 */
}
img.text1 {
    border-color:#ff7300;                   /* 设置边框颜色为#ff7300 */
    border-width:2px;                       /* 设置边框宽度为2像素*/
}
img.text2 {
    border-color:#cc7300;                   /* 设置边框颜色为#cc7300 */
    border-width:4px;                       /* 设置边框宽度为4像素 */
```

```
}
img.text3 {
     border-color:#007300;                        /* 设置边框颜色为#007300 */
     border-width:6px;                            /* 设置边框宽度为6像素 */
}
</style>
</head><body>
<div>
   <img src="img/1.gif" width="170" height="50" class="text1" />
   <img src="img/1.gif" width="170" height="50" class="text2" />
   <img src="img/1.gif" width="170" height="50" class="text3" />
</div>
</body></html>
```

页面演示效果如图 5.8 所示。

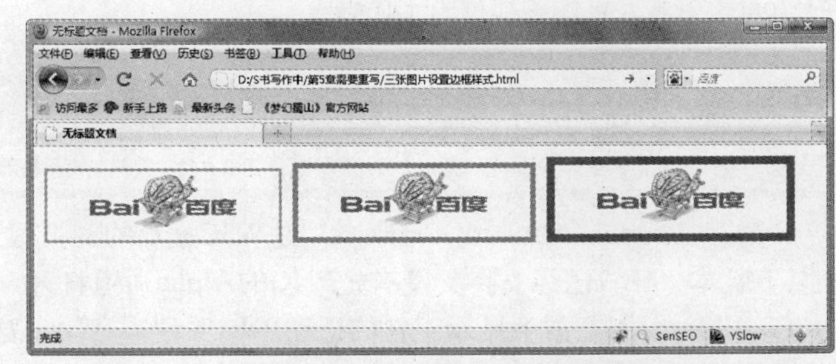

图5.8　三张图片呈现出不同的边框效果

CSS边框属性可以设置四个不同的边框样式，即border-left、border-right、border-top和border-bottom。在上面实例中（如图5.8所示），为图片统一设置了border-style:solid;细线边框。那如何为图片设置不同的边框样式呢？

例如，在下面实例中，class 为 text3 元素设置宽度为 5 像素的边框线，分别为左、右、上、下设置 dashed、dotted、groove、inset 边框线样式。

```
<html>
<head>
<style type="text/css">
img.text3 {
     border-color:#007300;                        /* 设置边框颜色为#007300 */
     border-width:5px;                            /* 设置边框宽度为5像素 */
     border-left-style:dashed;                    /* 设置左边框dashed */
     border-right-style:dotted;                   /* 设置右边框dotted */
     border-top-style:groove;                     /* 设置上边框groove */
     border-bottom-style:inset;                   /* 设置下边框inset */

</style>
</head><body>
<div class="flow">
   <img src="img/1.gif" width="170" height="50" class="text3" />
</div>
</body></html>
```

页面演示效果如图 5.9 所示。

如果四条边框采用的是相同的边框线，此时可以采取代码简写方式，例如 border-style:solid;，若图片边框宽度、颜色和样式都一致，则简写如下所示：

```
img{border:1px solid #ff7300;                     /* 图片边框属性简写*/}
```

CSS简写的方式可以缩减代码的长度，以方便修改，各个属性之间通过空格分离。

border 属性的用法如下所示：

```
border: border-width || border-style || border-color
```

CSS代码简化在日常工作中是非常有益的。在编写CSS代码时，经常会出现冗余代码，为了提高代码的质量并将文件压缩到最小，使代码具有可读性，可以简化CSS代码。通过border属性设置很容易就绘制出一条边框线，并且减少图片（图片本身含有边框）下载所占用的网络资源，使得页面载入速度变快。除了border属性外，还有margin（外边距）属性、padding（内边距）属性及font（字体）属性等都可简化代码。

图5.9　图片四个不同的边框线效果

5.2.3　透明图片

视频路径：视频文件\files\5.2.3.swf　|　实例文件：实例文件\5\基础示例\透明度.html

PNG（Portable Network Graphics）是W3C推荐的网页图片通用格式，但是Microsoft的IE 6浏览器以下版本（IE 7已经支持）没有把PNG的Alpha通道打开，造成无法显示透明PNG图片效果。在Firefox、Opera浏览器下显示正常的透明PNG图片，在IE浏览器下浏览时就会带有蓝灰色背景色。不过IE浏览器支持滤镜，可以利用IE浏览器的AlphaImageLoader滤镜实现浏览器完全兼容的PNG图片透明。AlphaImageLoader属性的用法如下所示：

```
    filter: progid: DXImageTransform.Microsoft.AlphaImageLoader( enabled=bEnabled,
sizingMethcd=sSize, src=sURL)
```

属性说明如下。

- enabled：可选项。布尔值（Boolean），设置或检索滤镜是否激活。
- true：默认值。滤镜激活。
- false：滤镜被禁止。
- sizingMethod：可选项。字符串（String），设置或检索滤镜作用的对象的图片在对象容器边界内的显示方式。
- image：默认值。增大或减小对象的尺寸边界，以适应图片的尺寸。
- scale：缩放图片以适应对象的尺寸边界。
- src：必选项。字符串（String），使用绝对或相对 URL地址指定背景图片。如果忽略此参数，滤镜将不会作用。

例如，在下面实例中，为图片定义使用滤镜和未使用滤镜在IE 6浏览器下显示情况，并观察Firefox等现代浏览器支持PNG透明显示效果。

```
<html>
<head>
<style type="text/css">
body{/* 页面基本属性 */
        background-color:#6666FF;
}
. imgpng {
        height: 90px;                                    /* 设置宽度为90像素*/
```

```
            width: 90px;                                   /* 设置高度为90像素*/
            background-image: url(img/angel.png)!important;/* Firefox、 IE 7 等浏览器支持*/
            background-repeat: no-repeat;
            _filter: progid:DXImageTransform.Microsoft.AlphaImageLoader(src='img/angel.
png');
            _ background-image: none;                      /* IE 6浏览器 */
    }
    .none{
            height: 118px;                                 /* 设置宽度为90像素*/
            width: 133px;                                  /* 设置高度为90像素*/
            background-image: url(img/angel.png)!important;  /* Firefox、、 IE 7+ 等浏览器支持*/
            background-repeat: no-repeat;
    }
    </style>
    </head><body>
    <div class="imgpng"></div>
    <div class="none"></div>
    </body></html>
```

页面演示效果如图 5.10 和图 5.11 所示。

图5.10　IE 6下使用滤镜和未使用滤镜效果

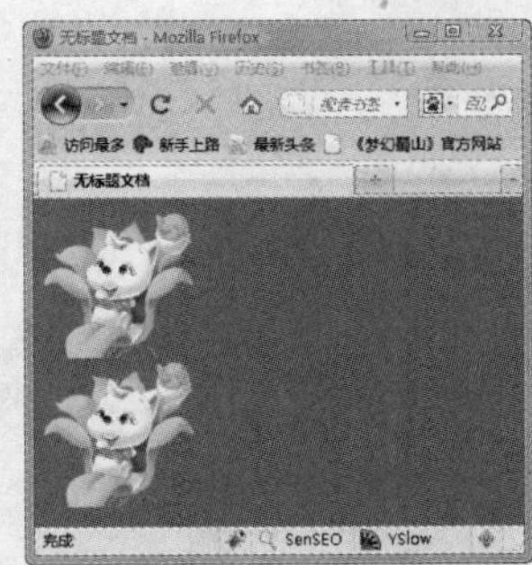

图5.11　Firefox下使用滤镜和未使用滤镜效果

在上面实例中，IE 6浏览器中的第一个图通过滤镜实现透明，与背景颜色完全融合；第二个图未使用滤镜，则图片没有与背景融合。Firefox浏览器显示的图片是图片与背景融合后的效果。

> **TIP** 滤镜无法实现背景图片平铺，且如果不是以背景图片方式出现，而是作为<img>标签页面插入元素存在，则PNG格式无法透明，需要依靠JavaScript实现透明。

设置背景 PNG 透明，注意路径写法不同：background 的路径是 url，滤镜 filter 的路径是 scr。

hack是专门用来区分不同浏览器的，由于Firefox等现代浏览器的崛起和IE浏览器“兄弟们”的各自为政，CSS Hack 再次得到了网页制作人员的重视，兼容浏览器对初学者来说相当麻烦。

```
_ background-image: none; /* IE 6浏览器 */ 下划线+属性是专门针对IE 6的hack，其余的浏览器
不识别。
```

另一个方式：减号+属性也是针对IE 6浏览器。加号+属性，则是说明IE 7和IE 6都拥有这个属性规则。

```
XHTML:
.color{
     background-color: #CC00FF;                 /* 所有浏览器都会显示为紫色 */
     background-color: #FF0000\9;               /* IE 6、IE7、IE 8会显示红色 */
     *background-color: #0066FF;                /* IE 6、IE 7会变为蓝色 */
```

```
        _background-color: #009933;           /* IE 6会变为绿色 */
    }
    CSS:
    <div class=" color" >分别用IE 6、IE 7、IE 8以及Firefox等浏览器查看 </div>
    <p>"\9"  例:"margin:0px auto\9;".这里的"\9"可以区别所有IE和Firefox <br/>
    "*"  IE 6、IE 7可以识别.IE8、Firefox不能<br/>
    "_"  IE 6可以识别"_",IE 7、IE 8、Firefox不能
    </p>
```

页面透明度主要实现以下三个功能。

- 控制图片或文字的透明度。
- 使用 Gif、JPG 格式图片，不再使用 PNG（文件大）。
- 作为 img 元素插入，也可以作为背景图片平铺。

例如，在下面实例中，一种作为插入图片方式，一种作为背景图片平铺方式，来测试透明度效果。

```
<html>
<head>
<style type="text/css">
.transparent,.transparent2{
    filter:alpha(opacity=40);                     /* IE 浏览器 支持 */
    -moz-opacity:0.40;                            /* Firefox 浏览器 */
    opacity:0.40;                                 /* Opera，safari 等浏览器支持 */
    background-color:#000;
    width:292px;
    height:95px;
    margin-top:10px;
}
.transparent2{
    background:url(img/3.gif) repeat left top;    /*设置背景图片并平铺 */
    width:400px;                                  /*设置宽度为400像素 */
    height:200px;                                 /*设置高度为200像素 */
}
</style>
</head><body>
<div class="transparent"><img src="img/3.gif" /></div>
<div class="transparent2"><img src="img/3.gif" /></div>
</body></html>
```

页面演示效果如图 5.12 所示。

该例子最大的特点就是无论是文字或图片都可以应用。

```
filter:alpha(opacity=40);/* IE 浏览器支持 */
-moz-opacity:0.40; /* Firefox 浏览器支持 */
opacity:0.40; /* Opera，safari 等浏览器支持 */
```

这三种透明度书写的方式实现了透明度的设置。IE浏览器opacity值的范围为1～100，-moz-opacity和opacity值的范围在0.1～1之间，IE浏览器一般设置的取值范围是10～100（整数取值），而其他浏览器的取

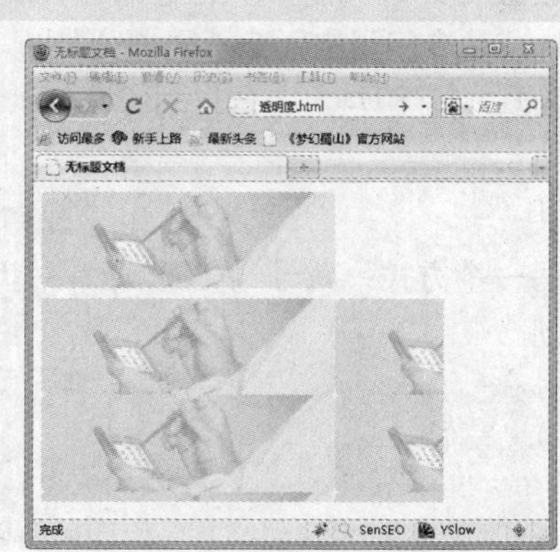

图5.12　图片透明度

值范围除以100就是0.1～1之间，这是它们之间相互对应的关系。

5.3 案例实战

设计师在设计青春校园类网站时，应该着重考虑网站本身的教育引导作用。

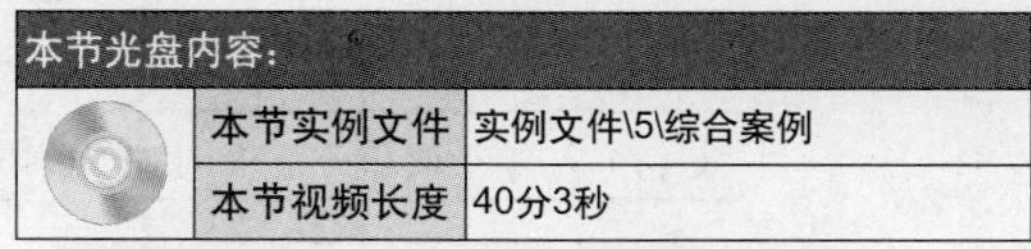

本节光盘内容：	
本节实例文件	实例文件\5\综合案例
本节视频长度	40分3秒

5.3.1 产品策划

视频路径：视频文件\files\5.3.1.swf　　实例文件：无

青春校园类网站的设计风格应该体现教书育人、校园青春活力的特点，网站主色调以冷色调为主，体现校园中青春活力的气氛，但同时也不可忽略网站信息的准确表达，设计时可围绕信息共享模块、广告模块、优秀学生展示等方面展现校园信息的设计方向。

5.3.2 画板

视频路径：视频文件\files\5.3.2.swf　　实例文件：无

青春校园类网站以界面清晰、节奏轻快、结构易于编写为主，主要分为以下几大块：信息共享模块、广告模块、学生相册模块。信息共享模块一般包含校园新闻、往年试卷、招生信息、升学指南以及娱乐部分；优秀学生展示模块可以通过展示优秀学生照片为主；广告模块可以用于招生广告以及学生成绩查询等。 根据这些模块，在稿纸上初步画出网站的草图，如图 5.13 所示。

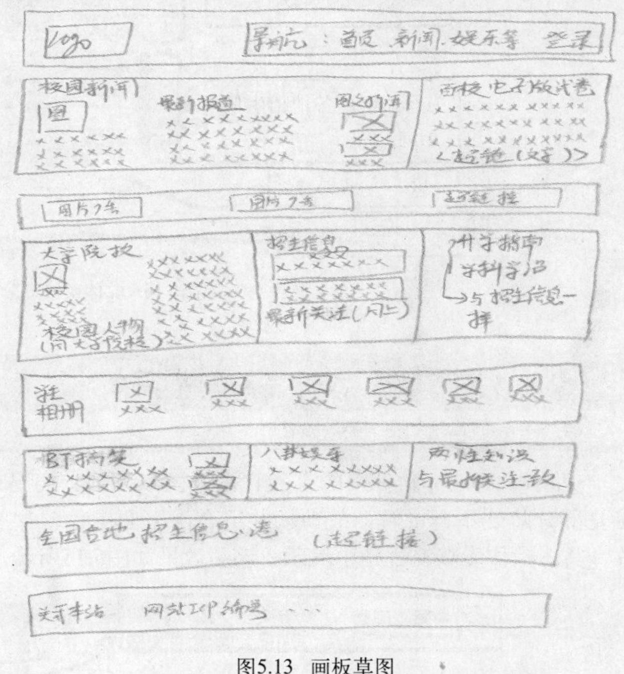

图5.13 画板草图

5.3.3 设计图

视频路径：视频文件\files\5.3.3.swf　　实例文件：无

通过画板对页面进行分析并根据画板设计图划分各个栏目区域。现在需要将各个栏目具体内容通过画图软件Photoshop或Fireworks设计出来，在后面重构中将给出栏目划分的XHTML结构，在布局中将给出页面大体结构以及具体内容编写结构的实现过程。图5.14所示为设计模块划分图。

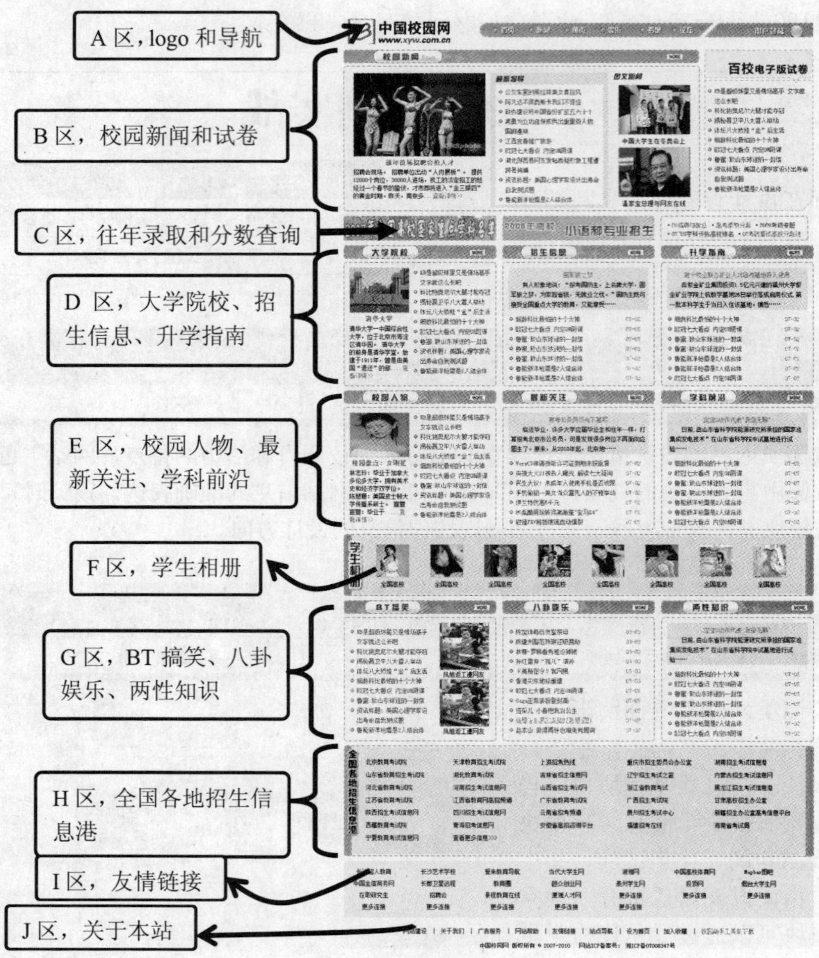

图5.14 设计模块划分图

5.3.4 切图

视频路径：视频文件\files\5.3.4.swf　　实例文件：无

使用Photoshop软件中的工具将设计图以下部分切出来，因篇幅有限，只讲解设计图一部分，重复部分此处不再讲解，故剪切并组合出下面图片，这些图片将作为网页元素的背景图或插入图片，具体操作步骤在视频中演示。切图效果如图5.15所示。

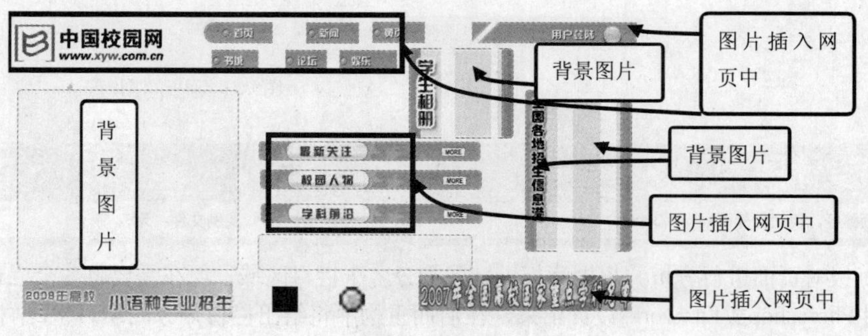

图5.15 切图

5.3.5 重构

视频路径：视频文件\files\5.3.5.swf　　实例文件：无

根据图5.14所示的设计模块划分区域，整个页面共划分为11个大区域，在这里有重复区域，即结构相同或相似、内容不同，在每个大区域内可以划分几个小区域。例如，设计图最顶端A区作为一个大区域，可定义class名为header，在此区域内划分两个小区域：一个小区域存放logo，另一个小区域存放导航栏，其余区域也可以这样划分，最终写出如下两级XHTML结构。

```
<html>
<head>
</head>
<body>
<div class="header">
  <a href="#"></a>
  <div class="pa-img"></div>
</div><!--header end-->
<div class="imp top2">
  <div class="left4"></div>
  <div class="right4"></div>
</div><!--imp end-->
<div class="ad">
  <div class="ad1"></div>
  <div class="ad2"></div>
  <div class="ad3"></div>
</div><!--ad end-->
<div class="imp">
  <div class="left2"></div>
  <div class="left2"></div>
  <div class="right2"></div>
</div>
<div class="photo">
  <span></span>
  <div class="cont"></div>
</div>
<div class="links">
  <span class="fr2-1"/></span>
  <div class="link-a"></div>
</div>
<div class="links-2"></div>
<div class="footer"></div>
</body>
</html>
```

5.3.6 布局

视频路径：视频文件\files\5.3.6.swf　　实例文件：无

第一步，打开Dreamweaver软件，执行“文件”→“新建”命令，打开“新建文档”对话框，如图5.16所示，新建一个空白的XHTML文档页面，并保存文件为“An5.html”。

第二步，创建外部CSS样式表文件，保存为Astyle.css文件。执行“窗口”→“CSS样式”菜单命令，打开“CSS样式”面板，单击“附加样式表”按钮，在弹出的“链接外部样式表”对话框中单击“浏览”按钮，如图5.17所示，找到Astyle.css文件，将其链接到“An5.html”文档，最后单击“确定”按钮。

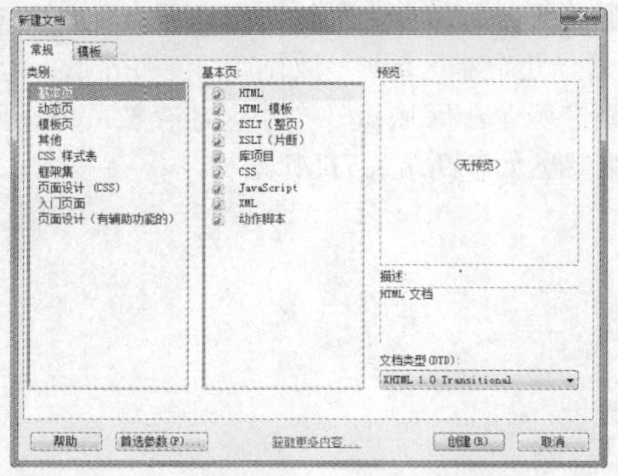

图5.16 “新建文档”对话框

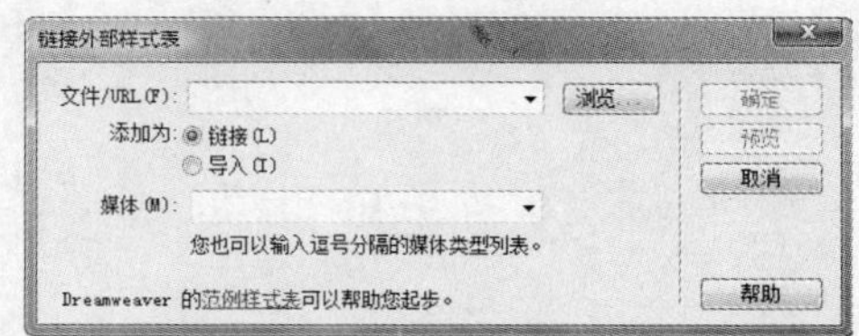

图5.17 “链接外部样式表”对话框

为 XHTML 文件添加如下代码：

```
<link href="css/Astyle.css" rel="stylesheet" type="text/css" />
```

第三步，将XHTML元素初始化，对所有要用到以及即将用到的元素进行初始化，确保所有元素在不同浏览器下默认状态是一致的，其中包括清除内间距、外边距，超链接字体颜色值与整个页面颜色值一致，鼠标滑过时设置为红色，<ul>标签的列表符号隐藏等。

> **TIP** 限于篇幅，案例讲解部分CSS代码、XHTML结构代码，具体CSS代码、XHTML结构代码请查看本章案例文件。index.html文件完成设计图所有部分，而本章案例文件重复部分、非重要部分不再讲解。

第四步，根据 A 区 XHTML 结构代码编写 CSS 样式代码。定义 A 区：宽度为 960 像素、高度为 78 像素，其中高度包含 A 区与 B 区空白间隙部分（图片高度为 78 像素）。A 区 logo 区域添加 class 名 imgpa，设置左浮动，右侧导航区域，每个导航项目都用图片代替，包括“用户登录”，接着定义 class 名 pa-img，设置右浮动且通过相对定位向上偏移量为 23 像素。图 5.18 所示为 A 区效果图。

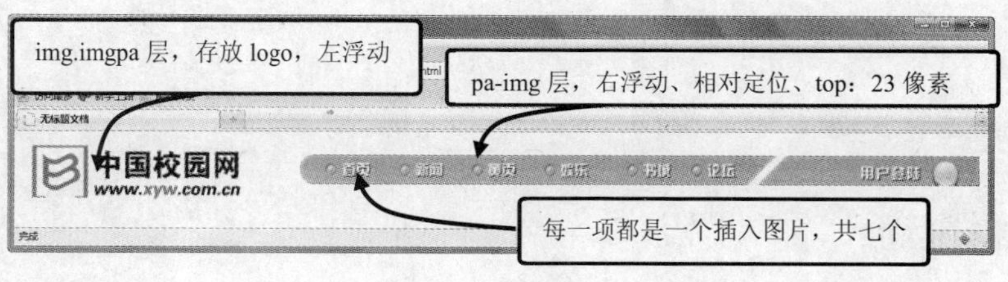

图5.18 A区效果

```
.header{width:960px; clear:both; height:78px;}
.header .imgpa{float:left;}
.pa-img{float:right; position:relative; top:23px;}
```

第五步，根据 C 区 XHTML 结构代码编写 CSS 样式代码。定义 C 区：宽度为 960 像素、高度为 50 像素、下边距为 10 像素。C 区包含三个广告模块：ad1 层、ad2 层和 ad3 层，同时设置其宽度为 311 像素、高度为 50 像素，使其左浮动，在一行内显示。ad1、ad2 设置右边距为 13 像素，插入广告内容即可。ad3 内部添加层 <div class="links-3">，设置背景图片为圆角矩形，内部超链接设置为圆点背景图片，为其超链接添加 class 名，并通过 class 名设置颜色。图 5.19 所示为 C 区效果图。

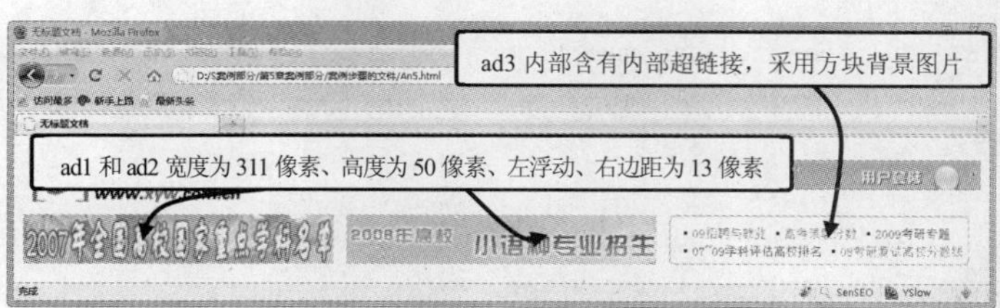

图5.19　C区效果

```
.ad{ width:960px; clear:both; margin:0 auto; margin-bottom:10px; height:50px;
overflow:hidden;}
.ad1{width:311px; height:50px; float:left; margin-right:13px;}
.ad2{width:311px; height:50px; float:left; margin-right:13px;}
.ad3{width:311px; height:50px; float:left;}
.links-3{background:url(../images/cir2.jpg) no-repeat left top;width:291px;height:32px;
    padding:10px; line-height:18px;}
.links-3 a{background:url(../images/fangkuai.jpg) no-repeat 2px 7px;display:inline-
block; padding-right:5px;
    padding-left:10px;margin-left:3px;}
.links-3 a.C2{ color:#03C}
```

第六步，根据F区XHTML结构代码编写CSS样式代码。定义F区：宽度为960像素、高度为126像素、下边距为10像素，其左边距为10像素，用于存放“学生相册”区域背景图片。F区包含两个小区域：<span>标签和cont层。<span>标签设置右浮动，内部存放与“学生相册”相对应的背景图片；cont层存放“学生相册”的学生照片和姓名，设置宽度为893像素、高度为126像素、使其左浮动，接着设置背景图片为shuxian.jpg，并设置其横向平铺，最终将整个F区背景图片实现。设置cont层内pic层宽度为70像素、上边距为20像素、左右间距为20像素，使其左浮动并在一行内显示。cont层其内超链接添加class名tip，定义为相对定位，上偏移5像素（因其图片同样使用超链接，故单独定义class名），cont层其图片宽度为66像素、高度为67像素。图5.20所示为F区效果图。

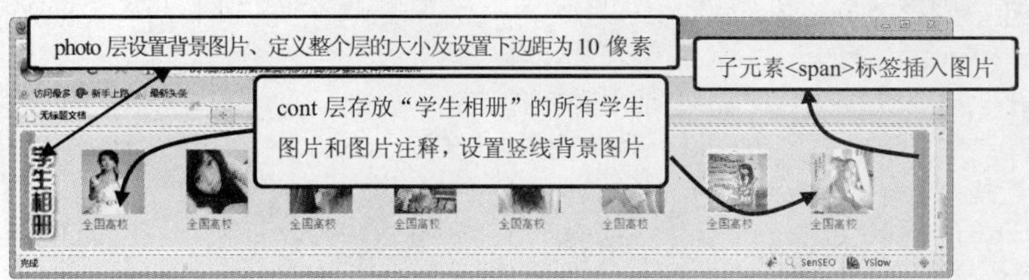

图5.20　F区效果

```
XHTML:
<div class="photo">
   <span><img src="images/6.gif" width="22" height="126" /></span>
   <div class="cont">
      <div class="pic">
         <a href="#"><img width="66" height="67" src="images/11.jpg"/></a><br />
         <a class="tip" href="#">全国高校</a>
      </div>
   </div><!--cont end-->
</div><!--photo end-->
CSS:
.photo{width:915px; height:126px; background:url(../images/5.gif) no-repeat left top;
```

```
    padding-left:45px; clear:both; margin-bottom:10px; overflow:hidden; }
  .photo .cont{ background:url(../images/shuxian.jpg) repeat-x left top;
width:893px;height:126px; float:left}
  .photo span{float:right;}
  .photo .pic{float:left; clear:none; margin-top:20px; width:70px; padding:0 20px;}
  .photo .pic a.tip {top:5px; position:relative;}
```

第七步，根据H区XHTML结构代码编写CSS样式代码。定义H区：宽度为960像素、高度为226像素、左边距为45像素。其左内边距用于存放“全国各地招生信息港”区域背景图片。H区包含两个小区域：fr2-1层和link-a层。fr2-1层设置右浮动，内部存放与“全国各地招生信息港”相对应的背景图片；link-a层存放“全国各地招生信息港”的具体网址，设置其宽度为893像素、高度为206像素、上间距为20像素、左浮动，接着将背景图片c.jpg横向平铺，最终实现H区背景图片。link-a层存放所有超链接，超链接宽度为172像素、行高为26像素、设置display:inline-block;，使其一行内显示，最后将默认超链接设置为黑色，鼠标滑过依然为红色。I区与H区近似，故不再讲解I区设置方法。图5.21所示为H区效果图。

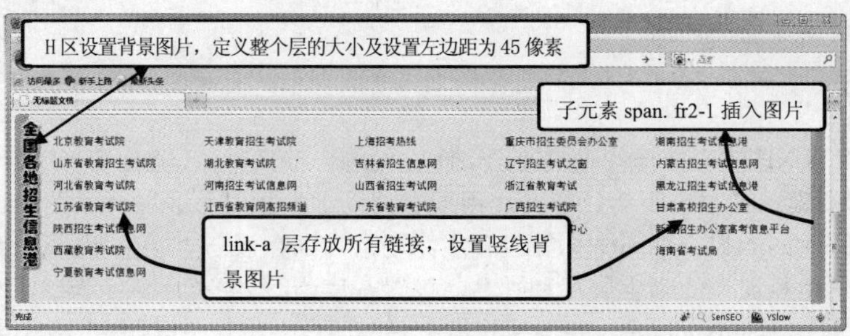

图5.21 H区效果

```
  XHTML:
  <div class="links">
    <span class="fr2-1"></span>
    <div class="link-a">
      <a href="#" target="_blank">北京教育考试院</a>
      <a href="#" target="_blank">天津教育招生考试院</a>
    </div>
  </div><!--links end-->
  CSS:
  .links{ width:915px; background:url(../images/a.gif) no-repeat left top;
height:226px; padding-left:45px;
    overflow:hidden; clear:both}
  .fr2-1{float:right;background:url(../images/b.gif) no-repeat left top; width:22px;he
ight:226px;display:block;}
  .link-a{float:left;background:url(../images/c.jpg) repeat-x left top;width:893px;
    height:206px;padding-top:20px;}
  .link-a a{width:172px; display:inline-block; color:#000; line-height:26px;}
```

第八步，重点区域D、E、G的讲解。这三个区域整体轮廓相同，内部子元素大致相同，故E区重点讲解，不同之处请查看源文件。E区包含三个小区域：left2层、left2层和right2层，其中最左侧和中间层名（都是left2层）一致，但内部层结构不同，最右侧层名与中间层名不同，但内容结构相同，故中间层设置右浮动就是最右侧的层。讲解时，left2层代表最左侧的“校园人物”层，right2层作为“学科前沿”层。

定义E区：宽度为960像素、高度为285像素、下外边距为10像素，left2层设置左浮动、宽度为311像素、高度为285像素，设置右边距为13像素，可以拉开距离，right2层设置右浮动、宽度为311像素、高度为285像素。图5.22所示为E区效果图。

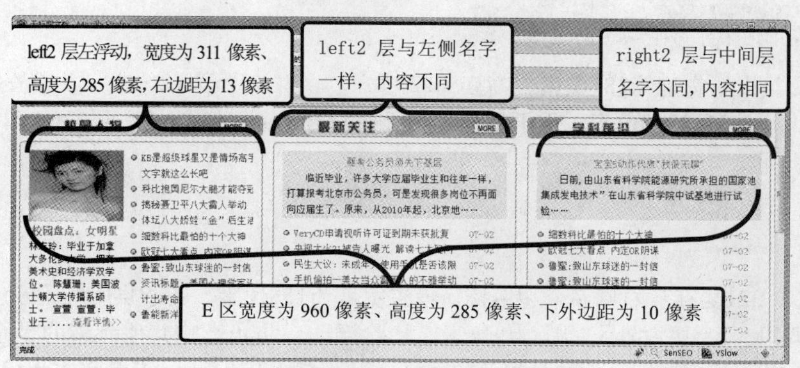

图5.22　E区效果

```
XHTML:
<div class="imp">
   <div class="left2"></div>
   <div class="left2"></div>
   <div class="right2"></div>
</div>
CSS:
.imp{width:960px; height:285px; margin-bottom:10px; clear:both}
.imp .left2{ float:left; width:311px; height:285px; margin-right:13px;}
.imp .right2{ float:right; width:311px; height:285px;}
```

第九步，“校园人物” left2 层包含 tit 层和 cir 层。tit 层包含 <span>、<img> 和 <map> 三部分，<span> 用于存放标题文字，如“校园人物”这四个字，将其设置为 display:none;，文字为搜索引擎提供；<img> 用于存放“校园人物”整个图片，其宽度为 311 像素、高度为 27 像素；<map> 用于将 <img> 图片上的“更多”加上超链接。最后设置 tit 层下边距为 6 像素，调整 tit 层和 cir 层之间的距离。使用 <img>，则其余两个“最新关注”、“学科前沿”直接替换图片，再更改 <span> 内的文字即可。图 5.23 所示为标题部分的设置效果。

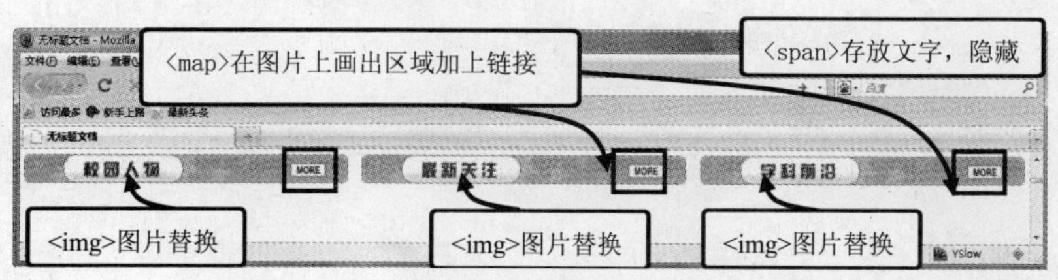

图5.23　标题部分

```
XHTML:
<div class="left2">
   <h3 class="tit"><span>校园人物</span>
      <img src="images/tit4.jpg" width="311" height="27" usemap="#Map4" />
      <map name="Map4" id="Map4"><area shape="rect" coords="265,8,299,21" href="#"
/></map>
   </h3>
```

```
        <div class="Cir"></div><!--Cir end-->
    </div><!--left2 end-->
    CSS:
    h3.tit{ margin-bottom:6px;}
    h3.tit span{ display:none;}
```

第十步，cir层设置宽度为287像素、高度为229像素、左右间距为12像素，并设置圆角图片为bjcir.jpg，图片大小为311*253像素，用于包含内部所有元素。cir层包含left21层和left22层。圆角部分效果如图5.24所示。

```
    . cir{background:url(../images/bjcir.jpg) no-repeat left top; width:287px;
height:229px; padding:12px;}
```

第十一步，left21层存放右侧多个超链接，设置宽度为158像素。其子层list层作为公共部分，便于其他位置调用。list层设置上间距为9像素，清除浮动，防止影响其他元素的显示。list层内<li>标签设置圆点背景图片为cir.gif，位置为background-repeat:2px 6px，设置字体为12像素、行高为20像素、文本左对齐，左间距为15像素，以存放背景图片。通过使用CSS的继承性.left21 .list li{width:158px; overflow:hidden;}定义宽度，不影响模块list层基本设置，今后调用模块list层时也是使用CSS的继承性重新设置。最后为<div class= "left21" >添加class名为fr，使其右浮动，即<div class= "left21 fr" >，并设置fr层上间距为0像素。图5.25所示为E区圆角内右侧部分效果。

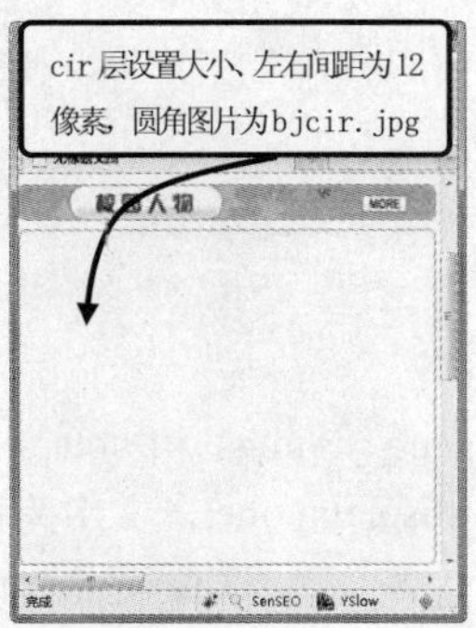

图5.24 圆角部分

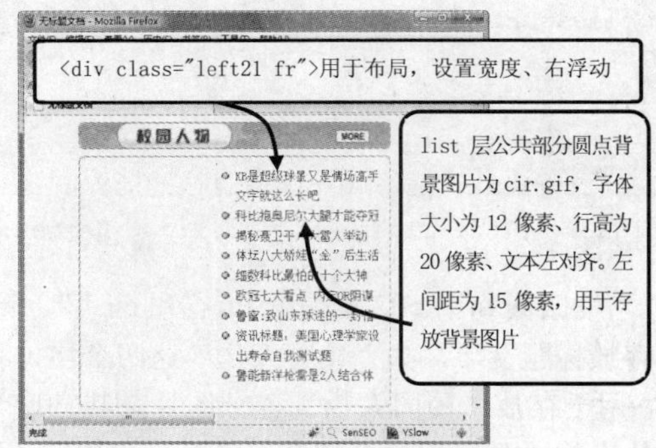

图5.25 E区圆角内右侧部分

```
    XHTML:
    <div class="left2">
        <h3 class="tit"><span>校园人物</span></h3>
        <div class="Cir">
        <div class="left21 fr">
            <div class="list">
                <ul>
                    <li><a href="#">KB是超级球星又是情场高手.文字就这么长吧</a></li>
                    <li><a href="#">KB是超级球星又是情场高手.文字就这么长吧</a></li>
                </ul>
            </div><!--list end-->
        </div><!--left21 end-->
        <div class="left22 fl"></div><!--Cir end-->
    </div><!--left2 end-->
    CSS:
    .list{clear:both;padding:9px 0 0;}
    .list li{ text-align:left; clear:both; font-size:12px; line-height:20px; padding:0 0 0 15px;
```

```
background:url(../images/cir.gif) 2px 6px no-repeat;}
.list li a:hover{color:#FF8C40!important;}
.left21{float:left; width:158px; overflow:hidden;}
.left21 .list li{width:158px; overflow:hidden;}
.fr{float:right;}
.fr .list{padding-top:0;}
```

第十二步，left22层用于存放左侧图文部分，设置宽度为100像素、左内间距为25像素，其子层pic 层与list层一样作为模块处理，设置宽度为100像素，清除浮动。pic 层包含三部分：图片超链接、超链接和段落文字。图片超链接通过内置宽度、高度并设置1像素边框属性；超链接添加class名tip，设置行高、黑色字体；段落文本左对齐，行高为16像素，设置段落内的超链接颜色为红色。

left22 层添加 class 名为 fl，使其左浮动，即 <div class="left22 fl">，通过 fr 层重置模块 pic 层设置。设置 fr 层左间距为 0 像素；设置 fl 层子层 pic，宽度为 120 像素；超链接 tip 层字体加粗、行高为 24 像素，字体颜色为红色、字体大小为 13 像素。

```
XHTML:
<div class="left2">
   <h3 class="tit"><span>校园人物</span></h3>
   <div class="Cir">
         <div class="left21 fr"></div><!--left21 end-->
            <div class="left22 fl">
            <div class="pic">
               <a href="#"><img width="120" height="90" src="images/10.jpg"/></a><br />
               <a class="tip" href="#">校园盘点：女明星</a>
               <p>林志玲：毕业于加拿大多伦多大学....<a  href="#">查看详情>></a></p>
            </div>
         </div><!--left22 end-->
   </div><!--Cir end-->
</div><!--left2 end-->
CSS:
.pic{clear:both;text-align:left; width:100px; text-align:center}
.pic a{color:#000000;}
.pic a img{border:1px solid #CCCCCC;}
.pic a.tip{clear:both;line-height:18px;}
.pic p{text-align:left; line-height:16px;}
.pic p a{color:#F00!important;}
.left22{float:left; width:100px; padding-left:25px;}
.fl{float:left; padding-left:0px;}
.fl .pic{ width:120px;}
.fl  .pic  a.tip{font-weight:bold;  line-height:24px;  color:#F00!important;  font-
size:13px;}
```

第十三步，right2层设置宽度为311像素、高度为285像素、右浮动。right2层包含tit层和cir层，在第九步时，标题"校园人物"已经建立，更换图片为"学科前沿"即可，继续沿用tit层和cir层设置。

cir 层包含 bj2 层和 list 层。bj2 层继承 txt 层设置，并对其重新设置：bj2 层设置背景色为 #F2EBD9；txt 层内超链接颜色设置为红色；txt 层内对其段落文字设置首行缩进两个文字空间、左对齐、左右间距为 5 像素。

list 层为模块层，沿用第十步 list 层设置，不同的是 <li> 标签内加入 <span> 标签：设置为红色、右浮动、右内间距为 16 像素。<span>标签作为 list 层内扩展设置，而不依靠 right2 层继承到 list 层。图 5.26 所示为 E 区右侧“学科前沿”部分效果。

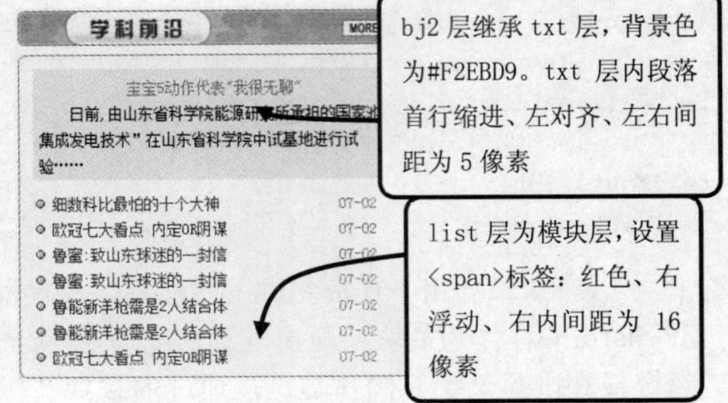

图5.26 E区右侧“学科前沿”部分

```
XHTML:
<div class="right2">
   <h3 class="tit"><span>学科前沿</span><img usemap="#Map6" src="images/tit6.jpg"/>
<map id="Map6" name="Map6"></map></h3>
   <div class="Cir">
      <div class="txt bj2">
         <a href="#">宝宝5动作</a><p>日前,由山东省科学院能源研究</p>
      </div><!--txt end-->
      <div class="list">
         <ul><li><span>07-02</span><a href="#">细数科比最怕的十个大神</a></li>
            <li><span class="C1">07-02</span><a href="#">鲁蜜:致山东球迷的一封信</a></li>
         </ul>
      </div><!--list end-->
   </div><!—Cir end -->
</div><!-- right2 end-->
CSS:
.left22{float:left; width:100px; padding-left:25px;}
.txt{text-align:center;height:81px;padding-top:5px;line-height:20px;background-
color:#F2EBD9;}
.txt a{ color:#ff0000;}
.txt p{ text-indent:2em; text-align:left; padding:0 5px;}
.bj2{background-color:#F2EBD9; }
.list li span{float:right; padding-right:16px; color:#ff0000;}
```

第6章 影视音乐类网站的结构与布局——列表结构和样式

在传统网页布局中，表格使用频率非常高，用处也是无所不能。每个列表均由多行多列的表格来完成。列表需要填加项目符号（如图标）时，则在表格每一行左侧增加一个单元格来存放图标，最终形成表格嵌套。设计网页添加的元素越多，表格嵌套层数也随之增加，这不仅导致页面下载变得缓慢，而且为今后设计者修改网页增加了工作量。

由于表格横行天下，UL、OL 以及 DL 等元素虽然存在，但使用率却比较低。网页标准化开发普及后，UL 和 OL 在网页制作中大放光彩，网站上的新闻列表、商家产品、活动列表、排行榜、友情链接等都是它们活跃的场所。从此，列表在网站设计中占有很大比重，列表结构能够使信息显示整齐、直观，方便了用户对信息的阅读和理解。列表结构在信息显示中非常重要，故从 Web 2.0 开始，列表元素设计是页面设计中非常重要的一部分。

6.1 使用列表结构构建导航菜单

在网页设计中，如何把导航菜单设计成页面的亮点，以彰显网页的设计风格。可以说导航菜单的设计是画龙点睛之笔。

本节光盘内容：		
	本节实例文件	无
	本节视频长度	29分36秒

列表结构是标准结构中最核心的部分之一，设计师喜欢使用它来构建导航菜单，无论从语义性角度分析，还是从表现层控制角度分析，使用列表结构实现导航设计都是最佳选择，而导航菜单的设计风格在很大程度上又影响到页面的设计风格。

6.1.1 列表的基本结构

视频路径：视频文件\files\6.1.1.swf | 实例文件：实例文件\6\基础示例\列表的基本结构.html、列表的基本结构1.html

列表结构可以方便地对信息进行分组，它主要有三种形式：无序列表、有序列表和定义列表结构。

- UL 无序列表，是指列表中的各个元素在逻辑上没有先后顺序。如果列表不需要进行 1、2、3 或 A、B、C 排列顺序，则使用无序列表。大部分页面中的信息均是用 UL 来描述的，UL 与 LI 元素配合使用，LI 与 LI 元素之间是平等关系。

例如，在下面实例中，<ul>、<li> 标签组成基本无序列表结构。

```
<html>
<head>
</head>
<body>
<ul>
   <li>我是ul的子元素1</li>
   <li>我是ul的子元素5</li>
   <li>我是ul的子元素4</li>
   <li>我是ul的子元素2</li>
   <li>我是ul的子元素3</li>
</ul>
</body>
</html>
```

页面演示效果如图 6.1 所示。

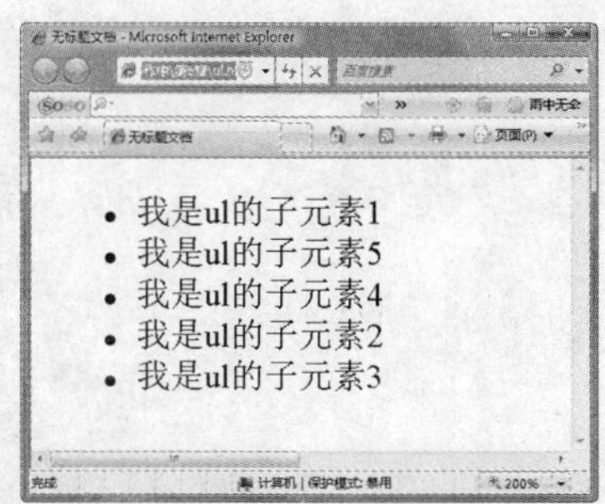

图6.1 无序列表的基本结构

- OL有序列表与无序列表正相反。有序列表中元素与元素之间存在先后顺序，从上至下进行有序编号，如1、2、3或者A、B、C等形式变化。有些事物是有先后顺序的，如操作步骤、排行榜、书册目录等，故采用有序列表。注意，<OL>标签还可以控制项目编号从某个数字开始。

例如，在下面实例中，<ol>、<li> 标签组成有序列表结构，并列举从某个数字开始的 <ol> 标签。

```
<html><head>
</head><body>
<ol>
```

```
    <li>我是ol的子元素1</li>
    <li>我是ol的子元素2</li>
    <li>我是ol的子元素3</li>
    <li>我是ul的子元素4</li>
    <li>我是ol的子元素5</li>
</ol>
<ol start="18">
    <li>我是ol的子元素1</li>
    <li>我是ol的子元素2</li>
    <li>我是ol的子元素3</li><li>我是ul的子元素4</li>
</ol>
</body></html>
```

页面演示效果如图 6.2 和图 6.3 所示。

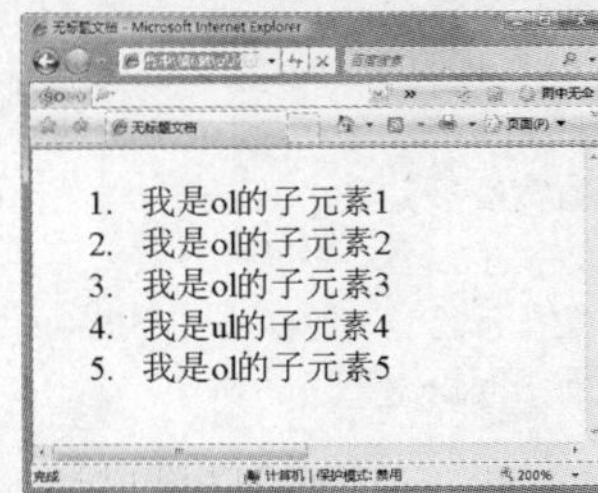

图6.2 有序列表的基本结构

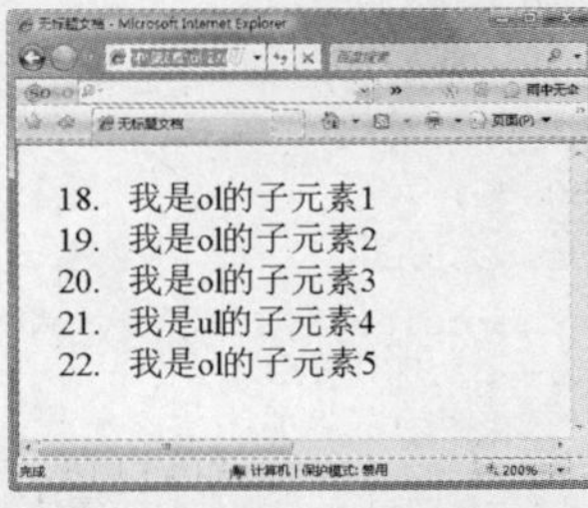

图6.3 有序列表从数字18开始排序

DL定义列表由内容对组成。内容对包括较短的术语和较长的定义，一般先显示术语，然后在新的一行里显示定义。XHTML中定义列表通过<dl>标签创建，它包含两个子元素<dt>、<dd>标签。<dt>标签表示定义列表的标题，这在有序列表和无序列表中是没有的，而<dd>标签与<li>标签功能相似。使用定义列表的优势在于它包含有一个元素，例如，网站头部的logo和导航使用<dl>标签实现，<dd>标签存放logo，<dt>标签存放导航。具体做时需要使用CSS的定位元素来实现，常规方法是采用插入img元素和ul。

例如，在下面实例中，<dl>、<dt>、<dd> 标签组成的定义列表结构。

```
<html><head>
</head><body>
<dl>
    <dt>dt表示定义列表的标题</dt>
    <dd>dd与li元素功能相似</dd>
    <dt>dt表示定义列表的标题</dt>
    <dd>dd与li元素功能相似</dd>
    <dt>dt表示定义列表的标题</dt>
    <dd>dd与li元素功能相似</dd>
</dl>
</body></html>
```

页面演示效果如图 6.4 所示。

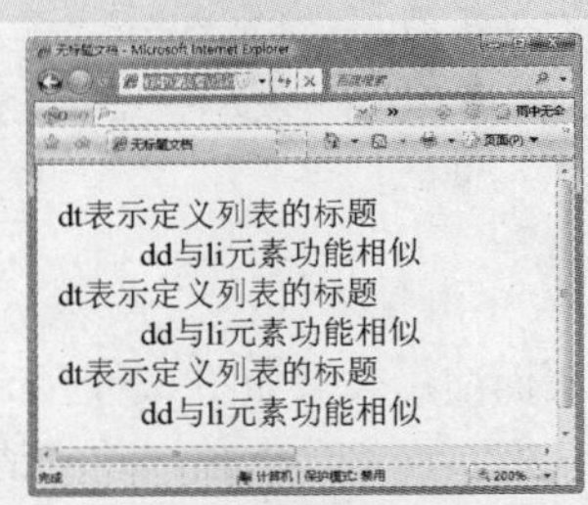

图6.4 定义列表的基本结构

一般来说，设计师和搜索引擎仅认为 dt 元素包含的是抽象、概括或简练的内容，对应的 dd 元素包含的是与 dt 内容想关联的具体、详细或生动的说明。

例如，在下面实例中，通过定义列表实现对网易、腾讯及搜狐三个名词解释。

```
<html><head>
<style type="text/css">
body{/* 页面基本属性 */
  margin:0px; padding:0;                        /* 清除浏览器默认间距 */
  text-align:center;                            /* IE浏览器的居中 */
  font-size: 12px;                              /* 字体大小 */
  font-family:宋体;                             /* 字体类型 */
  color:#000;                                   /* 字体颜色 */
}
dt,dd{/* 页面dt,dd基本属性 */
  margin:0; padding:0px;                        /* 清除浏览器默认间距 */
}
.item{/* 页面item属性设置 */
  text-align:left;                              /* 文字左对齐 */
  margin:0 auto;                                /* Firefox下居中*/
  line-height:25px;                             /* 设置行高 */
  width:500px;                                  /* 设置宽度 */
  font-size:14px;                               /* 设置文字大小 */
  background-color:#6C9;                        /* 设置背景色*/
  padding:10px;                                 /* 设置内间距 */
}
.item dt{ /* 页面item 子元素dt属性设置 */
  font-weight:bold;                             /* 文字加粗 */
}
.item dd{ /* 页面item 子元素dd属性设置 */
  padding-left:50px;                            /* 设置左内间距 */
  margin-bottom:20px;                           /* 设置下外间距 */
}
</style>
</head><body>
<dl class="item">
  <dt>QQ</dt>
  <dd>深圳市腾讯计算机系统有限公司开发的一款基于Internet的即时通信（IM）软件。腾讯QQ支持在线聊天、视频电话、点对点断点续传文件、共享文件、网络硬盘、自定义面板、QQ邮箱等多种功能，并可与移动通讯终端等多种通讯方式相连。
  </dd>
  <dt>163</dt>
  <dd>网易公司的网站域名。网易（NASDAQ: NTES）是中国领先的互联网技术公司，在开发互联网应用、服务及其他技术方面，网易始终保持国内业界的领先地位。网易对中国互联网的发展具有强烈的使命感，网易利用最先进的互联网技术，加强人与人之间信息的交流和共享，实现“网聚人的力量”。
  </dd>
  <dt>搜狐<dt>
  <dd>中国最大的门户网站之一，是一家领先的门户网站，是中国网民上网冲浪的首选门户网站，和新浪网、网易网、腾讯网并列成为“中国四大门户”。
  </dd>
</dl>
</body></html>
```

页面演示效果如图 6.5 所示。

任何页面制作之前，首先清除默认XHTML元素所含有的默认设置（各个浏览器默认设置都不一样，故需要先将相应的XHTML元素“格式化”），接着进行初始化设置，即body设置，如字体大小、字体颜色（一般都是12号宋体）。

```
/*页面基本设置<清除默认设置> start*/
body {/* 页面基本属性 */
   text-align: center;font-family:"宋体",
arial;
   margin:0; padding:0; font-size:12px;
color:#000;
}
```

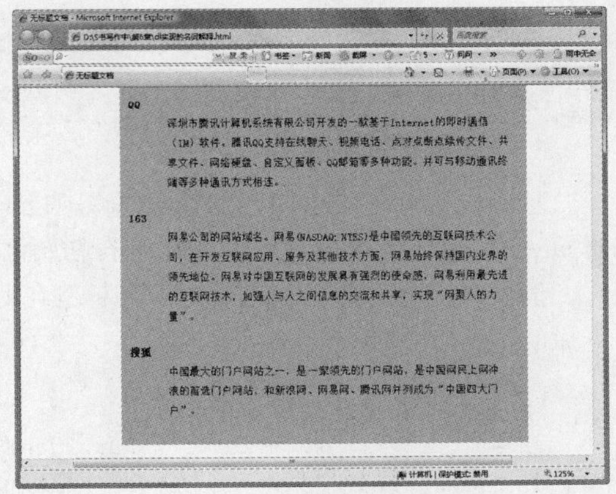

图6.5 定义列表实现名词解释

清除定义列表元素<dt>、<dd>含有的默认格式，其外边距、内间距初始化，后面代码将重新设置其值。

```
/*清除Xhtml元素dd默认设置> start*/
dt,dd{/*页面基本属性 */
   margin:0; padding:0px;
}
```

第一步，确定文字内容占用空间，通过PS测量设计图文字内容的大小，即设置dl元素宽度，并设置字体大小为14像素。使用颜色取样器获取整个dl元素的背景色。

```
/*清除Xhtml元素dd默认设置> start*/
.item{ width:500px;background-color:#CC9900;}
```

第二步，整体观察设计图，文字内容并不是整个设计图中 <dl> 标签的大小。通过设置内间距解决背景色和文字之间空隙问题，并使文字居中对齐，即设置 background-color、width、line-height、font-size、text-align 以及 padding。

> **TIP** 未设置高度，这是为什么呢？首先这里本不应该考虑宽度的设置问题，但为了了解<dl>标签在页面上的效果，因而增加宽度设置。而未设置高度是为了便于高度自适应，通过行高解决第一行与第二行文字之间间距问题。这样方便以后添加词条解释，直接复制上面的<dd>标签、<dt>标签，修改文字内容即可。

```
.item {text-align:left; margin:0 auto;line-height:25px; width:500px;
font-size:14px; background-color:#CC9900; padding:10px;}
```

第三步，名词与名词解释之间视觉上的区别。名词文字加粗设置，表示此处重要，故使用 font-weight:bold; 为什么不采用数值呢？这是因为 IE 浏览器对数值的解析有时是错误的，所以建议使用关键词。

```
.item dt { font-weight:bold; }
```

第四步，前面通过初始化dt,dd{margin:0; padding:0px;}删除默认的间距，重新调整名词与名词解释部分之间的距离，此处采用左内间距。名词解释部分可以认为它是一个段落，段落与段落之间的距离通过margin设置。

```
.item dd{padding-left:50px; margin-bottom:20px;}
/*********************最终的设置*************************/
dt,dd{margin:0; padding:0px;}
.item{
   text-align:left; margin:0 auto;line-height:25px; width:500px;
   font-size:14px; background-color:#CC9900; padding:10px;
}
.item dt{ font-weight:bold; }
.item dd{padding-left:50px;margin-bottom:20px;}
```

6.1.2 列表结构的默认样式

视频路径：视频文件\files\6.1.2.swf | 实例文件：实例文件\6\基础示例\列表结构的默认样式1.html、列表结构的默认样式2.html

1. 列表缩进及清除

默认状态下，<ul> 标签在 IE 浏览器和 Firefox 浏览器的解析是不一致的，可以说这是一个浏览器 bug，这也是为什么对 <ul> 标签进行初始化的原因，即设置 ul{margin:0;padding:0;}。

例如，在下面实例中，测试 <ul> 标签在 IE 浏览器和 Firefox 浏览器下的效果。

```
<html><head>
<style type="text/css">
.wrap{border:1px solid #ff7300;width:300px; height:100px; margin-left:50px;}
ul{ font-size:12px; list-style:none;}
</style>
</head><body>
<div class="wrap">
<ul>
    <li>测试一下IE和Firefox解析ul的不同</li>
    <li>测试一下IE和Firefox解析ul的不同</li>
    <li>测试一下IE和Firefox解析ul的不同</li>
    <li>测试一下IE和Firefox解析ul的不同</li>
    <li>测试一下IE和Firefox解析ul的不同</li>
</ul>
</div>
</body></html>
```

页面演示效果如图 6.6 和图 6.7 所示。

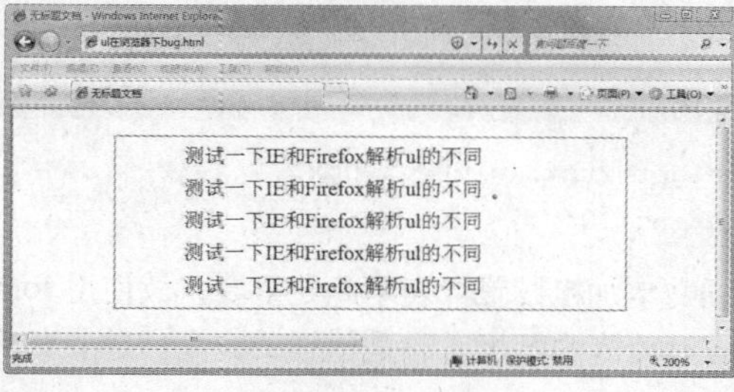

图6.6 IE浏览器ul效果

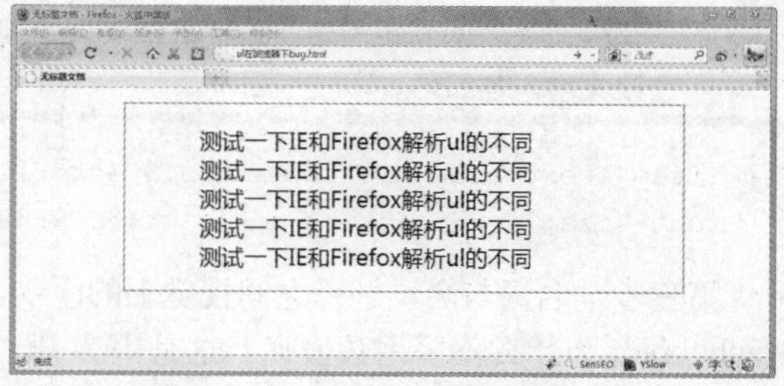

图6.7 Firefox浏览器下ul效果

将 <ul> 标签内容紧贴在 class 类 wrap 的左边框，即：

```
ul{ font-size:12px; list-style:none;margin-left:0}
```

页面演示效果如图 6.8 和图 6.9 所示。

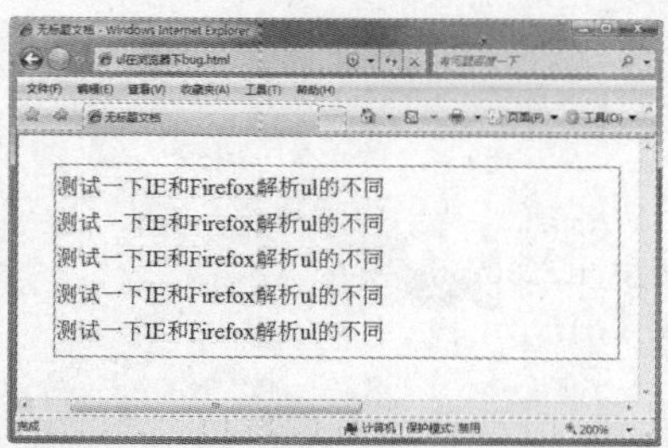

图6.8 IE浏览器设置ul的margin-left:0

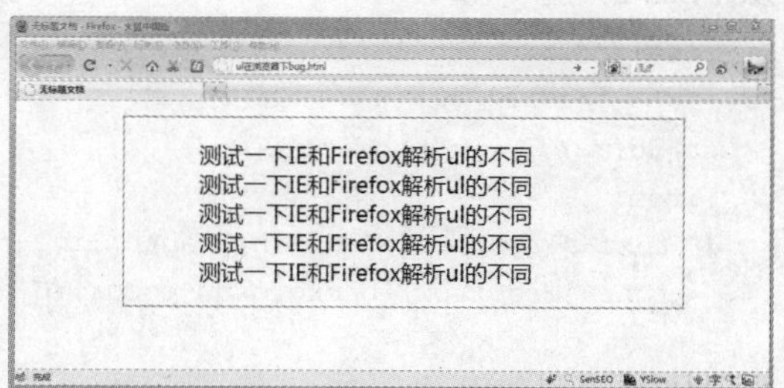

图6.9 Firefox浏览器设置ul的margin-left:0

通过示意图发现，IE 6 浏览器 <ul> 标签内容和 class 类 wrap 左边框实现紧贴，而 Firefox 浏览器 <ul> 标签内容却没有，修改样式如下：

```
ul{ font-size:12px; list-style:none;padding-left:0}
```

页面演示效果如图 6.10 和图 6.11 所示。

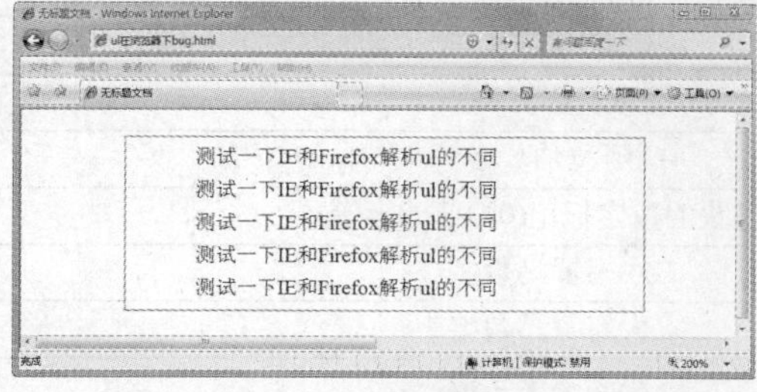

图6.10　IE浏览器设置ul的padding-left:0

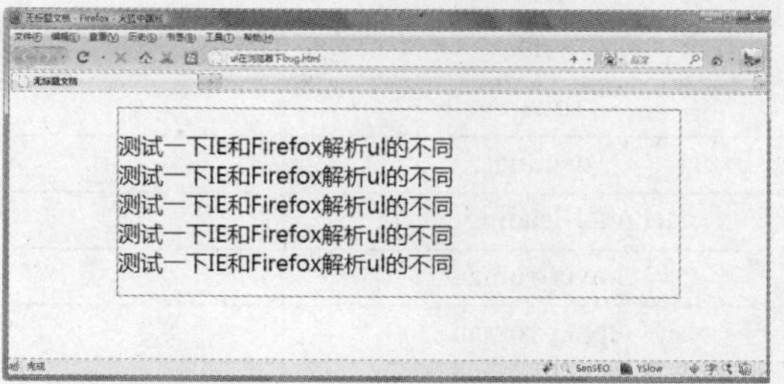

图6.11　Firefox浏览器设置ul的padding-left:0

浏览器显示效果却相反，IE浏览器无效，Firefox浏览器<ul>标签内容和wrap左边框实现紧贴，这说明IE浏览器与Firefox浏览器下的默认边距是不一致的：一个是外边距，一个是内间距，同时设置内间距、外边距为0（注意IE 8下此bug已经修复，IE 7没有修复）。

```
ul{ margin:0;padding:0}
```

页面演示效果如图 6.12 和图 6.13 所示。

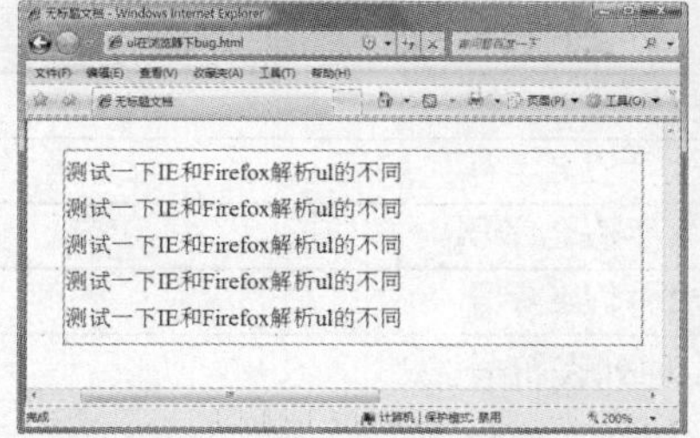

图6.12　IE浏览器设置ul的margin:0;padding:0

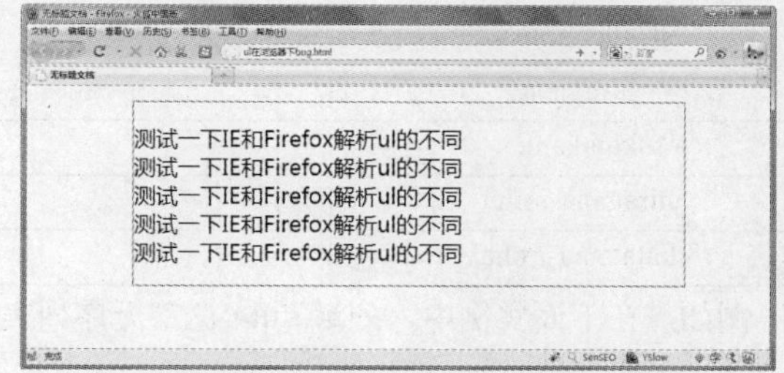

图6.13　Firefox浏览器设置ul的margin:0;padding:0

2. 列表项目符号

下面讨论列表 ul、ol 元素所支持的属性，特别是实现视觉效果的几个相关属性。在定义列表 <dl> 标签和 <dd> 标签时没有设置为 list-item 的 display 属性，但具有 display 属性值 block。通常 <dd> 标签具有额外的 1.33em 的 margin-left 值，故一般初始化设置 margin-left:0px，然后根据需求设置需要的值。CSS 列表结构的控制属性如表 6.1 所示。

表6.1　列表元素的CSS属性

属　性	描　述	值
list-style	一种可以用一句声明设置所有列表属性的快速属性	list-style-type list-style-position list-style-image
list-style-image	设置列表项目标记，图标表示	none/url
list-style-position	设置列表项目标记的位置	inside/outside
list-style-type	设置列表项目标记的类型	

列表元素同背景控制一样，也提供加载图片、定位等属性。列表元素虽不多，却能改善网页的设计。应该说，使用 CSS 布局之后，最大的改变是在相同的设计中不同环境下新的思路与做法。通过使用 list-style-type 属性可以改变列表标记的类型。CSS 提供包含无符号在内的九种默认样式。针

对 ul 无序列表的有四种样式，而对 ol 有序列表，CSS 提供了五种类型的样式，如表 6.2 所示。

表6.2 list-style-type属性值

值	描 述
none	没有标记
disc	标记为实心圆
circle	空心圆
square	T实心方块
decimal	阿拉伯数字
decimal-leading-zero	0起头的数字标记(01,02,03，等)
lower-roman	小写罗马数字
upper-roman	大写罗马数字
lower-alpha	小写英文字母
upper-alpha	大写英文字母
lower-greek	基本的希腊小写字母
lower-latin	小写拉丁字母
upper-latin	大写拉丁字母
hebrew	传统的希伯来数字
armenian	传统的亚美尼亚数字
georgian	传统的乔治数字
cjk-ideographic	浅白的表意数字
hiragana	日文平假名字符
katakana	日文片假名字符
hiragana-iroha	日文平假名序号
katakana-iroha	日文片假名序号

例如，在下面实例中，列举 <ul> 标签无序列表支持的四种列表符号。

```
<html><head>
<style type="text/css">
div{ width:320px; float:left;}
ul.fuhao1{list-style-type:none;}
ul.fuhao2{list-style-type:square;}
ul.fuhao3{list-style-type:circle;}
ul.fuhao4 li{list-style-type:disc;}
</style>
</head><body>
<div>
    <h4>ul无序列表---不使用项目符号</h4>
    <ul class="fuhao1">
        <li><a href="#">阿凡达不得奥斯卡我们不答应</a></li>
        <li><a href="#">政协建议将中国省份扩至五六十个</a></li>
    </ul>
</div>
<div>
    <h4>ul无序列表---第二种实心方块符号样式</h4>
    <ul class="fuhao2">
        <li><a href="#">阿凡达不得奥斯卡我们不答应</a></li>
```

```
        <li><a href="#">政协建议将中国省份扩至五六十个</a></li>
    </ul>
</div>
<div>
    <h4>ul无序列表---第三种空心圆符号样式</h4>
    <ul class="fuhao3">
        <li><a href="#">阿凡达不得奥斯卡我们不答应</a></li>
        <li><a href="#">政协建议将中国省份扩至五六十个</a></li>
    </ul>
</div>
<div>
    <h4>ul无序列表---第四种实心圆符号样式</h4>
    <ul class="fuhao4">
        <li><a href="#">阿凡达不得奥斯卡我们不答应</a></li>
        <li><a href="#">政协建议将中国省份扩至五六十个</a></li>
    </ul>
</div>
</body></html>
```

页面演示效果如图 6.14 所示。

再如，在下面实例中，<ol> 标签支持五种列表符号。

```
<html><head>
<style type="text/css">
div{ width:340px; float:left;}
ol.fuhao1{list-style-type:upper-alpha;}
ol.fuhao2{list-style-type:lower-alpha;}
ol.fuhao3{list-style-type:upper-roman;}
ol.fuhao4 li{list-style-type:lower-roman}
ol.fuhao5 li{list-style-type:decimal;}
</style>
</head><body>
<div>
    <h4>ol无序列表---第一种大写英文字母符号样式</h4>
    <ol class="fuhao1">
        <li><a href="#">阿凡达不得奥斯卡我们不答应</a></li>
        <li><a href="#">政协建议将中国省份扩至五六十个</a></li>
        <li><a href="#">南勇为立功自保或供出重量级人物 国脚遭殃  </a></li>
    </ol>
</div>
<div>
    <h4>ol无序列表---第二种小写英文字母符号样式</h4>
    <ol class="fuhao2">
        <li><a href="#">阿凡达不得奥斯卡我们不答应</a></li>
        <li><a href="#">政协建议将中国省份扩至五六十个</a></li>
        <li><a href="#">南勇为立功自保或供出重量级人物 国脚遭殃  </a></li>
    </ol>
</div>
<div>
    <h4>ol无序列表---第三种大写罗马数字符号样式</h4>
    <ol class="fuhao3">
```

```
      <li><a href="#">阿凡达不得奥斯卡我们不答应</a></li>
      <li><a href="#">政协建议将中国省份扩至五六十个</a></li>
      <li><a href="#">南勇为立功自保或供出重量级人物 国脚遭殃  </a></li>
    </ol>
  </div>
  <div>
    <h4>ol无序列表---第四种小写罗马数字符号样式</h4>
    <ol class="fuhao4">
      <li><a href="#">阿凡达不得奥斯卡我们不答应</a></li>
      <li><a href="#">政协建议将中国省份扩至五六十个</a></li>
      <li><a href="#">南勇为立功自保或供出重量级人物 国脚遭殃  </a></li>
    </ol>
  </div>
  <div>
    <h4>ol无序列表---第四种阿拉伯数字符号样式</h4>
    <ol class="fuhao5">
      <li><a href="#">阿凡达不得奥斯卡我们不答应</a></li>
      <li><a href="#">政协建议将中国省份扩至五六十个</a></li>
      <li><a href="#">南勇为立功自保或供出重量级人物 国脚遭殃  </a></li>
    </ol>
  </div>
  </body></html>
```

页面演示效果如图 6.15 所示。

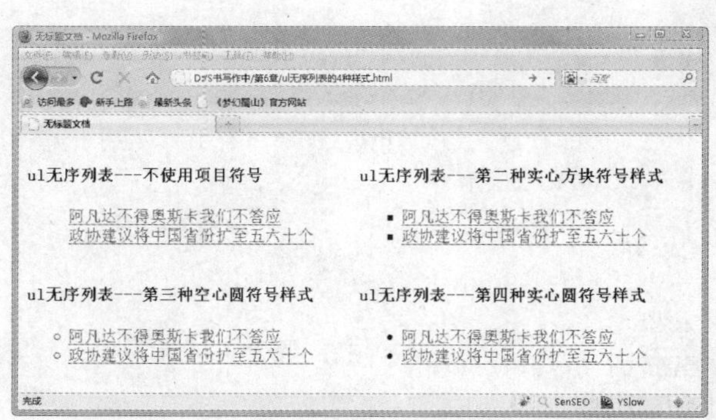

图6.14 ul无序列表的四种项目符号

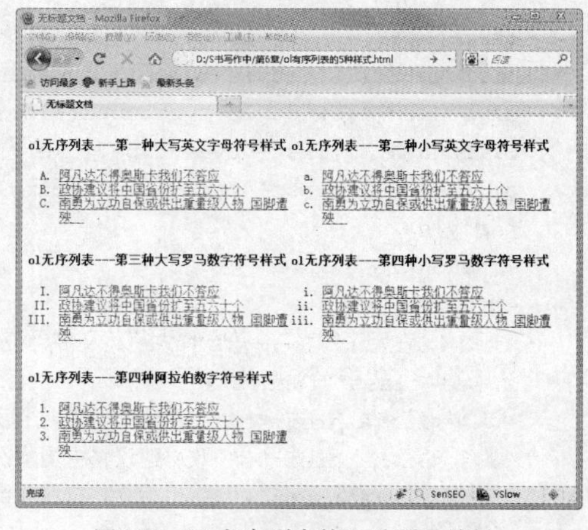

图6.15 OL有序列表的五种项目符号

<ul> 和 <ol> 标签没有本质区别，它们的语义性是相同的，虽然默认样式不同，但是如果设置list-style-type 属性后，它们之间的显示效果完全可以混用。

6.1.3 自定义列表样式

视频路径：视频文件\files\6.1.3.swf | 实例文件：实例文件\6\基础示例\自定义列表样式1.html、自定义列表样式2.html

1. 插入图片作为项目符号

在实际网页设计中，CSS默认列表效果并不能满足大家的要求，尤其列表项目符号，例如，当前需要项目符号——圆点符号（大小合适时），但当改变字体大小时，项目符号的大小也随之变化。若通过插入图片代替默认项目符号，字体变化时，图片项目符号不变，且可设计符合页面风格的项目符号。

例如，在下面实例中，通过插入图片的方式替代默认项目符号。

```
<html><head>
<style type="text/css">
ul li{
     font-family:宋体;                          /* 设置字体 */
     list-style:none;                           /* 取消默认项目符号 */
     text-align:left;                           /* 设置文字左对齐 */
     line-height:20px;font-size: 12px;          /* 设置行高和文字大小 */
}
a{
     text-decoration:none;                      /* 去掉默认下划线*/
}
</style>
</head><body>
<ul class="list">
   <li><img src="cir.gif"/><a href="#">华为首次公布员工股权 任正非持股仅1.42%</a></li>
   <li><img src="cir.gif"/><a href="#">电信3G宽带被指扩容缓慢 下载速度仅40Kb/s</a></li>
   <li><img src="cir.gif"/><a href="#">索尼东芝相继将海外制造厂卖给台湾竞争对手</a></li>
   <li><img src="cir.gif"/><a href="#">惠普被指钻三包漏洞 21城市消协继续维权</a></li>
   <li><img src="cir.gif"/><a href="#">中资港股老总薪酬排行：阿里巴巴CEO居第一</a></li>
</ul>
</body></html>
```

页面演示效果如图 6.16 所示。

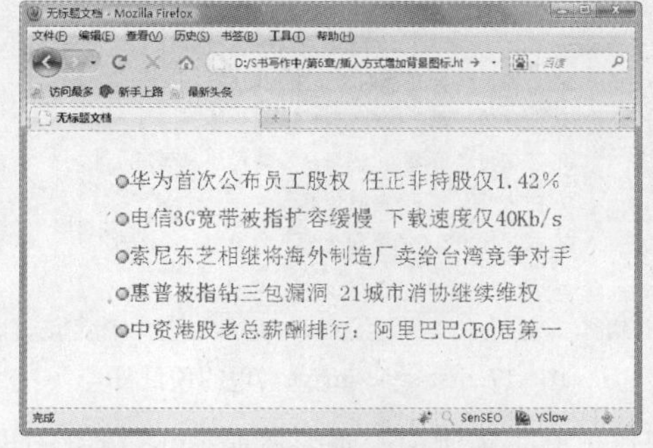

图6.16 插入图片实现项目符号

2. 自定义项目符号

插入图片实现项目符号有两个缺点：第一，增加了页面体积，下载速度慢；第二，更换图标比较麻烦，无法通过 CSS 类名实现不同类名的图标更换。CSS 定义 list-style-image 属性，提供图片替换方法。list-style-image 属性值为图片路径，如 ul{list-style-image:url(‘a.gif’);}。

例如，在下面实例中，使用 list-style-image 属性作为 ul 元素项目符号。

```
<html><head>
<style type="text/css">
body{/* 页面基本属性 */
     margin:0; padding:0;                       /* 清除浏览器默认间距 */
     text-align:center;                         /* IE浏览器的居中 */
     font-family:宋体;                          /* 字体 */
}
ul,li {/* 页面dt,dd基本属性 */
     margin:0;padding:0px;                      /* 清除浏览器默认设置 */
}
ul{
     list-style-type:disc;                      /* 设置为圆点 */
     list-style-position:outside;               /* 圆点位置 */
     list-style-image:url(img/cir.gif);         /* 设置项目图标 */
```

```
}
ul li{
    text-align:left;                          /* 文本左对齐 */
    line-height:20px;                         /* 设置行高 */
    margin-left:50px;                         /* 设置左外边距 */
    font-size: 12px;                          /* 设置字体大小 */
}
a{
    text-decoration:none;                     /* 隐藏下划线 */
}
</style>
</head><body>
<ul class="list">
   <li><a href="#">上海世博会开幕期间全市放假5天</a></li>
   <li><a href="#">河南伊川煤矿爆炸2死1伤 据称井下仍有百余人</a></li>
   <li><a href="#">西南将迎弱降雨 解旱至少需10场暴雨</a></li>
   <li><a href="#">中央4部门公开财政预算</a></li>
   <li><a href="#">武汉投资200亿纪念辛亥革命被指推高房价</a></li>
</ul>
</body></html>
```

页面演示效果如图 6.17 和图 6.18 所示。

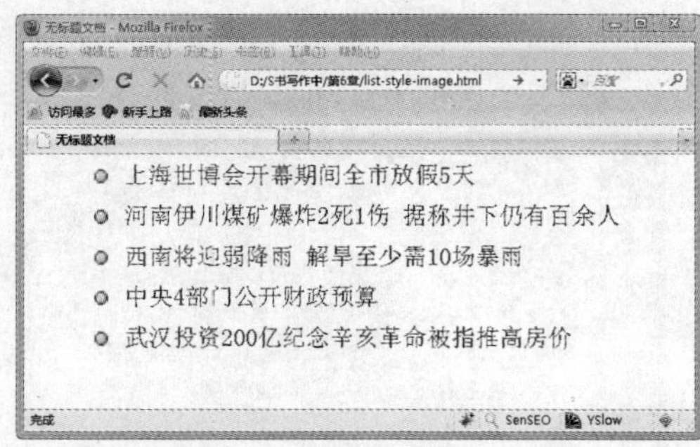

图6.17 list-style-image实现的项目符号

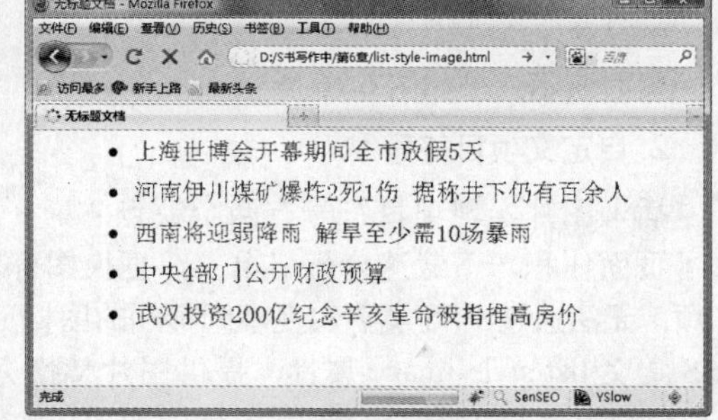

图6.18 list-style-image实现的项目符号（图片不存在时）

在上面实例中，重要的是 <ul> 标签的设置，其余设置只增加页面的美观。list-style-image 值为 cir.gif，图片不存在或者图片路径不正确，则 list-style-type：disc；圆点显示项目符号。list-style-position 控制显示的位置，其取值为 :outside|inside，但不能精确控制项目符号与文本之间的距离。

3. 使用背景图片实现项目符号

为了添加定制的列表符号，使用 list-style-image 属性，但对符号图片位置控制力弱。现在有这么一个需求：项目符号放在列表项目的右侧表示最新消息“new”、不允许插入“new”图片，图片位置需通过 CSS 控制。使用 background 属性可以解决这一问题，通过 background 属性设置替代 list-style 项目符号，background 属性拥有背景精确定位 background-position 属性。

例如，在下面实例中，通过背景图片实现列表项目符号，且严格控制其位置。

```
<html><head>
<style type="text/css">
body{/* 页面基本属性 */
    margin:0px; padding:0;                    /* 清除浏览器默认间距 */
    text-align:center;                        /* IE浏览器的居中 */
```

```
    font-family:宋体;                          /* 字体 */
    color:#000; /* 字体颜色 */
}
div{
    margin:0 auto;                            /* Firefox浏览器下居中 */
}
ul,li {/* 页面dt,dd基本属性 */
    margin:0; padding:0px;                    /* 清除浏览器默认设置 */
}
li{
    list-style-type:none;                     /* 清除默认项目列表符号，将用背景图片代替 */
}
.list{/* 页面list属性设置 */
    width:240px;                              /* 设置宽度 */
    height:240px;                             /* 设置高度 */
    margin:0 auto;                            /* 浏览器下居中 */
}
.list li{
    text-align:left;                          /* 文本左对齐 */
    font-size:12px;                           /* 字体大小 */
    line-height:20px;                         /* 设置行高，不设置高度，观察多行文字下背景图片 */
    padding-left: 15px;                       /* 设置内左间距 */
    background:url(cir.gif) 2px 6px no-repeat;        /* 设置背景图片及精确控制其位置 */
}
.list li a{
    color:#603811;                            /* 超链接颜色 */
}
.list li a:hover{
    color:#FF8C40!important;                  /* 鼠标滑过颜色 */
}
</style>
</head><body>
<ul class="list">
  <li><a href="#">央行新规:第三方不得擅自从事网络支付</a></li>
  <li><a href="#">河南平顶山矿难47人遇难</a></li>
  <li><a href="#">曾荫权宣布港府接纳民主党“一人两票”建议</a></li>
  <li><a href="#">西安拟建国际化大都市 要求半数市民会说英语</a></li>
  <li><a href="#">欧冠七大看点 内定OR阴谋</a></li>
  <li><a href="#">湖北郧西县网友发帖质疑形象工程遭跨县拘捕  </a></li>
  <li><a href="#">资讯标题：美国心理学家设计出寿命自我测试题</a></li>
  <li><a href="#">鲁能新洋枪需是2人结合体</a></li>
</ul>
</body></html>
```

页面演示效果如图 6.19 所示。

在页面制作前，首先需要清除XHTML元素所包含的默认设置（各个浏览器的默认设置不一样），其次根据网站内容进行基本初始化，如字体大小、字体颜色（一般为12号宋体），即body设置。

```
body {text-align: center;font-family:"宋体", arial;margin:0; padding:0; font-size:12px; color:#000;}
```

清除项目符号，采用 background 代替项目编号，故设置项目符号为 none。

```
li{list-style-type:none;}
```

第一步，通过Photoshop测量<ul>标签空间大小，设置<ul>标签宽度、高度，将宽度值设置较小值，便于较长的文字两行显示及查看背景图片的位置是否发生变化。

```
.list{ width:240px; height:240px;
margin:0 auto;}
```

第二步，class类list设置文字左对齐，<li>标签内文字大小、行高。若<li>标签内高度和行高一致，且设置overflow:hidden，则<li>标签内显示一行文字。此处显示多行，观察背景图像的位置是否偏移。

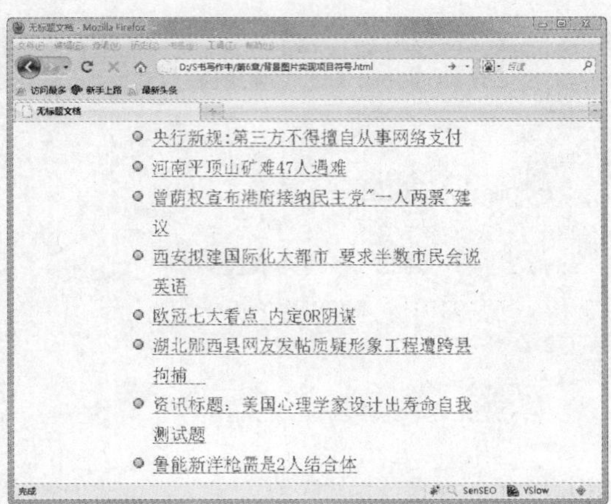

图6.19　背景图片实现的项目符号

```
. list li{ text-align:left; clear:both; font-size:12px; line-height:20px; }
```

第三步，设置替代项目符号的背景图片，因背景图片默认平铺，故设置 background-repeat 值为 no-repeat。

改变背景图片在 <li> 标签的位置，默认为左上角（坐标为 (0,0)），设置横坐标为 2 像素，远离 <li> 标签最左边；纵坐标为 6 像素，具体原则是背景图片在第一个文字纵向的中间。

<li> 标签内文字覆盖背景图片，此时需设置内边距，因背景图片的位置不受内边距的影响，故设置 padding-left 为 15 像素，文字和背景图片分离。对下面的代码依次测试，便于理解以上设置。

```
. list li{
    text-align:left; clear:both;
    font-size:12px; line-height:20px;
    background:url(cir.gif) ;            /* 第一种情况设置图片路径 */
}
. list li{
    text-align:left; clear:both;
    font-size:12px; line-height:20px;
    background:url(cir.gif) no-repeat;   /* 第二种情况设置图片路径，不平铺图片*/
}
. list li{
    text-align:left; clear:both;
    font-size:12px; line-height:20px;
    padding-left: 15px;                  /* 设置左间距便于文字和背景图片不重合 */
    background:url(cir.gif) 2px 6px no-repeat;
                              /* 第三种情况设置图片路径，不平铺图片并设置图片位置 */
}
```

第四步，设置超链接颜色、鼠标滑过颜色。

```
.list li a{color:#603811}
.list li a:hover{color:#FF8C40!important;}
```

6.1.4　列表菜单样式

视频路径：视频文件\files\6.1.4.swf | 实例文件：实例文件\6\基础示例\列表菜单样式.html、列表菜单样式1.html

1. 并列结构

网站导航是网站中重要的元素，也是网站提供给用户的最直观、最方便的访问方式。作为门户网站而言，主导航一般采用横向导航。由于门户网站下方文字较多，且每个频道均有不同的相关页面连接，因而在网站头部设置导航可以大大节约主页的空间，导航的每一项作为跳转到不同页面的超链接。

例如，在下面实例中，演示股票公司的横向导航，其特点是结构简洁、CSS代码量少，便于模仿。

```
<html><head>
<style type="text/css">
body {text-align: center;font-family:"宋体", arial;margin:0; padding:0; font-size:12px; color:#000;}
div{margin:0 auto;}
a{color:#000000;text-decoration:none;}
a:hover {color: #bc2931;text-decoration:underline;}
ul,li{margin: 0; padding: 0; border: 0; }
li{list-style-type:none;}
.nav4 {
    background:#4990cb; margin:0 auto;      /* 设置元素背景色和居中对齐 */
    width:720px; height:30px;               /* 设置nav元素宽度和高度 */
}
.nav4 li{
    float:left; width:89px;                 /* 设置左浮动，并设置li元素宽度 */
    height:30px; line-height:30px;          /* 设置高度和行高一致，实现垂直居中 */
    border-right:1px solid #232327;         /* 设置右边框 */
}
.nav4 li a{
    color:#fff; font-size:14px;width:89px; /* 设置字体颜色和字体大小，以及块的宽度 */
    height:30px; display:block;             /* 设置高度并转换成块元素 */
}
.nav4 li a:hover{
    color:#eb2326; background:#1f2428;      /* 设置鼠标滑过后字体颜色和背景色 */
}
</style>
</head><body>
  <ul class="nav4">
   <li><a href="#">首页</a></li><li><a href="#">操盘风向标</a></li>
   <li><a href="#">技高一筹</a></li><li><a href="#">短线点金</a></li>
   <li><a href="#">趋势在手</a></li><li><a href="#">研究报告</a></li>
   <li><a href="#">我的财视</a></li><li><a href="#">券商在线</a></li>
</ul>
</body></html>
```

页面效果如图 6.20 所示。

首先，对其进行初始化，清除 <ul> 标签默认设置，<li> 标签的列表标记默认为圆点符号，设置 list-style 为 none。

图6.20　横向导航

```
body {text-align:
center;font-family:"宋体", arial;margin:0; padding:0; font-size:12px; color:#000;}
div{margin:0 auto;}
a{color:#000000;text-decoration:none;}
```

```
a:hover {color: #bc2931;text-decoration:underline;}
ul,li{margin: 0; padding: 0; }
li{list-style-type:none;}
```

第一步，设置导航线为蓝色背景，通过Photoshop或者Fireworks中的工具测试宽度为720像素、高度为30像素，对<ul>标签设置class类nav4，通过类名引用<ul>标签。

```
.nav4 {background:#4990cb; width:720px; height:30px; margin:0 auto; }
```

第二步，导航超链接后，黑色竖线用于区分不同的 <li> 标签。在讲解超链接时我们使用下划线的 border-botttom 方法实现，现在也使用 border 属性，不过导航中黑色竖线是在文字的右侧，即由 border-right 属性实现，颜色取样器进行取色，得到颜色值为 #232327。

```
.nav4 li{ border-right:1px solid #232327;}
```

第三步，导航中的 class 类 nav4 宽度为 720 像素，总共八个 <li> 标签，720/8=90，因而每个 <li> 标签宽度是 90 像素，在第二步重设置了 1 像素的右边框线，90-1=89 像素，故 <li> 标签内容宽度为 89 像素，高度与父元素 class 类 nav4 的高度一致。为 30 像素。设置文字垂直居中，即 line-height 等于高度 30 像素，其显示效果如图 6.21 所示的导航的宽度设置。

```
.nav4 li{ border-right:1px solid #232327; width:89px; height:30px; line-height:30px; }
```

第四步，通过图6.21导航的宽度设置可以发现，<li>标签竖向排放，没有实现横排的效果，通过使用float属性实现横排效果。

```
.nav4 li{ border-right:1px solid #232327; width:89px; height:30px; line-height:30px; float:left;}
```

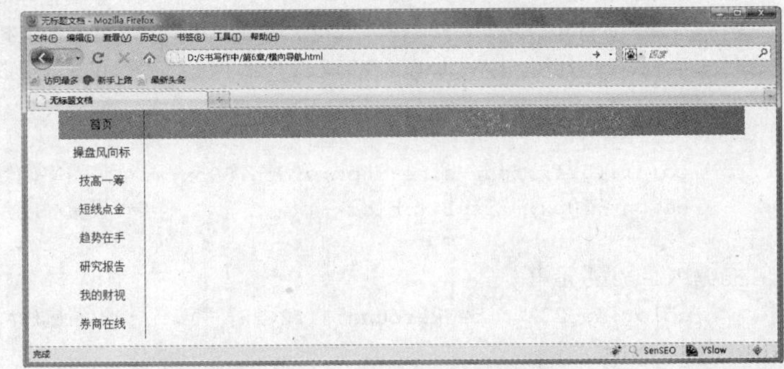

图6.21 导航的宽度设置

第五步，设置超链接的颜色。无法通过设置 <li> 标签鼠标滑过时，改变文本的颜色，因而该处单独设置，并且设置超链接的宽度和高度与 <li> 标签一致。将 <a> 标签设置成块元素，当鼠标移动到超链接时改变颜色值和背景色，这样便于告诉浏览者，此处为当前链接。

```
.nav4 li a{color:#fff; font-size:14px;width:89px; height:30px; display:block;}
.nav4 li a:hover{color:#eb2326; background:#1f2428;}
```

只有块元素设置的宽度和高度是有效的，而 <a> 标签是行内元素，如果不将 <a> 标签设置成块元素，那么它的宽高无效。删除 display:block;，鼠标移动至一个超链接上，会发现只有文字大小的区域有背景色，而整个 a 元素设置的宽度和高度却没有效果，如图 6.22 所示。

图6.22 删除display：block后黑色的显示部分

什么是块元素？

块元素（block element）通常作为其他元素的容器，可以容纳内联元素和其他块元素。默认情况下，块元素顺序以每次另起一行的方式往下排，而通过 CSS 控制其样式，可以改变这种默认布局模式，把块元素摆放到想要的位置上去。需要指出的是，table 标签也是块元素的一种，基于 table 表格和基于 CSS+DIV 的布局，在使用者看来除了页面载入速度的差别（table 在所有内容元素加载完成后才显示）外，没有其他的差别。但是从页面的源代码来看，这种差异就非常大。基于良好结构理念设计的 CSS 布局源代码，可以使没有 web 开发经验的用户很容易找到连续的页面内容。

块元素的特点如下。

- 总是另起一行开始。
- 高度、行高以及顶、底边距都可控制。
- 宽度默认，则是它所在容器的 100%，除非设定一个宽度。

什么是内联元素？

内联元素（inline element）一般基于语义级（semantic）的基本元素，只能容纳文本或者其他内联元素。

内联元素的特点如下。

- 和其他元素在一行。
- 高度，行高以及顶、底边距不可改变。
- 宽度就是它所容纳的文字或图片的宽度，不可改变。

此处简单地介绍了浮动的使用，本教程第 11 章将专门介绍浮动。浮动定位的目的：打破默认的显示规则，按照布局要求进行显示。

2. 垂直结构

列表在默认状态下以垂直布局形式显示，符合人眼视觉移动的布局效果，垂直结构的导航是网站应用的一种重要形式。垂直导航特点：网站导航在网站左侧或者右侧、从上至下的一种导航形式。

例如，在下面实例中，设计一套垂直导航来帮助用户浏览该公司的主要信息，通过单击左侧的每项菜单来实现右侧信息的更换。

```
<html><head>
<style type="text/css">
body {
        text-align: center;font-family:"宋体", arial;
        margin:0;padding:0; background: #282d33;font-size:12px;
}
div,ul,li{margin: 0;padding: 0;}
div{margin:0 auto;}
.clear{clear:both; font-size:0px; line-height:0px; height:0px;}
.bjrepy{ /* 最外层定义框架架构 */
        width:990px;                                  /* 设置宽度 */
        padding-bottom:30px;                          /* 下内间距 */
        padding-top:10px;                             /* 上内间距 */
        background-color:#FFF;                        /* 与背景图片颜色一致 */
        background:url(img/bjrepy.jpg) repeat-y left top;   /* 背景图片的制作很关键 */
}
.L-dh{ /* 框架左侧架构设置 */
        float:left;                                   /* 设置左浮动 */
        width:178px;                                  /* 设置宽度 */
        margin-left:11px;                             /* 左外边距 */
        display:inline;                               /* 防止bug出现 */
}
.R-nr{ /* 框架右侧架构设置 */
        float:right;                                  /* 设置右浮动 */
        width:775px;                                  /* 设置宽度 */
```

```
        margin-right:10px;                        /* 右外边距 */
        display:inline;                           /* 防止bug出现 */
}
/*****页面导航设置*****/
.lnav li{
        height:42px;                              /* 设置列表项高度 */
        list-style-type:none;                     /* 列表项默认项目符号隐藏 */
        padding-bottom:10px;                      /* 列表项之间的间距 */
}
.lnav li a{
        height:42px;                              /* 列表项中a元素的高度 */
        width:171px;                              /* 列表项中a元素的宽度 */
        display:block;                            /* 列表项中将a元素转换为块元素 */
        line-height:42px;                         /* 列表项中a元素中的文字设置垂直居中 */
        background:url(img/lnavbj.gif) no-repeat left top; /* 列表项中a元素设置背景图片 */
        text-align:center;                        /* 列表项中a元素的文字设置水平居中 */
        color: #000000 ;                          /* 设置列表项中a元素的文字的颜色 */
        text-decoration:none;                     /* 设置列表项中删除a元素的默认下划线 */
}
.lnav li a:hover,.lnav li a.curr3{
        width:179px;                              /* 列表项中滑过a元素的宽度 */
        background:url(img/lnavbj2.gif) no-repeat left top; /* 列表项中滑过a元素时的背景 */
        text-decoration:none;                     /* 设置列表项中删除滑过a元素的默认下划线 */
        font-weight:bold;                         /* 设置字体加粗 */
        font-size:13px;                           /* 设置字体大小 */
        color:#fff;                               /* 设置字体颜色 */
}
</style>
</head><body>
<div class="bjrepy">
<div class="L-dh">
      <ul class="lnav">
         <li><a href="#">公司简介</a></li><li><a href="#">直播指南</a></li>
         <li><a href="#">友情链接</a></li><li><a href="#">网站地图</a></li>
         <li><a  href="#">招聘信息</a></li><li><a  href="#"  class="curr3">联系我们</
a></li>
         <li><a href=#">客户服务</a></li>
      </ul>
</div>
<div class="R-nr"><h4>Contact Us</h4><img src="img/us.jpg" /></div>
<div class="clear"> </div>
</div>
</body></html>
```

页面效果如图 6.23 所示。

在上面实例中，需要注意以下三个问题。

- 纵向导航中默认链接的宽度比“联系我们”超链接背景宽度窄，故设置<li>标签的宽度以“联系我们”的较大值为基准。
- “联系我们”的高度遮住了右侧竖线的高度。
- 实现左侧和右侧自适应高度，通过“伪背景”（即那条竖线）实现左侧和右侧高度一致。

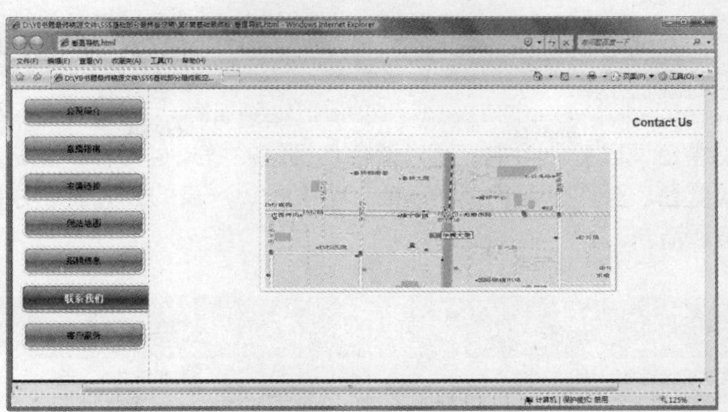

图6.23 垂直导航

第一步，整体布局。设置 class 为 bjrepy 层宽度，L-dh、R-nr 作为左右两块区域浮动，clear 是清除浮动（设置高度为 0，不占用空间），实现高度自适应。为 class 类 bjrepy 设置背景图片，背景图片的宽度为包含竖线的整个背景区域。

```
.bjrepy{width:990px; padding-bottom:30px; padding-top:10px;
    background-color:#FFF;background:url(img/bjrepy.jpg) repeat-y left top; }
.L-dh{float:left; width:178px; margin-left:11px; display:inline;}
.R-nr{float:right; width:775px;margin-right:10px; display:inline;}
.clear{clear:both; font-size:0px; line-height:0px; height:0px;}
```

第二步，划分每个项目链接区域。通过Photoshop测量导航超链接的高度，为每个列表项（<li>标签）设置高度；因列表项下方有10像素的间隙，设置下内边距为10像素（也可以采用下外边距），隐藏项目列表的默认项目符号。

```
.lnav li{height:42px; padding-bottom:10px; list-style-type:none; }
```

第三步，鼠标滑过状态，IE 6浏览器只支持<a>标签，因而<a>标签设置背景图片而非<li>标签。首先通过Photoshop测量导航超链接，默认状态宽度、高度、设置背景图片。接着设置文字居中对齐，text-align实现横向居中，行高值与高度一致，实现纵向居中，最后必须转换成块元素，只有块元素才有宽、高等特性，否则背景、宽度、高度等属性设置无效。

```
.lnav li a{height:42px; width:171px; display:block;
    background:url(img/lnavbj.gif) no-repeat left top; text-align:center; line-
height:42px;}
```

第四步，设置鼠标滑过时背景颜色变化。首先鼠标滑过时背景图片大于默认状态，因此更改 a:hover 状态下的宽度，接着更改字体大小、字体颜色及字体加粗。为鼠标滑过状态添加 class 类名 curr3，区别当前页面列表项的状态与其他列表项。

```
.lnav li a:hover,.lnav li a.curr3{
        width:179px;background:url(img/lnavbj2.gif) no-repeat left top;
        text-decoration:none; font-weight:bold; font-size:13px; color:#fff; }
```

6.2 案例实战

影视音乐类网站一般以界面庞大、结构复杂（<ul>、<ol>、<dl> 标签应用最多的场合）为主。

本节光盘内容：	
本节实例文件	实例文件\6\综合案例
本节视频长度	47分26秒

6.2.1 产品策划

视频路径：视频文件\files\6.2.1.swf　　实例文件：无

影视音乐类网站主色调以蓝色为主，通过蓝色色调值的增减实现色彩搭配。蓝色系包括很多种颜色，从深蓝色到淡蓝色。深蓝色系代表华丽的、讲究的、严肃的或者善于分析的，而较浅的蓝色系则表示洁净、平静和清新。

6.2.2 画板

视频路径：视频文件\files\6.2.2.swf　　实例文件：无

影视音乐类网站主要分为以下几大块：搜索模块、热门影片模块、频道模块。搜索模块一般包含导航和影片搜索等部分；热门影片模块可以从最受欢迎影片、新片、电影排行、最新热门影评等方面划分；频道模块可根据适应人群划分多个频道：电影频道、动漫频道、电视剧频道、综艺频道等。根据这些模块，在稿纸上初步画出页面布局的草图，如图6.24所示。

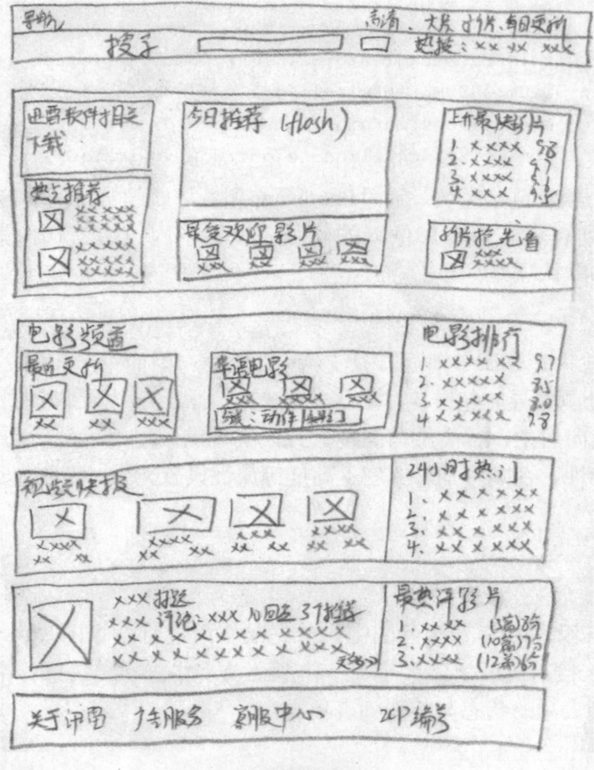

图6.24 画板最终设计图

6.2.3 设计图

视频路径：视频文件\files\6.2.3.swf　　实例文件：无

通过画板对页面进行分析并划分画板设计图中各个栏目区域，整个页面大体有了一个轮廓。现在需要将各个栏目具体内容通过画图软件 Photoshop 或 Fireworks 设计出来，在后面重构中将给出栏目划分的 XHTML 结构，在布局中将给出页面大体结构以及具体内容编写结构的实现过程。

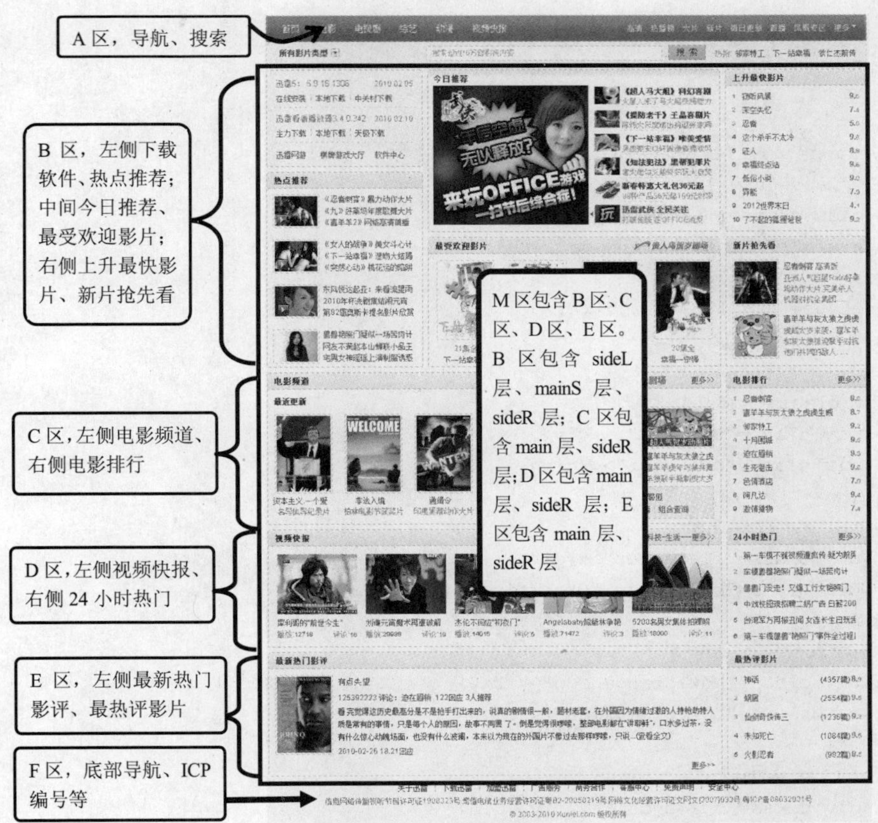

图6.25　设计模块划分图

6.2.4　切图

视频路径：视频文件\files\6.2.4.swf　　实例文件：无

使用Photoshop软件中的工具将设计图以下部分切出来，因限于篇幅，只讲解一部分设计图，重复部分将不再讲解，故使用以下图片，这些图片作为背景图或作为插入元素，具体操作步骤在视频里演示。图6.26所示为切图效果图。

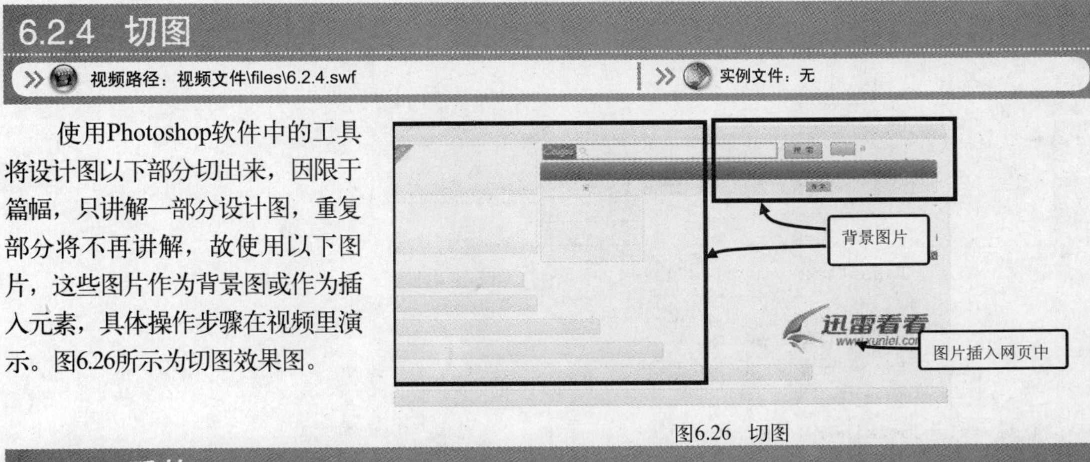

图6.26　切图

6.2.5　重构

视频路径：视频文件\files\6.2.5.swf　　实例文件：无

根据图 6.25 中的区域划分，标记出六个大区域（在这里有重复区域，即结构相同或相似，内容不同），在编写 XHTML 结构时，迅雷看看采用三个大区域：A 区、F 区以及剩下区域作为一个大区（不妨命名为 M 区）。在后面讲解中也将按照该思路讲解。M 区包含 B 区、C 区、D 区、E 区。M 区定义 Firefox 下居中以及设置下外边距，无其他 CSS 属性设置。

```
<html>
<head>
</head>
<body>
<div class="nav_1029">
  <ul class="nav_1029_ul"></ul>
  <p class="morelink"></p>
  <a href="#" class="all_type_1029">所有影片类型</a>
  <form></form>
  <p class="nav_1029_news"></p>
</div><!-- nav_1029 end-->
<div class="container">
  <div class="sideL">
    <div class="xl-soft"></div>
    <div class="box djgz"></div>
  </div>
  <div class="mainS">
    <div class="flash-box"></div>
    <div class="box huanying"></div>
  </div>
  <div class="sideR">
    <div class="box shangsheng"></div>
    <div class="box qiangxian"></div>
  </div>
  <div class="main">
    <div class="box dydsj"></div>
  </div>
  <div class="sideR">
    <div class="box rank"></div>
  </div>
  <div class="main">
    <div class="box spkb"></div>
  </div>
  <div class="sideR">
    <div class="box rm24"></div>
  </div>
  <div class="main">
    <div class="box yingping"></div>
  </div>
  <div class="sideR">
    <div class="box zryp"></div>
  </div>
</div><!—container  end-->
<div class="footer">
  <div class="f-nav"></div>
  <div class="copyright">
    <p></p>
    <p>© 2003-2010 Xunlei.com 版权所有</p>
  </div>
</div><!-- footer  end-->
</body>
</html>
```

6.2.6　布局

视频路径：视频文件\files\6.2.6.swf　　　实例文件：无

第一步，打开 Dreamweaver 软件，执行“文件”→“新建”命令，弹出“新建文档”对话框，如图 6.27 所示，新建一个空白的 XHTML 文档页面，并保存文件为“An6.html”。

第二步，创建外部CSS样式表文件，保存为Astyle.css文件。执行“窗口”→“CSS样式”命令，打开“CSS样式”面板，单击“附加样式表”按钮，在弹出的“链接外部样式表”对话框中单击“浏览”按钮，如图6.28所示，找到Astyle.css文件，将其链接到“An6.html”文档，最后单击“确定”按钮。

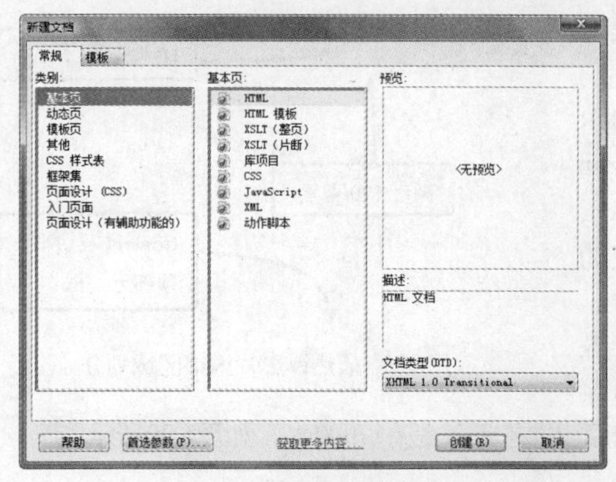

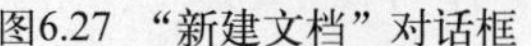
图6.27　“新建文档”对话框

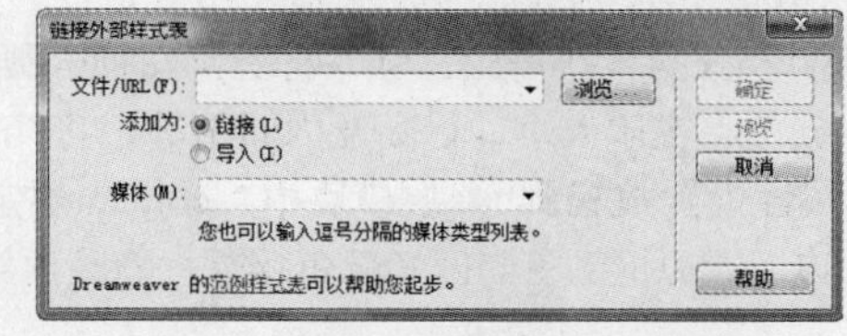

图6.28　“ 链接外部样式表”对话框

```
<link href="css/Astyle.css" rel="stylesheet" type="text/css" />
```

第三步，XHTML 元素初始化。将所有要用到以及即将用到的元素初始化，确保所有元素在不同浏览器下默认状态是一致的，具体查看 Astyle.css 文件头部初始化。

> **TIP** 限于篇幅，案例只给出区域划分CSS代码、XHTML结构代码，具体CSS代码、XHTML结构代码，请查看本章案例部分的文件。index.html文件完成设计图所有部分，而本章案例文件拿出部分进行讲解，重复部分不讲解。

第四步，根据F区XHTML结构代码编写CSS样式代码。定义整个F区：宽度为960像素、下外边距为8像素、清除浮动。F区内超链接颜色为#898888;。F区包含两部分：f-nav和copyright层。f-nav层宽度与F区宽度一致、高度为20像素、文本居中对齐、文本颜色为# C9C9C9，f-nav层内超链接左右外边距为10像素、颜色为#333。copyright层定义高度为44像素、行高为22像素、文本颜色为#898888、文本居中对齐。图6.29所示为F区效果图。

图6.29　F区效果

```
.footer { width:960px; margin:0 auto 8px; }
.footer a { color:#898888; }
.footer .f-nav { width:960px; height:20px; text-align:center; color:#C9C9C9; }
.footer .f-nav a { margin:0 10px; color:#333; }
.footer .copyright { width:960px; height:44px; line-height:22px; text-align:center;
color:#898888; }
```

第五步，M区包含B区、C区、D区、E区。B区包含sideL层、mainS层、sideR层；C区包含main层、sideR层；D区包含main层、sideR层；E区包含main层、sideR层。层具体设置如下：sideL层宽度为250像素、左浮动、清除左浮动、右边距为8像素；main层宽度为726像素、左浮动、清除左浮动；sideR层宽度为226像素、右浮动、清除右浮动；mainS层宽度为468像素、左浮动。

```
.sideL {clear:left;float:left;margin-right:8px;width:250px;}
.mainS {float:left;width:468px;}
.main {clear:left;float:left;width:726px;}
.sideR { float:right; width:226px; clear:right; }
```

第六步，现在讲解E区包含的两部分：main层和sideR层。main层、sideR层同样也属于其他区域，它们的作用仅仅是定义占用的空间大小及位置。E区sideR层包含zryp层，zryp层包含<h2>标签、content层。zryp层继承box层属性，即<div class="box zryp">。box层设置清除浮动、下边距为8像素、相对定位、宽度为100%，与父层大小一致。<h2>标签定义顶部圆角层、字体颜色、字体大小、行高及内间距等，将<h2>标签CSS属性设置放置到box层模块中。content层定义1像素的边框，边框颜色与圆角颜色接近，隐藏顶部边框，并定义高度为170像素，如图6.30所示。

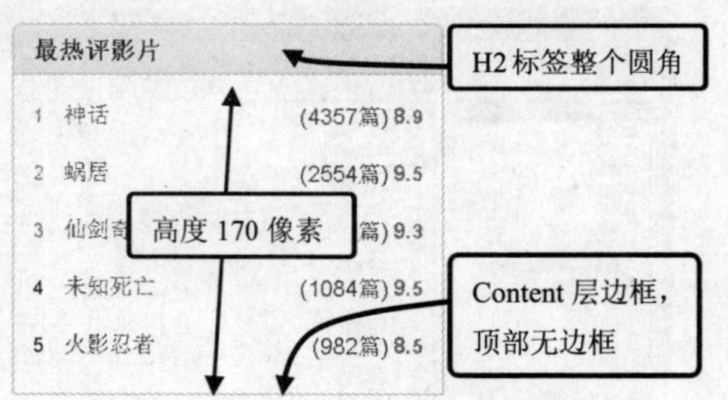

图6.30 最热评影片内部区域划分

```
XHTML:
<div class="sideR">
   <div class="box zryp">
      <h2>最热评影片</h2>
      <div class="content"></div>
   </div>
</div>
CSS:
.box { position:relative; width:100%; margin-bottom:8px; clear:both; }
.box h2{ background:url(../images/sprite.png) no-repeat 0 -448px;
height:26px;padding:1px 11px 0 11px;
overflow:hidden; line-height:26px; font-size:13px; color:#193B5F; }
.box .content { border:1px solid #CCDFF2; border-top:none; background:#fff; zoom:1;
overflow:hidden; }
/******模块结束*********/
.sideR { float:right; width:226px; clear:right; }
.sideR .box h2 { background-position:0 -248px; }
```

第七步，“最热评影片”里面的影片根据评论数进行排名，故使用 <ol> 标签。定义 <ol> 标签 class 名 sort-list。sort-list 层内对前三名形成重视，即前三个排名序号采用一种颜色，后面排名序号采用另一种颜色，故前三项 <li> 标签添加 class 名 top。首先定义 sort-list 层内间距，以便确立 <li> 标签位置。<li> 标签内包含 <em> 标签、<a> 标签、zryp_total 层、<span> 标签四种元素。

<li> 标签首先定义高度与行高皆为 16 像素，显示一行，使之超出部分隐藏；接着设置内间距为以后设置背景图片留下位置。通过下边距定义 <li> 标签之间的距离，最后定义相对定位，为内部元素设置绝对定位，定义参考位置。

排名序号 <em> 标签首先定义绝对定位并定义偏移量，移至 <li> 标签设置的左边距内；接着调整上下位置，改变字体大小和颜色，取消默认倾斜效果。前三项 <em> 标签设置颜色为 #FF5B01。

<a> 标签继承页面初始化颜色 #016A9F，鼠标滑过继承页面初始化添加下划线效果。

<a>标签评论数设置class名zryp_total，定义绝对定位右偏移18像素、上偏移4像素，为之后的分数留下空间，上偏移4像素。最热评影片排行榜设置如图6.31所示。

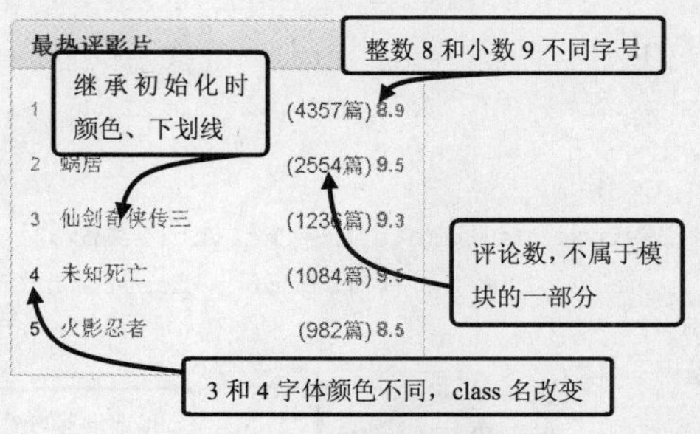

图6.31　最热评影片排行榜设置

> **TIP** <li>标签虽然设置右间距，绝对定位右偏移后在间距内，故右偏移量。

<span>标签代表分数，通过定义绝对定位偏移至<li>标签右间距内，即上偏移3像素、右偏移0像素，且改变字体大小为10像素、颜色、加粗。<span>标签内包含<strong>标签，将“整数”字体加大至12像素。

```
XHTML：
<div class="content">
   <ol class="sort-list">
      <li class="top"><em>1</em><a href="#">神话</a>
            <a class="zryp_total" href="#">(4357篇)</a>
            <span class="score"><strong>8.</strong>9</span></li>
      <li><em>5</em><a href="#">火影忍者</a>
            <a class="zryp_total" href="#">(982篇)</a>
      <span class="score"><strong>8.</strong>5</span></li>
   </ol>
</div>
CSS：
.sort-list { padding:5px 10px; line-height:16px; }
.sort-list li {height:16px;position:relative; overflow:hidden; padding:3px 32px 0 16px;margin-bottom:3px; }
.sort-list em { position:absolute; top:3px; left:0; font-size:10px; font-style:normal; }
.sort-list .top em { color:#FF5B01; }
.sort-list span { color:#939393; white-space:nowrap; zoom:1; }
.sort-list li a { zoom:1; }
.sort-list .score { position:absolute; top:3px; right:0; color:#FF5B01; font-size:10px; font-weight:bold; }
.sort-list .score strong { font-size:12px; }
/******模块结束*********/
.zryp .sort-list li {padding:3px 32px 0 16px; height:24px;}
.zryp .sort-list li a.zryp_total {position:absolute; right:18px; top:4px; }
.zryp .sort-list {padding:8px 10px;}
```

第八步，现在讲解E区左部分main层，即“最新热门影评”。main层包含yingping子层。yingping层包含qiangxian_tt层、upBox层。main层大小设置前面已介绍过，yingping层同时继承box层设置，即<div class="box yingping">，upBox层同时继承content层设置，即<div class="content upBox">。

yingping层继承box层宽度100%、下边距、相对定位，并重新定义高度为170像素；qiangxian_tt层的子层upH2层继承box层h2标签设置，并通过背景图片的新定位值定义圆角图片，为box层子元素upBox层设置边框。效果如图6.32所示。

```
XHTML：
<div class="main">
   <div class="box yingping">
```

```
        <div class="qiangxian_tt"><h2 class=" upH2" >最新热门影评</h2></div>
        <div class=" content upBox" ><div class=" top" ></div><p class=" more_link" ></p
></div>
      </div>
    </div>
    CSS:
    .yingping .content { height:170px;}
    .main .box h2 {background-position:0 -408px;}
```

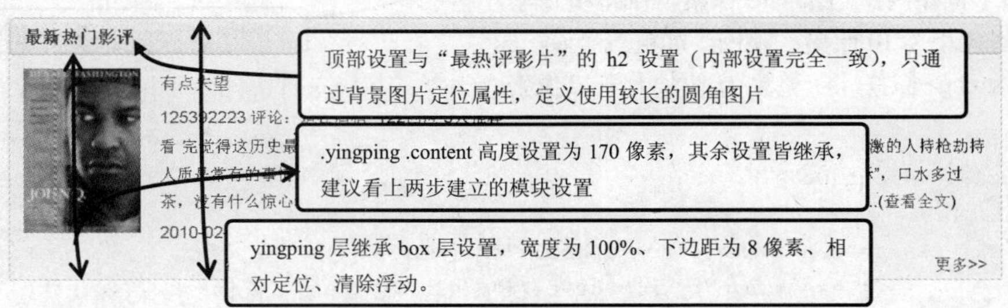

图6.32　最新热门影评内部区域划分

第九步，upBox层包括top层、more_link层。more_link层代表“更多”，文本右对齐以及设置右间距为10像素即可，超链接的颜色继承页面初始化时的颜色。top层包括<h4>、a.playpic、<p>、p.yingping_detail、p. yingping_date。top层定义四个方向的内间距，其中左间距用于存放电影图片，设置相对定位为子元素，定义绝对定位作参考点，设置高度为127像素。效果如图6.33所示。

<h4> 标签定义高度、行高以及字体大小、取消默认加粗效果。

超链接playpic，定义宽度为92像素、高度为127像素、绝对定位，将其偏移至top层的左内间距，并调整左偏移量和上偏移量。重新定义超链接内图片高度为121像素、宽度为86像素。

评论内容<p>标签，设置高度为58像素，行高为20像素、超出部分隐藏，最终显示三行文字。

评论标题头部p.yingping_detail标签设置字体颜色、改变继承<p>标签高度以及设置上边距即可。

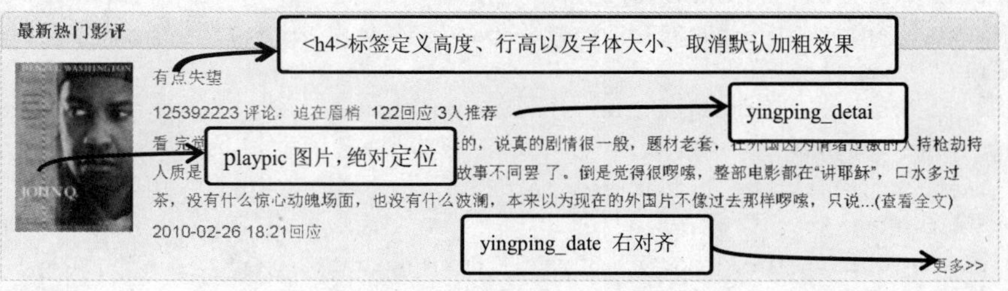

图6.33　内容区域设置

```
    XHTML:
    <div class="imp">
      <div class="left2"></div>
    </div>
    <div class="content upBox">
      <div class="top">
        <h4><a href="#">有点失望</a></h4>
        <a href="#" class="playpic"><img src="images/43.jpg"></a>
        <p class="yingping_detail"><a href="#">12</a>评论: <a href="#">迫在</a>122回应 3
人推荐</p>
        <p>看完觉得这历史最高分是不是抢手打出来的...(<a href="#" >查看全文</a>)</p>
```

```
        <p class="yingping_date">2010-02-26 18:21<a href="#">回应</a></p>
      </div><!--top END-->
      <p class="more_link"><a href="#">更多</a></p>
   </div>
   CSS:
   .yingping .top { padding:10px 10px 8px 110px; position:relative; height:127px; }
   .yingping .top .playpic { width:92px; height:127px; position:absolute; top:10px;
left:10px; }
   .yingping .top .playpic img { display:inline; width:86px; height:121px; }
   .yingping .top h4 { height:26px; line-height:22px; overflow:hidden; font-size:13px;
font-weight:normal; }
   .yingping .top p { height:58px; line-height:20px; overflow:hidden; }
   .yingping .top p.yingping_detail {height:22px;}
   .yingping .top p.yingping_detail a {margin-right:3px; }
   .yingping .top p.yingping_date {color:#666; margin-top:5px;height:22px; }
   .yingping .more_link { padding-right:10px; text-align:right; }
```

第十步，D区包含两部分：main层和sideR层。右部分sideR层，即“24小时热门”，该层与“最新热门影评”设置基本相同，区别：“24小时热门”标题部分含有“更多”，包含六条记录，每条记录高度改变。效果如图6.34所示。

“更多”使用定义列表实现，根据box层的相对定位进行绝对定位偏移至最右侧，即top:1px; right:6px;，设置左右间距为5像素，其行高与<h2>标签一致，为26像素，最后将“更多”作为模块填充的一部分，使用box层定义。

具体排行榜的高度为161像素，每个<li>标签宽度为179像素、上间距为3像素、左间距为16像素以及下边距为7像素；<li>标签内的<a>标签宽度与<li>标签一致，超出部分用省略号显示。

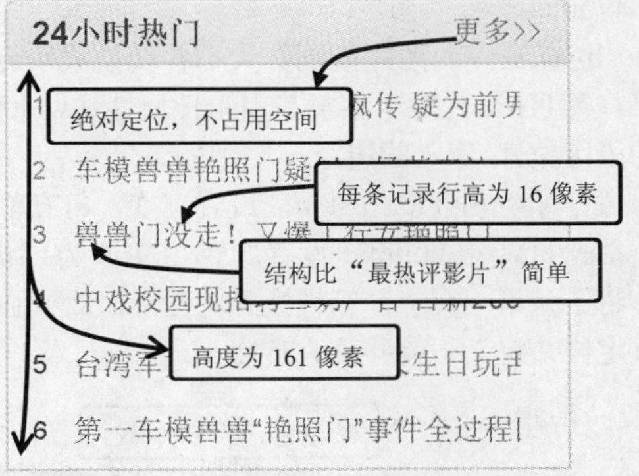

图6.34　24小时热门

```
   XHTML:
   <div class="sideR">
      <div class="box rm24">
         <h2>24小时热门</h2>
         <dl class="channel"><dd><a title="#" href="#">更多>></a></dd></dl>
         <div class="content">
              <ol class="sort-list">
                  <li class="top"><em>1</em><a href="#">第一车模不雅视频遭疯传  疑为前男友报复
</a></li
                  <li><em>6</em><a href="#">第一车模兽兽“艳照门”事件全过程回顾</a></li>
             </ol>
         </div>
      </div>
   </div>
   CSS:
   .sideR .box h2 { background-position:0 -248px; }
   .box dl.channel { position:absolute; top:1px; right:6px; line-height:26px; font-
```

```
family:simsun; }
    .box dl.channel dd { padding:0 5px; }
    /******模块结束*********/
    .rm24 .content {height:161px;}
    .rm24 .sort-list li {width:179px;margin-bottom:7px;padding:3px 0 0 16px;}
    .rm24  .sort-list  li  a  {display:block;width:179px;white-space:nowrap;text-overflow:ellipsis;overflow:hidden;}
```

第十一步，现在讲解D区左部分main层，即“视频快报”。main层包含spkb子层，spkb层包含<h2>标签、channel层、content层。spkb层继承box层设置，即<div class="box spkb">，故spkb层包含模块box层的<h2>标签、channel层、content层，其中<h2>标签依然实现顶部圆角部分，content层实现内容边框部分，channel层是在讲解D区右部分sideR层添加“更多”部分至模块box内，因而<h2>标签、channel层改变文字内容或者增加文字内容，其样式依然不变，而content层内部样式发生变化。效果如图6.35所示。

content层内部包含的不是有序列表结构而是无序列表结构，不将其作为模块的一部分（读者也可以将其作为模块的一部分，以便其他位置调用）。将content层内的<ul>标签命名为video_list，<ul>标签内<li>标签包含<a>标签、p.video_list_tt、p.vnum。<ul>标签设置上间距为13像素，将其下移；<li>标签定义宽度、高度、超出部分隐藏以及左浮动；设置左边距，针对IE 6浏览器设置display:inline;。

<li>标签内的图片控制其大小并转换成块元素、超出部分隐藏；通过CSS控制宽度、高度，则不必在XHTML代码中添加其表示性属性（width="128",height="96"）；接着设置下边距，将其与下面的段落拉开5像素的边距。

段落class名video_list_tt，设置高度、行高都是16像素，宽度与图片宽度一致，为128像素。

段落class名vnum，设置颜色、字体为14像素、相对定位，为后面评论绝对定位做偏移参考点，将子元素<span>标签转换为块元素，改变<span>标签内<em>标签颜色及相关设置；span.pl设置绝对定位并定义下偏移量、高度。

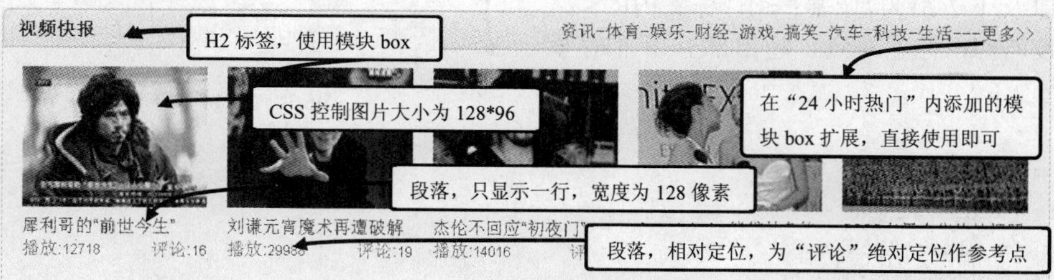

图6.35 视频快报

```
XHTML:
<div class="main">
   <div class="box spkb">
      <h2>视频快报</h2>
      <dl class="channel">
         <dd><a href="#">资讯</a>--<a href="#" class="more">更多</a></dd>
      </dl>
      <div class="content">
           <ul class="video_list">
            <li>
                 <a href="#"><img src="images/38.jpg"></a>
                 <p  class="video_list_tt"><a  href="#">犀利哥的“前世今生”</a></p><p
```

```
class= "vnum"><span>播放:<em>127</em></span><span class="pl">评论:<em>16</em></span></p>
          </li>
        </ul></div></div></div>
  CSS:
  .video_list {padding:13px 0 0 0;}
  .video_list li {float:left;display:inline;width:128px;height:148px;padding:0;margin-left: 14px;
  overflow:hidden;}
  .video_list li img {display:block;width:128px;height:96px;overflow:hidden;margin-bottom:5px;}
  .video_list li .vnum {position:relative;zoom:1;line-height:14px;color:#999;}
  .video_list li .vnum span {display:block;}
  .video_list li .video_list_tt {width:128px;height:16px;line-height:16px;ioverflow:hidden;}
  .video_list li .vnum em {font-style:normal;font-size:10px;color:#5b5b5b;}
  .video_list li .vnum span.pl {position:absolute;right:0px;bottom:1px;height:13px;overflow:hidden;}
```

第十二步，C区包含电影频道main层、电影排行sideR层。电影排行sideR层，其XHTML结构与“最新热门影评”结构相同，区别在于增加了“更多”，前面已经介绍过扩展box层模块，故直接写出电影排行sideR层的XHTML结构即可，其余CSS属性完全一样。电影频道main层限于篇幅不再介绍。效果如图6.36所示。

```
  XHTML:
  <div class="sideR">
    <div class="box rank">
      <h2 class="h21 upH2">电影排行</h2>
      <dl class="channel"><dd><a title="#" href="#">更多>></a></dd></dl>
      <div class="content upBox">
        <ol class="sort-list">
          <li class="top"><em>1</em><a href="#">忍者刺客</a>
            <span class="score"><strong>8.</strong>6</span></li>
          <li><em>9</em><a href="#">激情猎物</a>
            <span class="score"><strong>7.</strong>4</span></li>
        </ol>
      </div><!--content upBox end-->
    </div><!--box rank end-->
  </div><!--sideR end-->
```

第十三步，现在讲解B区。B区包含三部分：sideL层、mainS层和sideR层。右部分sideR层包括“上升最快影片”shangsheng层、“新片抢先看”qiangxian层。“上升最快影片”shangsheng层与“影片排行”相同，直接继承模块box层、删除“更多”即可。“新片抢先看”qiangxian层变为<div class="box shangsheng">。效果如图6.37所示。

```
  <div class="sideR">
    <div class="box shangsheng">
      <h2>上升最快影片</h2>
      <div class="content">
        <ol class="sort-list">
          <li class="top"><em>1</em><a href="#">窃听风暴</a>
            <span class="score"><strong>9.</strong>5</span></li>
```

```
            <li><em>10</em><a href="#">了不起的狐狸爸爸</a>
               <span class="score"><strong>9.</strong>2</span></li>
         </ol>
      </div>
   </div><!--box shangsheng-->
   <div class="box qiangxian"></div><!--box qiangxian-->
</div><!--sideR end-->
```

图6.36 电影排行

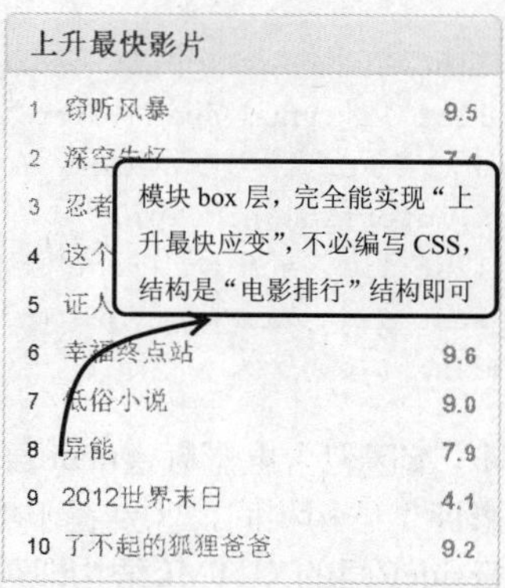

图6.37 上升最快影片

第十四步，现在讲解B区右侧sideR层的“新片抢先看”qiangxian层。“新片抢先看”qiangxian层继承了box层的<h2>标签、content层。content层设置高度为179像素。content层内部mov层是新建立的层，不属于模块的一部分。mov层包含<a>、<h4>、<p>三组标签，其编写思路与“最新热门影评”类似。效果如图6.38所示。

mov 层设置相对定位、字体颜色为 #939393、行高为 17 像素、高度为 74 像素，设置内间距，其中左间距为 92 像素，用于存放图片。

<a> 标签 class 名为 playpic，设置绝对定位，根据 mov 层进行上偏移、左偏移，宽度、高度都为 74 像素，内部图片大小为 68*68。

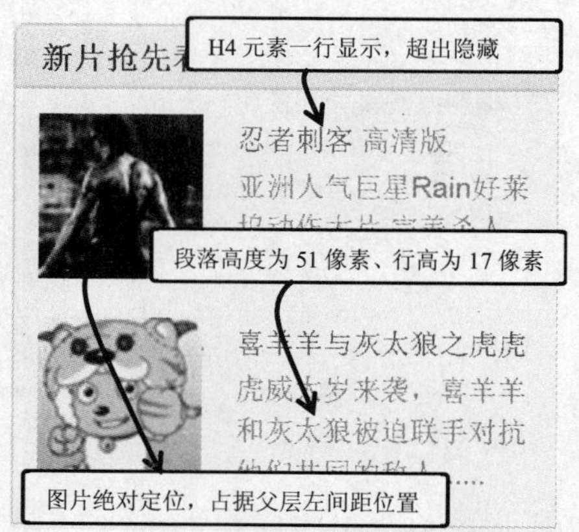

图6.38 新片抢先看

<h4>标签设置高度和行高都是21像素，一行内显示，超出部分隐藏；字体大小为12像素、取消默认加粗效果。

<p>标签设置高度为51像素，继承mov层，行高为17像素，显示三行，超出部分隐藏。

```
XHTML:
<div class="sideR">
   <div class="box qiangxian">
      <div class="qiangxian_tt">
         <h2 class="qiangxian_tab2 upH2">新片抢先看</h2>
      </div>
      <div class="content ">
         <div class="mov">
            <a href="#" class="playpic"><img src="images/17.jpg"></a>
```

```
            <h4><a href="#">忍者刺客</a> 高清版</h4>
            <p>亚洲人气巨星Rain好莱坞动作大片,完美杀人机器对抗全集团......</p>
          </div>
        </div><!--content-->
      </div><!--box qiangxian-->
    </div><!--sideR end-->
    CSS:
    .qiangxian .content { height:179px; }
    .qiangxian .mov{ position:relative;height:74px; padding:10px 10px 0 92px;line-height:17px;color:#939393;}
    .qiangxian .mov .playpic { position:absolute; top:10px; left:10px; width:74px; height:74px; }
    .qiangxian .mov .playpic img { width:68px; height:68px; }
    .qiangxian .mov h4 { line-height:21px; height:21px; overflow:hidden; font-size:12px; font-weight:normal; }
    .qiangxian .mov p { height:51px; overflow:hidden; }
```

第十五步，现在讲解B区中间部分mainS层。右部分mainS层包括“今日推荐”flash-box层、“最受欢迎影片”huanying层。“今日推荐”flash-box层，不讲解，定义一下宽度、高度、背景图片，占用位置；“最受欢迎影片”huanying层继承box层，即<div class="box huanying">，使用box层的<h2>标签、content层。设置content层高度为179像素。效果如图6.39所示。

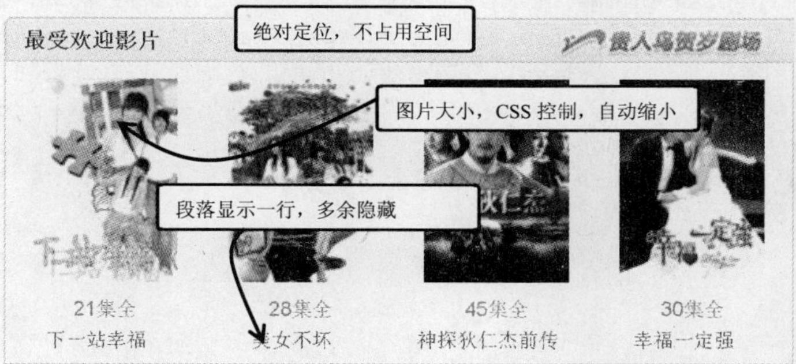

图6.39 最受欢迎影片

将“最受欢迎影片”huanying层的超链接a.wlj定义为绝对定位，根据huanying层进行偏移至右上角right:20px; top:0px;处，并定义宽度为145像素、高度为27像素、转换成块元素。

huanying 层子层 content 层包含 <ul> 标签，定义高度为 159 像素，超出部分隐藏。

<ul> 标签内 <li> 标签左浮动、宽度为 100 像素、高度为 164 像素、文本居中对齐、颜色 #939393、设置外边距，并设置 display:inline，防止 IE 6 双倍 bug。

将 <li> 标签内图片超链接设置居中对齐、下边距为 3 像素，定义图片大小为 86*121。

将<li>标签内段落影片名称定义为相对定位，Firefox下向上偏移2像素，设置高度、行高都为17像素，显示一行，多余部分隐藏，最后设置右间距为10像素。

```
XHTML:
<div class="mainS">
  <div class="flash-box"></div><!--flash-box end-->
  <div class="box huanying">
    <h2>最受欢迎影片</h2>
    <a class="wlj"href="#"><img alt="贵人鸟" src="images/8.jpg"></a>
    <div class="content">
      <div class="movList">
        <ul>
          <li><a href="#" class="playpic"><img  src="images/9.jpg"></a>
              <span>21集全</span><p class="mov-title"><a href="#">下一站幸福</a></p>
```

```
                </li>
              </ul>
            </div><!--movList  END-->
        </div><!--content end-->
      </div><!--box huanying end-->
    </div><!--mainS end-->
    CSS:
    .sideL { float:left; width:250px; margin-right:8px; clear:left; }
    .mainS { float:left; width:468px; }
    .flash-box{width:468px;height:261px;margin-bottom:8px;background:url(../images/
flashBg_0810.png);}
    .huanying  .wlj  { position:absolute; display:block; width:145px; height:27px;
right:20px; top:0px; }
    .huanying .content { height:179px; }
    .movList { padding:10px 1px;height:159px;width:464px; overflow:hidden; }
    .movList ul {height: 159px;overflow:hidden;}
    .movList li {float:left; width:100px; height:164px; text-align:center;
    display:inline; margin:0 8px 10px 8px; color:#939393; overflow:hidden; }
    .movList li .playpic { width:92px; height:127px; margin:auto; margin-bottom:3px; }
    .movList li .playpic img { width:86px; height:121px; }
    .movList  li  .mov-title  {  position:relative;top:-2px;+top:0px;padding-
right:10px;line-height:17px;
        height:17px; overflow:hidden;}
```

信息分类网站的结构与布局——导航菜单样式

导航菜单是网页的灵魂，通过导航菜单可以实现信息的快速分类，通过导航菜单把网站内部信息进行梳理、分类，以方便浏览。导航菜单还可以准确地显示当前浏览者所在的位置，因此有人称之为网站活地图。这样通过分类导航快速了解网站所包含的内容以及是否含有你所需要的信息，避免花费大量时间在网站里盲目搜索。

在前面章节中曾经学习过超链接样式设置、列表结构的编写，本章将结合已学过的知识和设计技巧来设计导航菜单的样式。

7.1 导航菜单样式

导航菜单主要分为横向导航菜单和纵向导航菜单两种结构。

本节光盘内容：	
本节实例文件	无
本节视频长度	16分12秒

横向导航菜单和纵向导航菜单的结合衍变下拉菜单导航以及多级菜单导航。

- 横向导航菜单主要用于网站主导航，一般放在网站头部，用于划分网站各类信息，具有占用空间小、位置固定的特点，如网易、新浪、腾讯等门户网站。
- 纵向导航菜单主要用于信息分类网站，一般放在网站侧面。网站主体是分类信息，依靠横向导航无法完全表述清楚，如赶集网、酷易搜分类信息网等网站。

7.1.1 横向导航菜单样式

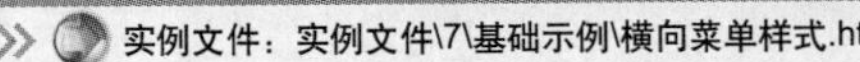

横向导航菜单将多个栏目在一行内显示，便于浏览者更快地了解网站的基本架构、都含有哪方面的信息，而且节约页面空间。横向菜单一般用于网站的导航。

使用前面章节学过的列表结构以及超链接编写其基本结构。

```
<ul class="nav">
<li><a href="#">首页</a></li>
</ul>
```

上面XHTML结构中，包含三组标签：<ul>、<li>、<a>，通过这三组标签可以建立菜单结构。将<li><a href="#">首页</a></li>结构复制多次，将菜单项内容“首页”换成网站导航所需要的菜单项内容。

例如，在下面实例中，将网站内容信息进行分类，设计成横向导航结构，class 为 nav 层，宽度自适应，可以随时添加菜单项。

```
<html>
<head>
<style type="text/css">
ul{
    margin:0;                                   /* 清除默认外边距 */
    padding:0;                                  /* 清除默认内间距 */
}
li{
    list-style:none;                            /* 隐藏列表符号 */
}
.nav{
    height:38px;                                /* 高度，子元素浮动 */
    background:transparent url(img/bjnav.gif) repeat-x scroll left bottom; /* 设置背景图片 */
    overflow:hidden;                            /* 超出部分隐藏 */
    clear: both                                 /* 清除浮动，避免影响其他元素的显示 */
}
.nav li{
    width:80px;                                 /* 设置宽度，图片大小与之一致 */
    height:31px;                                /* 设置高度，图片大小与之一致 */
```

```
        float:left;                                    /* 设置左浮动，导航元素一行内元素 */
        background:url(img/bjli.gif) no-repeat left top;      /* 设置背景图片*/
    }
    .nav li a{
        width:80px;                                    /* 超链接大小 */
        height:31px;                                   /* 超链接高度，后面重置 */
        display:block;                   /* 装换成块，可以重新添加图片或更换<li>元素的图片 */
        color:#000000;                                 /* 超链接字体颜色 */
        font-size:16px;                                /* 超链接字体大小 */
        letter-spacing:3px;                            /* 超链接字体间距，便于充满整个空间大小 */
        text-decoration:none;                          /* 隐藏超链接默认下划线 */
        height:24px;                                   /* 超链接高度，重置高度 */
        line-height:24px;                              /* 设置行高 */
        padding-top:7px;                               /* 设置上间距 */
        text-align:center;                             /* 居中对齐 */
    }
    .nav li a:hover,.nav li a.curr{
        text-decoration:underline;                     /* 当前状态下显示下划线 */
        background:url(img/nav_hov.gif) no-repeat scroll 0 0;     /* 设置更换的背景图片 */
        color:#FFFFFF;                                 /* 设置字体颜色 */
        font-weight:bold;                              /* 字体加粗 */
        position:relative;                             /* 相对定位，以便偏移位置，并占空间 */
        left:-1px;                                     /* 向左移动1像素，遮挡前面背景图片内虚线部分 */
        width:81px;                                    /* 更改宽度 */
    }
    .nav li.Cir-L{
        background:url(img/bgli_left.gif) no-repeat left top;  /* 第一项菜单项使用的背景图片 */
    }
    .nav li.Cir-R{
        background:url(img/bgli_right.gif) no-repeat left top;  /* 最后一项菜单项使用的背景图片 */
    }
    .nav li.Cir-L a:hover{
        left:0px;                            /* 第一项菜单项鼠标划过时，不需要偏移，前无菜单项 */
    }
    </style>
    </head><body>
    <ul class="nav">
      <li class="Cir-L"><a href="#">首页</a></li>
      <li><a href="#">财经</a></li>
      <li><a href="#" class="curr">视频</a></li>
      <li><a href=”#”>科技</a></li>
      <li><a href="#">汽车</a></li>
      <li><a href="#">房产</a></li>
      <li><a href="#">娱乐</a></li>
      <li><a href="#">博客</a></li>
      <li class="Cir-R"><a href="#">微博</a></li>
    </ul>
    </body></html>
```

页面演示效果如图 7.1 所示。

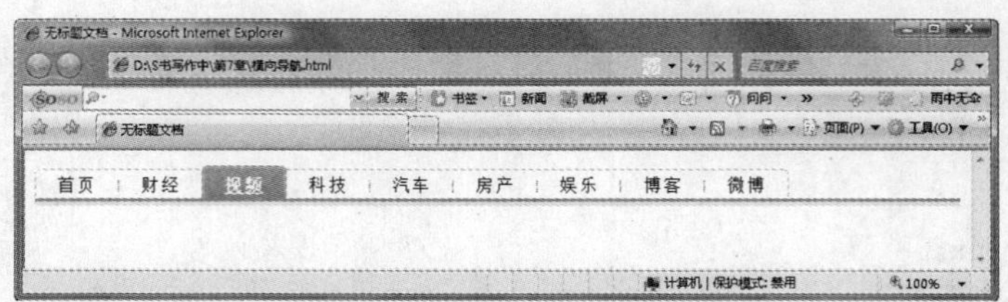

图7.1　横向导航菜单

在上面实例中，使用 <ul>、<li>、<a> 三组标签建立菜单结构，对菜单项（<li><a href="#"> 首页 </a></li>）结构进行复制并改变菜单项内容。

```
<ul>
<li><a href="#">首页</a></li><li><a href="#">财经</a></li><li><a href="#" class="curr">视频</a></li><li><a href="#">科技</a></li><li><a href="#">汽车</a></li><li><a href="#">房产</a></li><li><a href="#">娱乐</a></li><li><a href="#">博客</a></li><li><a href="#">微博</a></li>
</ul>
```

第一步，为<ul>标签添加class名称nav，区别其他<ul>标签，便于编写CSS代码。

```
<ul class="nav"></ul>
```

第二步，清除 <ul> 标签内间距、外边距默认设置，因不同浏览器对 <ul> 标签默认解析设置不同：IE 浏览器存在默认外边距、Firefox 浏览器存在默认内间距，故同时设置其值为 0 像素；隐藏 <li> 标签的列表符号，后面将编写背景图片代替默认列表符号（<li> 标签）代码。

```
ul{margin:0; padding:0; }
li{list-style:none;}
```

第三步，设置 <li> 标签的 CSS 属性。宽度为 80 像素、高度为 31 像素，并设置背景图片为 bjli.gif，其图片位于标签左下方，图片大小与 <li> 标签大小一致。因制作横向导航，故 <li> 标签设置为左浮动，最终将导航条菜单项在一行内显示。

```
.nav li{ width:80px; height:31px; float:left; background:url(img/bjli.gif) no-repeat left top;}
```

第四步，通过浏览器显示发现，文字内容并未在背景图片中间位置，调整文字位置。首先设置<a>标签宽度、高度与<li>标签大小一致，并转化为块元素（<a>标签是行内元素，不具备宽度、高度属性，即设置宽度、高度后没有任何效果，而转换成块级元素后，<a>标签具备盒子属性：margin、padding、border、width、height）。接着针对超链接进行美化设置：隐藏下划线、改变字体颜色、设置字体大小以及文本居中。

```
.nav li a{ width:80px; height:31px; display:block;color:#000000;font-size:16px;
     letter-spacing:3px; text-decoration:none;height:24px; text-align:center;}
```

第五步，通过浏览器显示，发现文字未垂直居中，设置行高与高度一样值后，依然没有解决此问题。故设置上边距，减少行高值，实现文字向中间位置移动。因每项导航内容只有两个字，设置文本间距，拉开文字与文字之间的距离。

```
.nav li a{ width:80px; height:31px; display:block;color:#000000;font-size:16px;text-align:center;
      text-decoration:none;height:24px;line-height:24px;padding-top:7px; letter-spacing:3px; }
```

第六步，鼠标滑过超链接时使用新背景图片。鼠标滑过时对超链接文本设置如下：隐藏下划线、改变字体颜色为白色、文本加粗。新背景图片宽度为81像素，比原背景图片大1像素，隐藏原背景图片内虚线部分。因其前后两项都含有背景图片的虚线，故通过相对定位，向左移动1像素，隐藏前项背景图片的虚线。81像素比80像素多出的1像素用于隐藏前一项背景图片的虚线部分。为便于观察鼠标滑过的状态，将其中一个<a>标签设置class名为curr，应用鼠标滑过状态，代表页面当前选择的菜单项。

```
CSS:
.nav li a:hover,.navli a.curr{text-decoration:underline;background:url(img/nav_hov.
gif) no-repeat scroll 0 0;
     color:#FFFFFF;font-weight:bold; position:relative; left:-1px; width:81px;}
XHTML:
<li><a href="#" class="curr">视频</a></li>
```

第七步，设置导航菜单项的第一项和最后一项背景图片。<li>标签默认背景图片不适用于头项和尾项。分别为它们添加class名：Cir-L和Cir-R，设置不同的背景图片。

```
CSS:
.nav li.Cir-L{background:url(img/bgli_left.gif) no-repeat left top;}
.nav li.Cir-R{background:url(img/bgli_right.gif) no-repeat left top;}
XHTML:
<li class="Cir-L"><a href="#">首页</a></li>
<li class="Cir-R"><a href="#">微博</a></li>
```

第八步，通过浏览器测试发现，第一项鼠标滑过时出现问题，在前面的设置<a>滑过时向左偏移1像素，而第一项前面没有需要遮挡的项目虚线，故left：0px。

```
CSS:
.nav li.Cir-L{background:url(img/bgli_left.gif) no-repeat left top;}
.nav li.Cir-R{background:url(img/bgli_right.gif) no-repeat left top;}
.nav li.Cir-L a:hover{left:0px;}
XHTML:
<li class="Cir-L"><a href="#">首页</a></li>
<li class="Cir-R"><a href="#">微博</a></li>
```

第九步，为导航添加宽度自适应背景图片。设置高度为38像素，背景图片为bjnav.gif，横向平铺于左下角，并清除子元素浮动。

```
.nav{height:38px;background:transparent url(img/bjnav.gif) repeat-x scroll left bottom;
     overflow:hidden; clear: both}
```

7.1.2　垂直导航菜单样式

视频路径：视频文件\files\7.1.2.swf　|　实例文件：实例文件\7\基础示例\垂直菜单样式.html

垂直导航菜单与横向导航菜单一样，可以使用<ul>、<li>、<a>三组标签建立菜单结构。列表结构在默认状态下以垂直布局方式显示，因而不必设置浮动。垂直导航菜单一般用于分类信息、公司简介等。

例如，在下面实例中，使用垂直结构展示一个二级菜单，并为当前选中的菜单加入class名称，便于提示当前页面内容所对应的菜单类别。

```
<html>
<head>
<style type="text/css">
ul{
     margin:0;                              /* 清除默认外边距 */
     padding:0;                             /* 清除默认内间距 */
     list-style-type: none;                 /* 隐藏列表符号 */
}
.DH {
```

DIV+CSS 网站布局 从入门到精通

```
    margin:0 auto;                          /* 居中对齐，Firefox */
    text-align:center;                      /* 居中对齐，IE */
    margin-top: 30px;                       /* 上边距，脱离浏览器空白区域顶端部分 */
    font-size:17px;                         /* 设置字体大小 */
    width:200px;                            /* 设置宽度 */
}
.DH a{
    display: block;                         /* 超链接转换成块元素，便于设置背景图片 */
    padding: 5px 10px;                      /* 设置内间距 */
    width: 140px;                           /* 设置宽度，比背景图片小 */
    color: #000;                            /* 设置字体颜色 */
    background-color: #ADC1AD;              /* 背景色与背景图片颜色接近 */
    text-decoration: none;                  /* 隐藏默认下划线 */
    border-top: 1px solid #fff;             /* 顶部边框样式，主要是颜色 */
    border-left: 1px solid #fff;            /* 左部边框样式，主要是颜色 */
    border-bottom: 1px solid #333;          /* 底部边框样式，主要是颜色 */
    border-right: 1px solid #333;           /* 比较四个边框线颜色及位置设置的不同 */
    font-weight: bold;                      /* 清除默认外边距 */
    background: url(img/bj_a.jpg) no-repeat left top;        /* 设置背景图片 */
    letter-spacing:2em;                     /* 字体间距 */
}
.DH a:hover,.DH a.hov{
    color: #000;                            /* 鼠标滑过及当前状态设置 */
    background-color: #889E88;              /* 背景色的设置，防止图片下载速度慢或图片不存在*/
    text-decoration: none;                  /* 隐藏下划线 */
    border-top: 1px solid #333;             /* 顶部边框样式，主要是颜色 */
    border-left: 1px solid #333;            /* 左部边框样式，主要是颜色 */
    border-bottom: 1px solid #fff;          /* 比较四个边框线颜色及位置设置的不同 */
    border-right: 1px solid #fff;           /* 比较新设置的与超链接默认设置边框线的不同 */
    background: url(img/bj_hover.jpg) no-repeat left top;      /* 设置背景图片 */
}
.DH ul ul a{
    padding: 5px 5px 5px 30px;              /* 二级菜单部分，设置内间距 */
    width: 125px;                           /* 设置宽度 */
    color: #000;                            /* 字体颜色 */
    background-color: #C5D8C5;              /* 设置背景色 */
    text-decoration: none;                  /* 隐藏下划线 */
    font-weight: normal;                    /* 文本取消加粗效果 */
    letter-spacing:1em;                     /* 重置内间距设置 */
}
</style>
</head><body>
<div class="DH">
  <ul>
    <li><a href="#" id="current">财经</a>
      <ul>
        <li><a href=" #" >股票</a></li>
        <li><a href=" #"  class=" hov" >基金</a></li>
        <li><a href="#">商业</a></li>
      </ul>
```

```
        </li>
        <li><a href="#" class="hov">视频</a></li>
        <li><a href="#">科技</a></li>
        <li><a href="#">汽车</a></li>
      </ul>
    </div>
    </body></html>
```

页面演示效果如图 7.2 所示。

在上面实例中，编写一级纵向导航菜单结构。CSS属性设置：首先清除<ul>标签的外边距、内间距以及列表符号。因<li>标签属于<ul>标签的子元素，所以<li>标签继承父元素，<ul>标签隐藏列表符号属性，且减少代码书写量。

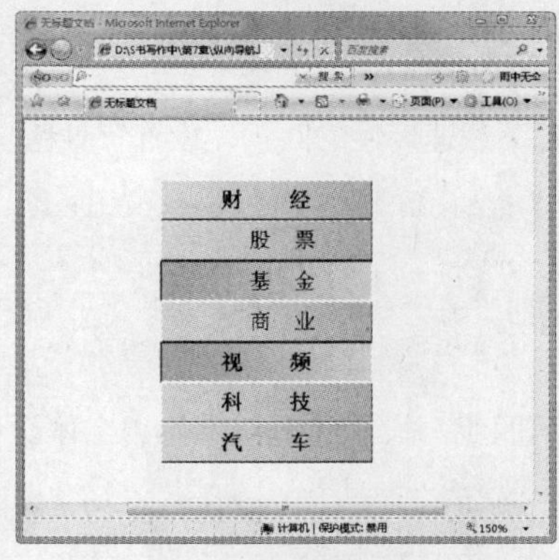

图7.2　垂直导航菜单

```
XHTML:
<div class="DH">
<ul id="navlist">
<li><a href="#" id="current">财经</a></li>
<li><a href="#" class="hov">视频</a></li>
<li><a href="#">科技</a></li>
<li><a href="#">汽车</a></li>
</ul>
</div>
CSS:
ul{margin: 0;padding: 0;list-style-type: none;}
与
ul{margin:0; padding:0; }
li{list-style:none;}
结果一致
```

第一步，首先为父层定义 class 名 DH，定义纵向导航菜单宽度为 200 像素，接着设置该层在浏览器下居中对齐，导航内字体为 17 像素，最后定义上边距为 30 像素，偏离浏览器顶部。

```
.DH { margin:0 auto; text-align:center;margin-top: 30px; font-size:17px; width:200px;}
```

TIP 浏览器下居中显示未使用过去在<body>标签设置居中后，接着在层上设置居中的方法，而是直接通过层设置居中。原因在于浏览器下只有一个<div>元素，在<body>标签设置居中，则<body>标签下所有子元素都将居中对齐，此处设置同样是减少代码量。

```
body{ text-align:center;}
div{ margin:0 auto;}
div.a{text-align:left;}
简写为
.DH { margin:0 auto; text-align:center; width:200px;}
```

第二步，超链接设置，此处是重点。将超链接转换为块元素，并设置左右间距为 10 像素、上下间距为 5 像素、宽度为 140 像素，即总宽度 =140+10*2=160 像素。此处用到的背景图片大小为 200*100，而图片显示的宽度大小为 160 像素，高度使用相对单位（字体改变时，导航菜单项高度将发生变化）。

```
.DH a{display: block;padding:5px 10px;width:140px;text-decoration: none;font-weight: bold; }
```

第三步，超链接背景色、边框设置。通过浏览器显示发现，导航项之间没有明确的界限，这里通过添加边框来表明每项的截止位置。四条边框线采用不同的颜色值，上边线、左边线颜色为白色，与整个浏览器内部颜色一致，右边线、下边线颜色较深，突出这两条边线与对面边线的区别。为避免背景图片下载速度慢的问题，设置背景色与背景图片左上角部分颜色接近。

```
.DH a{display: block;padding: 5px 10px;width: 140px;color: #000;background-color: #ADC1AD;
    border-top: 1px solid #fff;border-left: 1px solid #fff;border-bottom: 1px solid #333;
    border-right: 1px solid #333;background: url(img/bj_a.jpg) no-repeat left top; }
```

第四步，设置超链接字体。字体颜色为黑色、字体加粗、隐藏下划线，字体之间拉开间距。

```
.DH a{display: block;padding: 5px 10px;width: 140px;color: #000; text-decoration: none;
    background-color: #ADC1AD; border-top: 1px solid #fff;border-left: 1px solid #fff;
    border-bottom: 1px solid #333;border-right: 1px solid #333;font-weight:
    bold;background: url(img/bj_a.jpg) no-repeat left top; letter-spacing:2em;}
```

第五步，超链接鼠标滑过时状态。鼠标滑过时更改背景图片以及背景色，边框属性的更改着重突出上边框、左边框，将原边框方向颜色属性值与对面边框方向颜色属性值进行调换即可。为查看鼠标滑过状态，与横向导航菜单一样，设置一个当前状态的 class 名，即 DH a:hover 与 .DH a.hov 应用相同属性值。

```
XHTML:
<li><a href="#" class="hov">视频</a></li>
CSS:
.DH a:hover,.DH a.hov{color: #000;background-color: #889E88;text-decoration: none;
    border-top: 1px solid #333;border-left: 1px solid #333;border-bottom: 1px solid #fff;
    border-right: 1px solid #fff;background: url(img/bj_hover.jpg) no-repeat left top;}
```

第六步，二级菜单的实现。在“财经”菜单项划分“股票”、“基金”、“商业”三小项。通过CSS属性改变设置，左间距由10像素改为30像素、右间距由10像素改为5像素，宽度改为125像素，文本内容向右贴近。文本取消加粗，以与上级元素区分，间距减小为1em。

```
XHTML:
<div class="DH">
<ul id="navlist">
<li><a href="#" id="current">财经</a>
<ul>
<li><a href="#">股票</a></li>
<li><a href="#" class="hov">基金</a></li>
<li><a href="#">商业</a></li>
</ul>
</li>
<li><a href="#" class="hov">视频</a></li>
<li><a href="#">科技</a></li>
```

```
<li><a href="#">汽车</a></li>
</ul>
</div>
CSS:
.DH ul ul a{padding: 5px 5px 5px 30px;width: 125px;color: #000; text-decoration: none;
     background-color: #C5D8C5; letter-spacing:1em;font-weight: normal;}
```

7.1.3　多项导航菜单样式

视频路径：视频文件\files\7.1.3.swf　|　实例文件：实例文件\7\基础示例\多项菜单样式.html、多项菜单样式-IE6.html

多项导航菜单结构是横向导航菜单和纵向导航菜单的结合，它拥有横向导航菜单占用空间小的特点，同时拥有纵向导航菜单分类多、分类细的特点。

例如，在下面实例中，利用元素的hover属性实现横向导航下拉多级菜单，使用CSS定位属性，实现下拉菜单位置的偏移。

```
<html>
<head>
<style type="text/css">
ul{
     margin:0;                          /* 清除默认外边距 */
     padding:0;                         /* 清除默认内间距 */
     list-style-type: none;             /* 隐藏列表符号 */
}
a{
     color:#000!important;              /* 默认超链接颜色 */
}
.menu{
     width:800px;                       /* 导航菜单最大占用空间 */
     font-size:14px;                    /* 设置字体大小 */
     margin:0 auto;                     /* 浏览器下居中 */
     text-align:center;                 /* 浏览器下居中 */
}
.menu ul li {
     float:left;                        /* 左浮动，一行内显示 */
     position:relative;                 /* 相对定位为子元素，绝对定位作铺垫，二级菜单用到 */
}
.menu ul li a{
     display:block;                     /* 转换成块元素 */
     text-decoration:none;              /* 隐藏下划线 */
     width:140px;                       /* 设置宽度 */
     height:3em;                        /* 行高，使用相对单位 */
     border-right:1px solid #fff;       /* 设置右边框，可继承到子孙元素 */
     border-top:1px solid #fff;         /* 设置上边框，可继承到子孙元素*/
     background:#dfc184;                /* 设置背景色，可继承到子孙元素*/
     line-height:3em;                   /* 设置行高 */
}
.menu ul li ul {
     display: none;                     /* 默认隐藏多级菜单 */
}
.menu ul li:hover a {
```

```
    color:#fff!important;               /* 超链接颜色 */
    background:#bd8d5e;                 /* 背景色的改变 */
}
.menu ul li:hover ul {
    display:block;                      /* 鼠标滑过时，显示多级菜单 */
    position:absolute;                  /* 绝对定位，根据上级元素相对定位偏移 */
    top:3em;                            /* 定义上偏移量 */
    margin-top:1px;                     /* 设置上边距 */
    left:0;                             /* 定义左偏移量 */
    width:140px;                        /* 设置宽度 */
}
.menu ul li:hover ul li ul {
    display: none;                      /* 隐藏三级菜单 */
}
.menu ul li:hover ul li a {
    display:block;                      /* 显示三级菜单 */
    background:#faeec7;                 /* 设置背景色 */
    color:#000!important;               /* 设置字体颜色 */
    height:auto;                        /* 高度自适应 */
    line-height:1.2em;                  /* 设置行高 */
    padding:5px 10px;                   /* 设置内间距 */
    width:120px                         /* 设置宽度 */
}
.menu ul li:hover ul li a.XL{
    background:#c9c9a7                  /* 鼠标划过时，改变背景色 */
}
.menu ul li:hover ul li a:hover {
    background: #ff7300;                /* 鼠标划过时，改变背景色 */
    color:#000!important;               /* 设置字体颜色 */
}
.menu ul li:hover ul li:hover ul {
    display:block;                      /* 三级菜单设置 */
    position:absolute;                  /* 绝对定位*/
    left:140px;                         /* 左偏移量 */
    top:-1px;                           /* 上偏移量 */
    width:140px;                        /* 设置宽度 */
}
</style>
</head><body>
<div class="menu">
<ul>
   <li><a href="#">新闻</a></li>
   <li><a class="XL" href="#">财经</a>
      <ul>
         <li><a href="#">证券</a></li>
         <li><a href="#">港股</a></li>
         <li><a class="XL" href="#">基金</a>
            <ul>
               <li><a href="#">南方基金</a></li>
               <li><a href="#">在线答疑</a></li>
```

```
            </ul>
          </li>
        </ul>
      </li>
      <li><a href="#">时尚</a></li>
      <li><a href="#">读书</a></li>
      <li><a href="#">科技</a></li>
    </ul>
    </div>
    </body></html>
```

页面演示效果如图 7.3 所示。

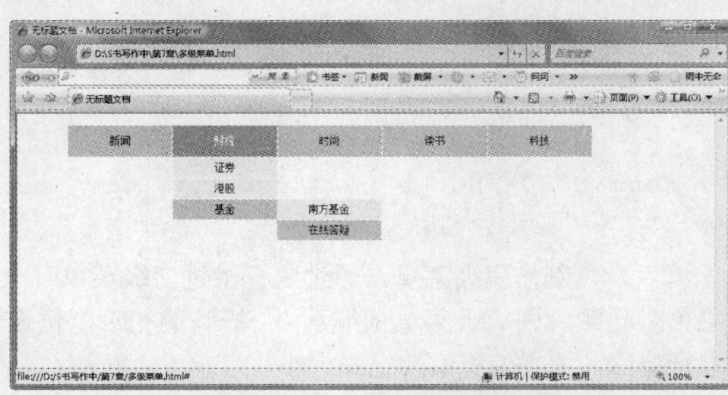

图7.3 多列导航菜单

在上面实例中，首先不考虑如何实现多级菜单，而是回忆一级横向导航菜单是如何制作的，接着回忆一级纵向导航菜单又是如何制作的。重置<ul>标签和<a>标签默认属性值。

```
ul{padding:0; margin:0;list-
style-type: none;}
a{color:#000!important;}
```

第一步，定义多级导航宽度、字体大小，并设置在浏览器下显示居中。

```
.menu{width:800px; font-size:14px; margin:0 auto; text-align:center;}
```

第二步，<li>标签进行左浮动，实现一级横向导航菜单效果，暂时不编写二级、三级菜单结构。

```
CSS:
.menu{width:800px; font-size:14px; margin:0 auto; text-align:center;}
.menu ul li {float:left; }
XHTML:
<div class="menu">
<ul><li><a href="#">新闻</a></li><li><a class="XL" href="#">财经</a></li>
<li><a  href="#">时尚</a></li><li><a  href="#">读书</a></li><li><a  href="#">科技</
a></li></ul>
</div>
```

第三步，超链接<a>标签设置，实现一级导航效果。设置宽度为140像素，行高为33m，文字垂直居中，隐藏下划线、设置背景色，最后转换成块元素，拥有布局特性。通过浏览器显示发现，项目之间缺少分界线，故增加右边框线设置。

```
.menu ul li a{display:block; text-decoration:none;width:140px; height:3em;
    border-right:1px solid #fff; background:#dfc184; line-height:3em;}
```

第四步，现在添加二级菜单和三级菜单结构，通过浏览器显示发现页面菜单项错位。

```
XHTML:
<ul>
<li><a href="#">新闻</a></li>
<li><a class="XL" href="#">财经</a><ul><li><a href="#">证券</a></li><li><a href="#">
港股</a></li>
<li><a class="XL" href="#">基金</a><ul><li><a href="#">南方基金</a></li><li><a
```

```
href="#">在线答疑</a></li></ul></li></ul></li>
    <li><a href="#">时尚</a></li><li><a href="#">读书</a></li><li><a href="#">科技</a></li>
    </ul>
```

第五步，定位可以使元素跳出文档流，首先为 <li> 标签设置相对定位，接着为二级菜单 <ul> 标签设置绝对定位且隐藏。鼠标滑过 <li> 标签时，子元素 <ul> 标签（二级菜单）显示，并根据父元素相对定位进行位置偏移。最后设置二级菜单 <ul> 标签宽度为 140 像素，通过浏览器发现纵向菜单没有间隔，更改第四步一级菜单 <a> 标签设置，加入上边框线，二级菜单制作完毕。

```
    .menu ul li a{display:block; text-decoration:none;width:140px; height:3em;
        border-right:1px solid #fff; border-top:1px solid #fff;background:#dfc184; line-height:3em;}
    .menu ul li {float:left; position:relative}
    .menu ul li ul {display: none;}
    .menu ul li:hover a {color:#fff!important; background:#bd8d5e;}
    .menu ul li:hover ul {display:block; position:absolute; top:3em;margin-top:1px;left:0; width:140px;}
```

第六步，制作三级菜单。通过鼠标滑过二级菜单时改变display属性，以显示三级菜单，鼠标离开菜单时隐藏。因二级菜单项继承<li>标签的相对定位设置，故三级菜单绝对设置也是根据其父元素进行偏移，设置偏移值及空间大小。

```
    .menu ul li:hover ul li ul {display: none;}
    .menu ul li:hover ul li:hover ul {display:block; position:absolute; left:140px; top:-1px;width:140px;}
```

第七步，设置三级菜单的超链接。设置宽度为120像素、左右间距为10像素，总共为140像素，与三级菜单<ul>标签大小一致。接着进行背景色、颜色、行高、高度自适应等美化设置。

```
    .menu ul li:hover ul li a {display:block;background:#faeec7;width:120px;color:#000!important;
        height:auto; line-height:1.2em; padding:5px 10px; }
```

第八步，因其二级菜单的第三项“基金”含有三级菜单，故通过添加class名改变背景色，鼠标滑过二级菜单时改变字体颜色，三级菜单也使用鼠标滑过时的字体颜色，至此多级菜单制作完毕。

```
    .menu ul li:hover ul li a.XL{background:#c9c9a7}
    .menu ul li:hover ul li a:hover {background:#c9c9a7; color:#ff7300!important;}
```

本实例只实现在IE 7以上浏览器版本以及现代浏览器（Firefox、Opera、Safari等浏览器）效果，实现IE 6浏览器下的多级菜单，其方法是使用条件语句，用法如下所示。

- lte：Less than or equal to 的简写，小于或等于的意思。
- lt：Less than 的简写，小于的意思。
- gte：Greater than or equal to 的简写，也就是大于或等于的意思。
- gt：Greater than 的简写，大于的意思。
- !：不等于，与 JavaScript 里的不等于判断符相同

```
    <!-[if IE]>
        <!-[if IE 6]>
            <h2>您正在使用IE 6浏览器 </h2>
        <![endif]->
    <![endif]->
    <!- 默认先调用css.css样式表 ->
```

```
<link rel="stylesheet" type="text/css" href="css.css" />
<!-[if IE 7]>
<!- 如果IE 7浏览器，调用Ie7.css样式表 ->
<link rel="stylesheet" type="text/css" href="ie7.css" />
<![endif]->
<!-[if lte IE 6]>
<!- 如果IE浏览器版本小于或等于IE 6，调用Ie.css样式表 ->
<link rel="stylesheet" type="text/css" href="ie6.css" />
<![endif]->
```

小结

本节主要介绍利用超链接和列表标签建立实用的导航菜单：横向导航菜单、垂直导航菜单样式以及多级导航菜单样式。多级导航菜单是结合横向导航菜单、垂直导航菜单两种菜单的优势而产生的，其代码编写思路与前二者相同，不同的是需要低版本浏览器的支持，因IE支持条件语句，故可编写符合低版本的多级菜单，但需要的是横向多级菜单，主要用于横向菜单菜单项过多时的替代，而非完全替代垂直菜单，如一个淘宝使用的分类垂直导航菜单，是不可以用多级导航菜单代替的，只能够理解为垂直导航多级菜单。

7.2 案例实战

信息分类网站因其信息的特殊性，一般页面设计较为简洁、明快，色彩采用一到两种颜色进行搭配即可。

本节光盘内容：		
	本节实例文件	实例文件\7\综合案例
	本节视频长度	20分13秒

7.2.1 产品策划

>> 视频路径：视频文件\files\7.2.1.swf | >> 实例文件：无

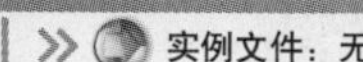

信息分类网站不必过多地考虑颜色搭配问题，而应该考虑信息分类和样式设计。此案例中的网站是一个典型的信息发布系统，主打免费发布和查询求职招聘、房屋出租、二手市场、生活服务等分类信息。

7.2.2 画板

>> 视频路径：视频文件\files\7.2.2.swf | >> 实例文件：无

将网站初步分为以下几大块：导航、快速搜索、按照城市进行分类搜索、友情链接。导航起到的作用是表明该网站有哪一些搜索分类；快速搜索可以让用户直接搜索关键词，搜索符合关键词的信息，另外提供最近热门搜索的关键字，便于用户了解当前热门信息；按照城市进行分类搜索，以城市地域进行划分，选择符合当前用户所在地区的相关信息。整个页面的设计草图如图7.4所示。

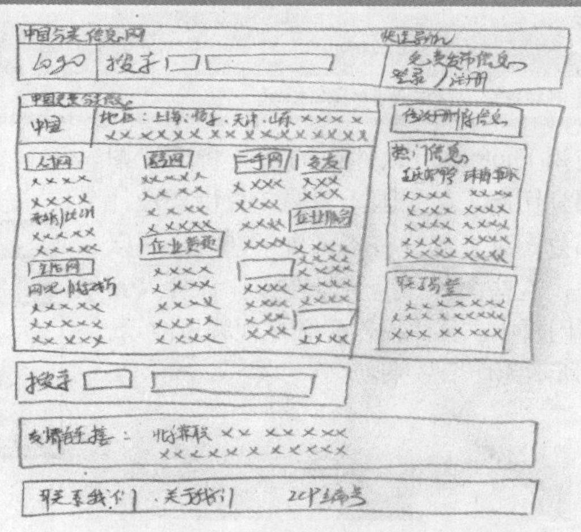

图7.4 画板设计草图

7.2.3 设计图

视频路径：视频文件\files\7.2.3.swf　　实例文件：无

通过画板对页面进行分析并根据画板设计图进行各个栏目区域的划分。设计了页面的基本轮廓后，现在需要将各个栏目具体内容通过画图软件Photoshop或Fireworks设计出来，在后面重构中将给出栏目划分的XHTML结构，在布局中将给出页面大体结构以及具体内容编写结构的实现过程。图7.5所示为设计模块划分图。

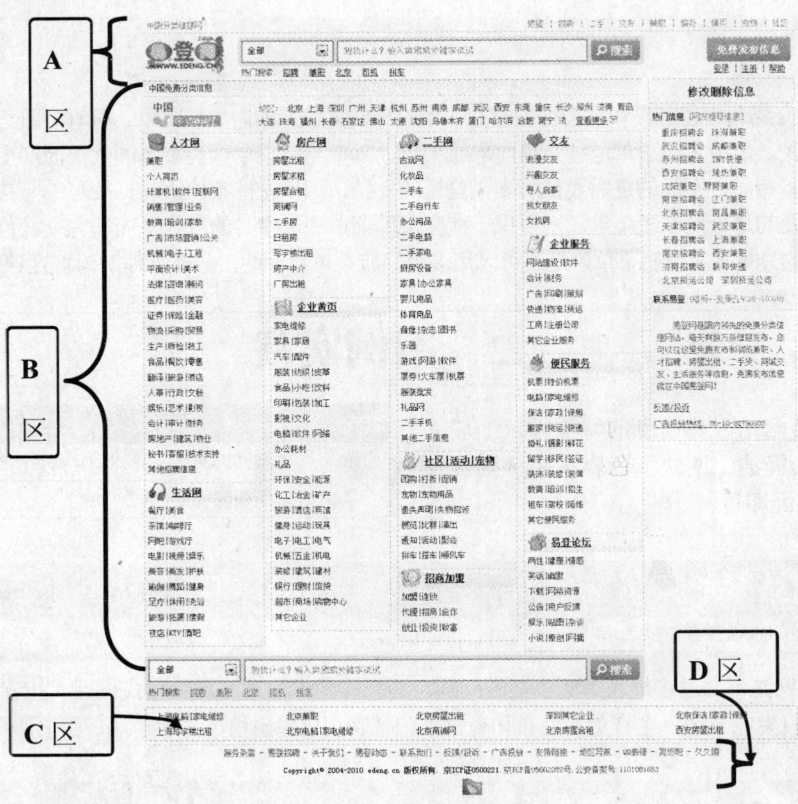

图7.5 设计模块划分图

7.2.4 切图

视频路径：视频文件\files\7.2.4.swf　　实例文件：无

使用 Photoshop 软件中的工具将设计图以下部分切出来，因限于篇幅，只讲解设计图一部分，重复部分将不再讲解，故使用以下图片，这些图片作为背景图或作为插入元素放到网页中。具体操作步骤在视频里演示。图 7.6 所示为切图效果。

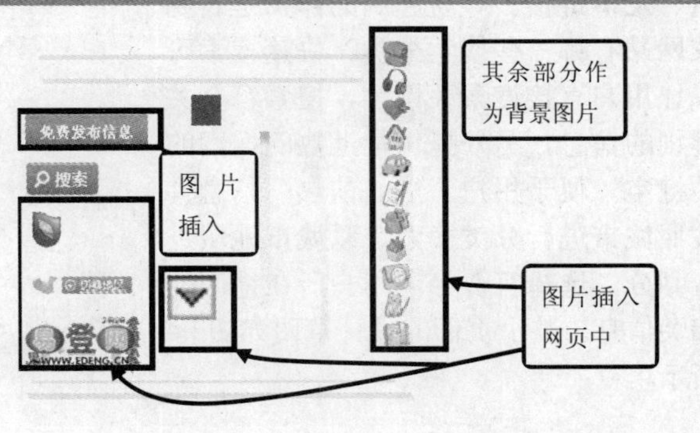

图7.6 切图

7.2.5 重构

视频路径：视频文件\files\7.2.5.swf　　实例文件：无

根据图7.5中对区域的划分，标记出六个大区域（在这里有重复区域，即结构相同或相似，内容不同），在编写XHTML结构时，迅雷采用三个大区域：A区、F区以及剩下区域作为一个大区（不妨命名为M区）。在后面讲解中也将按照该思路讲解。M区包含B区、C区、D区、E区，M区定义Firefox下居中以及设置下外边距，无其他CSS属性设置。

```
<html>
<head>
</head>
<body>
<div id="v2_header">
   <div id="v2_topnavmini"></div>
   <div id="v2_downnav"></div>
</div>
<div class="c_border">
   <div class="c_right"></div>
   <div class="Side"></div>
</div>
<div class="seo_footer">
   <ul></ul>
</div>
<div class="footer">
   <a rel="nofollow" href="#">服务条款</a>
</div>
</body>
</html>
```

7.2.6 布局

视频路径：视频文件\files\7.2.6.swf　　实例文件：无

第一步，打开Dreamweaver软件，执行“文件” →“新建”命令，弹出“新建文档”对话框，如图7.7所示，新建一个空白的XHTML文档页面，并保存文件为“An7.html”。

第二步，创建外部CSS样式表文件，保存为Astyle.css文件。执行“窗口” → “CSS样式”命令，打开“CSS样式”面板，单击“附加样式表”按钮，在弹出的“链接外部样式表”对话框中单击“浏览”按钮，如图7.8所示，找到Astyle.css文件，将其链接到“An7.html”文档，最后单击“确定”按钮。

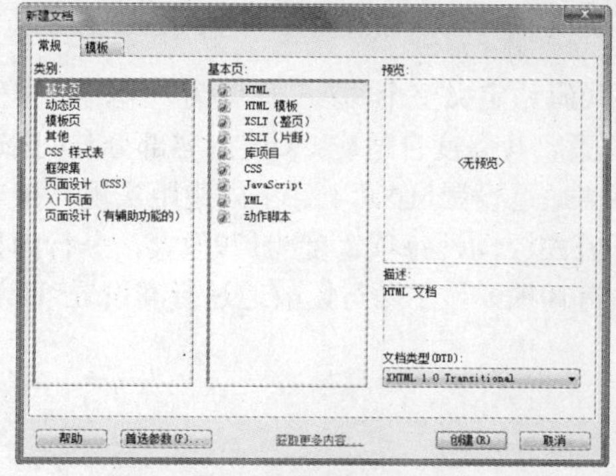

图7.7 “新建文档”对话框

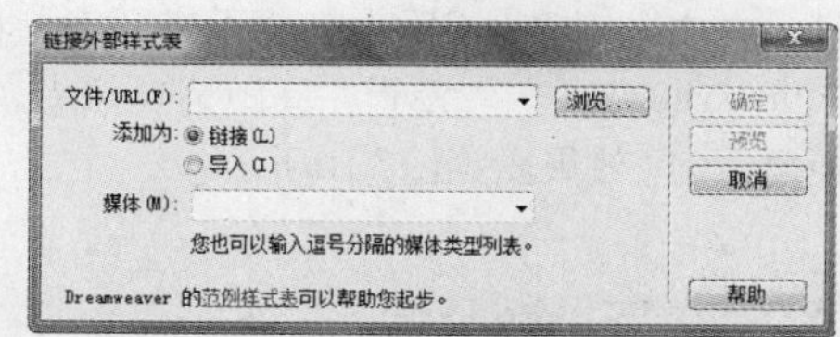

图7.8 “链接外部样式表”对话框

```
<link href="css/Astyle.css" rel="stylesheet" type="text/css" />
```

第三步，初始化 XHTML 元素。将所有要用到以及即将用到的所有元素初始化，确保所有元素在不同浏览器下默认状态是一致的，具体查看 Astyle.css 文件头部初始化。

> **TIP** 限于篇幅，案例只给出区域划分CSS代码、XHTML结构代码，具体CSS代码、XHTML结构代码，请查看本章案例部分的文件。index.html文件完成设计图所有部分，而本章案例文件拿出部分进行讲解，重复部分不讲解。

第四步，根据D区XHTML结构代码编写CSS样式代码。定义整个D区：宽度为970像素、顶部为1像素实线边框、居中对齐、内间距为5像素，接着清除浮动，防止影响B区（B区内部元素将设置浮动）显示。D区内超链接颜色为#666，D区子层包括<a>标签和<p>标签两层。<p>标签内部包含<span>、超链接、
、<img>四部分，<a>标签内使用rel="nofollow"属性值，其作用为：如果该网站有一个链接指向B网页，但该网站给这个链接加上了rel="nofollow"标注，则搜索引擎不把该网站计算入B网页的反向链接。搜索引擎看到这个标签就可能减少或完全取消链接的投票权重。
标签作用就是让图片换行显示。图7.9所示为D区效果图。

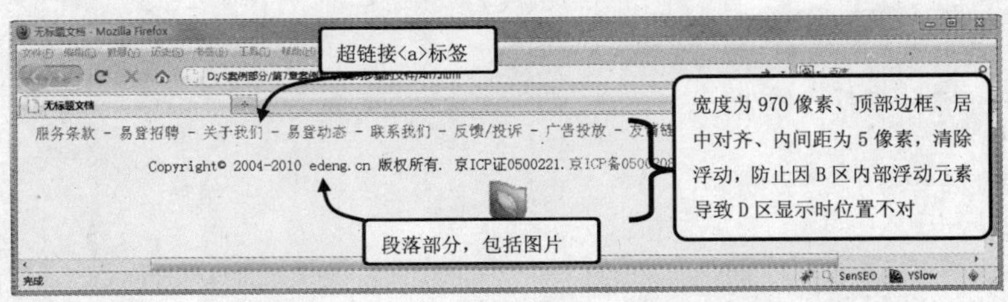

图7.9 D区效果

```
XHTML:
<div class="footer">
   <a href="#" rel="nofollow">服务条款</a>  -  <a href="#" rel="nofollow">易登招聘</a>  -
   <p><span>Copyright&copy; 2004-2010 edeng.cn 版权所有. 京ICP证0500221.
      <a href="#" rel="nofollow">京ICP备05002082号</a>
      <a href="#" rel="nofollow" class="info">公安备案号:1101081653</a></span>
      <br />
      <a href="#" rel="nofollow"><img src="images/green.gif" class="border" alt="百度绿色认证"></a>
   </p>
</div>
CSS:
.footer{border-top:#ddd 1px solid;clear:both;margin:0 auto;padding:5px;text-align:center;width:970px}
.footer a {color:#666!important}
```

第五步，根据C区XHTML结构代码编写CSS样式代码。定义整个C区：宽度为978像素、1像素实线边框，浏览器居中，C区宽度等于978+1+1=980像素、其高度自适应，C区内容部分与C区边框通过上、下间距增加距离；C区与B区、D区之间的距离通过设置5像素上、下外边距实现，接着清除浮动、文本左对齐。C区内部为无序列表，将<li>标签左浮动，每项宽度为179像素，一行内显示五项（980/180=5项），设置左间距为16像素。现在共有10项，显示两行，故通过行高设置<li>标签垂直距离。C区效果图如图7.10所示。

```
XHTML:
<div class="seo_footer">
   <ul>
```

```
        <li><a href="#">上海电脑|家电维修</a></li>
        <li><a href="#">北京兼职</a></li>
        <li><a href="#">北京房屋出租</a></li>
        <li><a href="#">深圳其它企业</a></li>
        <li><a href="#">北京保洁|家政|保姆</a></li>
        <li><a href="#">上海写字楼出租</a></li>
    </ul>
</div>
CSS:
.seo_footer {border:#ccc 1px solid;height:auto; margin:5px auto;padding-bottom:2px;
padding-top:2px;width:978px; clear:both; text-align:left}
.seo_footer ul li {float:left;line-height:22px;padding-left:16px;width:179px}
```

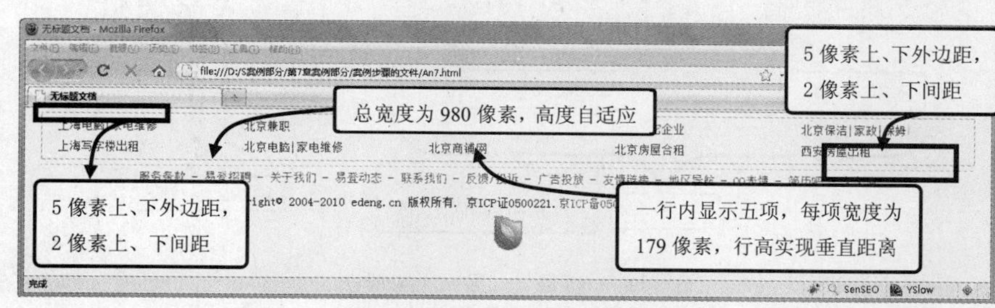

图7.10 C区效果

第六步，现在讲解B区c_border层，它包含两部分：c_right层、Side层。c_border层定义大小为980像素、Firefox浏览器下居中，为子层浮动元素无法居中起到包含作用（在CSS布局中，父层固定宽度居中，子层浮动）。c_right层左侧区域，设置左浮动、宽度为750像素、下间距为5像素；Side层右侧区域，设置右浮动、宽度为220像素、字体颜色为#666、文本内容左对齐。两区域划分完毕，然后针对这两块区域进行小区域划分。

c_border层包含八部分：breadcrumbtop层、v2_yin层、c_b层、c_b层、c_b层、c_b_r层、blank5层、searchNav层。其中v2_yin层不是class名，而是id值；c_b层重复三次，浮动后区域划分的作用，其内容不同；c_b_r层与c_b层基本一致，浮动方向不同：c_b_r层右浮动、c_b层左浮动。下面介绍各个层的区域划分，后面将会详细介绍子元素设置。

- “标题breadcrumbtop层”定义背景图片为hometopbg.jpg，图片大小为1*23，横向平铺，该层高度、行高也是23像素，故背景图片填满整个层空间。因其父层宽度为750像素，故breadcrumbtop层宽度也将为750像素，通过左间距10像素将文字内容偏离背景图片左边；宽度750-10像素，左间距即为740像素，最后设置文字内容左对齐，否则左间距看不到效果。
- “地区选择 v2_yin 层”定义宽度为 750 像素、高度为 55 像素、文本左对齐，最后定义为相对定位，为子元素“查看更多”设置绝对定位作为参考点。
- “分类c_b层”定义1像素的边框线且隐藏顶部边框线，通过子元素<h3>标签实现顶部边框线，为什么要这么做呢？原因在于<h3>标签代表每个分类的标题，而它本身设置顶部、底部边框线，故c_b层隐藏顶部边框线。设置左浮动、右边距为10像素、宽度为178像素，需要注意的是一共三个c_b层。
- “分类c_b_r层”定义的属性与分类c_b层相似，不同的是设置右浮动、右边距为0像素。
- “搜索 searchNav 层”清除上面分类 c_b 层浮动效果，重新在一行内显示，并设置为左浮动，宽度为 750 像素、高度为 61 像素；设置背景图片为 cir1.gif，图片大小为 750*5，该图片只是搜索顶部圆角部分，底部圆角部分将通过子元素实现；设置上间距为 5 像素，存放背景图片，下边距也设置为 5 像素；设置相对定位，为子元素的绝对定位作参考点。

Side层包含两部分：bianjixx层和HotItem层，下面介绍各个层的区域划分，后面将会详细介绍。

- “修改删除信息bianjixx层”，该层设置只是为层内容“修改删除信息”进行定义，无其他子元素及属性设置。故定义宽度为218像素、高度为26像素、上间距为10像素、下边距为5像素、字体大小为16像素、1像素边框线、背景色为#FFFDEB、文本居中对齐、字体粗细为700。
- “HotItem层”定义1像素边框线、字体大小为12像素、下间距为1em，字体颜色#666，高度自适应。

图 7.11 所示为 一级层、二级层区域划分效果图。

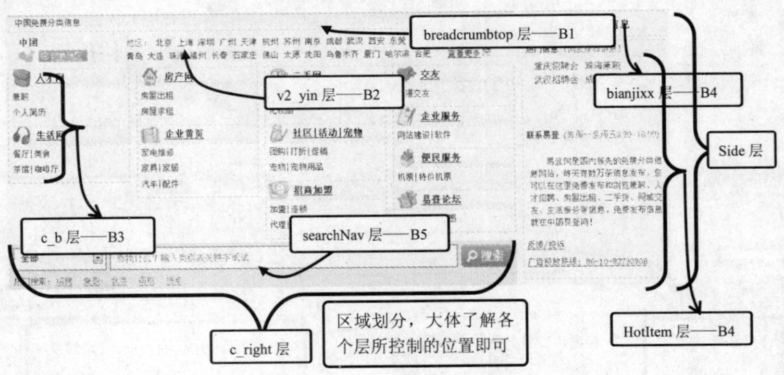

图7.11　一级层、二级层区域划分

```
XHTML:
<div class="c_border">
   <div class="c_right">
      <div class="breadcrumbtop"></div>
      <div id ="v2_yin"></div>
      <div class="c_b"></div>
      <div class="c_b"></div>
      <div class="c_b"></div>
      <div class="c_b_r"></div>
      <div class="blank5"></div>
      <div class="searchNav"></div>
   </div>
   <div class="Side">
      <div class="bianjixx"></div>
      <div class="HotItem"></div>
   </div>
</div>
CSS:
.c_border {margin:0 auto;width:980px}
.c_right{float:left;padding-bottom:5px;width:750px; }
.Side{float:right;width:220px;color:#666; text-align:left}
.breadcrumbtop{background:url(../images/hometopbg.jpg);height:23px;line-height:23px;padding-left:10px;
    width:740px; text-align:left}
#v2_yin {height:55px;margin:0 auto;width:750px; position:relative; text-align:left}
.c_b {border:#f5ddb7 1px solid;border-top:none;float:left;margin-right:10px;width:178px}
.c_b_r {border:#f5ddb7 1px solid;border-top:none;float:left;margin-right:0;width:178px}
```

```
.searchNav { position:relative;clear:both;margin:0;width:750px; height:61px; float:left;
     padding-top:5px;background:#ffedcb url(../images/cir1.gif) no-repeat left top;
margin-bottom:5px;}
  .bianjixx{background-color:#FFFDEB;border:#F5ddB7 1px solid;font-size:16px;font-weight:700;
     height:26px;margin-bottom:5px;padding-top:10px;text-align:center;width:218px}
  .HotItem {border:#e9ecc1 1px solid;color:#666;font-size:12px;padding-bottom:1em}
```

第七步，为B区的breadcrumbtop层加入子结构<a href="#">中国免费分类信息</a>，前面breadcrumbtop层的定义已经实现所需效果，无须再编写样式；B区的bianjixx层加入子结构<a href="#">修改删除信息</a>，前面bianjixx层的定义已经实现所需效果，同样无须编写样式。图7.12 “中国免费分类信息”、“修改删除信息”显示效果。

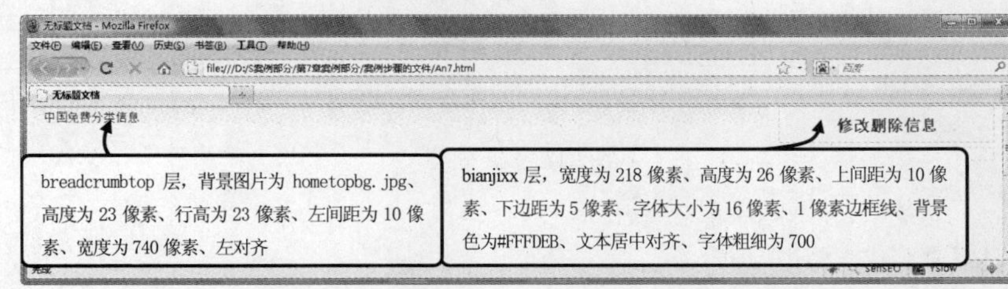

图7.12 “中国免费分类信息”、“修改删除信息”显示

```
XHTML:
<div class="c_right">
   <div class="breadcrumbtop">
     <a href="#">中国免费分类信息</a>
   </div><!--breadcrumbtop end-->
   <div class="bianjixx">
     <a href="#">修改删除信息</a>
   </div><!--bianjixx end-->
</div>
```

第八步，现在讲解B区左侧c_b层、c_b_r层。在第七步中已经定义分类信息c_b层和c_b_r层的设置，它们的内部元素完全一致，不同的是文字内容以及图标设置。c_b层包含<h3>标签、<ul>标签。<h3>标签用于分类信息的标题，<ul>标签用于“分类信息”的具体分类。

标题<h3>标签设置顶部、底部边框，因其c_b层顶部边框隐藏，故不会产生两条边框线；设置背景图片为home_category_bg.jpg，图片大小为1*27，横向平铺，且<h3>标签高度、行高为27像素；接着调整字体的相关属性。

标题<h3>标签包含两部分：标题图标<span>标签、标题文字超链接<a>标签。<span>标签用于图标的设置，超链接<a>标签用于后面分类标题文字的设置。

- 标题图标<span>标签宽度为35像素、高度为27像素，设置左浮动，使其宽度、高度有效，以便存放背景图片。设置右间距为5像素，拉开标题图标<span>标签与标题文字<a>标签之间的距离。
- 通过设计图效果发现：总共有11个分类、11个分类标题图标、11个分类标题文字，故为标题图标<span>标签设置不同的class名：show_1、show_2、show_3、show_4、show_5、show_6、show_7、show_8、show_9、show_10、show_11，并为它们设置背景图片为icon_index.gif，icon_index.gif，此图片是一个图标集合的图片，通过背景图片位置background-position的改变来显示不同的图标。11个分类标题文字只需改变超链接文字内容即可，设置鼠标划过时改变字体颜色。

分类列表<ul>标签通过上下边距调整与上下<h3>标题的距离。分类列表<ul>标签中<li>标签设置如下：背景色为白色、下边距为2像素；高度和行高为17像素，使其只显示一行，超出部分隐藏；设置上间距为3像素、右间距为0像素、下间距为1像素、左间距为5像素，可采用padding缩写方式。图7.13所示为B区分类效果图。

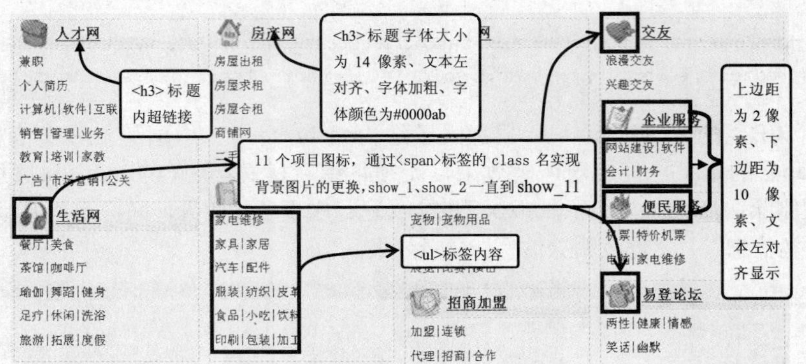

图7.13 B区分类

```
XHTML:
<div class="c_right">
   <div class="breadcrumbtop"></div>
   <div id ="v2_yin"></div>
      <div class="c_b">
         <h3><span class="show_4"></span><a href="#">人才网 </a></h3>
         <ul class="ind_liebiao">
            <li><a href="#">兼职</a></li>
            <li><a href="#">个人简历</a></li>
            <li><a href="#">计算机|软件|互联网</a></li>
            <li><a href="#">销售|管理|业务</a></li>
            <li><a href="#">教育|培训|家教</a></li>
            <li><a href="#">广告|市场营销|公关</a></li>
         </ul>
         <h3><span class="show_5"></span><a href="#">生活网</a></h3>
         <ul class="ind_liebiao">
            <li><a href="#">餐厅|美食</a></li>
            <li><a href="#">茶馆|咖啡厅</a></li>
            <li><a href="#">瑜伽|舞蹈|健身</a></li>
            <li><a href="#">足疗|休闲|洗浴</a></li>
            <li><a href="#">旅游|拓展|度假</a></li>
         </ul>
      </div><!--c_b end-->
      <div class="c_b">
         <h3><span class="show_1"></span><a href="#">房产网</a></h3>
         <ul class="ind_liebiao">
            <li><a href="#">房屋出租</a></li>
            <li><a href=”#”>房屋求租</a></li>
            <li><a href="#">房屋合租</a></li>
            <li><a href="#">商铺网</a></li>
            <li><a href="#">二手房</a></li>
         </ul>
         <h3><span class="show_2"></span><a href="#">企业黄页</a></h3>
```

```
        <ul class="ind_liebiao">
           <li><a href="#">家电维修</a></li>
           <li><a href="#">家具|家居</a></li>
           <li><a href="#">汽车|配件</a></li>
           <li><a href="#">服装|纺织|皮革</a></li>
           <li><a href="#">食品|小吃|饮料</a></li>
           <li><a href="#">印刷|包装|加工</a></li>
        </ul>
        </div><!--c_b end-->
    <div class="c_b">
        <h3><span class="show_3"></span><a href="#">二手网</a></h3>
        <ul class="ind_liebiao">
           <li><a href="#">古玩网</a></li>
           <li><a href="#">化妆品</a></li>
           <li><a href="#">二手车</a></li>
           <li><a href="#">二手自行车</a></li>
        </ul>
        <h3><span class="show_6"></span><a href="#">社区|活动|宠物</a></h3>
        <ul class="ind_liebiao">
           <li><a href="#">团购|打折|促销</a></li>
           <li><a href="#">宠物|宠物用品</a></li>
           <li><a href="#">遗失声明|失物招领</a></li>
           <li><a href="#">展览|比赛|演出</a></li>
        </ul>
        <h3><span class="show_7"></span><a href="#">招商加盟</a></h3>
        <ul class="ind_liebiao">
           <li><a href="#">加盟|连锁</a></li>
           <li><a href="#">代理|招商|合作</a></li>
        </ul>
    </div><!--c_b end-->
    <div class="c_b_r">
        <h3><span class="show_8"></span><a href="#">交友</a></h3>
        <ul class="ind_liebiao">
           <li><a href="#">浪漫交友</a></li>
           <li><a href="#">兴趣交友</a></li>
        </ul>
        <h3><span class="show_9"></span><a href="#">企业服务</a></h3>
        <ul class="ind_liebiao">
           <li><a href="#">网站建设|软件</a></li>
           <li><a href="#">会计|财务</a></li>
        </ul>
        <h3><span class="show_10"></span><a href="#">便民服务</a></h3>
        <ul class="ind_liebiao">
           <li><a href="#">机票|特价机票</a></li>
           <li><a href="#">电脑|家电维修</a></li>
        </ul>
        <h3><span class="show_11"></span><a href="#">易登论坛</a></h3>
        <ul class="ind_liebiao">
           <li><a href="#">两性|健康|情感</a></li>
           <li><a href="#">笑话|幽默</a></li>
```

```
        </ul>
      </div><!--c_b_r end-->
  </div><!-- c_right end-->
  CSS:
  .c_b {border:#f5ddb7 1px solid;border-top:none;float:left;margin-right:10px;width:178px}
  .c_b_r {border:#f5ddb7 1px solid;border-top:none;float:left;margin-right:0;width:178px}
  .c_b h3,.c_b_r h3{border-top:#f8edcf 1px solid;border-bottom:#f8edcf 1px solid;font-size:14px;
      height:27px;line-height:27px;background:url(../images/home_category_bg.jpg) repeat-x;
      text-align:left;font-weight:bold;color:#0000ab; }
  .c_b h3 a:hover,.c_b_r h3 a:hover {color:#ff6600!important;}
  .c_b h3 span,.c_b_r h3 span{width:35px;height:27px;float:left; padding-right:5px}
  /*****图标定位 start****/
  .show_1 {background-image:url(../images/icon_index.gif);background-position: 2px -85px}
  .show_2 {background-image:url(../images/icon_index.gif);background-position: 2px -281px}
  .show_3 {background-image:url(../images/icon_index.gif);background-position: 2px -113px}
  .show_4 {background-image:url(../images/icon_index.gif);background-position: 2px -1px}
  .show_5 {background-image:url(../images/icon_index.gif);background-position: 2px -29px}
  .show_6 {background-image:url(../images/icon_index.gif);background-position: 2px -253px}
  .show_7 {background-image:url(../images/icon_index.gif);background-position: 2px -225px}
  .show_8 {background-image:url(../images/icon_index.gif);background-position: 2px -57px}
  .show_9 {background-image:url(../images/icon_index.gif);background-position: 2px -141px}
  .show_10 {background-image:url(../images/icon_index.gif);background-position: 2px -197px}
  .show_11 {background-image:url(../images/icon_index.gif);background-position: 2px -169px}
  /*****图标定位 end****/
  /******列表链接 start******/
  .ind_liebiao{margin-bottom:10px;margin-top:2px; text-align:left;}
  .ind_liebiao li {background:#fff;color:#000;height:17px;line-height:17px;margin-bottom:2px;
      overflow:hidden;padding:3px 0 1px 5px}
  /******列表链接 end******/
```

第九步，编写“搜索searchNav层”代码（网站头部也有一个搜索，就不再专门介绍）。首先定义宽度为750像素、高度为61像素，设置背景图片为cir1.gif，图片大小为750*5，故设置上间距为5像素，存放顶部圆角部分；接着设置背景色为#ffedcb，与圆角图片颜色相近；定义该层为相对定位，为子孙层的绝对定位作参考点；清除浮动，防止由c_b_r层、c_b层设置的浮动属性产生问题；最后设置下边距为5像素，拉开与seo_footer层的距离。

“搜索searchNav层”包含三个子层：v2_home_new_search层、hotkeyword层、bj-bott-cir层。

v2_home_new_search 层存放搜索所需的表单元素，设置其高度为 35 像素、左边距为 5 像素，超出部分隐藏。

hotkeyword层存放搜索常用关键字。首先设置其高度为15像素、行高为5像素，显示一行，超出部分隐藏；接着设置hotkeyword层与v2_home_new_search层的距离为7像素。

bj-bott-cir层存放底部圆角图片。首先设置其高度为5像素、字体大小为1像素、行高为5像素，超出部分隐藏，最终让该层的高度只有5像素，转换为块元素，否则行内元素<span class="bj-bott-cir">的设置无效；接着设置圆角图片为cir2.gif，图片大小为750*5。图7.14 所示为搜索区域划分效果图。

```
XHTML:
    <div class="c_right">
      <div class="breadcrumbtop"></div>
      <div id ="v2_yin"></div>
      <div class="blank5"></div><!--blank5 end-->
      <div class="searchNav">
        <div class="v2_home_new_search">
          <div class="v2_home_selectBorder"></div><!-- v2_home_selectBorder end-->
          <div class="v2_home_inputBorder"></div><!-- v2_home_new_search end-->
        <div class="hotkeyword"></div><!--hotkeyword end-->
        <span class="bj-bott-cir"></span><!--底部cir背景-->
      </div><!--searchNav end-->
    </div><!-- c_right end-->
    CSS:
    .searchNav { position:relative;clear:both; width:750px; height:61px;padding-top:5px;
        background:#ffedcb url(../images/cir1.gif) no-repeat left top; margin-
  bottom:5px;}
    .v2_home_new_search {height:35px;margin:0 0 0 5px;overflow:hidden; }
    .hotkeyword {height:15px;line-height:15px;margin-top:7px;overflow:hidden; }
    .bj-bott-cir{ display:block;clear:both; height:5px; overflow:hidden; font-size:1px;
  line-height:5px;
        background:#ffedcb url(../images/cir2.gif) no-repeat left top;}
```

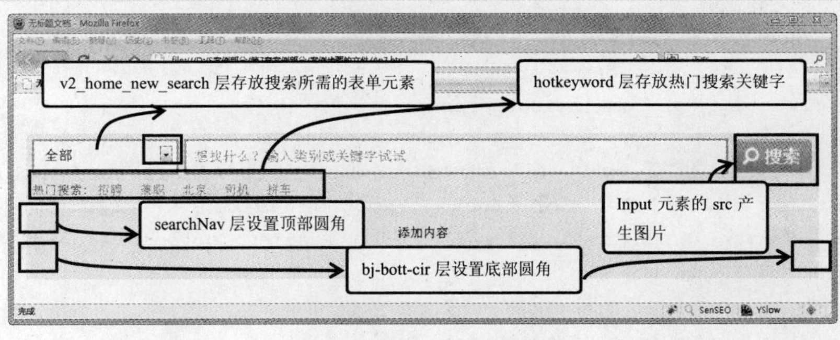

图7.14 搜索区域划分

第十步，v2_home_new_search 层包括三个子层，分别是：v2_home_selectBorder 层、v2_home_inputBorder 层、v2_home_btnBorder 层。hotkeyword 层包括 span.remen、<ul> 标签。

v2_home_selectBorder层存放下拉菜单，因CSS属性对<select>标签控制力不强(所有浏览器控制力都不强，包括现代浏览器，一般表单元素复杂效果通过JavaScript脚本实现)，故通过别的方法改变<select>标签默认属性，即v2_home_selectBorder层宽度为135像素、高度为30像素、背景色为白色、2像素的边框线，其中宽度、高度设置是下拉菜单的宽度、高度，边框线代替<select>标签默认边框效果；接着设置为浮动，让其他元素也在该行内显示；最后设置右边距为5像素。

v2_home_selectBorder 层包括 <span> 标签，<span> 标签内包括 <select> 标签。<span> 标签用于隐藏子元素 <select> 标签默认的边框、宽度、高度属性。<span> 标签设置外边距，并根据 searchNav 层的相对定位进行绝对定位位置偏移。<select> 标签隐藏边框线（v2_home_selectBorder 层的 2 像素边框线代替），设置宽度为 125 像素、字体大小为 13 像素。

v2_home_inputBorder层存放搜索输入框，对其设置左浮动、2像素边框线、高度为28像素、宽度为509像素、背景色为白色，超出部分隐藏。将v2_home_inputBorder层内<input>标签隐藏其边框、宽度为509像素、高度为22像素、字体颜色为#999999；其次设置内间距并设置<input>标签的默认值为“想找什么？输入类别或关键字试试”。

v2_home_btnBorder层存放搜索按钮，通过浮动将其与其他表单元素在一行内显示；通过子元素input的src属性，链接搜索按钮图片。

hotkeyword层子元素<span>标签用于存放文字“热门搜索：”，对其设置颜色为红色，便于浏览者注意，通过左浮动、左间距设置调整其位置。

hotkeyword 层子元素 <ul> 标签用于存放最热门关键字，设置 <li> 标签左浮动一行内显示，左右间距 8 像素间隔每个热门关键词。热门关键词 <li> 标签内的 <a> 标签颜色为 #669900，且加入下划线表明可单击。

图 7.15 所示为搜索元素设置效果图。

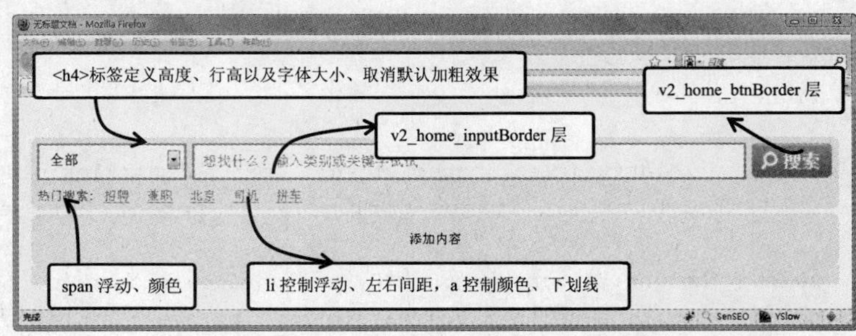

图7.15　搜索元素设置

```
XHTML:
<div class="c_right">
   <div class="searchNav">
      <div class="v2_home_new_search">
         <div class="v2_home_selectBorder">
            <span>
               <select name="cat_id"><option selected="selected" value="0">全部
</option><option value="4">人才网 </option><option value="43">交友</option><option
value="11">二手网</option><option value="1">房产网</option><option value="28">便民服务</
option></select>
            </span>
         </div><!-- v2_home_selectBorder end-->
         <div class="v2_home_inputBorder">
            <div class="autocomplete">
            <input name="key_title" id="b_key_title" class="v2_home_txt_search"
value="想找什么？输入类别或关键字试试" type="text" />
            </div>
         </div><!-- v2_home_inputBorder end-->
         <div class="v2_home_btnBorder">
            <input src="images/but_ix_y.gif" name="tijiao" value="" type="image" />
         </div>
      </div><!-- v2_home_new_search end-->
      <div class="hotkeyword">
         <span class="remen">热门搜索:</span>
            <ul>
               <li><a href="#">招聘</a></li><li><a href="#">兼职</a></li>
               <li><a href=”#”>北京</a></li><li><a href="#">司机</a></li>
               <li><a href="#">拼车</a></li>
            </ul>
         </div><!--hotkeyword end-->
```

```
        <span class="bj-bott-cir"></span><!--底部cir背景-->
      </div><!--searchNav end-->
  </div><!-- c_right end-->
  CSS:
  .v2_home_bg_searchNav {background:#ffedcb;clear:both;padding:1px 0 0 
1px;margin:0;width:749px}
  .v2_home_inputBorder,.v2_home_selectBorder {float:left;margin-right:5px;}
  .v2_home_btnBorder{float:left;margin-right:1px;}
  .v2_home_inputBorder {background:#fff;border:2px solid #ff7c00;height:28px;overflow
:hidden;
      padding:2px 0 0 2px;width:509px}
  .v2_home_inputBorder .v2_home_txt_search {border:0;color:#999;font-
size:13px;height:22px;
      padding:5px 0 0 5px;width:509px}
  .v2_home_new_search select {border:0;font-size:13px;width:125px}
  .v2_home_selectBorder {background:#fff;border:2px solid #ff7c00;height:30px;width:1
35px}
  .v2_home_selectBorder span {border:0;margin:5px 0 0 13px;overflow:hidden;position:a
bsolute; left:0;}
  .v2_home_btnBorder {padding:1px 0 0}
  .hotkeyword .remen {color:#c00;float:left;padding-left:5px}
  .hotkeyword li {float:left;margin:0 8px}
  .hotkeyword li a {color:#690!important;text-decoration:underline}
```

第十一步，Side层包含两部分：bianjixx层、HotItem层，bianjixx层前面已经讲解，现在讲解HotItem层。HotItem层包含HotItemListing层、CustomerService层两部分。“热门信息HotItemListing层”包括hots层、hottopic_new层；“联系易登CustomerService层”包含hots层、<p>标签、link2层三部分。图7.16所示为 bianjixx层、HotItem层的各子层区域示意图。

Side 层定义层内超链接的颜色为 #666。

HotItem和CustomerService层无任何CSS属性设置，此处作用是包含其子层。下面分别介绍其子层设置。

首先设置 hots 层背景色为 #f8f9e5、字体颜色为黑色、字体大小为 14 像素；为使层高度大小随字体大小而改变，高度和行高使用相对单位，定义为 2.2em；其次，设置左间距为 5 像素（其值可使用相对单位）。hots 层内超链接内包含 <span> 标签，定义字体颜色、隐藏下划线效果，鼠标滑过时添加下划线及颜色变化效果。

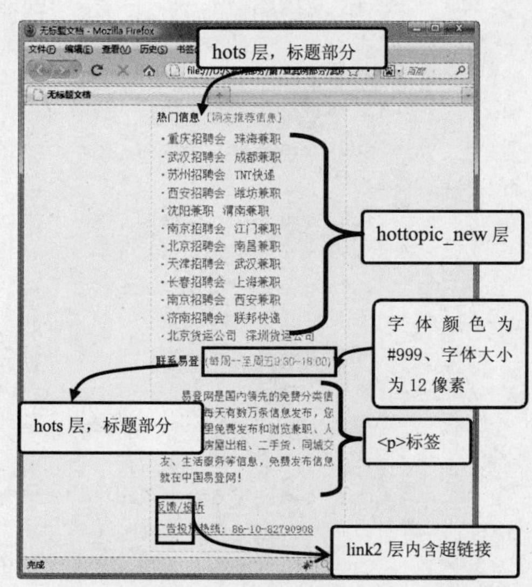

图7.16 bianjixx层、HotItem层的各子层区域示意图

CustomerService子层hots层继承前面hots层属性设置，其子层“工作时间<span>标签”设置字体颜色为#999、字体大小为12像素。

hottopic_new层包含多了招聘会网址，每样显示两条网址，且用<ul>标签包含起来，即每个<ul>标签内只有两条网址，这样避免多条网址因其文字内容的多少产生错位现象。在hottopic_new层内总共书写12个<ul>标签、24条网址。hottopic_new层设置高度为245像素，也可通过上下间距设置，这样可使其高度自适应。

hottopic_new层内<ul>标签设置方块小图标、

不平铺。首先设置左间距为7像素，用于存放小图标，高度、行高为20像素，即只显示一行；其次设置左边距为11像素，为什么不将左边距、方块小图标设置在<li>标签上呢？原因在于<ul>标签内有两个<li>标签，为<li>标签设置后出现两个问题：第一个问题是小图标不再作为<ul>标签项目符号，而成为每个<li>标签的项目符号，脱离了成为每项<ul>开头的图标。第二个问题是左间距设置后，每个<li>标签都将向后移动，而不是产生<ul>标签与HotItem层设置边框线的距离。<ul>标签宽度为200像素，<ul>标签宽度为200像素，即220（Side 层）-7（<ul>标签左间距）-11（<ul>标签左边距）=202像素，故宽度最多202像素，此处设置为200像素。

将 hottopic_new 层内 <ul> 标签中 <li> 标签设置为左浮动，一行内显示两个；高度、行高与 <ul> 标签一致，为 20 像素，超出部分隐藏，字体大小为 13 像素，设置 10 像素的右间距，拉开 <li> 标签之间的距离。

hottopic_new层内<ul>标签中<li>标签内超链接，鼠标滑过时字体颜色为#f60，添加下划线效果，以便提示当前鼠标所指向的链接。

CustomerService 层的子层 <p> 标签包含一段文字，首先设置左右间距为 10 像素、上间距为 5 像素，行高为 1.5em，并使用相对单位。接着设置段落首行缩进两个文字大小空间。

CustomerService 层的子层 link2 包含两个超链接，超链接之间加入一个换行标记。设置 link2 层字体颜色为 #444、行高为 2em，超链接设置下划线效果即可。

```
XHTML:
<div class="HotItem">
   <div class="HotItemListing">
      <div class="hots">
         热门信息 <a href="#"><span class="bestofedeng">[网友推荐信息]</span></a>
      </div>
      <div class="hottopic_new" >
         <ul class="doc"><li><a href="#">重庆招聘会</a></li><li><a href="#">珠海兼职</a></li></ul>
         <ul class="doc"><li><a href="#">武汉招聘会</a></li><li><a href="#">成都兼职</a></li></ul>
         <ul class="doc"><li><a href="#">苏州招聘会</a></li><li><a href="#">TNT快递</a></li></ul>
         <ul class="doc"><li><a href="#">西安招聘会</a></li><li><a href="#">潍坊兼职</a></li></ul>
         <ul class="doc"><li><a href="#">沈阳兼职</a></li><li><a href="#">渭南兼职</a></li></ul>
         <ul class="doc"><li><a href="#">南京招聘会</a></li><li><a href="#">江门兼职</a></li></ul>
         <ul class="doc"><li><a href="#">北京招聘会</a></li><li><a href="#">南昌兼职</a></li></ul>
         <ul class="doc"><li><a href="#">天津招聘会</a></li><li><a href="#">武汉兼职</a></li></ul>
         <ul class="doc"><li><a href="#">长春招聘会</a></li><li><a href="#">上海兼职</a></li></ul>
         <ul class="doc"><li><a href="#">南京招聘会</a></li><li><a href="#">西安兼职</a></li></ul>
         <ul class="doc"><li><a href="#">济南招聘会</a></li><li><a href="#">联邦快递</a></li></ul>
      </div>
   </div><!--HotItemListing end-->
```

```
    <div class="CustomerService">
      <div class="hots">联系易登 <span>(每周一至周五9:30~18:00)</span> </div>
      <p>易登网是国内领先的免费分类信息网站，每天有数万条信息发布，您可以在这里免费发布和浏览兼职、人才招聘、房屋出租、二手货、同城交友、生活服务等信息，免费发布信息就在中国易登网！
      </p>
      <div class="link2">
        <a href="#">反馈/投诉</a><br /><a href="#">广告投放热线: 86-10-82790908</a>
      </div>
    </div><!--CustomerService end-->
  </div><!--HotItem end-->
  CSS:
  .Side a{color:#666!important;}
  .HotItem {border:#e9ecc1 1px solid;color:#666;font-size:12px;padding-bottom:1em}
  .hottopic_new { height:245px;}
  .hots{background:#f8f9e5;color:#000;font-size:14px;height:2.2em;line-height:2.2em;padding-left:5px;}
  /****** '网友推荐信息' 文字 start********/
  .bestofedeng {color:#f60}
  .HotItemListing a .bestofedeng {color:#f60;text-decoration:none}
  .HotItemListing a:hover .bestofedeng {color: #900;text-decoration:underline}
  /****** '网友推荐信息' 文字 start********/
  /******列表链接2 start******/
  .hottopic_new ul{padding-left:7px;background:url(../images/fangkuai.gif) no-repeat 1px center;
      width:200px;height:20px; line-height:20px;clear:both;margin-left:11px;}
  .hottopic_new ul li {float:left;height:20px;line-height:20px;padding-right:10px;
      font-size:13px;overflow:hidden;}
  .hottopic_new ul li a:hover {color:#f60!important;text-decoration:underline}
  /******列表链接2 end******/
  /******联系易登 start********/
  .CustomerService div {font-size:14px;padding-left:5px}
  .CustomerService span {color:#999;font-family:arial;font-size:12px}
  .CustomerService p{padding:0px10px;font-family:arial;line-height:1.5em;
      padding-top:5px;text-indent: 2em;}
  .CustomerService .link2 {color:#444;line-height:2em;}
  .CustomerService .link2  a{ text-decoration:underline!important}
  /******联系易登 end********/
```

第十二步，设置B区左侧v2_yin层内部元素。v2_yin层包含v2_hotcity_class1层。v2_hotcity_class1层包含a_kd层、d_kd层。其中a_kd层包含span.v2_area、a.v2_link；d_kd层包含ul#h-cities、gengduo层。

v2_yin层设置在案例开始时讲解过，此处只给出其CSS代码，防止读者忘记。

v2_hotcity_class1层设置背景色为#f7fcf8、顶部1像素边框线、高度为43像素、超出部分隐藏，通过内间距设置使其两个子层向下移动。

a_kd层宽度为140像素，a_kd层继承left2-1层。left2-1层设置如下：左浮动、字体颜色为#999999、左间距为6像素、右间距为5像素；left2-1层其作用是布局，a_kd层作用是根据内容所在位置定义宽度。

- 子元素span.v2_area内包含超链接文字“中国”，设置超链接颜色为#C00、字体大小为14像素、文本加粗效果。
- 子元素a.v2_link内包含超链接文字“切换地区”，设置超链接宽度为54像素、高度为16像素并转换成块元素，设置背景图片为map.gif。若想将背景图片替换文字内容“切换地区”，则通过设置text-indent:-999em; overflow:hidden;，即设置极大负数值且超出部分隐藏，这样浏览者看到的是中国地图，搜索引擎看到的是文字内容“切换地区”。因其图片大小为102*19，而a.v2_link宽度为54像素，故通过内间距padding:3px 0 0 48px;设置将图片位置撑开。

d_kd层宽度为577像素、1像素边框线，同时a_kd层继承left2-1层。a_kd层子层ul.h-cities用于存放地区。

- 子层ul.h-cities中第一个<li>标签class名为cityFont，不加入超链接，其余<li>标签内部地区都是超链接。定义<li>标签左浮动，使其所有地区在一行内显示，设置行高为20像素、左间距为7像素、宽度自适应、文字不间断。
- <li>标签内文字大多数为两个字，有的是三个字，如“石家庄”，有的是四个字，如“乌鲁木齐”，单独为这两个<li>标签添加class名：li.w52、li.w39，其宽度设置为52像素和39像素。

gengduo层用于存放更多地区，因为两行地区名显然无法完全显示中国所有地区。这里设置高度、行高为22像素，左间距为10像素、绝对定位、右偏移为0像素、宽度为105像素。gengduo层内超链接设置下拉图标。图7.17所示为地区选择效果图。

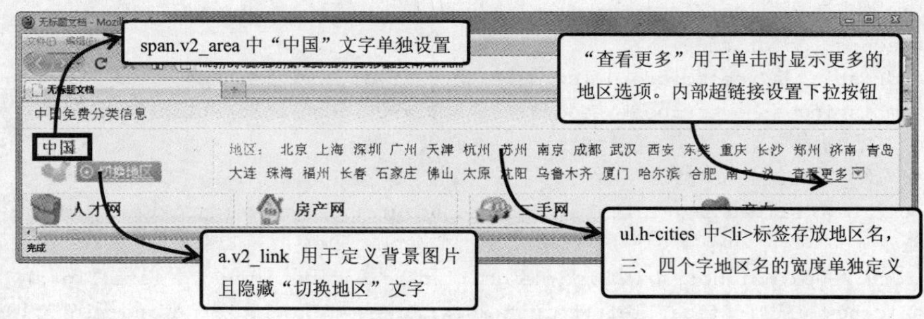

图7.17 地区选择

```
XHTML:
<div class="c_right">
   <div class="breadcrumbtop"><a href="#">中国免费分类信息</a></div>
   <div id ="v2_yin">
      <div class="v2_hotcity_class1">
         <div class="left2-1 a_kd">
            <span class="v2_area"><a href="#">中国</a></span>
            <a href="#" class="v2_link">切换地区</a>
         </div><!--left2-1 a_kd end-->
         <div class="left2-1 d_kd">
               <ul id="h-cities">
            <li class="cityFont">地区：</li><li><a href="#">北京</a></li><li><a
href="#">上海</a></li>
            <li><a href="#">深圳</a></li><li><a href="#">广州</a></li><li><a
href="#">天津</a></li>
            <li><a href="#">杭州</a></li><li><a href="#">苏州</a></li><li><a
href="#">南京</a></li>
            <li><a href="#">成都</a></li><li><a href="#">武汉</a></li><li><a
href="#">西安</a></li>
            <li><a href="#">东莞</a></li><li><a href="#">重庆</a></li><li><a
href="#">长沙</a></li>
            <li><a href="#">郑州</a></li><li><a href="#">济南</a></li><li><a
href="#">青岛</a></li>
```

```
                <li><a  href="#">大连</a></li><li><a  href="#">珠海</a></li><li><a
href="#">福州</a></li>
                <li><a href="#">长春</a></li><li class="w39"><a href="#">石家庄</a></li>
                <li><a  href="#">佛山</a></li><li><a  href="#">太原</a></li><li><a
href="#">沈阳</a></li>
                <li  class="w52"><a  href="#">乌鲁木齐</a></li><li  class="w39"><a
href="#">厦门</a></li>
                <li><ahref="#">哈尔滨</a></li><li><ahref="#">合肥</a></
li><li><ahref="#">南宁</a></li>
                <li><a  href="#">济宁</a></li><li><a  href="#">宁波</a></li><li><a
href="#">江苏</a></li>
                <li><a  href="#">浙江</a></li><li><a  href="#">安徽</a></li><li><a
href="#">江西</a></li>
                <li><a  href="#">福建</a></li><li><a  href="#">广东</a></li><li><a
href="#">广西</a></li>
                <li><a  href="#">海南</a></li><li><a  href="#">湖北</a></li><li><a
href="#">湖南</a></li>
                <li><a  href="#">山东</a></li><li><a  href="#">山西</a></li><li><a
href="#">河北</a></li>
              </ul>
              <div  class="gengduo"><span  class="left2-1"><a  href="#">查看更多</a></
span></div>
            </div><!--left2-1 d_kd end-->
          </div> <!--v2_hotCity end-->
        </div> <!-- v2_yin end-->
  </div><!-- c_right end-->
  CSS:
  #v2_yin {height:55px;margin:0 auto;width:750px; position:relative; text-align:left}
  .v2_hotcity class1{background:#f7fcf8;border-top:1px solid #dceef7;height:43px;
      overflow:hidden;padding:8px 0 0 10px; }
  .left2-1 {padding-right:5px; padding-left:6px; color:#999;float:left}
  .a_kd {width:140px}
  .v2_area a {color:#C00!important;font-size:14px;font-weight:700}
  .v2_link{background:url(../images/map.gif);display:block;height:16px;line-
height:14px;margin-top:3px;
      width:54px;text-indent:-999em; overflow:hidden;}
  a.v2_link,a.v2_link:hover {color:#fff;font-size:12px;padding:3px  0  0  48px;text-
decoration:underline}
  .d_kd {border-left:1px solid #dceef7;width:577px}
  .gengduo{background:#f7fcf8;height:22px;line-height:22px;padding-left:10px;
      position:absolute;right:0;top:27px;width:105px}
  .gengduo a {text-decoration:underline;background:url(../images/xiala.gif) no-repeat
right top ;
      padding-right:14px}
  #h-cities  li  {float:left;line-height:20px;padding-left:7px;white-
space:nowrap;width:auto;}
  #h-cities li.w52{width:52px;}
  #h-cities li.w39{width:39px;}
```

第十三步，设置 A 区 v2_topnavmini 层。前面已经介绍过搜索，故此处不再重复介绍。v2_topnavmini 层包括 left2-1 层、right2-1 层。

v2_topnavmini层定义宽度为978像素、底部为1像素颜色较深的边框线；高度、行高为22像素，只显示一行；设置背景色为#f8f8f8，颜色比边框线颜色淡，突出底部边框线；字体颜色为#a1a0a0、字体大小为12像素。

v2_topnavmini层包含层left2-1层、span.right2-1；left2-1层存放网站名称，span.right2-1存放快速导航。

- left2-1层定义右间距为5像素、左间距为6像素、字体颜色为#999、左浮动。left2-1层包含<h1>，因其在初始化时定义字体不加粗、12号字体，故文字不再设置。
- span.right2-1设置右浮动，使其在v2_topnavmini层右侧显示，内部超链接设置字体颜色为#999，超链接之间间距为8像素。

图7.18所示为头部v2_topnavmini层设置。

图7.18 头部v2_topnavmini层

```
XHTML:
<div id="v2_header">
   <div id="v2_topnavmini">
      <div class="left2-1"><h1>中国分类信息网</h1></div>
      <span class="right2-1"><a href="#">房屋</a>|<a href="#">招聘</a>|<a href="#">二手</a></span>
   </div><!--v2_topnavmini end-->
   <div id="v2_downnav"></div>
</div>
CSS:
#v2_header{height:94px;margin:0 auto;position:relative;width:980px;z-index:999}
#v2_topnavmini {background:#f8f8f8;border-bottom:1px solid #e6e6e6;color:#a1a0a0;font-size:12px;
     height:22px;line-height:22px;width:978px}
#v2_topnavmini a {color:#a1a0a0}
#v2_topnavmini a:hover {color:#ff7300!important;}
#v2_header .left2-1{float:left;padding-right:5px; padding-left:6px; color:#999;}
#v2_header .right2-1{float:right}
#v2_header .right2-1 a{ color:#999!important; padding:0 8px;}
```

第8章 企业类网站的结构与布局——表格的结构

表格能够描述数据之间的关系，也能够实现网页布局。在传统网页布局中，表格主要被用作布局工具，如今在标准网页布局中，表格主要负责组织和显示，不再提倡使用表格进行布局了。通过在 HTML 文档使用表格指定数据之间的关系，并使用 CSS 定义表格的呈现效果，已经成为网页设计师的一种普遍用法。

表格作为 HTML 最基本的标签，一直受到网页设计者的青睐。使用表格显示数据、统计数据等在网页设计中屡见不鲜。最简单的表格结构由 <table>、<tr> 以及 <td> 三个标签组成，使用表格比较安全，它在 CSS 布局中很少出现浏览器兼容性的 bug。

8.1 表格的结构

显示数据是表格的主要职能，不能因为Web 2.0的到来而抛弃使用表格，放弃<table>等相关标签。

本节光盘内容：	
本节实例文件	无
本节视频长度	12分23秒

XHTML中每个标签都有自己的语义功能，我们需要做的是让它们在适当的位置发挥它们应该发挥的作用。要强调的是，合适的标签应该做适当的事情。

8.1.1 表格的基本结构及属性

视频路径：视频文件\files\8.1.1.swf　　实例文件：无

表格通过使用<table>、<tr>和<td>（或<th>）三个标签构成网页中数据表示方式。

- <tr>标签定义表行。
- <th>标签定义表头。
- <td>标签定义表元（表格的具体数据）。

<td>标签表示数据信息包含框的最小数据单元，数据单元格可以包含文本、图片、列表、段落、表单、水平线、表格等。多个数据单元（<td>标签）可以通过<tr>标签包裹起来组成一行数据。多行数据（<tr>标签）可以通过<table>标签包裹起来组成一个表格。

例如，在下面实例中，表格包含11行（<tr>标签）数据，每行数据包含了三个数据单元（<td>标签）。

```
<html>
<head></head><body>
<table>
    <tr><td>浏览器名称</td><td>网民到达率</td><td>月度覆盖人数（万人）</td></tr>
    <tr><td>Internet Explorer</td><td>93.1%</td><td>26280</td></tr>
    <tr><td>Maxthon</td><td>19.4%</td><td>5474</td></tr>
    <tr><td>360安全浏览器</td><td>15.8%</td><td>4465</td></tr>
    <tr><td>腾讯TT</td><td>12.5%</td><td>3523</td></tr>
    <tr><td>世界之窗</td><td>9.4%</td><td>2469</td></tr>
    <tr><td>Mozilla Firefox</td><td>8.7%</td><td>2461</td></tr>
    <tr><td>谷歌浏览器</td><td>2.6%</td><td>744</td></tr>
    <tr><td>搜狗浏览器</td><td>2.2% </td><td>609</td></tr>
    <tr><td>GreenBrowser</td><td>2.1% </td><td>546</td></tr>
    <tr><td>Opera</td><td>1.9% </td><td>544</td></tr>
</table>
</body></html>
```

页面演示效果如图8.1所示。

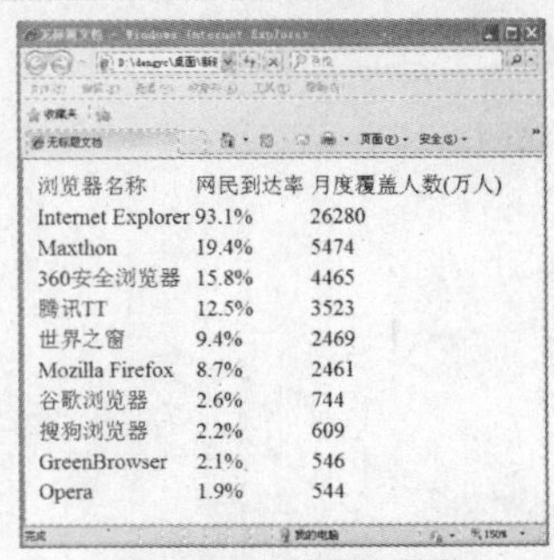

图8.1 表格的基本结构

在上面实例中，演示了表格的基本组成，当然这个表格的结构过于简单，缺乏美观。表格中的数据信息（<td>标签中内容）占用的空间大小参照该列最长数据信息来决定。通过表格自身的一些基本属性可对其美化，以掌控表格。

表格的基本标签构成了本身的骨架。如果说表格代表一个人物，设计师希望可以控制人物的身高、腰围并让其穿上多彩的衣服，打造一个属于自己的理想化人物（表格）。表格提供了设计师所需要的属性，如表格的宽度、高度及表格的边框控制等，虽然不建议使用这些属性（现在通过 CSS 相关属性代替表示化标签 / 属性），但应该了解它们。这些属性的说明如表 8.1 所示。

表8.1　<table>标签属性说明

属　性	说　明
width	定义宽度。功能与CSS中的width属性一致
height	定义高度。功能与CSS中的height属性一致
border	定义边框，属性值为0时，边框线隐藏，值越大边框线越粗。功能与CSS中的border属性相似，但没有CSS中提供的边框属性强大
frame	取值：void、box、border、above、below、lhs、rhs、hsides、vsides 当frame =void时，表示不显示表格最外围的边框，默认设置 当frame =box时，显示四条边框线 当frame =border时，同时显示四条边框 当frame =above时，显示顶部边框，其余隐藏 当frame =below时，只显示底部边框，其余隐藏 当frame =lhs时，只显示左侧边框，其余隐藏 当frame =rhs时，只显示右侧边框，其余隐藏 当frame =hsides时，只显示水平方向的两条边框，其余隐藏 当frame =vsides时，只显示垂直方向的两条边框，其余隐藏
rules	取值：all、none、cols、rows、none 当rules=all时，纵向分隔线和横向分隔线将全部显示，默认设置 当rules=none时，纵向分隔线和横向分隔线将全部隐藏，显示表格的外框 当rules=cols时，表格会隐藏横向的分隔线，显示表格的列 当rules=rows时，表格会隐藏纵向的分隔线，显示表格的行 当rules=groups时，为行组或列组设置边框，需要<tbody>标签等分组元素查看效果
cellpadding	定义单元格的补白。功能与CSS中的padding属性一致
cellspacing	定义单元格的边界。功能与CSS中的margin属性一致

例如，在下面实例中，设置表格的宽度、高度以及边框线部分显示。

```
<html>
<head></head><body>
<table width="600" height="300" border="2" frame="hsides" rules="groups">
   <tbody>
      <tr><td>Internet Explorer</td><td>93.1%</td><td>26280</td></tr>
      <tr><td>Maxthon</td><td>19.4%</td><td>5474</td></tr>
      <tr><td>360安全浏览器</td><td>15.8%</td><td>4465</td></tr>
      <tr><td>腾讯TT</td><td>12.5%</td><td>3523</td></tr>
      <tr><td>世界之窗</td><td>9.4%</td><td>2469</td></tr>
      <tr><td>Mozilla Firefox</td><td>8.7%</td><td>2461</td></tr>
      <tr><td>谷歌浏览器</td><td>2.6%</td><td>744</td></tr>
      <!--下面多行结构省略 -->
   </tbody>
</table>
</body></html>
```

页面演示效果如图 8.2 所示。

在上面实例中，首先设置表格空间大小，宽度为 600 像素、高度为 300 像素。通过设置表格宽度、高度，避免根据表格内容改变整个表格的宽度和高度。接着设置 2 像素的边框线，通过 frame="hsides" 设置显示水平边框线，代码中为 <tr> 标签增加了 <tbody> 标签，通过 rules="groups"

设置显示行组的边框线。

各个浏览器实现的边框效果不一致，而且 IE 浏览器对 frame="void" 值之外的值都渲染错误，它不仅会显示指定的表格最外围的边框（frame 属性控制），而且还会错误地显示相应的表格内部边框（rules 属性控制），因此建议同时使用 rules 和 frame 属性。rules 属性设置会覆盖 frame 属性错误控制的部分边框线。可以通过将上面代码中 frame 属性删除以查看表格边框线的变化。在表格设置中，border 属性是关键，缺少此属性，frame 和 rules 属性设置将无效。

通过边框线的设置，可以查看表格占用的空间大小。但又如何能够清晰地区分单元格与单元格之间的数据内容呢？可以通过表格的 cellpadding 和 cellspacing 属性实现。

cellpadding 和 cellspacing 属性的具体用法如下所示，实例演示效果如图 8.3 所示。

- 巢（cell），表格的内容，如图 8.3 所示中黑色的部分，表示数据信息。
- 表格间距（cellspacing），表示表格边框与巢补白的距离，是巢补白之间的距离，值为整数且大于等于 0。
- 表格填充（cellpadding），表示巢外面的一个距离，用于隔开巢与巢空间，值为整数且大于等于 0。

如图 8.3 所示说明了表格的属性，其中黑色区域是巢（cell），白色区域是巢补白（表格填充），灰色区域是巢空间（表格间距）。

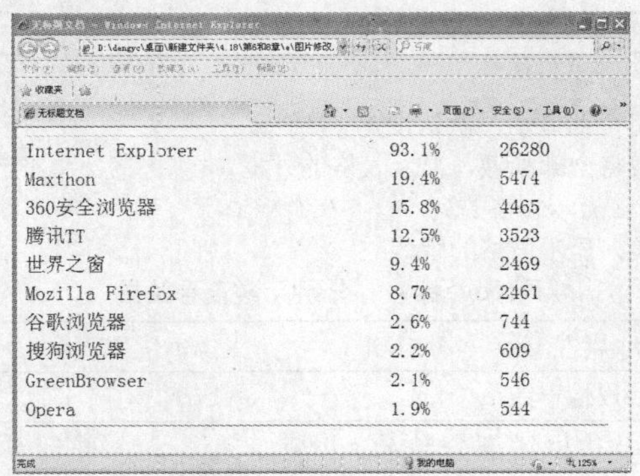

Internet Explorer	93.1%	26280
Maxthon	19.4%	5474
360安全浏览器	15.8%	4465
腾讯TT	12.5%	3523
世界之窗	9.4%	2469
Mozilla Firefox	8.7%	2461
谷歌浏览器	2.6%	744
搜狗浏览器	2.2%	609
GreenBrowser	2.1%	546
Opera	1.9%	544

图8.2　表格的基本属性

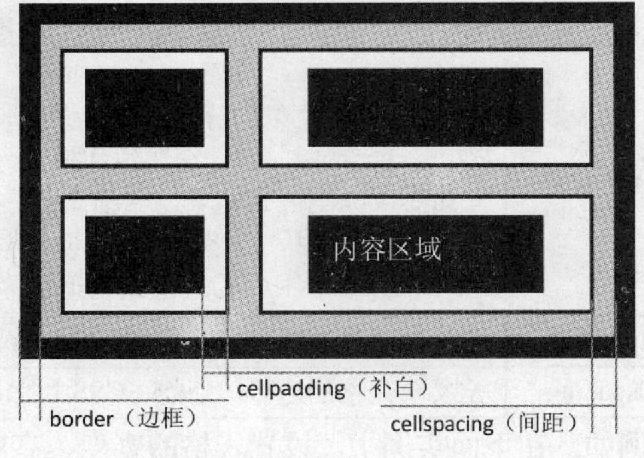

图8.3　cellpadding 和cellspacing属性效果图

例如，在下面实例中演示了艾瑞 iUserTracker 在 2009 年 9 月浏览器软件月度覆盖人数统计表，该统计表集合了表格的 border、cellpadding、cellspacing 属性。

```
<html>
<head></head><body>
<table width="600" border="3" cellpadding="1" cellspacing="2">
    <tr><td>浏览器名称</td><td>网民到达率</td><td>月度覆盖人数（万人）</td></tr>
    <tr><td>Internet Explorer</td><td>93.1%</td><td>26280</td></tr>
    <tr><td>Maxthon</td><td>19.4%</td><td>5474</td></tr>
    <!--下面多行结构省略 -->
</table>
</body></html>
```

页面演示效果如图 8.4 所示。

在上面实例中，首先确定表格所占用的空间，设置整体宽度为 600 像素，如果缺少 border 属性将无法看到 cellpadding、cellspacing 属性效果，因而设置 3 像素的边框。接着设置表格间距 cellpadding 属性和表格填充 cellspacing 属性，为单元格内数据设置间隙及单元格之间设置间隙。读者可以单独测试 cellpadding 或 cellspacing 属性，以加深了解二者的区别。

例如，在下面实例中，将 cellpadding 属性设置较大的值，如 cellpadding=10，且删除 cellspacing

属性值，这样便于观察 cellpadding 属性在表格中的作用。

```
<html>
<head></head><body>
<table width="600" border="3" cellpadding="10" >
      <tr><td>浏览器名称</td><td>网民到达率</td><td>月度覆盖人数（万人）</td></tr>
      <tr><td>Internet Explorer</td><td>93.1%</td><td>26280</td></tr>
      <tr><td>Maxthon</td><td>19.4%</td><td>5474</td></tr>
      <!--下面多行结构省略 -->
</table>
</body></html>
```

页面演示效果如图 8.5 所示。

浏览器名称	网民到达率	月度覆盖人数(万人)
Internet Explorer	93.1%	26280
Maxthon	19.4%	5474
360安全浏览器	15.8%	4465
腾讯TT	12.5%	3523
世界之窗	9.4%	2469
Mozilla Firefox	8.7%	2461
谷歌浏览器	2.6%	744
搜狗浏览器	2.2%	609
GreenBrowser	2.1%	546
Opera	1.9%	544

图8.4 cellpadding、cellspacing 属性应用

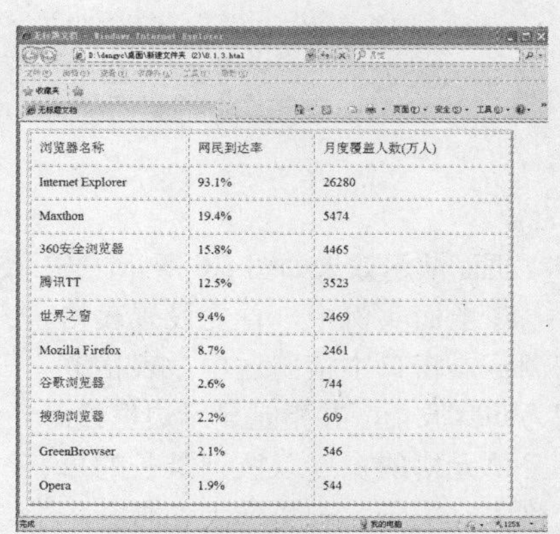

浏览器名称	网民到达率	月度覆盖人数(万人)
Internet Explorer	93.1%	26280
Maxthon	19.4%	5474
360安全浏览器	15.8%	4465
腾讯TT	12.5%	3523
世界之窗	9.4%	2469
Mozilla Firefox	8.7%	2461
谷歌浏览器	2.6%	744
搜狗浏览器	2.2%	609
GreenBrowser	2.1%	546
Opera	1.9%	544

图8.5 表格间距cellpadding=10时效果

在上面实例中，文字内容与文字内容外面边框间隙增大（表格内容在单元格中默认是左对齐、垂直居中），表格填充 cellpadding 属性就相当于 CSS 的 padding 属性，它具有扩大内容与边框之间距离的作用。cellspacing 与 cellpadding 属性测试方法一致，即 cellspacing=10，且删除 cellpadding 属性值。通过测试可以发现表格间距 cellspacing 属性就相当于 CSS 的 margin 属性。

本小节简单介绍了建立表格使用的基本标签及相关表格属性。通过对表格的宽度、高度以及边框线的控制，可以建立符合设计师风格的表格。当然这些表格属性是表示性属性，建议使用 CSS 相关属性进行替代。

8.1.2 表格的附加结构及语义化

视频路径：视频文件\files\8.1.2.swf | 实例文件：实例文件\8\基础示例\表格的附加结构及语义化.html

如果表格中某项数据是相同的，可以通过跨越多行或者多列实现数据合并。使用 rowspan 属性和 colspan 属性可以实现多行多列的效果，即指定特定单元格跨越的单元格数来实现多行多列。表格的 colspan、rowspan 属性通常使用在 <td> 与 <th> 标签中，其具体用法如下。

- colspan 属性，即合并多列单元格，为该属性指定一个值（数值大于等于 0 且为整数），则表示要合并的单元格数目。
- rowspan 属性，即合并多行单元格，为该属性指定一个值（数值大于等于 0 且为整数），则表示要合并的单元格数目。

如果使用 <ul>、<li> 标签及通过 CSS 属性实现这种效果将非常麻烦，且 CSS 属性中暂无合并多行单元格、合并多列单元格的属性，因此表格的作用在这里是无法替代的。

例如，在下面实例中，显示 2009 年 9 月即时通讯软件总日均覆盖人数统计表，该实例使用

rowspan 和 colspan 属性对表格单元格相同信息进行合并。

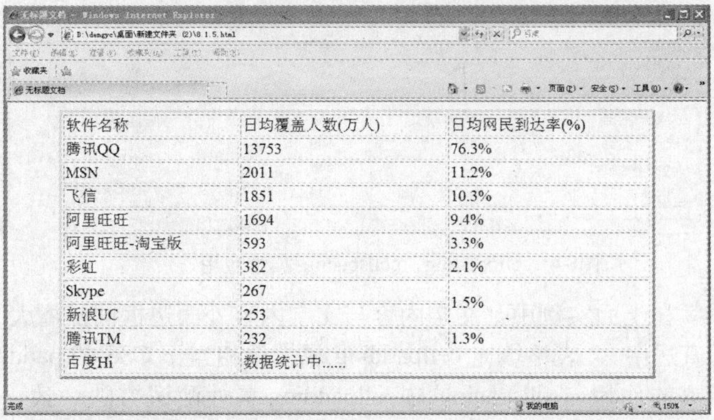

```
<html><head>
</head><body>
<table width="600" border="3" align="center" cellpadding="1" cellspacing="2">
    <tr><td>软件名称</td><td>日均覆盖人数（万人）</td><td>日均网民到达率（%）</td></tr>
    <tr><td>腾讯QQ</td><td>13753</td><td>76.3%</td></tr>
    <tr><td>MSN</td><td>2011</td><td>11.2%</td></tr>
    <tr><td>飞信</td><td>1851</td><td>10.3%</td></tr>
    <tr><td>阿里旺旺</td><td>1694</td><td>9.4%</td></tr>
    <tr><td>阿里旺旺-淘宝版</td><td>593</td><td>3.3%</td></tr>
    <tr><td>彩虹</td><td>382</td><td>2.1%</td></tr>
    <tr><td>Skype</td><td>267</td><td rowspan="2">1.5%</td></tr>
    <tr><td>新浪UC</td><td>253</td></tr>
    <tr><td>腾讯TM </td><td>232</td><td>1.3%</td></tr>
    <tr><td>百度Hi</td><td colspan="2">数据统计中......</td></tr>
</table>
</body></html>
```

页面演示效果如图 8.6 所示。

软件名称	日均覆盖人数(万人)	日均网民到达率(%)
腾讯QQ	13753	76.3%
MSN	2011	11.2%
飞信	1851	10.3%
阿里旺旺	1694	9.4%
阿里旺旺-淘宝版	593	3.3%
彩虹	382	2.1%
Skype	267	1.5%
新浪UC	253	
腾讯TM	232	1.3%
百度Hi	数据统计中......	

图8.6　表格添加分区结构

在上面实例中，首先设置表格在浏览器窗口中横向居中，表格宽度为 600 像素，并指定显示边框线。每个单元格的宽度以该列最长的单元格内容决定，若长度太长将会折行显示。

然后设置内外间距，区分不同数据单元间距和数据单元内部信息间距。表格中 Skype 和新浪 UC 软件的“日均网民到达率”都是 1.5%，进行纵向合并单元格操作；百度 HI 的“日均覆盖人数”和“日均网民到达率”暂未统计出，进行横向合并单元格操作，并输入文字信息“数据统计中 ......”。

- <table> 标签、<tr> 标签和 <td> 标签是数据表格的基本标签，为了便于搜索引擎的阅读，在标准设计中应该对数据表格的结构进行优化，以便提升表格的语义化。在网站优化的操作中，alt 属性用于图片无法正常显示时，alt 属性中的文字替代显示，以便访问者理解网页此处的内容。图片需要 alt 属性，表格则需要 summary 属性或 <caption> 标签。
- <caption> 标签包含更完整的描述表格的标记文本。它包含行内元素，如 <em> 和 <a> 等标签，但不可包含块元素，如 <div> 标签或 <p> 标签等块级元素。

summary 属性包含描述表格的纯文本，它为网络爬虫和屏幕阅读器提供了帮助。对网络爬虫来说，这意味着不必查看表格，只需查看表格的描述就可以知道表格的内容。在这段描述中可以在合适的情况下加入关键字（从 SEO 角度考虑，但不可乱用关键字，否则会降低网站的分数值）。

summary 属性代表 HTML 表格的摘要，并且不显示，而 <caption> 标签内容可以看得见。summary 属性与 caption> 标签的不同之处是，所有人都可以看到 <caption> 标签包含的描述文本，而通常只有屏幕阅读器才能注意 summary 属性包含的信息。所以一般做法是在最佳位置上写上足够详细的描述。<caption> 标签一般表示短小精干的描述，用来不需要阅读表格就可以知道表格的主要内容。

需要注意的是，在 XHTML 严格型 DTD 中不需要 <caption> 标签，也不需要 summary 属性。

小结

要合并多行多列单元格，可以在设计中同时定义 rowspan 的属性值和 colspan 的属性值。一个表格中含有各式各样的合并单元格时，很容易出现结构性的错误。建议读者在设计合并单元格样式时，最好能够使用 Dreamweaver 的可视化操作来完成，这样既方便又快捷。

rowspan 属性和 colspan 属性是表示性属性，按标准化要求应该取消使用，但是在 CSS 中没有相应属性设置重现这种结构，而且确实可以通过这两个属性来定义表格的结构，而不是用于修饰（HTML 中部分属性属于修饰性属性，在标准设计中不建议使用），因此应该在标记中采用这两种属性。

<caption> 标签和 summary 属性的使用为视觉用户和非视觉用户提供了不同的了解表格主要内容的依据。

8.1.3 表格分区结构及属性

视频路径：视频文件\files\8.1.3.swf | 实例文件：实例文件\8\基础示例\表格分区结构及属性1.html、表格分区结构及属性2.html

表格通过三组标签进行行分组：表头区<thead>标签、主体区<tbody>标签和表尾区<tfoot>标签。分组的目的是方便数据显示、样式控制以及更利于搜索引擎的阅读。如果在页面设置表头和表尾为静止，表格主体滚动，这样Web设计师就可以将很长的表格数据放在有限的空间里。此外，这三组标签拥有<th>标签一样的特性，无须添加额外的class类就可以让CSS和脚本程序应用在它们上面。

- <thead>标签表示表格表头，可以使用单独的样式定义表头，并且在打印时可以在分页的上部打印表头。注意，<thead>标签表示的是数据列分类，而<caption>标签代表的是"****级***班"，是一个表格总标题。
- <tbody> 标签表示表格主体，当浏览器在显示表格时，通常是完全下载表格后再全部显示，所以当表格很长时，可以使用 <tbody> 标签实现分段显示。
- <tfooter> 标签表示表格表尾，<tfooter> 标签中的内容如同 word 中的页脚属性，打印时在页面底部显示。

例如，在下面实例中，通过三个分区标签对2009年9月即时通讯软件总日均覆盖人数统计表进行行分组。

```
<html>
<head></head><body>
<table width="600" border="3" align="center" cellpadding="1" cellspacing="2">
  <thead>
     <tr>
        <th>软件名称</th>
        <th>日均覆盖人数（万人）</th>
        <th>日均网民到达率（%）</th>
     </tr>
  </thead>
  <tfoot>
      <tr><td colspan="4">页脚区域</td></tr>
  </tfoot>
  <tbody>
    <tr><td>腾讯QQ</td><td>13753</td><td>76.3%</td></tr>
    <tr><td>MSN</td><td>2011</td><td>11.2%</td></tr>
    <tr><td>飞信</td><td>1851</td><td>10.3%</td></tr>
    <tr><td>阿里旺旺</td><td>1694</td><td>9.4%</td></tr>
```

```
        <tr><td>阿里旺旺-淘宝版</td><td>593</td><td>3.3%</td></tr>
        <!--下面多行结构省略 -->
    </tbody>
</table>
</body></html>
```

页面演示效果如图 8.7 所示。

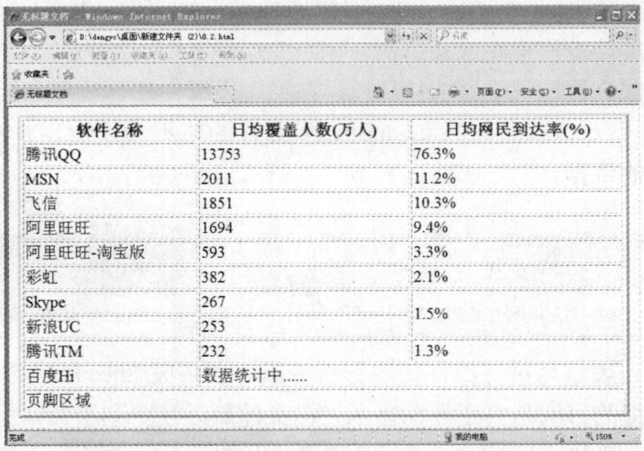

在上面实例中，<thead> 标签存放了表格信息的分类标题，<tbody> 标签存放了对应分类标题的具体数据信息，<tfooter> 标签暂时没有存放任何数据，可存放当前页数等辅助信息。通过对表格数据进行行组的划分，可以减少 class 的使用，通过其标签设置 CSS 相应属性，为修改数据信息提供了方便。

软件名称	日均覆盖人数(万人)	日均网民到达率(%)
腾讯QQ	13753	76.3%
MSN	2011	11.2%
飞信	1851	10.3%
阿里旺旺	1694	9.4%
阿里旺旺-淘宝版	593	3.3%
彩虹	382	2.1%
Skype	267	1.5%
新浪UC	253	
腾讯TM	232	1.3%
百度Hi	数据统计中......	
页脚区域		

图8.7 表格添加分区结构

这三个标签的位置有特殊要求：首先必须包含<thead>标签，这个标签位置可放在任何位置，最好放在<table>或<caption>标签之后；然后<tfooter>标签必须位于<tbody>标签之前，这样可以让用户代理（即浏览器）解析出来表格中间部分数据时提前处理顶部和底部。通过对表格划分区域，为以后CSS控制每块区域设置不同的样式规则提供了方便。

上面介绍了表格行分组，那么表格列是如何分组的呢？

这里主要使用<colgroup>和<col>标签来实现，它们可以定义表格列和表格列组，二者是可选的。

- <colgroup> 标签定义表格列的分组。利用该标签可以对列进行组合以便进行格式化。该标签只有在 <table> 标签内部使用才是合法的。<colgroup> 标签定义多个列为一组列，有两种方式来使用 <colgroup> 标签：一种是对几个同样的列进行简单定义，另一种是将几个不同的列组合起来。
- <col>标签为表格中一个或多个列定义属性值。如需对全部列应用样式，<col>标签很有用，这样就无须对各个单元和各行重复应用样式了。该标签只能够用在<table>或<colgroup>标签中。

例如，在下面实例中，“即时通讯软件总日均覆盖人数统计表”使用<colgroup>标签对表格单元格进行纵向分类，使用<caption>标签以及summar属性设置标题文字。

```
<html><head>
<style type="text/css">
table {
    border: 0; margin: 0; padding: 0;
    border-collapse : collapse; text-align:center;
}
.data {cclor: #000; margin: 0 auto;width:500px;  }
.data td,.data th{ border: 1px solid #000; line-height:40px;}
.data caption { font-weight:bold; color:#000; }
.data .A_col { background:#F3F}
.data .B_col { background:#F96}
.data .C_col { background:#936}
</style>
```

```
</head>
<body>
<table class="data" summary="2009年9月即时通讯软件总日均覆盖人数统计表-A">
<caption>2009年9月即时通讯软件总日均覆盖人数统计表</caption>
<colgroup class="A_col"></colgroup>
<colgroup class="B_col"></colgroup>
<colgroup class="C_col"></colgroup>
    <tr>
        <th>软件名称</th>
        <th>日均覆盖人数（万人）</th>
        <th>日均网民到达率（%）</th>
    </tr>
    <tr><td>腾讯QQ</td><td>13753</td><td>76.3%</td></tr>
    <tr><td>MSN</td><td>2011</td><td>11.2%</td></tr>
    <tr><td>飞信</td><td>1851</td><td>10.3%</td></tr>
    <tr><td>阿里旺旺</td><td>1694</td><td>9.4%</td></tr>
    <tr><td>阿里旺旺-淘宝版</td><td>593</td><td>3.3%</td></tr>
    <tr><td>彩虹</td><td>382</td><td>2.1%</td></tr>
    <tr><td>Skype</td><td>267</td><td rowspan="2">1.5%</td></tr>
    <tr><td>新浪UC</td><td>253</td></tr>
    <tr><td>腾讯TM </td><td>232</td><td>1.3%</td></tr>
    <tr><td>百度Hi</td><td colspan="2">数据统计中......</td></tr>
</table>
</body></html>
```

页面演示效果如图8.8所示。

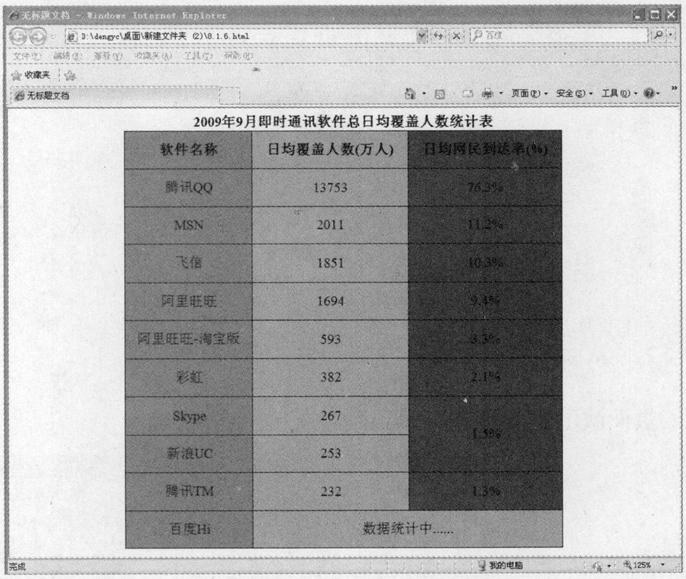

图8.8 表格使用colgroup进行列向分组

在上面实例中，表格共有三列，分别为A_col列、B_col列和C_col列，并进行背景颜色设置，通过背景色的不同可以区分不同<colgroup>标签对应列的背景颜色设置。如需对全部列应用样式，<colgroup>标签简单实用，这样就不需要对各个单元格重复应用样式了。

无论是视觉还是非视觉用户，都有需要仔细阅读表格数据的时候，为帮助其阅读，应该使用<th>标签而不是<td>标签标记每个表头（本小节前面几个例子，用的<th>标签存放表头）。<th>标签可以用在行表头或者列表头中，为指明其用途，每个<th>标签都应该有scope="row"或者scope="col"属性。可以将scope设置为“rowgroup”或“colgroup”值，指明表头术语是哪个表格组。

- colgroup 定义列组（columngroup）的表头信息。
- rowgroup 定义行组（rowgroup）的表头信息。

例如，在下面实例中，“艾瑞网人气指数”在第一行的<th>标签设置值为col的scope属性，声明它们是下面数据单元格的表头。同样，给每行的开头<th>标签设置值为row的scope属性，声明它们是右边数据单元格的表头。

```
<html>
<head></head><body>
<table width="600" border="3" align="center" cellpadding="1" cellspacing="2">
  <caption>艾瑞网人气指数</caption>
  <tr>
    <th>人气值</th>
    <th scope="col">当日</th>
    <th scope="col">一周变动 </th>
    <th scope="col">一周变幅</th>
    <th scope="col">一周最高</th>
  </tr>
  <tr>
    <th scope="row">CIIS 值</th>
    <td>6.27</td>
    <td>6.96</td>
    <td>46.03%</td>
    <td>12.49</td>
  </tr>
  <tr>
    <th scope="row">综合排名</th>
    <td>365 </td>
    <td>90.5</td>
    <td>36.49%</td>
    <td><span id="Cisi_Week_Top_max_1">237</span></td>
  </tr>
  <tr>
    <th scope="row">分类排名</th>
    <td>28</td>
    <td>4.24</td>
    <td>20.23%</td>
    <td>19 </td>
  </tr>
</table>
</body></html>
```

页面演示效果如图 8.9 所示。

艾瑞网人气指数

人气值	当日	一周变动	一周变幅	一周最高
CIIS 值	6.27	6.96	46.03%	12.49
综合排名	365	90.5	36.49%	237
分类排名	28	4.24	20.23%	19

图8.9　表格单元格应用scope属性

可视化浏览器不太用到scope属性（IE、Firefox等常用浏览器），但屏幕阅读器却非常依赖它。

> **TIP** 屏幕阅读器是一种软件，用来将文字、图形以及电脑接口的其他部分（及文字转语音技术）转换成语音或点字。

小结

本节首先对表格的标签元素和属性进行了详细讲解，使用了许多表示性元素，例如，宽度、高度、边框、对齐方式、间距等，现在这些属性大部分已经可以通过CSS属性实现相应效果，建议弃用这些表示性元素，在下面的章节中会用CSS代替这些属性值。经常使用符合XHTML标准的结构标签，能够在将来修改以及为他人修改代码提供方便。

接着对表格单元格进行横向合并和纵向合并，并通过实例对它们的用法进行演示，通过<caption>标签及summary属性的使用解决视觉用户及非视觉用户了解主要表格内容方式。

最后，对表格数据行分组：表头区<thead>标签、主体区<tbody>标签和表尾区<tfoot>标签，并介绍了<colgroup>标签和<col>标签定义列组。分组的目的是方便数据显示样式控制，使其更利于搜索引擎的阅读。接着通过为<th>标签设置值为col 或row的scope属性定义数据单元格的表头（定义行表头或列表头）。

8.2　表格的样式

在默认状态下表格是没有定义任何样式的，建议读者使用 CSS 来控制表格的样式。

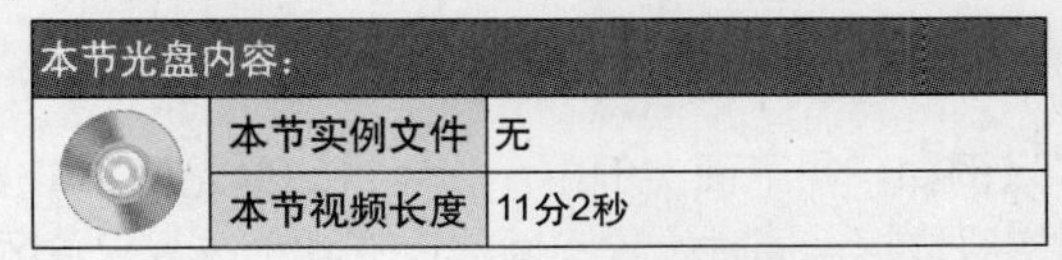

本节光盘内容：

	本节实例文件	无
	本节视频长度	11分2秒

很多读者习惯了使用表格标签自带的属性来定义表格样式，不过在标准布局下，就不再建议使用了。使用 CSS 控制表格样式的优势不言而喻，它能够优化文档结构，提高页面控制效率。

8.2.1　表格边框样式

视频路径：视频文件\files\8.2.1.swf　实例文件：实例文件\8\基础示例\表格边框样式.html、表格边框样式1.html

传统布局中主要使用<table>标签的border属性定义表格的边框线，该属性值大于等于0且为整数，当设置其值为0时，则表明表格边框不显示。但是使用<table>标签的border属性定义边框线存在很多弊端，无法灵活定制表格样式。虽然结合<table>元素的frame和rules属性也可以设计更多的表格边框样式，但设计出来的表格边框样式很单调，也很死板。

通过使用CSS的border属性，可以为<table>、<th>以及<td>等标签定义任意边上的边框样式，这在传统的布局中是不敢想象的。传统表格如果需要定制个性边框，只能借助于多层表格的嵌套，并结合背景图像来实现，当然付出的代价是以牺牲HTML结构的语义性和易用性为前提的。下面演示使用传统布局设置边框及边框颜色。

例如，在下面实例中，图8.10和图8.11所示的表格是常见的利用表格自身的border属性定义的边框。两图的边框样式过于简单单调，且IE和Firefox下默认的边框样式是不一致的。

边框线默认颜色单一，通过<table>标签的bordercolor属性可以改变边框的颜色。<table border="2" bordercolor="#3399FF">，通过下面的示意图可以发现Firefox并没有支持bordercolor属性的颜色设置。

<table>元素默认的边框线和边框线颜色属于表现性属性，且浏览器支持的并不好。CSS的border属性可以解决浏览器兼容问题，且将<table>元素默认的所有表现性元素或属性删除，如图8.12和图8.13所示。

浏览器名称	网民到达率	月度覆盖人数(万人)
Internet Explorer	93.1%	26280
Maxthon	19.4%	5474
360安全浏览器	15.8%	4465
腾讯TT	12.5%	3523
世界之窗	9.4%	2469
Mozilla Firefox	8.7%	2461
谷歌浏览器	2.6%	744
搜狗浏览器	2.2%	609
GreenBrowser	2.1%	546
Opera	1.9%	544

图8.10 IE下默认边框样式图

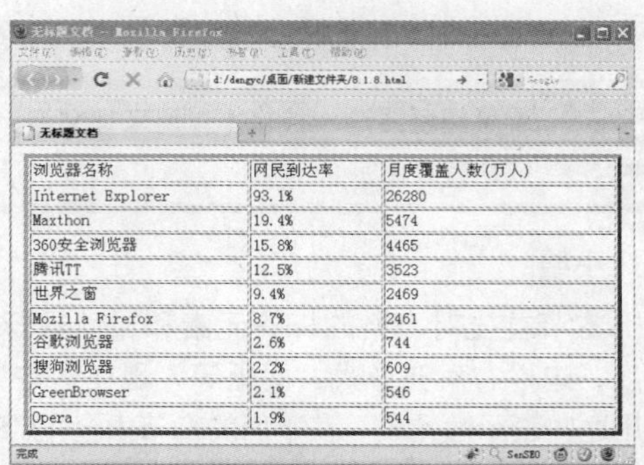

浏览器名称	网民到达率	月度覆盖人数(万人)
Internet Explorer	93.1%	26280
Maxthon	19.4%	5474
360安全浏览器	15.8%	4465
腾讯TT	12.5%	3523
世界之窗	9.4%	2469
Mozilla Firefox	8.7%	2461
谷歌浏览器	2.6%	744
搜狗浏览器	2.2%	609
GreenBrowser	2.1%	546
Opera	1.9%	544

图8.11 Firefox下默认边框样式图

浏览器名称	网民到达率	月度覆盖人数(万人)
Internet Explorer	93.1%	26280
Maxthon	19.4%	5474
360安全浏览器	15.8%	4465
腾讯TT	12.5%	3523
世界之窗	9.4%	2469
Mozilla Firefox	8.7%	2461
谷歌浏览器	2.6%	744
搜狗浏览器	2.2%	609
GreenBrowser	2.1%	546
Opera	1.9%	544

图8.12 IE支持bordercolor属性

浏览器名称	网民到达率	月度覆盖人数(万人)
Internet Explorer	93.1%	26280
Maxthon	19.4%	5474
360安全浏览器	15.8%	4465
腾讯TT	12.5%	3523
世界之窗	9.4%	2469
Mozilla Firefox	8.7%	2461
谷歌浏览器	2.6%	744
搜狗浏览器	2.2%	609
GreenBrowser	2.1%	546
Opera	1.9%	544

图8.13 Firefox不支持bordercolor属性

例如，在下面实例中，为表格的单元格 <td> 标签设置 1 像素虚线边框和为 <th> 标签设置 1 像素实线边框，同时设置不同的边框颜色进行视觉区别。

```
<html><head>
<style type="text/css">
table{
     width:600px;                              /*单元格宽度*/
     height:300px;                             /*单元格高度*/
}
.a1 td{
     border:1px dashed #69C;                   /*设置1像素虚线边框*/
}
.a1 th{
     border:1px solid #696;                    /*设置1像素实线边框*/
}
</style>
</head><body>
<table class="a1">
     <thead>
        <tr>
           <th>浏览器名称</th><th>网民到达率</th><th>月度覆盖人数（万人）</th>
        </tr>
     </thead>
     <tbody>
        <tr><td>Internet Explorer</td><tid>93.1%</td><td>26280</td></tr>
        <tr><td>Maxthon</td><td>19.4%</td><td>5474</td></tr>
        <tr><td>360安全浏览器</td><td>15.8%</td><td>4465</td></tr>
```

```
            <!--下面多行结构省略 -->
        </tbody>
    </table>
    </body></html>
```

页面演示效果如图 8.14 所示。

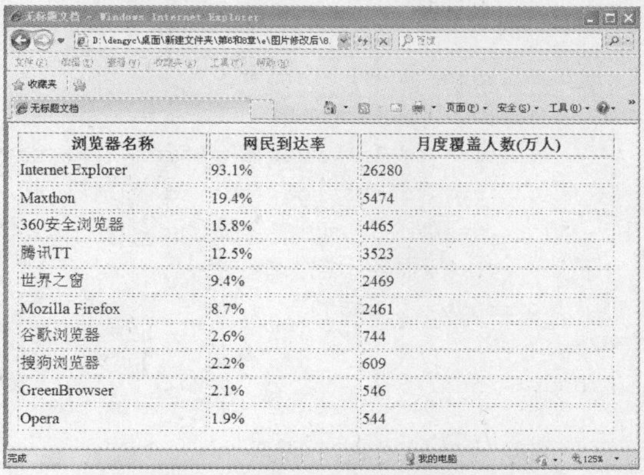

在上面实例中，首先通过 CSS 属性定义表格的宽度和高度，而不再继续使用表格的宽度、高度属性设置。当为表格设置边框线颜色后，表格中的单元格与单元格之间存在间距，且相邻边框线没有进行合并，可以通过 border-collapse 属性（将在下面实例中讲解）迫使相邻单元格相邻边之间合并成一条线。接着为单元格 th 元素和 td 元素设置不同的边框线宽度和颜色。

浏览器名称	网民到达率	月度覆盖人数(万人)
Internet Explorer	93.1%	26280
Maxthon	19.4%	5474
360安全浏览器	15.8%	4465
腾讯TT	12.5%	3523
世界之窗	9.4%	2469
Mozilla Firefox	8.7%	2461
谷歌浏览器	2.6%	744
搜狗浏览器	2.2%	609
GreenBrowser	2.1%	546
Opera	1.9%	544

图8.14 为td和th元素设置不同的边框线图

如果网页中众多表格设置的边框宽度和颜色值不一样，该如何修改呢？最担忧的是当页面众多，且每个页面都包含几个不同的表格设置，改动表格的某个宽度或者颜色值是否需要将每一个文件都打开呢？解决方法是为每个表格添加 class 类。表格边框样式一致的话，就使用同一个 class 类名；然后对 class 类名添加边框值设置，将表格边框样式相同的 CSS 放在一起，这样将来修改不同颜色的表格边框时就不必逐个打开文件，只需更改一下相应的 CSS 设置即可。

例如，在下面实例中，三个单元格有两个单元格的边框样式是一致的，使用了同一个 class 类名，另一个边框样式使用了新的 class 类名。

```
<html><head>
<style type="text/css">
table{
    margin-left:10px;                          /*设置左边距，分隔各个表格*/
    float:left;/*左浮动*/
}
.a1 td{
    border:1px solid #69C;                    /*设置1像素的边框*/
}
.a2 td{
    border:1px solid #690;                     /*设置1像素的边框*/
}
</style>
</head><body>
<table width="298" class="a1">
    <tbody>
        <tr><td>Internet Explorer</td><td>93.1%</td><td>26280</td></tr>
        <tr><td>Maxthon</td><td>19.4%</td><td>5474</td></tr>
        <tr><td>360安全浏览器</td><td>15.8%</td><td>4465</td></tr>
        <!--下面多行结构省略 -->
    </tbody>
</table>
<table width="298" class="a2">
    <tbody>
```

```
        <tr><td>Internet Explorer</td><td>93.1%</td><td>26280</td></tr>
        <tr><td>Maxthon</td><td>19.4%</td><td>5474</td></tr>
        <tr><td>360安全浏览器</td><td>15.8%</td><td>4465</td></tr>
        <!--下面多行结构省略 -->
    </tbody>
</table>
<table width="298" class="a1">
    <tbody>
        <tr><td>Internet Explorer</td><td>93.1%</td><td>26280</td></tr>
        <tr><td>Maxthon</td><td>19.4%</td><td>5474</td></tr>
        <tr><td>360安全浏览器</td><td>15.8%</td><td>4465</td></tr>
        <!--下面多行结构省略 -->
    </tbody>
</table>
</body></html>
```

页面演示效果如图 8.15 所示。

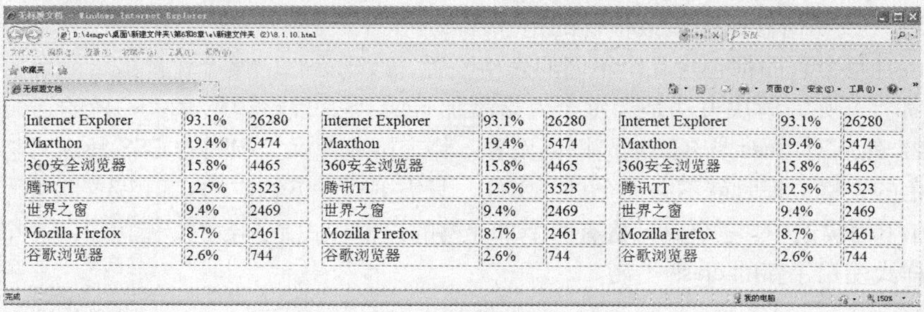

图8.15　两个表格采用同一个class名

首先对三个表格进行边框设置和左边距设置（进行视觉上的隔开），设置左浮动，这里设置的作用就是可以让三个表格在同一行上显示，并设置表格的左外间距，实现表格与表格之间不紧贴在一起的效果。其中第一个和第三个表格使用了同一个 class 类名，当改变类名 a1 的设置时，第一个表格和第三个表格就会相应的发生改变。需要注意的是，对 <td> 标签进行了边框设置，而如果表格中含有表头元素，<thead> 标签下的 <th> 标签没有进行单元格设置，因而上面的代码可以更改如下：

```
.a1 td, .a1 th{
    border:1px solid #69C                    /*设置1像素的边框*/
}
.a2 td, .a2 th {
    border:1px solid #690;                   /*设置1像素的边框*/
}
```

在上面实例中，每个表格内部的单元格之间有间距，而在设计中并没有设置任何间距，那为什么存在呢？原来是在网页设计中，表格中的每个单元格都是一个独立的空间，为它们定义边框线时，相互之间不是紧密连接在一起的，就会出现间距。

通过CSS中的border-collapse属性可以解决上面提到的问题，使用该属性可以把相邻单元格的边框合并为一个，相当于把相邻单元格连接为一个整体，即如果出现重复的边框定义，将被合并为单一边框线。border-collapse属性取值包括separate（单元格边框相互独立）和collapse（单元格边框相互合并），默认情况下取值为separate，表示单元格与单元格之间相互独立，现在要把相邻边合并，设置值为collapse。

继续沿用上面的HTML和CSS代码，并添加表格<table>标签的CSS设置border-collapse: collapse。

```
table {/* 页面基本属性 */
    margin-left:10px;                    /*设置下边距，分隔各个表格*/
    border-collapse: collapse            /*相邻单元格合并 */
    float:left;                          /*左浮动*/
}
```

页面演示效果如图 8.16 所示。 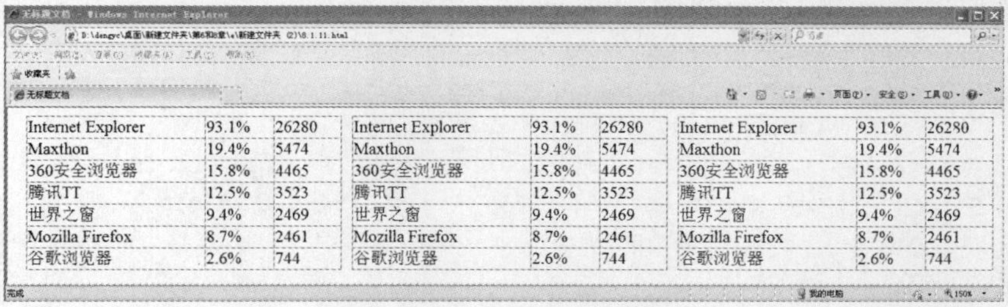

Internet Explorer	93.1%	26280	Internet Explorer	93.1%	26280	Internet Explorer	93.1%	26280
Maxthon	19.4%	5474	Maxthon	19.4%	5474	Maxthon	19.4%	5474
360安全浏览器	15.8%	4465	360安全浏览器	15.8%	4465	360安全浏览器	15.8%	4465
腾讯TT	12.5%	3523	腾讯TT	12.5%	3523	腾讯TT	12.5%	3523
世界之窗	9.4%	2469	世界之窗	9.4%	2469	世界之窗	9.4%	2469
Mozilla Firefox	8.7%	2461	Mozilla Firefox	8.7%	2461	Mozilla Firefox	8.7%	2461
谷歌浏览器	2.6%	744	谷歌浏览器	2.6%	744	谷歌浏览器	2.6%	744

图8.16 单元格合并后的效果图

8.2.2 表格的视觉设计

视频路径：视频文件\files\8.2.2.swf | 实例文件：实例文件\8\基础示例\表格的视觉设计.html、表格的视觉设计1.html

当表格中含有多行和多列时，单元格上的数据会让你看的眼花缭乱，稍不留神，就不知道当前所在的具体位置。针对此问题的一般解决方法是，设置表格隔行变色，使得奇数行和偶数行背景颜色相错开。

在 CSS 中实现隔行换色主要有两种方法实现：一种方法是通过为奇数行或者偶数行增加 class 类名来改变背景色；另外一种方法是通过背景图片平铺。

方法一　使用 Class 类实现

使用 Class 类实现的代码如下：

```
<html><head>
<style type="text/css">                  /*页面基本设置<清除默认设置> start*/
table{
    border-collapse: collapse;           /*相邻单元格合并 */
    background-color: #FF9900;           /*背景色设置 */
    font-size:12px;                      /*表格字体大小设置 */
}
.a1 td,.a1 th {
    border:1px solid #69C;               /*设置边框线 */
    line-height:19px;                    /*设置行高 */
    text-align:center;                   /*设置文字内容居中显示 */
}
.selbj{
    background-color: #00CC66;           /*设置背景颜色*/
}
thead tr{
    background-color:#339933;            /*设置背景颜色*/
}
</style>
```

```
</head><body>
<table width="600" class="a1">
     <thead>
        <tr><th>浏览器名称</th><th>网民到达率</th><th>月度覆盖人数（万人）</th></tr>
     </thead>
     <tbody>
        <tr><td>Internet Explorer</td><td>93.1%</td><td>26280</td></tr>
        <tr class=” selbj”><td>Maxthon</td><td>19.4%</td><td>5474</td></tr>
        <tr><td>360安全浏览器</td><td>15.8%</td><td>4465</td></tr>
        <tr class=” selbj”><td>腾讯TT</td><td>12.5%</td><td>3523</td></tr>
        <tr><td>世界之窗</td><td>9.4%</td><td>2469</td></tr>
        <tr class=” selbj”><td>Mozilla Firefox</td><td>8.7%</td><td>2461</td></tr>
        <tr><td>谷歌浏览器</td><td>2.6%</td><td>744</td></tr>
        <tr class=” selbj”><td>搜狗浏览器</td><td>2.2% </td><td>609</td></tr>
        <tr><td>GreenBrowser</td><td>2.1% </td><td>546</td></tr>
        <tr class=” selbj”><td>Opera</td><td>1.9% </td><td>544</td></tr>
     </tbody>
</table>
</body></html>
```

页面演示效果如图8.17所示。

在上面实例中，单元格合并等设置在前面已经解释。这里主要是给偶数行添加class类selbj，以改变背景颜色，而奇数行应用表格<tabe>标签的背景颜色。一开始为整个表格设置背景颜色，而奇数行应用整个表格的背景颜色。通过表格属性也能够实现表格纵向隔行换色，在讲解8.1.2节表格的附加结构及属性中介绍的colgroup属性，就可以实现这种情况。

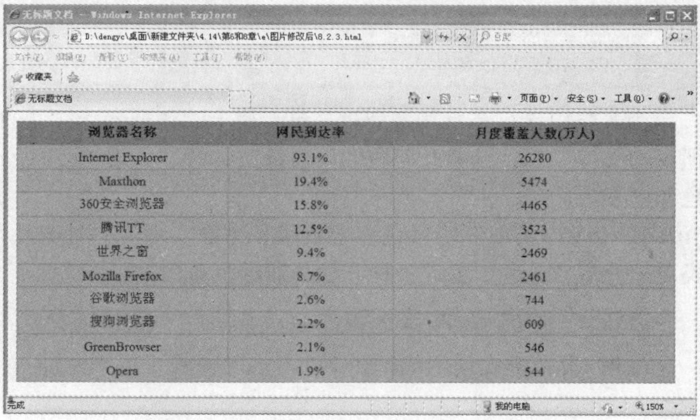

图8.17 背景颜色实现隔行变色图

方法二 使用背景图片实现

通过方法一实现了隔行变色，但删除了一行会怎么样呢？删除第一行和最后一行暂时不会影响表格的数据以及隔行变色，但如果我们从中间某行删除，那么通过class类实现的整个隔行变色的背景发生了错乱（纯静态的页面未使用程序语言或脚本语言）。通过背景图片实现的隔行换色，就不会发生这种问题。例如：

```
<html><head>
<style type="text/css">

.a1{
     border-collapse: collapse;              /*单元格合并 */
     background:url(img/12.jpg) repeat left top;   /*背景图片平铺 */
     border:1px solid #ff7300;               /*边框颜色 */
     font-size:12px;                         /*表格字体大小设置*/
     text-align:center;                      /*文字内容居中显示*/
}
```

```
.a1 td,.a1 th {
     line-height:19px;                              /*设置行高*/
     height:19px;                                   /*设置单元格高度 */
}
</style>
</head><body>
<table width="600" class="a1">
     <thead>
        <tr><th>浏览器名称</th><th>网民到达率</th><th>月度覆盖人数（万人）</th></tr>
     </thead>
     <tbody>
        <tr><td>Internet Explorer</td><td>93.1%</td><td>26280</td></tr>
        <tr><td>Maxthon</td><td>19.4%</td><td>5474</td></tr>
        <tr><td>360安全浏览器</td><td>15.8%</td><td>4465</td></tr>
        <tr><td>腾讯TT</td><td>12.5%</td><td>3523</td></tr>
        <tr><td>世界之窗</td><td>9.4%</td><td>2469</td></tr>
        <tr><td>Mozilla Firefox</td><td>8.7%</td><td>2461</td></tr>
        <tr><td>谷歌浏览器</td><td>2.6%</td><td>744</td></tr>
        <tr><td>搜狗浏览器</td><td>2.2% </td><td>609</td></tr>
        <tr><td>GreenBrowser</td><td>2.1% </td><td>546</td></tr>
        <tr><td>Opera</td><td>1.9% </td><td>544</td></tr>
     </tbody>
</table>
</body></html>
```

页面演示效果如图8.18所示。

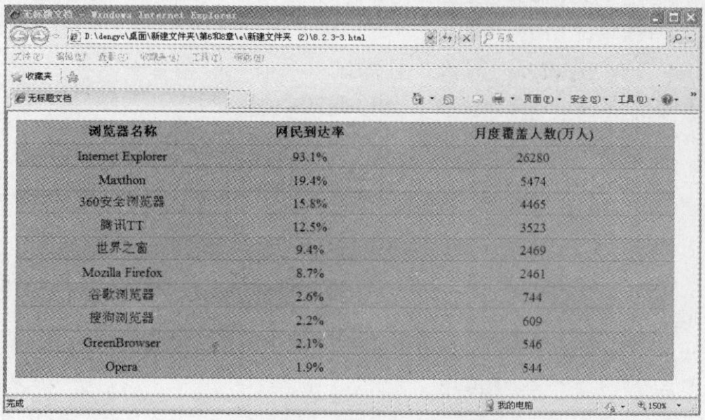

在上面实例中，CSS代码中只设置了一个background属性，注意它的背景图片要实现横向平铺和纵向平铺的作用，需要宽1像素，高等于设计图单元格两行的高度就可以了。如果单元格有边框线，那么需要的背景图片的高度包含了边框线，这样就不为<td>或者<th>标签设置边框线，只需为<table>标签设置外层边框线即可。无论是否有边框线，背景图片的高度值均为偶数（背景图片含边框线）。

浏览器名称	网民到达率	月度覆盖人数(万人)
Internet Explorer	93.1%	26280
Maxthon	19.4%	5474
360安全浏览器	15.8%	4465
腾讯TT	12.5%	3523
世界之窗	9.4%	2469
Mozilla Firefox	8.7%	2461
谷歌浏览器	2.6%	744
搜狗浏览器	2.2%	609
GreenBrowser	2.1%	546
Opera	1.9%	544

图8.18 背景图片平铺实现隔行变色图

对于花费大量时间在校对数字的财务人员来说，单纯的隔行变色并不能解决表格错误定位的问题，且盯着表格的时间过长，会造成视觉疲劳，更易忘记刚才校对的表格数据位置，有没有一个方法记录当前所看的数据位置呢？方法是有的，可以通过鼠标滑过时更改当前行或当前单元格的颜色来做出提示。

```
.a1 tr:hover{
     background-color:blue;                          /*鼠标滑过某行时的背景色变换 */
}
.a1 td:hover{
     background-color:#ff7300;                       /*鼠标滑过某个单元格时的背景色变换*/
}
```

页面演示效果如图8.19所示。

在上面实例中，当前单元格、单元格所在的行都发生了背景色的改变，有了颜色的改变就不会迷失在表格中，但很不幸的是图8.19鼠标滑过单元格颜色变化在IE 6浏览器中是不支持的，可以考虑通过JavaScript脚本或jQuery库来实现。

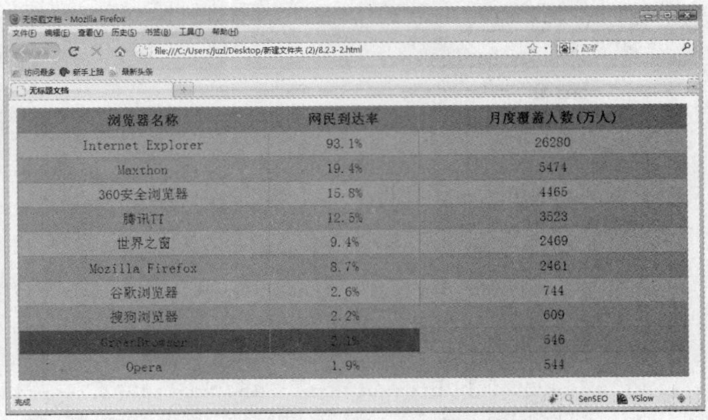

浏览器名称	网民到达率	月度覆盖人数(万人)
Internet Explorer	93.1%	26280
Maxthon	19.4%	5474
360安全浏览器	15.8%	4465
腾讯TT	12.5%	3523
世界之窗	9.4%	2469
Mozilla Firefox	8.7%	2461
谷歌浏览器	2.6%	744
搜狗浏览器	2.2%	609
GreenBrowser	2.1%	546
Opera	1.9%	544

图8.19 鼠标滑过单元格时的颜色变化图

8.2.3 表格特殊性设计

视频路径：视频文件\files\8.2.3.swf | 实例文件：实例文件\8\基础示例\表格特殊性设计.html

日历是日常生活中随处可见的，有时会在自己的日历的某一天写上将要处理的事情，以提醒自己将要做的事情。作为备忘录的日历在网络上越来越流行，利用CSS可以实现简单的日历，若设置的日历过于复杂，会给日后的改动带来很多麻烦。通过表格构架设置日历的结构，使用CSS属性设置日历的属性。

实现效果：可以通过手工记录某天的内容在日历上，要求可以进行多行文字输入，并且文字输入超过单元格的高度时要隐藏剩余的文字，鼠标移动到某天时表格颜色发生改变，提示当前鼠标指针所在单元格的日期。

一个月最多有31天，且需显示当前年份和月份，利用表格元素；内容可多行设置且可更改，使用表单的<textarea>标签，如设置2010年的3月份。

```
<html><head>
<style type="text/css">
body{/* 页面基本属性 */
    margin:0px; padding:0;                      /* 清除浏览器默认间距 */
    text-align:center;                          /* IE浏览器的居中 */
    font-size: 12px;                            /* 字体大小 */
    font-family:宋体;                           /* 字体 */
    color:#000;                                 /* 字体颜色 */
}
.tab{
    border-collapse:collapse;                   /* 单元格合并 */
    margin:0 auto; text-align:center;           /* 在浏览器中居中 */
}
.tab caption {
    font-size:20px;                             /* 设置字体大小 */
    font-weight:bold;                           /* 设置文字加粗 */
    font-family:Georgia;                        /* 设置字体类型 */
    padding-bottom: 6px;                        /* 设置内间距 */
}
.tab td{
    height:100px;width:100px;                   /* 设置宽度和高度 */
    text-align:center; font-size:12px;          /* 文字居中及文字大小 */
```

```
    cursor:pointer; color:#999; vertical-align:top;  /* 鼠标样式、顶端对齐及字体颜色 */
    border:1px solid #9C3; color:#096       /* 设置边框线及字体颜色 */
}
.tab span{
    text-align:left; display:block;         /* 文本左对齐及转换为块元素 */
    font-family:Verdana, Geneva, sans-serif; padding-left:3px;    /* 字体及左间距 */
    padding-top:3px; font-weight:bold;      /* 上间距及文字加粗 */
}
.tab textarea{
    height:88px; width:88px; border:none; color:#2B5070; /* 更改textarea的默认设置 */
    background:transparent; line-height:20px; text-align:left; /* 背景透明及行高设置 */
    overflow:hidden;                        /* 超出部分隐藏 */
}
td.curr {
    background-color: #B1CBE1;              /* 设置背景颜色 */
    color: #2B5070;                         /* 设置字体颜色 */
}
.hui{
    background-color:#DDD;                  /* 设置背景颜色*/
}
.tab th{
    background-color:#6CC;border:1px solid #9C3;              /* th默认设置 */
    font-family:Verdana, Geneva, sans-serif; font-weight:normal; /* 字体类型 */
    line-height:30px; font-size:16px;       /* 设置行高和字体大小 */
}
.tab td:hover{
    background-color:#9C0;                  /* 鼠标滑过时背景色的改变 */
}
</style>
</head><body>
<form method=”post”>
<table class="tab">
    <caption>2010年3月</caption>
        <tr>
            <th scope="col">星期天</th><th scope="col">星期一</th>
            <th scope="col">星期二</th><th scope="col">星期三</th>
            <th scope="col">星期四</th><th scope="col">星期五</th>
            <th scope="col">星期六</th>
        </tr>
        <tr>
            <td class="hui"><span>31</span></td><td><span>1</span></td>
            <td class="curr"><span>2</span><textarea>参加聚会</textarea></td>
            <td><span>3</span></td><td><span>4</span></td>
            <td><span>5</span></td><td><span>6</span></td>
        </tr>
        <! -- 中间多行结构省略 -->
        <tr>
            <td><span>28</span></td>
            <td class="curr"><span>29</span>
            <textarea>交纳水费、电话卡、数学补习班</textarea></td>
```

```
            <td><span>30</span></td><td><span>31</span></td>
            <td class="hui"><span>1</span></td>
            <td class="hui"><span>2</span></td><td class="hui"><span>3</span></td>
        </tr>
    </table>
</form>
</body></html>
```

页面演示效果如图8.20所示。

在上面实例中，最上面的标题年份和月份需单独设置，星期一至星期天背景色一致，具体的日期有四种状态。

- 本月日期显示完毕，需要下个月显示的日期是灰色。
- 没有添加备忘录内容的日期显示为白色。
- 添加备忘录内容的日期为浅蓝色。
- 当鼠标滑过单元格时，当前鼠标所在单元格颜色设置为绿色，当离开时颜色变回原先的默认值。

图8.20 表格实现的日历效果图

```
/*页面基本设置<清除默认设置> start*/
body {text-align: center;font-family:"宋体", arial;margin:0;padding:0; font-size:12px; color:#000;}
```

第一步，不设置表格的宽度和高度，通过<td>标签进行相应设置，使表格居中，合并单元格，为以后单元格元素设置边框埋下伏笔。内容“2010年3月”通过caption元素控制显示，设置caption元素的文字大小为20像素，文字为粗体，设置字体类型为Georgia（Georgia字体是一种写法参进了英文写法的输入体，用在数字上时，会有大小起伏的感觉）。

```
.tab{border-collapse:collapse; margin:0 auto; text-align:center;}
.tab caption {font-size:20px; font-weight:bold; font-family:Georgia;padding-bottom: 6px;}
```

设置scope="col"属性是<th>标签，用在行或列表头中，为指明用在哪里，每个<th>标签都需要加上scope="col"属性。也可以将scop元素设置为rowgroup或colgroup的值，指明表头属于哪个表格组。此属性对视觉有障碍，会对使用屏幕阅读器阅读的用户帮助很大。

第二步，为表格单元格划分区域，设置每个单元格的宽度为100像素，高度为100像素。文字横向居中、纵向顶端对齐、设置字体颜色、设置边框属性。当鼠标滑过单元格时鼠标样式变为手型，以增加视觉效果。

```
.tab td{height:100px; width:100px; text-align:center; font-size:12px; cursor:pointer; color:#999;
    border:1px solid #9C3; vertical-align:top; color:#096}
```

vertical-align 属性设置对象内容的垂直对齐方式，其中top属性值可以定义文字顶端对齐。

第三步，设置单元格中日期编号span元素。设置数字编号左对齐，与下面的<textarea>标签分开，转换为块元素。文字加粗表示强调，这里没有采用<em>、<strong>标签表示强调，因为它们都是外观强调而非内容强调。现在日期编号紧贴在单元格顶部和左侧，采用内间距，让它与单元格边框线之间产生距离。

```
.tab span{text-align:left; display:block; font-family:Verdana, Geneva, sans-serif;
    padding-left:3px; padding-top:3px; font-weight:bold;}
```

第四步，设置<textarea>标签的宽度和高度，它的值是单元格的高度100像素减掉<span>标签占的高度。<textarea>标签的宽度要稍小一下，这样就不必设置内间距，让文字内容远离单元格边框线。文字设置左对齐，行高设置为20像素，防止行与行之间内容紧凑。<textarea>标签默认有滚动条，设置边框border:none，使页面更加美观。默认<textarea>标签背景是白色的，这里设置为透明，让<textarea>标签与单元格的颜色相重合，为鼠标滑过单元格设置伏笔。

```
.tab textarea{height:88px; width:88px; border:none; color:#2B5070;
background:transparent;
    text-align:center; overflow:hidden; line-height:20px; text-align:left }
```

第五步，设置三种不同单元格的样式。第一种样式默认没有添加任何记录，设置为白色背景；第二种样式已经添加将来在某天要做的工作，设置为浅蓝色；第三种样式是本月天数已经完成，本周还没有结束的灰色。下面分别为单元格添加不同的class类。

```
td.curr {background-color: #B1CBE1;color: #2B5070;}
.hui{background-color:#DDD}
```

第六步，标题文字下周一到周日作为表头，通过th包裹内容，进行星期一到星期六的格式设置。文字大小为16像素（取值在于caption元素内容的大小，大于td元素内容的大小，便于视觉上进行区分），设置边框线颜色和td元素一样。改变行高，文字垂直居中显示。最后通过伪类hover改变鼠标滑过单元格时的背景（IE 6不支持，可通过JavaScript编程实现）。

```
.tab th{background-color:#6CC;border:1px solid #9C3;
    font-family:Verdana, Geneva, sans-serif; font-weight:normal; line-height:30px;
font-size:16px;}
.tab td:hover{background-color:#9C0;}
```

最终的 CSS：

```
body{margin:0px; padding:0; text-align:center;font-size: 12px;font-family:宋体;
color:#000; }
.tab {border-collapse:collapse; margin:0 auto; text-align:center;}
.tab caption {font-size:20px; font-weight:bold; font-family:Georgia;padding-bottom: 6px;}
.tab td {height:100px; width:100px; text-align:center; font-size:12px;cursor:pointer;
    color:#999;border:1px solid #9C3; vertical-align:top; color:#096}
.tab span {text-align:left; display:block; font-family:Verdana, Geneva, sans-serif;
    padding-left:3px; padding-top:3px; font-weight:bold;}
.tab textarea {height:88px; width:88px; border:none; color:#2B5070;
background:transparent;
    text-align:center; overflow:hidden; line-height:20px; text-align:left }
td.curr {background-color: #B1CBE1;color: #2B5070;}
.hui {background-color:#DDD}
.tab th {background-color:#6CC;border:1px solid #9C3; line-height:30px;
    font-family:Verdana, Geneva, sans-serif; font-weight:normal; font-size:16px;}
.tab td:hover {background-color:#9C0;}
```

总之，CSS 的 border 属性替代 <table> 标签的 border、bordercolor 属性，为修改表格边框样式提供了方便。通过 CSS 定义的 border-collapse 属性取代 <table> 标签的 border-collapse 属性，清除了 HTML 中无意义的属性。通过 CSS 属性实现隔行换色，解决浏览表格信息遇到的问题，使用 CSS 伪类实现表格的动态样式效果。最后，展示一个利用表格实现的日历备忘录效果，可以通过脚本程序完成更多效果，如限制输入的字数及输入字数时提示当前输入的字数。

8.3 案例实战

本案例的网站，因其股票数据的特殊性，需要通过表格进行数据展示。为展示近日优秀股票的状况，需要通过时间进行划分比较，以解读了解股市风向。

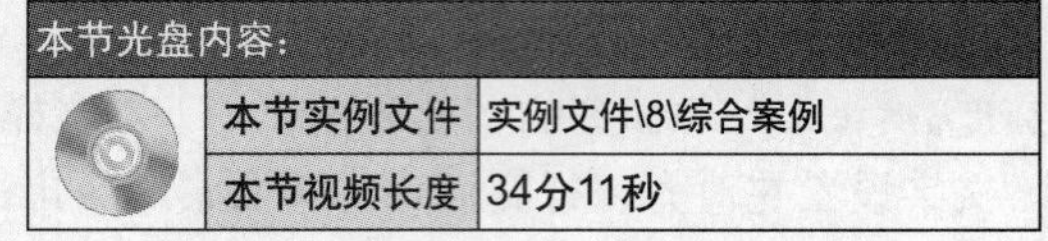

本节光盘内容：

本节实例文件	实例文件\8\综合案例
本节视频长度	34分11秒

8.3.1 产品策划

视频路径：视频文件\files\8.3.1.swf　　实例文件：无

滚雪球是企业类网站，网站主色调以红色为主，该网站以介绍滚雪球软件内的股票信息为主。因其股票行业的红涨绿跌特点，故设计为红色系，通过红色色调值的增减实现色彩搭配。红色容易让人联想到热血、婚姻、喜庆，给人富有活力、激动、火暴等寓意，而作为买卖股票的人希望天天红色直线暴涨。

8.3.2 画板

视频路径：视频文件\files\8.3.2.swf　　实例文件：无

此网站界面较大，但重复部分较多，主要分为以下几大块：操盘必读、实时播报、操赢股票池、深度咨询、每日盘点、节目视频以及排名。实时播报包括1区和2区，1区和2区包含实时播报、买入最赚钱股票、卖出股票最赚钱、买到涨停板四部分；操赢股票池包括推荐操盘手、股票池几天内的股票表现；排名包含操盘手收益率排名、人气值排名两部分。设计草图如图8.21所示。

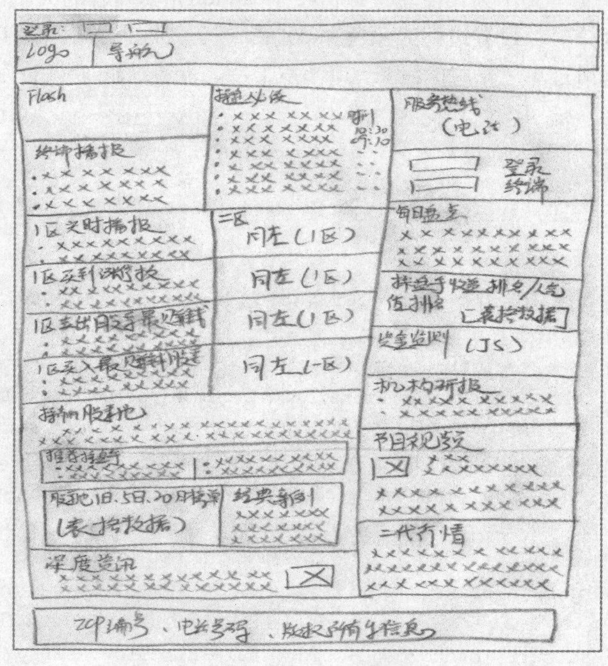

图8.21 画板草图

8.3.3 设计图

视频路径：视频文件\files\8.3.3.swf　　实例文件：无

通过画板对页面进行分析并根据画板设计图划分栏目区域。现在需要将各个栏目具体内容通过画图软件Photoshop或Fireworks设计出来，在后面重构中将给出栏目划分的XHTML结构，在布局中将给出页面大体结构以及具体内容编写结构的实现过程。图8.22所示是设计模块划分图。

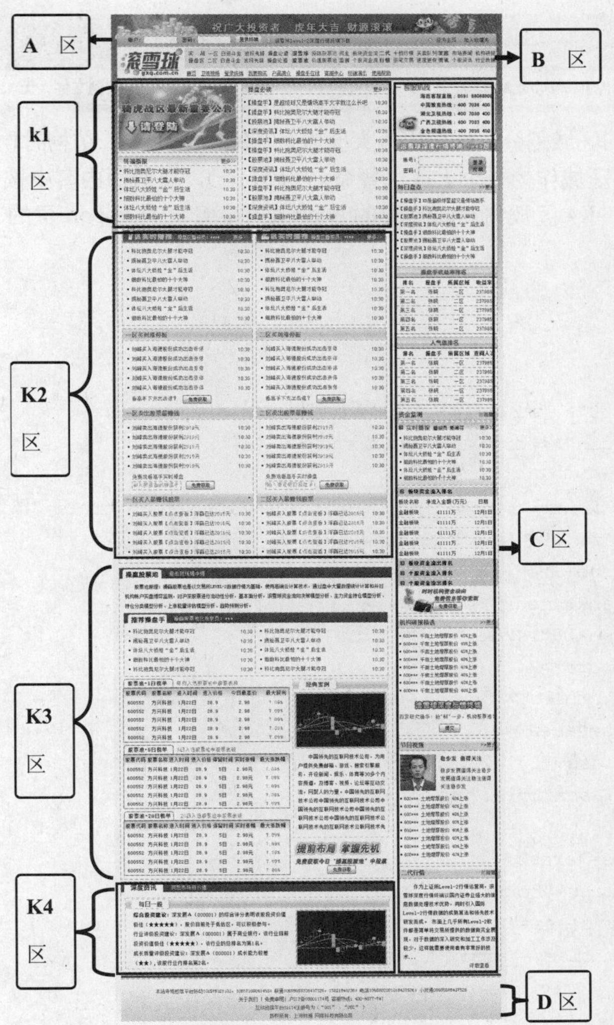

图8.22　设计模块划分图

8.3.4　切图

视频路径：视频文件\files\8.3.4.swf　|　实例文件：无

使用 Photoshop 软件中的工具将设计图以下部分切出来，因限于篇幅，只讲解设计图一部分，重复部分将不再讲解，故使用以下图片，这些图片作为背景图或作为插入元素，具体操作步骤在视频里演示。图 8.23 所示为切图效果。

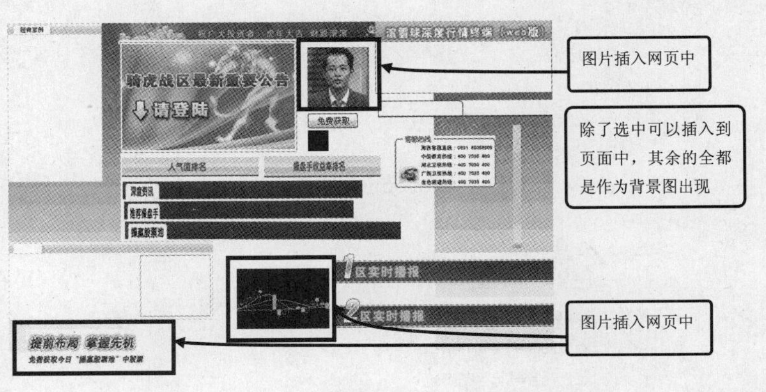

图8.23　切图

8.3.5 重构

视频路径：视频文件\files\8.3.5.swf | 实例文件：无

根据图 8.22 中的区域划分，标记出八大区域，在编写 XHTML 结构时，采用四个大区域：A 区、B 区、D 区以及剩余区域作为一个大区（暂命名为 M 区），在后面内容中按照该思路讲解。M 区定义浏览器下居中，K1-K4 区放到 import 层的 lyleft 层中，C 区为 import 层的 lyright 层。

```
<html>
<head>
</head>
<body>
< div class="h50">为显示body背景图片添加的标签</ div>
<div class="login"></div><!--login end-->
<div class="nav">
   <a href="#" class="logo"><img src="images/logo.jpg" title="滚雪球" /></a>
   <div class="conW"></div><!--conW end-->
</div><!--nav end-->
<div class="blank6 red2"></div>
<div class="blank10"></div>
<div class="import">
   <div class="lyleft">
      <div class="area1">
         <div class="Ly1-2"></div>
         <div class="Ly1-1"></div>
      </div>
      <div class="area2">
         <div class="bor6">
            <div class="wrap-5"></div>
            <div class="area2-1"></div>
                  <div class="area2-2"></div>
         </div>
      </div>
      <div class="area3">
         <div class="bor6">
            <h2></h2>
            <div class="cont-p">"></div>
            <div class="bor7"></div>
            <div class="datatable"></div>
         </div>
      </div>
      <div class="area4">
         <h2></h2>
         <div class="daystock"></div>
      </div>
   </div>
   <div class="lyright">
      <div class="kefu"></div>
      <div class="loginin"></div>
      <div class="bor1">
```

```
            <h3></h3>
            <div class="item-sel"></div>
        </div>
        <div class="bor2">
            <div class="cps-2"></div>
            <div class="paiming"></div>
        </div>
        <div class="bor2">
            <div class="cps-2"></div>
            <div class="paiming"></div>
        </div>
        <div class="bor2">
            <div class="jCe"></div>
        </div>
        <div class="bor2">
            <div class="selbj2"></div>
            <div class="list"></div>
            <div class="tjiao"></div>
        </div>
        <div class="bor2">
            <div class="selbj2"></div>
            <div class="conh280"></div>
        </div>
        <div class="bor2">
            <div class="gselbj2-1"></div>
            <div class="conh23"></div>
        </div>
    </div>
    <div class="clear"></div>
</div> <!-- import end-->
<div class="footer">
    <p></p>
</div>
</body>
</html>
```

8.3.6　布局

视频路径：视频文件\files\8.3.6.swf　　实例文件：无

第一步，打开Dreamweaver软件，执行“文件”→“新建”命令，弹出“新建文档”对话框，如图8.24所示，新建一个空白的XHTML文档页面，并保存文件为“An8.html”。

第二步，创建外部CSS样式表文件，保存为Astyle.css文件。执行“窗口”→“CSS样式”命令，打开“CSS样式”面板，单击“附加样式表”按钮，在弹出的“链接外部样式表”对话框中单击“浏览”按钮，如图8.25所示，找到Astyle.css文件，将其链接到“An8.html”文档，最后单击“确定”按钮。

```
<link href="css/Astyle.css" rel="stylesheet" type="text/css" />
```

第三步，初始化XHTML元素，将所有用到以及即将用到的元素初始化，确保所有元素在不同浏览器下默认状态是一致的，具体查看Astyle.css文件头部初始化。

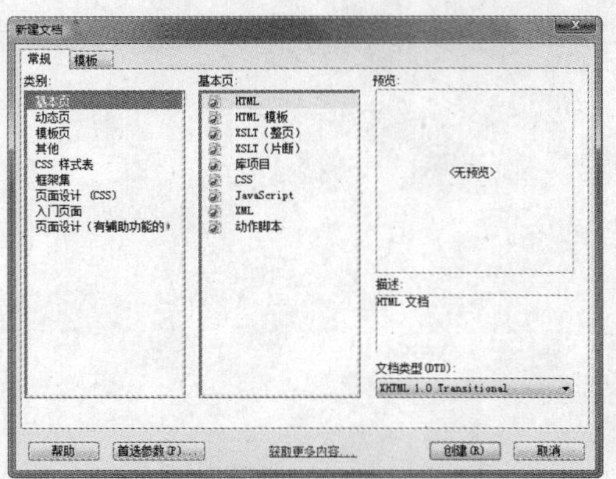

图8.24 “新建文档”对话框

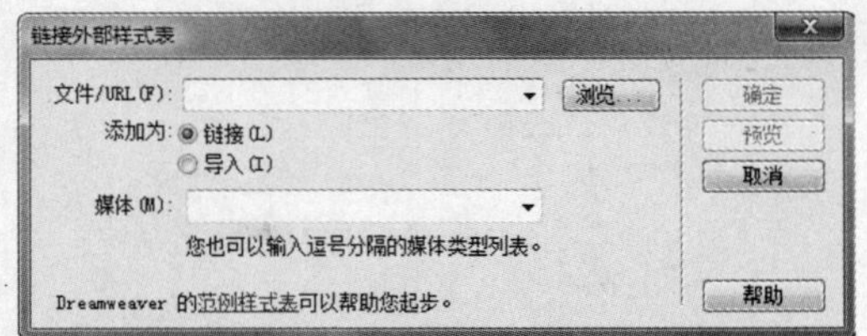

图8.25 “链接外部样式表”对话框

> **TIP** 限于篇幅，案例只给出区域划分CSS代码、XHTML结构代码，具体CSS代码、XHTML结构代码，请查看本章案例部分的文件。index.html文件完成设计图所有部分，而本章案例文件拿出部分进行讲解，重复部分不讲解。

第四步，节日期间各个门户网站都要添加节日大背景图片，以烘托节日气氛。建立虎年春节背景：<body>背景图片的设置，编写CSS样式代码。<html>标签、<body>标签设置背景图片year.gif，图像位置为background-position: center top;，浏览器无论如何变化大小，图片总是在浏览器中间顶部显示。图片大小为1680*1256，图片宽度要足够大，这样可以适应不同分辨率。图片顶部是50像素的老虎图片，故定义<div>标签的高度为50像素。网页背景图片如图8.26所示。

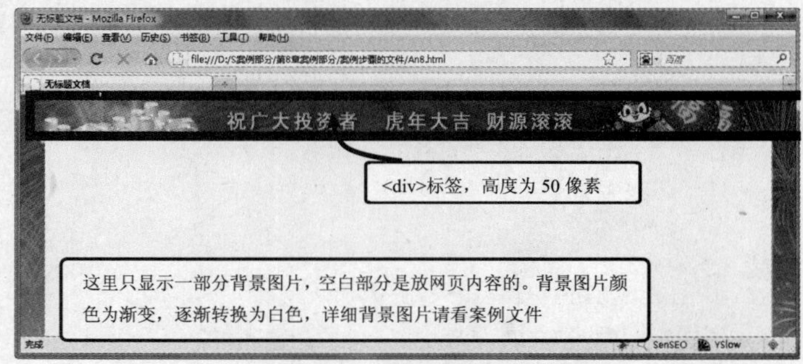

图8.26 网页背景图片

```
XHTML:
<div class="h50"></div>
CSS:
html,body{background:url(../images/year.gif) no-repeat center top;}
.h50{height:50px; display:block;}
```

第五步，M区import层是网站头部与网站底部区域之外的中间区域。定义import层：宽度为960像素。import层包括lyleft层、lyright层和clear层。lyleft层是设计图上的K1、K2、K3、K4区域；lyright层是设计图上的C区。lyleft层宽度为690像素、左浮动；lyright层宽度为260像素、右浮动；因import层宽度为960像素，故lyleft层与lyright层之间距离为960-690-260=10像素；clear层作用：使父层import层高度自适应，故清除左右浮动，使其父层高度自适应；设置高度为0像素是为了避免占用空间，宽度为1像素并设置visibility，作用是超出部分隐藏但占用空间位置。图8.27所示是 import层设置及划分左右区域。

```
XHTML:
<div class="import">
   <div class="lyleft">左边</div>
   <div class="lyright">右边</div>
```

```
    <div class="clear"></div>
</div>
CSS:
.import{width:960px;}
.lyleft{width:690px;float:left;}
.lyright{width:260px;float:right;}
.clear{ clear: both; font-size:1px; width:1px; height:0; visibility: hidden; }
```

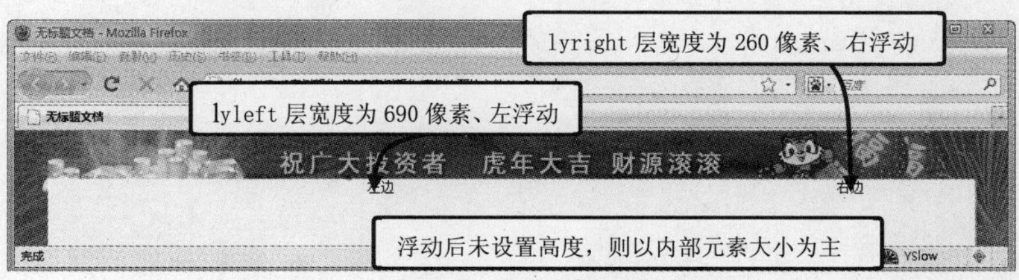

图8.27 import层设置及划分左右区域

第六步，lyleft层是设计图上的K1、K2、K3、K4区域，分别为四个区域定义class名，即area1层、area2层、area3层和area4层，四个层定义下边距均为6像素，分别定义高度为348像素、846像素、788像素、225像素，其中area4层定义1像素的边框线。lyright层右侧区域包含kefu层、loginin层、bor1层、bor2层、bor2层、bor2层、bor2层、bor2层、bor2层。kefu层代表客服热线模块、loginin层代表登录部分模块、bor1层包含每日盘点及其列表模块；bor2层总共有六个，它的作用只是定义边框线（该网页中任何位置都是，即定义空间边框），需要填充不同内容。图8.28所示为lyleft层、lyright层内部一级元素区域划分图。

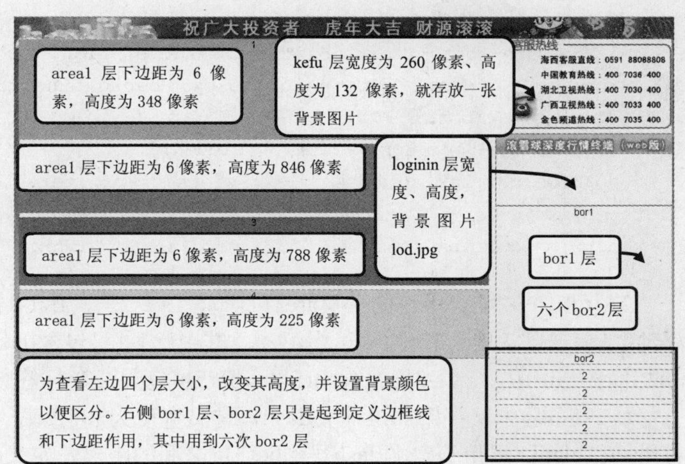

图8.28 lyleft层、lyright层内部一级元素区域划分

- kefu层定义宽度为260像素、高度为132像素；定义背景图片为kef.jpg，其大小与层大小一致；通过相对定位且右偏移2像素，调整在<body>标签背景图的位置；通过下边距调整与loginin层的距离。
- loginin层定义宽度为260像素、高度为62像素；背景图片为lod.jpg，其高度为105像素、宽度为260像素。此处通过loginin层的上间距将其图片完全显示，内部元素将在间距下方显示。
- bor1层和bor2层为内部内容定义1像素边框线和7像素的下边距。bor1层定义宽度为258像素、高度为206像素；bor1层不定义宽度、高度。

```
XHTML:
<div class="import">
    <div class="lyleft">
        <div class="area1"></div>
        <div class="area2"></div>
        <div class="area3"></div>
        <div class="area4"></div>
    </div>
```

```
        <div class="lyright">
            <div class="kefu"></div>
            <div class="loginin"></div>
            <div class="bor1"></div>
            <div class="bor2"></div>
            <div class="bor2"></div>
            <div class="bor2"></div>
            <div class="bor2"></div>
            <div class="bor2"></div>
            <div class="bor2"></div>
        </div>
        <div class="clear"></div>
    </div>
    CSS:
    .area1,.area2,.area3,.area4{ margin-bottom:6px;}
    .area1{ height:348px;}.area2{ height:846px;}.area3{ height:788px;}
    .area4{ height:225px;;border:1px solid #FF9192;}
    .kefu{width:260px;height:132px; background:url(../images/kef.jpg) no-repeat left top;
        margin-bottom:7px; position:relative; right:2px;}
    .loginin{ width:260px; height:62px; background:url(../images/lod.jpg) no-repeat
left top; clear:both;
        padding-top:43px; overflow:hidden;}
    .bor1{border:1px solid #FF9192; width:258px; height:206px; overflow:hidden; margin-
bottom:7px;}
    .bor2{border:1px solid #FF9192; margin-bottom:7px;}
```

第七步，左侧lyleft层的子层area1层包含Ly1-2层、Ly1-1层。Ly1-1层定义宽度为305像素、左浮动；Ly1-2层宽度为375像素、右浮动。其中Ly1-1层包含flash层、blank8层、bor5层，bor5层包含<h2>标签、list层。Ly1-2层包含bor5层，bor5层包含<h2>标签、item-sel层。

Ly1-1子层定义：flash层存放flash，定义宽度为305像素、高度为172像素，层内用一张图片代替flash。blank8层用于定义flash层和bor5层之间的距离，定义高度为8像素、字体为1像素，超出部分隐藏。bor5层与其他borN一致：定义1像素边框线、7像素的下边距。bor5层子层定义如下。

- 使用<h2>标签class名为tit-h2作为标题模块，首先定义字体大小为14像素、文本加粗、行高为24像素、文本左对齐、字体颜色为#920000，文本缩进15像素；接着定义背景图片为h2bj.jpg，大小为3*24，横向平铺；<h2>标签内超链接“更多”，设置右浮动、右间距为5像素、取消加粗效果、字体大小为12像素。
- list层为模块层，页面被多处调用，首先清除浮动、上间距为9像素，定义内部<ul>标签颜色为#323232；其次定义<li>标签文本左对齐、清除浮动、字体大小为14像素、行高为20像素、左间距为12像素（此空间存放背景图片）；接着设置方块背景并调整位置为background-position: 2px 8px，图片不平铺；超链接<a>标签颜色为#323232；定义<span>标签右浮动、右间距为6像素、字体大小为12像素、字体颜色为#2B2B2B、字体类型为Arial。

Ly1-1层内调用list模块层，并进行样式调整，即.Ly1-1 .list。定义左边距为3像素、上间距为0像素、上边距为2像素（hack：IE 7浏览器下定义上边距为4像素，IE 6浏览器下定义上边距为1像素），<li>标签行高为23像素。

Ly1-2子层内容与Ly1-1层的“终端播报”的标题以及列表类似，故直接使用标题模块“终端播报”<h2>标签，且不需要更改样式，只更改文字内容为“操盘必读”；Ly1-2“操盘必读”列表内容与 Ly1-1 层的“终端播报”列表类似，所不同的是有两个超链接且样式有差异（看下面的效果图），list 模块层由 <li><span class="fma">10:30</span><a href="#"> 文章标题 </a></li> 调整为 <li><span class="fma">10:30</span>【<a href="#"> 股票板块名 </a>】<a href="#"> 文章标题 </a></li>。图 8.29 所示为 area1 层区域设置。

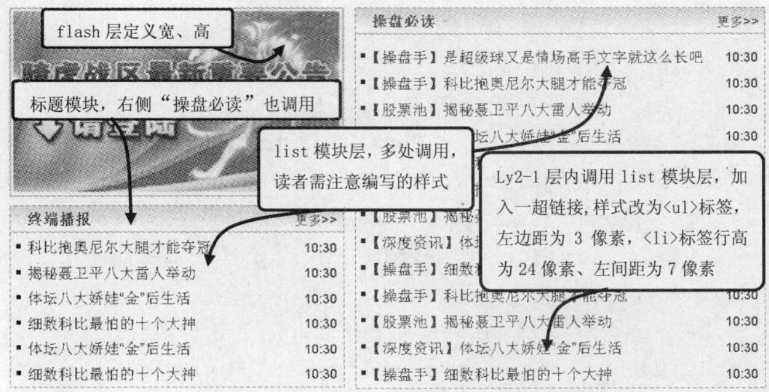

图8.29　area1层区域设置

Ly1-2 层中为 list 模块层添加 class 名 item-sel，调整 CSS 属性，即 <div class="list item-sel">，定义 <ul> 标签左边距为 3 像素，<li> 标签重新定义行高为 24 像素、左间距为 7 像素。

```
XHTML:
<div class="area1">
   <div class="Ly1-2">
      <div class="bor5">
         <h2 class="tit-h2"><a href=#">更多>></a>操盘必读</h2>
         <div class="list item-sel">
            <ul>
               <li><span class="fma">10:30</span>【<a href="#">操盘手</a>】<a href="#">
科比抱奥尼尔大腿才能夺冠</a></li>
            </ul>
         </div><!--base2 end-->
      </div><!--bor5 end-->
   </div><!--Ly1-2 end-->
   <div class="Ly1-1">
      <div class="flash"><img src="images/ad5.jpg" /></div><!--flash end-->
      <div class="blank8"></div>
      <div class="bor5">
         <h2 class="tit-h2"><a href="#">更多>></a>终端播报</h2>
         <div class="list">
            <ul>
               <li><span class="fma">10:30</span><a href="#">科比抱奥尼尔大腿才能夺冠</a></li>
            </ul>
         </div><!--base1 end-->
      </div><!--bor5 end-->
   </div><!--Ly1-1 end-->
</div><!--area1 end-->
CSS:
.list{clear:both;padding:9px 0 0;}
.list ul{color:#323232;}
.list li{ text-align:left;clear:both;font-size:14px;line-height:20px; padding-
left:12px;
    background:url(../images/fangkuai3.jpg) 2px 8px no-repeat;}
.list li a{color:#323232!important;}
.list li span{float:right;padding-right:6px;font-size:12px;color:#2B2B2B;
    font-family:Arial,Helvetica, sans-serif;}
```

```
/*******模块end**********/
.area1 .Ly1-1{ width:305px;float:left;}
.area1 .Ly1-2{ width:375px; float:right;}
.Ly1-1 .flash{width:305px; height:172px;}
.blank8{ height:8px; font-size:1px;display:block; clear:both;overflow:hidden;}
.bor5{border:1px solid #FF9192; margin-bottom:7px;}
.Ly1-1 .list{margin-left:3px; padding-top:0px; margin-top:2px;+margin-top:4px;_
margin-top:1px;}
.Ly1-1 .list li{line-height:23px;}
h2.tit-h2{ font-size:14px;font-weight:bold;text-align:left;line-height:24px;
color:#920000;text-indent:15px;
    background:url(../images/h2bj.jpg) repeat-x left top; }
h2.tit-h2 a{float:right; padding-right:5px; font-weight:normal; font-size:12px;}
.area1 .Ly1-2{ width:375px; float:right;}
.Ly1-2 .item-sel ul{ margin-left:3px;}
.Ly1-2 .item-sel li{ line-height:24px; padding:0 0 0 7px;}
```

第八步，area2层的子层为bor6层，bor6层子层为wrap-5层，wrap-5层包含area2-1层、area2-2层。为bor6层定义1像素边框线、边框颜色为#FF9192；为wrap-5层定义高度为845像素。因area2-1层和area2-2层内容一致，即只需完成一个定义后，另一个复制XHTML代码。图8.30所示为 area2层区域设置。

area2-1层和area2-2层宽度均为330像素、左浮动且定义display属性为inline。area2-1层定义左边距为10像素；area2-2层定义右边距为10像素，重新定义为右浮动。

area2-1层和area2-2层包含子层w330层、bor7层。w330层作用仅仅是将内部<h5>标签、bor7层包含起来，而area2-1层的子层bor7层的作用是定义边框线，包含内部子元素，并定义下边距为7像素。

- <h5>标签宽度为330像素、高度为43像素，行高为60像素，即标签内容未垂直居中且在垂直居中下方，定义超出部分隐藏，防止因行高大于高度将层大小撑开；接着设置背景图片为one.gif、图片大小为330*43。最后设置标签内超链接右浮动、宽度为38像素、字体颜色为白色、右间距为10像素；定义标签内<span>标签左间距为140像素，将其背景图片one.gif中图片文字部分显示出来。area2-2层内<h5>标签更换背景图片为two.gif。
- bor7层内存放list模块层。定义.bor7 .list左边距为10像素、下边距为5像素；定义.bor7 .list li的背景图片位置为background-position: 2px 9px、行高为24像素、字体大小为13像素。

area2-1层子层bor7层（此bor7层不是W330层子层bor7层，看下面的XHML代码）包含<h3>标签和list模块层。

- <h3>标签定义class名为tit，定义背景图片为h3bj.jpg，横向平铺；定义行高为30像素、字体大小为14像素、文本左对齐、字体颜色为#C90001、文本加粗、文本缩进8像素。
- bor7层内list模块层包含子元素<ul>标签、huoqu层。<ul>标签继承bor7层list模块外边距设置。huoqu层不会成为list模块层的一部分，而是单独定义。huoqu

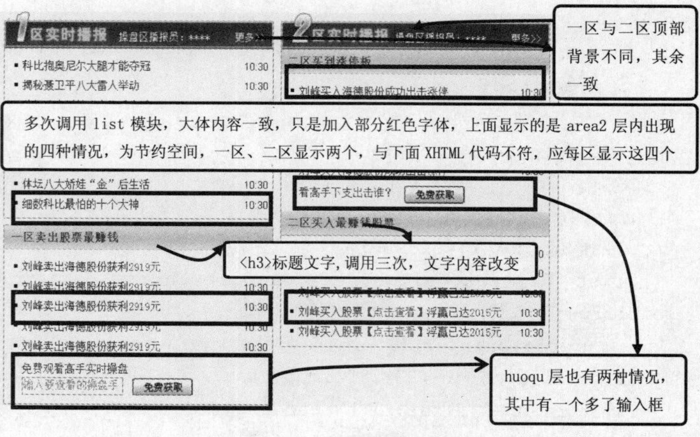

图8.30　area2层区域设置

层用于定义输入框和层内元素，其相应设置请查看下面CSS代码部分。

```
XHTML:
<div class="area2">
   <div class="bor6">
      <div class="wrap-5">
         <div class="area2-1">
            <div class="w330">
               <h5><a href="#">更多>></a><span>操盘区播报员：****</span></h5>
               <div class="bor7">
                  <div class="list">
                        <ul>
                              <li><span class="fma">10:30</span><a href="#">科比抱奥尼尔
大腿才夺冠</a></li>
                        </ul>
                  </div>
               </div>
            </div><!--w330 end-->
            <div class="bor7">
               <h3 class="tit">一区买到涨停板</h3>
               <div class="list">
                  <ul><li><span class="fma">10:30</span>刘峰买入海德股份成功出击<strong
class="red">涨停</strong></li></ul>
                  <div class="huoqu">看高手下支出击谁？<a target="_blank" href="#">免费获
取</a></div>
               </div>
               <h3 class="tit">一区卖出股票最赚钱</h3>
               <div class="list">
                  <ul><li><span class="fma">10:30</span>刘峰卖出海德股份获利<strong
class="red">2919元</strong></li></ul>
                  <div class=" huoqu" >看高手下支出击谁？<a target="_blank" href="#">免费
获取</a></div>
               </div>
               <h3 class="tit">一区卖出股票最赚钱</h3>
               <div class="list">
                  <ul><li><span class="fma">10:30</span>刘峰买入股票<strong><a
class="red" href="#">【点击查看】</a></strong>浮赢已达<strong class="red">2015元</
strong></li></ul>
                  <div class="huoqu" >看高手下支出击谁？<a href="#">免费获取</a></div>
               </div>
            </div><!--bor7 end-->
         </div><!--area2-1 end-->
         <div class="area2-2" >

   area2-2内容与area2-1内部层及CSS设置一致，省略。。area2-1层内多次调用list模块，只用一个<li>，
其余的代码省略。

         </div><!--area2-2 end-->
      </div><!--wrap-5 end-->
   </div><!--bor6 end-->
</div><!--area2 end-->
CSS:
```

```
    .bor6{border:1px solid #FF9192;}
    .bor7{border:1px solid #FF9192; margin-bottom:7px;}
    .wrap-5{ height:845px;}
    .area2-1,.area2-2{ width:330px; float:left;display:inline;}
    .area2-1{ margin-left:10px; }
    .area2-2{float:right;margin-right:10px; }
    .w330 h5{background:url(../images/one.gif) no-repeat left top;width:330px;
height:43px;line-height:60px;
        text-align:left;color:#fff; overflow:hidden;}
    .w330 h5 a{float:right; width:38px; color:#fff!important; padding-right:10px;}
    .w330 h5 span{ padding-left:140px;}
    .bor7 .list{ margin-left:10px; margin-bottom:5px;}
    .bor7 .list li{background:transparent url(../images/fangkuai3.jpg) no-repeat scroll
2px 9px;
        line-height:24px; font-size:13px; background-position:}
    h3.tit{line-height:30px; background:url(../images/h3bj.jpg) repeat-x left top;
text-indent:8px;
        font-size:14px;text-align:left; color:#C90001; font-weight:bold;}
    .huoqu{color:#A9030F;text-align:left;padding-left:12px;font-size:13px;padding-
top:5px;
        padding-bottom:5px; line-height:20px;}
    .huoqu input{width:122px; height:18px;border:1px solid #A8ACAF; color:#A4A4A4;
line-height:18px;}
    .huoqua{width:73px;height:21px;margin-left:12px;display:inline-block; text-indent:-
999px;overflow:hidden;
        background:url(../images/mianfei.jpg) no-repeat left top;vertical-align:middle;
+vertical-align:top; }
    .wrap-5 a.red{ color:#DF0009!important;}
    .wrap-5 strong.red{color:#D0100F;}
```

第九步，area3层包含bor6层。为bor6层定义1像素边框线，对其子层<h2>标签、cont-p层、bor7层、datatable层进行区域划分。

<h2>标签定义class名sel-3并继承h2.tit-c层设置，最终属性设置如下：字体颜色为白色、字体大小为13像素、行高为30像素、文本左对齐；定义背景图片为cpan3.gif（这个是sel-3设置），其图片大小为690*26；为避免文字内容与背景图片上文字内容“操赢股票池”重合，文本进行缩进125像素。

cont-p层存放段落文字，首先定义字体大小为12像素、行高为24像素、文本左对齐、首行缩进两个文字空间；其次通过左右间距5像素、上下间距14像素调整在父层bor6层中的位置。因其CSS属性不设置高度，故需编辑人员手动控制文字显示三行。

bor7层定义为1像素边框线、下边距为7像素，并定义盒模型空间：高度为160像素、宽度为666像素；bor7层内list模块层左边距为10像素；<li>标签字体大小为13像素、行高为24像素。bor7包含h2.tit-c、SmallBreakdown、second层。h2.tit-c在第九步开始时已经定义，直接使用即可；SmallBreakdown层定义宽度为332像素、高度为128像素、左浮动；second层继承SmallBreakdown层设置，其内部设置完全一致。SmallBreakdown层包含list模块层，此层继承bor7层对list模块层定义，同时重新定义1像素的右边框（用于区分SmallBreakdown层和second层）、下边距为4像素、上边距为5像素、上间距为0；second层继承SmallBreakdown层设置，但不需要右边框。

datatable层主要存放表格数据，定义盒模型宽度为500像素、高度为669像素，它包含dataS层、CaseStudy层。首先定义dataS层左浮动、高度为500像素、宽度为419像素；接着定义CaseStudy层右浮动、高度为500像素、宽度为242像素，最终dataS层在datatable层左侧，CaseStudy层在datatable层右侧。

dataS 层包含 tabtop 层（三次）、gptable 层（三次）。tabtop 层三次结构相同，文字内容稍微发生变化；gptable 层存在两种情况：第一种情况是六列表格数据，第二种情况是七列表格数据，其余不同之处就是内容不同。

- tabtop层存放表单数据的标题，首先定义宽度为419像素、高度和行高为24像素，并设置背景圆角图片btop.jpg，图片大小与层大小一致；接着定义字体颜色为红色、字体大小为13像素，以便突出标题文字；最后定义文本缩进10像素，将文本放入圆角背景图片内部。tabtop层包含<span>标签，设置字体颜色为灰色、左间距为24像素，远离背景图片右侧圆角部分，起到标题的辅助作用。
- gptable层存放表单数据，首先定义宽度为419像素、高度为134像素、1像素边框线，文本居中对齐、12号字体、文本间距为1像素、下边距为7像素；其次定义<thead>标签中的<tr>标签，行高为22像素、设置灰色渐变背景图片theadbj.jpg，并横向平铺；最后定义<tbody>标签中的<td>标签，行高为18像素、高度为60像素，宽度定义一个值（这里定义60像素，也可不定义使其自适应），但在<td>标签有一个class名为w80，定义其宽度为80像素即可，它的文字长于其他<td>标签内文字。虽然表格数据有六列、七列的，但较长文字的单元格定义宽度后，其余的单元格就自动调节占用的宽度大小。
- 右侧jingdian层定义宽度为242像素、高度为400像素、超出部分隐藏；设置背景图片为jind.jpg，图片大小与层大小一致。jingdian层包含插入图片、段落；为图片设置3像素边框、1像素内间距，通过上边距使图片远离背景图片顶部距离；段落<p>标签设置左右间距为12像素、上下间距为10像素，宽度为224像素、高度为185像素、行高为22像素，超出部分隐藏。对段落文字进行格式化：首行缩进两个文字空间、文本左对齐、13号字。此处mianfei3层设置不讲解，请查看CSS代码。

图 8.31 所示是 area3 层区域设置。

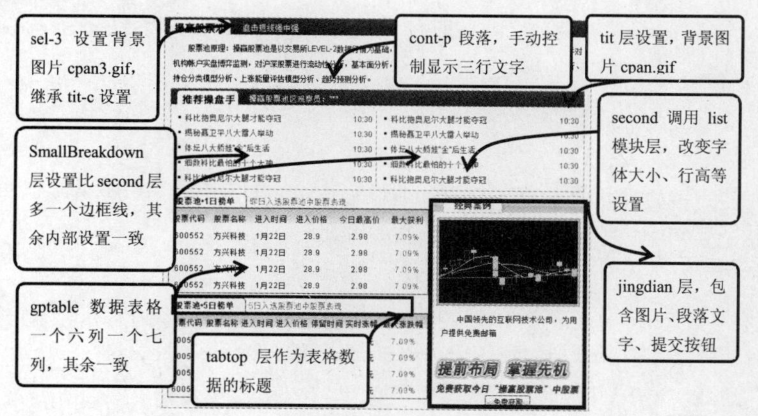

图8.31 area3层区域设置

```
XHTML:
<div class="area3">
   <div class="bor6">
      <h2 class="tit-c sel-3">追击短线强中强</h2>
      <div class="cont-p">股票</div>
      <div class="bor7">
         <h2 class="tit-c"><span>操赢股票池区观察员: *** </span></h2>
         <div class="SmallBreakdown">
```

```
            <div class="list">
               <ul>
                  <li><span class="fma">10:30</span><a href="#">科比抱奥尼尔大腿才能夺冠
</a></li>
               </ul>
            </div><!—list end-->
         </div>
         <div class="SmallBreakdown second">
            <div class="list">
               <ul>
                  <li><span class="fma">10:30</span><a href="#">科比抱奥尼尔大腿才能夺冠
</a></li>
               </ul>
            </div><!-- list end-->
         </div>
      </div><!--bor7 end-->
      <div class="datatable">
         <div class="dataS">
            <div class="tabtop">股票池·1日榜单<span>昨日入选股票池中股票表现</span></div>
            <table class="gptable">
               <thead>
                  <tr>
                        <td>股票代码</td><td>股票名称</td><td>进入时间</td><td>进入价格</td>
                        <td class="w80">今日最高价</td><td>最大获利</td>
                  </tr>
               </thead>
               <tbody>
                  <tr>
                        <td>600552</td><td>方兴科技</td><td>1月22日</td><td>28.9</td>
                        <td>2.98</td><td class='red'>7.09%</td>
                  </tr>
               </tbody>
            </table>
            <div class="tabtop">股票池·5日榜单<span>5日入选股票池中股票表现</span></div>
            <table class="gptable">
               <thead>
                  <tr>
                        <td>股票代码</td><td>股票名称</td><td>进入时间</td><td>进入价格</td>
                        <td>停留时间</td><td>实时涨幅</td><td class="w80">最大涨跌幅</td>
                  </tr>
               </thead>
               <tbody>
                  <tr>
                          <td>600552</td><td>方兴科技</td><td>1月22日</td><td>28.9</
td><td>5日</td>
                        <td>2.98元</td><td class='red'>7.09%</td>
                  </tr>
               </tbody>
            </table>
                  <div class="tabtop">股票池·20日榜单<span>20日入选股票池中股票表现</
```

```
span></div>
            <table class="gptable">
              <thead>
                <tr>
                    <td>股票代码</td><td>股票名称</td><td>进入时间</td><td>进入价格</td>
                    <td>停留时间</td><td>实时涨幅</td><td class="w80">最大涨跌幅</td>
                </tr>
              </thead>
              <tbody>
                <tr>
                    <td>600552</td><td>方兴科技</td><td>1月22日</td><td>28.9</td>
                    <td>5日</td><td>2.98元</td><td class='red'>7.09%</td>
                </tr>
              </tbody>
            </table>
          </div><!--dataS end-->
          <div class="CaseStudy">
            <div class="jingdian">
              <img src="images/tu32.jpg"/><p>中国领先的互联网技术公司，为用户提供免费</p>
            </div>
            <div class="mianfei3"><a href="#">免费获取</a></div>
          </div><!--CaseStudy end-->
        </div><!--datatable end-->
      </div><!--bor6 end-->
    </div><!--area3 end-->
    CSS:
    .bor6{border:1px solid #FF9192;}
    h2.tit-c{line-height:30px;background:url(../images/cpan.gif);text-
indent:125px;font-size:13px;
        text-align:left; color:#fff;}
    h2.sel-3{background:url(../images/cpan3.gif) no-repeat left top; }
    /*******mk2 end**********/
    .cont-p{ line-height:24px; font-size:12px; padding:5px 14px 5px 14px; text-
align:left; text-indent:2em;}
    .bor7 .list{ margin-left:10px; margin-bottom:5px;}
    .bor7 .list li{line-height:24px; font-size:13px;}
    /*******area3 start**********/
    .area3 .bor7{ width:666px; height:160px; }
    .SmallBreakdown{ width:332px; height:128px; float:left; }
    .SmallBreakdown .list{padding-top:0; margin-top:5px; margin-bottom:4px;border-
right:1px solid #FF8E96;}
    .second .list{ border:none;}
    /*******area3 end**********/
    .datatable{height:500px;width:669px;}
    .datatable .dataS{ width:419px; float:left; height:500px;}
    .datatable .CaseStudy{width:242px; float:right; height:500px;}
    .jingdian{ width:242px; height:400px; background:url(../images/jind.jpg);
overflow:hidden; }
    .jingdian img{border:3px solid #bdbdbd; padding:1px; margin-top:35px;}
    .jingdian p{padding:10px 12px; width:224px; text-indent:2em;text-align:left;line-
```

```
height:22px;
        font-size:13px; height:185px; overflow:hidden;}
    /*******经典案例 end***********/
    .gptable{width:419px;height:134px;letter-spacing:1px;font-size:12px;text-align:center;
        border:1px solid #87131C; margin-bottom:7px;}
    .gptable td{width:60px;}
    .gptable td.w80{width:80px;}
    .gptable thead tr {background:url('../images/theadbj.jpg') left top repeat-x;line-height:22px;}
    .gptable tbody td{ line-height:18px;}
    .red{color:#ca0002;}
    /* 数据end */
    .tabtop{width:419px;height:24px;background:url('../images/btop.jpg');color:#7f080c;
         font-weight:bold;text-align:left;text-indent:10px;font-size:13px;line-height:24px;}
    .tabtop span{color:#7c7c7c;font-weight:normal;padding-left:24px;}
    .mianfei3{background:url(../images/bj1.gif) no-repeat left top; width:258px;height:26px;padding-top:40px;}
    .mianfei3 a{width:73px; height:21px; margin: 0 auto;display:block; vertical-align:middle; overflow:hidden;
        +vertical-align:top;background:url(../images/mianfei.jpg) no-repeat left top;text-indent:-999px; }
    .CaseStudy .mianfei3{background:url(../images/hbj.jpg) no-repeat left top;
        width:242px; height:21px;padding-top:68px;}
```

第十步，area4层包括<h2>标签、daystock层。首先通过设计图可以发现area4层标题部分与area3层很相似，不同的是图片与文字内容，所以对<h2>标签由<h2 class="tit-c">追击短线强中强</h2>，添加新class名sel-2，转变为<h2 class="tit-c sel-2">洞悉市场新价值</h2>，通过class名对其更换背景图片和文字；其次daystock层包含三部分：<h4>标签、左侧文字内容、右侧图片。daystock层定义宽度为668像素、高度为178像素、上边距为10像素，最后定义背景图片day.gif（图片大小与daystock层大小一致），为子元素<h4>标签作铺垫，<h4>标签只需设置文字外观以及在daystock层背景图片上的位置即可。jieS层左侧文字内容使用<ul>标签的相关标签即可；右侧pa2-1层设置定位，其子层pa2-1层绝对定位移动过去。图8.32所示是area4层区域设置。

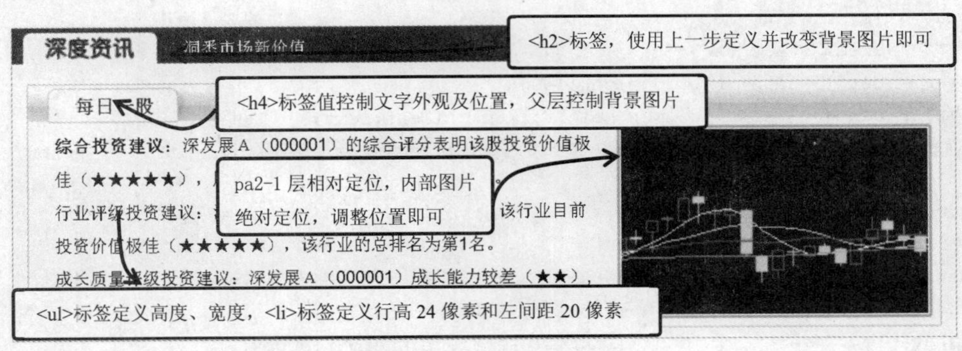

图8.32　area4层区域设置

```
XHTML:
<div class="area4">
   <h2 class="tit-c sel-2">洞悉市场新价值</h2>
```

```
    <div class="daystock">
      <h4>每日一股</h4>
      <div class="jieS">
        <ul><li><strong>综合投资建议</strong>：深发展A（000001）的综合评分表。</li> </ul>
      </div>
      <div class="pa"><div class="pa2-1"><img src="images/gs3.jpg"/></div></div>
    </div><!--daystock end-->
  </div>
  CSS：
  .daystock{ width:668px; height:178px; background:url(../images/day.gif) no-repeat left top;
      overflow:hidden; margin-top:10px;}
  .daystock h4{font-weight:bold;font-size:14px;color:#80070E;line-height:32px;text-align:left;
      stext-indent:35px;}
  .daystock .jieS{ width:415px; float:left; text-align:left; font-size:13px; height:142px; overflow:hidden;}
  .daystock ul li{ line-height:24px; padding-left:20px;}
  .daystock strong{font-weight:bold;}
  .pa2-1{ right:10px; top:3px; position:absolute;}
```

第十一步，lyright层右侧区域包含kefu层、loginin层、bor1层、bor2层。kefu层代表客服热线，插入一张图片或设置背景图片即可；loginin层代表登录模块，只定义空间大小，但不讲解。现在讲解“每日盘点”、“操盘手收益率排名”、“人气值排名”这三块，数据设置如图8.33所示。

首先“每日盘点”标题部分使用<h3>标签，其列表部分使用list模块层。<h3>标签使用class名tit，继承以前定义的属性值，并添加class名selbj2，以此改变背景图片为bj3.gif、横向平铺、字体颜色为#8A0A0B；对于内部超链接浮动至右侧、调整右间距，改变字体大小为13像素和不加粗。

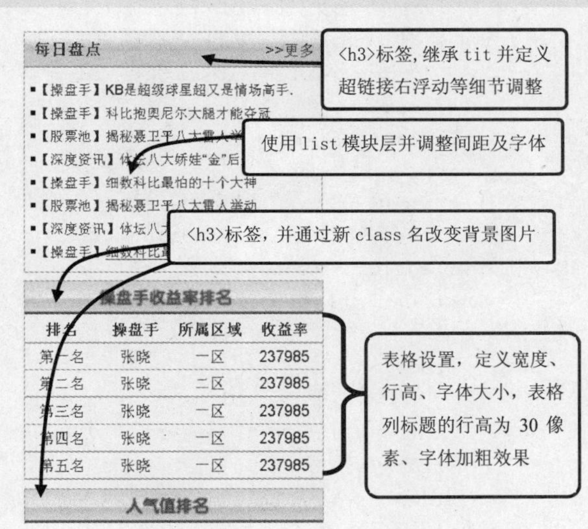

图8.33　“每日盘点”使用list模块层、“操盘手排名”和“人气值排名”使用表格数据设置

其次“每日盘点”列表部分继承list模块层并添加class名item-sel，<li>标签调整左间距为7像素、字体大小为12像素、右间距为8像素、左边距为3像素。

“操盘手收益率排名”和“人气值排名”只是背景图片不同，内部表格完全一致，故<h3>标签继承class名tit并分别通过class名selbj和cps-2改变背景图片即可。为表格中<td>元素定义宽度、行高、字体大小、字体颜色、1像素下划线等设置即可。针对<thead>标签重新更改行高为30像素、设置字体加粗，以便突出表格列名。

```
  XHTML：
  <div class="area1">
    <div class="bor1">
      <h3 class="tit selbj2"><a href="#">>>更多</a>每日盘点</h3>
```

```
        <div class="list item-sel">
          <ul>
            <li>【<a href="#">操盘手</a>】<a href="#">KB是超级球星是情场高手</a></li>
            <li>【<a href="#">操盘手</a>】<a href="#">科比抱奥尼尔大腿才能夺冠</a></li>
            <li>【<a href="#">股票池</a>】<a href="#">揭秘聂卫平八大雷人举动</a></li>
            <li>【<a href="#">深度资讯</a>】<a href="#">体坛八大娇娃“金”后生活</a></li>
            <li>【<a href="#">操盘手</a>】<a href="#">细数科比最怕的十个大神</a></li>
            <li>【<a href="#">股票池</a>】<a href="#">揭秘聂卫平八大雷人举动</a></li>
            <li>【<a href="#">深度资讯</a>】<a href="#">体坛八大娇娃“金”后生活</a></li>
            <li>【<a href="#">操盘手</a>】<a href="#">细数科比最怕的十个大神</a></li>
          </ul>
        </div><!--base2 end-->
      </div><!--bor1 end-->
      <div class="bor2">
        <h3 class="tit cps-2"> </h3>
        <table class="paiming">
          <thead><tr><td>排名</td><td>操盘手</td><td>所属区域</td><td>收益率</td></tr></thead>
          <tbody>
            <tr><td>第一名</td><td>张晓</td><td>一区</td><td  class="red">237985</td></tr>
            <tr><td>第二名</td><td>张晓</td><td>二区</td><td  class="red">237985</td></tr>
            <tr><td>第三名</td><td>张晓</td><td>一区</td><td  class="red">237985</td></tr>
            <tr><td>第四名</td><td>张晓</td><td>一区</td><td  class="red">237985</td></tr>
            <tr><td>第五名</td><td>张晓</td><td>一区</td><td  class="red">237985</td></tr>
          </tbody>
        </table><!--paiming end-->
      </div><!--bor2 end-->
      <div class="bor2">
        <h3 class="tit selbj"> </h3>
        <table class="paiming">
          <thead><tr><td>排名</td><td>操盘手</td><td>所属区域</td><td>查阅人次</td></
tr></thead>
          <tbody>
            <tr><td>第一名</td><td>张晓</td><td>一区</td><td  class="red">237985</td></tr>
            <!--下面多行结构省略 -->
          </tbody>
        </table><!--paiming end-->
      </div><!--bor2 end-->
    </div>
    CSS:
    h3.tit{font-size:14px;}
    h3.selbj2{background:url(../images/bj3.gif) repeat-x left top; font-size:14px;
color:#8A0A0B}
    h3.selbj2 a{float:right; font-weight:normal; font-size:13px; padding-right:6px;}
    h3.selbj{background:url(../images/h3bj2.jpg) repeat-x left top;}
    h3.cps-2{background:url(../images/h3bj3.jpg) repeat-x left top;}
    .item-sel li{ padding:0 0 0 7px; }
    .bor1 .list li{font-size:12px; padding-right:8px; margin-left:3px;}
    .paiming td{width:64px;line-height:20px;border-bottom:1px solid #FF9190; font-
size:13px; color:#323232}
    .paiming thead tr{ line-height:30px; font-weight:bold;}
```

第十二步，lyright层右侧区域“节目视频”和“二代行情”，其余部分不再讲解，详细的可查看该章index.html文件。设置效果如图8.34所示。

“节目视频”包含<h3>标签、conh280层两部分。<h3>标签使用class名selbj2并继承class名tit，改变文字内容为“节目视频”即可。为conh280层定义高度为280像素，它包含两部分：firstimg层、list模块层。

- firstimg层高度为100像素、超出部分隐藏。内部图片设置为左浮动，调整外边距；右侧图片标题进行字体格式化设置：行高为40像素、字体大小为13像素、文本加粗、文本左对齐，手动控制显示一行；段落部分显示三行，格式化设置为：文本左对齐、字体大小为13像素、行高为20像素、左间距为12像素。
- list模块层通过父层名bor2层定义<li>标签内字体大小为12像素、左边距为3像素、右间距为8像素、左边距为5像素。需要注意的是，此处为list模块层扩展视频图标：除<li>标签内部结构由<li><a href="#">内容</em></a></li>更改为<li><a href="#"><em class="I_V_">内容外，还添加em标签</em></a></li>，然后为<em>标签的class名I_V_定义icon.jpg视频图标，调整左边距为3像素、左间距为20像素，左边距用于调整与<li>方块图标位置，左间距存放视频图标。

图8.34 “节目视频”和“二代行情”设置

“二代行情”与“节目视频”一样，使用<h3>标签及class名改变文字内容。“二代行情”子元素conh230层内部存放多行文字及超链接。定义conh230层高度为220像素、文本左对齐、首行缩进两个文字大小空间，调整左右间距、行高为22像素、字体大小为13像素、上间距为10像素（其实就是针对<p>标签的设置，但这里省略<p>标签，应用到conh230层）；定义超链接右浮动、右间距为16像素，远离父层边框线；最后改变字体颜色为红色，以便提醒浏览者可以查看更多关于“二代行情”的信息。

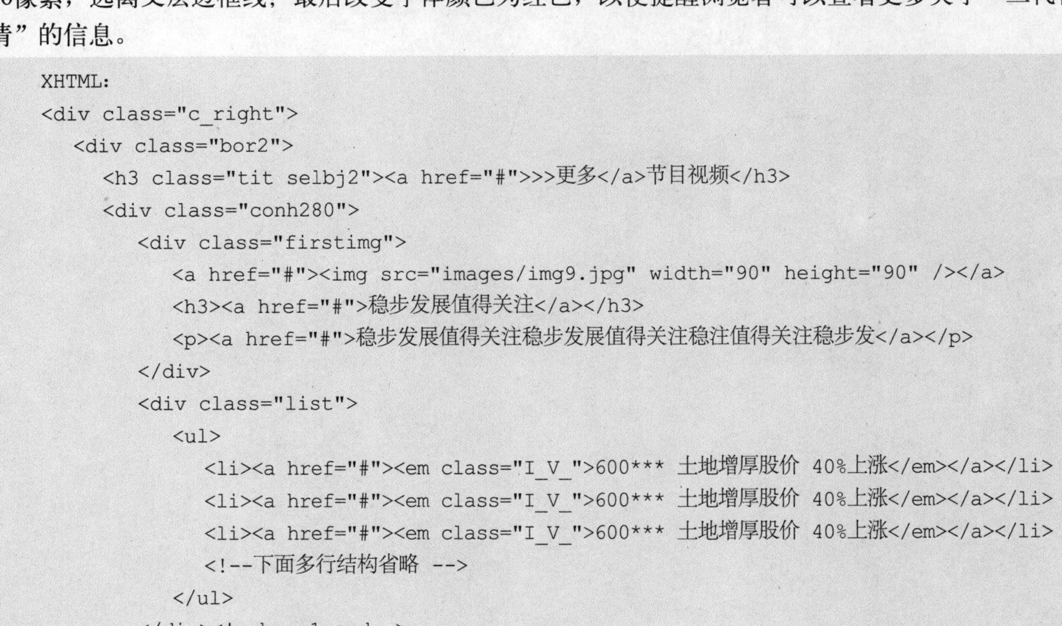

```
XHTML:
<div class="c_right">
  <div class="bor2">
    <h3 class="tit selbj2"><a href="#">>>更多</a>节目视频</h3>
    <div class="conh280">
      <div class="firstimg">
        <a href="#"><img src="images/img9.jpg" width="90" height="90" /></a>
        <h3><a href="#">稳步发展值得关注</a></h3>
        <p><a href="#">稳步发展值得关注稳步发展值得关注稳注值得关注稳步发</a></p>
      </div>
      <div class="list">
        <ul>
          <li><a href="#"><em class="I_V_">600*** 土地增厚股价 40%上涨</em></a></li>
          <li><a href="#"><em class="I_V_">600*** 土地增厚股价 40%上涨</em></a></li>
          <li><a href="#"><em class="I_V_">600*** 土地增厚股价 40%上涨</em></a></li>
          <!--下面多行结构省略 -->
        </ul>
      </div><!--base1 end-->
```

```
        </div><!--conh280 end-->
      </div><!--bor2 end-->
      <div class="bor2">
        <h3 class="tit selbj2">二代行情</h3>
        <div  class="conh230">作为上证所Level-2行情运营商，滚雪球深度行情终端以国内证券业强大的信息数据处理技术优势，同时引入国际Level-2行情数据的成熟算法和领先技术研发而成。市面上几乎所有的Level-2软件都是简单将交易所提供的数据做完全展现，对于数据的深入研究和加工工作涉及较少，这样就需要使用者有非常好的技术...<br /><a href="#">详细查看</a>
        </div>
      </div><!--bor2 end-->
    </div>
    CSS:
    .bor2 .list li{font-size:12px; padding-right:8px; margin-left:3px;}
    .bor2 .list li{margin-left:5px;}
    .conh230{height:220px;text-align:left;line-height:22px;text-indent:2em;
        font-size:13px;padding:0 12px; padding-top:10px;}
    .conh230 a{float:right; padding-right:16px; color:#790102!important;}
    .conh280{height:280px;}
    .conh280 .firstimg{ height:100px; overflow:hidden;}
    .conh280 .firstimg img{ float:left; margin-top:9px; margin-left:7px; margin-right:11px;}
    .conh280 .firstimg h3{line-height:40px; font-size:13px; font-weight:bold;padding-right:12px; text-align:left}
    .conh280 .firstimg p{text-align:left; color:#000;font-size:13px; padding-right:12px;line-height:20px; }
    .I_V_{background:transparent url(../images/icon.jpg)no-repeat left center;
        margin-left:3px;padding-left:20px;}
```

第9章 个性风格类网站的结构与布局——表单结构和样式

随着网站对交互性要求的加强，表单在Web应用程序中越来越重要。网页表单已经是Web设计中讨论最多的元素，一个没有任何表单的网站，就像一滩死水。我们总是需要各种表单：付费需要使用表单、用户注册或订阅需要使用表单、数据信息统计需要表单。表单的使用是不会停止的，可以说小到搜索框与搜索按钮，大到会员支付系统，这些都需要表单及其表单元素进行设计。表单成为了网站交互组成的重要组成部分，主要负责数据的采集，是客户端与服务器端之间的纽带。当用户在客户端输入数据时，通过表单处理程序将数据发送到服务器，再将数据信息反馈给用户，例如，注册用户填写信息完成后，服务器会反馈用户是否注册成功。

表单的创建和设计应以简单、实用为主，特别是如果这个表单用于让用户输入信用卡信息或者让用户订阅网站提供的会员服务，因而一定要让用户感觉表单简洁易用。

9.1 表单结构

表单是一个集合概念，常见的表单中的表单元素，如文本框、多行文本框、单选按钮、复选框、下拉菜单和按钮等。

本节光盘内容：

本节实例文件	无
本节视频长度	16分43秒

为了让用户更加易于理解表单，同时借助辅助设置增强可访问性，可以通过表单中的<label>、<fieldset>及<legend>标签的结构架设，以建立一个结构清晰的人性化表单。

9.1.1 表单的组成部分

视频路径：视频文件\files\9.1.1.swf | 实例文件：实例文件\9\基础示例\表单结构.html

表单的组成如下。

- 表单标签：包含处理表单数据所用CGI程序的URL以及数据提交到服务器的方法。
- 表单域：用于采集用户的输入或选择的数据，例如，文本框、多行文本框、密码框、隐藏域、单选按钮、复选框、下拉选择框及文件上传框等。
- 表单按钮：用于将数据传送到服务器上的CGI脚本或者取消输入，还可以用来控制其他定义了处理脚本所进行的工作，包含提交按钮、复位按钮和一般按钮。

<form>标签是一个包含框，里面包含所有表单元素，通过浏览器看不到任何效果，但在Dreamweaver中通过“设计”视图可以看到红色虚线四边框。

例如，在下面实例中，表单<form>标签包含一个<input>标签和一个提交按钮，通过<p>标签进行按钮与标签的区域分组。

```
<form action="a.php" method="get" id="form1" name="form1">
  <p>姓名：<input name="" type="text" /></p>
  <p><input type="submit" value="提交"/></p>
</form>
```

页面演示效果如图9.1所示。

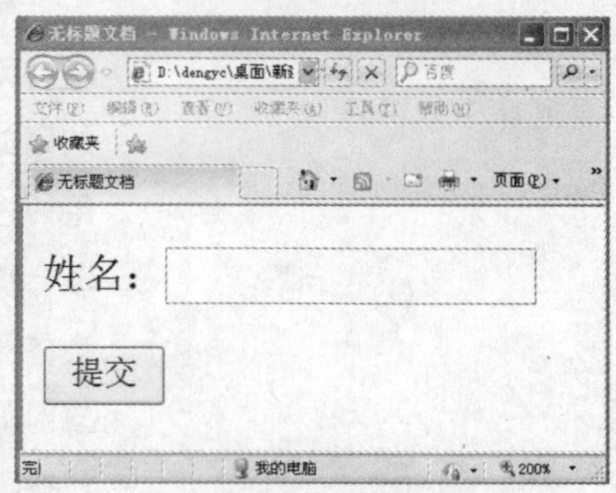

图9.1 表单的基本属性

<form>标签常用属性：action属性、enctype属性及method属性。

action属性：数据提交至目标网页或一个电子邮件地址，XHTML本身并没有提供处理表单数据的原生机制，它的作用是提交，具体处理由脚本和（或）程序实现。该目标页面可以是相对地址或是绝对地址。当action="#" 时，可以使用JavaScript脚本对其前端进行处理表单数据，例如，用户名是否已存在、密码是否过于简单、两次密码输入是否一致、必填项是否填写完整及验证码输入是否正确等前端脚本处理，当表单内数据正确无误后，可以提交至服务器，达到减少服务器压力的目的。

enctype属性：定义表单数据在发送到服务器之前以何种方式进行编码。主要包括以下三种方式。

- application/x-www-form-urlencoded：<form>标签的默认值，将表单中数据编码为名称/值对的形式发送至服务器，这也是标准的编码格式。
- multipart/form-data：将表单中数据编码为一条消息，表单中每个表单元素表示消息中的一个部分，然后传送至服务器。表单中含有上传组件时，此属性值是必须的。表单上传文件一般为非文本内容，例如，压缩文件（如*.rar）、图片格式（如*.jpg）或mp3等。

◆ text/plain：将表单中的数据以纯文本方式进行编码。发送邮件需要设置编码类型，否则会出现接收编码时混乱的情形。

method属性：表示处理数据的方法，提醒用户代理（这里专指浏览器）采用哪种方式通过表单处理程序以及表单数据。method属性主要包括两种方式：get和post，在数据传输过程中分别对应HTTP协议中的get和post方法。get和post的区别如下。

◆ get方法传输的数据量少，执行效率比post方法好。在单击表单中“提交”按钮时，浏览器的地址上可以看到传递的具体数据，在进行数据查询时可以使用get方法。

◆ post方法传输的数据量大，按照变量和值相对应的方法传递至相应的url，无法通过浏览器的地址查看，适合传输比较机密的信息。在进行数据删除、添加等操作时可以使用post方法。

◆ get 方法从服务器上获取数据，而post方法是将数据上传至服务器。

9.1.2 输入域结构

视频路径：视频文件\files\9.1.2.swf　　实例文件：无

<input>标签是一个自结束行内元素，类似于图像<img>标签，它可以定义多种形式的输入框，包括单行文本输入框、密码输入框、隐藏输入、文件上传组件、单选按钮、提交按钮、重置按钮以及图像按钮等。<input>标签基本方式如下所示：

```
<input type=" " />
```

<input>标签中type属性决定了输入域的具体选项，如果没有设置type属性或者没有type属性值，按照单行文本框处理。

例如，在下面实例中，文本输入框定义了三种书写方式，虽然结果是一致的，但是为了保持良好的代码书写习惯，应遵循XHTML标准，按照第三种方式书写文本输入框。

```
<form>
    <p>第一种方式：<input /></p>
    <p>第二种方式：<input type="" /></p>
    <p>第三种方式：<input type="text" /></p>
</form>
```

页面演示效果如图9.2所示。

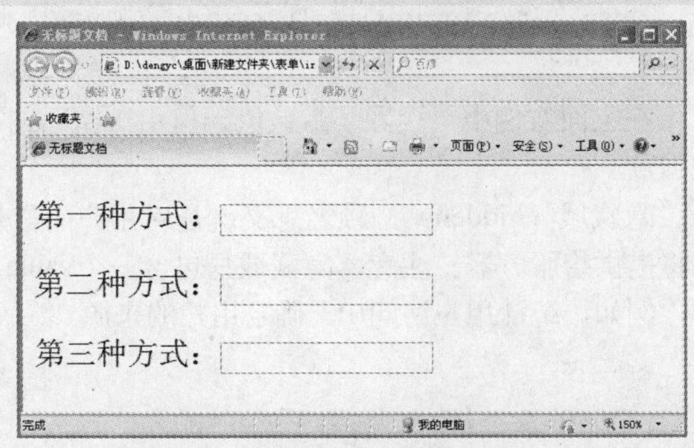

图9.2 单行文本框<input>标签书写方式

在上面实例中，<input>标签通过p元素进行包裹，将行内元素包含在段落之类的块元素中，有时也可以通过别的块元素进行包裹，如<div>标签。

输入域常用属性包括type、maxlength、value、size及readonly属性，说明如下。

◆ maxlength属性：表示输入字符串的最大长度，其值是一个数字（数字为整数且大于等于0），用来表示允许输入的最多字符数。例如，在下面的代码中设置最多输入三个字符，当输入第四个字符时，光标无法继续移动，即无法输入。

```
<form>
    <p><input type="text" maxlength="3" /></p>
</form>
```

◆ value属性：表示输入框的默认值，当载入表单时，<input>标签显示value属性值，即提示用户输入框的输入格式。例如，在下面的代码中设置默认值“请输入您的姓名且不可为数字”。

```
<form>
   <p>姓名：<input type="text" value="请输入您的姓名且不可为数字" maxlength="100"/></p>
   <p>姓名：
      <input type="text" value="请输入您的姓名且不可为数字" size="50" maxlength="100"/>
   </p>
</form>
```

◆ size属性：表示输入框的宽度，CSS中的width属性可以代替此属性。

在上面实例中，第一个文本输入框中提供的默认值没有完全显示完整，在第二个文本输入框中通过本身的size属性（设置文本框的宽度），内容完全显示出来了。此处不建议使用size属性控制输入框的宽度，可以通过CSS属性的宽度width进行相应设置，将一切表示性元素删除，建立一个符合Web标准的XHTML页面。

readonly属性：布尔值，表示该字段只可读不可输入，相当于3.5英寸软盘的“只读不写”操作，主要应用在<input>和<textarea>标签，建议如下书写。

```
<p>姓名：<input type="text" value="请输入您的姓名" maxlength="100" readonly="readonly"
/></p>
```

错误书写方式：

```
<p>姓名：<input type="text" value="请输入您的姓名" maxlength="100"  readonly  /></p>
```

将鼠标移至输入框，进行删除里面的文字操作，内容将无法删除。虽然二者都能达到无法修改输入框内容的目的，但是第一种方式更符合 Web 标准的 XHTML 书写规则。

将 <input> 标签的 type 属性设置为 password，文本域将成为密码输入框，可以将其输入的字符以星号或圆点显示，达到加密的作用，这种加密方式安全性比较差，因提交表单时，浏览器的地址栏里会显示刚才输入的密码，所以需要通过其他方式将密码进行加密。密码输入框的主要作用是在输入密码时防止别人偷看。日常生活中，自动取款机的密码输入框用到的就是这个控件，可以有效地防止密码被人偷窥。

```
<form>
   <p>姓名：<input type="password" value="请输入密码" ></p>
</form>
```

在上面实例中，设置了默认值，但由于密码输入框的特殊性质，在浏览器里显示的依然是星号或圆点。

隐藏域（hidden），顾名思义就是对用户而言是看不见的，当提交表单时，它包含的一些数据也将提供给服务器。注意，隐藏域只包含一个value属性，使用该属性可以传递各种固定参数到服务器，例如，统计用户访问IP，确定用户的来源。

```
<form>
   <p>姓名：<input type=" hidden" ></p>
</form>
```

文件上传（file），可以将本地网络上的某个文件以二进制数据流的形式传递至服务器。例如，QQ的“本地中转站”可以单次上传1GB大小的文件存储在腾讯的服务器上，163邮箱发送邮件时上传的附件。

```
<form method="post">
   <p><input name="" type="file" /></p>
</form>
```

页面演示效果如图9.3所示。

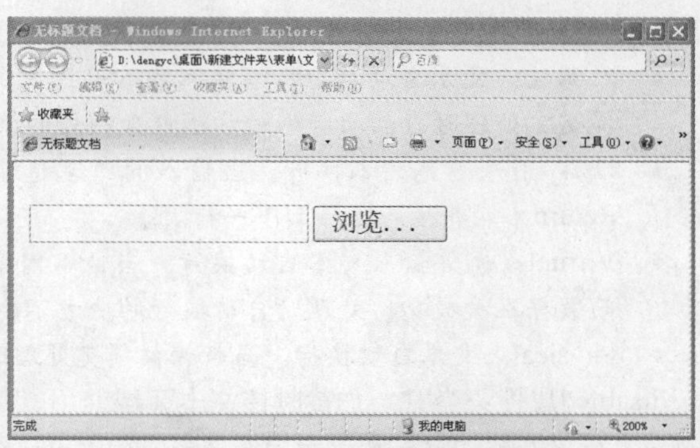

图9.3 文件上传组件

文件上传组件表面看起来像两个组件，其实只有一个，默认的文件上传按钮一般不美观，可以通过CSS定义透明度来隐藏，CSS的定位属性将新的按钮放在默认的按钮下面，然后使用js获取文件上传输入框中的路径，将地址保存并放到需要的位置即可。

> **TIP** 使用文件上传组件时，form元素的method属性值需设置为“post”，enctype属性值需设置为“multipart/form-data”，否则提交操作将失败。

多行文本框（textarea），当用户需要输入大量信息时，单行文本框不能完成此需求，而采用多行文本框即可输入大量信息。与输入域不同，多行文本框是一个容器元素，不是自结束元素，主要应用在用户留言或者聊天窗口，如QQ聊天窗口。

例如，在下面实例中，为客户提供留言输入框，定义了输入的字符宽度和显示的行数，并分别使用了readonly、disabled属性，比较它们的不同，在后面的知识点中会介绍<textarea>标签属性的作用。

```
<html><head>
</head><body>
<form>
table width="400" align="center">
  <tr>
    <td>客户留言方式一：</td>
    <td>客户留言方式二：</td>
  </tr>
  <tr>
    <td><textarea name="" cols="40" rows="6" readonly="readonly" >输入内容</
textarea></td>
    <td><textarea name="" cols="40" rows="6" disabled="disabled" >输入内容</
textarea></td>
  </tr>
</table>
</form>
</body></html>
```

页面演示效果如图9.4所示。

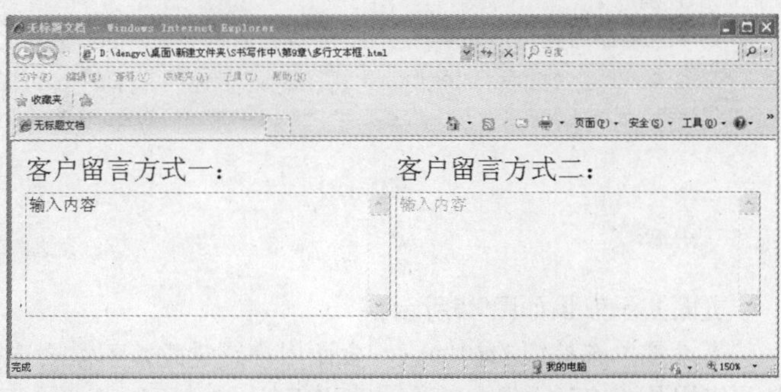

图9.4 多行文本框分别设置readonly和disabled属性

textarea元素包含cols、wrap、rows、disabled、readonly五个常用属性。

cols属性用于设置文本区域内可见字符宽度。rows属性用于设置文本区域内可见行数，一般通过CSS的width和height属性控制文本框的宽度和高度。当输入的内容超过可视区域后，多行文本框将出现滚动条，通过CSS控制是否显示滚动条。

wrap属性：定义输入内容大于文本区域宽度时显示的方式。

- 默认值：文本自动换行。当输入内容超过文本域的右边界时会自动转到下一行，而数据在提交、处理时自动换行的地方不包含额外的换行符。
- Off：用来避免文本换行。当输入的内容超过文本域右边界时，文本将向左滚动，必须用Return才能将插入点移到下一行。
- Virtual：允许输入文本自动换行。当输入内容超过文本域的右边界时会自动转到下一行，而数据在被提交、处理时自动换行的地方不会有换行符出现。
- Physical：文本自动换行。当数据被提交处理时换行符也将被一起提交处理。

disabled属性：当首次加载时该文本区域禁用，提交内容时不会将此项值传递至服务器。该属性将对多行文本框的鼠标和键盘操作屏蔽，如不可通过鼠标选中里面的值，设置的快捷键或tab键都无效。

readonly 属性：用户无法修改文本区域内的内容，提交内容时会将此项值提交至服务器。该属性不影响多行文本框的鼠标和键盘操作，如使用鼠标选中多行文本框内容，将其复制，或通过键盘使该文本框获得焦点。

disabled和readonly属性的区别如下。

- disabled和readonly属性从图9.4中可以发现：readonly属性设置与否在图9.4上无任何影响；disabled属性设置后文字变成灰色，不可单击。
- readonly只针对input和textarea有效；而disabled对于所有的表单元素都有效，包括select、radio、checkbox、button等。
- 表单元素在使用了disabled后，当我们将表单以post或get方法提交时，此元素的值不会被传递出去，而readonly会将该值传递出去。

9.1.3 选择域结构

视频路径：视频文件\files\9.1.3.swf | 实例文件：无

单选按钮（radio）实际上是一个圆形的选择框。当选中单选按钮时，圆形按钮的中心会出现一个点，相当于圆点。在Opera10浏览器下预览，当鼠标移动到单选按钮上时会有一个小的颜色过渡效果，选中时颜色过渡效果会稍微大一点，该效果的用户体验比较好。

多个单选按钮可以合并为一个单选按钮组，需要注意的是，单选按钮组中的name值是一样的，如name="RadioGroup1"，即单选按钮组同一时刻也只能选择一个。

例如，在下面实例中，在填写表单时，有时不想让别人了解自己的性别，可以选择“保密”，当载入表单时，默认选中的是“保密”，减少了用户更改的习惯。

```
<form>
<p>性别:
  <label><input type="radio" name="RadioGroup1" value="男" />男</label>
  <label><input type="radio" name="RadioGroup1" value="女" />女</label>
  <label><input type="radio" name="RadioGroup1" value="保密"  checked="checked"/>保密</
label>
</p>
</form>
```

页面演示效果如图9.5所示。

不设置单选按钮的初始值，会让用户感觉此处不需要选择，而影响了网站的交互性。单选按钮组的作用是“多选一”，一般包括有默认值，否则不符合逻辑。此处使用checked属性表示选中状态，而不是value属性。

复选框（checkbox），复选顾名思义可以同时选择多个，每个复选框都是一个独立的元素，都必须有一个唯一的名称（name属性）。它的外观是一个矩形框，当选中某项时，矩形框里会出现一个小对号。同单选按钮（radio）一样，使用checked属性表示选中状态，与readonly属性类似，checked属性也是一个布尔型属性。

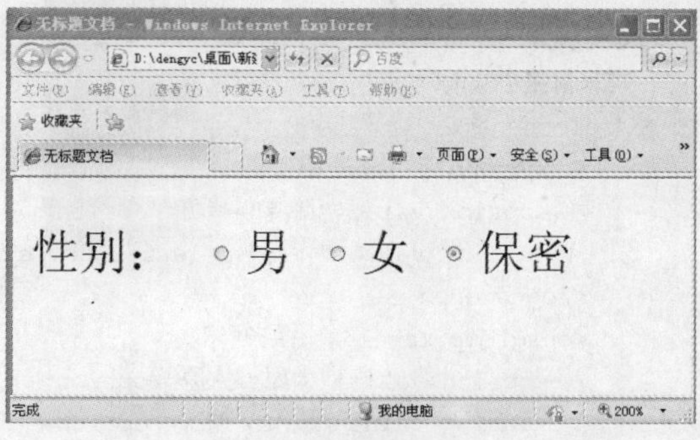

图9.5　单选按钮效果

例如，在下面实例中，选择你喜欢的运动，有四个选项："足球"、"篮球"、"排球"及"羽毛球"，设置为"羽毛球"默认值。

```
<form>
   你喜欢的运动：
   <label><input name="足球" type="checkbox" value="足球" />足球</label>
   <label><input name="篮球" type="checkbox" value="篮球" />篮球</label>
   <label><input name="排球" type="checkbox" value="排球"  />排球</label>
   <label><input name="羽毛球" type="checkbox" value="羽毛球" checked="checked"/>羽毛球</
label>
</form>
```

页面演示效果如图 9.6 所示。

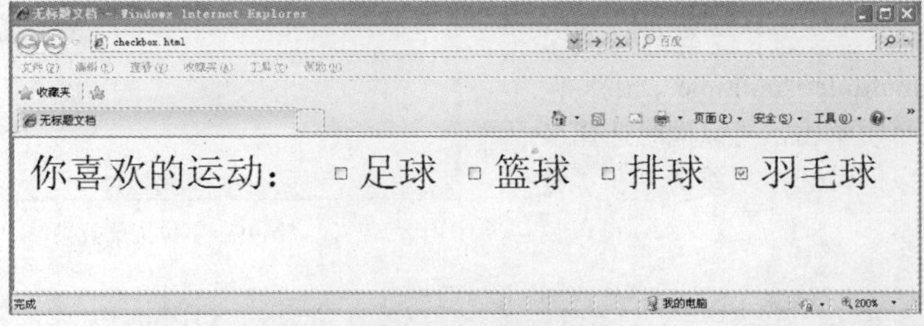

图9.6　复选框效果

在上面实例中，使用了label标签，单选按钮中也使用过它，label标签的作用是将文字和文字后面的标签关联在一起，当单击"足球"文字时，"足球"后面的复选框就可以被选中，其余的"蓝球"、"排球"、"羽毛球"亦是如此，这样提高了表单的可用性和可访问性，目前流行浏览器均支持这种方式。

下拉菜单 / 列表框（select)与 option 元素配合使用，可以包含任意数量的 option 或 optgroup 标签。optgroup 标签是对 option 标签的分组，即多个 option 标签放到一个 optgroup 标签内。

需要注意的是，optgroup标签中的内容不能被选择，它的值也不会提交给服务器。optgroup标签用于在一个层叠式选择菜单中为选项分类，label属性是必须的，在可视化浏览器中，它的值将会是一个不可选的伪标题，为下拉列表分组。

<select>标签同时定义菜单和列表，二者的区别如下。

- 菜单是节省空间的方式，正常状态下只能看到一个选项，单击下拉按钮打开菜单后才能看到全部的选项，即默认设置是菜单形式。
- 列表显示一定数量的选项。如果超出了这个数量就会出现滚动条，浏览者可以通过拖动滚动条来查看并选择各个选项。

例如，在下面实例中，"您来自哪个城市"针对省份的不同进而更快地选择您的城市，通过<optgroup>标签将数据进行分组，可以更快地找到所要选择的选项，使用selected属性默认设置选中"青岛"。如果没有定义该属性，则"您来自哪个城市"的值将为第一个选项，即"潍坊"。

```
<form>
您来自哪个城市：
<select name="选择城市">
   <optgroup label="山东省">
      <option value="潍坊">潍坊</option>
      <option value="青岛" selected="selected">青岛</option>
   </optgroup>
   <optgroup label="山西省">
      <option value="太原">太原</option>
      <option value="榆次">榆次</option>
   </optgroup>
</select>
</form>
```

页面演示效果如图9.7所示。

size属性：定义下拉菜单中显示的项目数目，<optgroup>标签的项目计算在其中。它与输入域的作用是不同的，在输入域中代表的是默认值。在<select>中设置size="3"，则下拉菜单将不止显示一个“潍坊”值，而是显示“山东省”、“潍坊”及“青岛”三个值。

multiple属性：定义下拉菜单可以多选。例如，设置multiple="multiple"，则按住Shift键在下拉菜单中单击，可以同时选择多个项目值，如可以同时选中“潍坊”和“青岛”两个值。

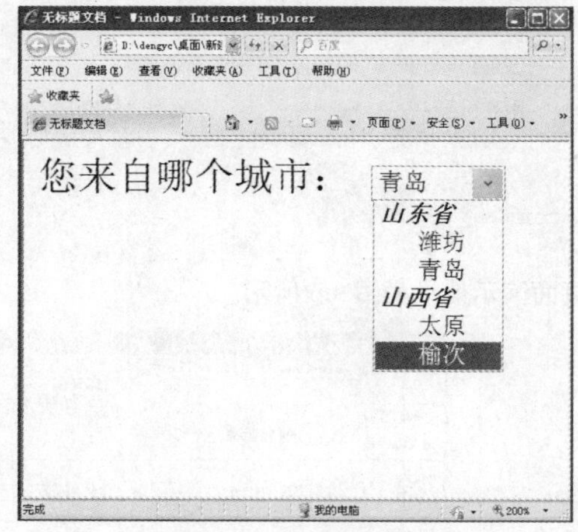

图9.7　下拉菜单效果

9.1.4　表单语义化结构

视频路径：视频文件\files\9.1.4.swf　实例文件：实例文件\9\基础示例\表单语义化结构.html、表单语义化结构1.html

在表单的应用中，有时需要对表单的信息进行分组，例如，在“注册”表单中，将注册信息分组成基本信息（必填项目）、详细信息（选填项目），因此表单中可以加入<fieldset>、<legend>标签。

- <fieldset>标签：对表单进行分组，一个表单可以有多个<fieldset>标签，它在包含的文本和<input>标签等表单元素外面形成一个包围框。
- <legend>标签：说明每组的内容描述，即包围框的标题，默认显示在<fieldset>标签形成包围框的左上角。<legend>标签用于表单元素（input、textarea、select），配合for属性将值传递给相应的表单元素。

在不同浏览器下，<fieldset>标签形成的包围框不一致，IE下显示为圆角框，而Firefox下显示为正四方框，可以通过将CSS中border属性设置为0重新定义边框，或使用背景图片设置。为了兼容不同浏览器实现圆角（仅限于<fieldset>标签），可以使用私有属性来实现。如Firefox浏览器下使用-moz-border-radius属性，为Chrome和Safari浏览器设置-webkit-border-radius属性。

现在CSS3也可以实现圆角、阴影等特殊效果，现代浏览器已经实现，IE浏览器依然在改进中，如果不是<fieldset>标签，需要JavaScript脚本支持。

<label> 标签为内联元素，不允许嵌套使用，用来定义表单域提示信息。通过绑定该标签的 for 属性，可以将文本内容与表单域关联。当用户单击标签文本时，系统根据 for 属性值自动定位 id 值

等于 for 属性值的表单域，以加快信息输入。如果不使用 for 属性，通过 <label> 标签嵌套整个表单域和表单域对应的内容。

tabindex属性定义按下Tab键时被表单元素或链接选中的顺序。tabindex拆分为：Tab表示键盘上的Tab键，index表示索引。

- 当tabindex=0时相当于默认设置。
- 当tabindex=-1时，表示禁用该标签的Tab按键。
- tabindex属性值越小，则优先级越高，越早获得焦点。
- 多个元素的tabindex属性值相同，依照元素出现的先后顺序获得焦点。

设置 disabled 属性的元素，tabindex 属性值无效。

例如，在下面实例中，采用 <label> 标签的两种方式实现内容信息与表单元素的关联，并为用户设置快捷键，以加快访问表单元素。

```
<html><head>
<style type="text/css">
table{
text-align:left; /* 设置左对齐 */
font-size:14px;  /* 设置文字大小 */
margin:0 auto;                                /* 设置水平居中 */
}
</style>
</head><body>
<form>
<table>
  <tbody>
    <tr>
      <td><label for="XingMing" accesskey="1">名字:    </label>
        <input type="text" name="text" value="周涛" size="20" tabindex="1"
id="XingMing">
      </td>
    </tr>
    <tr>
      <td>
<label>输入密码:<input type="text" name="password" value="******"size="20"
tabindex="3"></label>
      </td>
    </tr>
    <tr>
      <td>
<label>确认密码: <input type="text" name="password" value="******" size="20"
tabindex="2"></label>
      </td>
    </tr>
    <tr>
      <td><button tabindex="-1">提交</button></td>
    </tr>
</tbody>
</table>
</form>
</body></html>
```

页面演示效果如图9.8所示。

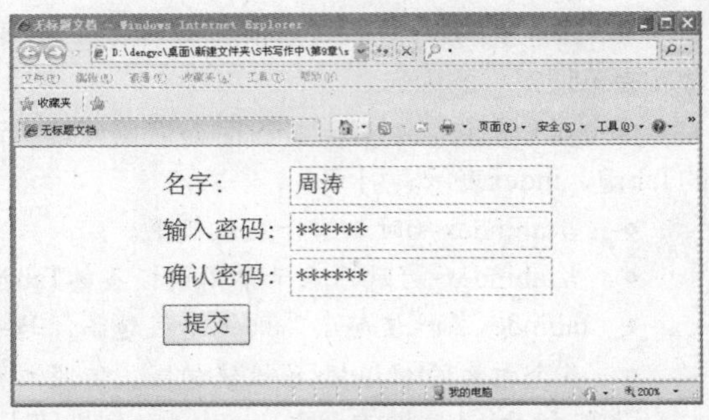

图9.8 <label>标签for属性及tabindex属性使用前后对比

第一步，通过9.1.3节的表格元素进行页面布局，为<table>标签进行初始化设置。

第二步，“姓名”和“输入密码”使用了两种方式获取文本内容与文本域的关联。<label>标签设置for="XingMing"，随后的文本域设置id值“XingMing”实现与“姓名”关联。<label>标签没有进行任何属性设置，通过包裹“输入密码”和文本域，以实现文本域与“输入密码”关联。

第三步，整体改变“姓名”、“输入密码”、“确认密码”、“提交”的Tab按键顺序。当按下Tab键时，值为“周涛”文本域获得焦点，依次为“确认密码”和“输入密码”，而“提交”按钮取消Tab按键获得焦点功能。

9.1.5 易用性表单

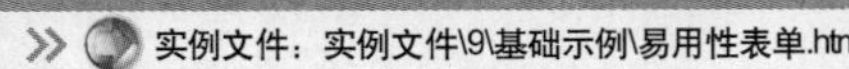
视频路径：视频文件\files\9.1.5.swf | 实例文件：实例文件\9\基础示例\易用性表单.html

域名是国际互连网上的国际通行证，它具有唯一性。客户在搜索引擎或其他网站通过域名所对应的网站对其内容进行了解。本小节将通过域名注册页面，综合使用前面学过的表单元素，以加深对表单各个元素的了解。

例如，在下面实例中，通过“域名注册”表单成功注册一个域名，并将其作为访问网站的网页地址。该表单集合前面所讲过的文本输入域、多行文本框、单选按钮、复选框、下拉菜单、提交按钮以及 <fieldset>、<legend>、<label> 标签等内容。

```
<html><head>
</head><body>
<style type="text/css">
table {
     font-size:14px;                        /* 设置文字大小 */
     width:600px;                           /* 设置表格宽度 */
}
td {
     line-height:30px;                      /* 设置行高 */
}
fieldset {
     margin:0 auto;                         /* 设置居中对齐 */
     text-align:left;                       /* 设置内容左对齐 */
     width:600px;                           /* 设置宽度 */
     -moz-border-radius:5px;                /* 设置圆角边框弧度 */
     -webkit-border-radius:5px;             /* 设置圆角边框弧度 */
}
</style>
<form>
  <fieldset>
  <legend>域名注册</legend>
  <table  align="center">
  <thead>
     <tr>
```

```
          <th colspan="2">请填写域名信息（请您务必填写真实、有效和完整的域名注册信息）</th>
        </tr>
      </thead>
      <tbody>
        <tr>
          <td align="right"><label for="zhanghao" accesskey="1">登录账号：</label></td>
          <td><input type="text" name="zhanghao" id="zhanghao"/></td>
        </tr>
        <tr>
          <td align="right"><label for="mima" accesskey="2">密码：</label></td>
          <td><input type="password" name="mima" id="mima"/></td>
        </tr>
        <tr>
          <td align="right"><label>性别：</label></td>
        <td>
          <label><input type="radio" name="RadioGroup1" value="1" id="RadioGroup1_0" />男
</label>
          <label><input type="radio" name="RadioGroup1" value="2" id="RadioGroup1_1" />女
</label>
          </td>
        </tr>
        <tr>
          <td align="right"><label for="wangzhi" accesskey="3">注册网址：</label></td>
          <td><input type="text" value="www." name="wangzhi" id="wangzhi"/></td>
        </tr>
        <tr>
          <td align="right"><label>注册网址后缀：</label></td>
          <td><input type="checkbox"checked="" name="com" value="yes"/>.com <input
type="checkbox"checked="" name="cn" value="yes"/>.cn<input type="checkbox"checked=""
name="net" value="yes"/>.net<input type="checkbox"checked="" name="org" value="yes"/>.org
          </td>
        </tr>
        <tr>
          <td align="right"><label for="ymzhongwen">域名所有者（中文）：</label></td>
          <td><input type="text" name="ymzhongwen" id="ymzhongwen"/></td>
        </tr>
        <tr>
          <td align="right"><label for="ymyingwen">域名所有者（拼音）：</label></td>
          <td><input type="text" name="ymyingwen" id="ymyingwen"/></td>
        </tr>
        <tr>
          <td align="right"><label for="quyu">所属区域：</label></td>
          <td><select name="quyu" id="quyu">
          <option selected="" value="">中国</option>
          <option value="32">中国香港</option>
          <option value="34">中国台湾</option>
          <option value="33">中国澳门</option>
          <option value="35">其他</option>
          </select>
          <select name="SP">
```

```
            <option value="0">-省份-</option><option value="1">北京</option><option
value="2">上海</option><option value="3">天津</option><option value="4">重庆</option> </
select>
            </td>
        </tr>
        <tr>
            <td align="right"><label for="danwei">单位所在地：</label></td>
            <td><input type="text" name="danwei" id="danwei"/></td>
        </tr>
        <tr>
            <td align="right"><label for="fuzeren">单位负责人：</label></td>
            <td><input type="text" name="fuzeren" id="fuzeren"/></td>
        </tr>
        <tr>
            <td align="right"><label for="tongxun">通信地址：</label></td>
            <td><input type="text" name="tongxun" id="tongxun"/></td>
        </tr>
        <tr>
            <td align="right"><label for="dianhua">联系电话：</label></td>
            <td><input type="text" name="dianhua" id="dianhua"/></td>
        </tr>
        <tr>
            <td colspan="2" align="center">
            <input name="tijiao" type="submit" class="buttom" value="提交" /><input
name="Submit" type="reset" class="buttom" value="重置" />
            </td>
        </tr>
    </tbody>
    </table>
    </fieldset>
    </form>
    </body></html>
```

页面演示效果如图9.9所示。

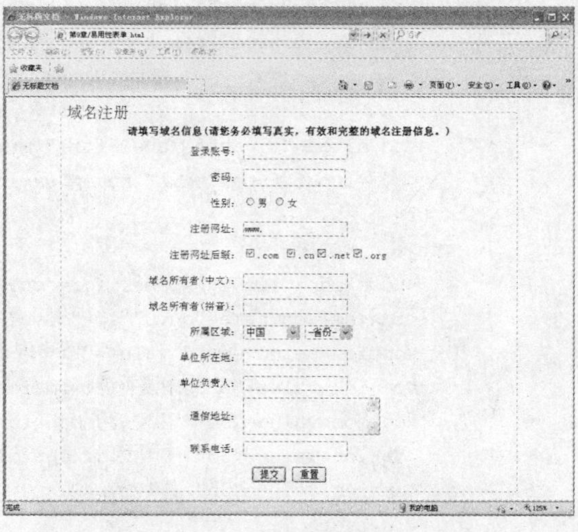

在上面实例中，通过CSS属性定义表格的宽度，字体大小为14像素。<fieldset>标签设置了宽度，如果不设置，则以浏览器窗口大小为准。如果在<form>标签外面加<div>标签，形成<form>标签的父元素，设置overflow:hidden，依然无法改变<fieldset>标签的宽度，结果是超出部分隐藏，因而需设置<fieldset>标签宽度。为了满足不同浏览器下的圆弧边框效果，可以使用浏览器的私有属性，如设置-moz-border-radiu:5px;（Firefox浏览器）、-webkit-border-radius:5px;（Chrome和Safari浏览器设置），IE浏览器默认的是圆弧边框效果。

图9.9 表格的基本结构

页面细节调整设置：通过<td>标签的行高，实现“域名注册”表单中元素之间视觉上的纵向分离。<legend>标签定义整个表单的标题，通过在<label>标签中设置for属性来实现文本内容与右侧表单元素相关联。“域名注册”表单中文字内容长短不一致，为单元格内部文字设置了右对齐，拉近了表单内容与右侧表单元素的距离，减少眼睛移动和处理表单数据的时间。针对“登录账号”、“密码”、“注册网址”设置不同的快捷键，分别为Alt+1、Alt+3、Alt+2（Firefox浏览器对应Alt+Shift+1、Alt+Shift +3、Alt+Shift +2）。

9.2　表单元素样式

使用 CSS 可以定义表单元素的大部分样式，本节将详细介绍如何使用 CSS 来控制表单元素的显示样式。

本节光盘内容：	
本节实例文件	无
本节视频长度	21分29秒

部分表单元素比较特殊，不易完全使用 CSS 控制其样式，例如，下拉菜单、列表框、单选按钮和复选框。特别是下拉菜单和列表框，如果希望完全个性化定制其显示样式，只能够通过 JavaScript 脚本间接实现。

9.2.1　输入域样式

视频路径：视频文件\files\9.2.1.swf　|　实例文件：实例文件\9\基础示例\输入域样式.html

浏览器对表单元素的默认样式都有不同的解析方式，在设计中为了符合页面风格，可以对表单的各个元素进行相应美化。下面对应用最多的 input 类型的元素及多行文本框进行 CSS 设置。

例如，在下面实例中，表单“用户留言”中包含“昵称”和“留言”两块，为它们设置不同的边框颜色和字体颜色。

```
<html><head>
<style type="text/css">
body{
      font-size:14px;                          /* 文本大小 */
}
input{
      width:200px;                             /* 设置宽度 */
      height:25px;                             /* 设置高度 */
      font-size:14px;                          /* 文本大小*/
      line-height:25px;                        /* 设置行高 */
      border:1px solid #339999;                /* 设置边框属性 */
      color:#FF0000;                           /* 字体颜色 */
      background-color:#99CC66;                /* 背景颜色 */
}
textarea{
      width:200px;                             /* 设置宽度 */
      height:100px;                            /* 设置高度 */
      line-height:24px;                        /* 设置行高 */
      border:none;                             /* 清除默认边框设置 */
      border:1px solid #ff7300;                /* 设置边框属性 */
      background:#99CC99;                      /* 设置宽度 */
      display: block;                          /* 背景颜色*/
      margin-left:40px;                        /* 设置外间距 */
}
```

```
</style>
</head><body>
<form>
<p>输入框：<input type="text" value="看我的颜色" /></p>
<p>多行文字输入框：<textarea>看我的颜色看我的颜色看我的颜色</textarea></p>
</form>
</body></html>
```

页面演示效果如图9.10所示。

首先定义整个表单中文字的大小和输入域的空间，设置宽度和高度，输入域的高度和行高应一致，即方便实现单行文字垂直居中，接着设置单行输入框的边框，在字体颜色和背景颜色的取色中，一般反差较大，以突出文本内容。

```
body{font-size:14px;}
input{width:200px; height:25px; font-size:14px;
line-height:25px; border:1px solid #339999;
     color:#FF0000; background-color:#99CC66;}
```

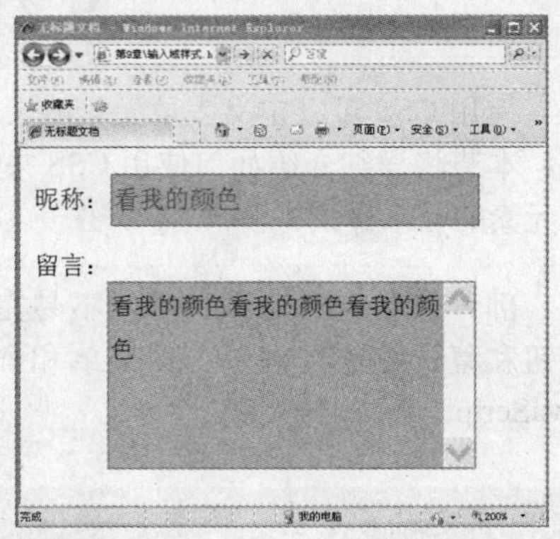

图9.10　单行文本框和多行文本框设置

然后设置多行文本框属性。同样对其宽度和高度进行设置，此处设置它的行高为24像素，实现行与行的间距，而不设置垂直居中。通过浏览器我们发现多行文本框的边框线有凹凸的感觉，此时设置边框线为0，并重新定义边框线的样式。多行文本框前的输入内容较多，可以设置块元素换行显示，使文本输入全部显示。通过浏览器发现单行文本框和多行文本框左边并没有对齐，通过设置margin-left属性来实现上（单行文本框）下（多行文本框的对齐），最后更改多行文本框的背景色，至此，整个表单内元素设置完毕。

```
textarea{width:200px; height:100px; line-height:24px; border:none;
     border:1px solid #ff7300; background:#99CC99; display: block; margin-left:40px;}
```

在上面实例中，对整个单行输入框进行设置，它根据type值的不同对应不同的元素。如果对单行文本域和密码输入框进行不同的CSS设置，该如何处理呢？一种方法是通过CSS属性选择符来实现；另一种方法是加入class来区分默认状态和特殊状态。

1. CSS 属性选择符

使用 Class 属性选择符实现代码如下：

```
<html><head>
<style type="text/css">
body{
     font-size:14px;                          /* 文本大小*/
}
input{
     width:200px;                             /* 设置宽度 */
     height:25px;                             /* 设置高度 */
     border:1px solid #339999;                /* 设置边框 */
     background-color:#99CC66;                /* 设置背景颜色 */
}
input[type='password']{
     background-color:#F00;                   /* 设置背景颜色 */s
}
```

```
</style>
</head><body>
<form>
<p>输入框：<input type="text" value="看我的颜色" /></p>
<p>密码输入框：<input type="password" value="看我的颜色" /></p>
</form>
</body></html>
```

页面演示效果如图 9.11 和图 9.12 所示。

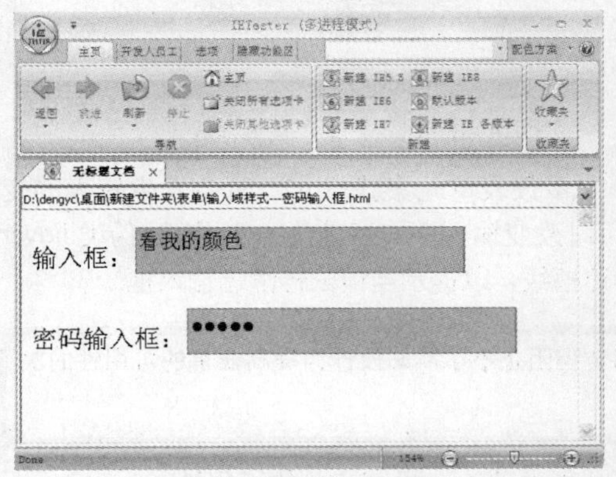

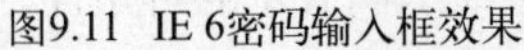
图9.11 IE 6密码输入框效果

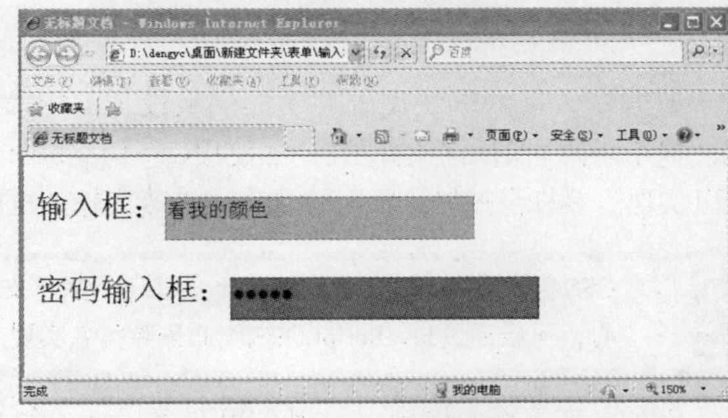

图9.12 IE 8密码输入框效果

IE 6及以下版本浏览器并不支持属性选择器。

2. Class 类实现

使用 Class 类实现代码如下：

```
<html><head>
<style type="text/css">
input{
      width:200px;
/* 设置宽度 */
      height:25px;
/* 设置宽度 */
      border:1px solid #339999;                /* 设置宽度 */
      background-color:#99CC66;                /* 设置宽度 */
}
input.new{
      background-color:#F00;                   /* 设置宽度 */s
}
</style>
</head><body>
<form>
<p>输入框：<input type="text" value="看我的颜色" /></p>
<p>密码输入框：<input type="password" value="看我的颜色" class="new" /></p>
</form>
</body></html>
```

页面演示效果如图 9.13 和图 9.14 所示。

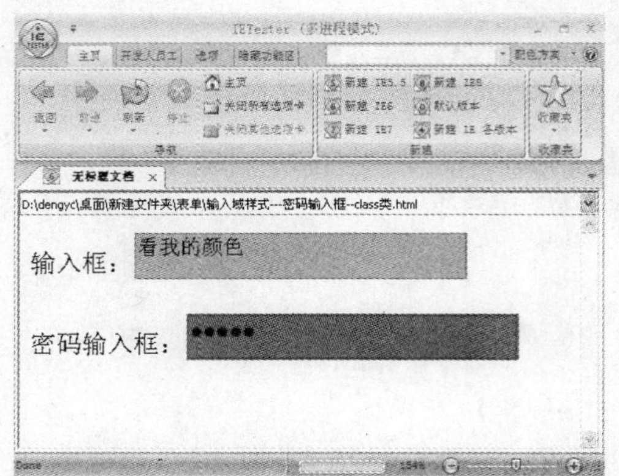

图9.13 IE 6浏览器密码输入框效果

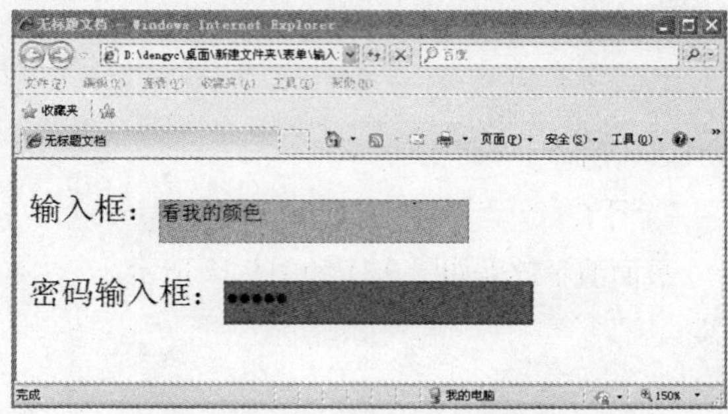

图9.14 IE 8浏览器密码输入框效果

改变输入框的默认设置并不能满足设计的需求，大多数表单元素获得焦点时会发生较大的变化，提示用户当前所在的位置，如使用CSS伪类:focus可以改变输入框的背景色；使用CSS伪类:hover可以实现当鼠标滑过输入框时，加亮或者改变输入框的边框线，以提示当前鼠标滑过输入框。

TIP CSS伪类:focus和CSS伪类:hover，IE 6依然不支持，但阻止不了网站设计为提高表单的可用性的决心，可以通过JavaScript动态添加/删除类名实现。

例如，在下面实例中，使用 CSS 伪类 :focus 和 CSS 伪类 :hover 提高表单的可用性。

```
<html><head>
<style type="text/css">
body{
    font-size:14px;                    /* 设置宽度 */
}
input{
    width:200px;                       /* 设置宽度 */
    height:25px;                       /* 设置宽度 */
    border:1px solid #339999;          /* 设置宽度 */
    background-color:#99CC66;          /* 设置宽度 */
}
p span{
    display:inline-block;              /* 设置宽度 */
    width:100px;                       /* 设置宽度 */
    text-align:right;                  /* 设置宽度 */
}
input{
    width:200px;                       /* 设置宽度 */
    height:25px;
    border:3px solid #339999;          /* 设置宽度 */
    background-color:#99CC66;          /* 设置宽度 */
}
input:focus{
    background-color:#FF0000;          /* 设置宽度 */
}
 input:hover{
    border:3px dashed #99FF00;         /* 设置宽度 */
}
```

```
</style>
</head><body>
<form>
<p>输入框：<input type="text" value="看我的颜色" /></p>
<p>密码输入框：<input type="password" value="看我的颜色" class="new" /></p>
</form>
</body></html>
```

页面演示效果如图 9.15 所示。

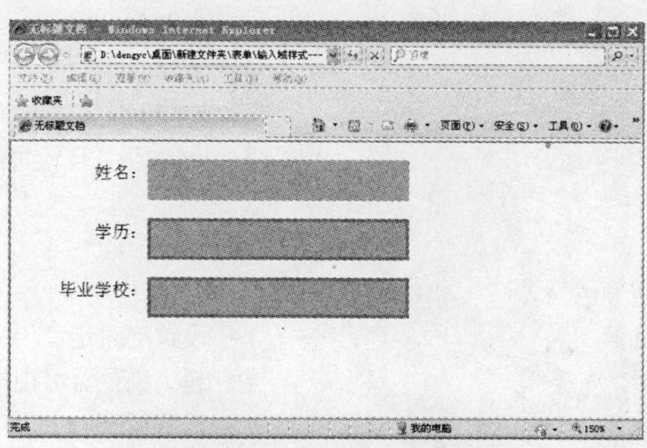

图9.15　IE 6密码输入框效果

9.2.2　选择域样式

视频路径：视频文件\files\9.2.2.swf　|　实例文件：实例文件\9\基础示例\选择域样式.html

默认表单元素单选按钮和复选框的设置外观一般，通过 CSS 属性可以为单选按钮或复选框添加边框等方式来增加美观。如果想整体改变其外观，可以通过背景图片替代默认样式。单选按钮和复选框都可以实现整体外观的改变，这里仅对单选按钮进行相关设置。

例如，在下面实例中，“请选择您最喜欢的浏览器”通过表单演示了单选按钮组进行 XHTML 结构架设，该表单是为了评选各个浏览器被认可的人数，选项有 Firefox 浏览器、IE 浏览器、谷歌浏览器等。

```
<html><head>
<script type="text/JavaScript"  src="jquery1.4.js"></script>
<script type="text/JavaScript">
$(function(){
     $('label').click(function(){
        $('label').attr('class','');
        $('label').addClass('radio1');
        $(this).addClass('radio2');
     })
})
</script>
<style type="text/css">
body{
     font-family:"黑体";                          /* 字体类型 */
     font-size:16px;                              /* 字体大小 */
}
form{
     color:#000;                                  /* 字体颜色 */
```

DIV+CSS 网站布局从入门到精通

```
        position:relative;                          /* 设置相对定位 */
        width:600px;                                /* 设置宽度 */
        margin:0 auto;                              /* 居中对齐 */
        text-align:center;                          /* 居中对齐*/
    }
    p{
        color:#000; /* 字体颜色 */
        width:200px;                                /* 设置宽度 */
        float:left;                                 /* 设置左浮动 */
        text-align:left;                            /* 设置左对齐 */
        margin:0;                                   /* 清除间距 */
        padding:0;                                  /* 清除间距*/
        margin:10px 0px;                            /* 左右居中上下10像素间距 */
    }
    input{
        color:#000; /* 字体颜色 */
        position: absolute;                         /* 设置绝对定位 */
        left: -999em;                               /* 超出浏览器可视部分，达到隐藏效果 */
        line-height: 50px;                          /* 设置行高 */
        height: 50px;                               /* 设置高度 */
    }
    .radio1 {
        color:#000; /* 字体颜色 */
        margin: 0px;                                /* 清除间距*/
        padding-left: 40px;                         /* 设置左间距 */
        color: #000;                                /* 字体颜色 */
        line-height: 34px;                          /* 设置行高 */
        height: 34px;                               /* 设置高度 */
        background:url(img/4.jpg) no-repeat left top;     /* 设置背景图片 */
        cursor: pointer;                            /* 鼠标为手型 */
        display:block;                              /* 转换为块元素 */
    }
    .radio2 {
        background:url(img/3.jpg) no-repeat left top;     /* 设置背景图片 */
    }
    </style>
    </head><body>
    <form>
      <h3>请选择您最喜欢的浏览器</h3>
      <p>
        <input type="radio" checked="" id="radio0" value="radio" name="group"/>
        <label for="radio0" class="radio1">Internet Explorer</label>
      </p>
      <p>
        <input type="radio" id="radio1" value="radio" name="group"/>
        <label for="radio1" class="radio1">Maxthon</label>
      </p>
      <p>
        <input type="radio" id="radio2" value="radio" name="group"/>
        <label for="radio2" class="radio1" class="radio2">Mozilla Firefox</label>
```

```
    </p>
    <p>
      <input type="radio" id="radio3" value="radio" name="group"/>
      <label for="radio3" class="radio1">谷歌浏览器</label>
    </p>
    <!--下面多行结构省略 -->
</form>
</body></html>
```

页面演示效果如图9.16所示。

本例讲解使用背景图片代替默认单选按钮的样式，思路如下。

- 个性化自定义的单选按钮首先需要两种图片状态：选中和未选中，对其添加不同的class类实现背景图片的改变。
- 通过<label>标签的for属性和单选按钮id属性值来实现内容与单选按钮的关联，即单击单选按钮相对应的文字时，单选按钮亦被选中。
- 根据浏览器名称来设置背景图片，单击时添加class类，最后隐藏单选按钮。

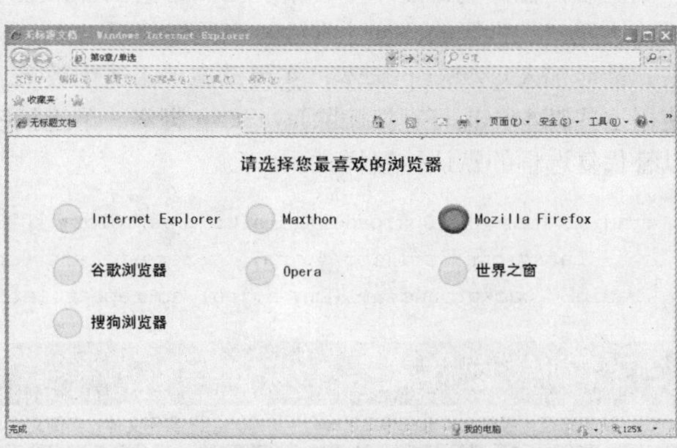

图9.16 背景图片代替单选按钮默认样式

> **TIP** 本例需要JavaScript动态更改class类，缺少JavaScript脚本控制将无法动态改变单选按钮的选中与否。

第一步，对页面进行初始化设置，网页内容为16号黑体。表单<form>元素宽度为600像素，为每行存放三个单选按钮确定空间，并使表单在浏览器中居中显示。<form>元素的相对定位应去掉，此处体现子元素，设置绝对定位时其父元素最好能设置相对定位，以减少bug的出现。

```
/*页面基本设置及表单<form>元素初始化 start*/
body {font-family:"黑体"; font-size:16px;}
form {position:relative; width:600px; margin:0 auto; text-align:center;}
```

第二步，<p>标签宽度为200像素，并设置左浮动，实现表单（表单的宽度为600像素，600/200=3）内部横向显示三个单选按钮。各个浏览器名称长短不同，对其进行左对齐设置，达到视觉上的对齐。<p>标签在不同浏览器下默认间距大小不一致，此处设置内外间距为0像素，会发现第一行单选按钮和第二行单选按钮过于紧密，影响美观，于是设置上下外间距（margin）为10像素。

```
p{ width:200px; float:left; text-align:left; margin:0; padding:0; margin:10px 0px;}
```

第三步，<input>标签的id值和<label>标签的for属性值一致，实现二者关联，并将<input>标签进行隐藏操作，即设置<input>标签为绝对定位，并设置较大的left值，例如left：-999em；将<input>标签完全移出浏览器可视区域，达到隐藏该标签的作用，为紧跟在它后面的文字设置背景图片替代单选按钮（<input>标签）作铺垫。

```
input {position: absolute; left: -999em; }
```

第四步，为<label>标签添加class类radio1和radio2，代表单选按钮未选中和选中两种状态。现在分别对class类的radio1和radio2进行设置，二者的CSS属性设置一致，区别在于其背景图片的不同。具体步骤如下。

第一步，设置背景图片不平铺，起始位置为左上角，清除外间距设置。背景图片的宽度是33像素，高度是34像素，即设置的背景图片和文字的间距一定要大于33像素，防止文字压住背景图片（文字在图片上面）。

第二步，设置左内间距为40像素（可调整大小），设置<label>标签高度为34像素，行高也是34像素，实现垂直居中，且完整显示背景图片（高度值必须大于34像素），用背景图片代替单选按钮。

第三步，在浏览器显示中观察页面，背景图片未显示完整，此时需要将<label>标签的CSS属性设置为块元素，设置的高度才有效。当鼠标移至<label>标签时设置指针变化为手形，提示当前可以单击。最后加入JavaScript脚本，实现动态单击选中效果。脚本不属于本教程介绍范围，读者可以直接使用这些脚本，也可直接删除JavaScript脚本。单选按钮可以通过背景图片替代，使用背景图片也可以替代复选框的默认按钮样式。

```
.radio1 {margin: 0px;padding-left: 40px;color: #000;line-height: 34px;height: 34px;
     background:url(img/4.jpg) no-repeat left top;cursor: pointer;display:block; }
.radio2 {background:url(img/3.jpg) no-repeat left top; }
```

9.2.3 列表域样式

视频路径：视频文件\files\9.2.3.swf | 实例文件：实例文件\9\基础示例\列表域样式.html

通过 CSS 属性可以对下拉菜单的整体字体和边框进行设置，但对其他设置，浏览器支持的却不完善，简单的，如对整体字体和边框的设置；对下拉菜单中的每项选择进行单独的背景颜色、文字加粗等设置，此时用户可以通过下拉菜单颜色的差异区分不同的选项。

例如，在下面实例中，为下拉菜单中的选项添加不同的 class 类名，以实现不同的 <option> 标签的背景颜色，最终达到七彩虹颜色的下拉菜单。通过为 <select> 标签设置背景图片，查看各个浏览器的支持情况。

```
<html><head>
<style type="text/css">
.box{
     color:#000;                                          /* 字体颜色 */
     width:120px;                                         /* 设置宽度 */
     width:150px\9;                                       /* IE 8下宽度为150像素 */
     overflow:hidden;                                     /* 超出隐藏 */
}
select{
     width:136px;                                         /* 设置宽度 */
     color: #909993;                                      /* 字体颜色 */
     border:none;                                         /* 取消边框 */
     height:23px;                                         /* 设置高度 */
     line-height:23px;                                    /* 设置行高 */
     background:none;                                     /* 背景隐藏 */
     background:url(img/5.jpg) no-repeat left top;    /* 设置背景图片 */
     color:#000000;                                       /* 字体颜色 */
     font-weight:bold;                                    /* 字体加粗 */
}
option{
     font-weight:bold;                                    /* 字体加粗 */
```

```
    border:none;                              /* 取消边框 */
    line-height:23px;                         /* 设置行高 */
    height:23px;                              /* 设置高度 */
    cursor:pointer;                           /* 设置鼠标为手形 */
}
.bjc1{
    background-color:#0C9;                    /* 设置背景颜色*/
}
.bjc2{
    background-color:#F96                     /* 设置背景颜色*/
}
.bjc3{
    background-color:#0F0                     /* 设置背景颜色*/
}
.bjc4{
    background-color:#C60                     /* 设置背景颜色 */
}
</style>
</head><body>
<div class='box'>
  <select >
    <option class="bjc1">内容一</option>
    <option class="bjc2">内容二</option>
    <option class="bjc3">内容二</option>
    <option class="bjc4">内容二</option>
  </select>
</div>
</body></html>
```

页面演示效果如图9.17和图9.18所示。

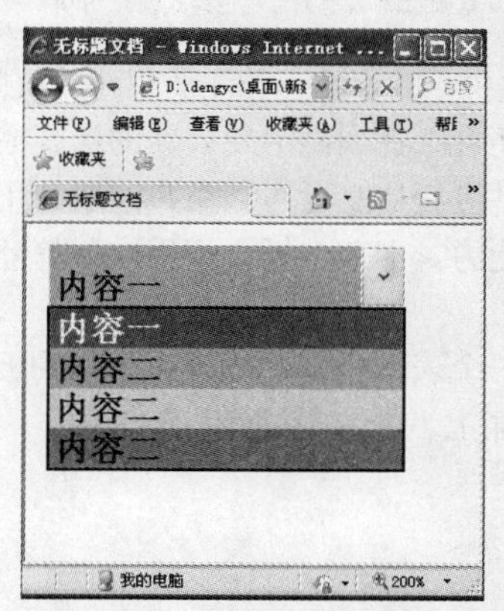

图9.17　IE 8浏览器下拉菜单不支持背景图片

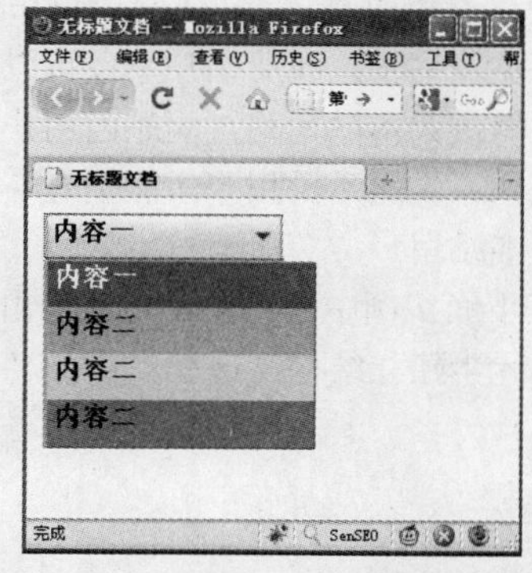

图9.18　Firefox浏览器下拉菜单支持背景图片

第一步，为<select>标签的父元素<div>标签设置宽度为120像素，IE 8下设置为150像素，超出部分隐藏，通过第二步查看超出部分隐藏是否有效。

```
.box{width:120px;width:150px\9; overflow:hidden;}
```

第二步，为<select>标签设置宽度为136像素，它的值小于外层<div>标签的宽度，对其设置高度为23像素，因为背景图片为119*23，最外层的<div>标签设置的宽度是背景图片的宽度所定义的。背景图片的设置是查看现代浏览器和IE 8浏览器对<select>标签的支持情况。通过图9.17和图9.18可以发现，IE 8浏览器超出部分没有隐藏，且IE 8浏览器中的<select>标签与其子元素<option>标签的宽度为120像素，而现代浏览器<select>标签的宽度为136像素，其子元素并没有与<select>标签宽度一致，而是与<div>标签宽度一致，通过为box设置高度为200像素，并设置背景色可以查看。

```
select{width:136px; color: #909993; border:none;height:23px; line-height:23px;
    background:none;background:url(img/5.jpg) no-repeat left top; color:#000000; font-weight:bold;}
.box{height:200px; background-color:#3C9}
```

第三步，为下拉菜单的每个选项设置不同的背景颜色，通过<option>标签不同的class名设置不同的背景颜色，以实现七彩虹效果。<option>标签的值与<select>标签高度应一致，设置为手形，高度为23像素，更改鼠标样式为手形。

```
.bjc1{background-color:#0C9;}
.bjc2{background-color:#F96}
.bjc3{background-color:#0F0}
.bjc4{background-color:#C60}
option{font-weight:bold; border:none; line-height:23px; height:23px; cursor:pointer;}
```

小结

通过浏览器可以发现，微软IE 8浏览器没有支持<select>标签的背景图片设置，而Firefox浏览器则已经实现，谷歌、Opera等浏览器也不支持。通过JavaScript和CSS相结合可以模拟<select>标签。如果下拉菜单设计简单，仅对下拉菜单的宽度、字体颜色等简单要求的效果，则采用<select>标签；如果需要特殊的设计效果，如对其背景图片进行设置、改变下拉菜单的下拉按钮形状，一般通过其他标签模拟实现下拉菜单的效果，而不再通过<select>标签设置。

9.2.4 表单的可用性样式设计

视频路径：视频文件\files\9.2.4.swf | 实例文件：实例文件\9\基础示例\表单的可用性样式设计.html

网站一般存在两种用户，即注册用户和游客。在网站中，赋予游客和注册用户的权限是不同的，其中游客只可浏览帖子，注册用户不仅可以浏览帖子，还可以在网站中发表新的话题或者帖子。游客可以通过注册成为本站用户，而站内用户可以登录网站进行信息发布。用户注册是用户登录的前提，当用户登录系统之后，用户才能拥有与网站交互的能力。本节主要介绍用户如何登录网站以及游客如何成为本站用户。

例如，在下面实例中，将用户登录和用户注册放在一个表单中，并划分在不同的板块。使用前面学过的表单元素建立结构，通过 CSS 属性设置，为其穿上“外衣”，即设置外观。

```
<html><head>
<style type="text/css">
.box{
    color:#000;                          /* 字体颜色 */
    width:120px;                         /* 设置宽度 */
    width:150px\9;                       /* IE 8浏览器下的宽度 */
    overflow:hidden;                     /* 超出部分隐藏 */
}
form{
    width:600px;                         /* 设置宽度 */
```

```
        font-size:14px;                          /* 字体大小 */
        margin:0px auto;                         /* 居中对齐 */
    }
    fieldset{
        margin:15px auto;                        /* 上下外间距为15像素，左右居中 */
        text-align:left;                         /* 文本左对齐 */
        width:600px;                             /* 设置宽度*/
        -moz-border-radius:5px;                  /* 圆角 */
        -webkit-border-radius:5px;               /* 圆角*/
    }
    legend{
        padding:3px 12px;                        /* 设置内间距 */
        border:1px solid #1E7ACE;                /* 字体颜色 */
    }
    p{
        margin:0;                                /* 取消默认间距 */
        padding:0;                               /* 取消默认间距*/
        margin:10px auto;                        /* 上下外间距为10像素，左右居中*/
        width:500px;                             /* 设置宽度 */
        clear:both                               /* 清除浮动 */
    }
    p.enter{
        text-align:center;                       /* 文本居中 */
    }
    input{
        margin-right:10px;                       /* 设置右间距 */
        width:150px;                             /* 设置宽度 */
        height:20px;                             /* 设置高度 */
        line-height:20px;                        /* 设置行高 */
        border:1px solid #094e87;                /* 设置边框 */
    }
    input:hover{
        background-color:#F30;                   /* 设置背景颜色 */
    }
    label{
        width:140px;                             /* 设置宽度 */
        float:left;                              /* 设置左浮动 */
        text-align:right;                        /* 文本右对齐 */
        line-height:20px;                        /* 设置行高 */
    }
    span{
        color:#F00;                              /* 字体颜色 */
        font-size:12px;                          /* 字体大小 */
    }
    a{
        color:#000;                              /* 字体颜色 */
        font-size:12px;                          /* 字体大小 */
    }
    /**特殊输入域 设置 start***/
    select{
```

```
    height:25px;                        /* 设置高度 */
    width:151px;                        /* 设置宽度 */
    color:#36F;                         /* 字体颜色 */
    border:none;                        /* 取消默认边框*/
    border:1px solid #094e87;           /* 设置边框 */
}
textarea{
    height:45px;                        /* 设置高度 */
    width:220px;                        /* 设置宽度 */
    border:1px solid #094e87;           /* 设置边框 */
}
p.fuwu input{
    width:auto;                         /* 宽度自适应 */
    height:12px;                        /* 设置高度*/
    line-height:12px;                   /* 设置行高*/
    border:none;                        /* 取消边框*/
    margin-right:0px;                   /* 设置右间距为0像素 */
}
p.fuwu input:hover{
    background:none;                    /* 取消背景设置*/
}
/**特殊输入域 设置 start***/
/**性别 设置 start***/
p.XB2 input{
    width:auto;                         /* 宽度自适应*/
    border:none;                        /* 取消边框 */
    margin-right:0px;                   /* 设置右间距为0像素 */
    position:relative;                  /* 设置相对定位*/
    top:3px;                            /* 设置向上偏移3像素*/
}
p.XB2 input:hover{
    background:none;                    /* 取消背景设置 */
}
p.XB2 label.Wid2{
    width:auto;                         /* 宽度自适应 */
    position:relative;                  /* 设置相对定位 */
    top:-6px;                           /* 设置向上偏移6像素 */
    +top:-3px;                          /* 设置IE 7、IE 6向上偏移3像素 */
}
/**性别 设置 end***/
p.enter input{
    border:1px solid #369;              /* 设置边框 */
    background:#6CF;                    /* 设置背景颜色 */
    width:60px;                         /* 设置宽度 */
    line-height:25px;                   /* 设置行高*/
    height:25px;                        /* 设置高度*/
    position:relative;                  /* 设置相对定位*/
    left:-40px;                         /* 设置向左移动40像素*/
}
</style>
```

```
</head><body>
<form action="" method="post" name="" id="Form">
<fieldset>
  <legend>用户登录</legend>
  <p>
    <label for="xingming">用户名：</label>
    <input type="text" name="xingming" id="xingming" value="" />
  </p>
  <p>
    <label for="mima">密码：</label>
    <input type="password" name="mima" id="mima"/>
  </p>
  <p class="enter">
    <input name="tijiao" type="submit" class="buttom" value="登 录" />
  </p>
</fieldset>
<fieldset>
  <legend>用户注册</legend>
  <p>
    <label for="xingming2">用户名：</label>
    <input type="text" name="xingming2" id="xingming2"  /><span>*（最多30个字符）</span>
  </p>
  <p>
    <label for="mima2">密码：</label>
    <input type="password" name="mima2" id="mima2" /><span>*（最多30个字符）</span>
  </p>
  <p>
    <label for="chongfumima2">重复密码：</label>
    <input type="password" name="chongfumima2" id="chongfumima2"/>
    <span>*（密码需要一致）</span>
  </p>
  <p>
    <label for="secproblem">密码保护问题：</label>
    <select class="sel" id="secproblem" name="secproblem">
    <option value="0">请选择密码提示问题</option>
    <option value="您母亲的姓名是?">您母亲的姓名是?</option>
    <option value="您父亲的姓名是?">您父亲的姓名是?</option>
    <option value="您配偶的姓名是?">您配偶的姓名是?</option>
    <option value="您母亲的生日是?">您母亲的生日是?</option>
    <option value="您父亲的生日是?">您父亲的生日是?</option>
    <option value="您配偶的生日是?">您配偶的生日是?</option>
    <option value="您的出生地是?">您的出生地是?</option>
    <option value="您的小学校名是?">您的小学校名是?</option>
    <option value="您的中学校名是?">您的中学校名是?</option>
    <option value="您的大学校名是?">您的大学校名是?</option>
    <option value="cusproblem">您的自定义问题</option>
    </select>
  </p>
  <p>
    <label for="daan">密码保护问题答案：</label>
```

```
        <input type="text" name="daan" id="daan"/>
      </p>
      <p class="XB2">
        <label for="xingbie2">性别：</label>
        <label class="Wid2"><input type="radio" name="RadioGroup1" value="0"
id="RadioGroup1_0" /> 男</label>
        <label class="Wid2"><input type="radio" name="RadioGroup1" value="1"
id="RadioGroup1_1" />女</label>
      </p>
      <p>
        <label for="yinxiang2">本站印象：</label>
        <textarea id="yinxiang2" ></textarea>
      </p>
      <p class="fuwu">
        <label for="AgreeToTerms">同意服务条款：</label>
        <input type="checkbox" name="AgreeToTerms" id="AgreeToTerms" value="1" />
        <a href="#" title="您是否同意服务条款">查看服务条款？</a>
      </p>
      <p class="enter">
        <input name="tijiao" type="submit" class="buttom" value="提 交" />
      </p>
    </fieldset>
    </form>
    </body></html>
```

页面演示效果如图 9.19 所示。

从布局角度来讲整个表单分为两大板块：登录板块和注册板块。

<form> 标签作为整个表单的父元素，<fieldset> 标签对表单的登录和注册进行区块划分。

<legend> 标签作为表单的区块名称，表单中每项信息使用 <p> 标签对其项目区分。每项信息通过 <label> 标签和相应表单元素组合即可。页面结构如图 9.20 所示。

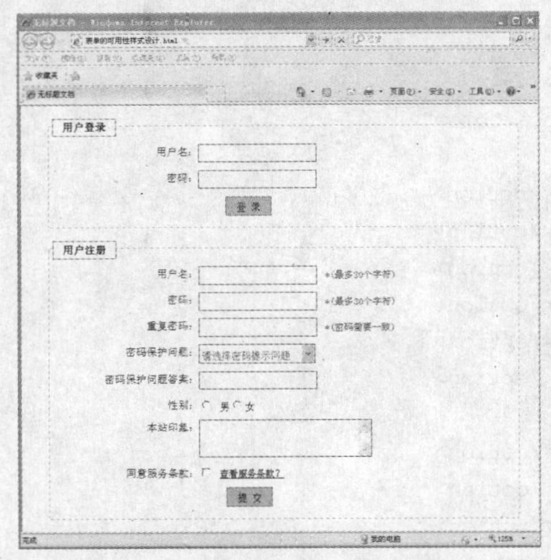

图9.19 用户登录和用户注册模块

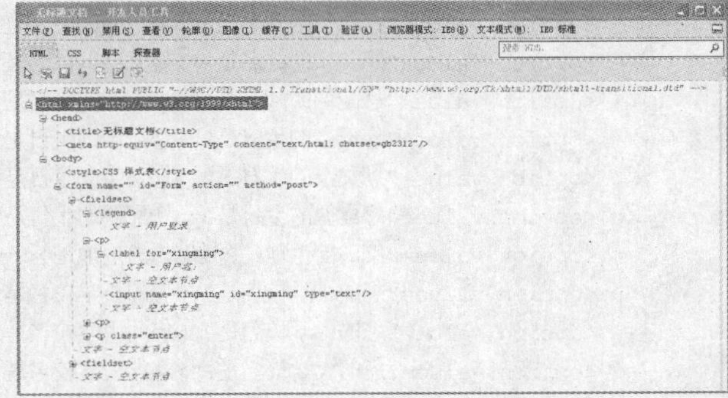

图9.20 页面表单结构示意图

第一步，通过CSS属性对页面表单元素进行页面划分区域。表单<form>标签设置宽度为600像素，居中对齐，整个表单内部文字字体大小为14像素。表单<fieldset>标签设置上下15像素，居中对齐。设置文字对齐方式为左对齐，在前面章节中曾经讲过需要专门的<fieldset>标签对其设置宽度，否则无法影响其大小，且有的浏览器不支持圆角。

```
form{width:600px; font-size:14px;margin:0px auto;}
fieldset{margin:15px auto; text-align:left;width:600px;-moz-border-radius:5px;-webkit-border-radius:5px;}
```

第二步，针对“用户登录”和“用户注册”上下区域的标题<legend>标签美化。设置内边距和边框属性，并观察占用的空间，对文字进行加粗，以区分标题文字和页面默认文字。与<legend>标签同为兄弟的<p>标签对其进行页面初始化设置，外间距和内间距为0像素，此时选项与选项之间的文字距离过于紧密，增加上下间距为10像素。在后面的操作中需要对<label>标签设置浮动，使之拥有宽度，为避免bug的产生，<legend>标签设置清除浮动操作clear:both 。

```
legend{padding:3px 12px; border:1px solid #1E7ACE; font-weight:bold;}
```

第三步，页面布局初步完成。细节操作划分如下：第一，针对页面表单应用最多的 <input> 标签和 <label> 标签进行设置；第二，特殊输入域元素和 <label> 标签进行单独设置。<input> 标签宽度为 150 像素，高度为 20 像素，行高也是 20 像素，设置边框属性。接着对 <label> 标签进行初始化，宽度为 140 像素，保证最长的文字也能够在一行内显示，设置为左浮动，确保该标签拥有块布局属性，文字右对齐，确保文字内容右侧与表单 <input> 标签左侧在一起。最后使 <label> 标签行高与 <input> 标签行高一致。

```
input{margin-right:10px; width:150px; height:20px; line-height:20px; border:1px solid #094e87;}
label{width:140px; float:left; text-align:right;line-height:20px;}
```

第四步，设置特殊输入域元素。在设置“用户登录”最后一个登录输入框标签时，通过其外面的p元素的class属性，做成按钮的效果，重新设置宽度、高度、边框属性及背景色，让其拥有按钮的外观。高度和行高一致，实现单行文字的垂直居中。设置该元素居中对齐，通过相对定位在其当前位置向左移动40像素。至此，“用户登录”按钮已经设置完毕。

```
input{margin-right:10px; width:150px; height:20px; line-height:20px; border:1px solid #094e87;}
p.enter{text-align:center;}
p.enter input{border:1px solid #369; background:#6CF;width:60px; line-height:25px; height:25px;
position:relative; left:-40px;}
```

第五步，与特殊<label>标签相关的CSS属性的设置。“用户注册”中“性别”选项使用了三个<label>标签，第一个<label>标签前面的CSS属性设置达到网站需要的效果，后面两个<label>标签需要重新设置。首先对“男”和“女”的<label>标签的宽度进行设置，它继承了前面的140像素的宽度，此处为auto，其宽度根据内容多少进行自适应。接着重置<input>标签的相关属性，宽度同样设置为auto进行自适应，将边框属性设置为none，删掉input元素的边框属性，将右间距设置为0，通过浏览器查看效果，发现“男”或“女”与之后的单选按钮位置高低不一，此时使相对定位元素向上移动。使用相对定位元素对性别的<input>标签下移3像素。

“用户注册”分区中的“同意服务条款”选项，设置其超链接字体大小为12像素，字体颜色为黑色。对其复选框进行初始化，宽度、边框及右间距的设置与“性别”选项一样，而高度和行高需要重新更改，设置为12像素，以期达到文字大小和复选框视觉一致。

```
/**性别 设置 start***/
p.XB2 input{ width:auto; border:none;margin-right:0px; position:relative; top:3px;}
p.XB2 label.Wid2{width:auto; position:relative; top:-6px;+top:-3px;}
```

```
/**性别 设置 end***/
p.fuwu input{width:auto; height:12px; line-height:12px; border:none; margin-right:0px;}
a{color:#000; font-size:12px;}
```

第六步，<select> 和 <textarea> 标签等的收尾操作。对这两个元素的宽度、高度边框的设置，使页面此项内容与文字对齐。为 <select> 标签的字体颜色重新设置：为增加现代浏览器的体验性，使用 CSS 伪类 hover 设置鼠标滑过时的背景颜色，代表其当前所在选项。将性别和服务条款中的 CSS 伪类 hover 属性背景图片设置为 none，取消前面 <input> 标签伪类 hover 属性的继承。最后将必填写项目用红色字体表示出来，且小于正常文字大小，如 12 像素。<span> 标签字体设置为红色 12 号字，用于提示用户填写当前选项需要注意的问题，以增加用户体验。

```
select{height:25px;width:151px; color:#36F;border:none; border:1px solid #094e87;}
textarea{height:45px;width:220px;border:1px solid #094e87;}
input:hover{background-color:#F30;}
p.fuwu input:hover{background:none;}
p.XB2 input:hover{background:none;}
span{color:#F00;font-size:12px;}
```

小结

输入域样式通过CSS的宽度和高度属性即可去掉本身的表示性属性，使用CSS属性选择器可以根据输入域类型（type值）的不同设置不同的样式，IE 6及以下不支持，网上有针对IE 6不支持CSS属性选择器编写的脚本（http://ie7-js.googlecode.com/svn/test/index.html，百度搜索关键字：IE 7.js），通过该脚本就可以不必加入class类名了。通过CSS属性无法定义个性化的单选按钮或复选框的样式，但通过<label>标签的for属性与<input>标签的id值实现相关联的特点，可采用背景图片代替默认单选按钮或复选框的样式。最后从布局角度将整个表单划分为两大板块：登录板块和注册板块。给出页面表单结构示意图，让读者更加清晰地知道要处理的XHTML结构，通过CSS属性进行页面美化。

9.3 案例实战

表单可以及时反馈用户对网站的建议，本案例通过表单获取用户的信息及建议。如果你有好的项目与网站合作，可以进行相关信息的提交。

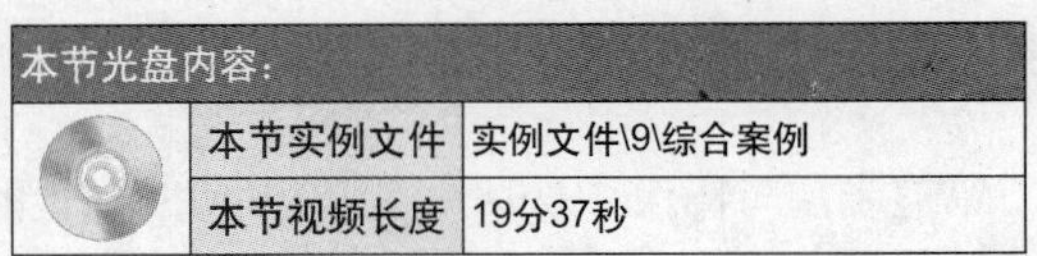

本节光盘内容：

本节实例文件	实例文件\9\综合案例
本节视频长度	19分37秒

9.3.1 产品策划

视频路径：视频文件\files\9.3.1.swf　　实例文件：无

个性类网站一般都应体现个性和时尚的特点，因而设计师在设计个性化风格网站时，如果设计成功则称之为眼光独到、艺术气息浓厚，反之画虎不成反类犬。因其个性类网站的特点，故大多数以个人网站、博客网站为主，不适合内容丰富的门户网站。

9.3.2 画板

视频路径：视频文件\files\9.3.2.swf　　实例文件：无

本章以讲解表单为主，故这里讲解表单页面，页面中主体背景图片的设计给浏览者耳目一新的感觉。“联系我们”表单内部主要包括用户名、Emali、信息反馈、本站联系人以及本站联系人电话等信息，便于用户更好地为网站站长提供反馈信息。画板最终设计图如图9.21所示。

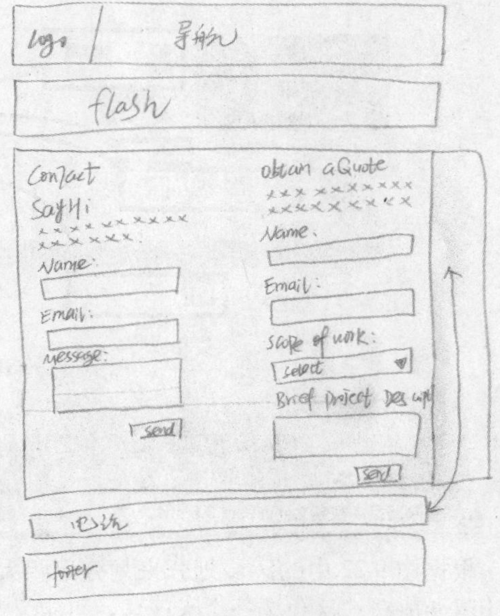

图9.21　画板最终设计图

9.3.3　设计图

视频路径：视频文件\files\9.3.3.swf　　实例文件：无

通过画板对页面进行分析并根据画板设计图划分各个栏目区域。现在需要将各个栏目具体内容通过画图软件Photoshop或Fireworks设计出来，在后面重构中将会给出栏目划分的XHTML结构，在布局中将会给出页面大体结构以及具体内容编写结构的实现过程。图9.22所示是设计模块划分图。

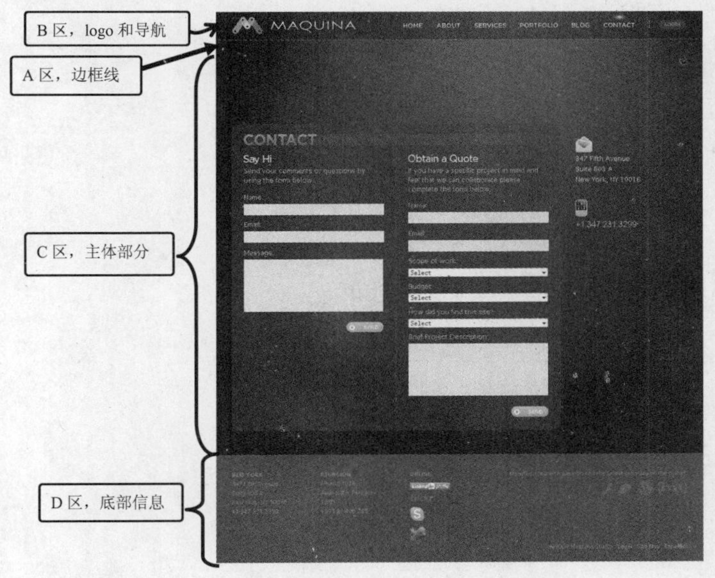

图9.22　设计模块划分图

9.3.4　切图

视频路径：视频文件\files\9.3.4.swf　　实例文件：无

使用Photoshop软件中的工具将设计图以下部分切出来（因篇幅有限，D区只讲解空间大小，内容不再讲解），故剪切并组合出下面图片，这些图片将作为网页元素的背景图或插入图片，具体操作步骤在视频中演示。

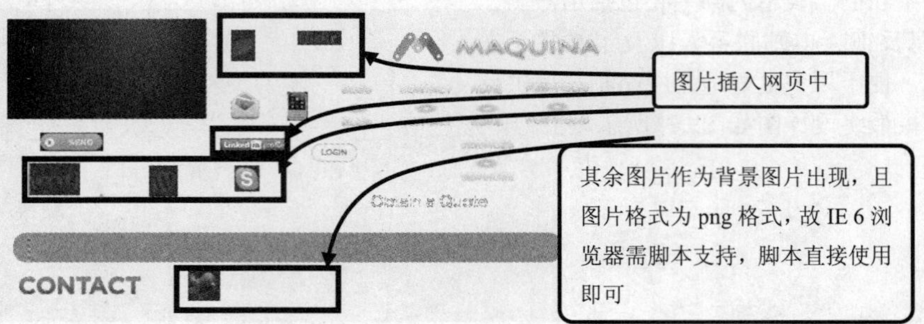

图9.23　切图

9.3.5　重构

根据图9.22中的区域划分来划分出四大区域，在每个大区域内可以划分几个小区域。例如，设计图最顶端C区作为一个大区域，可定义id名为main，在此区域内划分两个小区域：一个小区域存放#headerB，其内部包含flash，另一个小区域#contentB存放表单具体内容，最终写出如下二级XHTML结构。

```
<html>
<head>
</head>
<body class="contact-page">
<div id="wrap">
   <div id="nav"></div>
   <div id="nav-internal"></div>
      <div class="S1 png"></div>
      <div id="menu"></div>
   </div>
   <div id="main">
      <div id="headerB"></div>
      <div id="contentB">
         <div id="leftColB"></div>
         <div id="rightColB"></div>
         <div class="clear"></div>
   </div>
   <div id="footer">
      <div id="footer-internal">
         <div class="location"></div>
         <div class="location border"></div>
         <div class="location border"></div>
         <div class="signature"></div>
         <div class="legal"></div>
      </div>
   </div>
</div>
</body>
</html>
```

9.3.6 布局

视频路径：视频文件\files\9.3.6.swf | 实例文件：无

第一步，打开Dreamweaver软件，执行“文件”→“新建”命令，弹出“新建文档”对话框，如图9.24所示，新建一个空白的XHTML文档页面，并保存文件为“An9.html”。

第二步，创建外部CSS样式表文件，并保存为Astyle.css文件。执行“窗口”→“CSS样式”命令，打开“CSS样式”面板，单击“附加样式表”按钮，在弹出的“链接外部样式表”对话框中单击“浏览”按钮，如图9.25所示，找到Astyle.css文件，将其链接到“An9.html”文档，最后单击“确定”按钮。

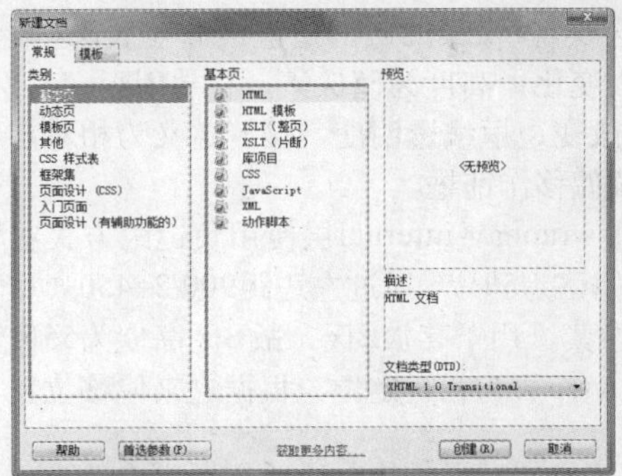

图9.24 “新建文档”对话框

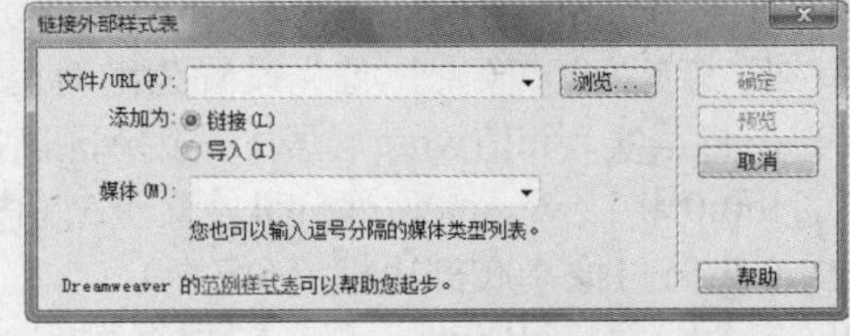

图9.25 “链接外部样式表”对话框

为XHTML文件添加如下代码：

```
<link href="css/Astyle.css" rel="stylesheet" type="text/css" />
```

第三步，对XHTML元素初始化，将所有要用到以及即将用到的元素进行初始化，确保所有元素在不同浏览器下的默认状态是一致的，其中包括清除内间距、外边距。

> **TIP** 超链接隐藏下划线，鼠标滑过时的颜色为#0ca9bb，清除<ul>标签的默认边距和间距设置，导航中将使用该标签。

```
body{ margin:0; padding:0;}
img{border:none;}
a{text-decoration:none;outline:none}
a:visited{color:#b5b5b5;}
a:hover{color:#0ca9bb;}
a:active{color:#b5b5b5;}
ul,li{ margin:0; padding:0;}
li{list-style-type: none;}
```

第四步，为页面定义背景图片，即为<body>标签设置背景图片bg.jpg、图片不平铺；背景图片大小为1000*853，位置为横向居中、纵向顶部，防止在不同分辨率和不同尺寸的屏幕下图片位置显示错误；另外因屏幕尺寸比例不同，背景图片显示不足的位置通过背景色#03080a填充。图9.26所示为设置的页面背景色。

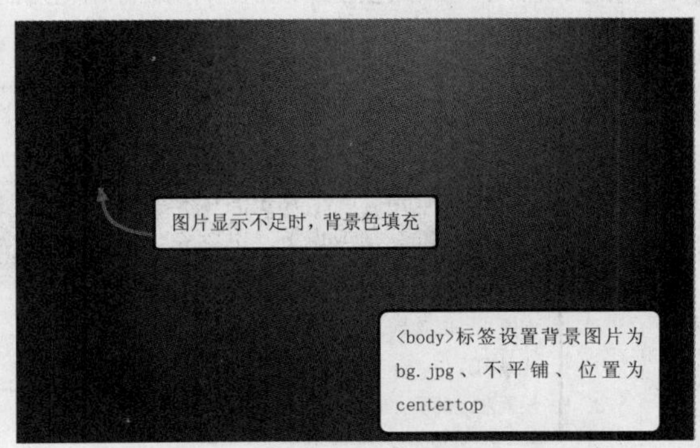

图9.26 设置页面背景色

```
CSS:
body{background-color:#03080a;background-image:url(../images/bg.jpg) top center no-repeat;}
或
.contact-page{background-color:#03080a;background-image:url(../images/bg.jpg) top center no-repeat;}
```

第五步，页面所有元素通过id值wrap包含（即#wrap为所有分区的父层<图9.22的分区>），内部包含四个区域设置：A区存放1像素高度的直线；B区存放logo、导航以及登录；C区是表单数据的主要存放位置；D区存放尾部信息。id值wrap定义宽度为100%，高度也为100%。

根据A区XHTML结构代码编写CSS样式代码。A区实现1像素的底部边框线并存放B区数据信息，故A区宽度为100%，使边框线随浏览器宽度变化而变化；高度为55像素，存放B区logo、导航等信息，设置背景色为黑色，并定义1像素边框线，以改变边框线透明度，接着定义为相对定位，层叠级别为-1，为id值的wrapnav-internal层设置绝对定位偏移作铺垫。

根据B区XHTML结构代码编写CSS样式代码。id值wrapnav-internal层使用负边距方式实现居中，即该层宽度为900像素，首先设置为绝对定位，左偏移为50%，通过左边距900/2=450（层宽度的50%），将层实现id值wrap层居中，因A区高度为55像素，用于存放B区，故B区高度为55像素；接着通过top:0;将该wrapnav-internal放置于A区内（id值wrap层为相对定位，根据它来偏移位置，且B区总高度为55+1像素底部边框=56像素）。

B区包含S1层、id值menu层。S1层存放logo图片，id值menu层存放导航菜单。S1层设置为左浮动，id值menu层设置为右浮动，定义两个层宽度，使其在一行内显示。S1层宽度为248像素、高度为34像素，logo图片大小与层大小一致，通过上间距调整logo位置；子层png宽度、高度与S1层一致，但未设置间距，设置背景图片logo.png，因其IE 6浏览器不支持png透明格式，故通过JQuery实现，这里直接导入所需的JavaScript文件，只为需要使用png格式图片的层设置class名为png即可。例如，如果logo不是png格式图片，则在S1层内直接插入logo图片即可，而无须再添加一个png层。本案例多处使用png图片，通过JS添加class名png或者直接在该层上使用class名png。

id值menu层存放导航菜单内部元素，也将使用png图片，这里将通过JQuery添加。首先划分它占用的空间宽度为560像素、高度为37像素、右浮动，通过上边距调整至浏览器顶端的位置。id值menu层内导航菜单是横向的，故设置<li>标签横向浮动。

通过<a>标签存放导航项，因其使用的图片大小不一致，故需单独定义宽度，高度统一为37像素，取消下划线效果（使用图片代替，鼠标滑过时也是更改图片效果），设置图片为不平铺、位置为左上角；通过外边距调整导航项目之间的距离；标签内文字通过文本缩进text-indent:-5000px;将其隐藏，搜索引擎可以看到文字内容，而在该网页上看不到。

每个超链接都加上id值，分别为#home、#about、#services、#portfolio、#blog、#contact、#login；接着单独定义相应的背景图片和宽度值。鼠标滑过时改变其图片位置即可，因每个菜单项都使用一张图片，该图片包含默认状态和鼠标滑过状态，故background-position:0px -38px;即可。

图9.27所示是A区导航和logo设置效果。

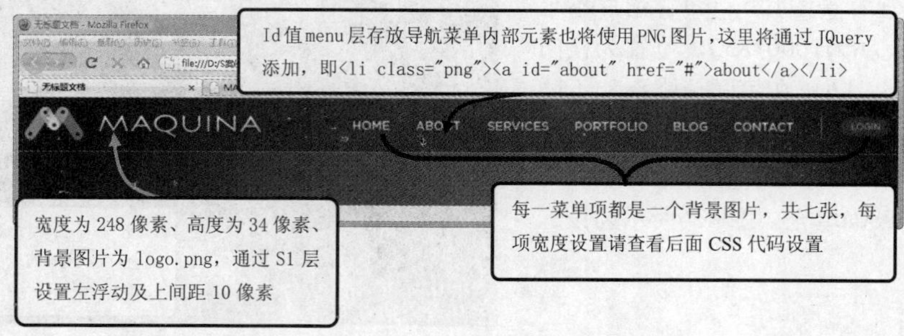

图9.27 A区导航和logo设置

```
XHTML:
<div id="wrap">
   <div id="nav"></div>
   <div id="nav-internal">
      <div class="S1"><div class="png"></div></div>
      <div id="menu">
         <ul>
            <li><a href="#" id="home">home</a></li><li><a href="#" id="about">about</
a></li>
            <li><a href="#" id="services">services</a></li><li><a href="#"
id="portfolio">portfolio</a></li>
            <li><a href="#" id="blog">blog</a></li><li><a href="#" id="contact">contact</
a></li>
            <li><a href="#" id="login">login</a></li>
         </ul>
      </div>
   </div><!-- close NAV INTERNAL-->
</div>
CSS:
#wrap{width: 100%;height: 100%;}
#nav{width:100%;height:55px;background-color:#000000;border-bottom:1px solid #b0afaf;
    /*position:relative;top:0;*/ opacity:0.35;z-index:-1;}
#nav-internal{position:absolute;top:0;width:900px;height: 55px;left:50%;margin-left:-
450px;z-index: 7;}
.S1{ width:248px; height:34px; float:left; padding-top:10px; }
.S1 .png{ width:248px; height:34px; float:left; background:url(../images/logo.png) no-
repeat left top;}
#menu{margin-top:5px;float:right;width:560px;height:37px;}
#menu li{list-style:none;float:left;}
#menu a {display:block;height:37px;text-decoration:none;text-indent:-5000px;
   background-repeat: no-repeat;background-position:0 0;margin-right:26px;}
#menu #home{background-image:url(../images/nav-home.png);width:39px;}
#menu #about{background-image:url(../images/nav-about.png);width:49px;}
#menu #services{background-image:url(../images/nav-services.png);width:64px;}
#menu #portfolio{background-image:url(../images/nav-portfolio.png);width:76px;}
#menu #blog{background-image:url(../images/nav-blog.png);width:37px;}
#menu #contact{background-image:url(../images/nav-contact.png);width:63px;}
#menu #login{background-image:url(../images/nav-login.png);width:74px;margin-
right:0px;}
#menu #home:hover,#menu #contact:hover,#menu #blog:hover,#menu #portfolio:hover,
   #menu #services:hover,#menu #about:hover,#menu #login:hover{background-position:0px
-38px;}
```

第六步，根据C区XHTML结构代码编写CSS样式代码。定义C区宽度为900像素，为子元素居中作参考，即父层居中、子层浮动即可。C区包含两部分：#headerB层和#contentB层。#headerB层存放flash，定义宽度为900像素、高度为160像素，为便于查看该层位置，可以定义背景色以及相关字体设置，观察完效果后，记住要删除宽度、高度之外的属性值。#contentB层存放网页表单主要内容，定义宽度为900像素、相对定位，最后调整该层下边距为40像素，使C区与D区之间距离为40像素。

#contentB层包含三部分：#leftColB层、#rightColB层以及br.clear。#leftColB层用于存放表单数

据，#rightColB层用于存放联系地址、电话，br.clear用于清除#leftColB层、#rightColB层浮动，使#contentB层能够高度自适应。

#leftColB层宽度为650像素、左浮动、相对定位，#rightColB层宽度为220像素、右浮动。

图9.28所示是C区及子层划分图。

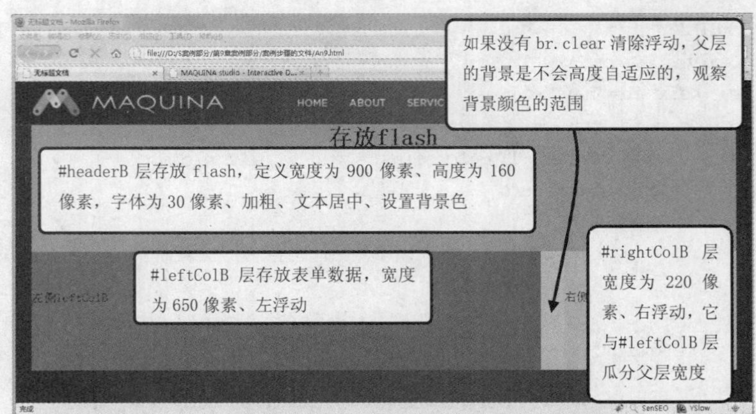

图9.28 C区及子层划分

```
XHTML：
<div id="wrap">
   <div id="nav"></div>
   <div id="nav-internal"> </div>
   <div id="main">
      <div id="headerB">存放flash</div>
      <div id="contentB">
         <div id="leftColB"><p> </p>左侧leftColB<p> </p><p> </p></div>
         <div id="rightColB"><p> </p>右侧rightColB<p> </p><p> </p></div>
         <br class="clear">
      </div><!--contentB end-->
   </div><!-- main end-->
</div>
CSS:
#main{width:900px;margin: 0 auto;}
#headerB{width:900px;height:160px; font-size:30px;font-weight:bold;
    text-align:center;background-color:#999933}
#contentB{position:relative;width:900px;margin-bottom:40px; background-color:#99CCCC}
#leftColB{width:650px;float:left;position:relative; background-color:#006699      }
#rightColB{width:220px;float:right; background-color:#66CC99}
.clear{clear:both;}
```

第七步，leftColB层内元素编写包含四个小区域：S3层、#mainContentBase层、S4层、#mainContent层。S3层、S4层存放png格式圆角图片，故继承class名png且内部存放png子层。S3层、S4层宽度为650像素、高度为16像素且设置为相对定位；它们的png子层设置背景图片为roundB.png，其图片位置不同；S3层使用roundB.png圆角上部分，S4层使用roundB.png圆角下部分；设置相对定位后，通过上偏移量调整位置。

#mainContentBase层定义高度为580像素、宽度为100%、背景色为#323e45，用于存放表单元素，所不同的是内部无子元素，#mainContent层包含表单元素，将#mainContent层通过绝对定位移动至#mainContentBase层空间内，最后设置#mainContentBase层背景色以及透明度。

#mainContent层定义为绝对定位，其最近父层leftColB层为相对定位，定义上偏移量为25像素、左偏移量为25像素，移至#mainContentBase层，宽度为600像素，因#mainContentBase层定义高度，将空间撑开，故#mainContent层高度不必定义。

#mainContent层包含S2层、form1层、formliner层、form2层四个子层，其中S2层与S3、S4

层一样添加 class 名 png，定义层大小空间为 600 像素、高度为 21 像素。子层定义背景图片为 title-contact.png，大小与父层一致，图片不平铺。

form1 层继承 form 层。form 层高度为 500 像素、宽度为 275 像素、行高为 1.4em、绝对定位、上偏移量为 40 像素；form1 层设置左偏移量为 0 像素，其内部包含图片、段落以及众多表单元素。

（1）图片，插入图片sub-hi.gif作为表单的标题，并通过class名titles定义下边距与段落<p>标签拉开距离。段落<p>标签也通过下边距调整与表单之间的距离，即margin-bottom:15px;。

（2）表单内，通过<label>标签将表单元素标题包含起来，通过
标签将<label>标签与表单元素进行换行，即<label>Name:</label>
<input type="text" tabindex="1" name="name"/>
。

- <label>标签继承<form>行高1.4em。
- <input>标签定义宽度为275像素、高度为20像素、1像素白色边框线，通过设置背景色为#e9e9e9，将边框突出，最后通过边距调整其位置。
- 多行文本框<textarea>标签宽度与<input>标签一致，边距、边框线、背景色一致，其高度为70像素，最大宽度为275像素。
- 定义按钮<button>的宽度为75像素、高度为22像素，其背景图片button-send.jpg大小与按钮<button>大小一致即可，调整边距、背景色、边框设置；鼠标滑过时设置为手型，注意此处IE 6浏览器不支持。

form2层继承form层，定义右偏移量为0像素。form1层、form2层实现在一行内显示，比浮动设置要好，浮动会引起常见浏览器bug，且不稳定，改变浏览器窗口大小时，会发生错位现象。

#formliner层实现form1层、form2层之间的间隔，1像素的边框线。定义为绝对定位、上间距为40像素、左偏移为300像素、高度为500像素，最后定义左边框虚线。

（1）图片，插入图片sub-quote.gif作为表单的标题，并通过class名titles定义下边距与段落<p>标签拉开距离。段落<p>标签也通过下边距调整与表单之间的距离，即margin-bottom:15px;。

（2）表单内，通过<label>标签、<input>标签继承<form>层设置（在form1层内标签的设置都是使用<form>标签定义的，这样form2层就可以直接继承或者根据前面的定义进行稍微改动）。设置<select>标签宽度为275像素，并调整边距。

为表单form1层、form2层定义快捷键：通过表单元素的tabindex属性定义，例如tabindex="1"放入form1层第一个<input>标签，依次类推，总共定义了九个，按钮未定义快捷键，防止误操作将未完成的表单提交至服务器。最后针对<body>标签定义字体颜色、字体大小、字体类型以及行高。

图 9.29 所示是 leftColB 层内元素效果。

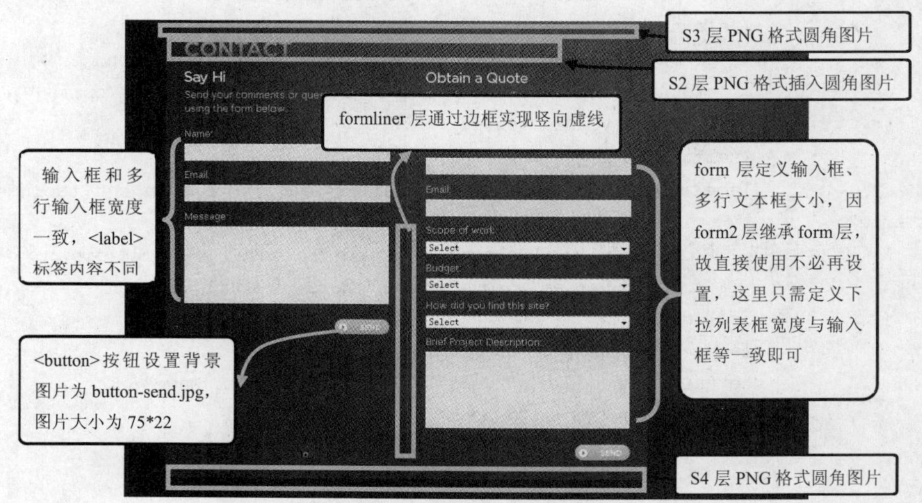

图9.29　leftColB层内元素效果

```
XHTML:
<div id="contentB">
   <div id="leftColB">
      <div class="S3 png"><div class="png"></div></div>
      <div id="mainContentBase">
         <div class="S4 png"><div class="png"></div></div>
         <div id="mainContent">
            <div class="S2"><div class="png"></div></div>
            <div class="form form1">
               <img alt="Say Hi" class="titles" src="images/sub-hi.gif"/>
               <p>Send your comments or questions by using the form below. </p>
               <form method="post" action="?ex=1" id="form1">
                  <label>Name:</label><br/><input type="text" tabindex="1"
name="name"/><br/>
                  <label>Email:</label><br/><input type="text" tabindex="2"
name="email"/><br/>
                  <label>Message:</label><br/>
                  <textarea tabindex="3" cols="" rows="" name="message"/><br/>
                  <button type="submit"><span> </span></button>
               </form>
            </div><!-- form1 end-->
            <div id="formliner"></div>
            <div class="form form2">
               <img alt="Obtain a quote" class="titles" src="images/sub-quote.gif"/>
               <p>If you have a specific project in mind and feel that we can collaborate
please. </p>
               <form method="post" id="form2">
                  <label>Name:</label><br/><input type="text" tabindex="4"
name="name"/><br/>
                  <label>Email:</label><br/><input type="text" tabindex="5"
name="email"/><br/>
                  <label>Scope of work:</label><br/><select tabindex="6" name="scope">
                     <option value="select" selected="selected">Select</option>
                     <option value="email">Email template</option>
                  </select><br/>
                  <label>Budget:</label><br/><select tabindex="7" name="budget">
                     <option value="select" selected="selected">Select</option>
                     <option value="$10-25k">$10,000-$25,000</option>
                  </select><br/>
                  <label>How did you find this site?</label><br/><select tabindex="8"
name="source">
                     <option value="select" selected="selected">Select</option>
                     <option value="word-of-mouth">Word of Mouth</option>
                  </select><br/>
                  <label>Brief Project Description:</label><br/>
                  <textarea tabindex="9" cols="" rows="" name="message"/><br/>
                  <button type="submit"><span> </span></button>
               </form>
            </div>
         </div>
```

```
            </div>
        </div>
        <div id="rightColB"></div>
        <div class="clear"></div>
    </div><!--contentB end-->
    CSS:
    .S2{ width:600px; height:21px; }
    .S2 .png{ width:600px;height:21px;float:left;background:url(../images/title-contact.png)
no-repeat left top;}
    .S3{ width:650px; height:16px; overflow:hidden; position:relative; z-index:-10 }
    .S3 .png{width:650px;height:16px;overflow:hidden;float:left;
         background:url(../images/roundB.png) no-repeat left top; position:relative;
top:5px;}
    .S4{ width:650px; height:16px; overflow:hidden; position:relative; z-index:-11 }
    .S4 .png{width:650px;height:16px;overflow:hidden;float:left; position:relative;_top:-7px;
        background:url(../images/roundB.png) no-repeat;background-position:bottom; }
    #mainContentBase{height:580px;width:100%;background-color:#323e45;
        filter:alpha(opacity=45);-moz-opacity:0.45;opacity:0.45;}
    #mainContent{position:absolute;width:600px;top:25px;left:25px;}
    .form{position:absolute;width:275px;height:500px;top:40px; line-height:1.4em; }
    .form p{margin-bottom:15px;}
    .form1{left:0px;}
    .form2{right:0px;}
    .form input{width:275px;height:20px;border:none;margin:5px 0 10px 0;background-
color:#e9e9e9;
        border: 1px solid #ffffff;}
    .form textarea{width:275px;height:70px;margin:5px 0 10px 0;background-color:#e9e9e9;
        border: 1px solid #ffffff;overflow:auto;max-width:275px;}
    .form select{width:275px;margin:5px 0 10px 0;}
    .form .send{width:75px;height:24px;margin-left:175px;background-image:url(../images/
button-send.jpg);}
    button{width:75px;height:22px; border:none;margin:10px 0px 0px 202px;
        background-image:url(../images/button-send.jpg); background-color:#1e2b33;}
    .form2 button{background-image:url(../images/button-send2.jpg);}
    button:hover{cursor:pointer;}
    body{ color:#b5b5b5;font: 78.5%/2.0"Lucida Grande","Lucida Sans" ,Verdana, sans-serif;
}
    #formliner{position:absolute;top:40px;left:300px;height:500px;border-left:1px dotted
#57646c;}
```

第八步，对#rightColB层内元素稍微调整一下就可以使用。首先设置行高为1.6em，超链接颜色为#e1e1e1，其次，在内部插入图片，上边距为30像素，电话号码字体类型为Arial、行高为1.3em、字体颜色为#ebd809，上边距为5像素。图9.30所示为#rightColB层效果图。

图9.30 #rightColB层效果

#footer 层宽度为浏览器空白区域的宽度，高度为180 像素、背景色为 #054c5b、上间距为 30 像素，细节不再介绍，可以查看 index.html 文件，案例文件请查看An9.html。

```
XHTML:
<div id="rightColB">
   <img alt="mail address" class="sidetitle" src="images/icon-contact1.jpg"/>
   <p>347 Fifth Avenue<br/>Suite 803 A<br/>New York, NY 10016</p>
   <img alt="telephone" class="sidetitle" src="images/icon-contact2.jpg"/>
   <p class="phone2">+1 347 231 3299</p>
</div>
CSS:
#rightColB, #rightColB a{color:#e1e1e1;line-height:1.6em;}
.sidetitle{margin-top:30px;}
.phone2{font-family:Arial;font-size:1.3em;color:#ebd809;margin-top:5px;}
#footer{width:100%;height: 180px;background-color:#054c5b;padding-top:30px;}
```

第10章 生活时尚类网站的结构与布局——CSS盒模型

XHTML 负责构建网页结构，CSS 负责呈现网页显示效果。页面上所有的元素都遵循盒模型原则进行显示，只有很好地掌握盒模型以及其中每一个元素的用法，才能真正控制页面中每个元素的样式。本章将引导读者了解 CSS 盒模型的基本概念，以及与该模型相关的几个属性，主要包括外间距、内间距、边框、高度、宽度属性等，这些属性也是 CSS 最基本的属性。通过这几个属性就可以控制元素的显示，设计元素的样式和实现页面布局效果。

10.1 CSS盒模型

盒模型是浏览器对元素的一种理解方式，同时它也是CSS网页布局的核心，是组成页面的基本部分。

本节光盘内容：	
本节实例文件	无
本节视频长度	25分4秒

每个XHTML都可以看作是一个盒子，所不同的是不同元素默认的盒子的设置不同。例如，<p>标签就是一个盒子，当定义宽高等属性时就是控制盒子内容占据空间的大小，且<p>标签默认有上下外间距（margin），其默认外间距值在不同浏览器下解释不同。在网页设计时，应该在CSS中清除这种默认设置，进而根据页面应用部分设置所需要的值。

10.1.1 盒子结构

视频路径：视频文件\files\10.1.1.swf | 实例文件：实例文件\10\基础示例\盒子结构.html

什么是盒模型？简单地说，有宽、高特征的物体就算是一个盒子模型。XHTML中的元素都符合这个条件，但不同性质的元素支持的属性有区别。例如，行内元素（<span>、<strong>等标签）设置的高度是无效的，需要转换成块元素才有布局特性。

盒模型由内到外划分：内容区域（content)、内间距（padding)、边框（border）以及外间距(margin)。盒子的宽度和高度计算方式如下：

```
W=width (content) +(border[左右边框]+padding[左右内间距]+margin[左右外间距])*2
H=height (content) +(border[上下边框]+padding[上下内间距]+margin[上下外间距])*2
```

在IE 6以下浏览器(如IE 5.5浏览器)中，上面的计算公式是另一种计算方式，其计算公式如下：

```
W=width (content) +margin[左右外间距])*2
H=height (content) +margin[上下外间距])*2
```

IE 5.5浏览器下，width包含了边框border（左右边框）、width（内容）及内间距padding（左右内间距）值，现在虽不再使用低版本浏览器，但在2005年和2006年开发的网页或者网页版游戏（如网页版共和国之辉）中就是采用这种盒子计算方式。

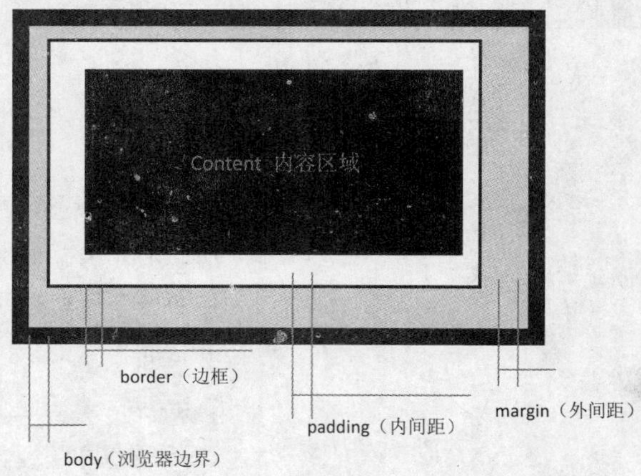

图10.1 盒模型

例如，在下面实例中，分别演示了盒子模型在IE 5.5和IE 6的计算方式，测试软件为IETester，读者可以从网上下载IETester。

```
<html>
<head>
<style type="text/css">
.box{
    width:100px;                /* 盒子宽度为100像素 */
    height:100px;               /* 盒子高度为100像素 */
    padding:30px;               /* IE 5.5浏览器下盒子内容部分宽度、高度变为40像素 */
    margin:20px;;               /* 盒子外间距为20像素 */
```

```
    background-color:#C39;               /* 设置背景颜色，查看盒子占用空间 */
    overflow:hidden;                     /* 超出隐藏，针对IE 5.5浏览器 */
}
</style>
</head><body>
<div class="box">测试在IE 5.5和IE 6浏览器下的盒子模型</div>
</body></html>
```

页面演示效果如图 10.2 和图 10.3 所示。

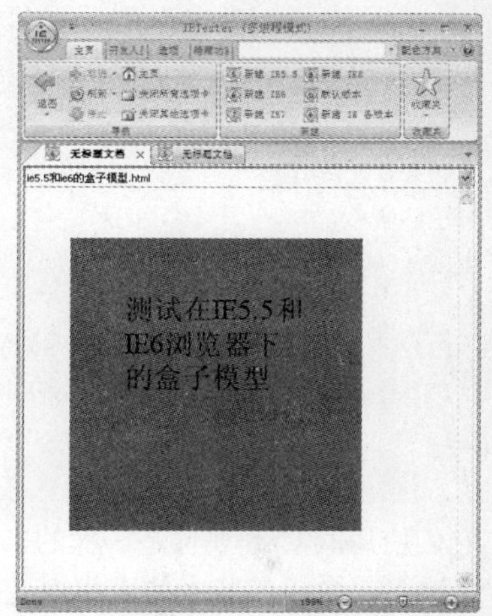

图10.2　IE 6浏览器及以上版本下盒子的大小

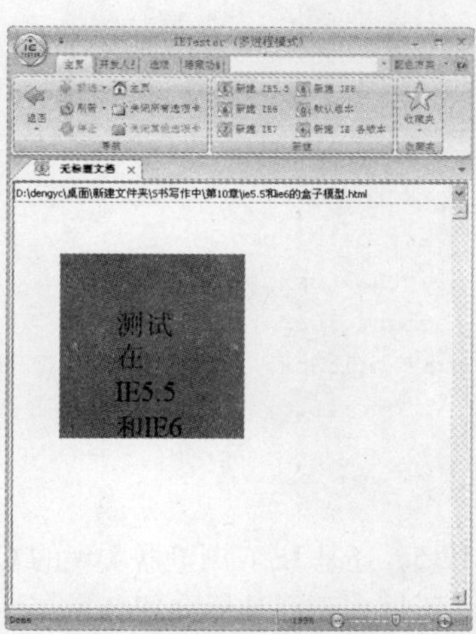

图10.3　IE 5.5浏览器下盒子的大小

在上面实例中，内容宽度、高度是100像素，在IE 5.5浏览器中，实际内容宽度为40像素[100-30（左内间距）-30（右内间距）=40]，高度为40像素[100-30（上内间距）-30（下内间距）=40]，空间太小，文字竖向显示。而在IE 6浏览器及以上版本盒子内容宽度、高度依然为100像素，实际盒子大小为100+30+30=160像素。当定义宽度（width）、高度（height）时，IE 5.5认为这就是盒子的大小，而IE 6浏览器及以上版本则认为是盒子内容宽度、高度。在CSS代码中设置超出部分隐藏，是因为文字内容过多时，盒子高度会因文字内容的长度而使盒子变长。这个问题在IE 6浏览器中依然存在，可以通过增加文字内容进行测试。这个问题在IE 7浏览器里已经解决，其他现代浏览器不存在这个问题。

网页面向使用不同浏览器的用户，给予不同浏览器用户一致的页面是我们需要解决的问题。如何区分IE 6以上版本浏览器与IE 5.5浏览器解析的盒子模型？通过使用Hack，分别为IE 6及现代浏览器写宽度、高度；针对IE 5.5等浏览器不符合Web标准而设置新的宽度和高度。IE 5.5浏览器不识别voice-familay属性，故上面的CSS代码可以更改为：

```
<style type=”text/css”>
.box{
    width:160px;                         /* 盒子宽度为100像素 */
    height:160px;                        /* 盒子高度为100像素 */
    padding:30px;                        /* 设置内间距为30像素 */
    margin:20px;;                        /* 设置外间距为20像素*/
    background-color:#C39;               /* 设置背景颜色，查看盒子占用空间*/
    overflow:hidden;                     /* 超出隐藏，针对IE 5.5浏览器 */
    voice-family:"\"}\"";                /* 针对IE 5.5浏览器，下面代码IE 5.5浏览器将不再解析*/
    voice-family:inherit;                /* IE 6浏览器以上及现代浏览器解析 */
    width:100px;                         /* IE 6浏览器以上及现代浏览器解析宽度*/
```

```
    height:100px;                       /* IE 6浏览器以上及现代浏览器解析高度*/
}
</style>
```

IE 5.5 及以下版本不识别 voice-family 属性，当解析到 "\"}\""; 会认为代码已经结束，而 IE 6 及现代浏览器会继续解析后面的 CSS 属性定义。通过分别设置不同的宽度、高度实现不同用户浏览器页面的统一。我们发现 voice-familay 属性书写过于复杂，可以使用一种简单的 SBMH（简单盒模型 hack）方法区别，通过加入反斜线来简写 Hack。

```
<style type="text/css">
.box{
    padding:30px;                              /* 设置内间距为30像素 */
    margin:20px;;                              /* 设置外间距为20像素 */
    background-color:#C39;                     /* 设置背景颜色 */
    overflow:hidden;                           /* 超出隐藏*/
    \width:160px;                              /* IE 5.5版本以下使用 */
    \height:100px;                             /* IE 5.5版本以下使用*/
    w\idth:100px;          /* IE 6以上及现代浏览器（Firefox、谷歌、Safari、Opera）使用*/
    h\eight:160px;         /* IE 6以上及现代浏览器（Firefox、谷歌、Safari、Opera）使用*/
}
</style>
```

无论 IE 5.5 还是 IE 6 浏览器实现的 CSS 盒子模型，它们使用的 CSS 属性是一样的，只是盒子的计算方法不同。下面具体介绍各个属性的用法。通常情况下，盒子最基本的大小由元素的宽度（width）和高度（height）属性定义，它为元素在页面中划分了区域，无论在代码中是否明确定义，在页面上都占用了空间。CSS 中的 width 属性、height 属性语法格式如下所示：

```
width: auto|length
height: auto|length
```

定义元素的宽度、高度。宽度和高度的值设置后，应用于当前元素而不会影响子元素的设置，即无继承性。有些CSS属性是有继承性的，父元素通过一些CSS属性设置可以将其继承于子元素中，即使当前子元素并没有定义该属性，如字体颜色，如果<body>标签定义为红色，那么页面所有标签中文字只要没有定义字体颜色，那么文字都将变成红色（超链接<a>标签除外，且IE浏览器与Firefox浏览器的默认颜色设置也不一样）。宽度、高度的属性值说明如下。

- auto：默认值。无特殊定位，根据 HTML 定位规则分配，即取消盒子已定义的宽度。例如，如果第一行书写 #box{width: 100px;}，而在后面中父元素（如 id 名为 Fcancel）包含 box 盒子，且不使用已经为 box 盒子定义的宽度时就可以重新定义，如 #Fcancel #box{width：60px;}。
- length：由浮点数字和单位标识符组成的长度值或者百分数。百分数是基于父对象的宽度，不可为负数，国内一般采用“整数 + 像素”的格式，如 30 像素。国外多用百分数，如 div{font-size：0.13in;}。

当宽度或高度属性应用到图片时，将根据图片源尺寸等比缩放至定义的宽度和高度，避免上传至网站后图片过大造成页面布局错位的现象。

10.1.2 边框设计

视频路径：视频文件\files\10.1.2.swf | 实例文件：无

盒模型的边框线由 CSS 中 border 属性定义，用于表示元素内容所能达到的边界线。它分别定义盒模型的四条边框线，即由 border 属性派生出 border-left、border-right、border-top 和 border-bottom 属性。通过四条不同的边框线属性可以为图片设置四条不同风格的边框线。

border属性主要控制边框的粗细（即边框线的宽度border-width）、边框的颜色（即边框线的颜色border-color）、边框的样式（即边框样式border-style，例如，是虚线还是实线，或者是3D效果的线）。这三个属性是相辅相成的，缺少任何一个属性将无法在页面上看到边框。下面分别介绍这三个属性的用法。

- border-width 属性：取值为整数且大于等于 0，如设置 border-width：0px;，则表示隐藏边框线。
- border-color 属性：与 color 值一样，取值可以为十六进制、RGB 格式或者颜色名，如 border-color：red;，而 border-color 属性默认值为黑色，即 color：#000000;。
- border-style 属性：取值较多，其值包含 none、hidden、dotted、dashed、solid、double、groove、ridge、inset 和 outset。

边框颜色和边框宽度不需要记忆，通过 Photoshop 或者 Fireworks 等绘图工具可以测量设计图上边框线的宽和上边框线的颜色。border-style 属性取值众多，这里详细介绍一下属性值的用法。

- none：默认值，无边框，不受任何指定的 border-width 值影响。
- hidden：隐藏边框，IE 浏览器不支持。
- dotted：点线组成的边框。
- dashed：虚线组成的边框。
- solid：实线组成的边框。
- double：双线组成的边框。两条单线与其间隔的和等于指定的 border-width 值。
- groove：根据 border-color 值描绘 3D 凹槽。
- ridge：根据 border-color 值描绘 3D 凸槽。
- inset：根据 border-color 值描绘 3D 凹边。
- outset：根据 border-color 值描绘 3D 凸边。

在页面上应用最多的边框线样式为 none、dashed、solid 以及 dashed 值，其余取值建议不使用或者通过背景图片来代替相应效果。需要注意的是，CSS 的 border 属性和 background 属性在 IE 浏览器中所显示的范围是 content（内容）+padding（内间距）；而在 Firefox 浏览器中显示的范围却是 content（内容）+padding（内间距）+border（边框）。

例如，在下面实例中，演示border属性的使用方法。为<div>标签设置不同的边框线效果、统一的边框颜色、统一的边框宽度，并观察Firefox浏览器下的背景颜色渗透至边框线。

```
<html><head>
<style type="text/css">
div{
    width:300px;                    /* 占领空间，定义div元素宽度为300像素 */
    height:30px;                    /* 占领空间，定义div元素高度为30像素 */
    border:5px solid #666666;       /* 设置较大的边框值，便于观察样式式样和背景 */
    margin:0 auto;                  /* 设置在Firefox浏览器下居中 */
    margin-top:10px;                /* 设置内间距为30像素 */
    text-align:center;              /* 设置在IE浏览器下居中 */
    line-height:30px;               /* 设置行高为30像素，垂直居中 */
    background-color:#0099FF        /* 设置背景色观察IE和Firefox是否渗透至边框内 */
}
.a{
    border-style:dashed;            /* 虚线设置 */
}
.b{
    border-style:dotted;            /* 点线设置 */
```

```
}
.c{
    border-style:double;                  /* 双线边框 */
}
.d{
    border-style:groove;                  /* 3D凹槽设置 */
}
.e{
    border-style:hidden;                  /* 隐藏边框，IE不支持 */
}
.g{
    border-style:inset;                   /* 3D凹边设置 */
}
.h{
    border-style:outset;                  /* 3D凸边设置 */
}
.i{
    border-style:ridge;                   /* 3D凸槽设置 */
}
</style>
</head><body>
<div>border-style:solid;</div>
<div class="a">border-style:dashed;</div>
<div class="b">border-style:dotted;</div>
<div class="c">border-style:double;</div>
<div class="d">border-style:groove;</div>
<div class="e">border-style:hidden;</div>
<div class="g">border-style:inset;</div>
<div class="h">border-style:outset;</div>
<div class="i">border-style:ridge;</div>
</body></html>
```

页面演示效果如图 10.4 和图 10.5 所示。

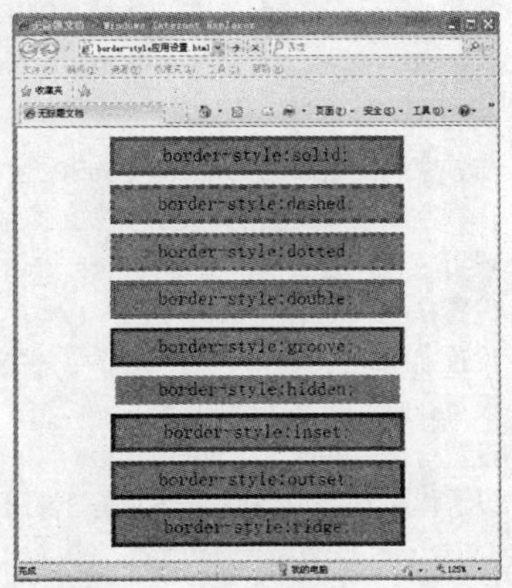

图10.4 IE 8浏览器边框效果

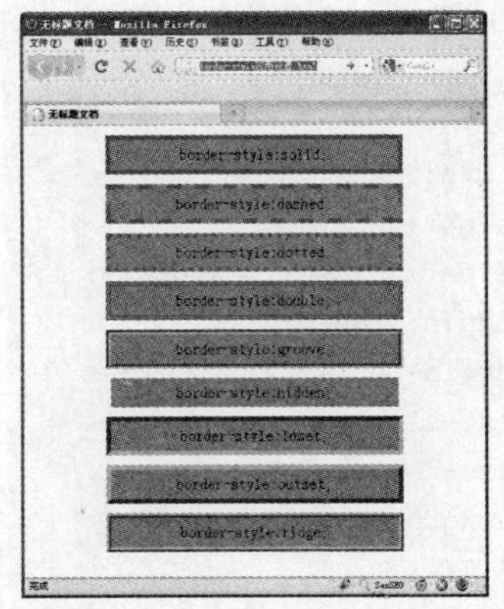

图10.5 Firefox浏览器边框效果

在上面实例中，通过 IE 浏览器和 Firefox 浏览器可以发现，设置较大的边框宽度样式后，页面效果完全一致的 border 属性值为 solid 的边框线。通过浏览器可以发现 IE 和 Firefox 浏览器的背景色渗透范围不同：IE 浏览器作用的区域是内容区域（width/height）+ 内间距区域（padding）；

Firefox 浏览器作用的区域是内容区域（width/height）+ 内间距区域（padding）+ 边框区域（border），尤其是在“border-style:dashed;”、“border-style:dotted;”和“border-style:double;”特别明显。最后要说明的是上面的代码都是采用了简写方式，如 border:5px solid #666666，其分解书写方式会在下面的知识点中讲到。

前面讲过为边框 border 定义四条不同的边框线，分解为 border-left、border-right、border-top 及 boder-bottom 属性；边框线三个属性联合控制分解为 border-width、border-color 和 border-style。border-width 属性可以继续分解相应的 CSS 属性：border-left-width、border-left-color、border-left-style，属性 border-color 和 border-style 也是如此。分解公式如下：

```
border=border-left+border-right+border-top+boder-bottom
border-left=border-width+border-color+border-style
border-width=border-left-width+border-left-color+border-left-style
```

分解其实就是由属性的简写方式进而分步书写每条边框的宽度、颜色、样式属性。border 属性的简写是为了简化编写 CSS 代码量，提高代码编写效率。

例如，在下面实例中，将上例 CSS 代码 border:5px solid #666666; 简写方式分解书写，观察每条边框线的宽度、样式、颜色属性。

```
border:5px solid #666666;                    /* 简写border属性值 */
分解书写：
border-top-width:5px;                        /* 设置上边框线宽度为5像素 */
border-top-style:solid;                      /* 设置上边框线样式为实线 */
border-top-color:#666;                       /* 设置上边框线颜色为#666 */
border-right-width:5px;                      /* 设置右边框线宽度为5像素 */
border-right-style:solid;                    /* 设置右边框线样式为实线 */
border-right-color:#666;                     /* 设置右边框线颜色为#666 */
border-bottom-width:5px;                     /* 设置下边框线宽度为5像素 */
border-bottom-style:solid;                   /* 设置下边框线样式为实线 */
border-bottom-color:#666;                    /* 设置下边框线颜色为#666 */
border-left-width:5px;                       /* 设置左边框线宽度为5像素 */
border-left-style:solid;                     /* 设置左边框线样式为实线 */
border-left-color:#666;                      /* 设置左边框线颜色为#666 */
```

通过上面的分解可以看到简写方式比分解书写方便，并且为今后的代码修改提供了方便。实例之所以可以这样书写是因为四条边框线的宽度、颜色、样式完全一致，若不一致呢？即提供四个参数值，如上边框为3像素、下边框为4像素、左边框为5像素、右边框为6像素。根据如下规则：按照上边框线—右边框线—下边框线—左边框线的顺序为边框线赋值。若提供一个参数值，即四条边框线赋值相同；提供两个参数值，第一个参数值用于上边框线—下边框线，第二个参数值用于左边框线—右边框线；提供三个参数值，第一个参数值用于上边框线，第二个参数值用于左边框线—右边框线，第三个参数值用于下边框线。

```
border-width: 3px;              /* 简写border-width属性值 */
border:3px 6px 4px 5px;         /* 上、右、下、左提供不同的边框宽度，样式和颜色一致 */
border:3px 5px;                 /* 上下边框值为3像素，左右边框值为5像素*/
border:3px 5px 4px;             /* 上边框为3像素、左右边框为5像素、下边框为4像素*/
```

上面的书写是针对宽度参数值不一致时的边框线排列顺序，若颜色不一致或者样式不一致书写规则同上。

```
border-color: #666666;          /* 简写border-color属性值 */
border-color:#666 #333;         /* 上下边框颜色为#666，左右边框颜色为#333*/
```

```
borde-style:solid dashed double groove /* 上、右、下、左提供不同的边框颜色，宽度和样式一致*/
border- style: solid dashed double;     /* 上边框solid、左右边框dashed、下边框double */
```

小结

本小节主要介绍盒模型边框线的用法。边框线由边框颜色、边框样式及边框宽度构成，并可采用简写或者分解书写方式，需要注意的是，在 Firefox 浏览器下，背景色或背景图片是可以渗透至边框线上的。

10.1.3 三角形边框设计及应用

视频路径：视频文件\files\10.1.3.swf | 实例文件：实例文件\10\基础示例\三角形边框设计及应用.html、三角形边框设计及应用1.html

边框是盒模型最重要的一个概念，如果为盒模型的边框的四条边设置不同的颜色，可以实现一个让人惊喜的效果：三角形。当定义边框线的宽度较大时，例如60像素，同时定义上、右、下边框线的颜色与当前页面的背景色一致，单独设置左侧与其他边框不同的颜色时，三角形就可以形成。

例如，在下面实例中，通过设置不同的边框颜色以实现三角形效果，第一个示意图是将要实现的效果；第二个示意图是为了准确看到三角形实现的原理，分别设置四种不同的颜色且边框宽度为60像素，以便近距离观察边框；第三个示意图是没有设置文字行高，即行高为0，超出部分隐藏的效果。

```
<html><head>
<style type="text/css">
em { /* 行内元素代替块级元素 */
     display:block;                          /* 转换成块元素 */
     font:0/0 "宋体";                        /* 设置字体字号，行高为0，采用了简写方式 */
     border-top:solid;                       /* 上边框边框为实线 */
     border-right:solid;                     /* 右边框边框为实线 */
     border-bottom:solid;                    /* 下边框边框为实线 */
     border-left:solid;                      /* 左边框边框为实线 */
     border-color:#fff #fff #fff #000 ;/* 设置三条边框线为白色，与浏览器背景一致，关键！*/
     border-width:60px;                      /* 设置边框线宽度为60像素 */
     margin:10px auto;                       /* 定义居中 */
     width:60px;                             /* 为了居中才设置宽度 */
}
div.box{ /* 定义box四条边线，查看浏览器效果 */
     width:200px;                            /* 设置宽度为200像素*/
     border:60px solid #ff7300;              /* 为边框线定义宽度、样式、颜色*/
     border-top-color:#663399;               /* 设置上边框线颜色*/
     border-right-color:#000099;             /* 设置右边框线颜色 */
     border-bottom-color:#339933;            /* 设置下边框线颜色 */
     border-left-color:#CC0033;              /* 停止写代码，看浏览器效果 */
     font-size:0px;                          /* 清除浏览器默认字体大小*/
     line-height:0px;                        /* 清除浏览器默认行高*/
     overflow:hidden;                        /* 超出部分隐藏*/
     margin:10px auto;                       /* 设置居中*/
}
div.box2{   /* 在XHTML中继承box设置，并恢复box的字体、高度设置 */
     text-align:center;                      /* 文字对齐方式*/
     font-size:12px;                         /* 恢复默认字体大小 */
     height:20px;                            /* 重新定义高度 */
```

```
        line-height:20px;                    /* 重新定义行高 */
        overflow:hidden;                     /* 超出部分隐藏 */
    }
    </style>
    </head><body>
    <em></em>
    <div class="box">盒子特殊效果</div>
    <div class="box box2">盒子特殊效果</div>
    </body></html>
```

页面演示效果如图 10.6 所示。

在上面实例中，分别给出了三种状态：第一种三角形就是我们需要的效果；第二种是实线三角形效果的原理；第三种是不设置高度、行高，文字大小为 0 的结果。

第一步，分析class为box和box2标签设置。首先定义了class为box的宽度，也可以不设置，设置宽度便于在浏览器中居中显示。定义class为box边框线，宽度为60像素、样式为实线、颜色为#ff7300，结果出现一个带有颜色的矩形框。

```
div.box{width:200px;border:60px solid #ff7300;}
```

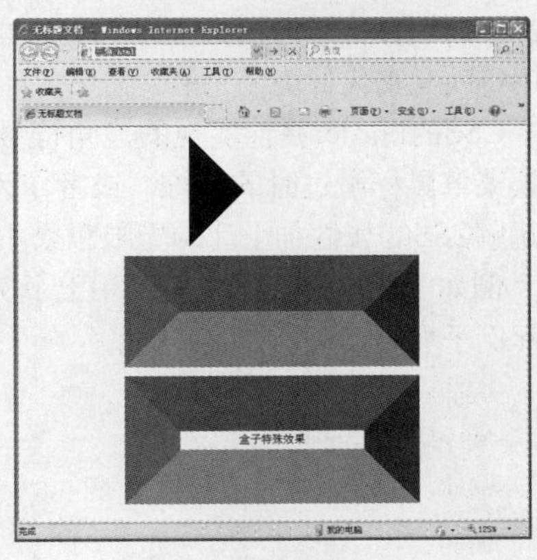

图10.6　三角形的形成

第二步，更改class为box的标签的四条边框线的颜色值。分别定义其颜色值，并查看浏览器中的效果，即浏览器中第三个图的效果。

```
div.box{
      width:200px;border:60px solid #ff7300;border-top-color:#663399; border-right-color:#000099;
      border-bottom-color:#339933;border-left-color:#CC0033;
  }
```

第三步，改变文字大小及清除默认行高设置，作用是将文字隐藏掉。于是定义字体大小为0像素，行高为0像素，超出部分隐藏，即出现浏览器中第二个图的效果。定义box2的高度、字体等，恢复上一步第三个图的效果。

```
div.box{
      width:200px;border:60px solid #ff7300;border-top-color:#663399; border-right-color:#000099;
      border-bottom-color:#339933;border-left-color:#CC0033;
      font-size:0px;line-height:0px;overflow:hidden;margin:10px auto;
  }
  div.box2{text-align:center;font-size:12px;height:20px;line-height:20px;overflow:hidden;}
```

第四步，通过观察浏览器发现 class 为 box 标签的左右两边是一个三角形的效果，此处的三角形是我们要实现的效果，需隐藏上边线、下边线、右边线的颜色，因而设置与浏览器一样的颜色，即白色。将 class 为 box 的标签中 CSS 属性设置应用到 <em> 标签中。

```
em {
      display:block;font:0/0 "宋体";border-top:solid;border-right:solid;border-bottom:solid;
      border-left:solid;border-color:#fff #fff #fff #000 ;border-width:60px;margin:10px
```

```
auto;width:60px;
    }
```

小结

通过 border 实现三角符号小图标有两处需要讲解一下。

（1）class为box层与em标签的CSS设置相似，关键在于<div class="box">盒子特殊效果</div><div class="box box2">盒子特殊效果</div>。class为box2的标签继承了class为box的标签CSS相关属性，但又重新设置了字体大小和行高以及超出部分隐藏。

（2）为什么最后要用<em>标签代替<div>标签，此处是否多此一举？当然不会，此处的三角符号是作为项目符号形式出现的，如新闻列表前面的小图标。小图标或者项目符号属于修饰性部分，因而用行内元素代替块级元素。初学者可以这样判断：块级元素用于布局，行内元素用于修饰、描述。

CSS的border属性实现的三角符号也许你会认为没有实际作用，其实不然，三角符号可以作为导航菜单鼠标滑过时的修饰，或者作为新闻列表前面的项目符号，三角符号并非毫无用处，只有深入瓦解CSS的属性加上你的无限想象才能做出让人眼前一亮的效果。

例如，在下面实例中，利用上个实例中 border 属性实现的三角符号，应用到新闻列表中，通过实际例子展示 CSS 属性的功能。

```
<html><head>
<style type="text/css">
em {
     display:block;                        /* 转换成块元素 */
     font:0/0 "宋体";                       /* 设置字体字号，行高为0，采用了简写方式 */
     border-top:solid;                     /* 上边框边框为实线 */
     border-right:solid;                   /* 右边框边框为实线*/
     border-bottom:solid;                  /* 下边框边框为实线*/
     border-left:solid;                    /* 左边框边框为实线*/
     border-color:#fff #fff #fff #000 ;    /* 设置三条边框线为白色，与浏览器背景色一致，关键！*/
     border-width:60px;                    /* 设置边框线宽度为60像素*/
}
a{
     font-size:12px;                       /* 超链接文字大小 */
     text-decoration:none;                 /* 超链接文字去掉默认下划线 */
     color:#006699;                        /* 更改超链接文字默认颜色 */
}
a:hover{
     text-decoration:underline;            /* 鼠标滑过时，增加下划线效果 */
}
.list{
     clear:both;                           /* 清除浮动 */
     background:url(img/bg.gif) repeat-y left top;   /* 设置背景图片代替左右边框线 */
     width:270px;                          /* 设置整个区域大小为270像素 */
}
.list ul{
     margin:0;                             /* 清除默认外间距 */
     padding:0;                            /* 清除默认内间距*/
}
.list li{
     list-style:none;                      /* 清除默认项目符号，通过EM代替 */
     text-align:left;                      /* 文本左对齐 */
```

```
        clear:both;                          /* 清除浮动*/
        line-height:20px;                    /* 设置行高 */
        padding:0 0 0 12px;                  /* 设置左间距，为项目图标留下存放空间 */
    }
    .list em{/* 三角符号针对新闻列表重新定位 */
        border-width:4px;                    /* 设置边框宽度 */
        float:left;                          /* 设置左浮动 */
        margin-top:7px;                      /* 设置上外间距为7像素（Firefox），后面使用hack */
        margin-top:4px\9;                    /* 设置上外间距为7像素（IE 8） */
        +margin-top:6px;                     /* 设置上外间距为6像素（IE 6、IE 7） */
    }
    .list span{/* 用span元素实现上边框效果 */
        background-color:#a8c1d2;            /* 设置背景颜色 */
        height:1px;                          /* 设置高度为1像素，定义占用空间 */
        line-height:1px;                     /* 设置行高为1像素，清除IE 6下的默认行高*/
        overflow:hidden;                     /* 超出部分隐藏 */
        display:block;                       /* 转换成块元素，使之拥有块布局属性（主要是宽度） */
    }
    </style>
    </head><body>
    <h3>border实现的项目图标应用到新闻列表中。</h3>
    <div class="list">
       <span></span>
       <ul>
          <li><em></em><a href="#">KB是超级球星又是情场高手</a></li>
          <li><em></em><a href="#">科比抱奥尼尔大腿才能夺冠</a></li>
          <li><em></em><a href="#">揭秘聂卫平八大雷人举动</a></li>
          <li><em></em><a href="#">体坛八大娇娃“金”后生活</a></li>
          <li><em></em><a href="#">细数科比最怕的十个大神</a></li>
          <li><em></em><a href="#">欧冠七大看点 内定OR阴谋</a></li>
          <li><em></em><a href="#">鲁蜜:致山东球迷的一封信</a></li>
          <li><em></em><a href="#">鲁能新洋枪需是2人结合体</a></li>
       </ul>
       <span></span>
    </div>
    </body></html>
```

页面演示效果如图 10.7 所示。

在上面实例中，首先针对新闻列表的超链接进行初始化设置。文字大小为 12 像素，去掉默认的下划线，并重新定义默认超链接的颜色，通过设置鼠标滑过超链接添加下划线，实现当前鼠标指针指向超链接时的效果。

```
    /*页面基本设置<清除默认设置> start*/
    a{font-size:12px; text-decoration:none;
color:#006699;}
    a:hover{text-decoration:underline;}
```

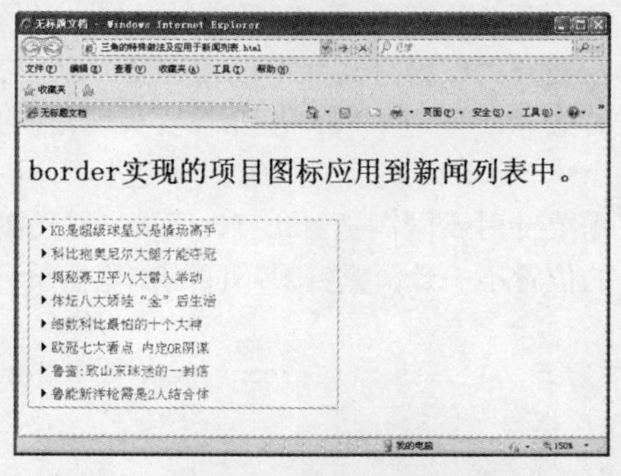

图10.7　三角形的应用及背景图片代替边框

第一步，左右边框线的代替。使用 Photoshop 中的工具或长度测量工具计算出宽度总共是 270 像素（包括边框线），通过相关工具截取宽度为 270 像素、高度为 1 像素作为背景图片，并命名为

bg.gif，以作为最外层 <div>(class 名为 .list) 标签的背景图片并进行纵向平铺。

```
.list{
    clear:both; background:url(img/bg.gif) repeat-y left top;width:270px;
}
```

第二步，上下边框线的代替。通过XHTML可以发现最外层<div>标签（class名为.list）的第一个子元素和最后一个子元素都是<span>标签，将它作为最外层<div>标签（class名为.list）的头部和底部边框线。定义背景颜色值与预设边框线的颜色值一致、边框线高度为1像素，因而设置span元素的高度为1像素，重置行高值，行高为1像素，超出部分隐藏。<span>标签是行内元素，宽度是根据内容的多少来决定的，而<span>标签内没有文字，故看不到背景色。将<span>标签转换成块元素，这里没有设置宽度值，因而在父元素中自适应，与父元素宽度一致。四条边框线至此替代完毕。

```
.list span{
    background-color:#a8c1d2; height:1px; line-height:1px; overflow:hidden;
display:block;
}
```

第三步，制作小三角项目图标。这一步在上一个实例中已经讲解了如何设置，故此处不再重复。唯一需要注意的是，颜色设置和最外层<div>标签（class名为.list）设置的背景颜色中间部分（白色）一致，如果背景颜色为其他颜色，需要将颜色值设置的与背景色一致。通过浏览器发现三角图标过大，重新定义其宽度值border-width:4px; 并设置左浮动，让其在新闻列表标题最左边显示。

```
em {
    display:block;font:0/0 "宋体";border-top:solid;border-right:solid;border-
bottom:solid;border-left:solid;
    border-color:#fff #fff #fff #000 ;border-width:60px;
}
.list em{
    border-width:4px; float:left;
}
```

第四步，清除默认 <ul> 标签的外间距（针对 IE 浏览器的默认间距设置）和内间距（针对 Firefox 浏览器的默认间距设置）。

```
.list ul{margin:0; padding:0;}
```

第五步，现在为<li>标签进行设置，清除默认项目符号，用前面定义的三角符号替代。设置文字为左对齐，设置行高且不设置高度，以便实现整个<div>标签（class名为.list）纵向自适应（边框线是背景纵向平铺下来）；如果要实现横向自适应，须更改背景图片的宽度，并去掉<div>（class名为.list）标签的宽度设置。最后进行Hack书写。由于三角符号没有位于第一个文字纵向中间位置，需要针对不同浏览器IE 7、IE 8、现代浏览器（Firefox）书写不同的Hack。各个浏览器中三角符号的位置不一致，需针对不同的浏览器单独定义其位置。

```
.list li{list-style:none;text-align:left; clear:both; line-height:20px; padding:0 0 0
12px; }
.list em{
    border-width:4px; float:left;
    margin-top:7px;                    /* 设置上外间距为7像素（Firefox等所有浏览器）*/
    margin-top:4px\9;                  /* 设置上外间距为7像素（针对IE 8专门设置） */
```

```
        +margin-top:6px;                    /* 设置上外间距为6像素（针对IE 6、IE 7专门设置） */
    }
    最终的CSS：
    em {display:block;font:0/0 "宋体";border-top:solid;border-right:solid;border-
bottom:solid;border-left:solid;
        border-color:#fff #fff #fff #000 ;border-width:60px;
    }
    a{font-size:12px; text-decoration:none; color:#006699;}
    a:hover{text-decoration:underline;}
    .list{clear:both; background:url(img/bg.gif) repeat-y left top; width:270px;}
    .list ul{margin:0; padding:0;}
    .list li{list-style:none;text-align:left; clear:both; line-height:20px; padding:0 0 0
12px; }
    .list em{border-width:4px; float:left;margin-top:7px;margin-top:4px\9;+margin-top:6px;}
    .list span{background-color:#a8c1d2; height:1px; line-height:1px; overflow:hidden;
display:block;}
```

小结

通过边框实现了左三角形符号，通过设置不同的边框线与其余边框线的颜色，可以实现其他几个方向的三角符号：下三角、上三角、右三角。接着为border属性实现的三角符号添加到实际例子中去，并通过背景图片及背景颜色实现了替代边框线的设置，使最终盒模型的宽度和高度都是整数。用背景图片代替边框线是因为大多数网站应用了CSS sprite技术。

> **TIP** CSS sprite技术无非是将多个背景边框线存储到一个图片上，从而达到减少HTTP请求数的目的，如网易首页。

10.1.4 外间距设计

视频路径：视频文件\files\10.1.4.swf | 实例文件：实例文件\10\基础示例\外间距设计.html、外间距设计1.html

盒子与盒子之间的距离由 CSS 中的 margin 属性定义，用于定义元素之间的距离。margin 属性可以派生出 margin-left、margin-right、margin-top 及 margin-bottom 四个属性。通过上、右、下、左四个方向规划出网页布局元素之间的距离。

CSS中margin属性默认取值为0，即不存在外间距，两个盒子之间是紧贴在一起的。它的取值方式与CSS中的width属性相似，不过margin属性可以取负值，设置为负数的块将向相反的方向移动，甚至可以覆盖在父块或者其他块元素的上方，达到“破局”的效果，例如，设置margin-left:30px和margin-left:-30px，则第一个元素从当前位置向右移动30像素，第二个元素从当前位置向左移动30像素。

例如，在下面实例中，父元素定义了宽度、高度，并通过边界线表示占用的空间大小，其子元素（插入的图片）却跳出了边框线，给予文字内容画龙点睛的效果。

```
<html><head>
<style type="text/css">
body{
     background-color:#f4f4f4;          /* 设置背景颜色与图片背景色一致，融合 */
     font-size:12px;                    /* 文字初始化 */
}
.fa{
```

```
        height:250px;
/* 占领空间，定义div元素高度为250像素 */
        width:200px;
/* 占领空间，定义div元素宽度为200像素 */
        border:1px solid #ff1213;          /* 设置边框线，表示标签内容占据的地方 */
        padding:10px;
/* 设置内间距，让内部内容可以舒展，远离边框线10像素 */
        position:relative;                 /* 设置相对定位，为内部图片绝对定义埋下伏笔 */
        margin:0 auto;                     /* 设置浏览器的居中 */
        margin-top:30px;                   /* 设置上间距给内部图片跳出边框提供存放空间 */
    }
    .fa img{
        margin-top:-40px;                  /* 设置图片向上移动40像素，视觉上跳出父元素空间 */
        position:absolute;                 /* 设置绝对定位，跳出普通文档流*/
    }
    .fa p{
        float:left;
/* 设置左浮动，打破常规文档流 */
    }
    </style>
    </head><body>
    <div class="fa">
      <img src="img/bjh.gif" width="94" height="175" />
        <p>Littering a dark and dreary road lay the past relics of browser-specific tags,
incompatible DOMs, and broken CSS support.Today, we must clear the mind of past practices.
Web enlightenment has been achieved thanks to the tireless efforts of folk like the W3C,
WaSP and the major browser creators.
      </p>
    </div>
    </body></html>
```

页面演示效果如图 10.8 所示。

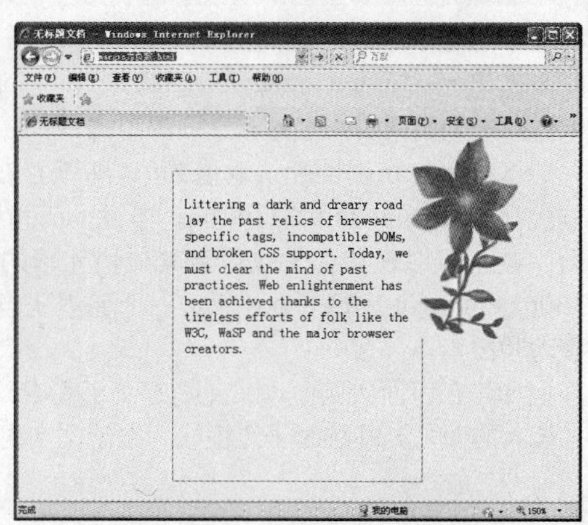

图10.8 margin为负值

在上面实例中，首先定义了<body>标签的浅色背景颜色，用于衬托子元素并与插入的图片子元素的背景颜色一致，以期达到图片背景色与整个浏览器背景色的统一。接着针对图片的父元素<div>标签进行空间设置：定义宽高且居中，边框线的设置决定了<div>标签内部占用的空间，将上边距定义为30像素，以便存放图片跳出父元素<div>标签的图片部分。设置到此步时发现文字内容与边框之间过于紧密，没有“透气”的空间，影响美观，进而设置padding:10px;，使之<div>标签内容部分四个方向都能舒展开。接着对<div>标签定义相对定位，为里面的图片绝对定位埋下伏笔。将子元素<p>标签设置成浮动，让其成为浮动流，并与文档流相分离。最后设置图片为绝对定位，跳出默认文档流，并设置上外间距为margin-top:-40px;，关于绝对定位和相对定位会在第11章中讲到，这里主要告诉读者margin-top值为负可以打破常规的文档流。

<div>、<p>等标签是块级元素，这就意味着在页面中默认占据一行的位置；<strong>、<em>、

<span>等标签是行内元素，即在页面中，行内元素之间、行内元素与文字之间可以在一行中同时显示。

当为行内元素定义外边距时，上下外边距是无效的，左右边距有效，而浏览器对于块级元素却能很好解析。当行内元素通过相关 CSS 属性，即 display 属性转换成为块元素时，可以让行内元素（<span> 标签）拥有块级元素（<div> 标签）一样的特性，即 margin 属性上下左右边距都有效。

例如，在下面实例中，分别演示了行内元素和块级元素对 margin 属性的支持情况，并通过 CSS 的 display 属性互相转换，以便看其支持情况。

```
<html><head>
<style type="text/css">
.wrap{
     width:400px;                   /* 占领空间，定义div元素宽度为400像素 */
     height:400px;                  /* 占领空间，定义div元素高度为400像素 */
     background-color:#999999;      /* 设置背景色，便于观察内部元素情况*/
     margin: 0 auto;                /* 设置居中对齐方式 */
}
.box{
     background:#CCC;               /* 设置块的背景色，观察在wrap层的情况 */
     margin:40px;                   /* 设置上下左右间距都是40像素 */
     height:100px;                  /* 定义div元素高度为100像素 */
     width:100px;                   /* 定义div元素宽度为100像素，成正方形 */
}
.inline{
     margin:40px;                   /* 设置上下左右间距都是40像素*/
     background-color:#0066CC;      /* 设置行内元素的背景色，查看其外间距的支持情况 */
}
p{
     margin:0;                      /* 清除浏览器默认外间距 */
     padding:0;                     /* 清除内间距 */
     background-color:#99CC00;      /* 初始化其背景色 */
}
p.contr{
     background-color:#CC9933;      /* 设置背景色，为内部行内元素转换为块元素后作参照 */
}
p.contr .inline{
     display:block;                 /* 转换为块级元素，查看marin:40px的支持情况*/
}
.conin{
     background-color:#669900;      /* 设置背景色，为内部块元素转换为行内元素后作参照*/
}
.conin .box{
     display:inline;                /* 转换为行内元素，查看marin:40px的支持情况 */
}
</style>
</head><body>
<div class="wrap">
  <p>行内元素，<span class="inline">外间距左右有效</span>上下无效。</p>
  <div class="box">块元素，外间距上下左右都有效</div>
  <p class="contr">行内元素，<span class="inline">转换成块元素</span>上下左右都有效。</p>
  <div class="conin">块元素转换<div class="box">为行内元素，上下无效</div>，左右有效</div>
</div>
</body></html>
```

页面演示效果如图 10.9 所示。

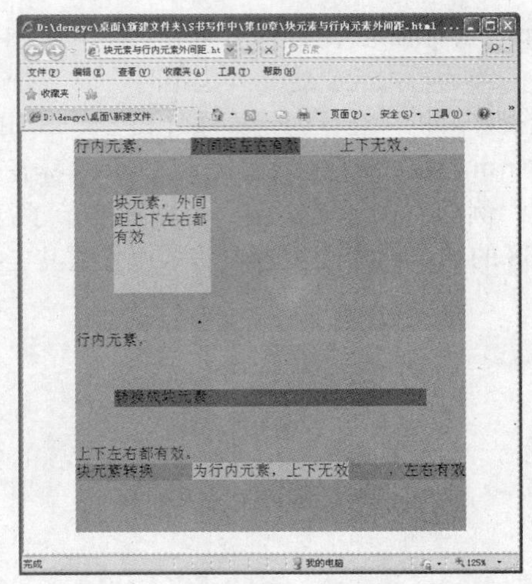

图10.9 块元素与行内元素的margin

在上面实例中，首先定义存放行内元素、块级元素的空间，即class为wrap的<div>标签。定义宽高均为400像素，并设置居中对齐，为查看和对比子元素在该标签中的变化，定义灰色背景。现在查看XHTML元素，第一个是<p>标签，清除浏览器下默认的设置，即内外间距都为0，并设置与父元素不同的背景颜色。<p>标签内部的<span>标签定义了上下左右外间距都是40像素，并设置背景色。

通过浏览器显示，<span>标签中的文本内容与其两侧文本内容存在距离，即左、右外间距有效，上、下外间距无效；接着测试块级元素的外间距，class为box的<div>标签设置了宽高并定义了背景色，最后设置四个方向的外间距，通过浏览器显示结果为四个方向的外间距均有效。

现在进行默认标签性质转换操作：一是将原本的行内元素转换成块元素，二是将原本的块元素转换成行内元素，其主要依靠display属性。首先将原先的p元素增加一个class名，通过class名将其内部的span元素转换成块元素p.contr .inline(display:block;}；接着对原先的块级元素外层增加一个父元素，并通过父元素将其转换为行内元素.conin .box{ display:inline; }，至此操作完毕，刷新浏览器显示结果：转换后的标签依照新的标签性质进行显示。

10.1.5 边距叠加

视频路径：视频文件\files\10.1.5.swf | 实例文件：实例文件\10\基础示例\边距叠加.html~边距叠加2.html

前面讲到CSS属性margin对行内元素和块级元素的支持情况，当为两个行内元素设置外间距时，它们之间的距离为第一个元素的margin-right加上第二个元素的margin-left，上下间距不考虑；当为两个块级元素同时设置外间距时，将会产生margin叠加问题：第一种情况是第一个块级元素下边距为正值，另一个块级元素上边距为负数，二者之间会发生叠加；第二种情况是两个块元素都是正值也会发生叠加问题；第三种情况是父子关系发生的叠加问题。下面分别针对这三种情况进行讨论。

例如，在下面实例中，class 为“fir”的 <div> 标签设置下边距为 20 像素，class 为“sec”的 <div> 标签设置上边距为 -60 像素，即负值的绝对值大于正值的绝对值。

```
<html><head>
<style type="text/css">
body{
    background:#CCC;                    /* 设置背景色，衬托下面的元素背景色 */
}
.wrap{
    width:600px;                        /* 占领空间，定义div元素宽度为600像素 */
    height:200px;                       /* 占领空间，定义div元素高度为200像素 */
    background-color:#F9C;              /* 设置背景色，划分需要测试内部元素的大块区域 */
}
.fir{
    margin-left:100px;                  /* 设置左间距，为父元素留出左边的空间 */
    margin-bottom:20px;                 /* 设置下间距，重点 */
    height:100px;                       /* 占领空间，定义div元素高度为100像素 */
```

```
        width:400px;                          /* 占领空间，定义div元素宽度为400像素 */
        background-color:#099;                /* 通过背景色进行区分 */
    }
    .sec{
        margin-left:140px;                    /* 设置左间距比.fir 的左间距大，便于查看效果*/
        margin-top:-60px;                     /* 设置上间距，重点*/
        height:100px;                         /* 占领空间，定义div元素高度为100像素 */
        width:300px;                          /* 占领空间，定义div元素宽度为300像素 */
        background-color:#69C;                /* 通过背景色区分于上一个元素之间的关系 */
    }
    </style>
    </head><body>
    <div class="wrap">
      <div class="fir">margin-left:100px;margin-bottom:20px; </div>
      <div class="sec">margin-left:140px;margin-top:-60px;</div>
    </div>
    </body></html>
```

页面演示效果如图 10.10 所示。

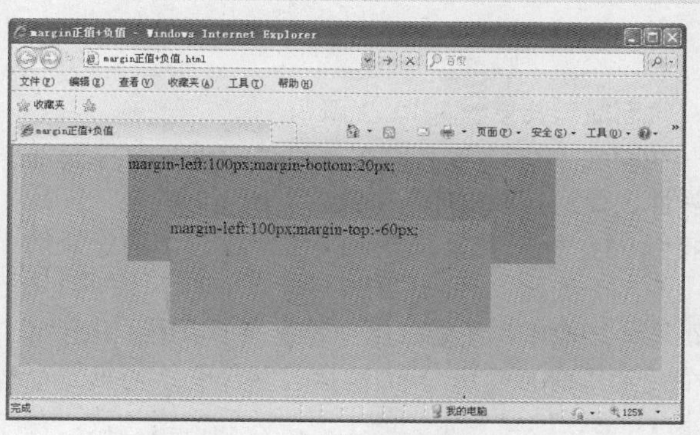

图10.10　边距叠加margin值为一正一负

在上面实例中，针对class为“wrap”的<div>标签设置背景色，并定义其宽高，让其子元素在内部显示。

第一步，将 class为“fir”的<div>标签定义宽高并设置背景色，最后设置左间距和下间距，左间距的设置是为了显示父元素左侧部分，将下边距设置为margin-bottom:20px;。

第二步，将 class为“sec ”的<div>标签同样定义宽高和背景色，设置左间距的距离时需大于class为“fir”的<div>标签定义的左间距（一个是140像素，大于一个是100像素），这样便于观察下一步的操作。最后设置上边距为-60像素，这两个块之间的计算方式：第一个块级元素下边距（20像素）+ 第二个块级元素上边距（-60像素）=二者间距（-40像素）。最终显示class为“sec”的<div>标签遮挡了部分class为“fir”的<div>标签内容。

前面讲到一个为正间距、一个为负间距，如果二者都是正间距呢，是否会产生二者相加后的间距效果，在下面实例中会告诉您，二者都为正，则取较大值作为它们之间的间距。取较大外间距值作为二者之间的间距并不代表较小的间距不存在，而是叠加（重合）在一起，较小外间距值依然有效。

例如，在下面实例中，class为“fir”的<div>标签设置下边距为20像素，class为“sec”的<div>标签设置上边距为30像素，且负值大于正值，通过浏览器查看是否取较大值作为二者的外间距。

```
<html><head>
<style type="text/css">
body{
    background-color: #CCC;               /* 设置背景色，衬托下面的元素背景色*/
    margin:0;                             /* 清除默认外间距 */
    padding:0;                            /* 清除内间距 */
}
.fir{
```

```
        margin:20px;                        /* 设置四个外间距为20像素，重点观察下外间距 */
        height:30px;                        /* 设置高度与sec类上间距一致，以比较空间大小 */
        width:300px;                        /* 占领空间，定义div元素宽度为300像素 */
        background-color:#099;              /* 通过背景色进行区分 */
    }
    .sec{
        margin-left:20px;                   /* 设置左间距 */
        margin-top:30px;                    /* 设置上外间距，其值与sec类高度一致，重点*/
        height:50px;                        /* 设置高度为50像素与fir高度为30像素相对比 */
        width:300px;                        /* 占领空间，定义div元素的宽度为300像素 */
        background-color:#69C;              /* 通过背景色进行区分 */
    }
    </style>
    </head><body>
    <div class="wrap">
      <div class="fir">margin-left:100px;margin-bottom:20px; </div>
      <div class="sec">margin-left:140px;margin-top:-60px;</div>
    </div>
    </body></html>
```

页面演示效果如图 10.11 所示。

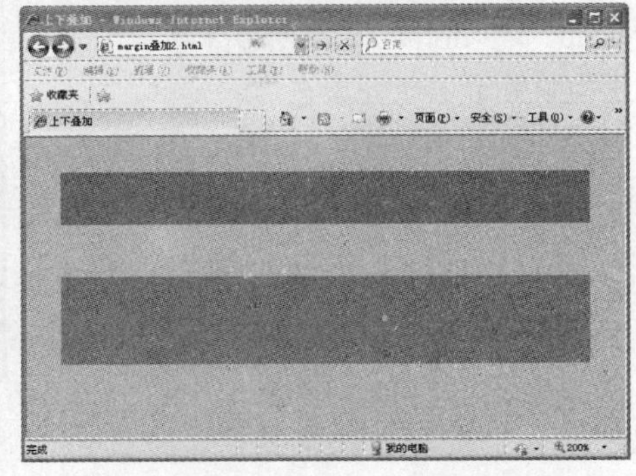

图10.11　边距叠加两个margin值都为正

在此实例中，与上一实例的“一正一负”大部分属性设置及其作用都是一致的，所不同的是一开始先将<body>标签初始化并定义了背景色。而此处例子中第一个元素（class="fir"）定义了四个方向的外间距均为20像素，此处依然主要观察下边距，并且第一个元素（class="fir"）的高度为30像素，与第二个元素（class="sec"）定义的上边距为30像素一致，并且第二个元素的高度为50像素，此处的高度同样用于比较。通过浏览器观察这两个元素之间的间距是否为50像素，显然不是，因为二者间距比第二个元素（class="sec"）的高度要小，通过测试工具测量（网上有专门的测量工具，或者截图通过Photoshop或者F ireworks里面的工具测量），结果为30像素，因此证实当两个块的间距均为正数 （即上面块元素的下间距，下面块元素的上间距）时，二者取其较大值作为二者之间的外边距值。

当一个元素包含在另一个元素中时，且没有任何边框或者补白设置，它们的上边距和下边距也会发生空白叠加问题，即普通文档流中拥有块级布局属性的几个元素都会发生叠加问题，只有行内框、浮动元素或定位元素之间的空白边是不会发生叠加问题的。

例如，在下面实例中，父元素没有设置边框、补白，其子元素发生了外间距叠加问题。

```
    <html><head>
    <style type="text/css">
    .fir{
        width:300px;                        /* 占领空间，定义div元素宽度为300像素 */
        background-color:#099;              /* 设置背景色，查看子元素的设置情况 */
        margin:0 auto;                      /* 设置居中对齐 */
    }
    .sec{
        margin:30px;                        /* 设置外间距为30像素，上下间距应用到父元素 */
        height:50px;                        /* 占领空间，定义div元素高度为50像素 */
```

```
    width:200px;                              /* 占领空间，定义div元素宽度为200像素 */
    background-color:#69C;                    /* 设置背景色 */
    font-size:12px;                           /* 定义字体大小 */
}
.w300{
    width:300px;                              /* 占领空间，定义div元素宽度为300像素 */
    margin:0 auto;                            /* 设置居中对齐 */
    font-size:12px;                           /* class类w300中的内容是解决方法*/
}
</style>
</head><body>
<div class="w300">border:1px solid #0C9;float:left;overflow:hidden; padding:1px;</div>
<div class="fir">
  <div class="sec">子元素设置了margin:30px;父元素没有设置外间距</div>
</div>
<div class="w300">border:1px solid #0C9;float:left;overflow:hidden; padding:1px;</div>
</body></html>
```

页面演示效果如图 10.12 和图 10.13 所示。

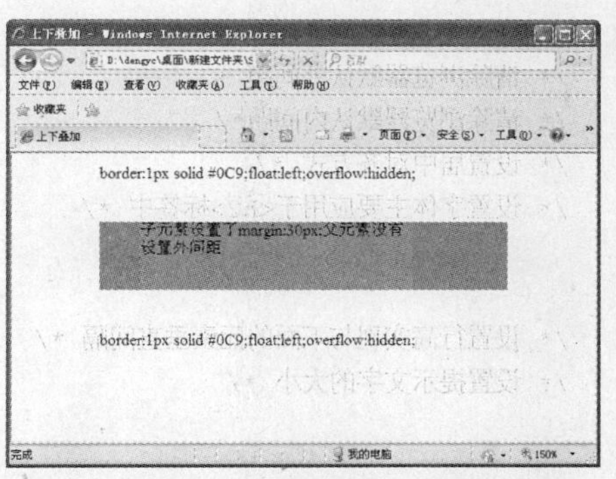

图10.12　IE 8浏览器下margin

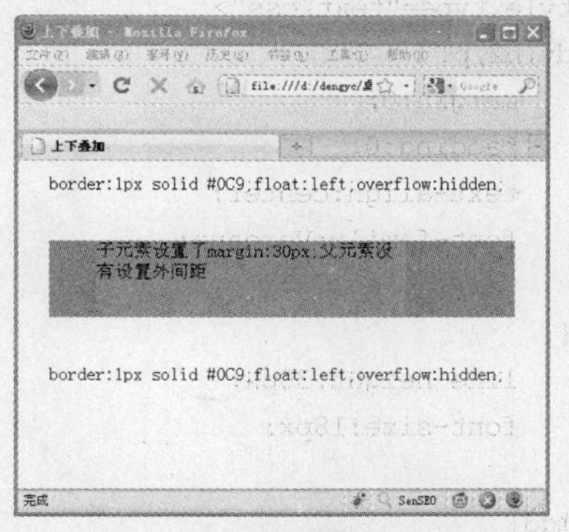

图10.13　Firefox浏览器下margin

在上面实例中，通过 IE 8 浏览器、Firefox 浏览器（其他现代浏览器也存在这种情况）发现，子元素 class 为 w300 的上间距和下间距没有撑开 class 为“fir”的父元素（按照我们对盒模型外间距的理解是如此），在 IE 6、IE 7 下却是正常显示的，解决这个 bug 可以通过多种方法，在 XHTML 代码中的 class 为“ w300”中已经列出来。

方法一：class 为“fir”元素设置边框属性值，其值不为 0 或 none 即可，解决子元素上下外间距叠加的问题，即 .fir {border:1px solid #0C9;}。

方法二：class 为“fir”元素设置 padding 属性值，其值不为 0 即可，解决子元素上下外间距叠加的问题，即 .fir { padding:1px;}。

方法三：class 为“fir”元素设置 float 属性值，解决子元素上下外间距叠加的问题，即 .fir { float:left;}。

方法四：class为“fir”元素设置width:100%（IE浏览器）；overflow:hidden; （Firefox等现代浏览器）属性值，解决子元素上下间距的问题，即.fir { overflow:hidden; width:100%}。

方法一和方法二均改变了默认元素的宽度，可以缩小原先内容区域的宽度值。如果设计图有特殊需求，无法通过这两种方法来实现，则使用方法三和方法四，它们可以在 IE 中触发 IE 的 haslayout 特性，即 haslayout=-1。关于 haslayout 的测试方法可以通过 IE 扩展工具 IE Developer Toobar 来测试，其用法可以通过百度搜索关键词“On having layout”，或者通过下面网址学习：http://bbs.blueidea.com/thread-2636904-1-1.html。

10.1.6 内间距设计

视频路径：视频文件\files\10.1.6.swf  实例文件：实例文件\10\基础示例\内间距设计.html~内间距设计2.html

盒子内容与边框之间的距离由 CSS 中 padding 属性定义，它与 margin 属性取值一样，其主要用于定义盒模型内容与边框之间的四个方向的值，即 padding 属性派生：padding-left、padding-right、padding-top 及 padding-bottom 属性。

CSS 中 padding 属性默认取值为 0，即内容与边框之间是紧贴在一起的，与 margin 不同的是，padding 取负值是没有任何效果的。内间距 padding 属性值影响着整个盒子的大小，盒模型大小包含 padding 属性值，在讲解 margin 属性时，margin 叠加问题影响了我们对盒子的理解，而 padding 属性是不会发生叠加问题的。

在讲解 border 属性时，它能够实现两条边框线的效果，但是显然无法分别控制两条边框线的颜色以及宽度，通过 padding 属性与 border 属性的结合，利用背景色或背景图片可以延伸到 padding 属性的特性，以实现此效果。

例如，在下面实例中，通过定义图片的边框线宽度与内间距的宽度相同，且利用背景色的延伸特性来实现双边框的效果。

```
<html><head>
<style type="text/css">
body,h2,p{
    margin:0;                         /* 清除浏览器默认外间距 */
    padding:0;                        /* 清除浏览器默认内间距*/
    text-align:center;                /* 设置居中对齐方式 */
    font-family:Verdana;              /* 设置字体主要应用于<h2>标签中 */
}
h2{
    line-height:30px;                 /* 设置行高实现与下面的元素垂直间隔 */
    font-size:18px;                   /* 设置提示文字的大小 */
}
.img3{
    padding:5px;                      /* 设置内间距与边框宽度一样大*/
    border:5px solid #533F1C;         /* 设置边框线为5像素的实线*/
    background: #c33;                 /* 设置背景色，并渗透至内间距 */
}
</style>
</head><body>
<h2>用CSS的padding和border属性实现图片双边框效果</h2>
<p><img src="img/1.jpg" class="img3" /></p>
</body></html>
```

页面演示效果如图 10.14 所示。

在上面实例中，首先初始化使用 XHTML 标签，分别将 <body>、<h2> 及 <p> 标签清除默认外间距和内间距设置，并居中对齐，设置 <h2> 中的提示文字的字体为 Verdana。接着定义 <h2> 标签的行高和字体大小，使 <h2> 标签的提示文字与下面的 <p> 标签进行垂直间隔。最后对 <p> 标签中的图片进行设置。

- 设置图片的边框线宽度为 5 像素的实线，并定义其边框颜色，颜色比背景色浅，以便突出 padding 实现的边框线颜色效果。
- 设置图片的内间距与边框线宽度一致，即 5 像素，图片四个方向与边框线之间有 5 像素的空隙。

◆ 图片的背景色渗透至边框线，颜色鲜艳，易于对比，但不能与页面整体的颜色（白色）一致。

在上一个实例中，使用内间距 padding 属性的简写方式简写内间距的四个方向，前面说过 padding 属性派生：padding-left、padding-right、padding-top 及 padding-bottom 属性，接下来单独定义某个方向的值，以实现盒模型文字内容的某些方向的偏移。

图10.14　用CSS的padding和border属性实现图片双边框效果

例如，在下面实例中，父元素定义了宽度和高度并设置了背景图片，其子元素内容设置左内间距为 60 像素、上内间距为 10 像素，偏离父元素背景图片的左上角，并观察父元素的上外边距与子元素上内间距的不同。

```
<html><head>
<style type="text/css">
body,p{
    margin:0;                                   /* 清除浏览器默认外间距*/
    padding:0;                                  /* 清除浏览器默认内间距*/
}
.box1{
    background:url(img/1.jpg) no-repeat left top;        /* 设置背景图片 */
    width:360px;                                /* 盒子宽度与图片宽度一致 */
    height:340px;                               /* 盒子高度与图片高度一致 */
    margin:0 auto;                              /* 设置居中对齐方式 */
    margin-top:30px;                            /* 设置盒子与浏览器上方间距为30像素， */
}
.box1 p{
    font-size:42px;                             /* 设置字体大小，太小则在图片上不明显 */
    color:#000;                                 /* 设置字体颜色 */
    font-family:"黑体";                          /* 设置字体类型 */
    line-height:1.2em;                          /* 设置行高，根据字体大小计算行高大小 */
    padding-left:60px;                          /* 单独使用左间距 */
    padding-top:10px;                           /* 单独使用上间距，并观察与外层盒子上外间距的不同 */
}
</style>
</head><body>
<div class="box1">
  <p>横看成岭侧成峰 远近高低各不同</p>
</div>
</body></html>
```

页面演示效果如图 10.15 所示。

在上面实例中，XHTML和CSS代码很简洁。首先针对盒子定义背景图片，图片的大小为360*340，故定义盒子的大小也是宽度为360像素，高度为340像素，设置居中对齐。一开始清除了<body>标签的默认间距，现在单独定义盒子的上间距，以便图片不紧贴在浏览器空白区域上方，且里面的<p>标签会定义padding-top，以便观察margin-top与padding-top的区别。接着将<p>标签设置字体为42号字体、黑色，与背景图片内容能够融合。分别定义padding-left:60px、padding-top:10px，使之远离背景图片的最左边和最上边。最后定义行高，使用相对单位，根据相对字体大小进行行高设置。

在页面设计中，padding 属性有时能完全代替 CSS 的 width、heigth 属性。宽度、高度的作用就是定义了元素在网页中占用的空间，而 padding 属性的上间距、下间距可以部分实现 height 属性的功能，其左间距、右间距可以部分实现 width 属性的功能。

例如，在下面实例中，通过 padding 属性四个方向的取值来实现导航菜单项的宽度、高度，且通过 Xhtml 标签的嵌套实现了滑动门技术。

图10.15 父元素margin-top与子元素padding-top

```
<html><head>
<style type="text/css">
body{
    font-size:14px;                                     /* 设置字体大小 */
    font-weight:bold;                                   /* 设置文字加粗 */
    line-height:1.5em;                                  /* 行高使用相对单位 */
}
.nav{
    background-color:#EDF7E7;                           /* 设置背景色与里面导航背景图片的颜色接近 */
    width:700px;                                        /* 定义存放导航的宽度 */
    height:50px;                                        /* 定义存放导航的高度*/
    margin:0 auto;                                      /* 设置居中对齐方式 */
}
.nav ul{
    margin:0;                                           /* 清除默认外间距 */
    padding:0;                                          /* 清除默认内间距 */
    list-style:none;                                    /* 隐藏项目符号 */
    padding:10px 10px 0 40px;                           /* 设置导航在class为.nav层内四个方向的内间距 */
}
.nav ul li{
    padding:0px 3px;                                    /* 设置每个菜单项的左右间距 */
    float:left                                          /* 设置居中对齐方式 */
}
.nav a {
    background:url(img/tableftC.gif) no-repeat scroll left top;   /* 滑动门左侧背景图片 */
    float:left;                                         /* 设置浮动 */
    padding:0 0 0 4px;                                  /* 设置左间距，与背景图片宽度一致*/
    text-decoration:none;                               /* 清除超链接默认下划线 */
}
.nav a span{
    background:url(img/tabrightC.gif) no-repeat scroll right top;   /* 滑动门右侧背景图片 */
    color:#464E42;                                      /* 设置字体颜色 */
    display:block;                                      /* 转换成块元素，拥有布局属性 */
    padding:5px 15px 4px 6px;                           /* 文字内容与背景图片四个方向的内间距 */
}
nav a:hover{
```

```
        background:url(img/tableftC.gif) no-repeat scroll left -42px;
                                                    /* 鼠标hover时左侧背景图片*/
    }
    .nav a:hover span{
        background:url(img/tabrightC.gif) no-repeat scroll right -42px;
                                                    /* 鼠标hover时右侧背景图片*/
    }
    .nav a.curr{
        background:url(img/tableftC.gif) no-repeat scroll left -42px; /* 与鼠标hover状态一致 */
    }
    .nav a.curr span{
        background:url(img/tabrightC.gif) no-repeat scroll right -42px; /* 与鼠标hover状态一致*/
    }
    </style>
    </head><body>
    <div class="nav">
      <ul>
        <li><a href="#" class="curr"><span>首页</span></a></li>
        <li><a href="#"><span>登录终端</span></a></li>
        <li><a href="#"><span>我要购买</span></a></li>
        <li><a href="#"><span>产品简介</span></a></li>
        <li><a href="#"><span>操盘手在线</span></a></li>
        <li><a href="#"><span>体验中心</span></a></li>
        <li><a href="#"><span>卫视视频</span></a></li>
      </ul>
    </div>
    </body></html>
```

页面演示效果如图 10.16 所示。

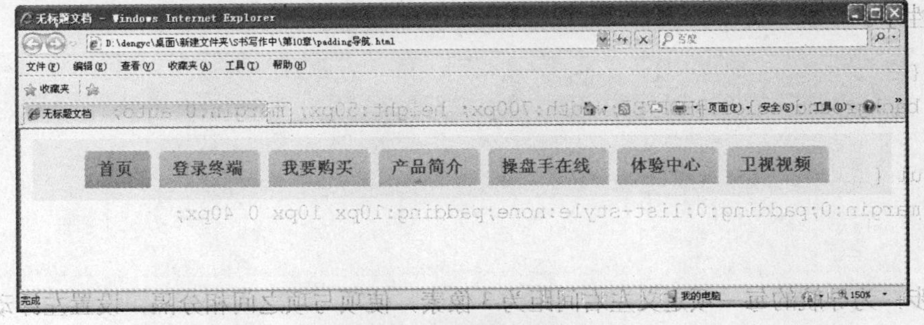

图10.16 padding实现的导航

在上面实例中使用了滑动门技术，那什么是滑动门技术呢？滑动门分为横向滑动门和纵向滑动门，在上面实例中综合应用了这两种滑动门方式。

- 横向滑动门就像日常生活中的抽屉，当抽屉闭合时就是最简单的滑动门，当通过抽屉拉手拉开一点缝隙也是抽屉，只不过抽屉变长了，继续拉抽屉，那么抽屉整体会更长，当拉手完全将里面的盒子拉出来时代表已经拉到了抽屉的最大长度。
- 横向滑动门可以这么理解：一侧固定而另一侧一直变长，实例中左侧圆角固定，右侧的背景因为内容的增多而逐渐加长，一直到右侧背景宽度不够时结束。纵向滑动门可以这么理解：你前面有一个镜子只有1米高，而你1.78米，将镜子挂在墙上与你一样高时，上半身可以照的见，下半身照不见，将镜子向下移动，然后你下半身逐渐照出来了，而上半身就会逐渐隐藏，实例中就是“登录终端”代表人体的上半身，当鼠标滑过“登录终端”时显示人体下半身，即“首页”背景图状态。下面通过图10.17和图10.18，展示滑动门左右两侧形状。

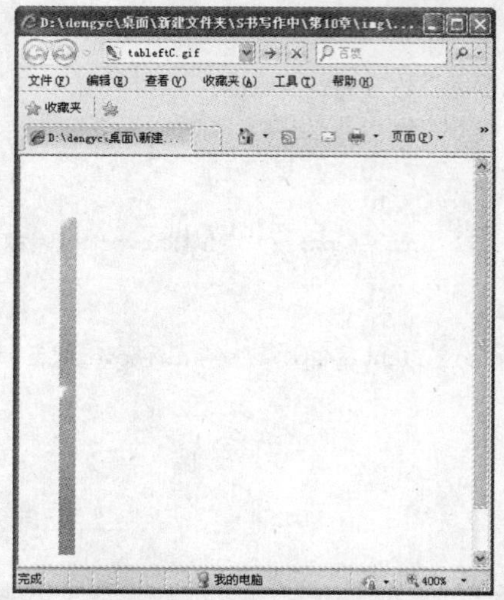

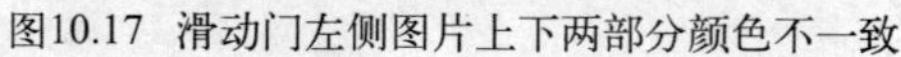

图10.17 滑动门左侧图片上下两部分颜色不一致

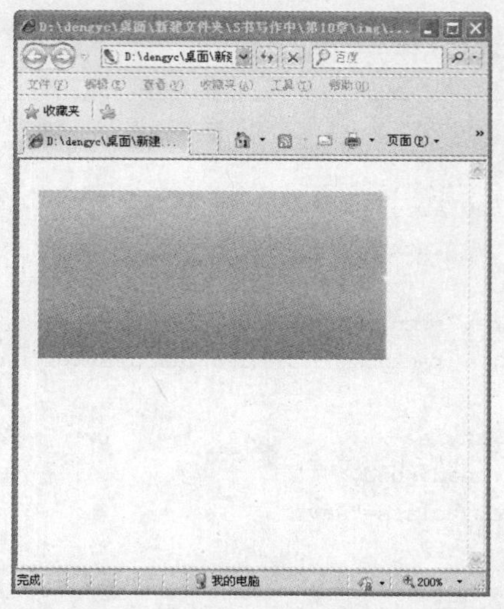

图10.18 滑动门右侧图片上下两部分颜色不一致

首先进行页面初始化设置，设置字体为 14 号加粗，并设置行高为相对单位。

```
/*页面基本设置start*/
body {
     font-size:14px;font-weight:bold;line-height:1.5em;
}
```

第一步，定义导航的背景色与背景图片的颜色相接近，设置宽度、高度并居中显示。设置导航 <ul> 标签，清除浏览器默认设置（margin:0;padding:0;），不使用 <ul> 标签默认项目符号，设置为 none，分别设置导航 <ul> 标签上、右、下、左四个方向的内间距，此处使用内间距就不定义宽高属性了。

```
.nav {
     background-color:#EDF7E7;width:700px; height:50px; margin:0 auto;
}
.nav ul {
     margin:0;padding:0;list-style:none;padding:10px 10px 0 40px;
}
```

第二步，为导航的每一项定义左右间距为 3 像素，使项与项之间相分隔，设置左浮动后导航项在一行内显示，即导航由 XHTML 中的 <li> 标签默认纵向排列转为横向排列。

```
.nav ul li{
     padding:0px 3px; float:left
}
```

第三步，设置滑动门的左侧门，即显示图 10.17 上半部分。前面讲解滑动门时列出了左侧和右侧的两个背景图片，最终目的是将二者组合在一起。左侧门上半部分是纵向滑动门默认显示部分，背景图片的下半部分是鼠标滑过的状态。针对超链接 <a> 标签应用左滑动门，设置背景图片从左上角显示且不进行平铺，设置 4 像素的左间距，以用于存放背景图片（图片宽度就是 4 像素），避免文字压住背景图片的最左边，此时需要设置浮动，否则背景图片只显示文字大小部分，而不能全部显示图片（图片高度），隐藏超链接的默认下划线，影响背景图片效果。

```
.nav a {
    background:url(img/tableftC.gif) no-repeat scroll left top;
    float:left;padding:0 0 0 4px;text-decoration:none;
}
```

第四步，设置滑动门的右侧门，即显示图 10.18 上半部分。设置 <a> 标签的子元素 <span> 标签的背景图片不平铺，且背景图片从右上角显示（背景图片右上角是圆角），其余的部分被 <a> 标签给遮挡住，随着文字的增多，<a> 标签遮挡部分逐渐减少。将其转换成块元素，可以发现滑动门已经实现了，但文字内容挤在背景图片中，设置其上、右、下、左四个方向的内间距（padding:5px 15px 4px 6px;），将背景撑开。

```
.nav a span {
    background:url(img/tabrightC.gif) no-repeat scroll right top;color:#464E42;
    display:block;padding:5px 15px 4px 6px;
}
```

第五步，最后定义鼠标滑过的状态，整个滑动门的背景图片同时向上移动 42 像素，[背景图片高度是 82 像素（82/2=42 像素），故 <a> 标签和 <span> 标签同时向上移动 42 像素]，显示滑动门背景图片的下半部分，为了查看滑过后滑动门的变化，为 a 超链接定义一个 class 类，代表当前状态应用到某个超链接上，相应地设置与 <a> 标签的 :hover 状态一致。

```
CSS:
.nav a.curr,.nav a:hover{
    background:url(img/tableftC.gif) no-repeat scroll left -42px;
}
.nav a.curr span,.nav a:hover span{
    background:url(img/tabrightC.gif) no-repeat scroll right -42px;
}
XHTML:
<div class="nav">
  <ul>
    <li><a href="#" class="curr"><span>首页</span></a></li>
    <li><a href="#"><span>登录终端</span></a></li>
  </ul>
</div>
```

小结

首先统一介绍盒模型的组成：内容区域（content）、内间距（padding）、边框（border）以及外间距（margin），分别比较了 IE 5.5 代表的老式浏览器和 IE 6 代表的新的浏览器的计算方式，并提出了解决方法。

接着分别介绍宽度（width）、高度（height）、边框（border)、外间距（margin）及内间距（padding）的用法，其边框、外间距、内间距都可以采用简写方式。

外间距可以取负值，当为负值时可以打破页面常规显示状态，以实现特殊布局。接着分别介绍行内元素和块级元素对外间距的支持情况，并通过display属性转换默认标签属性后，观察浏览器的支持情况。最后重点介绍了外边距叠加问题，通过正+负、正+正及父+子三种情况分别进行剖析。

内间距通过三个例子介绍了其用法：第一个例子是 border+padding 可以更改颜色的边框双线；第二个例子分解书写 padding 属性；第三个例子在导航菜单中 padding 属性的四个不同的取值替代了宽度、高度属性的部分功能。

10.2 案例实战

盒子模型是web2.0的根本，YOKA时尚网中CSS样式的重用与XHTML结构的清晰，便于更好地解读盒模型。

本节光盘内容：	
本节实例文件	实例文件\10\综合案例
本节视频长度	28分31秒

10.2.1 产品策划

视频路径：视频文件\files\10.2.1.swf　　实例文件：无

YOKA是生活时尚类网站，该网站定位于高收入群体的时尚生活门户，专注与提供时尚奢侈品资讯报道、品牌动态、购物交流等服务，同时也是时尚人士、明星生活交流的主题社区。网站以蓝色为基调，页面背景采用蓝色云彩扩散的形态，为网站的时尚风格加分。

10.2.2 画板

视频路径：视频文件\files\10.2.2.swf　　实例文件：无

YOKA网站界面清晰、结构复杂，体现时尚和大气的构成要素，主要分为以下几大块：注册登录、今日焦点、24小时阅读、7日重头戏、潮流服装、美容、美体、男人、明星、奢华时尚圈、生活购物、博客、论坛。其中潮流服装、美容、美体、男人、明星、奢华时尚圈页面结构与生活购物、博客、论坛类似，就不再在设计图上体现。设计草图如图10.19所示。

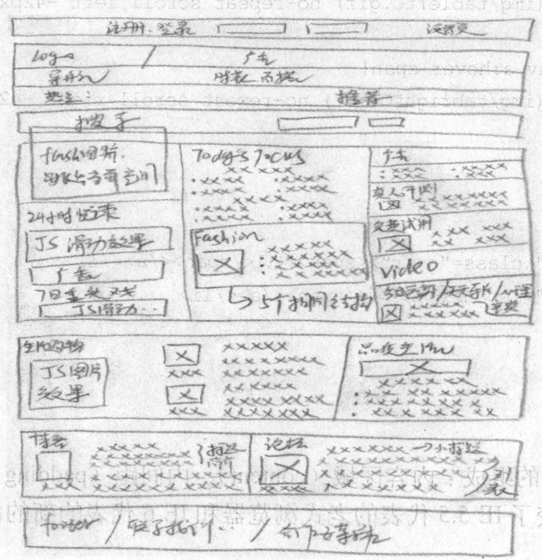

图10.19 画板最终设计图

10.2.3 设计图

视频路径：视频文件\files\10.2.3.swf　　实例文件：无

下面通过画板对页面进行分析并根据画板设计图划分各个栏目区域。现在需要将各个栏目具体内容通过画图软件Photoshop或Fireworks设计出来，在后面重构中将给出栏目划分的XHTML结构，在布局中将给出页面大体结构以及具体内容编写结构的实现过程。图10.20所示为设计模块划分图。

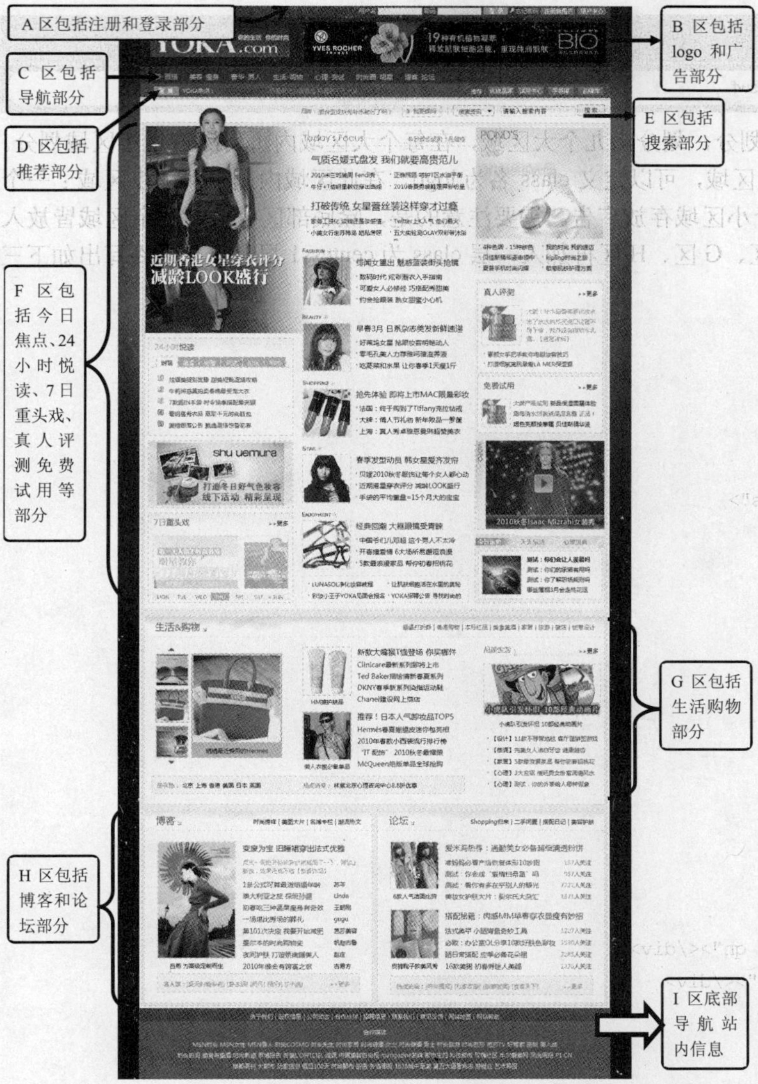

A 区包括注册和登录部分
B 区包括logo 和广告部分
C 区包括导航部分
D 区包括推荐部分
E 区包括搜索部分
F 区包括今日焦点、24小时悦读、7日重头戏、真人评测免费试用等部分
G 区包括生活购物部分
H 区包括博客和论坛部分
I 区底部导航站内信息

图10.20 设计模块划分图

10.2.4 切图

视频路径：视频文件\files\10.2.4.swf　　实例文件：无

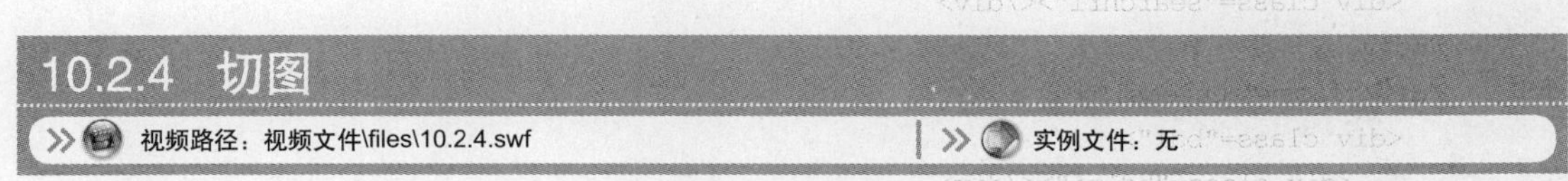

使用Photoshop软件中的工具将设计图以下部分切出来（因篇幅有限，只讲解设计图一部分，重复部分此处不再讲解），故剪切并组合出下面图片，这些图片将作为网页元素的背景图或插入图片，具体操作步骤在视频中演示。10.21所示为切图效果。

YOKA.com
我要提问
化妆品库 试用中心 品牌库 手袋库
7日重头戏 24小时悦读
博客 生活 & 购物 品质生活 论坛
Today's Focus
搜索
注册新用户 用户中心
左侧用矩形框圈住的图片，将作为图片或元素插入网页中，其余的将作为背景图片出现

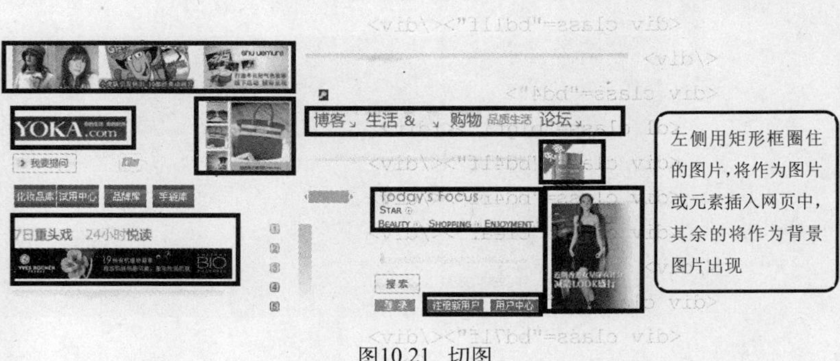

图10.21 切图

10.2.5 重构

>> 视频路径：视频文件\files\10.2.5.swf | >> 实例文件：无

根据图 10.20 中对区域的划分，划分出九个大区域，在每个大区域内再对其进行小区域划分。例如，设计图 B 区作为一个大区域，可以定义 class 名为 logo，在此区域内划分两个小区域：一个小区域存放 logo 图片，另一个小区域存放广告。需要注意的是，除底部区域外，其余区域皆放入 class 为 centess 层内，其中 F 区、G 区、H 区再加入一层 class 为 centess1 层包裹。最终写出如下三级 XHTML 结构。

```
<html>
<head>
</head>
<body>
<div class="centess">
   <dl class="newlogin bs">
      <dt></dt>
      <dd></dd>
   </dl>
   <dl class="logo">
      <dt></dt>
      <dd></dd>
   </dl>
   <dl class="blink bs">
      <dt>
         <ul></ul>
      </dt>
   </dl>
   <div class="slink">
      <div class="slinklf qh"></div>
      <div class="slinkss"></div>
      <ul id="kti"></div>
   </div>
   <div class="search">
      <div class="searchlf"></div>
      <div class="searchri"></div>
   </div>
   <div class="centess1">
      <div class="bd1">
         <div class="bd1ri"></div>
         <div class="bd1lf"></div>
      </div>
      <div class="bd4">
         <dl class="bigti"></div>
         <div class="bd4lf"></div>
         <div class="bd4ri"></div>
         <div class="clear"></div>
      </div>
      <div class="bd7">
         <div class="bd7lf"></div>
         <div class="bd7ri"></div>
```

```
      </div>
    </div>
  </div>
  <div class="footer">
    <a href="#"></a>
    <div class="ftb"></div>
  </div>
  </body>
  </html>
```

10.2.6 布局

>> 视频路径：视频文件\files\10.2.6.swf　|　>> 实例文件：无

第一步，打开Dreamweaver软件，执行“文件”→“新建”命令，弹出“新建文档”对话框，如图10.22所示，新建一个空白的XHTML文档页面，并保存文件为“An10.html”。

第二步，创建外部CSS样式表文件，保存为Astyle.css文件。执行“窗口”→“CSS样式”命令，打开“CSS样式”面板，单击“附加样式表”按钮，在弹出的“链接外部样式表”对话框中单击“浏览”按钮，如图10.23所示，找到Astyle.css文件，将其链接到“An10.html”文档，最后单击“确定”按钮。

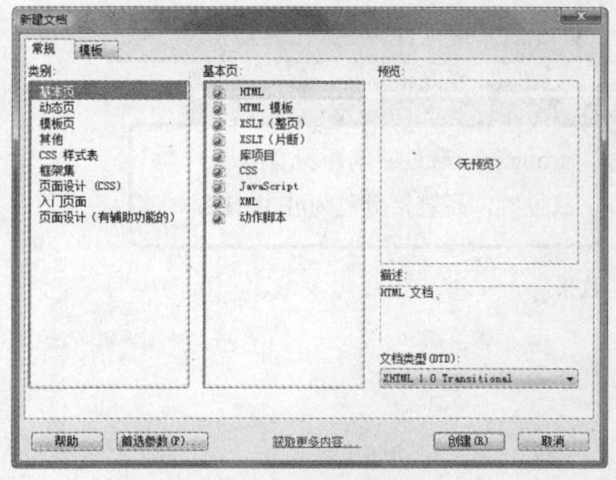

图10.22　“新建文档”对话框

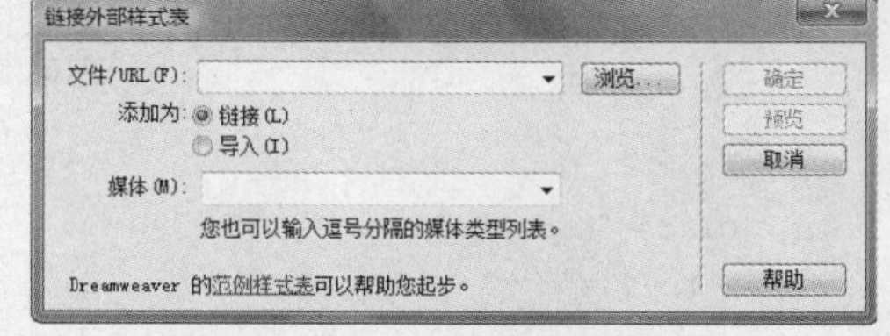

图10.23　“链接外部样式表”对话框

为 XHTML 文件添加如下代码：

```
<link href="css/Astyle.css" rel="stylesheet" type="text/css" />
```

第三步，XHTML 元素初始化，对所有要用到以及即将用到的元素进行初始化，确保所有元素在不同浏览器下默认状态是一致的，其中包括清除内间距、外边距、超链接颜色为 #333、鼠标滑过时设置颜色为 #fe7302、添加下划线、<ul> 标签的列表符号隐藏等，具体看 Astyle.css 文件头部初始化，需要注意的是，<body> 标签设置背景图片为 a2.jpg，背景色为 #020202。图 10.24 所示为页面设置背景图片效果。

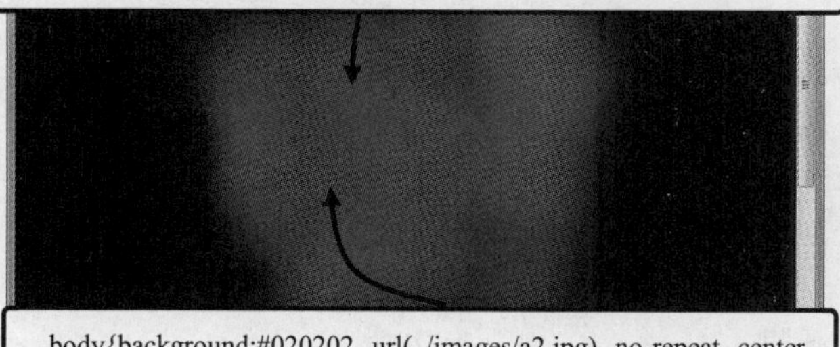

图10.24　页面设置背景图片效果

> **TIP** 限于篇幅，案例讲解部分CSS代码、XHTML结构代码，具体CSS代码、XHTML结构代码请查看本章案例文件。index.html文件完成设计图所有部分，而本章案例文件重复部分、非重要部分不再讲解。

第四步，定义centess层：宽度为980像素、下边距为4像素、浏览器居中，设置背景颜色为白色。A区dl.newlogin设置渐变背景图片为a1.jpg、背景色为#2c2f38，图片大小为587*23；定义<dl>标签高度为23像素，因其父层centess层宽度为980像素，故图片未填充部分用背景色进行填充，设置1像素的边框线，颜色比背景图片深；设置行高为18像素（因其内部含有<input>标签，故行高与高度一致，也不能使其垂直居中）。<dt>标签存放文字“设YOKA时尚网为首页”，使其左浮动，宽度为120像素，调整内间距设置，使其父层centess层背景图片中的小房子作为<dt>标签图标，设置超链接颜色为#c2e4fd、隐藏下划线。<dd>标签存放注册、登录部分，设置其右浮动，以与左侧<dt>标签相对应，通过右间距10像素使其远离最右侧，字体颜色为#e2e2e4、行高为15像素、超出部分不显示。<dd>包含pa3-1层，内部输入框宽度为90像素、行高13像素；图片超链接通过相对定位和上偏移值调整与前面输入框纵向对齐位置；“忘记密码”是一个超链接，首先设置钥匙背景图片为hy_1218key.gif、文本不加粗效果，接着通过左间距实现背景图片的存放，最后定义超链接四种状态的颜色。

图10.25所示为A区效果图。

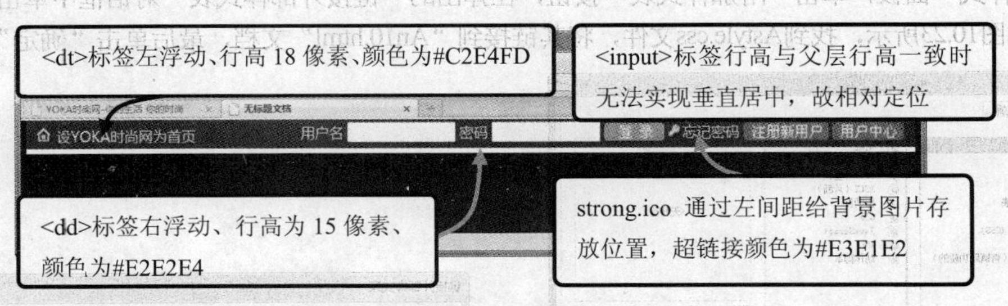

图10.25　A区效果

```
XHTML:
<div class="centess">
   <dl class="newlogin">
      <dt><a href="#">设YOKA时尚网为首页</a></dt>
      <dd>
         <form method="post" >
            <div class="pa3-1">
               用户名<input type="text" class="newlotext1" name="username" id="header_username"/>
               密码<input type="password" class="newlotext1" name="password" id="header_password"/>
               <input type="image" class="newlotext2" alt="登录" src="images/a1.gif"/>
               <strong class="ico"><a id="header_login_forgot" href="#">忘记密码</a></strong>
               <a href="#"><img alt="注册新用户" src="images/a2.gif"/></a>
               <a href="#"><img src="images/a3.gif"/></a>
            </div>
         </form>
      </dd>
   </dl><!--newlogin end-->
</div>
CSS:
.centess{margin:0 auto;width:980px;background:#ffffff;padding-bottom:4px;}
.newlogin{height:23px;background:#2c2f38 url(../images/a1.jpg) no-repeat 0px 0px;
```

```
        border-bottom:#364250 1px solid;line-height:18px;}
    .newlogin dt{float:left;padding:4px 0 0 25px;width:120px;}
    .newlogin dt a:link,.newlogin dt a:visited{text-decoration:none;color:#c2e4fd;}
    .newlogin dt a:active,.newlogin dt a:hover{text-decoration:underline;color:#fe7302;}
    .newlogin dd{float:right;padding:0 10px 0 0;color:#e2e2e4;line-height:15px;overflow:visible;}
    .pa3-1 img,.pa3-1 input.newlotext2{position:relative; top:3px;}
    .ico{background: transparent url(../images/hy_1218key.gif) no-repeat scroll 0px 0px;font-weight:normal;}
    .newlotext1{width:90px;padding:0;line-height:13px;}
    .newlotext2{background:none;}
    .newlogin a:link,.bs a:visited{text-decoration:none;color:#e3e1e2;}
    .newlogin a:active,.bs a:hover{text-decoration:underline;color:#fe7302;}
```

第五步，B区存放logo和广告，定义高度为104像素、宽度自适应，设置背景图片为nv1.gif、平铺，通过低边框线的设置表明该层的结束。<dt>标签存放logo，设置为左浮动，通过间距调整其位置；<dd>标签存放广告，设置为右浮动，使其在B区内和logo同行显示，同样通过间距调整其位置，内部广告定义宽度为650像素、高度为85像素，限制其大小。

C区存放导航，设置背景色为#2d3039、高度为31像素、行高为15像素、1像素边框线，<dt>标签定义了盒模型的大小，宽度为765像素、高度为31像素、左浮动，并定义为相对定位。<dt>标签中包含<ul>标签，设置为绝对定位，接着根据左、上进行位置偏移；<li>标签设置为左浮动，使其多个<li>标签在一行内显示，通过内间距设置将其大小撑开，而不是通过宽度设置（因为内部超链接字数不定）。接着设置竖线背景图片为navbg.gif，在其右侧显示表示该标签宽度的结束位置。最后改变<li>标签中超链接的颜色、下划线等效果。图10.26所示为logo、导航和广告效果图。

图10.26 logo、导航和广告效果

```
XHTML:
<dl class="logo">
   <dt><a href="#"><img src="images/logo.gif"></a></dt>
   <dd><div class="c3"><a href=""><img src="images/0_28.jpg"></a></div></dd>
</dl><!--logo end-->
<dl class="blink">
   <dt>
     <ul>
       <li><a href="#">时装</a>·<a href="#">百搭</a></li>
       <li><a href="#">美容</a>·<a href="#">瘦身</a></li>
       <li><a href="#">奢华</a>·<a href="#">男人</a></li>
       <li><a href="#">生活</a>·<a href="#">购物</a></li>
       <li><a href="#">心理</a>·<a href="#">测试</a></li>
       <li><a href="#">时尚圈</a>·<a href="#">明星</a></li>
```

```
            <li><a href="#">博客</a>·<a href="#">论坛</a></li>
        </ul>
    </dt>
</dl><!--blink end-->
CSS:
.logo{height:104px;background: url(../images/nv1.gif);border-bottom:#2e2e36 1px solid;overflow:hidden;}
.logo dt{padding:24px 0px 0px 21px;float:left;}
.logo dd{float:right;padding:10px 9px 0px 0px;}
.c3 a img{width: 630px; height: 85px; border:none;}
/***logo end*********/
.blink{border:#45454d 1px solid;background:#2d3039;height:31px;color:#848587;line-height:15px;}
.blink dt{font-size:14px;float:left;position:relative;width:765px;height:31px;}
.blink dt ul{position:absolute;top:8px;left:2px;z-index:999;}
.blink dt ul li{float:left;padding:2px 10px 0 10px;background:url(../images/navbg.gif) right 5px no-repeat;}
.blink dt a{padding:0px 2px;text-decoration:none;color:#e3e1e2;}
.blink dt a:hover{text-decoration:underline;color:#fe7302;}
```

第六步，centess1层包含了F区、G区、H区，定义centess1层宽度为968像素、高度不定义，背景色为#ebf2fa、1像素的边框线，该盒子总宽度为968+1px左边框+1px右边框=970像素，设置在浏览器居中。

首先根据G区XHTML结构代码编写CSS样式代码。定义G区bd4层：宽度为958像素、高度为393像素、上边距为10像素、背景色为白色、1像素边框线。上边距的设置是为了隔开F区、G区；该层宽度为958+1px左边框+1px右边框=960像素，比父层centess1层小10像素，故存在左右5像素的间隙；centess1层背景色为淡蓝色，颜色值为#EBF2FA，而bd4层存在边框线，故可以在颜色上进行区分范围。

bd4 区包含四个小区域：dl.bigti、bd4lf 层、bd4ri 层和 clear 层。

dl.bigti 是生活购物的标题部分，设置盒模型高度为 44 像素，其背景图片为 a4.jpg，大小为 958*44，字体颜色为 #324d6b。dl.bigti 采用一组 <dl>、<dd>、<dt> 标签。<dd> 标签内部是三张图片组成“生活购物”文字，将其设置为左浮动，飘至 dl.bigti 最左侧，调整 <dd> 标签间距以及设置宽度为 150 像素；<dt> 标签存放快速链接，并对其下的产品进行分类，通过右浮动使其飘至 dl.bigti 最右侧，调整 <dt> 标签间距。<dt> 标签内部为 div 标签，通过上间距、右间距调整其位置（盒模型宽度、高度未定义，间距作为该层的宽度、高度），其超链接颜色在页面初始化时已定义。

bd4lf 层存放幻灯片效果以及图片和超链接列表，定义宽度为 660 像素、左间距为 15 像素，最后设置为左浮动。

bd4ri 层存放“品质生活”，定义宽度为 254 像素、右浮动，与 bd4lf 层相对应。

clear 层清除浮动，因其 bd4lf 层左浮动、bd4ri 层右浮动，且只定义宽度未定义高度，故此处清除浮动，使其 bd4 层高度自适应。

bd4lf 层包含 bd4ls 层、bd4ce 层、clear 层以及 dl.vwww 四部分。

- bd4ls层存放幻灯片，定义宽度为314像素、上间距为18像素，接着左浮动，为观察效果，设置背景色为#99CC33。
- bd4ce 层存放列表和图片超链接，首先定义宽度为 342 像素、上间距为 20 像素，接着设置左浮动，为观察效果，设置背景色为 #CCCC66。
- clear 层依然起清除浮动的作用。

- dl.vwww，其兄层clear层已经清除浮动，故可按正常方式显示。定义盒模型宽度为650像素、高度为26像素、上间距为10像素；首先通过背景色#F0F5FB区分bd4层设置的白色区域；接着设置1像素边框线，故盒模型宽度为650像素+1像素左边框线+1像素右边框线=652像素，宽度为26像素+10像素上间距+1像素上边框线+1像素下右边框线=38像素。dl.vwww包含<dd>、<dt>标签，<dd>标签存放“热买地”，首先设置左浮动，通过左间距使其离开dl.vwww最左侧，接着定义宽度为304像素；<dt>标签存放“热点消费”，设置左浮动、宽度为330像素；设置<dd>标签、<dt>标签中的<b>标签颜色为#FF7400，以便区分其他文字的黑色。

bd4ri 层存放“品质生活”，包含 dl.ritis、dl.bd4rili、ul.rivse 三部分。

- dl.ritis存放标题文字“品质生活”，设置高度为36像素、背景图片为a7.jpg，通过上间距调整与标题文字bigti层的距离；<dd>标签存放“品质生活”图片，设置为左浮动即可；<dt>标签存放文字“更多”，设置为右浮动且通过设置右间距远离最右端。
- bd4rili 存放图片以及图片标题，具体设置通过子元素控制即可。
- ul.rivse 存放列表，具体设置通过子元素控制。

图 10.27 所示为 G 区生活购物区域划分图。

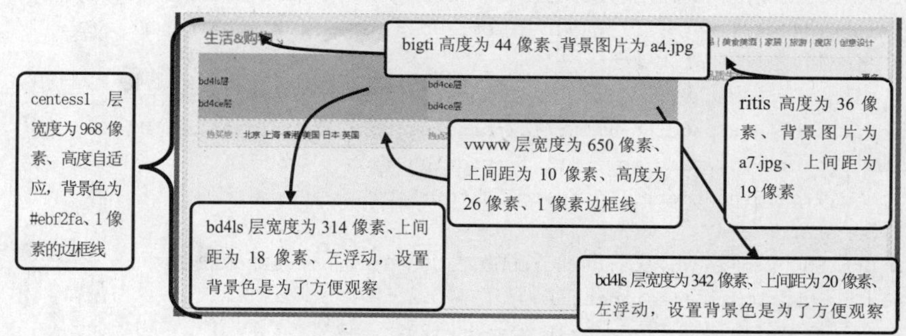

图10.27　G区生活购物区域划分

```
XHTML:
<div class="centess1">
   <div class="bd4">
      <dl class="bigti">
         <dd>
            <a><img src="images/a44_1.gif"/></a><img src="images/a32_2.gif"/>
            <a><img src="images/a44_3.gif"/></a><img src="images/a32_4.gif"/>
         </dd>
         <dt><div><a>超值打折券</a> | <a>香港购物</a> | <a>本月红品</a> | <a>美食美酒</a> | 
<a>家居</a> | <a>旅游</a> | <a>搜店</a> | <a>创意设计</a></div></dt>
      </dl>
      <div class="bd4lf">
         <div class="bd4ls"><p>bd4ls层</p><p>bd4ce层</p></div>
         <div class="bd4ce"><p>bd4ce层</p><p>bd4ce层</p></div>
         <div class="clear"></div>
         <div class="vwww">
            <dd><b>热买地： </b><a>北京</a> <a>上海</a> <a>香港</a> <a>美国</a> <a>日本</a>
<a>英国</a></dd>
            <dt><b>热点消费： </b><a>林紫北京心理咨询中心8.8折优惠</a></dt></div>
         </div>
         <div class="bd4ri">
            <dl class="ritis">
               <dd><a><img alt="品质生活" src="images/a45.gif"/></a></dd><dt><a>>>更多</a></dt>
```

```
            </dl>
            <dl class="bd4rili"></dl>
            <ul class="rivse"></ul>
        </div>
        <div class="clear"></div>
    </div>
</div>
CSS:
.centess1{width:968px;border:#cbd5e1 1px solid;background:#ebf2fa;margin:0 auto;}
.clear{clear:both;}
/*第四块*/
.bd4{width:958px;border:#d8e5f6 1px solid;margin:0 auto;margin-top:10px;height:393px;ba
ckground:#fff;}
.bd4ri{float:right;width:254px;}
.bd4lf{width:660px;padding-left:15px;float:left;}
.bd4ls{width:314px;float:left;padding-top:18px; background-color:#99CC33}
.bd4ce{width:342px;float:left;padding-top:20px; background-color:#CCCC66}
/******生活购物标题文字 stat*******/
.bigti{height:44px;background:url(../images/a4.jpg);color:#324d6b;}
.bigti dd{float:left;padding-left:21px;padding-top:12px;width:150px;}
.bigti dt{float:right;padding-top:12px;padding-right:10px;}
.bigti dt div{padding-right:10px;padding-top:2px;}
/****购买地 start*****/
.vwww{wicth:650px;height:26px;background:#F0F5FB;border:#DBDEE2 1px solid;
    padding-top:10px; clear:both;}
.vwww dd{float:left;padding-left:10px;width:304px;}
.vwww dt{float:left;width:330px;}
.vwww b{color:#FF7400;}
/******品质生活 标题文字 stat*******/
.ritis{height:36px;padding-top:19px;background:url(../images/a7.jpg) no-repeat 0px 9px;}
.ritis dd{float:left;}
.ritis dt{float:right;padding-right:13px;}
```

第七步，根据G区生活购物具体内容布局，以编写CSS样式代码。首先将bd4ls层、bd4ce层设置的背景色取消，接着在bd4l层存放幻灯片的区域，内部用一张图片t333.jpg代替。中间bd4ce层存放图片和列表新闻，包含两个bd3cenr层，且XHTML结构相同、内容不同；右侧bd4rili层包含dl.bd4rili和ul.rives。

bd3cenr层盒子高度为135像素，其内部包含dl.bd3celf、dl.bd3ceri。dl.bd3celf存放图片和图片标题。dl.bd3celf定义标签宽度为114像素、左浮动；<dd>标签包含图片，定义标签高度为106像素，图片大小为98*98，通过1像素内间距和1像素边框美化图片，图片总共宽度、高度为98+2（1像素边框<左右、上下>）+2（1像素内间距<左右、上下>）=102像素，鼠标滑过图片超链接时更改边框颜色；<dt>标签包含图片标题，定义宽度与图片一致，都为102像素，高度为20像素、文本居中对齐，超出部分隐藏，使其显示一行。dl.bd3ceri存放列表，定义标签宽度为228像素、左浮动；<dd>标签存放较大字体的新闻标题，定义盒子高度为27像素、宽度为228像素、字体大小为16像素，调整字体、间距等设置；<dt>标签包含新闻标题列表，内部使用<ul>相关标签，定义<li>标签字体大小为14像素、宽度为228像素、高度为24像素、行高为24像素，超出部分隐藏，使其显示一行。

dl.bd4rili是一组<dl>相关标签，<dd>标签存放图片，<dt>标签存放新闻列表。定义<dd>标签高度为109像素、左间距为2像素，通过CSS属性限制图片大小为240*105，通过1像素内间距和 1 像素边框美化图片，图片总共宽度为 240+2（1 像素边框 <左右、上下>）+2（1 像素内间距 <左右、上下>）=244 像素、高度为 105+2（1 像素边框 <左右、上下>）+2（1 像素内间距 <左右、上下>）=109 像素，鼠标滑过图片超链接时更改边框颜色；<dt> 标签包含新闻标题列表，定义宽度为 241 像素，高度为 30 像素、文本居中对齐、上间距为 8 像素，超出部分隐藏，使其显示一行。

ul.rivse 存放新闻列表，是一组 <ul> 相关标签，定义内部 <li> 标签宽度为 226 像素、高度为 24 像素、背景图片为 ax2.gif，通过设置左间距存放新闻图标。

图 10.28 所示为生活购物具体内容部分。

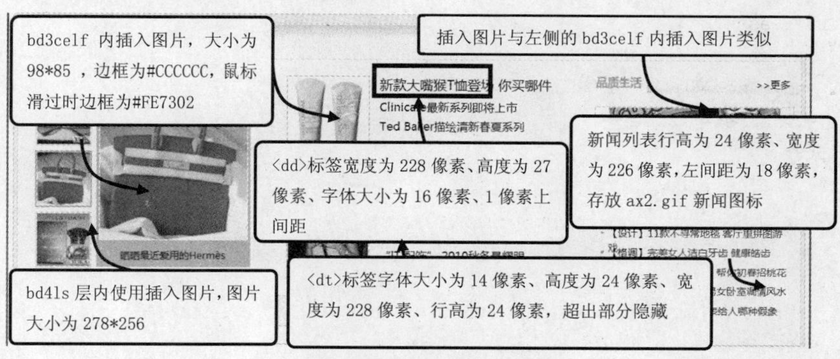

图10.28 生活购物具体内容部分

```
XHTML:
<div class="centess1">
   <div class="bd4">
      <dl class="bigti"></dl>
      <div class="bd4lf">
         <div class="bd4ls"><img src="images/t333.jpg" /></div>
         <div class="bd4ce">
            <div class="bd3cenr">
               <dl class="bd3celf">
                  <dd><a><img src="images/15.jpg"/></a></dd><dt><a>HM推护肤品</a></dt>
               </dl>
               <dl class="bd3ceri">
                  <dd class="sl"><a>新款大嘴猴T恤登场 你买哪件</a></dd>
                  <dt><ul>
                        <li><a>Clinicare最新系列即将上市</a></li>
                        <li><a>Ted Baker描绘清新春夏系列</a></li>
                        <li><a>DKNY春季新系列染指运动鞋</a></li>
                        <li><a>Chanel建设网上商店</a></li>
                  </ul></dt>
               </dl>
            </div><!--bd3cenr end-->
            <div class="bd3cenr">
               <dl class="bd3celf">
                  <dd><a><img src="images/16.jpg"/></a></dd><dt><a>懒人衣橱必备单品</a></dt>
               </dl>
               <dl class="bd3ceri">
                  <dd class="sl"><a>推荐! 日本人气卸妆品TOP5</a></dd>
                  <dt><ul>
                        <li><a>Hermès春夏蜥蜴皮迷你包亮相</a></li>
                        <li><a>2010年春款小西装流行排行榜</a></li>
```

```
                    <li><a>"IT 配饰" 2010秋冬最耀眼</a></li>
                    <li><a>McQueen绝版单品全球抢购</a></li>
                </ul></dt>
                </dl>
            </div><!--bd3cenr end-->
        </div>
        <div class="clear"></div>
        <div class="vwww"></div>
    <div class="bd4ri">
        <dl class="ritis"></dl>
        <dl class="bd4rili"></dl>
        <ul class="rivse"></ul>
    </div>
    <div class="clear"></div>
  </div>
</div>
CSS:
/****************生活购物具体内容部分 start*****************************/
.bd4ls,.bd4ce{background:none;}
/*中间列表 start*/
.bd3cenr{height:135px;border-bottom:#E5E5E5 1px solid;}
.bd3celf{float:left;width:114px;}
.bd3celf dd{height:106px;}
.bd3celf img{width:98px;height:98px;padding:1px;border:#CCCCCC 1px solid;}
.bd3celf dt{width:102px;height:20px;overflow:hidden;text-align:center;}
.bd3celf a:hover img{border:#fe7302 1px solid;}
.bd3ceri{float:left;width:228px;}
.bd3ceri dd{font-size:16px;font-family:"微软雅黑","黑体";width:228px;height:27px;padding-top:1px;
    overflow:hidden;white-space:nowrap;text-overflow:ellipsis;}
.bd3ceri dt li{font-size:14px;height:24px;width:228px;overflow:hidden; line-height:24px;}
/*中间列表 end*/
.bd4ce .bd3cenr{border:none;}
/**右侧start **/
.rivse li{height:24px;width:226px;background:url(../images/ax2.gif) no-repeat 10px 7px;padding-left:18px;}
.bd4rili dd{height:109px;padding-left:2px;}
.bd4rili dd img{width:240px;height:105px;border:#E0E0E0 1px solid;padding:1px;}
.bd4rili a:hover img{border:#fe7302 1px solid;}
.bd4rili dt{text-align:center;width:241px;padding-top:8px;height:30px;overflow:hidden;
    white-space:nowrap;text-overflow:ellipsis;}
```

第八步，根据H区XHTML结构代码编写CSS样式代码。定义H区bd7层：宽度为960像素、高度为403像素、上边距为10像素、下边距为5像素。上边距、下边距的设置是为了隔开F区和H区。

bd7 区包含两个小区域：bd7lf 层和 bd7ri 层。bd7lf 层设置左浮动、bd7ri 层设置右浮动，一左一右将 bd7 区平均分成两份；bd7lf 层定义盒模型的宽度为 473 像素、高度为 401 像素、1 像素的边框线。bd7ri 层定义盒模型的宽度为 473 像素、高度为 401 像素、1 像素的边框线，最后将 bd7lf 层、bd7ri 层的背景色设置为白色。

bd7lf 层包含 dl.smtit、xnr 层，bd7ri 层包含 dl.smtit、aneew 层，下面介绍它们的子层设置。

dl.smtit 是博客、论坛的标题部分，设置盒模型高度为 44 像素，其背景图片为 a10.jpg，大小为 473*44。dl.bigti 采用一组 <dl>、<dd>、<dt> 标签。<dd> 标签内部是一张图片组成“博客”或“论坛”，设置为左浮动，飘至 dl.bigti 最左侧，调整 <dd> 标签间距以及设置宽度为 90 像素；<dt> 标签存放快速链接，是对“博客”或“论坛”内的信息进行了分类，通过右浮动使其飘至 dl.bigti 最右侧，调整 <dt> 标签间距。<dt> 标签内部为 div 标签，通过上、右间距调整位置（盒模型高度未定义，间距作为该层的高度）、定义宽度为 330 像素，其超链接颜色在页面初始化时已定义。

xnr 层存放博客图片、超链接列表、名人馆，定义宽度为 445 像素、高度为 270 像素、左间距为 26 像素、上间距为 22 像素，至此盒子宽度为 445+26=471 像素、高度为 270+22=292 像素。它内部包含 xnrlf 层、xnrri 层、clear 层、dl.xnrmow 四部分。

- xnrlf 层存放图片和图片标题，定义宽度为 178 像素、左浮动，针对 IE 7、IE 6 浏览器设置高度为 257 像素，超出部分隐藏。
- xnrri 层存放列表超链接，定义宽度为 257 像素、左浮动，针对 IE 7、IE 6 浏览器设置高度为 257 像素，超出部分隐藏。
- clear 层依然是清除浮动的作用。
- dl.xnrmow 存放名人馆，定义背景色为 #F0F5FB、1 像素边框线、宽度为 420 像素、高度为 26 像素、上间距为 12 像素、上边距为 5 像素、字体颜色为 #FE7501，最后清除浮动。

aneew 层定义左间距为 26 像素，为便于观察，设置背景色为 #99CCCC，它内部包含两个 anei 层，内容完全一样。anei 层定义高度为 143 像素，设置背景色为 #CCFF99，以便于观察。

图 10.29 所示为 H 区博客、论坛区域划分图。

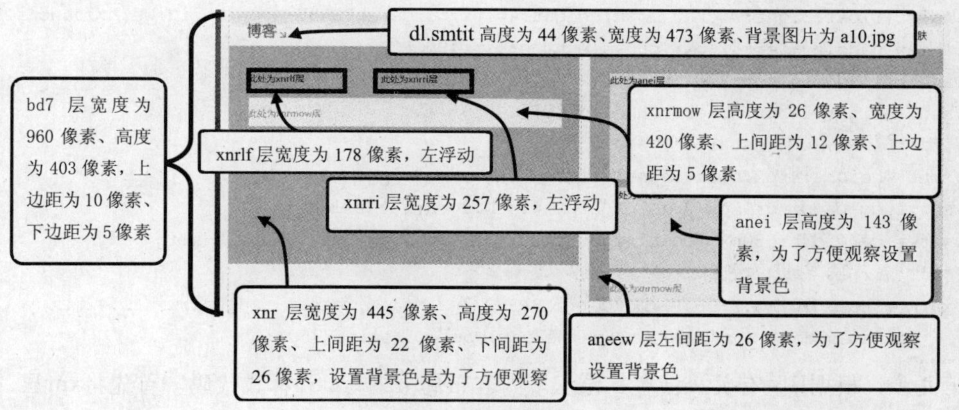

图10.29 H区博客、论坛区域划分

```
XHTML:
<div class="centess1">
   <div class="bd7">
     <div class="bd7lf">
        <dl class="smtit">
           <dd><a><img alt="博客" src="images/a52.gif"/></a></dd>
           <dt><a>时尚榜样</a> | <a>美图大片</a> | <a>名博专栏</a> | <a>潮流热文</a></dt>
        </dl>
        <div class="xnr">
           <div class="xnrlf"> <p>此处为xnrlf层</p> </div>
           <div class="xnrri"> <p>此处为xnrri层</p> </div>
           <div class="clear"></div>
           <div class="xnrmow">此处为xnrmow层</div>
        </div><!-- xnr end-->
```

```
    </div><!-- bd7lf end-->
    <div class="bd7ri">
      <dl class="smtit">
        <dd><a><img alt="论坛" src="images/a53.gif"/></a></dd>
        <dt><a>Shopping归来</a> | <a>二手闲置</a> | <a>搭配日记</a> | <a>美容护肤</a></dt>
      </dl>
      <div class="aneew">
        <div class="aneibd">
          <div class="anei"> <p>此处为anei层</p> </div>
          <div class="anei"> <p>此处为anei层</p> </div>
        </div>
        <div class="xnrmow">此处为xnrmow层</div>
      </div><!-- aneew end-->
    </div><!-- bd7ri end-->
  </div><!-- bd7 end-->
</div>
CSS:
.bd7{width:960px;height:403px;margin:0 auto;margin-top:10px; margin-bottom:5px;}
.bd7lf{float:left;width:473px;height:401px;border:#D6E5F7 1px solid;background:#fff;}
.xnr{width:445px;height:270px;padding:22px 0px 0px 26px; background-color:#99CC99 }
.xnrlf{float:left;width:178px; +height:257px; overflow:hidden; }
.xnrri{float:left;width:257px; +height:257px; overflow:hidden;}
.bd7ri{float:right;width:473px;height:401px;border:#D6E5F7 1px solid;background:#fff;}
.aneew{padding-left:26px; background-color:#99CCCC }
.aneibd{padding-top:22px;height:274px;overflow:hidden;}
.anei{height:143px; background-color:#CCFF99 }
/*****博客、论坛标题start*******/
.smtit{height:44px;background:url(../images/a10.jpg) no-repeat;}
.smtit dd{padding:11px 0px 0px 22px;width:90px;float:left;}
.smtit dt{width:330px;float:right;padding:16px 22px 0px 0px;text-align:right;}
/*****名人馆、热点论坛 start*******/
.xnrmow{background:#F0F5FB;border:#DBDFE2 1px solid;margin-top:5px;width:420px;
    padding-top:12px;height:26px; clear:both;color:#FE7501;}
```

第九步，根据H区有关“博客、论坛”内容布局来编写CSS样式代码。首先将xnr层、aneew层、anei层设置的背景色取消。xnrlf层内存放图片和图片超链接，可以通过<dl>、<dt>、<dd>标签存放，<dt>标签存放图片，图片大小为162*242，通过XHTML属性控制即可；<dd>标签存放一行超链接，手动控制其字数即可。下面将介绍dl.xnrms、xnrlt层、xnrmow层、anei层，博客部分的xnr层将介绍xnrlf层、xnrri层、xnrmow层。xnrlf层刚才已经介绍，xnrri层包含dl.xnrms、xnrlt层。

dl.xnrms定义盒子大小：宽度为240像素、高度为82像素；<dt>标签存放较大文字的新闻标题，定义字体大小为16像素、宽度与dl.xnrms一致、高度为30像素，通过上间距设置将其向下移动，直至比左侧xnrlf层内的图片起始位置低5像素；<dd>标签存放新闻标题的简介部分，设置行高为18像素、高度为35像素，总共显示两行，超出部分隐藏。

xnrlt层盒子宽度为245像素，内部存放八个<dl>相关标签，设置<dl>标签高度为24像素，使其显示一行，超出部分隐藏，针对IE 7、IE 6浏览器设置高度为23像素；<dt>标签存放博客文章的标题，宽度为160像素、左浮动、字体大小为14像素，超出部分隐藏；<dd>标签存放博客文章的发表人，宽度为55像素、右浮动、左间距为4像素，超出部分隐藏。

论坛的anei层包含aneilf层和aneiri层。aneilf层存放论坛最受欢迎的图片和帖子名称；aneiri层存放人们最关注的火爆帖子。

aneilf层定义左浮动、宽度为114像素，内部图片大小为98*98，通过设置内间距和边框线美化图片，鼠标滑过时更改边框线颜色；<dd>标签高度为107像素，存放刚才定义的图片；<dt>标签存放图片标题，定义宽度为102像素、高度为20像素，通过设置居中对齐和显示一行，超出部分隐藏，使文字内容左右留出的空间与图片更加匹配。

aneiri层宽度为305像素、左浮动，与aneilf层并列，它包含sl层和四个<dl>相关标签。sl层存放较大字体文章标题：字体为16号，盒子宽度为320像素、高度为31像素，同样通过上间距使其向下移动，直至比左侧xnrlf层内的图片起始位置低4像素，超出部分隐藏，因字号较大、高度较少，故此处显示一行。<dl>标签存放火爆帖子，设置高度为24像素，且一行显示；<dt>标签存放火爆帖子名称，设置为左浮动，宽度为230像素、字体大小为14像素；<dd>标签是右浮动，与<dt>标签在<dl>标签内一左一右，定义宽度为70像素、字体颜色为#333333，文本对齐方式是右对齐，使其多个<dl>标签内容尾部是纵向对齐的；为<dd>标签中<span>标签（存放“人数”）设置较为明亮的颜色，便于突出。图10.30 所示为博客、论坛具体内容部分。

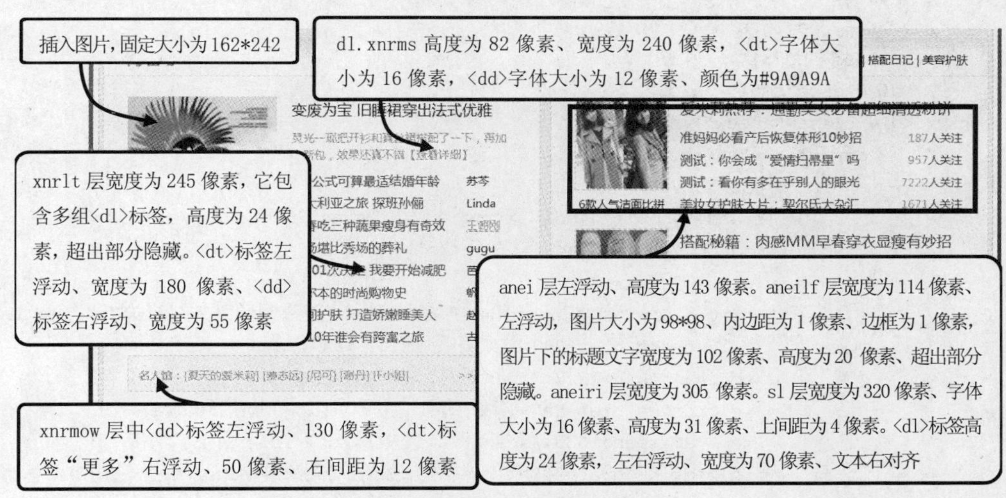

图10.30 博客、论坛具体内容部分

```
XHTML:
<div class="centess1">
   <div class="bd7">
      <div class="bd7lf">
         <dl class="smtit"></dl>
         <div class="xnr">
            <div class="xnrlf">
               <dl class="xbimg"><dd><a><img src="images/21.jpg"/></a></dd>
               <dt><a>吕燕 为高级定制而生</a></dt></dl>
            </div>
            <div class="xnrri">
               <dl class="xnrms">
                  <dt><a>变废为宝 旧睡裙穿出法式优雅</a></dt>
                  <dd>灵光一现把开衫和真丝裙搭配了一下，再加上新包<a>【查看详细】</a></dd>
               </dl>
               <div class="xnrlt">
                  <dl><dt><a href="#">1条公式可算最适结</a></dt><dd><a>苏芩</a></dd></dl>
                  <dl><dt><a href="#">澳大利亚之旅 </a></dt><dd><a>Linda</a></dd></dl>
                  <dl><dt><a href="#">初春吃三种蔬果瘦身</a></dt><dd><a>王朝刚</a></dd></dl>
```

```
                    <dl><dt><a href="#">一场堪比秀场的葬礼</a></dt><dd><a>gugu</a></dd></dl>
                    <dl><dt><a  href="#">第101次决定  我要减肥</a></dt><dd><a>芭莎美容</
a></dd></dl>
                    <dl><dt><a href="#">墨尔本的时尚购物史</a></dt><dd><a>帆勋古鲁</a></dd></dl>
                    <dl><dt><a href="#">夜间护肤 打造娇嫩睡美人</a></dt><dd><a>赵庄</a></dd></dl>
                    <dl><dt><a href="#">2010年谁会有跨富之旅</a></dt><dd><a>古易方</a></dd></dl>
                </div>
            </div>
            <div class="clear"></div>
            <div class="xnrmow">
                <dl><dd><b><a>名人馆：</a></b><a>[夏天的爱米莉]</a> <a>[费志远]</a> <a>[尼可]
    </a> <a>[谢丹]</a> <a>[F小姐]</a></dd><dt class="hs"><a>>>更多</a></dt></dl>
            </div>
        </div><!-- xnr end-->
    </div><!-- bd7lf end-->
    <div class="bd7ri">
        <dl class="smtit"></dl>
        <div class="aneew">
            <div class="aneibd">
                <div class="anei">
                    <dl class="aneilf"><dd><a><img src="images/23.jpg"/></a></dd>
                    <dt><a>皮裤靴子欧美风秀</a></dt></dl>
                    <div class="aneiri">
                        <div class="sl"><a href="#">搭配秘籍：肉感MM早春穿衣显瘦有妙招</a></div>
                        <dl><dt><a href="#">法式美甲海量工具</a></dt>
                        <dd><a><span>1227</span></a>人关注</dd></dl>
                        <dl><dt><a href="#">必败：办公室OL分享10款好肤色彩妆</a></dt>
                        <dd><a><span>1530</span></a>人关注</dd></dl>
                        <dl><dt><a href="#">晒日常搭配 应季必备花朵裙</a></dt>
                        <dd><a><span>2285</span></a>人关注</dd></dl>
                        <dl><dt><a href="#">16款美裙 初春秀迷人美腿</a></dt>
                        <dd><a><span>2226</span></a>人关注</dd></dl>
                    </div>
                </div>
                <div class="anei">
                    <dl class="aneilf"><dd><a><img src="images/23.jpg"/></a></dd>
                    <dt><a>皮裤靴子欧美风秀</a></dt></dl>
                    <div class="aneiri">
                        <div class="sl"><a href="#">搭配秘籍：肉感MM早春穿衣显瘦有妙招</a></div>
                        <dl><dt><a href="#">法式美甲海量工具</a></dt>
                        <dd><a><span>1227</span></a>人关注</dd></dl>
                        <dl><dt><a href="#">必败：办公室OL分享10款好肤色彩妆</a></dt>
                        <dd><a><span>1530</span></a>人关注</dd></dl>
                        <dl><dt><a href="#">晒日常搭配 应季必备花朵裙</a></dt>
                        <dd><a><span>2285</span></a>人关注</dd></dl>
                        <dl><dt><a href="#">16款美裙 初春秀迷人美腿</a></dt>
                        <dd><a><span>2226</span></a>人关注</dd></dl>
                    </div>
                </div>
            </div>
```

```
            <div class="xnrmow">此处为xnrmow层</div>
          </div><!-- aneew end-->
        </div><!-- bd7ri end-->
      </div><!-- bd7 end-->
    </div>
    CSS:
    .xnr,.aneew,.anei{background:none;}
    /*****博客内右侧顶部 标题start*******/
    .xnrms{height:82px;width:240px;}
    .xnrms dt{height:30px;font-size:16px;font-family:"微软雅黑","黑体";padding-top:5px;
        width:240px;overflow:hidden;white-space:nowrap;text-overflow:ellipsis;}
    .xnrms dd{line-height:18px;color:#9A9A9A;height:35px;overflow:hidden;}
    /*****博客内右侧列表 start*******/
    .xnrlt{width:245px;}
    .xnrlt dl{height:24px; +height:23px;overflow:hidden;}
    .xnrlt dt{float:left;width:180px;overflow:hidden;white-space:nowrap;text-
overflow:ellipsis;font-size:14px;}
    .xnrlt dd{width:55px;float:right;padding-left:4px;overflow:hidden;
        white-space:nowrap;text-overflow:ellipsis;}
    /*****热点论坛 start*******/
    .xnrmow{}
    .xnrmow dd{float:left;width:330px;padding-left:12px;}
    .xnrmow dt{float:right;width:50px;padding-right:12px;}
    /*****论坛内大图和图片标题 start*******/
    .aneilf{float:left;width:114px;}
    .aneilf img{width:98px;height:98px;border:#E1E1E1 1px solid;padding:1px;}
    .aneilf a:hover img{border:#fe7302 1px solid;}
    .aneilf dd{height:107px;}
    .aneilf dt{width:102px;text-align:center;overflow:hidden;height:20px;}
    /*****论坛内右侧列表 start*******/
    .aneiri{float:left;width:320px;}
    .aneiri div{font-size:16px;font-family:"微软雅黑","黑体";height:31px;padding-top:4px;
        width:320px;overflow:hidden;white-space:nowrap;text-overflow:ellipsis;}
    .aneiri{width:305px;}
    .aneiri dl{height:24px;overflow:hidden;}
    .aneiri dt{float:left;width:230px;overflow:hidden;white-space:nowrap;text-
overflow:ellipsis;font-size:14px;}
    .aneiri dd{width:70px;float:right;padding-left:4px;overflow:hidden;
        white-space:nowrap;text-overflow:ellipsis;color:#333333;text-align:right;}
    .aneiri span{color:#FF7300;}
```

第十步，F区定义bd1层盒子，宽度为957像素、高度为590像素、1像素的边框线，背景图片为a9.gif，并调整其位置，通过上边距调整与E区的距离，设置为相对定位，为子元素设置绝对定位作参考。因为F区内有一个子元素要跳出当前空间，占用上方E区空间，故此处定义E区高度为52像素，设置背景图片为a6.gif、文本居中对齐，内部只是存放几个文字内容，具体编写E区时更换内容。

bd1层包含两个小区域：bd1ri层、bd1lf层。bd1ri层存放右侧内容，但编写XHTML结构时首先编写bd1ri层结构，再编写bd1lf层结构，这样浏览器解析时首先解析重要的bd1ri层内容，接着解析比较重要的bd1lf层内容。bd1ri层盒子宽度为630像素、高度为710像素，设置为绝对定位、偏移至

bd1层右侧（right：0px；）；bd1lf层盒子宽度为370像素、高度为770像素，设置为绝对定位，未定义偏移值，故以left：0为准，top值为负数，跳出bd1层区域，为内部图片效果“破局”做好了布局。

bd1ri层包含两个小区域：bd1ce层和bd1rs层。bd1ce层存放今日焦点的众多信息，其盒模型如下设置：宽度为353像素、上间距为2像素、左浮动。bd1rs层存放广告、免费产品试用以及真人评测，其盒模型如下设置：宽度为270像素、右浮动。bd1ce层和bd1rs层将bd1ri层分成了左右两份，最后通过添加背景色进行观察效果。

bd1ce层包含dl.bd1jds、bdtt层、ul.bdttli、bdtt层、ul.bdttli、ttceti层、dl.ttcenr、ttceti层、dl.ttcenr、ul.bd1ced；bd1rs层包含db1rd层、ul.db1rdw、bd1rdbb层；bd1lf层包含foc层、bd1lfx层。

- dl.bd1jds存放今日焦点图片和相关文字，定义高度为38像素、下边距为4像素，通过1像素下边框线表示该区域的结束，为观察效果，设置背景色为#9966CC。
- bdtt层存放最受关注的文章，定义宽度为340像素、高度为33像素，内部只有一条文章标题，故标题文字要设置较大号字体，故设置为20像素。通过上间距调整与dl.bd1jds距离，文本居中对齐。
- ul.bdttli存放四条小新闻，使用了<ul>相关标签，定义高度为50像素、左间距为6像素、超出部分隐藏。
- ttceti 层存放一张图片 fashion，设置高度为 12 像素、上间距为 8 像素、上边距为 8 像素、超出部分隐藏。
- dl.ttcenr 存放图片和新闻列表，盒边框宽度为 355 像素、高度为 110 像素，为观察效果，设置背景色为 #666633。
- ul.bd1ced存放四条小新闻，使用了<ul>相关标签，定义宽度为337像素、高度为47像素、左间距为8像素、上间距为8像素，不同于ul.bdttli，它还通过1像素的边框线将其四条小新闻包围起来，为观察效果，设置背景色为#99CC66。
- db1rd层存放一张flash广告，定义高度为158像素、1像素边框线，通过上边距、左间距调整内部flash广告位置。
- ul.db1rdw存放六条广告产品新闻，使用了<ul>相关标签，定义宽度为265像素、高度为66像素，通过设置左间距为4像素、上间距为6像素，调整与db1rd层广告位置以及自身位置。
- bd1rdbb 层存放真人评测、免费试用，只是通过上边距以及四个方向的间距调整内部元素位置，它里面包含的真人评测、免费试用是结构比较复杂的部分。为观察效果，设置背景色为 #EDF6FD。
- foc 层存放一张特大焦点图片，未定义 CSS 属性，控制图片大小即可。
- bd1lfx层存放一张广告图片，设置左间距为6像素，为观察效果，设置背景色为#99CC66。bd1lfx层包含bd1lfc层，它里面有广告图片，针对bd1lfx层设置背景图片为n8.gif，定义盒模型宽度为283像素、高度为135像素；首先通过左间距、上间距、上边距来决定内部图片存放位置，接着通过1像素边框线修饰该层。

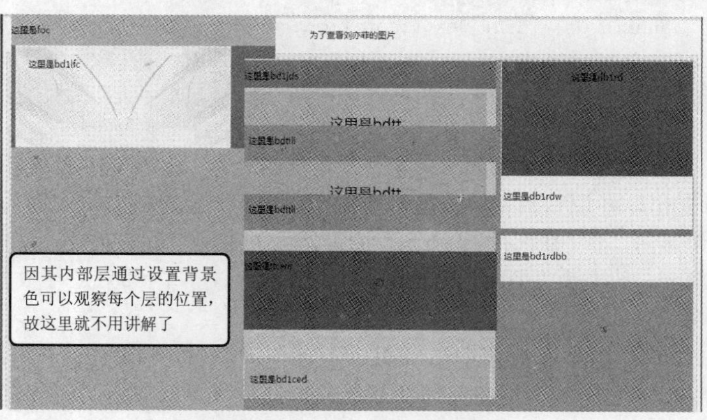

图10.31　F区头部区域划分

图 10.31 所示为 F 区头部区域划分。

```
XHTML:
<div class="search">为了查看刘亦菲的图片</div>
<div class="centess1">
   <div class="bd1">
      <div class="bd1ri">
         <div class="bd1ce">
            <dl class="bd1jds"><p>这里是bd1jds</p></dl>
            <div class="bdtt"><p>这里是bdtt</p></div>
            <ul class="bdttli"><p>这里是bdttli</p></ul>
            <div class="bdtt"><p>这里是bdtt</p></div>
            <ul class="bdttli"><p>这里是bdttli</p></ul>
            <div class="ttceti"><p>这里是ttceti</p></div>
            <dl class="ttcenr"><p>这里是ttcenr</p></dl>
            <div class="ttceti"><p>这里是ttceti</p></div>
            <dl class="ttcenr"><p>这里是ttcenr</p></dl>
            <ul class="bd1ced"><p>这里是bd1ced</p></ul>
         </div>
         <div class="bd1rs">
            <div class="db1rd"><p>这里是db1rd</p></div>
            <ul class="db1rdw"><p>这里是db1rdw</p></ul>
            <div class="bd1rdbb"><p>这里是bd1rdbb</p></div>
         </div>
      </div>
      <div class="bd1lf">
         <div class="foc"><p>这里是foc</p></div>
         <div class="bd1lfx">
            <div class="bd1lfc"><p>这里是bd1lfc</p></div>
         </div>
      </div>
   </div>
</div>
CSS:
.search{height:52px; background:url("../images/a6.gif") repeat-x scroll center top;
     text-align:center; line-height:52px;}
.bd1{width:957px;padding:1px;border:#d8e5f6 1px solid;margin:0 auto;margin-top:5px;
     height:590px;background:#fff url(../images/a9.gif) repeat-x bottom;
     position:relative;z-index:40;padding-right:0px;}
.bd1ri{width:630px;height:710px;position:absolute;right:0px;z-index:30; background-
color:#9999CC}
.bd1ce{width:353px;float:left;padding-top:2px; background-color:#FFCCCC}
.bd1rs{width:270px;float:right;overflow:hidden; background-color:#669933}
.bd1lf{width:370px;height:770px;position:absolute;z-index:20;top:-59px; background-
color:#66CCCC}
.bd1lfx{padding-left:6px; background-color:#996699}
.bd1lfc{border:#CBDCEA 1px solid;background:url(../images/n8.gif) no-repeat left
top;height:135px;
     width:283px;margin-top:10px;overflow:hidden;padding-left:17px;padding-top:4px;}
.bd1jds{height:38px;border-bottom:#dedee0 1px solid;overflow:hidden;margin-bottom:4px;
     background-color:#9966CC}
.bdtt{height:33px;font-size:20px;font-family:"微软雅黑","黑体";padding-top:13px;text-
```

```
align:center;
      width:340px;overflow:hidden;white-space:nowrap;text-overflow:ellipsis;
      line-height:21px; background:#66CCCC}
   .bdttli{padding-left:6px;height:50px;overflow:hidden; background-color:#999999}
   .ttceti{height:12px;padding-top:8px;margin-top:8px;overflow:hidden; background-
color:#FFCC66}
   .ttcenr{height:110px;width:355px;overflow:hidden; background-color:#666633}
   .bd1ced{padding-left:8px;height:47px;overflow:hidden;border:#ECECEC 1px solid;margin-
top:10px;
      padding-top:8px;width:337px; background-color:#99CC66}
   .db1rd{border:#ecf3fb 1px solid;margin-top:1px;height:158px;background:#ecf3fb;t
      ext-align:center;padding-left:1px;  background-color:#CC0000}
   .db1rdw{background:#EDF6FD;padding-top:6px;height:66px;padding-left:4px;
      width:265px;overflow:hidden;}
   .bd1rdbb{background:#EDF6FD;margin-top:10px;padding:7px 4px 15px 5px;}
```

第十一步，根据F区头部具体内容部分来编写CSS样式代码。首先将上一步为观察每个区域的背景色取消掉，即.bd1ri、.bd1ce、.bd1rs、.bd1lf、.bd1lfx、.bd1jds、.bdtt、.bdttli、.ttceti、.ttcenr、.bd1ced、.db1rd，现在分别编写各个区域内容。

dl.bd1jds“今日焦点”及层内文字，内部 <dt> 标签存放图片，设置图片左浮动，通过上间距调整其位置；<dd> 标签存放“今日最佳运势：巨蟹座”，设置右浮动，使其在 dl.bd1jds 最右侧，通过上间距、左间距调整其位置。

浏览器效果——中间部分

bdtt层存放最受关注的文章，加入一条超链接文章“气质名媛式盘发 我们就要高贵范儿”即可，该层大小已定义。

ul.bdttli存放四条小新闻，内部使用四个<li>标签，定义盒模型宽度为162像素、高度为24像素，首先设置背景图片为ax2.gif、调整其位置、不平铺，通过设置左边距存放背景图片；接着将<li>标签左浮动，使其在ul.bdttli内横向显示两条小新闻。

接着将bdtt层、ul.bdttli代码复制一下，并更改内部超链接文字内容，成为“新文章”和“小新闻”。

ttceti层存放一张图片文字fashion，放入图片a15_.gif；图片文字beauty，放入图片a15_1.gif，图片宽度为52像素、高度为10像素。

dl.ttcenr存放图片和新闻列表，<dd>标签存放图像，设置为左浮动、宽度为112像素，通过上间距调整与ttceti层的距离，内部图片大小为98*98，通过XHTML标签属性控制，鼠标滑过时更改边框颜色；<dt>标签存放超链接，首先定义它的存放空间：宽度为238像素、左浮动、上间距为7像素、超出部分隐藏。<dt>标签内部包含sl层和ul.hs1。sl层存放较大新闻标题，字体大小设置为16像素、宽度为237像素、高度为30像素，超出部分隐藏，使其显示一条新闻；ul.hs1包含三条小新闻，首先设置宽度为237像素、高度为24像素，字号比sl层小2号，接着为其定义小图标ax2.gif，调整其位置，并设置左间距。

ul.bd1ced存放四条小新闻，使用<li>子标签，它的外观就比ul.bdttli多了一条边框修饰，设置内部<li>标签宽度为155像素、高度为24像素。设置ax2.gif背景小图标，并调整其位置。接着设置左间距，将其文字内容向后移动，使其文字不压住图标。

浏览器效果——右侧部分

db1rd层存放一张flash广告，其层大小已经定义过，内部插入的flash图片大小为265*150即可。

ul.db1rdw存放六条广告产品新闻，内部包含六个<li>标签，首先设置宽度为119像素，通过左浮动使其一行内显示两条，共显示三行；高度为22像素，接着设置ax2.gif背景图片、不平铺、调整图片位置，通过左间距存放背景图片。

bd1rdbb 层存放真人评测、免费试用。真人评测 bd1rb1 层，首先定义该盒模型的空间：高度为 188 像素、背景色为白色，通过 1 像素边框线表明该空间的位置。bd1rb1 层包含三部分：dl.bd1rbt、dl.bd1rszy、ul.bd1rsliv。免费试用 bd1rb2 层，首先定义该盒模型的空间：高度为 118 像素、背景色为白色，通过 1 像素边框线表明该空间的位置。bd1rb2 层包含两部分：dl.bd1rbt、dl.bd1rblr。

- dl.bd1rbt 存放图片“真人评测”和文字“更多”，通过内间距调整与边框线之间的位置、定义高度为 36 像素；其中 <dt> 标签存放图片“真人评测”，设置为左浮动，图片大小为 63*17；<dd> 标签存放文字“更多”，设置为右浮动，通过设置上间距将其下压 2 像素，这样其顶部位置比“真人评测”图片要低。“免费试用”中的 dl.bd1rbt 也用这个，改变文字内容即可。

dl.bd1rszy 内存放左侧图片和右侧文章简介。定义其盒模型空间高度为 93 像素、超出部分隐藏。内部 <dt> 标签为左侧图片，设置为左浮动、宽度为 94 像素，调整左间距，其图片宽度、高度都是 80 像素，通过内间距、边框属性修饰该图片，鼠标滑过时改变边框颜色。<dd> 标签为右侧帖子标签和简介，设置为左浮动、宽度为 147 像素，通过行高将其简介文字实现纵向间隔，颜色设置为 #999999，内部包含的 <span> 标签存放帖子名称，转换为块元素，并设置高度和上间距。

- ul.bd1rsliv 存放两条新闻超链接，为其<li>标签设置行高为20像素、n4.gif背景小图标，通过设置左间距存放图片位置。

dl.bd1rblr内存放左侧图片和右侧的三条帖子，内部<dt>标签为左侧图片，设置为左浮动、宽度为66像素，调整左间距，其图片宽度、高度都是58像素，通过内间距、边框属性修饰该图片，鼠标滑过时改变边框颜色。<dd>标签为右侧三条帖子，它内部使用了<ul>、<li>相关标签，设置行高为22像素，以便调整帖子之间的距离，此处有的字体颜色是红色，这里是编辑人员通过后台编辑器编辑的，而非我们添加超链接class名设置。

浏览器效果——左侧部分

foc层存放一张特大焦点图片，插入刘亦菲的照片，其图片大小为370*490，无须任何设置，其原因在于bd1lf层设置为绝对定位，其top为-59像素，破开bd1层和centess1层，进入search层中。

bd1lfc 层放入图片 8.jpg，通过 CSS 控制其宽度为 265 像素、高度为 130 像素。图 10.32 所示为 F 区头部具体内容。

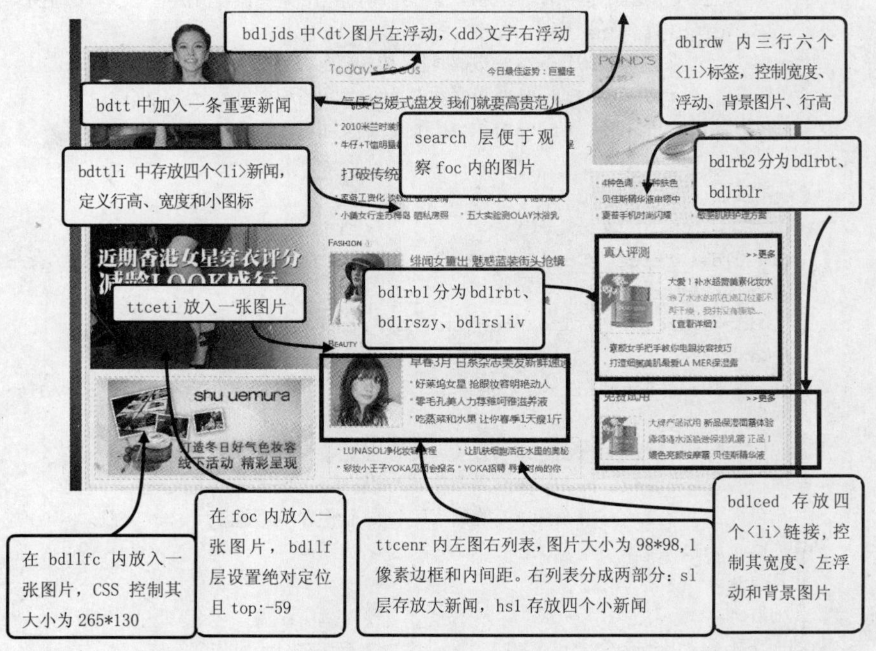

图10.32 F区头部具体内容

```
XHTML:
<div class="search">为了查看刘亦菲的图片</div>
<div class="centess1">
   <div class="bd1">
      <div class="bd1ri">
         <div class="bd1ce">
            <dl class="bd1jds"><dt><a href="#"><img alt="Focus" src="images/tds_.
gif"/></a></dt>
               <dd><a href="#">今日最佳运势：巨蟹座</a></dd>
            </dl>
            <div class="bdtt"><a href="#">气质名媛式盘发 我们就要高贵范儿</a></div>
            <ul class="bdttli">
               <li><a href="#">2010米兰时装周 Fendi秀</a></li>
               <li><a href="#">正确照顾 呵护T区水油平衡</a></li>
               <li><a href="#">牛仔+T恤明星教你穿出曲线</a></li>
               <li><a href="#">2010春夏男装鞋履异彩纷呈</a></li>
            </ul>
            <div class="bdtt"><a href="#">打破传统 女星蕾丝装这样穿才过瘾</a></div>
            <ul class="bdttli">
               <li><a href="#">家务工资化 谈钱还是谈感情</a></li>
               <li><a href="#">Twitter上K人气 他们最火</a></li>
               <li><a href="#">小美女行走苏梅岛 晒私房照 </a></li>
               <li><a href="#">五大实验测OLAY沐浴乳</a></li>
            </ul>
            <div class="ttceti"><a href="#"><img alt="Fashion" src="images/a15_.gif"/></
a></div>
            <dl class="ttcenr">
               <dd><a href="#"><img src="images/1.jpg"/></a></dd>
               <dt>
                  <div class="sl"><a href="#">绯闻女重出 魅惑蓝装街头抢镜</a></div>
                  <ul class="hs1">
                     <li><a href="#">数码时代 炫彩潮衣入手指南</a></li>
                     <li><a href="#">可爱女人必修经 巧搭配秀甜美</a></li>
                     <li><a href="#">约会抢眼装 熟女甜蜜小心机</a></li>
                  </ul>
               </dt>
            </dl>
            <div class="ttceti"><a href="#"><img  src="images/a15_1.gif"/></a</div>
            <dl class="ttcenr">
               <dd><a href="#"><img src="images/2.jpg"/></a></dd>
               <dt>
                  <div class="sl"><a href="#">早春3月 日系杂志美发新鲜速递</a></div>
                  <ul class="hs1">
                     <li><a href="#">好莱坞女星 抢眼妆容明艳动人</a></li>
                     <li><a href="#">零毛孔美人力荐雅呵雅滋养液</a></li>
                     <li><a href="#">吃蒸菜和水果 让你春季1天瘦1斤</a></li>
                  </ul>
               </dt>
            </dl>
            <ul class="bd1ced">
```

```
            <li><a href="#">LUNASOL净化妆容教程</a></li>
            <li><a href="#">让肌肤细胞活在水里的奥秘</a></li>
            <li><a href="#">彩妆小王子YOKA见面会报名</a></li>
            <li><a href="#">YOKA招聘 寻找时尚的你</a></li>
          </ul>
        </div>
        <div class="bd1rs">
          <div class="db1rd"><a href="#"><img src="images/9.jpg" height="150" /></a></div>
          <ul class="db1rdw">
            <li><a href="#">4种色调，15种肤色</a></li>
            <li><a href="#">我的时尚 我的速迈</a></li>
            <li><a href="#">贝佳斯精华液申领中</a></li>
            <li><a href="#">kipling时尚之旅</a></li>
            <li><a href="#">夏普手机时尚闪耀</a></li>
            <li><a href="#">敏感肌肤护理方案</a></li>
          </ul>
          <div class="bd1rdbb">
            <div class="bd1rb1">
              <dl class="bd1rbt">
                  <dt><a href="#"><img src="images/n2.gif"/></a></dt><dd><a>>>更多</
a></dd>
              </dl>
              <dl class="bd1rszy">
                  <dt><a href="#"><img src="images/10.jpg"/></a></dt>
                  <dd><span><a href="#">大爱！补水超赞美素化妆水</a></span>涂了水水的爪在
虎口位置不再干燥，我并没有擦锁…<a href="#">【查看详细】</a>
                </dd>
              </dl>
              <ul class="bd1rsliv">
                  <li><a title="#" href="#">素颜女手把手教你电眼妆容技巧</a></li>
                  <li><a title="#" href="#">打造细腻美肌最爱LA MER保湿露</a></li>
              </ul>
            </div><!--bd1rb1-->
            <div class="bd1rb2">
              <!——bd1rb2内部XHTML代码与bd1rb1一致——>
            </div><!--bd1rb2-->
          </div>
        </div>
      </div>
      <div class="bd1lf">
        <div class="foc"><a href="#"><img src="images/12.jpg"/></a></div>
        <div class="bd1lfx">
          <div class="bd1lfc"><a href="#"><img src="images/8.jpg"/></a></div>
        </div>
      </div>
    </div>
  </div>
  CSS:
  .bd1ri,.bd1ce,.bd1rs,.bd1lf,.bd1lfx,.bd1jds,.bdtt,.bdttli,.ttceti,.ttcenr,.bd1ced,.
db1rd{background:none;}
```

```
/**today foces start***/
.bdljds{height:38px;border-bottom:#dedee0 1px solid;overflow:hidden;margin-bottom:4px;}
.bdljds dt{float:left;padding-top:13px;}
.bdljds dd{float:right;padding-top:15px;padding-right:14px;color:#838383;text-
align:right;}
/**最大的新闻标题下方的四个小链接 start***/
.bdttli li{width:162px;height:24px;padding-left:11px;float:left;
    background:url(../images/ax2.gif) no-repeat 3px 6px;}
/**fashicn和betuty start***/
.ttcenr{height:110px;width:355px;overflow:hidden;}
.ttcenr img{width:98px;height:98px;padding:1px;background:#fff;border:#e0e0e0 1px
solid;}
.ttcenr a:hover img{border:#fe7302 1px solid;}
.ttcenr dd{float:left;width:112px;padding-top:5px;}
.ttcenr dt{float:left;width:238px;padding-top:7px;overflow:hidden;}
.ttcenr dt li{height:24px;font-size:14px;width:237px;}
.ttcenr dt div{font-family:"微软雅黑","黑体";font-size:16px;height:30px;width:237px;
    overflow:hidden;white-space:nowrap;text-overflow:ellipsis;}
.ttcenr li{background:url(../images/ax2.gif) no-repeat 0px 6px;padding-left:7px;}
/**fashion和betuty 下方的四个小链接 start*/
.bdlced li{width:155px;height:24px;padding-left:11px;float:left;
    background:url(../images/ax2.gif) no-repeat 3px 6px;}
/**右侧图片下方的六个小链接 start*/
.dblrdw li{width:119px;float:left;background:url(../images/ax2.gif) no-repeat 4px 8px;
    padding-left:12px;height:22px;}
/**右侧真人评测 start*/
.bdlrbl{background:#fff;border:#CDDDEB 1px solid;height:188px;overflow:hidden;}
.bdlrbt{padding-top:11px;height:36px;padding-left:12px;padding-right:10px;}
.bdlrbt dt{float:left;}
.bdlrbt dd{float:right;padding-top:2px;}
.bdlrszy{height:93px;overflow:hidden;}
.bdlrszy dt{float:left;padding-left:7px;width:94px;}
.bdlrszy img{border:#E0E0E0 1px solid;padding:1px;width:80px;height:80px;}
.bdlrszy a:hover img{border:#fe7302 1px solid;}
.bdlrszy dd{float:left;width:147px;line-height:18px;color:#999999;}
.bdlrszy dd span{display:block;height:22px;padding-top:3px;}
.bdlrsliv li{line-height:20px;background:url(../images/n4.gif) no-repeat 13px
10px;padding-left:20px;}
/**右侧免费试用 start*/
.bdlrb2{background:#fff;border:#CDDDEB 1px solid;height:118px;margin-top:6px;}
.bdlrblr dt{float:left;padding-left:8px;width:66px;}
.bdlrblr img{border:#E0E0E0 1px solid;width:56px;height:56px;padding:1px;}
.bdlrblr a:hover img{border:#fe7302 1px solid;}
.bdlrblr li{height:22px;}
/**左侧广告图片 start*/
.bdllfc img{border:none ; width: 265px; height: 130px;}
```

第11章 休闲旅游类网站的结构与布局——CSS定位

CSS 包含两种最常用的布局方式：浮动式布局和定位式布局。其中浮动式布局比较灵活，但是这种灵活性也容易导致网页发生错位。大多数网站发生错位现象都是由于浮动式布局产生的。而定位式布局比较精确，可以准确定位元素在网页中的显示位置，但是又缺乏灵活性。

CSS 定位式布局的方式也比较多，如相对定位、绝对定位和固定定位等。其中相对定位、绝对定位使用场合较多。相对定位用于网页布局中精确定位于某一像素，绝对定位可用于突破网页默认布局方式，实现元素的任意定位。本章将围绕 CSS 定位技术展开详细的讲解，并结合经典案例帮助读者掌握 CSS 定位的应用技巧。

11.1 CSS定位方法

CSS 定位的方法包括四种：流动定位、相对定位、绝对定位和固定定位。

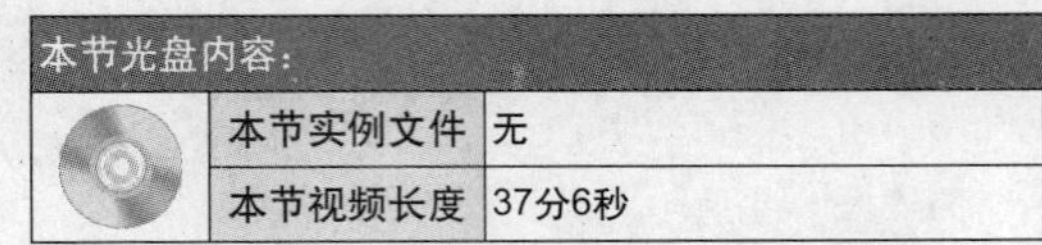

本节光盘内容：	
本节实例文件	无
本节视频长度	37分6秒

流动定位是元素默认的定位方式，这里就不再重复说明，而固定定位存在兼容问题，应用机会比较少，本节将针对网页布局中使用频率最高的相对定位和绝对定位进行讲解，同时也对浮动定位方法展开详细介绍。

11.1.1 浮动定位

视频路径：视频文件\files\11.1.1.swf | 实例文件：实例文件\11\基础示例\浮动定位.html、浮动定位1.html

在学习浮动定位之前，读者需要了解一下什么是文档流。

文档流，就是网页元素的显示方式，文档元素一般都是从左到右、从上到下依次显示，浏览器在解析时也是按着这个顺序执行。对于 XHTML 结构的网页，body 元素下的任何元素，根据其前后顺序组成网页的 DOM 结构，网页根据 DOM 结构解析网页内容。

XHTML 的结构在显示时是无法改变的，不过通过浮动式布局和定位式布局打破普通文档流，改变页面 DOM 元素的显示位置，实现在视觉效果上重组 DOM 结构。

当元素浮动显示后，会飘离普通文档流，此时的元素犹如氢气球，随风飘动。浮动显示有三种方式：向左、向右、不浮动，分别对应了 float 的三种属性。

- float:left; 脱离普通文档流，对象向左浮动。
- float:right; 脱离普通文档流，对象向右浮动。
- float:none; 将浮动对象转换为普通文档流。

例如，在下面实例中，通过图片左右浮动，实现图片文字左右环绕。设置不浮动，显示浏览器默认状态下处理图片与段落文字效果。

```
<html><head>
<style type="text/css">
  div{
    width:500px;                          /* 设置存放文字、图片的父元素宽度 */
    margin:0 auto;                        /* 设置居中对齐 */
    font-size:12px;                       /* 设置文字大小 */
    line-height:22px;                     /* 设置文字行高 */
  }
  p{
    text-align:left;                      /* 段落文字左对齐 */
    text-indent:2em;                      /* 首行文字缩进两个文字大小 */
  }
  img{
    padding:5px 10px;                     /* 图片的内间距，与段落文字拉开距离 */
    float:left;                           /* 设置图片左浮动，观察文字 */
    width:120px;                          /* 设置图片的大小 */
    height:100px;                         /* 设置图片的大小*/
  }
  .fl img{
    float:left;                           /* 通过class名控制图片左浮动*/
```

```
    }
    .fr img{
        float:right;                              /* 通过class名控制图片右浮动 */
    }
    .fn img{
        float:none;                               /* 转换为默认显示方式 */
    }
</style>
</head><body>
<div class="fl">
        <img src="img/g1.jpg" />
        <p>所谓网站（Website），就是指在网际网路（因特网）上，根据一定的规则，使用HTML等工具制作的用于展示特定内容的相关网页的集合。简单地说，网站是一种通讯工具，就像布告栏一样，人们可以通过网站来发布自己想要公开的资讯（信息），或者利用网站来提供相关的网路服务（网络服务）。人们可以通过网页浏览器来访问网站，获取自己需要的资讯（信息）或者享受网路服务。
        </p>
</div>
<div class="fr">
        <img src="img/g1.jpg" />
        <p>所谓网站（Website），就是指在网际网路（因特网）上，根据一定的规则，使用HTML等工具制作的用于展示特定内容的相关网页的集合。简单地说，网站是一种通讯工具，就像布告栏一样，人们可以通过网站来发布自己想要公开的资讯（信息），或者利用网站来提供相关的网路服务（网络服务）。人们可以通过网页浏览器来访问网站，获取自己需要的资讯（信息）或者享受网路服务。
        </p>
</div>
<div class="fr fn">
        <img src="img/g1.jpg"/>
        <p>所谓网站（Website），就是指在网际网路（因特网）上，根据一定的规则，使用HTML等工具制作的用于展示特定内容的相关网页的集合。简单地说，网站是一种通讯工具，就像布告栏一样，人们可以通过网站来发布自己想要公开的资讯（信息），或者利用网站来提供相关的网路服务（网络服务）。人们可以通过网页浏览器来访问网站，获取自己需要的资讯（信息）或者享受网路服务。
        </p>
</div>
</body></html>
```

页面演示效果如图 11.1 所示。

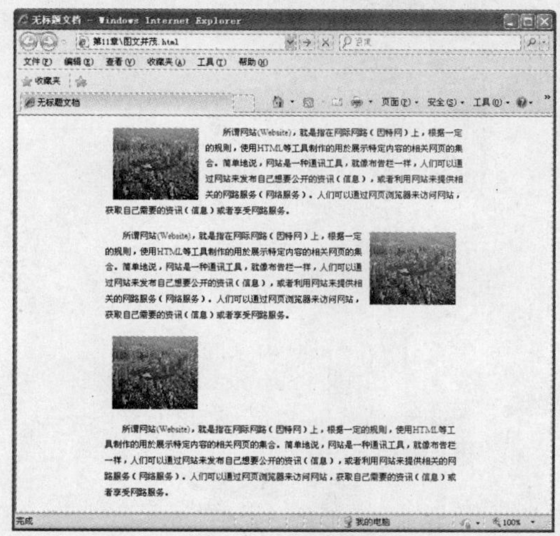

图11.1 float的三种属性

在上面实例中，首先定义了图片与段落文字内容包含块的大小，并设置字体大小为 12 像素、行高为 22 像素、居中显示；按照阅读习惯，定义段落文字左对齐、首行缩进两个文字大小的空间，使用相对单位。定义图片的大小，设置内间距并初始化浮动方式为左浮动。在浏览器中第一个图片与文字形成图片左环绕效果，即图片在左侧，段落文字在右边包围图片，段落文字最后一行在浮动元素下方继续显示，实现文字环绕效果。此处设置的是图片的内间距而非段落内间距。

原因在于，图片浮动虽占据左边空间，却浮动脱离文档流，段落起始位置在文档流左上角位置，读者可以通过将图片内间距转变为段落内间距测试，即：

```
div{border:1px solid #ff7300;}
p{text-align:left; text-indent:2em; padding:5px 10px;}
img{float:left; width:120px; height:100px;}
```

定义边框线便于观察 <p> 标签内间距所处于的位置、段落文字与边框线之间的距离，此处段落内间距起始于父元素的左边，而非起始于图片后面，图片脱离文档流，因而段落的开始位置是父元素的最左边。

设置浮动的第二种情况，图片右浮动，即浏览器中第二张图片和段落文字的效果；第三种情况是图片不浮动，通过新class名，将默认图片左浮动，转换为普通文档流，即默认不设置浮动时的效果，图片在上，段落为块级元素，独立占据一行。

浮动的特性如下。

- 浮动元素能实现同行并列效果，通过这个特性实现页面布局效果。例如 A、B、C 三个盒子同时设置浮动，则 A、B、C 三个盒子可同行并列。
- 多个元素浮动时，浮动元素根据父元素的宽度灵活调整位置，最终漂浮至父元素左侧或右侧。当浮动元素定义大小，缩小浏览器时，浏览器内部大小小于父元素，即子元素宽度之和大于父元素宽度，发生“错位”现象（前提：父元素宽度自适应，即不设置大小）。
- 元素定义浮动后，该元素会收缩至自身体积最小状态。若没有定义大小或没包含子元素，则浮动元素缩成一个点或者不可见；若包含子元素，则浮动元素大小自动扩展包含子元素；若定义大小则以该元素的大小为准。
- 元素定义浮动后，float 的元素拥有块布局能力，相当于被定义了 display:block; 声明，即行内元素的宽度和高度等 CSS 属性都有效。
- 浮动元素脱离普通文档流空间，而浮动元素的定位基于普通文档流，然后从文档流中抽出并尽可能远地移动至左侧或者右侧，文字内容会围绕在浮动元素周围。当一个元素从正常文档流中抽出后，仍然在文档流中的其他元素将忽略该元素并填补它原先的空间。

例如，在下面实例中，将默认纵向显示的九个“演播室”设置浮动，每行显示三个，使用相对定位实现鼠标滑过“演播室”时放大镜效果。

```
<html><head>
<style type="text/css">
body,ul{
    font-family:"宋体";text-align:center;     /* 字体初始化 */
    margin:0; padding:0;font-size:12px;      /* 清除默认间距等设置 */
}
ul{
    list-style:none;                         /* 清除默认列表项的项目符号 */
}
.YBS{
    width:730px;                             /* 设置演播室整体宽度 */
    margin:0 auto;                           /* 居中对齐 */
}
.YBS li{
    width:188px; height:250px;               /* 每个演播室的大小 */
    background:url(img/link.gif) no-repeat 10px 20px;    /* 定义默认演播室的背景 */
    float:left;                              /* 将默认纵向改成横向显示 */
}
.YBS .title2{
    line-height:25px;                        /* 设置演播室标题文字行高 */
```

```
        margin-top:20px;                              /* 设置演播室标题文字上边距 */
    }
    .YBS .tanchu{
        height:69px;                                  /* 设置播放按钮的高度 */
        background:url(img/c1.jpg) 0px center no-repeat;    /* 设置播放按钮的背景图片 */
        width:160px;                                  /* 设置播放按钮的宽度*/
    }
    .YBS .tanchu img{
        margin-top:23px;                              /* 设置播放按钮与背景图片顶端距离 */
    }
    .YBS .neirong{
        margin-top:10px;                              /* 设置播放室的主题内容 */
        line-height:1.5em;                            /* 设置主题内容的行高 */
        letter-spacing:0.2em;                         /* 设置文字间隙，使用相对单位 */
        height:36px;                                  /* 设置主题文字占用的高度 */
        overflow:hidden;                              /* 只显示两行主题文字，多余隐藏 */
    }
    .YBS .neirong br{
      width:0; line-height:0; font-size:0; letter-spacing:0em;    /* 设置换行符不占用空间 */
    }
    #bjtu1{
        background:url(img/c1.jpg) -9px center no-repeat;    /* 设置第一个播放按钮背景图片 */
        height:69px;width:160px;                      /* 设置播放按钮占用空间大小 */
    }
    #bjtu2{
        background:url(img/c2.jpg) -9px center no-repeat;    /* 设置第二个播放按钮背景图片*/
        height:69px;width:160px;                      /* 设置播放按钮占用空间大小*/
    }
    .YBS li.bj-hover{
        background:url(img/hover.gif) no-repeat left top;    /* 设置鼠标滑过播放按钮背景图片 */
        font-size:14px;                               /* 鼠标滑过时文字变大 */
        position:relative;left:-8px;                  /* 鼠标滑过时位置偏移 */
    }
    .YBS li.bj-hover .title2{
        margin-top:15px;                              /* 鼠标滑过时标题文字的上边距 */
    }
    .YBS li.bj-hover .neirong{
        height:37px;                                  /* 鼠标滑过时高度 */
        color:#fff!important;                         /* 鼠标滑过时文字颜色 */
        line-height:1.3em;                            /* 鼠标滑过时主题内容的行高 */
        padding-left:13px;                            /* 鼠标滑过时左间距 */
        overflow:hidden;                              /* 超出部分隐藏 */
    }
    .YBS li.bj-hover #bjtu5{
        background:url(img/d5.jpg) 5px center no-repeat;  /* 鼠标滑过时播放按钮更换背景图片 */
        width:176px;height:77px;                      /* 鼠标滑过时播放按钮占用的空间大小 */
    }
    <!--下面多行结构省略 -->
    </style>
    </head><body>
```

DIV+CSS 网站布局 从入门到精通

```
<ul class="YBS">
    <li>
    <div class="bian1">
        <div class="title2"><strong>第<span class="c11">1</span>直播室</strong></div>
        <div class="tanchu" id="bjtu1"><img src="img/bofang.gif" width="19" height="19"></div>
        <div class="neirong">最新财讯解读<br />大盘实时分析<br />大盘实时分析<br /></div>
    </div>
    </li>
    <!--下面多行结构省略 -->
    <li class="bj-hover">
    <div class="bian5">
        <div class="title2"><strong>第<span class="c11">5</span>直播室</strong></div>
        <div class="tanchu" id="bjtu5"><img src="img/bofang.gif" width="19" height="19"></div>
        <div class="neirong">浦发银行 长江证券<br />国元证券 东北证券</div>
    </div>
    </li>
    <!--下面多行结构省略 -->
    <li>
    <div class="bian9">
        <div class="title2"><strong>第<span class="c11">9</span>直播室</strong></div>
        <div class="tanchu" id="bjtu9"><img src="img/bofang.gif" width="19" height="19"></div>
        <div class="neirong">中联重科 潍柴动力<br />徐工科技 银河动力</div>
    </div>
    </li>
</ul>
</body></html>
```

页面演示效果如图 11.2 和图 11.3 所示。

图11.2 演播室效果

图11.3 未设置父元素宽度时子元素可以实现错位

在上面实例中，通过浮动和定位方式实现了“演播室”设计效果。整个案例的具体操作步骤如下。

第一步，首先初始化设置页面，例如，设置浏览器居中、字体、清除默认间距，并针对要使用的 <ul> 标签清除默认的项目符号。

```
/*页面基本设置<清除默认设置> start*/
body {/* 页面基本属性 */
```

```
        text-align: center; font-family:"宋体";margin:0; padding:0;font-size:12px;
    }
    div{margin:0 auto;}
    ul{margin:0; padding:0; list-style:none;}
```

初始化时设置浏览器居中，故class名为YBS，定义宽度为570像素，一行显示三个“演播室”。设置<li>标签的宽度、高度，并设置“演播室”（<li>标签）的默认背景图片。<li>标签按照浏览器默认解析方式纵向显示，通过左浮动实现横向显示。若不设置最外层块元素的宽度，则效果如图11.3所示，通过浏览器的缩小，每行显示的个数不一致，上图显示五个，继续改变大小时，可以实现纵向排列；而将其设置宽度后，拖动浏览器窗口右下角改变大小时，每行三个“演播室”不会发生“错位”现象。

```
    .YBS{ width:570px; margin:0 auto; }
    .YBS li{width:188px; height:250px; background:url(img/link.gif) no-repeat 10px 20px;
float:left;}
```

第二步，下面几步针对“第几直播室”设置。在上一步中，背景图片没有在 <li> 标签的左上角开始显示，而是从左边 10 像素，顶部 20 像素显示，故此处文字上边距设置为 20 像素，让文字位于背景图片内。通过行高设置实现文字上方背景图片位置与文字下方“演播室”背景图片的间距接近一致。

```
    .YBS .title2{line-height:25px; margin-top:20px;}
```

第三步，插入图片“播放按钮”设置背景图片。class 为 tanchu 子元素，是一个播放按钮，因演播室使用了不一样图片，播放按钮是它们的公共部分，因而将播放按钮作为插入图片。背景图片通过 id 值的不同进行设置。注意，class 为 tanchu 的元素，同时设置 id 和 class 值，而 id 优先级高于 class 值，因而后面这九个演播室显示不同的背景图片。

```
    .YBS .tanchu{height:69px; background:url(img/c1.jpg) 0px center no-repeat; width:160px; }
    #bjtu1{background:url(img/c1.jpg) -9px center no-repeat;height:69px;width:160px; }
    #bjtu2{background:url(img/c2.jpg) -9px center no -repeat;height:69px;width:160px; }
    #bjtu3{background:url(img/c3.jpg) -9px center no-repeat;height:69px;width:160px; }
    <!--下面多行结构省略 -->
    #bjtu9{background:url(img/c9.jpg) -9px center no-repeat;height:69px;width:160px; }
```

第四步，设置“演播室”内容简介。首先内容简介部分与其上的图片进行间隔，设置上间距。要求最多显示两行文字，设置行高为 1.5em，高度为 36 像素，超出两行后隐藏。通过 CSS 的 letter-spacing 属性设置文字之间的间隔，且使用相对单位。相对单位的好处是文字大小改变时，间距也会自动更改，而绝对单位一般用于固定不变的情况下设置，例如，九个演播室最外层的包含元素。换行
 标签的作用是表明不占用空间大小时该如何设置。

```
    .YBS .neirong{margin-top:10px; line-height:1.5em; letter-spacing:0.2em; height:36px;
overflow:hidden;}
    .YBS .neirong br{width:0; line-height:0; font-size:0; letter-spacing:0em;}
```

第五步，至此整个页面效果设置完毕，现在设置鼠标滑过演播室的效果。效果初步定义为当前演播室背景图片变大；内容部分：“第几直播室”文字变大，播放按钮的背景图片变大，演播室主题文字变大并设置成白色。所做的操作与第三步和第四步一致，不同的是 IE 6 浏览器不支持 <a> 标签以外的鼠标滑过效果，故为 <li> 标签添加一个 class 名 bj-hover，通过 JQuery 动态添加该 class 名即可。

```
.YBS li.bj-hover{background:url(img/hover.gif) no-repeat left top; font-size:14px;
position:relative; left:-8px;}
.YBS li.bj-hover .title2{margin-top:15px; }
.YBS li.bj-hover .neirong{ height:37px; color:#fff!important; line-height:1.3em;
padding-left:13px; overflow:hidden;}
.YBS li.bj-hover #bjtu1{background:url(img/d1.jpg) 5px center no-repeat;width:176px;
height:77px;}
.YBS li.bj-hover #bjtu2{background:url(img/d2.jpg) 5px center no-repeat;width:176px;
height:77px;}
.YBS li.bj-hover #bjtu3{background:url(img/d3.jpg) 5px center no-repeat;width:176px;
height:77px;}
.YBS li.bj-hover #bjtu4{background:url(img/d4.jpg) 5px center no-repeat;width:176px;
height:77px;}
.YBS li.bj-hover #bjtu5{background:url(img/d5.jpg) 5px center no-repeat;width:176px;
height:77px;}
<!--下面多行结构省略 -->
.YBS li.bj-hover #bjtu9{background:url(img/d9.jpg) 5px center no-repeat;width:176px;
height:77px;}
```

11.1.2 浮动产生的问题

视频路径：视频文件\files\11.1.2.swf | 实例文件：实例文件\11\基础示例\浮动产生的问题.html~浮动产生的问题3.html

浮动为布局带来了便利，同时因其浏览器支持的不同或者浏览器本身存在的bug，导致浮动定位并不能按照浮动特点显示，尤其是低版本浏览器对CSS属性的支持情况。下面通过三个例子分别介绍由浮动引起的 bug：第一，IE 6 浏览器float产生margin加倍；第二，IE 6浏览器文字“重影”；第三，IE 6浏览器3像素问题。

块级元素通过浮动实现一行内显示多个元素是最常用的方法，但为了调节浮动元素的位置，设置外边距却出现问题。例如设置左浮动且设置左边距，在 IE 6 浏览器下出现 2 倍大小的左间距，即 IE 6 浏览器 float 产生 margin 加倍；反之设置右浮动且设置右边距，在 IE 6 浏览器下依然出现这个问题。

例如，在下面实例中，父元素设置宽度、高度且设置背景色；子元素设置宽度、高度、左浮动和背景色，最后设置左外边距，在 IE 6 浏览器下显示的外间距是设置的 2 倍。

```
<html><head>
</head><body>
<style type="text/css">
.wrap{
    width:400px;                          /* 设置宽度便于观察子元素 */
    height:400px;                         /* 设置高度便于观察子元素*/
    background-color:#990;                /* 设置背景色便于观察子元素外间距*/
    font-size:15px;                       /* 文字大小 */
    margin:0 auto;                        /* 居中对齐 */
    text-align:center                     /* 居中对齐 */
}
.doubulmargin{
    float:left;                           /* 设置左浮动，重点！ */
    width:200px;                          /* 设置子元素宽度 */
    height:250px;                         /* 设置子元素高度 */
    text-indent:2em;                      /* 首行缩进，相对单位 */
```

```
        padding:8px 10px;                          /* 设置内间距 */
        line-height:21px;                          /* 设置行高 */
        margin-left:50px;                          /* 设置左边距，重点！IE 6浏览器出现加倍效果 */
        background-color:#C06                      /* 设置背景色，观察在父元素中位置 */
        text-align:left;                           /* 文字左对齐 */
    }
    </style>
    </head><body>
    <div class="wrap">
        <div class="doubulmargin">
        网易163免费邮箱--中文邮箱第一品牌。容量自动翻倍，支持50兆附件，免费开通手机号码邮箱，赠送2GB
超大附件服务。支持各种客户端软件收发，垃圾邮件拦截率超过98%。
        </div>
    </div>
    </body></html>
```

页面演示效果如图 11.4 和图 11.5 所示。

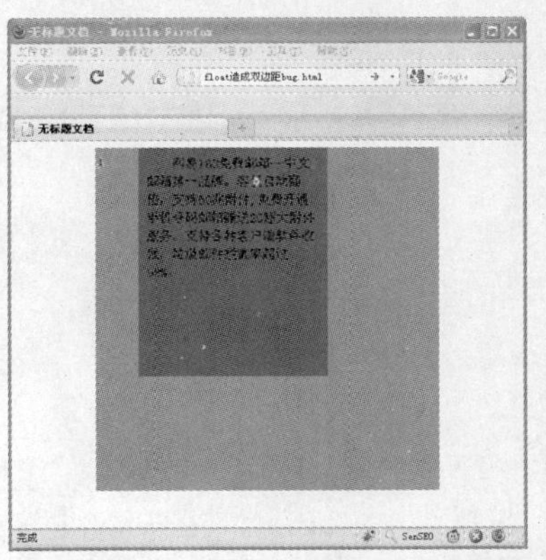

图11.4　Firefox下正常margin-left效果

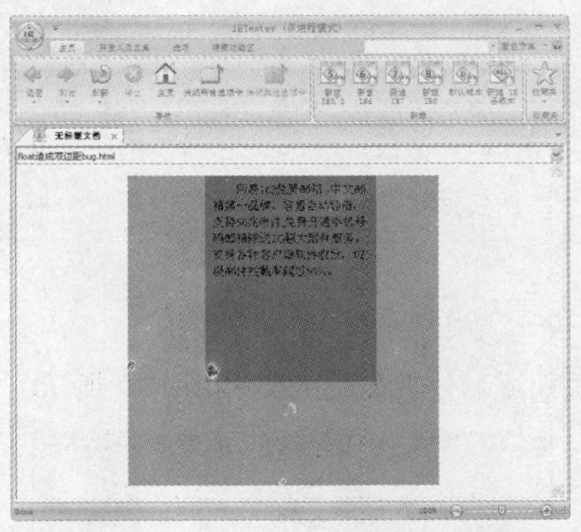

图11.5　IE 6下浮动后margin-left加倍效果

使用Photoshop或Fireworks的测量工具测量后发现：图11.5所示的左间距是设置左间距的2倍，改变设置浮动的方向和间距，设置右浮动且右边距为50像素，即：

```
.doubulmargin{float:right;margin-right:50px;}
```

问题依然存在，此时是不是设置错误？重新检查代码无误，这个 bug 仅当浮动边界和浮动元素的方向相同时出现在浮动元素和容器盒的内边缘之间，在此之后的任意有着相似边界的浮动元素不会呈现双倍边界。只有特定的浮动行的第一个浮动元素会遭遇这个 bug，第二个浮动元素却不出现这个 bug。

解决方法：.doubulmargin{display:inline;} 将该元素设置为行内元素，该设置不会影响其他浏览器的显示方式，即其他浏览器忽略此属性设置，但 IE 6 浏览器依靠此属性值能解决这个 bug。不要试图通过使用 CSS Hack 解决这个问题（IE/Win 设定边界的 1/2 值，即 .doubulmargin{float:right;_margin-right:25px;}），这样会造成源代码的混乱。

在编写 XHTML 代码时，为表示某层的结束，通常习惯在该层结束后加一行注释，以表明该层结束。在编写比较复杂的布局时，通常也是添加布局开始和布局结束注释，便于代码后期的修改，不至于删除 XHTML 标记时出现错误。想法是正确的，但在编写注释时也会出现浏览器 bug。

例如，在下面实例中，一个父层、两个子层，为子层添加结束注释，在子层区域划分添加开始注释，IE 6 浏览器下出现文字“重影”问题。

```
<html><head>
</head><body>
<style type="text/css">
.wrap{
     width:300px;                              /* 设置父元素的宽度 */
     height:300px;                             /* 设置父元素的高度*/
     background-color:#06F;                    /* 设置背景色，查看父元素的空间 */
     margin:0 auto;                            /* 居中对齐 */
}
.Son1{
     float:left;                               /* 第一个子元素左浮动 */
     background-color:#CC9;                    /* 第一个子元素的背景色 */
}
.Son2{
     float:right;                              /* 第二个子元素右浮动*/
     width:300px;                              /* 第二个子元素占用的空间 */
}
</style>
</head><body>
<div class="wrap">
     <div class="Son1"></div><!--左侧内容结束-->
     <!--右侧的内容开始 -->
     <div class="Son2">↓我竟然有影子？怎么搞的。</div>
</div>
</body></html>
```

页面演示效果如图 11.6 和图 11.7 所示。

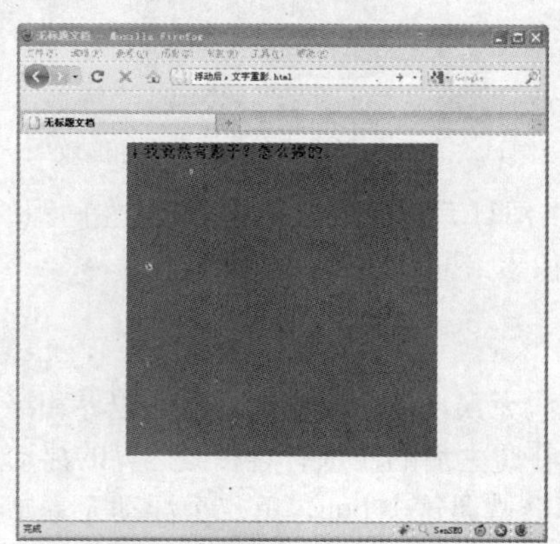

图11.6　Firefox下正常margin-left效果

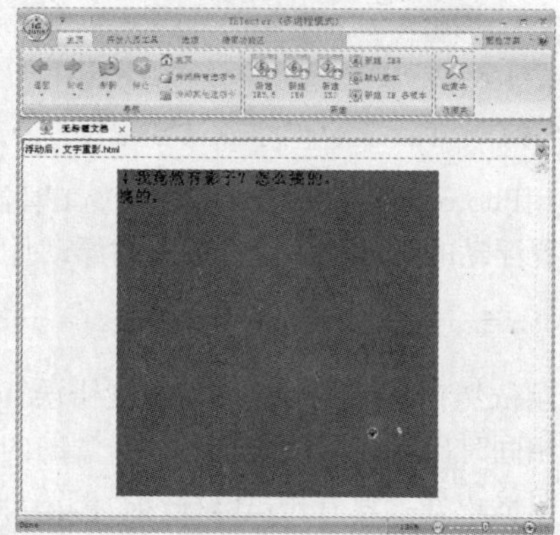

图11.7　IE 6下浮动后margin-left效果加倍效果

在上面实例中，图11.6是Firefox正常显示的结果，IE 6浏览器效果如图11.7所示。第二行显示输入文字的最后几个字——“搞的”，代码没有任何问题，将代码注释删除，IE 6浏览器显示正常。因而问题在于注释，逐条删除注释测试效果，多出的文字也在减少。

```
<div class="wrap">
     <div class="Son1"></div>
     <div class="Son2">↓我竟然有影子？怎么搞的。</div>
</div>
```

反向操作，多添加几条注释，文字在增加，通过添加删除、增加注释条数，发现注释条数影响溢出文字数目，即溢出文字的字数 = 注释的条数 *2-1（实例中包含两条注释 2*1-1=3，如果有四条注释，直接显示“子？怎么搞的。”。

```
<div class="wrap">
    <div class="Son1"></div><!--左侧内容结束-->
    <!--右侧的内容开始 --><!--左侧内容结束--> <!--右侧的内容开始 -->
    <div class="Son2">↓我竟然有影子？怎么搞的。</div>
</div>
```

继续增加注释，且比class名为Son2文字内容多，那么输入的内容不存在，被溢出的文字所代替，无法发现此bug的存在也无法修复，这里的字数在中文或英文数字时都成立。注释的位置与溢出位置、区块的浮动以及文字区块的固定宽度有必然联系。

```
<div class="wrap">
    <div class="Son1"></div><!--左侧内容结束--><!--左侧内容结束--><!--左侧内容结束-->
    <!--右侧的内容开始 --><!--左侧内容结束--><!--右侧的内容开始 --><!--左侧内容结束-->
    <div class="Son2">↓我竟然有影子？怎么搞的。</div>
</div>
```

解决方法如下。

方法一，删除注释或页面注释很多时，逐个进行测试，一直到出现此 bug 的位置，然后删除 bug 位置处注释，恢复其他位置注释；若不能解决，使用下面方法。

方法二，注释不要放置于两个浮动块之间。

方法三，将文字内容放在新 <div> 块内，如 <div style="float:right;width:300px"><div> ↓我竟然有影子？怎么搞的。</div></div>。

方法四，删除文字区块的固定宽度，与方法三相似。或者设置新值（测试 .Son1{float:left; background-color:#CC9; width:0px; line-height:0px; overflow:hidden;} 发现不行，设置 Son2 小于父元素宽度不出现此 bug）。

方法五，将class名为.Son2的盒子添加定位属性，即position:relative;，跳出普通文档流。

3 像素问题在浏览器中一般不易发现，网页布局中容易忽略。但本着精益求精的专业态度，发现一个问题解决掉一个问题，读者在发现问题与解决问题中不断成长，从而更好地掌握 CSS 属性及各种浏览器（尤其是 IE 6，IE 5.5 之类的浏览器不必考虑，市场份额微乎其微，已然淘汰）对其属性的解析方式。

例如，在下面实例中，一个块设置左浮动，另一个块以普通文档流的方式显示，IE 6 浏览器里出现 3 像素 bug。

```
<html><head>
</head><body>
<style type="text/css">
.px3bug{
    background-color:#FC9;                    /* 设置背景颜色，便于观察 */
    font-size:12px;                           /* 设置字体大小 */
    padding:10px;                             /* 设置四个方向的内间距，对比子元素背景 */
    line-height:20px;                         /* 设置行高 */
}
.flo{
    float:left;                               /* 这个块设置了浮动 */
    width:100px;                              /* 定义浮动元素的宽度 */
    background:#F33                           /* 设置背景色 */
}
```

```
.noflo{
      background:#6C6;                          /* 设置背景色便于观察，文字是否紧贴在最左边 */
      text-align:left;                          /* 设置左对齐，与上面的背景色相辅相成 */
}
</style>
</head><body>
<div class="px3bug">
      <div class="flo">它设置了浮动</div>
      <div class="noflo">它没有进行设置浮动。文字左侧没有紧贴在浮动的右侧，存在间隙</div>
</div>
</body></html>
```

页面演示效果如图 11.8 和图 11.9 所示。

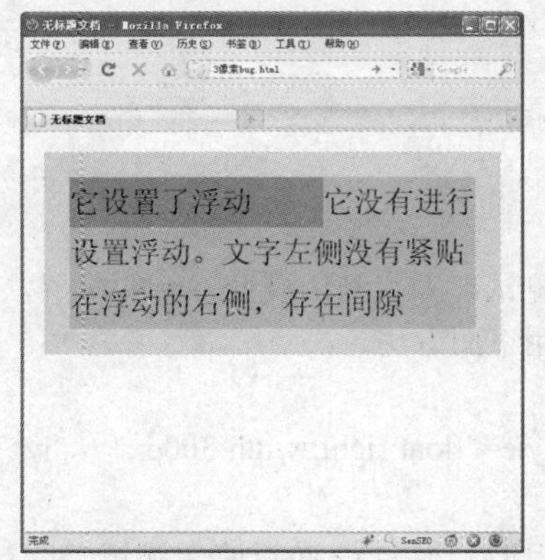

图11.8　Firefox下正常，文字在块的最左边

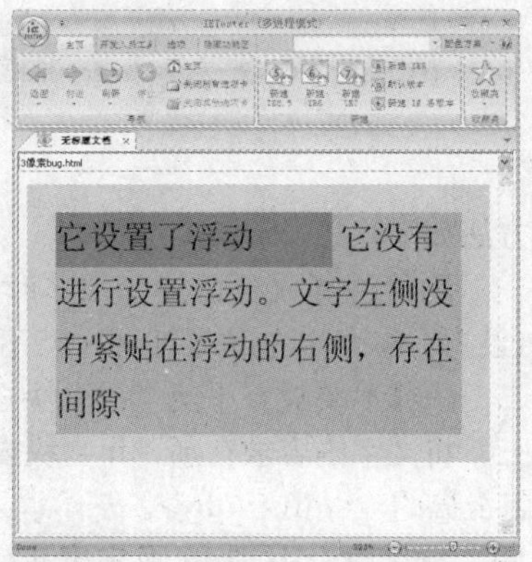

图11.9　IE 6下文字内容没有紧贴在块最左边

在上面实例中，图 11.8 是 Firefox 正常显示的结果，图 11.9 是 IE 6 浏览器下出现 3 像素 bug 效果。在 IE 6 浏览器下，当一个元素使用 float 元素，而另一个元素未使用浮动时，将上面 <div> 标签换成 <span> 标签，3 像素 bug 依然存在，即：

```
<div class="px3bug">
      <span class="flo">它设置了浮动</span>
      <span class="noflo">它没有进行设置浮动。文字左侧没有紧贴在浮动的右侧，存在间隙</span>
</div>
```

继续测试，一个使用 <div> 标签，一个不使用标签，3 像素 bug 依然存在，即：

```
<div class="px3bug">
      <div  class="flo">它设置了浮动</div>它没有进行设置浮动。文字左侧没有紧贴在浮动的右侧，存在间
隙</div>
</div>
```

改变 CSS 代码，XHTML 依然使用实例代码，3 像素 bug 依然存在，即：

```
.flo{float:right; width:100px; background:#F33}
.noflo{background:#6C6; text-align:right;}
<div class="px3bug">
      <div class="flo">它设置了浮动</div>
      <div class="noflo">它没有进行设置浮动。文字左侧没有紧贴在浮动的右侧，存在间隙</div>
</div>
```

解决方法如下。

方法一，另一个元素同时使用 float 属性，方向与第一个元素的浮动方向一致，即 .noflo{float:left} 或 .noflo{float:right}，建议使用此方法。

方法二，针对 IE 6 定义负外边距，即 .noflo{margin-left:-3px;} 或 .noflo{margin-right:-3px;}。

11.1.3 清除浮动

视频路径：视频文件\files\11.1.3.swf | 实例文件：实例文件\11\基础示例\清除浮动.html、清除浮动1.html

浮动为网页布局带来便利的同时也带来了新的问题，网页元素不再按照默认文档流显示，如何将浮动元素进行清除，已然提上了日程。CSS为了解决浮动带来的布局问题而定义了clear属性，它含有四个属性值：left、right、both和none，其属性说明如下。

- clear:left; 不允许左侧存在浮动对象，即当前元素设置此属性时，若上一个元素为左浮动，则当前元素换行显示。
- clear:right; 不允许右侧存在浮动对象。即当前元素设置此属性时，若上一个元素为右浮动，则当前元素换行显示。
- clear:both;不允许存在浮动对象，即当前元素设置此属性时，上一个元素不能存在浮动设置，否则当前元素换行显示。
- clear:none; 允许两侧存在浮动对象。

TIP：盒子设置清除浮动只影响该盒子元素的排列位置，而不会影响前后盒子的排列方式。

例如，在下面实例中，通过 class 名为 wr3 块级元素包含了四个盒子，其盒子设置分别对应 clear 四种属性：right、none、both、left。

```
<html>
<head></head><body>
<style type="text/css">
.wr3{
    width:300px;                        /* 设置父元素的宽度 */
    background-color:#993;              /* 设置父元素的背景色 */
    margin:0 auto;                      /* Firefox下居中*/
}
.box1,.box2,.box3,.box4{
    float:left;                         /* 四个盒子都左对齐 */
    width:50px;                         /* 四个盒子宽度 */
    height:50px;                        /* 四个盒子高度 */
    background-color:#9C3;              /* 设置盒子的背景色 */
    font-size:14px;                     /* 设置盒子字体大小 */
    text-align:center;                  /* 设置盒子内文字居中对齐 */
}
.box2{
    background-color:#366;              /* 区别其他盒子背景色 */
    clear:right;                        /* 清除右浮动 */
}
.box3{
    background-color:#F00;              /* 区别其他盒子背景色 */
    clear:none;                         /* 元素不清除浮动 */
}
.box4{
```

```
    background-color:#C69;                    /* 区别其他盒子背景色 */
    clear:both;                               /* 不存在浮动元素 */
}
.box5{
    background-color:#36F;                    /* 区别其他盒子背景色 */
    clear:left                                /* 清除左浮动 */
}
</style>
<div class="wr3">
    <div class="box1">盒子一</div>
    <div class="box4">盒子四</div>
    <div class="box5">盒子五</div>
    <div class="box2">盒子二</div>
    <div class="box3">盒子三</div>
</div>
</body></html>
```

页面演示效果如图 11.10 所示。

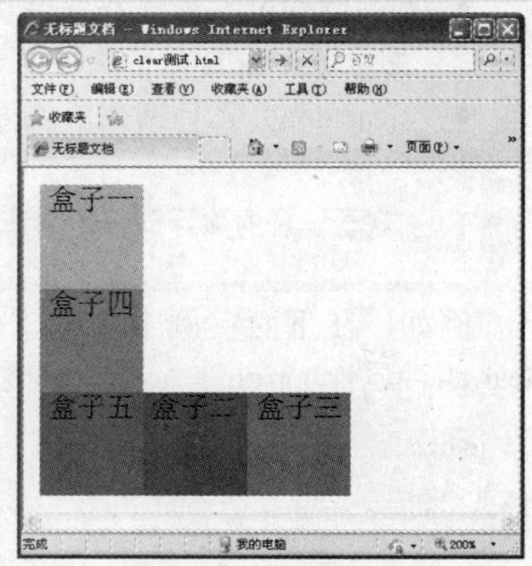

图11.10　清除浮动测试

在上面实例中，首先为五个盒子统一设置宽度、高度、背景色、字体大小等，最后全部定义左浮动。在后面的代码中为各个盒子设置不同的背景色。XHTML 中第二行代码盒子四，设置清除两边浮动，盒子已设置左浮动，故盒子四换行显示；第三行代码盒子五，设置清除左浮动且块元素左浮动，盒子四左浮动，因而盒子五换行显示；第四行代码盒子二，设置了清除右浮动且块元素左浮动，盒子五是左浮动且块元素清除左浮动，根据前面说明的知识点，“盒子设置清除浮动只影响该盒子元素的排列位置，而不能影响前后盒子的排列方式”，因而盒子二在盒子五后显示且不须换行；第五行代码盒子三，设置不清除浮动且块元素左浮动，因而盒子三在盒子二后显示且不须换行。

当元素设置浮动后，脱离文档流，不再占用父元素空间；父元素因为需要自适应子元素内容，未设置高度，因而会自动收缩，出现容器不扩展的问题。严格地说这不能算是一个 bug，所有浏览器都存在这个现象。

例如，在下面实例中，class 为 wrap 的父元素没有设置高度，两个子元素通过设置左右浮动，脱离普通文档流。

```
<html><head>
<style type="text/css">
.wrap{
    background-color:#FC9;                    /* 设置父元素背景色 */
    font-size:12px;                           /* 设置字体大小 */
    padding:10px;                             /* 设置内间距，没有设置宽度、高度 */
}
.flo,.secflo{
    float:left;                               /* 设置左浮动 */
    width:100px;                              /* 设置元素空间大小 */
    background:#F33;                          /* 设置背景色 */
}
.secflo{
    background-color:#993;                    /* 区别其他盒子背景色 */
```

```
        float:right;
    }
    </style>
    </head>
    <body>
    <div class="wrap">
        <div class="flo">它设置了浮动</div>
        <div class="secflo">它设置了浮动</div>
    </div>
    </body></html>
```

页面演示效果如图 11.11 和图 11.12 所示。

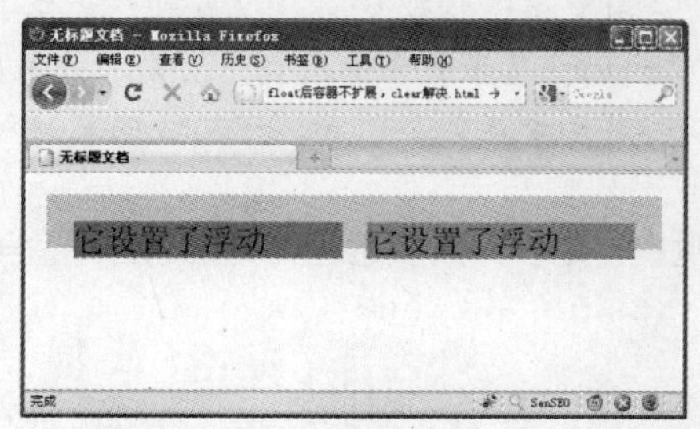

图11.11　Firefox下容器不扩展

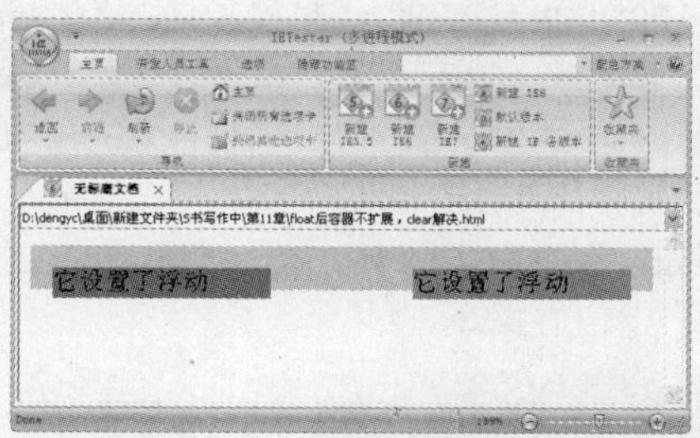

图11.12　IE 6下容器不扩展

在上面实例中，子元素设置左右浮动后，最外层的父元素的高度没有随着子元素的高度而自动扩展。原因在于：子元素浮动后，脱离普通文档流，子元素内容不再占据父元素的空间，因而父元素高度为设置内间距的高度去掉内间距，则父元素的背景就不存在了。知道了问题出现的原因，解决自然就会有针对性，解决方法如下。

方法一，为父元素设置宽度，例如，.wrap{width:300px;}，IE 6、IE 7 浏览器存在的问题已解决，而 IE 8、Firefox 浏览器中的问题依然存在。根据 clear 特性，在 class 名为 .wra 块级元素加入 <span class="clear"> </sapn>，并设置 CSS 属性（原因在于：让加入元素不占用空间，其容器扩展关键属性 clear:both;）。

```
<style>
.wrap{background-color:#FC9;font-size:12px;width:300px;}
.flo,.secflo{float:left; width:100px; background:#F33;}
.secflo{background-color:#993; float:right}
.clear{font:0px; height:0px;line-height:0px; clear:both;display:block;}
</style>
<div class="wrap">
<div class="flo">它设置了浮动</div>
<div class="secflo">它设置了浮动</div>
<span class="clear"></span>
</div>
```

方法二，通过zoom:1触发IE浏览器的haslayout。在Firefox浏览器下通过父元素添加overflow:hidden，清除内部子元素浮动的问题，二者相结合（即.wrap{overflow:hidden;zoom:1;}）来解决问题。

11.1.4　精确定位

视频路径：视频文件\files\11.1.4.swf　|　实例文件：实例文件\11\基础示例\精确定位.html、定位的四个属性.html、IE6固定定位.html

互联网上最常见的错误是网页布局混乱、页面发生错位，其根本原因在于对 float 属性布局不了解，尤其是对 float 属性本身的灵活性不了解造成的。为弥补布局的缺陷，CSS 定义了比 float 布局更加精确的 position 定位属性，它能够精确定位页面中每个元素。position 定位网页布局的四种方式包括相对定位、绝对定位、固定定位、不定位。属性说明如下。

- position:static;：静态定位，即普通文档流。当前元素设置此属性将原定位属性转变成普通文档流，一般不使用，除非需要取消继承或改变定位方式。
- position:absolute;：绝对定位，脱离普通文档流，以最近的定位父元素（依次向上级查找，可为祖父等级别元素）作为参照物，偏移不影响文档流中的其他元素。通过left、right、top、bottom属性定义元素偏移位置，其四个方向的参照物以最近相对定位父元素为准。若方向属性与margin属性混合使用，偏移方向相同值累加，方向相反，margin属性值无效，即left+左外间距=最终元素位置，left+右外间距=最终元素位置值left。
- position:relative;：相对定位，不脱离文档流，占用文档流物理空间，以当前元素左上角位置进行上、右、下、左方向偏移。其方向属性与margin属性混合使用会产生累加效果。
- position:fixed;：固定定位，脱离普通文档流，固定元素在某个位置，可与方向属性结合使用，IE 6浏览器及以下版本不支持。

例如，在下面实例中，统一子盒子的定位方式，观察其定位，然后通过父元素包含子盒子，改变子盒子定位方式。

```
<html>
<head></head><body>
<style type="text/css">
.wrap{
    width:500px;                         /* 设置元素空间，所有子元素根据它来衬托 */
    height:400px;                        /* 设置元素空间，所有子元素根据它来衬托 */
    background-color:#CCC;               /* 设置背景色 */
    font-size:12px;                      /* 设置字体大小 */
    margin:0 auto;                       /* 居中对齐 */
}
.a{
    background:#3C3;                     /* b、c盒子定位的参考位置，设置背景色 */
    width:200px;                         /* 设置宽度 */
    height:300px;                        /* 设置高度 */
    position:relative;                   /* 相对定位，不偏移位置，不脱离文档流 */
    padding:20px;                        /* 设置内间距 */
}
.b,.c,.d,.e{
    background:#C39;                     /* 统一设置背景色 */
    width:100px;                         /* 设置盒子宽度 */
    height:100px;                        /* 设置盒子高度 */
    position:absolute;                   /* 设置绝对定位 */
}
.b{
    left:0px;                            /* 定义左偏移量 */
    top:0px;                             /* 定义上偏移量*/
}
.c{
    background-color:#C90;               /* 设置背景色，区分其他盒子 */
}
.d{
    position:fixed;                      /* 改变定位方式为固定定位 */
```

```
        background-color:#F03;                  /* 设置背景色，区分其他盒子 */
        left:10%;                               /* 定义左偏移量，使用了百分比 */
        bottom:50px;                            /* 定义下偏移量 */
    }
    .e{
        position:static;                        /* 设置静态定位，即普通文档流 */
        left:100px;                             /* 定义左偏移量 */
    }
    </style>
    <div class="wrap">
        <div class="a">
            <div class="b">绝对定位设置left top</div>
            <div class="c">绝对定位未设置left top</div>
        </div>
            <div class="d">固定定位</div>
            <div class="e">静态定位</div>
    </div>
    </body></html>
```

页面演示效果如图 11.13 所示。

在上面实例中，首先定义针对最外层 class 为 wrap 块级元素设置，未设置定位方式。

第一步，class 为 a 的块级元素定义了大小、设置背景色，并定义相对定位，没有定义偏移坐标，故在文档流默认位置显示。设置内间距，根据后面子元素 b、c 块级元素的设置进行观察。class 为 b、c、d、e 块级元素统一设置大小、背景色、绝对定位，在后面的设置中通过 CSS 代码进行不同的重置。

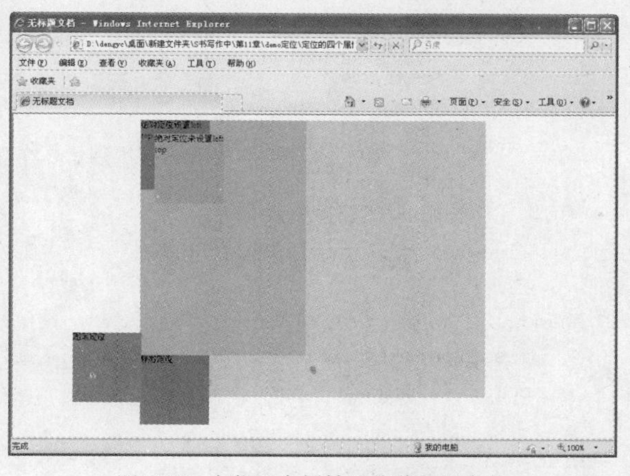

图11.13　定位四个属性及偏移位置变化

第二步，class为b的块级元素坐标设置为left:0px; top:0px;，该元素查找距离最近父元素并设置为相对、绝对定位元素（静态定位为普通文档流，故无法作为参照对象；固定定位，IE 6等低级版本浏览器不支持，一般不设置）作为参照对象，其父元素拥有相对定位属性，因而其偏移位置以它为准，根据偏移值定位于其父元素左上角。

TIP：当同时定义四个方向的偏移值时，以left、top为主，忽略right、bottom定义。

第三步，class为c的块级元素未设置坐标，改变其背景颜色，此元素未与class为b的块级元素相重合，经计算为向上间隔20像素、向左间隔20像素，其原因在于父元素class为a的块级元素设置了四个方向的内边距为20像素。通过b、c的块级元素位置对比，得出结论：当设置定位后，未设置偏移值时，元素按照在默认文档流的位置显示。

第四步，class 为 d 的块级元素设置 left:10%;bottom:50px;，其左边偏移值以浏览器空白区域最左边为基准，其底部偏移值以浏览器空白区域最下边（浏览器状态栏顶部）为基准。若父元素层 class 为 wrap 块级元素设置了定位，其偏移位置依然如此，不会以父元素为基准，这也是相对定位、绝对定位与固定定位偏移位置参照的区别。

测试：改变浏览器大小、拖动滚动条，固定定位位置将发生改变。需要注意的是：IE 6 及低版本浏览器不支持此属性。通过拖动滚动条测试，IE 7、Firefox 等浏览器，其元素位置不变，如同粘贴在此处，IE 6 浏览器以普通文档流对待。

第五步，class 为 e 的块级元素设置静态定位，页面中无任何变化，即普通文档流。

> **TIP** 当同时定义left、right、top、bottom且定位元素没有定义宽度、高度时，IE浏览器按照left、top为准，其宽、高以标签内部元素或内容大小自适应，而Firefox浏览器为了同时满足四个方向的偏移值，自动改变该定位元素的大小，自适应其父元素的大小。一个是根据子元素内容或大小改变大小，一个是根据父元素或根元素定义其大小，这是实例中定义元素宽、高属性确保浏览器处理定位元素一致的原因。

前面介绍了 CSS 定位的四种方式，固定定位由于 IE 6 浏览器不支持，因而不常用；静态定位与普通文档流没有区别，它遵循基本的定位规定，不能通过 z-index 进行层次分级，在后面的操作中改变为普通文档流。日常中最常用的定位方式是相对对位、绝对定位，通过相对定位与绝对定位的结合可以实现文字浮雕、文字阴影效果。

例如，在下面实例中，<p> 标签中内容重复，所不同的是重复文字放入 <span> 标签，<p> 标签设置相对定位，<span> 标签设置绝对定位，然后从父元素 <p> 标签的左上角进行位置偏移。

```
<html><head>
<style type="text/css">
.wrap{
    background-color:#0099CC;                /* 设置父元素的背景色 */
    font-size:20px;                          /* 设置字体大小 */
    font-family:"黑体";                      /* 设置字体类型 */
    line-height:35px;                        /* 设置行高 */
}
.shadow {
    position:relative;                       /* 子元素设置为相对定位 */
    color:#000;                              /* 字体颜色为黑色 */
}
.wrap span {
    position:absolute;                       /* 设置绝对定位，其偏移时依照class为shadow偏移 */
    top:1px;                                 /* 设置上偏移1像素 */
    left:1px;                                /* 设置左偏移1像素 */
    color:#ff7300                            /* 设置字体颜色 */
}
</style>
</head><body>
<div class="wrap">
    <p class="shadow">float 是 CSS 的定位属性。在传统的印刷布局中，文本可以按照需要围绕图片，一般把这种方式称为“文本环绕”。在网页设计中，应用了css的float属性的页面元素就像在印刷布局里面的被文字包围的图片一样。浮动的元素仍然是网页流的一部分。<span>float 是 css 的定位属性。在传统的印刷布局中，文本可以按照需要围绕图片，一般把这种方式称为“文本环绕”。在网页设计中，应用了css的float属性的页面元素就像在印刷布局里面的被文字包围的图片一样。浮动的元素仍然是网页流的一部分。</span>
    </p>
</div>
</body></html>
```

页面演示效果如图 11.14 所示。

在上面实例中，父元素定义背景色、行高、字体及字体类型，对页面进行初始化。接着对class

为shadow进行相对定位，即原先占用空间不变，布局方式不同，以子元素<span>标签重复内容的偏移作为参照物。最后为<span>标签设置绝对定位，脱离普通文档流，其偏移位置根据父元素的左上角进行偏移，最终实现文字雕刻效果，若将left:1px;改为left:2px;，雕刻效果变成阴影效果。

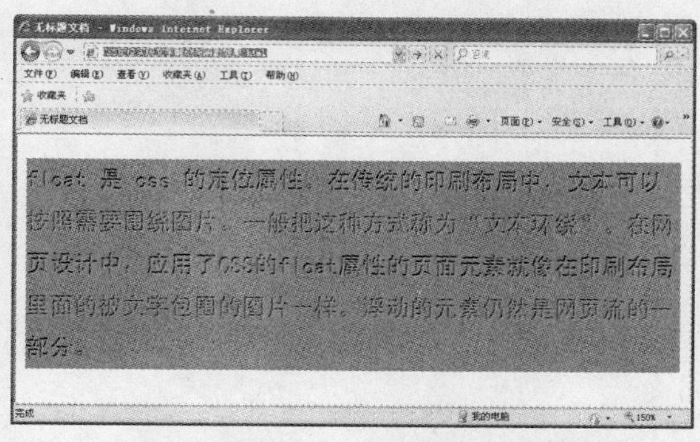

图11.14 定位实现文字雕刻与阴影效果

在前面讲过，IE 6 及以下版本浏览器不支持定位布局中的固定定位，有时需要这种效果，为此我们通过在 IE 6 浏览器中利用容器对溢出内容的处理方式及 IE 5.x（x 代表浏览器版本）使用 CSS 中的行为 expression，将 CSS 属性和 JavaScript 表达式关联起来。

例如，在下面实例中，分别为 IE 7、IE 8、Firefox 浏览器使用固定定位属性；针对 IE 6 和 IE 6 以下浏览器使用条件语句编写各自实现固定定位的方法，其相同之处使用绝对定位。

```
<html><head>
<style type="text/css">
p{
     height:2000px;                     /* 设置高度，其值用于浏览器出现滚动条 */
     font-size:80px;                   /* 为字体设置大值便于拖动滚动条对文字与固定定位对比 */
}
#fixed{
     position:fixed;                    /* 设置固定定位 */
     top:5em;                           /* 根据根元素向上偏移5em */
     right:0;                           /* 根据根元素向右偏移0像素 */
     background-color:#993;             /* 设置定位元素背景色 */
     width:300px;                       /* 设置定位元素宽度 */
     height:50px;                       /* 设置定位元素高度 */
     line-height:50px;                  /* 设置行高，垂直居中 */
     color:#004500;                     /* 设置字体颜色 */
     text-align:center                  /* 文本居中对齐 */
}
#fixed h2{
     font-weight:normal;                /* 清除元素默认加粗效果 */
     margin:0;                          /* 清除元素外边距*/
     padding:0;                         /* 清除元素内间距*/
     font-size:14px;                    /* 字体大小 */
}
<!--[if IE 6]>
<style type="text/css">
html{
     overflow:hidden;                   /* 超出部分隐藏，针对<body>标签 */
}
body{
     height:100%;                       /* 设置高度为100%，撑开浏览器高度 */
     overflow:auto;                     /* 超出部分由浏览器处理 */
     margin:0;                          /* 清除外边距 */
     padding;0;                         /* 清除内间距*/
}
```

```
#fixed{
    position:absolute;                        /* 设置元素为绝对定位 */
    right:30px;                               /* 设置元素向右偏移30像素，参照于根元素 */
}
</style>
<![endif]-->
<!--[if lt IE 6]>
<style type="text/css">
#fixed{
    pcsition:absolute;                        /* 设置元素为绝对定位*/
    tcp:expression(eval(document.body.scrollTop + 50));
                                              /* 计算滚动条上方位置并下移50像素 */
}
</style>
<![endif]-->
</head><body>
<p>段落高度2500像素，拖动浏览器滚动条，观察固定定位元素</p>
<div id="fixed"><h2>拖动浏览器，我位置不变</h2></div>
</body></html>
```

页面演示效果如图11.15所示。

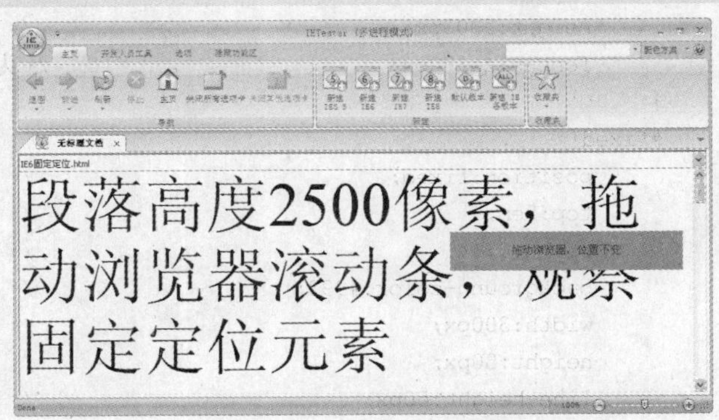

图11.15 IE 6浏览器下实现的固定定位

在上面实例中，首先实现Firefox、IE 7等浏览器固定定位的效果，使用固定定位position:fixed;即可，然后针对固定定位位置偏移、字体等进行设置。为区分不同浏览器使用了条件语句，判断浏览器版本。IE 6浏览器使用绝对定位、根元素、<body>标签设置实现固定定位方法。IE 6以下浏览器版本使用绝对定位和CSS的expression实现固定定位方法。IE 6浏览器通过将<body>标签高度设置为100%，确保根元素的高度撑满整个浏览器窗口，设置内间距和外边距为0，便于将<body>标签引起的滚动条放置于浏览器最右侧，可以通过删除这两个CSS属性观察滚动条的位置。接着定义id为#fixed元素来定义为绝对定位，位于右侧30像素，因其父元素没有设置定位属性，所以根据根元素进行定位。IE 5浏览器使用的同样是绝对定位，偏移位置通过expression链接JavaScript代码，代码作用：拖动滚动时位于滚动条顶部位置下方50像素。通过JavaScript代码计算当前滚动条最上方的坐标，然后加50就是当前偏移位置。

浮动布局定义了大多数网页布局方式，但由于浮动也引起了许多bug。定位布局虽然不像浮动布局那么多问题，但依然出现了一些小意外，这些小意外依然需要我们仔细观察与测试才能最终确定。

例如，在下面实例中，父元素设置相对定位，宽度为奇数。子元素为绝对定位，通过偏移坐标至父元素右侧，按照定位原则应该紧贴在父元素右侧，但IE 6浏览器下出现1像素间隙，而父元素宽度变为偶数。

```
<html><head>
<style type="text/css">
#out {
    width:209px;                  /* 宽度为奇数 */
    height:100px;                 /* 去掉高度无法看元素变化，高度不影响此bug的出现 */
```

```
        position:relative;                  /* 设置相对定位 */
        background:#FF0000;                 /* 背景色便于观察 */
        color:#FFF;                         /* 字体颜色 */
    }
    #inn {
        position: absolute;                 /* 设置绝对定位 */
        font-size:12px;                     /* 设置字体大小 */
        width: 150px;                       /* 设置子元素宽度 */
        height: 50px;                       /* 设置子元素高度 */
        top: 0px;                           /* 定位于父元素右上角 */
        right: 0px;                         /* 定位于父元素右上角 */
        background:#000000;                 /* 与背景色区分 */
    }
    </style>
    </style>
    </head><body>
    <div id="out">
        <div  id="inn">定位一直是Web标准应用中的难点，如果理不清楚定位，那么可能应该实现的效果而实现
不了，实现了的效果可能会走样。如果理清了定位的原理，那定位会让网页实现的更加完美。</div>
    </div>
    </body></html>
```

页面演示效果如图 11.16 所示。

在上面实例中，父元素设置宽度为奇数 209 像素，并设置定位布局；子元素设置绝对定位，其右偏移 0 像素、上偏移 0 像素，但是却没有紧贴在父元素的右侧。通过 Photoshop 中的工具测量为 1 像素，且整个红色的父元素变成了 210 像素，多次改变父元素的值发现，此现象在父元素值为奇数时就会发生。

解决方法：将其父元素相对定位的 div 宽度改成偶数或者通过设置右浮动实现向右漂移的效果。

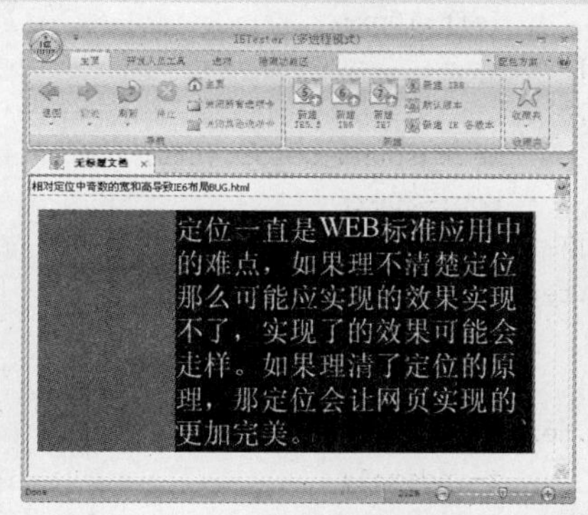

图11.16　相对定位中奇数的宽导致IE 6布局bug

11.1.5 层叠顺序

 视频路径：视频文件\files\11.1.5.swf ｜ 实例文件：实例文件\11\基础示例\层叠顺序.html

在本章第一节的第一个实例中发现一个现象，有的元素遮挡前面元素的一部分，如何将遮挡部分显示出来，或者如何将被遮挡的元素与遮挡元素位置相调换，本小节介绍的 z-index 属性能够完成我们的设想。

z-index 属性可以调整元素之间的层叠顺序，其特点如下。

- 值为整数，可为负数，默认值为auto （Firefox浏览器）或 0（IE浏览器）。当元素设置定位属性时，该值即生效。
- 所有主流浏览器都支持 z-index 属性。IE 任何版本（包括 IE 8）都不支持属性值 "inherit"。
- 同级元素之间z-index属性值越大，其位置越靠向用户视野。即z-index值较大，元素将叠加在z-index值较小元素上。
- z-index 属性值为负数时，隐藏普通文档流下方。
- 同级元素定位方式相同（它们拥有同一个父元素），且无 z-index 设置时，XHTML 元素靠

后者居上。

- 非同级元素定位时，比较父元素定位z-index值或在XHTML代码中位置。若父元素未设置定位，依次向上查找定位父元素。

例如，在下面实例中，对a、b、c盒子进行定位，并设置z-index属性值，通过父元素改变其三个盒子的z-index属性值，根据层叠原则，分析a、b、c盒子的存放位置。

```
<html><head>
<style type="text/css">
body{
    padding-top:60px;                    /* 设置上间距，盒子在浏览器空白处下方60像素 */
}
.a,.b,.c{
    width:100px;                         /* 统一设置三个盒子占用的空间 */
    height:60px;                         /* 统一设置三个盒子占用的空间 */
    position:relative;                   /* 统一设置为相对定位，占用原先位置 */
    background-color:#09C;               /* 设置背景色，后面针对不同盒子进行改变 */
    margin:0 auto;                       /* 居中对齐 */
}
.b{
    background-color:#C60;               /* 改变背景色，与其他盒子不一致 */
    top:-10px;                           /* 上偏移10像素 */
    left:10px;                           /* 左偏移10像素，未设置z-index 值*/
}
.c{
    background-color:#660;               /* 改变背景色，与其他盒子不一致 */
    top:-20px;                           /* 上偏移20像素，未设置z-index 值*/
}
.text2 .b{
    z-index:-1;                          /* z-index 值为-1，与默认定位相比较 */
}
.text2 .c{
    z-index:1;                           /* z-index 值为1，与默认定位相比较*/
}
.text3{
    position:relative;                   /* 设置相对定位 */
    z-index:100;                         /* z-index 值为100，与 class为text4相比较 */
}
.text3 .a{
    left:10;z-index:10;            /* 子元素层叠值不起作用，须比较父元素的z-index值 */
}
.text4{
    position:relative;                   /* 设置相对定位 */
    z-index:99;                          /* z-index 值为99，与 class为text3相比较*/
}
.text4 .c{
    z-index:500;                   /* 子元素层叠值不起作用，须比较父元素的z-index值 */
}
</style>
</head><body>
<div class="a">盒子a</div>
```

```
<div class="b">盒子b</div>
<div class="c">盒子c</div>
<div class="text2">
   <div class="a">盒子a</div>
   <div class="b">盒子b</div>
   <div class="c">盒子c</div>
</div>
<div class="text3">
   <div class="a">盒子a</div>
</div>
<div class="text4">
   <div class="b">盒子b</div>
</div>
</body></html>
```

页面演示效果如图 11.17 所示。

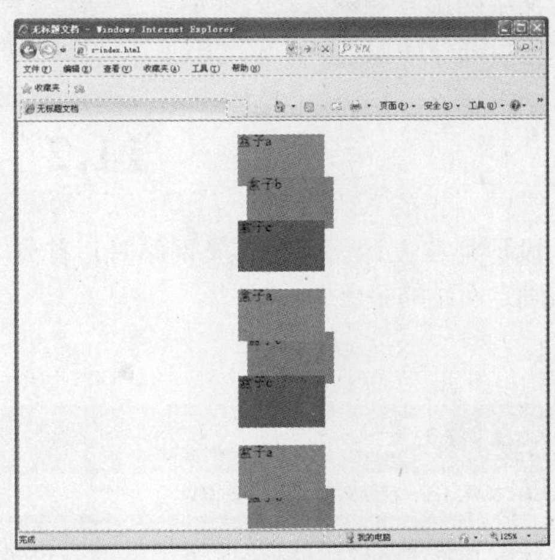

图11.17 z-index改变元素层叠顺序

页面上有三种层叠方式，通过添加父元素，改变原先 a、b、c 三个盒子的层叠顺序。

第一步，XHTML中的前三行代码。a、b、c三个盒子都进行了定位设置，未设置z-index值，故拥有z-index默认值。根据层叠原则，它们有一个共同的父元素body，故同级元素定位方式相同，且无z-index设置时，html靠后者居上，显示顺序为a、b、c。

```
<div class="a">盒子a</div>
<div class="b">盒子b</div>
<div class="c">盒子c</div>
```

第二步，XHTML中的4~8行代码。通过a、b、c三个盒子添加一个父元素，通过父元素改变三个盒子的z-index值。盒子b设置z-index为-1、盒子c设置z-index为1，盒子a按照默认值0或auto。根据定位原则，同级元素之间，值大者在上，故盒子a、c在盒子b上方。

```
<div class="text2">
<div class="a">盒子a</div>
<div class="b">盒子b</div>
<div class="c">盒子c</div>
</div>
```

第三步，XHTML 中的 9~14 行代码。分别为 a、b 盒子添加一个父元素，在 class 为 text3 的子盒子 a 中，其 z-index 值为 10，在 class 为 text4 的子盒子 b 中，z-index 值为 500。按照层叠原则，值大的在上，但 a、b 盒子分属不同的父元素，因而比较父元素。父元素设置了相对定位，但 text3 盒子高于 text4 盒子的层叠值，故 text4 盒子子元素的层叠值再大也受制于父元素，因而 text3 盒子在 text4 盒子上方。

```
<div class="text3">
<div class="a">盒子a</div>
</div>
<div class="text4">
<div class="b">盒子b</div>
</div>
```

小结

本节首先介绍了浮动式布局属性的用法。元素设置浮动后脱离普通文档流，通过“图文环绕”案例了解浮动定位三个属性的使用，通过“演播室”案例加深对浮动特点的了解。

其次介绍浮动产生的三个问题。浮动带来便利的同时也带来了问题，由于浏览器众多，尤其是在使用低版本的浏览器（特指IE 6浏览器，国内使用IE 6内核的浏览器，有些bug已经解决)时，不完全按照浮动元素特点显示元素，因而使用浮动时要多注意细节。

然后介绍清除浮动的属性及方法。元素默认浮动后，极有可能在后面的脚本操作中动态改变层的浮动性质，例如，在博客中改变皮肤的同时也改变了博客页面的布局方式，由三列纵向布局转换成了一行两列的布局方式。

最后介绍了主要定位属性。通过案例比较各个定位方式的不同，由于 IE 6 及以下版本不支持固定定位，而又需要其定位效果，通过绝对定位并加以浏览器的根元素共同实现，低版本使用 expression 实现（不建议使用这种方式，消耗系统资源太大）。通过相对定位与绝对定位的结合实现 CSS 文字阴影与雕刻效果。最后通过一个案例展示定位方式也会出现浏览器 bug。为改变定位的层叠顺序，并专门通过一小节介绍了 z-index 属性。

11.2 案例实战

设计师在设计休闲旅游类网站时，首先应该确定网站的主色调。

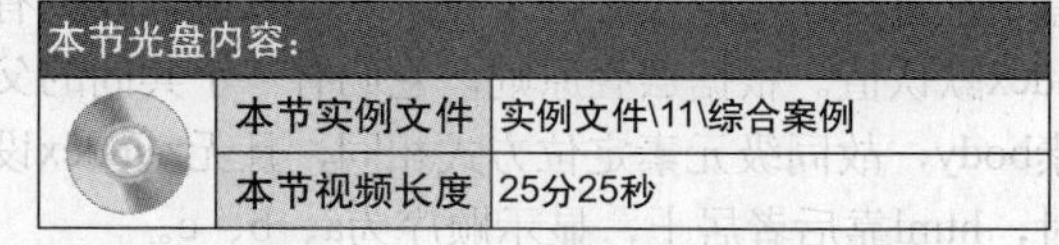

本节光盘内容：

本节实例文件	实例文件\11\综合案例
本节视频长度	25分25秒

11.2.1 产品策划

视频路径：视频文件\files\11.2.1.swf　　实例文件：无

休闲旅游类网站以绿色作为主色调，绿色能够给用户带来生机勃勃的感觉。在内容方面，网站体现“休闲”二字，且需介绍特定的文化景观和服务项目，同时通过介绍名人留下的足迹来增加旅游地区的文化内涵。

11.2.2 画板

视频路径：视频文件\files\11.2.2.swf　　实例文件：无

休闲旅游类网站以界面清爽、结构易于编写为主，主要从以下几个方面设计：新闻资讯、休闲研究、休闲社区、主题活动、规划设计、专家学者以及在线留言。网站主页可以包括导航、行业动态、热点文章、主题活动、国内外休闲旅游研究以及休闲旅游业态等方面划分。页面设计草图如图 11.18 所示。

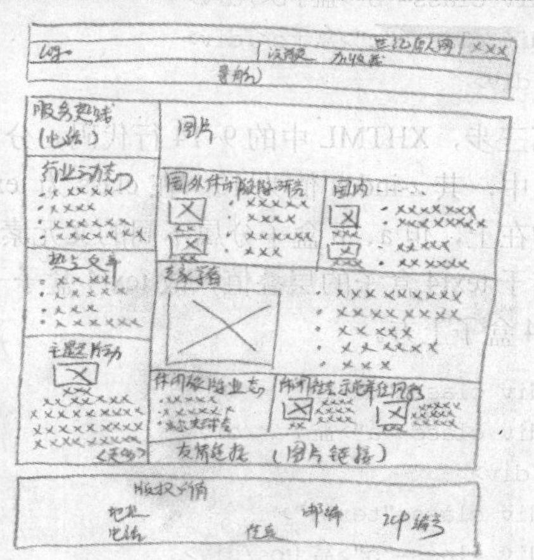

图11.18　页面设计草图

11.2.3 设计图

视频路径：视频文件\files\11.2.3.swf　　实例文件：无

通过设计草图对页面进行分析并根据设计草图来划分各个栏目区域。现在需要将各个栏目具体内容通过画图软件Photoshop或Fireworks设计出来，在后面重构中将给出栏目划分的XHTML结构，在布局中将给出页面大体结构以及具体内容编写结构的实现过程。图11.19所示为设计模块划分图。

图11.19　设计模块划分图

11.2.4 切图

视频路径：视频文件\files\11.2.4.swf　　实例文件：无

使用Photoshop软件中的工具将设计图以下部分切出来（因篇幅有限，只讲解设计图一部分，重复部分此处不再讲解），故剪切并组合出下面图片，这些图片将作为网页元素的背景图或插入图片，具体操作步骤在视频中演示。图11.20所示为切图。

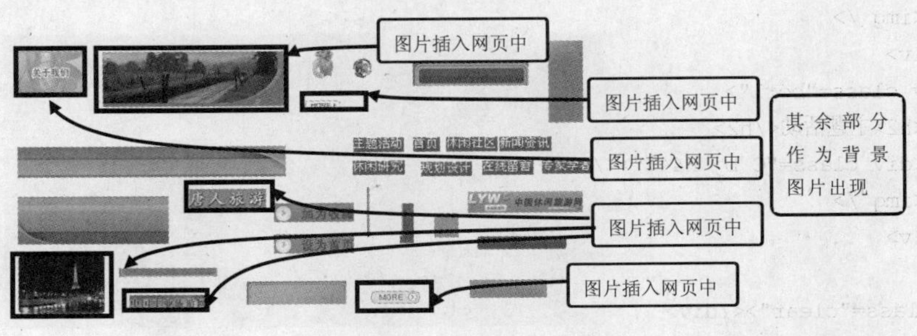

图11.20　切图

11.2.5 重构

视频路径：视频文件\files\11.2.5.swf | 实例文件：无

根据图11.19中的区域划分，划分为三个大区域，在每个大区域内可以划分几个小区域。例如，B区作为一个大区域，可以定义class名为imp，在此区域内划分三个小区域：一个小区域right2-1层存放行业动态、主题活动以及热点文章，一个小区域left2-1层存放国外休闲旅游研究、休闲旅游业态等，最后一个区域clear层用于将B区高度自适应。其余区域也可以这样划分，最终写出如下二级XHTML结构。

```
<html>
<head>
</head>
<body>
<div class="header">
   <div class="top_menu"></div>
   <div class="loS"></div>
   <div class="nav"></div>
</div>
<div class="imp">
   <div class="right2-1">
      <div class="f3"></div>
      <div class="conM">
         <div class="W645"></div>
         <div class="T-Ls yanjiu"></div>
         <h4 class="tit"></h4>
         <div class="LimgR"></div>
         <div class="T-Ls"></div>
         <div class="links"></div>
      </div>
   </div>
   <div class="left2-1">
      <img class="pa2" />
      <div class="bor1">
         <h2>行业动态</h2>
         <div class="C_bj"></div>
         <img />
      </div>
      <div class="bor1">
         <h2>热点文章</h2>
         <div class="C_bj"></div>
         <img />
      </div>
      <div class="bor1">
         <h2>主题活动</h2>
         <div class="C_bj H447"></div>
         <img />
      </div>
   </div>
   <div class="clear"></div>
<div class="footer">
```

```
    <p>地址：北京市朝阳区东三环南路19号嘉多丽园B座906...</p>
</div>
</body>
</html>
```

11.2.6 布局

视频路径：视频文件\files\11.2.6.swf　　实例文件：无

第一步，打开 Dreamweaver 软件，执行“文件”→“新建”命令，弹出“新建文档”对话框，如图 11.21 所示，新建一个空白的 XHTML 文档页面，并保存文件为“An11.html”。

第二步，创建外部CSS样式表文件，并保存为Astyle.css文件。执行“窗口”→“CSS样式”命令，打开“CSS样式”面板，单击“附加样式表”按钮，在弹出的“链接外部样式表”对话框中单击“浏览”按钮，如图11.22所示，找到Astyle.css文件，将其链接到“An11.html”文档，最后单击“确定”按钮。

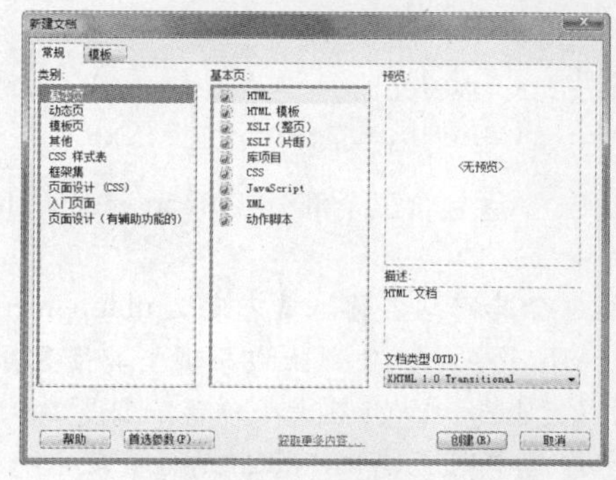

图11.21 “新建文档”对话框

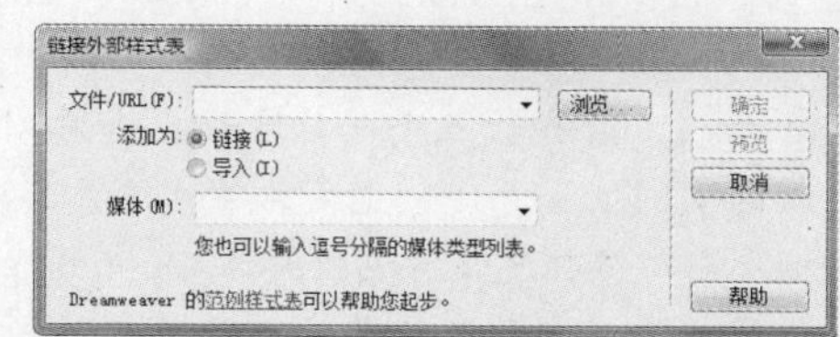

图11.22 “链接外部样式表”对话框

为 XHTML 文件添加如下代码：

```
<link href="css/Astyle.css" rel="stylesheet" type="text/css" />
```

第三步，初始化XHTML元素，将所有要用到以及即将用到的元素进行初始化，确保所有元素在不同浏览器下默认状态是一致的，其中包括清除内间距、外边距。

第四步，将页面划分为三个区域，分别对其区域进行划分。A区header层定义空间：宽度为1006像素、高度为186像素；设置背景图片为head.jpg，图片大小与空间大小一致。通过下边距调整A区与B区之间的距离。B区imp层宽度为915像素，浏览器下居中，其子元素left2-1层、right2-1层存放内容，clear层用于实现imp层高度自适应；left2-1层定义空间大小为207像素，通过左浮动漂移至imp层最左侧；right2-1层定义空间大小为702像素，通过右浮动漂移至imp层最右侧；clear层清除左右浮动，通过设置高度为0像素、字体大小为0像素、超出部分隐藏，实现该层不占用空间。C区footer层定义空间：宽度为1003像素、高度为90像素；设置背景图片为footer_bg.gif，图片大小与空间大小一致。A区效果图如图11.23所示。

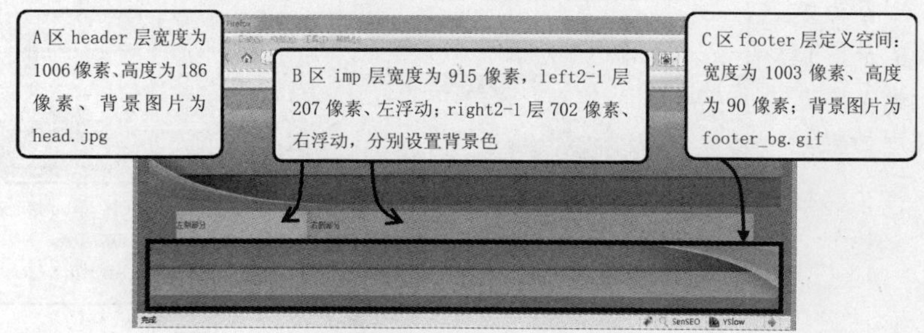

图11.23 A区效果

```
XHTML:
<div class="header"></div>
<div class="imp">
   <div class="right2-1"><p> </p><p>右侧部分</p><p> </p></div>
   <div class="left2-1"><p> </p><p>左侧部分</p><p> </p></div>
   <div class="clear"></div>
</div>
<div class="footer"></div>
CSS:
.header{width:1006px; height:186px; background:url(../images/head.jpg) no-repeat left top;
     margin:0 auto; margin-bottom:10px;}
.footer{width:1003px; height:90px; background:url(../images/footer_bg.gif) top left no-
repeat;
     clear:both; margin:0px auto; }
.imp{ width:915px; margin: 0 auto; background-color:#CC9900}
.left2-1{width:207px; float:left; background-color:#CCCC00}
.right2-1{ width:702px; float:right; background-color:#66CC00}
.clear{ clear: both; font-size:1px; width:1px; height:0; visibility: hidden; }
```

第五步，根据A区XHTML结构代码编写CSS样式代码。A区包含三个部分：ul.top_menu、loS层和nav层。

- ul.top_menu 存放三个网站地址，使用 <li> 标签包含其网站名称。首先定义 ul.top_menu 存放的空间位置，定义宽度为 434 像素，浮动至 A 区最右侧，使用上边距调整其位置。<li> 标签内超链接定义背景图片为 top_r_bg.gif，图片大小与 <li> 标签大小一致，都是 140*26；行高与高度一致，使其在 <li> 中垂直居中，水平居中则通过 text-align 属性实现；将三个 <li> 标签横向显示，调整标签之间的距离；<li> 标签内超链接颜色为白色（#f8f8f8），调整字体为 14 号加粗效果。
- loS层包含两部分：logo图片和<span>标签。logo图片通过XHTML图片元素的宽度、高度属性定义，CSS属性调整其位置：将其左浮动至父层最左侧，通过间距调整其位置，防止在IE 6浏览器下使用边距产生双倍margin问题。<span>标签存放“设为首页”、“加为收藏”图片超链接，logo在左侧，<span>标签通过浮动显示在右侧，设置其宽度为282像素、上间距为60像素；<span>标签内超链接设置竖线背景图片为line.gif（前面我们学过为图片设置背景图片的方法）；设置超链接宽度为115像素、高度为43像素，通过左间距调整超链接插入图片与超链接背景图片的位置，使其第一个超链接竖线背景与第二个超链接竖线背景之间的图片距离一致；通过上间距将图片下压至竖线中心位置。
- nav层存放图片导航，导航的每一项都是通过插入图片来实现的。首先清除浮动，防止loS层内浮动元素影响该层显示，定义该层右浮动；设置右间距为160像素，将其最右侧空出一部分空间，通过上间距调整该层的位置；nav层内图片超链接设置白色竖线背景图片，其背景图片位置为右侧顶部显示，调整超链接。

header 内部层效果如图 11.24 所示。

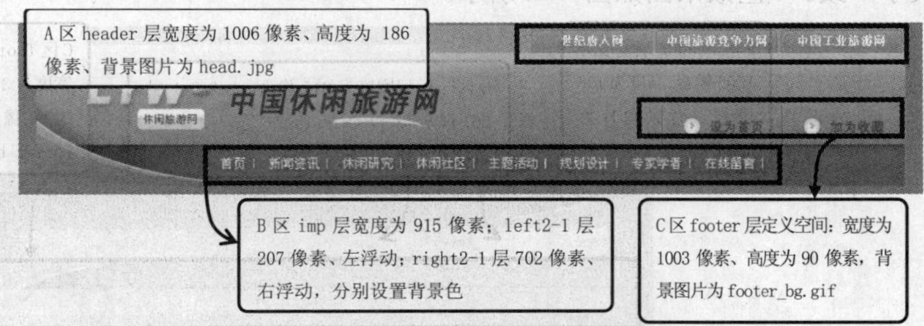

图11.24 header内部层效果

```
XHTML:
<div class="header">
   <ul class="top_menu">
      <li><a target="_blank" href="#">世纪唐人网</a></li>
      <li><a target="_blank" href="#">中国旅游竞争力网</a></li>
      <li><a target="_blank" href="#">中国工业旅游网</a></li>
   </ul>
   <div class="loS">
      <a href="#"><img src="images/logo.gif" width="411" height="74" class="logoico" /></a>
      <span>
         <a href="#"><img src="images/top_home.gif" width="93" height="22" /></a>
         <a href="#"><img src="images/top_112.gif" width="93" height="22" /></a>
      </span>
   </div>
   <div class="nav">
      <a href="#"><img src="images/nav_03.gif" width="31" height="17" /></a>
      <a href="#"><img src="images/nav_05.gif" width="61" height="17" /></a>
      <a href="#"><img src="images/nav_07.gif" width="61" height="17" /></a>
      <a href="#"><img src="images/nav_09.gif" width="60" height="17" /></a>
      <a href="#"><img src="images/nav_11.gif" width="59" height="17" /></a>
      <a href="#"><img src="images/nav_13.gif" width="59" height="17" /></a>
      <a href="#"><img src="images/nav_15.gif" width="60" height="17" /></a>
      <a href="#"><img src="images/nav_17.gif" width="60" height="17" /></a>
   </div>
</div>
CSS:
.header{width:1006px; height:186px; background:url(../images/head.jpg) no-repeat left top;
   margin:0 auto; margin-bottom:10px;}
.top_menu{ width:434px; float:right; margin-top:9px;}
.top_menu  li{  text-align:center;   margin:0px  2px;  float:left;width:140px;
height:26px;line-height:26px;
   background:url(../images/top_r_bg.gif) bottom left no-repeat;}
.top_menu li a{color:#f8f8f8; font-size:14px; font-weight:bold; }
.logoico{float:left; padding-left:58px; clear:both; padding-top:16px;}
.loS span{ float:right; width:282px; padding-top:60px;}
.loS  span  a{background:url(../images/line.gif)  no-repeat  left  top;  width:115px;
height:43px;
   display:inline-block; padding-left:24px;}
.loS span a img{ padding-top:10px;}
.nav{ clear:both; float:right; padding-top:15px; padding-right:160px;}
.nav a{background:url(../images/navs_05.gif) no-repeat right center; padding: 0 12px; }
```

第六步，根据C区XHTML结构代码编写CSS样式代码。C区内除文字内容“版权所有……”，其余信息被放入段落内。在一开始区域划分时，只是定义空间以及背景图片，文字、超链接等都未设置。通过上边距调整C区与B区之间的距离，使用上间距将区内内容下移18像素，最后进行字体大小、类型、颜色、行高等相关设置。为段落<p>标签设置上间距为22像素，将其下移至C区背景图片横线部分（通过背景图片的衬托可以区分文字的位置）；将超链接颜色设置为黑色，与C区内纯文本颜色一致。

联系我们、版权信息效果如图 11.25 所示。

图11.25 联系我们、版权信息

```
XHTML:
<div class="footer">
版权所有 中国休闲旅游网 Copyright &copy; 2008-2010
<p>地址：北京市朝阳区东三环南路19号嘉多丽园B座906 邮编：100021 京ICP备09034134号<br/>
电话：010-87665090/1 传真：010-87665090/1-1608 E-mail: <a href="#">xiao@yahoo.com.cn</a></p>
</div>
CSS:
.footer{width:1003px; height:90px; background:url(../images/footer_bg.gif) top left no-repeat;
    clear:both; margin:0px auto;line-height:1.5; font-size:13px; padding-top:18px; margin-top:10px;
    font-family:Verdana, Arial, Helvetica, sans-serif; text-align:center;color:#000!important; }
.footer a{ color:#000!important;}
.footer a:hover{color:#446942;}
.footer p{ padding-top:22px;}
```

第七步，编写left2-1区内部元素。left2-1区内包含服务热线图片、行业动态、热点新闻以及主题活动。“服务热线图片”部分通过插入图片L_E.gif来实现，通过XHTML元素属性定义宽度为207像素、高度为127像素，接着进行相对定位，左偏移6像素，此处暂显示不出什么作用，当结合right2-1层顶部f3层f3.png图片才可以发现，其作用是使这两个图片连在一起。

“行业动态”和“热点新闻”内容相同，内部XHTML元素一致、CSS属性一致，只是文字标题内容不同而已。它们通过bor1层包含起来，定义宽度为205像素，设置椭圆标题图片L_E.png，图片大小为205*41，背景图片的高度将应用到标题<h2>标签内。设置下边距为5像素，将“行业动态”和“热点新闻”进行分隔。

bor1层包含<h2>标签、C_bj层、底部圆角图片，<h2>标签存放标题，C_bj层存放相关信息列表，底部圆角图片与顶部圆角组合成圆角区域。

对<h2>标签进行初始化，定义高度为32像素、上间距为9像素，共32+9=41像素，与bor1层椭圆图片L_E.png高度一致，文字内容将在椭圆图片内显示；对字体进行格式化设置，如文本居中、14号字体、文本间距为2像素、字体颜色为黑色。

C_bj层存放<ul>标签列表新闻以及图片“更多”，<ul>标签定义class名为r_list，它将作为一个模块，便于其他区域进行调用。ul.r_list定义新闻列表字体大小为13号、左对齐、左间距为10像素。<li>标签定义方块背景fangkuai.png，通过左间距将文字内容部分向后推移；通过行高21像素实现<li>标签纵向之间的垂直间距。<li>标签内超链接颜色为白色，鼠标滑过时为#ff7901。

上面将ul.r_list模块建立完毕，其次调用该模块并针对行业动态和热点新闻区域调整左间距为15像素、上间距为8像素。

图片“更多”通过浮动漂移至右侧，调整右边距设置，并通过相对定位从当前位置向下调整10像素。图11.26所示为行业动态、热点文章。

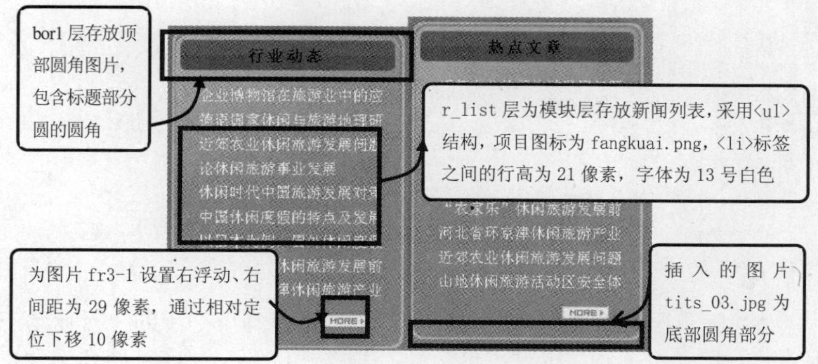

图11.26 行业动态、热点文章

```
XHTML:
<div class="imp">
   <div class="right2-1">右侧部分</div>
   <div class="left2-1">
      <img src="images/L_E.gif" width="207" height="127" alt="服务热线" class="pa2" />
      <div class="bor1">
         <h2>行业动态</h2>
         <div class="C_bj">
            <ul class="r_list">
               <li><a href="#">企业博物馆在旅游业中的应用</a></li>
               <li><a href="#">德语国家休闲与旅游地理研究</a></li>
            </ul><!--r_list end-->
            <a href="#" class="fr3-1"><img alt="更多..." src="images/more.gif"/></a>
         </div><!--C_bj end-->
         <img src="images/tits_03.jpg" width="205" height="17" />
      </div><!--bor1 end-->
      <div class="bor1">
         <h2>热点文章</h2>
         <div class="C_bj">
            <ul class="r_list">
               <li><a href="#">近郊农业休闲旅游发展问题</a></li>
            </ul><!--r_list end-->
            <a href="#" class="fr3-1"><img alt="更多..." src="images/more.gif"/></a>
         </div><!--C_bj end-->
         <img src="images/tits_03.jpg" width="205" height="17" />
      </div><!--bor1 end-->
   </div>
   <div class="clear"></div>
</div>
CSS:
.left2-1 .r_list{ padding-left:15px;padding-top:8px;}
.fr3-1{float:right; padding-right:29px; position:relative; top:10px;}
.bor1{ width:205px; background:url(../images/L_E.png) no-repeat left top; margin-bottom:5px; }
.bor1 h2{color:#000;line-height:32px;padding-top:9px;letter-spacing:2px; text-align:center;
     font-weight:bold;font-size:14px; font-family:Arial, sans-serif;}
.C_bj{background:url(../images/tits_02.jpg) no-repeat left top; height:219px;}
```

```
    .pa2{position:relative;left:6px;}
    /************列表 start***************/
    .r_list{font-size:13px; text-align:left; padding-right:10px;}
    .r_list li{line-height:21px; background:url(../images/fangkuai.png) no-repeat 2px 8px;
padding-left:12px;}
    .r_list a{color:#fffFFF !important;}
    .r_list li a:hover{ color:#ff7901 !important;}
    /************列表 end***************/
```

第八步，编写left2-1区内部元素“主题活动”。这一步与上一步的“行业动态”、“热点新闻”结构基本一致，但又有区别。bor1层包含<h2>标签、C_bj层、底部圆角图片，其作用都是一样，所不同的是C_bj层添加新class名H447，即<div class="C_bj H447">，定义高度为447像素。H447层内部元素将做成新模块。

H447 层包含两个 picText 层及一个 a.fr3-1。其中 a.fr3-1 作用同上一步作用一致，重点讲解 picText 层。picText 层包含 <ul> 标签，<ul> 标签内部包含一个 <li> 标签；<li> 标签包含图片、图片标题部分、图片新闻简介部分，分别通过 <img>、<span>、<p> 标签组成。

- <img>通过XHTML图片属性定义大小为155*92，设置3像素的内间距、1像素的边框线效果，该标签外部加入超链接便于浏览者单击。
- <span> 清除浮动、上间距为 5 像素、宽度为 147 像素、文本左对齐，接着转换为块元素。
- <p> 标签通过上间距将段落文字与 <span> 标签中文章标题进行分隔；通过行高进行段落文字纵向间隔；使用相对单位 em 进行首行缩进两个文字大小空间。

上面是建立模块，现在针对“主题活动”稍微修改设置，调整 <ul> 标签左间距为 20 像素，超链接颜色为白色，效果如图 11.27 所示。

图11.27 主题活动

```
XHTML:
<div class="bor1">
   <h2>主题活动</h2>
   <div class="C_bj H447">
      <div class="picText">
         <ul>
            <li>
               <a href="#"><img width="155" height="92" src="images/a2.png"/></a>
               <span><a href="#">“休闲社区建设活动”</a></span>
               <p><a  href="#">2008年8月26日全国休闲社区建设活动研讨会在京召开.会议由中国城市经济
学会休闲旅游产业委员会秘书长…</a></p>
            </li>
         </ul>
      </div><!--picTextend-->
      <div class="picText">
         <ul>
            <li>
               <a href="#"><img width="155" height="92" src="images/a2.png"/></a>
               <span><a href="#">“休闲社区建设活动”</a></span>
```

```
                <p><a href="#">2008年8月26日全国休闲社区建设活动研讨会在京召开.会议由中国城市经济学会休闲旅游产业委员会秘书长…</a></p>
                </li>
            </ul>
        </div><!--picTextend-->
        <a href="#" class="fr3-1"><img alt="更多..." src="images/more.gif"/></a>
    </div><!--C_bj H447 end-->
    <img src="images/tits_03.jpg" width="205" height="17" />
</div><!--bor1 end-->
CSS:
.picText{clear:both; width:164px; height:214px; overflow:hidden;}
.picText li{clear:both; padding:9px 0 0;}
.picText li p{line-height:18px; padding-top:10px; text-indent:2em;}
.picText img{ border:1px solid #fff; padding:3px;}
.picText span{margin:0 auto; width:147px; clear:both; padding:5px 0 0; text-align:left; display:block;}
.H447{height:447px;}
.H447 .picText{padding-left:20px;}
.H447 .picText li a{color:#ffFFFF !important;}
```

第九步，right2-1 区包含 f3 层、conM 层。f3 层包含一张图片，定义宽度为 702 像素、高度为 208 像素，该层图片与 left2-1 区服务热线图片（相对定位，调整偏移值）连在一起。conM 层包含国外休闲旅游研究、国内休闲旅游研究、专家学者、休闲旅游业态、休闲社区示范单位风采以及友情链接。

conM层定义白色区域空间大小，宽度为702像素、高度为987像素，其子元素W645层用于存放里面的内容，定义宽度为645像素，在conM层居中显示、两侧空白显示。W645层包含yanjiu层、<h4>标签、LimgR层、T-Ls层以及links层。T-Ls层定义高度为300像素、清除浮动、超出部分隐藏。yanjiu层继承T-Ls层设置，并设置超出部分显示。

left2-1区内yanjiu层包含国外休闲旅游研究、国内休闲旅游研究，内容相同，内部XHTML元素一致、CSS属性一致，文字标题内容不同而已。yanjiu层包含三部分：fl2-1层、fc2-1层、fr2-1层（注意：fl2-1层与fr2-1层存放内容一致，下面在给出结构时就不再重复）。fc2-1层设置竖向虚线，以便将fl2-1层、fr2-1层分隔；三个层都设置左浮动，fc2-1高度为250像素、宽度为1像素、超出部分隐藏，设置1像素左边框虚线。

fl2-1层设置左浮动、宽度为317像素、下间距为20像素，fr2-1层与fl2-1层设置一样，但通过相对定位，左偏移10像素。fl2-1层包含<h4>标签、picText层、r_list层。<h4>标签将作为标题模块部分，定义高度、行高为32像素，标题在行内垂直居中；1像素底部、底部虚线边框、文本左对齐、字体加粗、字体大小为13像素、字体颜色为#FF7901，设置背景图片为ico.png，不平铺，调整其位置，设置左间距为35像素，存放图片。接着设置下边距为10像素，用于调整<h4>标签与兄弟元素之间的距离。<h4>标签内<span>标签用于存放“栏目标题”，设置左浮动、字体颜色为#FF7901。<h4>标签内<a>标签存放“更多”，通过背景图片替代，接着使用text-indent极大的负数值隐藏内部文字，通过浮动，移动至<h4>标签右侧。fl2-1层内<h4>标签隐藏顶部边框线。ul.r_list是一个模块，在编写“行业动态”时建立的，此处调用此模块存放列表新闻，并针对fl2-1层内做调整：设置宽度为197像素，浮动到右侧、右间距为0、上边距为16像素，通过right2-1层改变其超链接颜色为#666，便于right2-1层内其他区域调用。

picText 层是在前面制作“主题活动”时建立的模块，此处调用并进行修改，设置为左浮动，这样 fl2-1 层内 picText 层在左、ul.r_list 在右；设置高度使其显示两个 <li> 标签，宽度的限制使其每行显示一个<li>标签；调整<li>标签间距和边距设置；图片边框、间距属性都取消；<span>标签的宽度修改与picText层宽度接近，文本居中对齐。前面讲过fr2-1层与fl2-1层设置一样，不同之处也讲到，调用即可。标题部分的设计效果如图11.28所示。

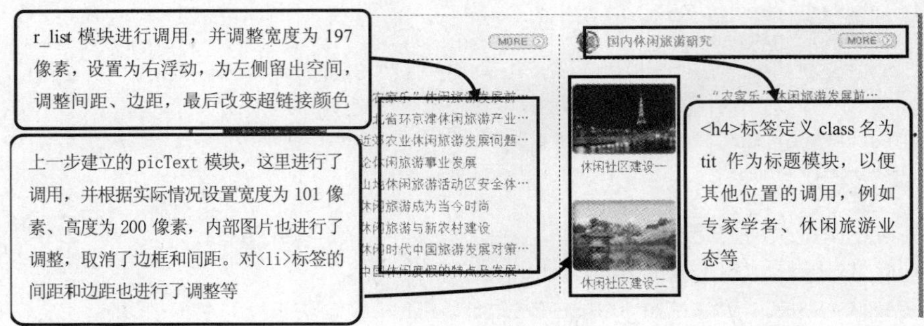

图11.28 标题部分

```
XHTML:
<div class="T-Ls yanjiu">
   <div class="fl2-1">
      <h4 class="tit"><span>国外休闲旅游研究</span><a href="#">more</a></h4>
      <div class="picText"><ul>
         <li><a href="#"><img width="101" height="69" src="images/img_r1.gif"/></a><span><a href="#">休闲社区建设一</a></span></li>
         <li><a href="#"><img width="101" height="69" src="images/img_r3.gif"/></a><span><a href="#">休闲社区建设二</a></span></li>
      </ul></div><!--picTextend-->
      <ul class="r_list">
         <li><a href="#">"农家乐"休闲旅游发展前…</a></li>
         <li><a href="#">河北省环京津休闲旅游产业…</a></li>
         <li><a href="#">近郊农业休闲旅游发展问题…</a></li>
         <li><a href="#">论休闲旅游事业发展</a></li>
         <li><a href="#">山地休闲旅游活动区安全体…</a></li>
         <li><a href="#">休闲旅游成为当今时尚</a></li>
         <li><a href="#">休闲旅游与新农村建设</a></li>
         <li><a href="#">休闲时代中国旅游发展对策…</a></li>
         <li><a href="#">中国休闲度假的特点及发展…</a></li>
      </ul><!--rs_list end-->
   </div><!--fl2-1 end-->
   <div class="fc2-1"></div><!--fl2-1 end-->
   <div class="fr2-1">
         <li><a href="#">"农家乐"休闲旅游发展前…</a></li>
         <li><a href="#">河北省环京津休闲旅游产业…</a></li>
         <li><a href="#">近郊农业休闲旅游发展问题…</a></li>
         <li><a href="#">论休闲旅游事业发展</a></li>
         <!——内容与fl2-1层一致——>
   </div><!--fr2-1 end-->
</div><!--T-Ls end-->
CSS:
h4.tit{ height:32px;border:1px dashed #000;overflow:hidden;border-right:none;border-left:none;
    text-align:left; color:#FF7901; font-weight:bold;
```

```
    line-height:32px; font-size:13px; background:url(../images/ico.png) 5px center no-repeat; padding-left:35px;
        margin-bottom:10px; clear:both;}
    h4.tit a{float:right;background:url(../images/r_more.gif) no-repeat left 8px;width:57px;height:30px;
        margin-right:2px; display:inline-block; text-indent:-999em; overflow:hidden;
    h4.tit span{float:left;color:#FF7901; }
    .yanjiu h4.tit{border-top:none; margin-top:10px;}
    .right2-1 .f3{width:702px; height:208px;}
    .conM{ width:702px; height:987px; background-color:#FFF}
    .W645{width:645px; margin:0 auto;}
    .fc2-1{width:1px;height:250px;margin-top:18px;overflow:hidden;font-size:1px;line-height:1px;
        margin-left:9px; border-left:1px dashed #000; float:left}
    .T-Ls{ clear:both; height:300px; overflow:hidden;}
    .fl2-1{float:left; width:230px; padding-bottom:20px;}
    .fr2-1{float:left; width:415px;padding-bottom:20px;}
    .yanjiu{ overflow:visible;}
    .yanjiu .fl2-1{width:317px;}
    .yanjiu .picText{width:101px; height:200px; float:left; overflow:hidden; margin-top:13px;}
    .yanjiu .picText li{padding-top:0; margin-bottom:25px;}
    .yanjiu .picText li img{border:none; padding:0;}
    .yanjiu .picText span {width:100px; text-align:center;}
    .yanjiu .fr2-1{width:317px; position:relative; left:10px;}
    .yanjiu .r_list{width:197px;  float:right; padding-right:0;margin-top:16px;}
    .right2-1 .r_list a{color:#666 !important;}
```

第十步，“专家学者”的标题直接调用h4.tit即可。下面的信息存放在LimgR层，该层没有定义任何属性，直接调用ul.r_list模块设置，因其是右浮动，故图片在左侧显示，图片大小通过XHTML的图片属性定义。通过LimgR层调整ul.r_list模块，设置宽度为336像素、下间距为30像素。设置效果如图11.29所示。

图11.29　专家学者、图片以及新闻列表

```
XHTML:
<div class="LimgR">
   <ul class="r_list">
      <li><a href="#">桃、桃林、桃花、桃文化的旅游产品规划</a></li>
      <li><a href="#">农村旅游市场的特点与开发</a></li>
      <li><a href="#">旅游业发展与城市品牌建设</a></li>
      <li><a href="#">旅游“熊市”与社区营销</a></li>
      <li><a href="#">旅游促销说明会：理念与策略的创新</a></li>
      <li><a href="#">旅游节庆的策划</a></li>
      <li><a href="#">社团营销与黄金周自驾车市场开发</a></li>
      <li><a href="#">旅游目的地营销创新之电影营销</a></li>
      <li><a href="#">市场导向下的旅游规划与市场开发</a></li>
```

```
      <li><a href="#">内蒙古通辽市科尔沁草原蒙族风情园策划纲要</a></li>
    </ul><!--r_list end-->
    <a href="#"><img height="199" width="266" src="images/3.jpg"/></a>
</div>
CSS:
.LimgR .r_list{width:336px; float:right; padding-bottom:30px;}
```

第十一步，T-Ls层用于存放“休闲旅游业态”、“休闲社区示范单位风采”，定义宽度为300像素、清除浮动、超出部分隐藏，因其父层W645层定义宽度为645像素，故不必定义宽度。T-Ls层包含fl2-1层、wov层。前面也定义过fl2-1层大小，其作用就是包含内部元素；wov层继承fl2-1层，宽度重置为415像素。图11.30所示为休闲旅游业态、休闲社区示范单位风采图。

fl2-1 层包含 <h4> 标签以及 rs_list 层，<h4> 标签是模块，可以直接调用；rs_list 层继承模块 r_list 层设置，故不需要重复设置。

wov层除继承fl2-1层外，内部层包含<h4>标签以及dl.fc_text。<h4>标签是模块，可以直接调用，dl.fc_text是新建立的，首先定义其左浮动、宽度为200像素、文本左对齐，便于在wov层内一行显示两个dl.fc_text，调整上边距、左边距，其子元素<dt>标签存放图片和图片名称，设置为左浮动，便于<dt>标签与它在一行内显示；图片通过下边距调整与下面图片文字的距离；调整文字为居中对齐。<dd>标签存放图片简介，首先设置为左浮动、宽度为94像素，接着通过左边距调整与左侧图片的距离，最后设置链接颜色以及行高。

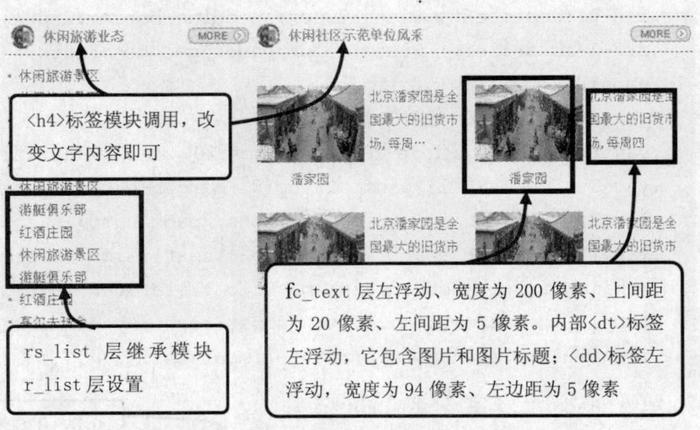

图11.30 休闲旅游业态、休闲社区示范单位风采

```
XHTML:
<div class="T-Ls">
  <div class="fl2-1">
    <h4 class="tit"><span>休闲旅游业态</span><a href="#">more</a></h4>
    <ul class="r_list rs_list">
      <li><a href="#">休闲旅游景区</a></li>
      <li><a href="#">休闲旅游景区</a></li>
      <li><a href="#">游艇俱乐部</a></li>
      <li><a href="#">高尔夫球会</a></li>
      <li><a href="#">红酒庄园</a></li>
      <li><a href="#">休闲旅游景区</a></li>
      <li><a href="#">游艇俱乐部</a></li>
      <li><a href="#">红酒庄园</a></li>
      <li><a href="#">休闲旅游景区</a></li>
      <li><a href="#">游艇俱乐部</a></li>
      <li><a href="#">红酒庄园</a></li>
      <li><a href="#">高尔夫球会</a></li>
    </ul><!--rs_list end-->
  </div><!--fl2-1 end-->
  <div class="fr2-1 wov">
```

```
        <h4 class="tit"><span>休闲社区示范单位风采</span><a href="#">more</a></h4>
        <dl class="fc_text">
           <dt><img width="101" height="72" src="images\a.jpg"/><br /><a href="#">潘家园</a></dt>
           <dd><a href="#">北京潘家园是全国最大的旧货市场，每周… </a></dd>
        </dl><!--fc_text end-->
        <dl class="fc_text">
           <dt><img width="101" height="72" src="images\a.jpg"/><br /><a href="#">潘家园</a></dt>
           <dd><a href="#">北京潘家园是全国最大的旧货市场，每周四</a></dd>
        </dl><!--fc_text end-->
        <dl class="fc_text">
           <dt><img width="101" height="72" src="images\a.jpg"/><br /><a href="#">潘家园</a></dt>
           <dd><a href="#">北京潘家园是全国最大的旧货市场</a></dd>
        </dl><!--fc_text end-->
        <dl class="fc_text">
           <dt><img width="101" height="72" src="images\a.jpg"/><br /><a href="#">潘家园</a></dt>
           <dd><a href="#">北京潘家园是全国最大的旧货市场</a></dd>
        </dl><!--fc_text end-->
     </div><!--fr2-1 end-->
   </div><!--T-Ls end-->
   CSS:
   .fc_text{float:left; width:200px; text-align:left; padding-top:20px; padding-left:5px;}
   .fc_text dt{float:left; text-align:center;}
   .fc_text dt img{margin-bottom:5px;}
   .fc_text dd{float:left; margin-left:5px; width:94px;}
   .fc_text a{color:#2189c6 !important; line-height:22px;}
```

第十二步，友情链接links层存放文字“友情链接”及图片。首先清除浮动，防止上面元素的浮动引起错位问题，设置顶部边框虚线。links层包含ico层和图片超链接，ico层设置背景项目图标ico2.png，调整其位置，它内部包含文字“友情链接”，故需要对文字内容进行格式化，设置文字颜色为#FF7901、字体加粗、12号字；通过text-indent属性将文字内容向右移动，便于存放其图标；高度和行高为40像素，使之垂直居中；设置ico层下边距为3像素，拉开与下面的图片超链接距离。图片通过浮动，使其在一行内显示。图片之间的距离使用右边距进行分隔。修饰图片超链接，设置1像素内间距、1像素的边框线。图11.31所示为友情链接的效果。

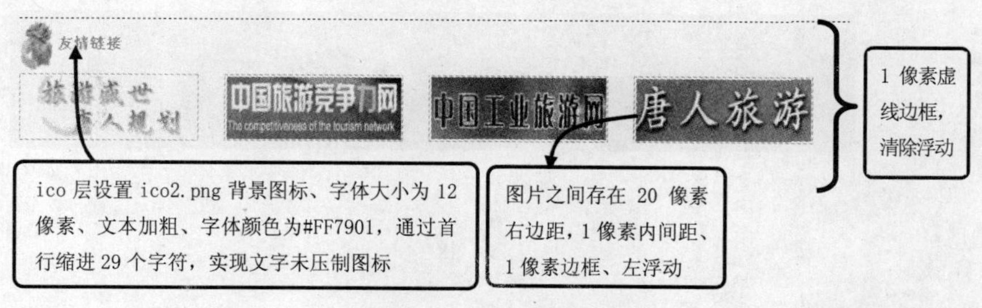

图11.31　友情链接

```
XHTML:
<div class="links">
```

```
        <div class="ico">友情链接</div>
        <a href="#"><img src="images/s.jpg" width="136" height="48" /></a>
        <a href="#"><img src="images/s1.jpg" width="136" height="48"/></a>
        <a href="#"><img src="images/s2.jpg" width="136" height="48"/></a>
        <a href="#"><img src="images/s3.jpg" width="136" height="48"/></a>
    </div><!--links end-->
    CSS:
    /******友情链接 start**********/
    .links{clear:both; border-top:1px dashed #000; position:relative; z-index:10 }
    .links .ico{ background:url(../images/ico2.png) no-repeat 1px 3px; margin-bottom:3px;
color:#FF7901;
        font-weight:bold; font-size:12px; text-indent:29px; height:40px; line-height:40px;}
    .links img{float:left; margin-right:20px; border:1px solid #ccc; padding:1px;}
    /******友情链接 start**********/
```

第12章

建筑房产类网站的结构与布局——CSS布局模型

在前面章节中我们介绍了很多 CSS 属性，这些属性多是针对具体的元素样式或者版块样式来使用的，如导航、数据表格、表单等。本章将讲解如何将已建立的版块放到网页内，实现网页布局。在表格布局时代，网页设计师主要工作就是使用 Photoshop 或 Fireworks 等绘图工具绘图、切图，然后把切图输出为 HTML 文档。而在标准设计模式下，网页布局的核心工作就是如何写出合适的结构，并根据这个结构实现标准化布局，与传统布局相比，设计思路和操作方法都有了很大的不同。

网页布局就是根据设计图纸制定布局方式，将网页模块分别放入布局框架内，从而完成网页的设计。例如，禅意花园（http://www.csszengarden.com/），是读者学习网站布局方式最好的参考网站，它并不是简简单单的一个网站，而是由许许多多的网页制作高手根据不变的 XHTML 结构编写不同布局方式的集合地，感兴趣的读者不妨访问该网站并研究一番。

12.1 CSS布局模型

CSS 网页按照布局方式可以分为：固定布局、液化布局、弹性布局、伪劣布局、负边界布局、浮动布局以及定位布局。

本节光盘内容:	
本节实例文件	无
本节视频长度	32分59秒

页面不单独使用某种布局方式，大多数情况是几种布局组合，即融合每种布局的优点，组合成混合布局模型。

- 固定布局、液化布局、弹性布局通过字体单位的不同来改变布局方式。
- 定位布局、伪劣布局、负边界布局、浮动布局通过使用CSS相关属性定义布局方式。

在下面的章节中分别介绍每种布局方式，并通过实例展示这种布局的实现方法。

12.1.1 固定宽度布局

视频路径：视频文件\files\12.1.1.swf | 实例文件：实例文件\12\基础示例\固定宽度布局.html、固定布局案例.html、固定布局.html

固定宽度布局，顾名思义就是网页宽度固定，一般以像素作为单位。网页中无论一行或者多行，只要通过像素为单位定义宽度，即可认为此布局方式为固定布局。页面中主体模块决定了网页的布局，小模块可以采用其他方式或者也以固定布局为主。

最简单的固定布局，XHTML代码非常简单，如一列式固定宽度的布局方式，含有一个<div>标签。

```
<div class="flow">固定宽度，像素为单位</div>
```

通过为<div>标签添加一个class名，标签名也可以用id值，如果该布局属于一个小模块，在其他页面中可以调用时，最好使用class名，避免id值的重复。然后为该标签定义布局样式，例如，在下面的实例中，为class名为flow的<div>标签设置CSS属性，实现网页一列固定宽度布局方式。

```
<html>
<head>
<style type="text/css">
.flow{
     width:500px;                          /* 设置元素宽度为500像素 */
     background-color:#09C;                /* 设置元素背景色，查看在浏览器中的位置 */
     font-size:12px;                       /* 设置元素字体大小 */
     border:2px solid #F60;                /* 设置2像素的边框线 */
     height:300px;                         /* 设置元素高度为300像素*/
}
</style>
</head><body>
<div class="flow">固定宽度，单位为像素</div>
</body></html>
```

页面演示效果如图 12.1 所示。

在上面实例中，<div> 标签在不设置宽度下默认占据整行空间。<div> 标签不仅设置宽度、高度属性，同时设置背景颜色和边框线以及字体大小，此处的设置是为了更好地显示或衬托定义的布局。背景颜色和边框线用于表明该模块处于浏览器的位置，字体大小用于初始化布局模块。

在浏览器中预览会发现，整个布局未处于浏览器的中间，左右的间距不一致。因此现在要解决的问题是：整个布局 <div> 标签如何处于浏览器居中位置。每个浏览器处理居中方式不同，下面将以 IE 浏览器（搜狗、腾讯 TT 等以 IE 内核为主的浏览器）、Firefox 为代表的标准浏览器（Safari、Opera、谷歌等国外浏览器）分别设置居中方式并进行对比。

例如，在下面实例中，继续使用上面实例的 CSS 代码和 XHTML 结构，为 class 名为 flow 的 <div> 标签补充浏览器下居中属性。

```
body{
     margin:0;padding:0;                        /* 清除默认设置 */
     text-align:center;                         /* IE及使用IE内核的浏览器居中 */
}
.flow{
     width:500px;                               /* 设置元素宽度为500像素 */
     background-color:#09C;                     /* 设置元素背景色，便于查看在浏览器中的位置 */
     font-size:12px;                            /* 设置元素字体大小 */
     border:2px solid #F60;                     /* 设置2像素的边框线 */
     height:300px;                              /* 设置元素高度为300像素*/
     margin:0 auto;                             /*  Firefox等标准浏览器居中 */
     text-align:left;                           /* 定义文本内容对齐方式 */
}
```

页面演示效果如图 12.2 所示。

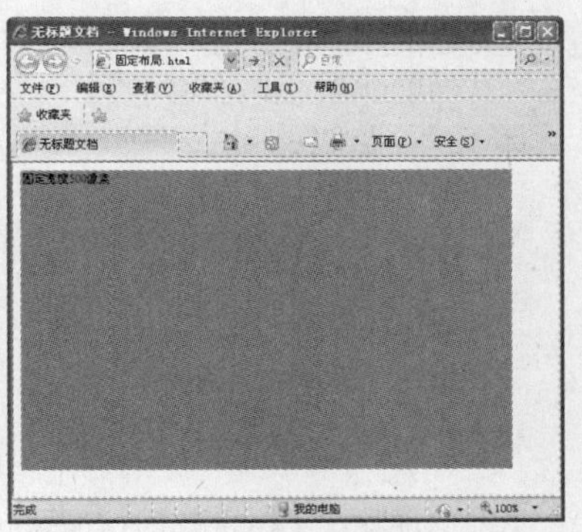

图12.1　一列固定布局

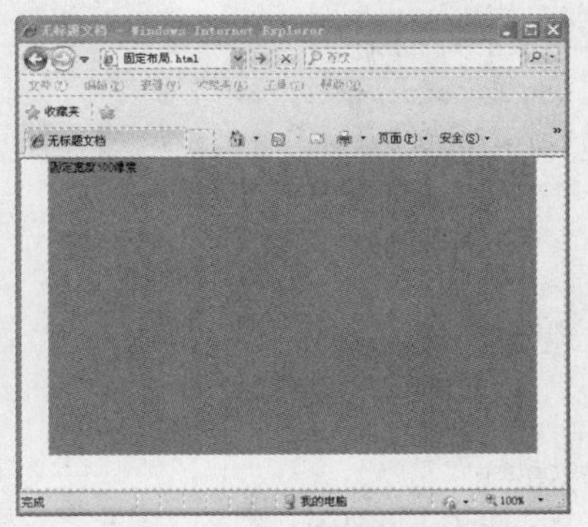

图12.2　一列固定布局居中

在上面实例中，<body>标签使用CSS中文本居中属性，实现以IE浏览器为代表，拥有宽度的块级元素居中。Firefox等浏览器的居中则使用margin:0 auto;属性，上下边距为0像素，清除浏览器下默认的外边距，左右外边距，浏览器通过auto属性值自动计算浏览器左右两侧的空隙，以实现居中。

> **TIP** 设置了浮动或者定位属性的块级元素居中，一层标签无法实现，需要依靠嵌套方式实现，在后面的浮动定位布局和定位布局中将会讲解。

网页布局整体用一个固定布局方式，其余元素可用其他布局方式，即使用不同布局方式的优势填补某种布局的缺陷。下面列出固定布局的优势和缺陷。

固定布局的优势如下。

- 固定宽度布局设计简便，像素调整方便。
- 不同分辨率、屏幕大小，页面宽度一致，图片、视频等宽度固定的内容，潜在的冲突少，定义多大就是多大。

固定布局的缺陷如下。

- 固定宽度的布局将对使用高分辨率屏幕用户带来页面空白，尤其是为了兼容小屏幕、低分辨率用户设置的页面，最后结果是页面内容大小极有可能没有浏览器两侧空白间隙大。

- 若固定宽度，设置符合大屏幕显示器的页面时，小屏幕显示器出现水平滚动条，影响用户体验，查看内容不方便。
- 设置背景图片时需要考虑不同分辨率下背景图片的效果。尤其应用于网站主页时，其背景图片设置在<body>标签。

例如，在下面实例中，页面设置了符合小屏幕分辨率的宽度，为780像素，在屏幕分辨率为1280*900下，出现左右两侧的空间大小与网页内容空间大小一样的问题。

```
<html>
<head>
<style type="text/css">
body {
    font: 100% 宋体,新宋体;                    /* 设置字体 */
    background: #fdacbf;                        /* 设置页面背景色 */
    margin: 0;                                  /* 清除外边距 */
    padding: 0;                                 /* 清除内间距 */
    text-align: center;                         /* IE及使用IE内核的浏览器居中 */
    color: #494949;                             /* 设置字体颜色 */
    line-height:150%;                           /* 设置行高 */
}
#container {
    width: 780px;                               /* IE及使用IE内核的浏览器居中 */
    background: #FFFFFF;                        /* IE及使用IE内核的浏览器居中 */
    margin: 0 auto;                             /* 自动边距（与宽度一起）会将页面居中 */
    border: 1px solid #000000;                  /* IE及使用IE内核的浏览器居中 */
    text-align: left;                           /* 覆盖<body>标签定义的"text-align: center" */
}
a{
    color:#AC656D!important;                    /* 定义超链接默认颜色 */
}
#mainContent {
    padding: 0 20px;                            /* 定义左右间距，与父元素拉开左右距离 */
    padding-bottom:20px;                        /* 定义下间距 */
}
#mainContent h1{
    margin:0;                                   /* 清除<h1>元素默认边距 */
    background:url(img/1.jpg) center top;       /* 设置背景图片，作为博客头部图片 */
    overflow:hidden;                            /* 超出部分隐藏 */
    height:120px;                               /* 定义高度为120像素 */
    width:740px;                                /* 定义宽度为740像素*/
    color:#A1545B;                              /* 设置博客标题字体颜色 */
}
#mainContent h1 span{
    float:right;                                /* 设置博客标题右浮动 */
    font-size:24px;                             /* 设置博客标题字体大小 */
    font-family:"微软雅黑","黑体";              /* 设置博客标题字体类型 */
    line-height:40px;                           /* 设置行高 */
    padding-right:20px;                         /* 博客标题与右侧背景有20像素间距 */
    font-weight:300;                            /* 设置字体加粗为300 */
}
#mainContent .blognavInfo{
```

```
        margin-top:-20px;                          /* 设置导航上边距为30像素 */
        text-indent:80px;                          /* 首行缩进80像素，导航就一行 */
        width:740px;                               /* 导航的宽度 */
    }
    .artic{
        height:24px;line-height:24px;              /* 设置垂直居中 */
        background-color:#f3bac0;                  /* 设置背景色 */
        text-indent:1em; font-size:14px;           /* IE及使用IE内核的浏览器居中 */
        clear:both;                                /* 清除浮动 */
        width:740px;                               /* 博客栏目宽度为740像素 */
    }
    #mainContent a{
        padding:0 5px; text-decoration:none;       /* 超链接设置 */
        font-size:14px; color:Verdana,"宋体",sans-serif;          /*字体设置 */
    }
    #mainContent a:hover{
        font-weight:bold; text-decoration:underline;          /* 超链接鼠标滑过时效果 */
    }
    #mainContent h2{
        color:#BF3E46;font-weight:300;             /* 文章标题名称颜色、加粗设置 */
        font-family:"微软雅黑","黑体";             /* 文章标题字体类型 */
        margin:0; line-height:40px;                /* 文章标题行高及清除默认外边距 */
    }
    #mainContent p{
        margin:0;                                  /* 清除段落默认设置 */
    }
    #mainContent p span{
        float:right;                               /* 博客内容设置，向右浮动 */
        padding-right:200px;                       /* 博客内容设置右间距，效果：与图片位置贴近 */
        line-height:200%                           /* 博客内容行高，不设置高度，高度自适应 */
    }
    </style>
    </head><body>
    <div id="container">
      <div id="mainContent">
        <h1><span>放你的童心在我的手心</span></h1>
        <div class="blognavInfo">
          <span><a href="E">首页</a></span>。。。。。。</span>
        </div>
        <div class="artic">文章</div>
          <h2>粉红女孩</h2>
          <p><span>哲哲<br/>森林里的粉红精灵<br/>飘落在妈妈的眼前。。。。。。</span>
            <img src="img/2.jpg" width="350" height="400" />
          </p>
      </div>
    </div>
    </body></html>
```

页面演示效果如图 12.3 所示。

在上面实例中，<body>标签定义IE浏览器下居中，定义整体页面基调为粉红色，给人以温馨的

DIV+CSS 网站布局 从入门到精通

感觉，文本行高为相对单位，使用百分比，为后面的段落文字的纵向间距埋下伏笔。

博客页面使用一列固定宽度布局，高度自适应。需针对id为container层定义在Firefox浏览器下居中属性，且因其继承<body>标签的居中方式，重新定义内部元素文字对齐方式为左对齐。设置背景色为白色、1像素的边框线，将博客页面区域彰显出来。

- 博客主体部分：通过id为mainContent层包含，因其外层已经定义居中、宽度，因而此处只需定义间距即可，其宽度自适应父元素宽度。
- 博客标题部分：使用<h1>标签定义大背景图片，定义其宽度为740像素，高度为120像素。id为mainContent层定义左右间距为20像素，整个博客宽度为780像素，故780-20（id为mainContent层左间距）-20（id为mainContent层右间距）=740像素。背景图片的宽度、高度大于定义的高度值，此处定义背景图片从浏览器中间、顶部开始显示。当改变其宽度时，在IE 8浏览器下显示发现图片超出显示内容。内部字体采用微软雅黑，清除默认<h1>标签加粗效果，重新定义文字粗细为300像素。
- 导航部分：导航默认的链接颜色设置为粉色基调，其余设置不再讲解。

图12.3 博客——固定布局

段落部分：在XHTML代码中，段落内容在图片前面。其中设置<span>标签右浮动，脱离文档流，漂移到右侧，图片占据原段落占用的位置，默认图片的宽度、高度大于整个博客的大小，通过XHTML代码限制其大小为350*400像素。宽度、高度属性设置可以通过CSS属性定义大小，因CSS属性控制图片，定义范围过大（当为img定义CSS属性时，所有的图片都将应用此属性设置，以后修改也很麻烦）。博客中的图片只有通过XHTML代码定义，而不是用CSS属性限制大小，否则可能引起图片变形。

在浏览器里观察，发现图片与段落文件间距比较大，设置右间距为 200 像素，拉近段落文字与图片的距离，以期达到浏览器下图片文字与段落文字相互衬托的效果。

其余元素设置，请查看“固定布局案例 .html”文件，此处主要是讲解固定布局大小。图片大小也可认为是固定布局的一部分，其宽度、高度是以像素为单位的元素或标签，将其单独拿出来放到新页面下的新标签，标签定义大小，可认为是固定布局。

12.1.2 流动布局

视频路径：视频文件\files\12.1.2.swf | 实例文件：实例文件\12\基础示例\流动布局.html、流动布局案例.html

流动布局实现方法是大部分组件（包括主容器）以百分比作为宽度单位，并根据用户的屏幕分辨率自适应。简单地说就是将像素单位设置换成百分比设置的过程。可实际上并不仅仅如此，要实现一个良好的流动网页布局并不是一件简单的事情，需要通过Photoshop软件中的工具获取像素大小并转换，即将计算元素宽度以像素为单位的方式，转为根据父元素的大小、根据一定比例设置换算成需要的百分比，同时后期页面的修改也是一个计算的过程。

最简单的流动布局，XHTML代码非常简单，如一列式流动宽度的布局方式，含有一个<div>标签。

```
<div class="layout">流动布局,百分比为单位</div>
```

通过为 <div> 标签添加一个 class 名，标签名也可以用 id 值，如果该布局属于一个小模块，在其他页面中可以调用时，最好使用 class 名，避免 id 值的重复。然后为该标签定义布局样式。

例如，在下面实例中，通过两个 div 标签，其中一个必须设置浮动，从而实现两列宽度自适应的流动布局。

```
<html>
<head>
<style type="text/css">
body{
     margin:0;                               /* 清除外边距 */
     padding:0;                              /* 清除内间距 */
     text-align:center;                      /* IE及使用IE内核的浏览器居中 */
}
.lay2{
     width:14%;                              /* 14%的宽度与下面CSS代码的85%，合起来为99% */
     font-size:12px;                         /* 盒子宽度为100像素 */
     height:300px;                           /* 盒子宽度为100像素 */
     margin:0 auto;                          /* 居中无效 */
     text-align:left;                        /* 文本左对齐 */
     background-color:#FF9900;               /* 盒子宽度为100像素 */
     float:left;                             /* 设置浮动 */
     border:2px solid #99CC33                /* 设置浮动 */
}
.layout{
     width:85%;                              /* 85%的宽度与上面CSS代码的14%，合起来为99% */
     font-size:12px;                         /* 盒子宽度为100像素 */
     height:300px;                           /* 盒子宽度为100像素 */
     margin:0 auto;                          /* 居中无效 */
     text-align:left;                        /* 文本左对齐 */
     background-color:#0066CC;               /* 盒子宽度为100像素 */
     float:left;                             /* 两个层必须有一个为浮动，否则为两行流动布局 */
     border:2px solid #FF66CC                /* 设置浮动 */
}
</style>
</head><body>
<div class="flow">固定宽度，单位为像素</div>
</body></html>
```

页面演示效果如图 12.4 所示。

在上面实例中，实际应用了两种布局方式，一种是流动布局，一种是浮动布局。浮动布局在后面的章节会讲到，此处重点讲解流动布局。

class为layout层和class，为lay2层分别设置了宽度为85%和14%，其和小于浏览器的100%，根据CSS盒子模型计算方式：

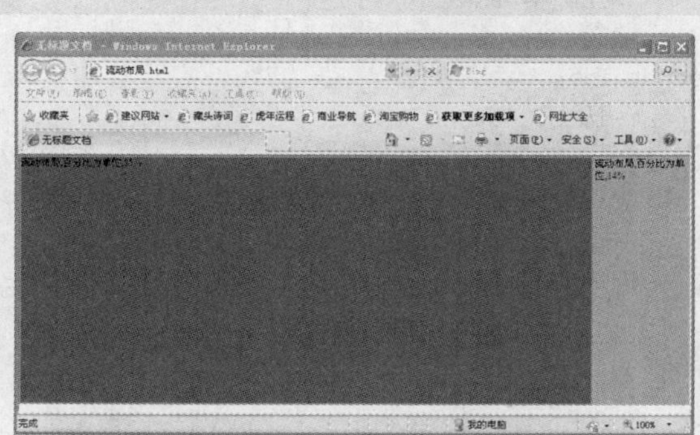

图12.4　两列宽度自适应的流动布局

```
W=width（content）+(border[左右边框]+padding[左右内间距]+margin[左右外间距])*2
H=height（content）+(border[上下边框]+padding[上下内间距]+margin[上下外间距])*2
```

在上面实例中，class为layout层本身定义的宽度百分比，同时定义2像素的边框属性，故class为layout层的宽度为85%+2px；class为lay2层的宽度为14%+2px，因而左右两侧宽度已然超过定义的百分比，最终宽度也将有可能超过浏览器的宽度，右侧class为lay2层极有可能被挤下去，将两列流动布局变为两行流动布局。改变浏览器大小，实现两行流动布局，此处可以发现流动布局很不稳定。

在上面的CSS属性设置中，虽然设置了居中，却因为浮动属性缘故，并没有实现浏览器居中效果，通过改变class为layout层宽度百分比为45%，查看浏览器效果。

前面介绍过应用固定布局的优势和缺陷，现在介绍流动布局的优势和缺陷。

流动布局的优势如下。

- 流动布局拥有更强的亲和力，根据客户端屏幕大小及分辨率，网页内容自适应。
- 不同浏览器和屏幕分辨率下使用同一个背景图片，故背景图片设置的大小符合最大屏幕，小屏幕显示背景图片最重要的部分。

流动布局的缺陷如下。

- 设计师对客户端的页面显示效果难以控制。由于屏幕大小的不同，设计的效果需要进行多样考虑，增加了设计时间。
- 图片、视频以及其他拥有固定宽度的内容需根据屏幕分辨率的不同设置不同的宽度，通过CSS 属性设置为百分比，也无法解决此问题。
- 特别大的显示屏幕，如液晶显示屏，或者在电视上显示，内容不够多，或者背景图片设置不当时，影响页面效果。

例如，在下面实例中，博客页面占据浏览器大小的 60%，博客页面内部元素大小也将像素单位转换为百分比。

```
<html>
<head>
<style type="text/css">
body {
    font: 100% 宋体,新宋体;                      /* 设置字体 */
    background: #fdacbf;                         /* 设置页面背景色 */
    margin: 0;                                   /* 清除外边距 */
    padding: 0;                                  /* 清除内间距 */
    text-align: center;                          /* IE及使用IE内核的浏览器居中 */
    color: #494949;                              /* 设置字体颜色 */
    line-height:150%;                            /* 设置行高 */
}
#container {
    width: 60%;                                  /* 百分比*/
    background: #FFFFFF;                         /* IE及使用IE内核的浏览器居中 */
    margin: 0 auto;                              /* 自动边距（与宽度一起）会将页面居中 */
    border: 1px solid #000000;                   /* IE及使用IE内核的浏览器居中 */
    text-align: left;                            /* 覆盖<body>标签定义的"text-align: center" */
}
a{
    color:#AC656D!important;                     /* 定义超链接默认颜色 */
}
```

```
#mainContent {
    padding: 0 20px;                        /* 定义左右间距，与父元素拉开左右距离 */
    padding-bottom:20px;                    /* 定义下间距 */
}
#mainContent h1{
    margin:0;                               /* 清除<h1>元素默认边距 */
    overflow:hidden;                        /* 超出部分隐藏 */
    height:120px;                           /* 定义高度为120像素，使用固定布局单位 */
    color:#A1545B;                          /* 设置博客标题字体颜色 */
    background:url(img/1.jpg) 10% 0%;       /* 使用流动布局，单位为百分比*/
    width:100%;                             /* 宽度为100%，自适应父元素宽度 */
}
#mainContent h1 span{
    float:right;                            /* 设置博客标题右浮动 */
    font-size:24px;                         /* 设置博客标题字体大小 */
    font-family:"微软雅黑","黑体";            /* 设置博客标题字体类型 */
    line-height:40px;                       /* 设置行高 */
    padding-right:20px;                     /* 博客标题与右侧背景有20像素间距 */
    font-weight:300;                        /* 设置字体加粗为300 */
}
#mainContent .blognavInfo{
    margin-top:-20px;                       /* 设置导航上边距为30像素 */
    text-indent:20%;                        /* 将固定布局单位转换为流动布局单位 */
    width:100%;                             /* 宽度为100%，自适应父元素宽度 */
}
.artic{
    height:24px;line-height:24px;           /* 设置垂直居中 */
    background-color:#f3bac0;               /* 设置背景色 */
    font-size:14px;                         /* 字体大小 */
    clear:both;                             /* 清除浮动 */
    text-indent:95%;                        /* 缩进使用百分比，将文字移至最右侧 */
    width:100%;                             /* 宽度为100%，自适应父元素宽度 */
}
#mainContent a{
    padding:0 5px; text-decoration:none;                   /* 超链接设置 */
    font-size:14px; color:Verdana,"宋体",sans-serif;        /* 字体设置 */
}
#mainContent a:hover{
    font-weight:bold; text-decoration:underline;           /* 超链接鼠标滑过时效果 */
}
#mainContent h2{
    color:#BF3E46;font-weight:300;          /* 文章标题名称颜色、加粗设置 */
    font-family:"微软雅黑","黑体";            /* 文章标题字体类型 */
    margin:0; line-height:40px;             /* 文章标题行高及清除默认外边距 */
}
#mainContent p{
    margin:0;                               /* 清除段落默认设置 */
}
#mainContent p span{
    float:right;                            /* 博客内容设置，向右浮动 */
```

```
    line-height:200%;                    /* 设置行高 */
    padding-right:15%;                   /* 百分比，将文字内容偏离最右侧，与图片接近 */
}
#mainContent p img{
    width:40%;                           /* 页面主容器百分比时，图片也改变 */
    height:50%;                          /* 页面主容器百分比时，图片也改变 */
}
</style>
</head><body>
<div id="container">
  <div id="mainContent">
  <h1><span>放你的童心在我的手心</span></h1>
  <div class="blognavInfo">
    <span><a href="E">首页</a></span>。。。。。。</span>
  </div>
  <div class="artic">文章</div>
        <h2>粉红女孩</h2>
        <p><span>哲哲<br/>森林里的粉红精灵<br/>飘落在妈妈的眼前……</span>
            <img src="img/2.jpg" />
        </p>
  </div>
</div>
</body></html>
```

页面演示效果如图 12.5 所示。

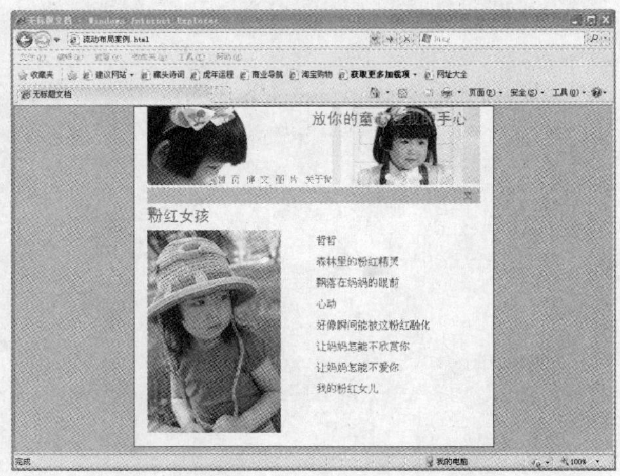

图12.5 博客——流动布局

在上面实例中，XHMTL 结构使用固定流动布局，且通过本例告诉读者，结构不变，CSS 样式改变，达到改变页面效果的目的。业界最著名的 CSS 禅意花园就是一个很鲜明的例子。

博客页面使用一列流动宽度布局，高度自适应。id 为 container 层定义整体博客页面大小，即浏览器大小空白区域的 60%。

- 博客主体部分：通过id为mainContent层包含，定义间距，宽度自适应其父元素的宽度。
- 博客标题部分：使用<h1>标签定义大背景图片，高度使用固定定位的方式，定义为120像素，宽度使用百分比，因其为100%，可省略此定义。id为mainContent层定义左右间距为20像素，整个博客宽度为浏览器的60%，故浏览器宽度的60%-20*2=id为mainContent层宽度（100%）。背景图片不是通过图片左上角进行显示，而是图片大小的左10%、上0%位置开始显示，故流动布局显示背景图片与固定布局图片显示不完全一致。
- 导航部分：导航采用段落首行缩进的方式，导航占用一行，起始点位置定义元素宽度的20% 处。
- 段落部分：在 XHTML 代码中，段落内容在图片前面。通过 <span> 标签的右浮动，脱离文档流，漂移到右侧，图片占据原段落占用的位置。图片的宽度、高度属性通过 CSS 定义大小，设置为百分比，高度为 50%，宽度为 40%。

id为container层改变大小时，图片大小也将发生变化。

```
#container {width:90%}
```

改变图片与段落文件间距，设置段落文字右间距为 15%，拉近段落文字与图片的距离。当改变浏览器大小时，图片将发生错位，因而应针对不同浏览器设置图片大小，通过 CSS 定义插入图片的大小为百分比，而不是固定布局的标签内部的像素单位，这样在 800*600 像素下也不会发生错位。

12.1.3 弹性布局

视频路径：视频文件\files\12.1.3.swf  实例文件：实例文件\12\基础示例\弹性布局.html、弹性布局 1 .html

弹性布局糅合了流动布局和固定布局两种类型的特点，其特征在于使用em作为定义元素的单位。em就是相对长度单位，相对于当前对象内文本的字体尺寸。例如，当前行内文本的字体尺寸未被人为设置，则相对于浏览器的默认字体尺寸。

电脑屏幕上的像素是一个不可缩放的点，而 em 则是相对于字体大小的单位宽度，即字体大小的改变最终影响页面布局大小。最简单的弹性布局与流动布局、固定布局一样，XHTML 代码非常简单。例如，一列式弹性宽度的布局方式含有一个 <div> 标签。

```
<div class="flow">弹性布局，EM为单位</div>
```

通过为<div>标签添加一个class名，然后为该标签定义布局样式。注意，标签名也可以使用id值，如果该布局属于一个小模块，在其他页面中可以调用时，最好使用class名，避免id值的重复。

例如，在下面实例中，为 class 名为 flow 的 <div> 标签设置 CSS 属性，实现网页一列弹性宽度布局方式。

```
<html>
<head>
<style type="text/css">
body{
    margin:0;                               /* 清除外边距 */
    padding:0;                              /* 清除内间距 */
    text-align:center;                      /* IE及使用IE内核的浏览器居中 */
}
.flow{
    width:30em;                             /* 宽度使用弹性布局单位 */
    font-size:12px;                         /* 设置字体大小 */
    border:2px solid #F60;                  /* 设置边框线 */
    height:30em;                            /* 高度使用弹性布局单位 */
    margin:0 auto;                          /* 居中 */
    text-align:left;                        /* 文本内容左对齐 */
    background-color:#FF0033;               /* 设置背景色，便于查看元素位置 */
    overflow:hidden;                        /* 超出部分隐藏 */
}
</style>
</head><body>
<div class="flow">弹性布局，em为单位</div>
</body></html>
```

页面演示效果如图 12.6 所示。

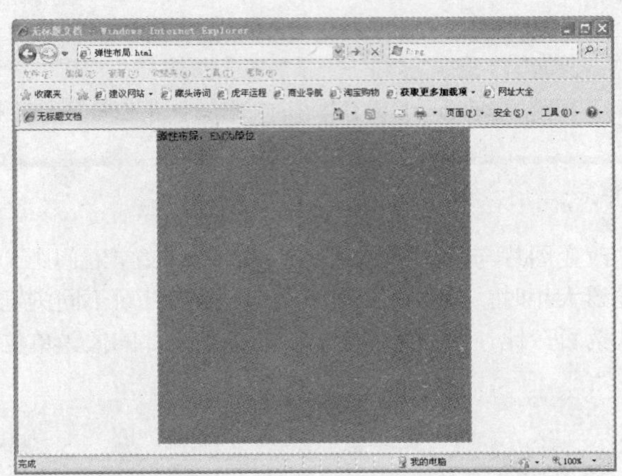
图12.6 一列弹性布局

在上面实例中，<div>标签在不设置宽度下默认占据整行空间。<div>标签宽度、高度属性设置使用em作为单位，同时设置背景颜色和边框线。背景颜色和边框线用于表明该模块处于浏览器的位置。字体大小不再起一个初始化的作用，而是成为了改变这个网页布局大小的关键。例如font-size:18em，可以发现整个页面的宽度、高度都变大，原因就是宽度、高度采用了em作为单位。

前面已经介绍过固定布局和流动布局的特点，弹性布局集合了这两种布局方式的优势，同时也带来编写代码的复杂以及浏览器的支持情况。下面介绍弹性布局的优势和缺陷。

弹性布局的优势如下。

- 如果运用合理，则可以实现非常友好的用户界面。最终设计后的网页可以根据用户的改变而整体页面发生改变。页面大小最终掌握到用户手里。
- 弹性布局集合流动布局和固定布局的优点，因而当无法决定使用某种布局方式时，不如采用弹性布局。

弹性布局的缺陷如下。

- 弹性布局的代码编写非常复杂，需要不停地测试用户在不同情况的页面效果，这会无形中增加了编写代码的工作量和时间。
- 难以实现，可能为实现很小的效果，需要不停地改变编写的代码。有时在 IE 6 浏览器下效果与现代标准浏览器不同时，需要单独编写符合 IE 6 浏览器下的效果。

例如，在下面的实例中，通过使用弹性布局实现博客页面，通过改变 id 为 container 层字体大小进而改变整个页面的大小，显示出拥有流动布局的优势，同时又拥有固定布局的特性。

```
<html>
<head>
<style type="text/css">
body {
    font: 1.1em 微软雅黑, 新宋体;              /* 字体相关设置*/
    background: #666666;                     /* 设置页面背景色为灰色 */
    margin:0;                                /* 清除外边距 */
    padding:0;                               /* 清除内间距 */
    text-align:center;                       /* IE及使用IE内核的浏览器居中 */
    color: #000000;                          /* 设置字体颜色，可删除此定义 */
    line-height:150%;                        /* 设置段落文字行高 */
}
#container {
    width: 46em;                             /* 高度使用弹性布局单位 */
    background: #FFFFFF;                     /* 设置背景色为白色，与整体页面背景色对比 */
    margin: 0 auto;                          /* 浏览器居中 */
    border: 1px solid #000000;               /* 设置边框线 */
    font-size:1em;                           /* 字体大小改变时，整个页面发生变化 */
    text-align:left;                         /* 文本内容左对齐 */
}
```

```
#header {
    background:url(img/bg_header.gif) no-repeat center -2em;      /* 背景图片设置 */
    height:13em;                                   /* 高度使用em作为单位 */
}
#header h1 {
    margin: 0;                                     /* 清除默认元素外边距 */
    padding: 10px 0 10px 30px;                     /* 设置四个方向的内间距 */
}
#header h1 a{
    color:#999;                                    /* 超链接字体颜色 */
    font-size:0.8em;                               /* 字体大小使用相对单位 */
    text-decoration:none;                          /* 去除默认超链接的下划线 */
}
#mainContent {
    padding: 0 20px;                               /* 设置左右间距，内容不紧贴在左右两侧 */
    background: #FFFFFF;                           /* 设置背景色，可删除，id为container层已定义 */
    font-size:0.95em;                              /* 字体大小使用相对单位 */
}
#footer {
    padding: 0 20px;                               /* 底部信息左右间距 */
    background:#DDDDDD;                            /* 底部信息背景色 */
}
#footer p {
    margin: 0;                                     /* 底部段落，去掉默认外边距 */
    padding: 10px 0;                               /* 设置上下间距为10像素 */
    font-size:1em;                                 /* 字体大小使用相对单位 */
}
#footer a{
    color:gray;                                    /* 底部信息超链接颜色*/
    text-decoration:none;                          /* 去除默认超链接的下划线 */
}
</style>
</head><body>
<div id="container">
  <div id="header">
    <h1><a href="http://www.cnblogs.com/yuzhongwusan/">雨中无伞-----Web前端开发</a></h1>
  </div>
  <div id="mainContent">
    <h1>Delicious创始人辞去谷歌职务</h1>
    <p>北京时间6月2日消息，据国外媒体报道，社会化书签网站Delicious创始人、谷歌工程师约书亚·沙赫
特（Joshua Schachter）周二通过Twitter表示，他将辞去在谷歌的职务。 </p>
    <p>沙赫特表示，离职的原因是“他感觉需要做一些新的事情”，但目前尚不明确新项目是什么。去年1月，
沙赫特以工程师身份加盟谷歌。沙赫特同时也是一位独立天使投资人，他的投资对象包括了手机地理位置社交网络服务
商Foursquare、SimpleGEO，移动支付的创业企业Square，照片微型博客服务DailyBooth等多家创业企业。沙赫特
表示，在新的职业阶段，他将会逐步减少对创业企业的投资。
    </p>
    <p>沙赫特因为创办Delicious而出名。雅虎于2005年收购了Delicious，希望通过这笔收购改变用户在互
联网上分享、记忆、发现信息的方式。雅虎曾承诺“将向Delicious提供必要的资源、支持和空间，促进该服务和社区
继续成长”。然而近几年来，Delicious已几乎停止增长。
    </p>
```

```
        <p>业内人士认为，沙赫特的态度完全可以理解。沙赫特曾把自己的全部精力投入到Delicious中，但并没有获得相应的成就。
        </p>
      </div>
      <div id="footer">
        <p>Copyright ©2010  yuzhongwusan Powered By: <a href="http://www.cnblogs.com">博客园</a> Web交流群：41091270
        </p>
      </div>
    </div>
    </body></html>
```

页面演示效果如图12.7所示。

在上面实例中，<body>标签定义在IE浏览器下居中显示，整体页面基调为灰色，字体大小为1.1em；注意，em与px定义大小不同，字体采用微软雅黑，它是迄今为止个人电脑上可以显示的最清晰的中文字体。

```
body {
font: 1.1em 微软雅黑, 新宋体;
background: #666666;margin: 0;
padding: 0;t
ext-align: center; color:
#000000;line-height:150%;
}
```

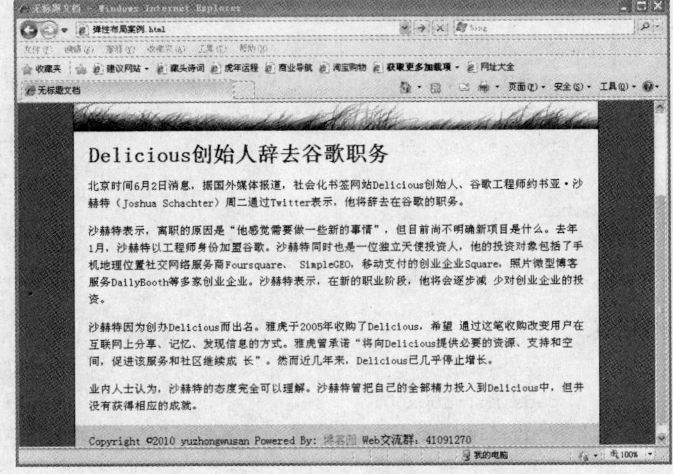

图12.7 博客——弹性布局

博客页面使用一列弹性宽度布局，宽度为46em，高度自适应。针对id为container层定义在Firefox浏览器下居中显示，且因其继承<body>标签的居中方式（IE浏览器），重新定义内部元素文字对齐方式为左对齐，字体大小重新定义为1em。

```
#container {
width: 46em;background: #FFFFFFmargin: 0 auto;
border: 1px solid #000000;text-align: left; font-size:1em;
}
```

博客标题部分：id为container层定义背景图片，其偏移位置为中间开始、顶部-2em，定义行高为13em。<h1>标签定义内间距，调整博客标题文字，改变超链接默认设置，字体大小也使用em作为单位。

```
#header {
background:url(img/bg_header.gif) no-repeat center -2em;height:13em;
}
#header h1 {
margin: 0; padding: 10px 0 10px 30px;
}
#header h1 a{
color:#999; font-size:0.8em; text-decoration:none;
}
```

博客内容主体部分：在 XHTML 代码中主要包含“文章内容”，剩下的是网站底部信息。可将class 为 footer 层单独取出，作为 <body> 标签的直系子元素，而不是孙辈元素，最终实现两行弹性布局。“文章内容”是以段落的方式出现，定义段落文字与左右边界的内间距，改变字体大小即可。

注意，实例中定义了众多以em为单位的标签，id为mainContent层定义字体大小为0.95em，id为container层定义字体大小为1em，最终结果是0.95em。在CSS属性定义中，默认定义的先后顺序决定其优先级。再者id为container层<body>标签下的第一子层，当改变它的字体大小时，页面大小及内容发生变化，字体也会发生变化，即使我们为每个标签都定义了字体大小。

```
#mainContent {
padding: 0 20px; background: #FFFFFF;font-size:0.95em;
}
#footer {
padding: 0 20px;background:#DDDDDD;
}
#footer p {
margin: 0; padding: 10px 0; font-size:1em;
}
#footer a{
color:gray; text-decoration:none;
}
/**将底部信息单独拿出，变成两行弹性布局**/
#footer {
background:#DDDDDD;width: 46em;
}
/**字体的改变带来整个页面大小发生改变，内部单独定义字体大小也发生变化**/
#container {
width: 46em; background: #FFFFFF;margin: 0 auto; border: 1px solid #000000;text-align: left;
font-size:1.6em;
}
```

12.1.4 浮动布局

视频路径：视频文件\files\1 2 .1. 4 .swf | 实例文件：实例文件\12\基础示例\浮动布局.html、浮动布局 1 .html

浮动布局与流动布局、固定布局、弹性布局不同，不是通过改变定义字体单位来实现布局，而是通过 float 属性定义布局。简单地说，多个块级元素（一般是两个或三个块级元素，如果超过三个以上的块级元素就不是作为布局出现，而是以元素属性出现）在同一行中显示。

最简单的浮动布局，XHTML代码非常简单，例如，两列式浮动布局含有两个<div>标签。

```
<div class="fl">左浮动</div>
<div class="fr">右浮动</div>
```

当元素设置浮动后，脱离文档流，元素设置的居中方式将无法影响浮动元素，因而，在浮动元素外面添加一个 <div> 标签，通过父级元素居中来实现子元素浏览器居中。

例如，在下面实例中，父元素包含两个子元素，父元素设置在浏览器内居中，子元素通过 float 属性实现两列浮动布局。

```
<html>
<head>
<style type="text/css">
```

```
body{
    margin: 0;                          /* 清除外边距 */
    padding: 0;                         /* 清除内间距 */
    text-align: center;                 /* IE及使用IE内核的浏览器居中 */
}
.flow{
    width:500px;                        /* 设置父元素宽度 */
    background-color:#09C;              /* 父元素的背景色，区分子元素 */
    font-size:12px;                     /* 定义整个层内字体大小 */
    height:300px;                       /* 设置父元素高度 */
    margin:0 auto;                      /* 居中 */
    text-align:left;                    /* 文本左对齐 */
}
.fl,.fr{
    float:left;                         /* 两个子元素都左浮动 */
    width:240px;                        /* 设置浮动元素宽度 */
    background-color:#C33;              /* 设置浮动元素背景色 */
    height:290px;                       /* 设置浮动元素高度 */
    border:1px solid #F60;              /* 定义边框线 */
    margin-top:5px;                     /* 上边距 */
    margin-left:3px;                    /* 下边距 */
    display:inline;                     /* 防止IE 6浏览器产生浮动加倍bug */
}
.fr{
    float:right;                        /* 重新定义一子元素浮动方式 */
    background-color:#399;              /* 改变背景色，与另一子元素区别 */
    border:1px solid #F60;              /* 改变边框线 */
    margin-left:0;                      /* 去掉左边距 */
    margin-right:3px;                   /* 重新定义右边距 */
}
</style>
</head><body>
<div class="flow">
  <div class="fl">左浮动</div>
  <div class="fr">右浮动</div>
</div>
</body></html>
```

页面演示效果如图 12.8 所示。

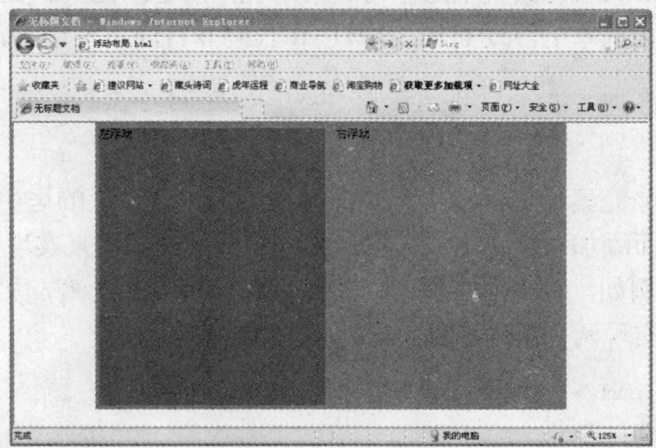

图12.8 两列浮动布局

在上面实例中，父元素定义宽度实现居中，根据浮动的特点，元素浮动后，将脱离普通文档流。若不设置父元素的高度，则发生父元素未撑开的问题。子元素分别定义左浮动、右浮动后，须将class为fl层设置display:inline;属性，避免IE 6浏览器出现外边距加倍问题。

浮动布局是网页布局应用最广泛的方式之一，尤其是固定布局加浮动布局两种布局方式的结合，由固定布局定义位置、大小，浮动布局定义内部元素多列效果。下面列出浮动布局的优势和缺陷。

浮动布局的优势如下。

- 浮动元素并列：当两个或者两个以上的相邻元素被定义为浮动显示时，若存在足够的空间容纳浮动元素，浮动元素可并列显示。
- 流动元素环绕：浮动元素能够随文档流动，浮动元素后面的块状元素和内联元素都能够以流的形式环绕浮动元素左右，形成“图文并茂”环绕现象。

浮动布局的缺陷如下。

- 若没有足够的空间，那么后列浮动元素将会下移到能够容纳它的地方，产生“错位”现象，并且影响后面元素的显示。
- 图文环绕设置间距时，需加大设置图片间距、边距。设置文字间距、边距极有可能发现不了效果，故需设置较大值。

例如，在下面实例中，固定布局与浮动布局进行了结合。class 为 Cli 层定义宽度并居中显示浮动元素。class 为 left-cli 层和 class 为 right-cli 层在 class 为 Cli 层内进行左、右浮动。

```
<html>
<head>
<style type="text/css">
body {
     font-family:"宋体", arial;                    /* 设置字体类型 */
     font-size:14px;                               /* 初始化字体大小 */
     margin: 0;                                    /* 清除外边距 */
     padding: 0;                                   /* 清除内间距 */
     text-align: center;                           /* IE及使用IE内核的浏览器居中 */
}
.Cli{
     width:960px;                                  /* 浮动元素的父元素宽度，便于浮动元素居中 */
}
.left-cli{
     width:220px;                                  /* 左边浮动元素的宽度 */
     height:499px;                                 /* 左边浮动元素的高度 */
     background:url(img/lt.jpg) no-repeat left top;  /* 定义背景图片，衬托内部纵向导航 */
     float:left;                                   /* 子元素左浮动 */
     border:1px solid #CACACA;                     /* 边框线与背景图片颜色接近 */
     font-weight:bold;                             /* 文字加粗 */
     font-size:16px;                               /* 设置字体大小 */
     letter-spacing:4px;                           /* 内部导航文字之间的间距 */
}
.right-cli{
     width:709px;                                  /* 右边浮动元素的宽度 */
     float:right;                                  /* 子元素右浮动 */
     text-align:left                               /* 文本左对齐 */
}
.right-cli h1{
     width:709px;                                  /* 右侧标题宽度，与父元素一致 */
     height:40px;                                  /* 设置高度，用于显示背景的空间 */
     background:url(img/loa3.jpg) no-repeat left top;          /* 定义背景图片 */
     line-height:36px;                             /* 设置行高，与高度大小不一致 */
     font-size:16px;                               /* 设置字体大小 */
     letter-spacing:2px;                           /* 字体间距 */
     font-weight:bold;                             /* 字体加粗，便于突出与下面文字内容的不同 */
```

```
        text-indent:36px;                    /* 用它替代左间距，宽度不计算在内 */
        margin-bottom:9px;                   /* 设置下边距 */
    }
    <!——其余CSS代码省略，详细查看“浮动布局案例.html”——>
    </style>
    </head><body>
    <div class="nav">
    <!——其余代码省略，详细查看“浮动布局案例.html”——>
    </div>
    <div class="Cli">
      <div class="left-cli">
        <ul> <li><a href="Disclaimer.html">免责申明</a></li></ul>
      </div><!--left-cli end-->
      <div class="right-cli">
        <h1>关于财道</h1>
        <div class="cont">
        <div class="dingwei1">
        <p>公司通过独特的营销策略和运营发展，“滚雪球深度行情终端”用户累计达300万人，凭借强大的数据分析功能和优质服务，获得广大终端用户的一致好评和业界的广泛认可。</p>
          </div>
        </div><!--cont end-->
      </div><!--right-cli end-->
    </div>
    <div class="footer">
      <p><!——其余代码省略，详细查看“浮动布局案例.html”——> </p>
    </div>
    </body></html>
```

页面演示效果如图 12.9 所示。

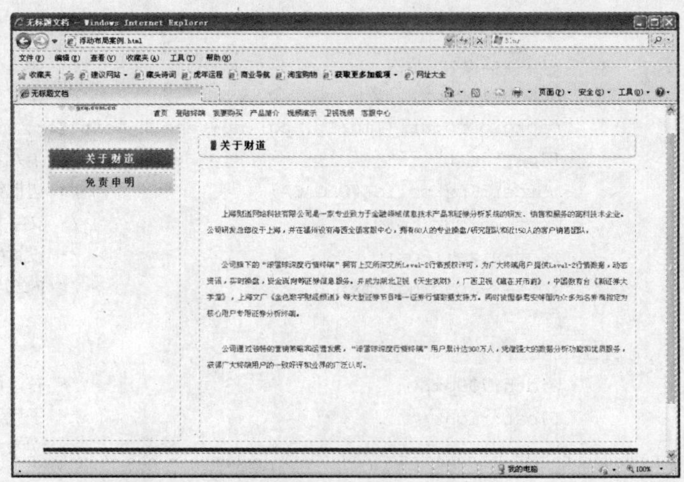

图12.9　公司简介——浮动布局

在上面实例中，<body>标签定义在IE浏览器下居中显示，并对页面进行初始化设置，例如，字体类型、字体大小等。

网站头部和底部不属于浮动布局的一部分，读者可以通过“浮动布局案例.html”查看相应设置。公司主体部分说明如下。

- class为Cli层定义宽度，实现内部浮动元素的居中。
- class为left-cli层存放导航，定义整体宽度为220像素，高度为499像素，设置导航顶部的背景图片，字体大小为16像素、加粗，字体间距为4像素，设置边框线，查看此层占据的位置，最后左浮动，没有设置左边距，故不需要display属性。左侧导航部分，读者可以通过“浮动布局案例.html”查看相应设置。
- class为right-cli层存放公司导航对应的内容，设置宽度为709像素，右浮动，段落文本对齐方式为左对齐。左侧的高度已经定义了，右侧高度随着段落内容的增加而逐渐增加。右侧标题部分和内容部分，读者可以通过“浮动布局案例.html”查看相应设置。

12.1.5　定位布局

视频路径：视频文件\files\1 2 .1. 5 .swf | 实例文件：实例文件\12\基础示例\定位布局.html、定位布局 1 .html

定位布局与浮动布局类似，通过 position 属性定义布局。父元素定义相对定位，居中且作为子元素偏移参考；子元素定义绝对定位，根据父元素偏移。

最简单的定位布局，XHTML 代码非常简单，例如，嵌套式布局含有两个 <div> 标签。

```
<div class="pa">
   <div class="ps">绝对定位</div>
</div>
```

当元素设置绝对定位后，脱离文档流，元素设置的居中方式将无法影响绝对定位元素，因而在绝对定位元素外面添加一个<div>标签，设置为相对定位，不脱离文档流，父级元素居中，子元素通过偏移属性实现在父元素内部居中。

例如，在下面实例中，父元素设置相对定位，子元素设置绝对定位，设置偏移值为父元素宽度与子元素宽度差的一半，实现居中。

```
<html>
<head>
<style type="text/css">
body{
      margin: 0;                                  /* 清除外边距 */
      padding: 0;                                 /* 清除内间距 */
      text-align: center;                         /* IE及使用IE内核的浏览器居中 */
}
.pa{
      width:500px;                                /* 父元素宽度为500像素 */
      font-size:12px;                             /* 设置字体大小 */
      height:300px;                               /* 父元素高度为300像素 */
      margin:0 auto;                              /* Firefox下居中 */
      background-color:#009933;                   /* 设置背景色 */
      text-align:left;                            /* 文本左对齐 */
      position:relative;                 /* 设置相对定位，为内部子元素绝对定位定义偏移参考 */
}
.ps{
      position:absolute;                          /* 设置绝对定位，脱离文档流，进而偏移 */
      width:240px;                                /* 定义宽度 */
      height:290px;                               /* 定义高度 */
      border:1px solid #F60;                      /* 设置边框线 */
      left:130px;                                 /* 定义左偏移为130像素 */
      top:30px;                                   /* 定义上偏移为30像素 */
      background-color:#0033CC                    /* 设置背景色，查看其空间 */
}
</style>
</head><body>
<div class="pa">
   <div class="ps">绝对定位</div>
</div>
</body></html>
```

页面演示效果如图 12.10 所示。

在上面实例中，根据定位原则，元素定义相对定位，按照默认文档流位置显示，故居中有效。定义父元素宽度为500像素，子元素定义宽度为240像素，其偏移值为[父元素宽度（500px）-子元素宽度（240px）]/2=130px，实现在父元素内部居中。上偏移30像素，方便子元素顶部与父元素对比。

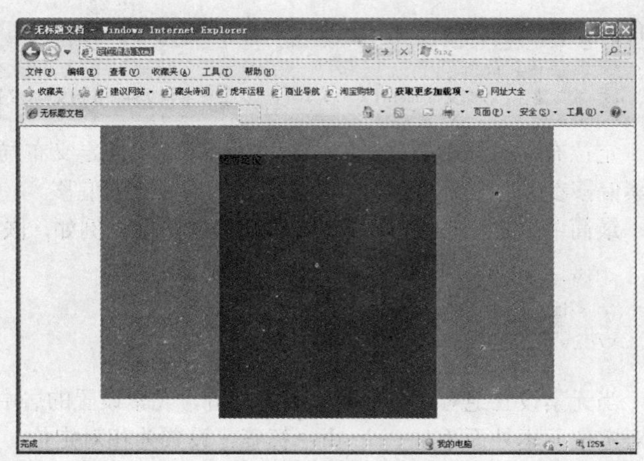

图12.10 两列浮动布局

定位布局与浮动布局区别不大，都脱离普通文档流。不同的是浮动布局需要添加父元素设置居中，子元素设置浮动；定位布局通过父元素设置为相对定位，子元素设置绝对定位或相对定位，父元素是子元素定位偏移位置的参考。

例如，在下面实例中，将浮动布局定义转换为定位布局，父元素定义相对定位，两个原浮动元素转换为：一个定义绝对定位，偏移到父元素左上角，一个定义绝对定位，偏移到父元素右上角。单独制作一个层，位于两个定位层之间。

```
<html>
<head>
<style type="text/css">
body {
    margin: 0;                                  /* 清除外边距 */
    padding: 0;                                 /* 清除内间距 */
    text-align: center;                         /* IE及使用IE内核的浏览器居中 */
    font-family:"宋体", arial;                  /* 设置字体类型 */
    font-size:14px;                             /* 设置字体大小 */
}
.Cli{
    width:960px;                                /* 浮动元素的父元素宽度，便于浮动元素居中 */
}
.left-cli{
    width:220px;                                /* 左边浮动元素的宽度 */
    height:499px;                               /* 左边浮动元素的高度 */
    background:url(img/lt.jpg) no-repeat left top;  /* 定义背景图片，衬托内部纵向导航 */
    float:left;                                 /* 子元素左浮动 */
    border:1px solid #CACACA;                   /* 边框线与背景图片颜色接近 */
    font-weight:bold;                           /* 文字加粗 */
    font-size:16px;                             /* 设置字体大小 */
    letter-spacing:4px;                         /* 内部导航文字之间的间距 */
}
.right-cli{
    width:709px;                                /* 右边浮动元素的宽度 */
    float:right;                                /* 子元素右浮动 */
    text-align:left                             /* 文本左对齐 */
}
.right-cli h1{
    width:709px;                                /* 右侧标题宽度，与父元素一致 */
```

```
      height:40px;                                    /* 设置高度，用于显示背景的空间 */
      background:url(img/loa3.jpg) no-repeat left top;             /* 定义背景图片 */
      line-height:36px;                               /* 设置行高，与高度大小不一致 */
      font-size:16px;                                 /* 设置字体大小 */
      letter-spacing:2px;                             /* 字体间距 */
      font-weight:bold;                               /* 字体加粗，便于突出与下面文字内容的不同 */
      text-indent:36px;                               /* 用它替代左间距，宽度不计算在内 */
      margin-bottom:9px;                              /* 设置下边距 */
  }
  <!——其余CSS代码省略，详细查看“定位布局案例.html”，下面是与浮动布局不同的部分——>
  .Cli{
      position:relative;                              /* 父元素设置相对定位 */
      height:370px;                                   /* 设置高度，防止子元素绝对定位后下面元素错位 */
  }
  .left-cli{
      float:none;                                     /* 取消浮动 */
      position:absolute;                              /* 设置绝对定位 */
      left:0px;                                       /* 偏移父元素的左上角 */
      top:0;                                          /* 偏移父元素的左上角 */
      height:363px;                                   /* 定义高度 */
  }
  .right-cli{
      float:none;                                     /* 取消浮动 */
      position:absolute;                              /* 设置绝对定位 */
      right:0px;                                      /* 偏移父元素的右上角 */
      top:0;                                          /* 偏移父元素的右上角 */
      width:670px;                                    /* IE及使用IE内核的浏览器居中 */
  }
  .tips{
      width:30px;                                     /* 位于两个定位层，中间层的宽度 */
      margin-left:240px;                      /* 定义左边距，至少大于class为left-cli层盒子宽度 */
  }
  .right-cli .cont{
      width:95%;                                      /* 将固定单位改为相对单位，且大小为父元素的95% */
  }
  </style>
  </head><body>
  <div class="nav">
  <!——其余代码省略，详细查看“定位布局案例.html”——>
  </div>
  <div class="Cli">
     <div class="left-cli">
       <ul> <li><a href="Disclaimer.html">免责申明</a></li></ul>
     </div><!--left-cli end-->
     <div class="tips"><h1>关于财道</h1></div>
     <div class="right-cli">
       <div class="cont">
       <div class="dingwei1">
           <p>公司通过独特的营销策略和运营发展，“滚雪球深度行情终端”用户累计达300万人，凭借强大的数
据分析功能和优质服务，获得广大终端用户的一致好评和业界的广泛认可。
```

```
        </p>
      </div>
      </div><!--cont end-->
    </div><!--right-cli end-->
  </div>
  <div class="footer">
    <p><!——其余代码省略，详细查看“定位布局案例.html”——> </p>
  </div>
  </body></html>
```

页面演示效果如图 12.11 所示。

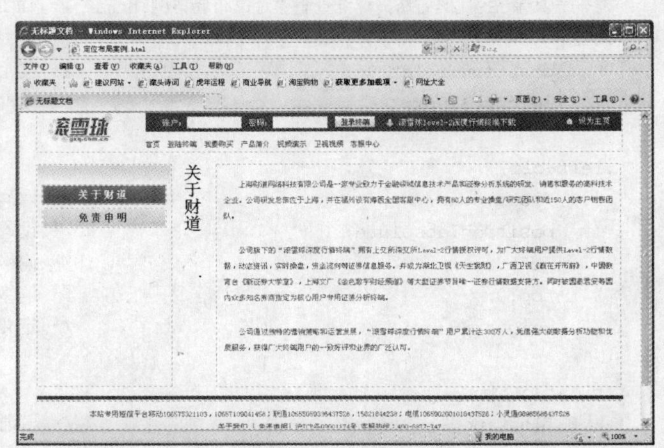

图12.11 公司简介——定位布局

在上面实例中，大部分借鉴“浮动布局案例.html”的CSS代码和XHTML代码，在后面的CSS代码中单独针对前面的CSS定义，继承、覆盖、添加新的CSS属性定义。XHTML代码将<h1>标签取出作为新的布局元素，即主体部分包含三部分：class为Cli层、class为tips层（存放<h1>标签）、class为right-cli层。

网站头部和底部不属于定位布局的一部分，读者可以通过“定位布局案例.html”查看相应设置。公司主体部分说明如下。

- class 为 left-cli 层存放导航，首先取消浮动布局中的浮动，接着定义绝对定位，因其父元素为相对定位，根据最近父元素定位元素作为参考对象原则，其参考位置为 Cli 层，故定义的 CSS 属性 left:0px; top:0; 定位于 Cli 层的左上角。
- class 为 right-cli 层存放公司导航对应的内容，首先取消浮动布局中的浮动，接着定义绝对定位，因其父元素为相对定位，根据最近父元素定位元素作为参考对象原则，其参考位置为 Cli 层，故根据定义的 CSS 属性 right:0px; top:0; 定位于右上角。
- class 为 Cli 层定义宽度，实现内部浮动元素的居中。Cli 层在“浮动布局案例”中未定义高度，而内部元素是绝对定位，脱离文档流，不占用文档空间，且 Cli 层没有定义高度，占用一行的高度，因而 footer 层会跑到上方，遮挡住 left-cli 层和 right-cli 层。当定义了高度 height:510px; 后，根据相对定位依然占据文档空间原则，可以将 footer 层压至到高度为 510 像素后面。
- 将right-cli中的h1取出单独作为一个层，增加父元素，其class名为tips。class为tips层定义左边距为240像素，避免class为left-cli层遮挡，定义宽度为30像素，使之内容纵向显示，避免遮挡class为right-cli层。

12.1.6 伪列布局

视频路径：视频文件\files\1 2 .1 .6 .swf | 实例文件：实例文件\12\基础示例\伪列布局.html

伪列布局通过背景图片实现布局方式，用于解决浮动元素内容不定、高度不一致的现象。背景图片的制作是关键，它包含浮动元素要实现列背景图片。

例如，在下面的实例中，父元素设置背景图片，背景图片中含有宽度为 1 像素竖线，用于划分两列，子元素分别设置浮动，最后通过浮动清除元素，实现背景图片向下高度扩展。

```
<html>
<head>
<style type="text/css">
body {
    margin: 0;                                  /* 清除外边距 */
    padding: 0;                                 /* 清除内间距 */
    text-align: center;                         /* IE及使用IE内核的浏览器居中 */
    font-family:"宋体", arial;                  /* 字体类型 */
    background: #282d33;                        /* 页面整体背景色 */
    font-size:12px;                             /* 页面字体大小 */
}
.clear{
    clear:both;                                 /* 清除浮动，将父元素高度撑开 */
    font-size:0px;                              /* 字体大小为0像素 */
    line-height:0px;                            /* 行高为0像素*/
    height:0px;                                 /* 高度为0像素*/
}
.important{
    width:990px;                                /* 父元素宽度，便于浮动元素居中 */
    background-color:#FFF;                      /* 设置背景色 */
    padding-bottom:20px;                        /* 设置下间距 */
    padding-top:16px;                           /* 设置上间距 */
}
.bjrepy{
    width:990px;                                /* 定义宽度，存放伪列背景 */
    background-color:#FFF;                      /* 设置背景色 */
    background:url(img/bjrepy.jpg) repeat-y left top; /* 背景图片的制作很关键，1像素竖线 */
    padding-bottom:30px;                        /* 设置下间距 */
    padding-top:10px;                           /* 设置上间距 */
}
.L-dh{
    float:left;                                 /* 左浮动 */
    width:178px;                                /* 设置宽度 */
    margin-left:11px;                           /* 设置左边距 */
    display:inline;                             /* 针对IE 6浮动双倍bug  */
    position:relative;                          /* 定义相对定位，不脱离文档流 */
    z-index:5;                                  /* 层叠顺序，防止其他元素遮挡。 */
 }
.R-nr{
    float:right;                                /* 右浮动 */
    width:775px;                                /* 设置宽度 */
    margin-right:10px;                          /* 设置右边距 */
    display:inline;                             /* 针对IE 6浮动双倍bug */
}
<!——其余CSS代码省略，详细查看“伪列布局案例.html”，下面是与浮动布局不同部分——>
</style>
</head><body>
<div class="important">
   <div class="bjrepy">
```

DIV+CSS 网站布局 从入门到精通

```
        <!---L-dh start-->
        <div class="L-dh">
            <div class="pa-2">
                <ul class="lnav">
                    <li><a href="/about_us/index.html" class="curr3">公司简介</a></li>
                </ul>
            </div><!---pa-2 end-->
        </div><!---L-dh end-->
        <!---R-nr start-->
        <div class="R-nr">
                <h4>公司简介</h4>
                <div  class="neirong"><p>公司旨在打造中国最人性化的财经直播互动平台，采用电视平台展
示，网络平台互动相捆绑的运作模式，拥有业内颇具号召力的财经专家团队。目前，财经天下隆重推出数档直播财经互
动节目，股民的倾情互动，专家的精彩点评，带来全新的互动感受。</p>
                </div> <!---neirong end-->
        </div> <!---R-nr start-->
        <div class="clear"> </div>
    </div><!---bjrepy end-->
</div><!---important end-->
</body></html>
```

页面演示效果如图 12.12 所示。

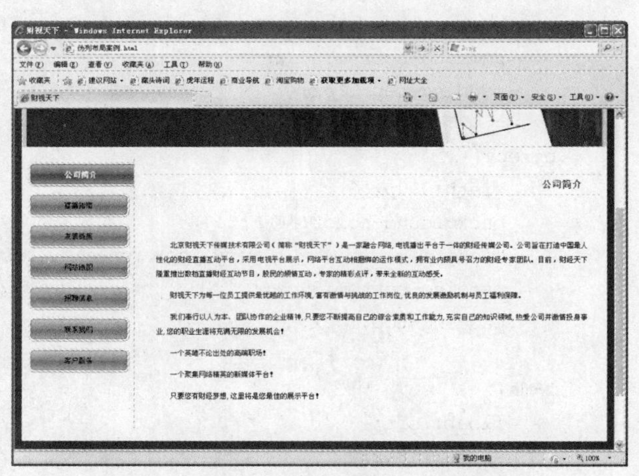

图12.12 伪列布局

在上面实例中，祖父元素class为important层，定义整体居中，设置上下内间距，避免子元素设置的伪列背景与它紧贴在一起。

第一步，class为bjrepy层定义背景图片，该背景图片是两列，通过背景图片的纵向平铺实现内部浮动元素左右高度一致效果。在示意图中，导航右侧的细线就是需要的分列线，左右两侧的灰色是整个<body>标签的背景色。因其背景平铺，设置的上、下、内间距位置也包含了背景图片，但下面左右浮动子元素起始位置将在内边距下方开始。

第二步，class为L-dh层定义左浮动。首先设置宽度为178像素、左边距为11像素，使之内部导航能够压在背景图片中间分列的线上。接着设置相对定位和层叠顺序，便于内部导航元素定位，避免发生父元素背景遮挡子元素现象，最后设置display属性，防止IE 6双倍外边距bug出现。

第三步，class 为 R-nr 层定义右浮动。首先设置宽度为 775 像素，设置右边距为 10 像素，避免元素内容与右侧页面背景完全接触，同样设置 display 属性。其余段落内容部分以及标题部分，读者可以通过“伪列布局案例 .html”查看相应设置。

12.1.7 负边距布局

视频路径：视频文件\files\1 2 .1. 7 .swf | 实例文件：实例文件\12\基础示例\负边距布局.html、负边距布局 1 .html

负边距布局通过 CSS 代码改变在浏览器中显示的位置。应用到布局上时，可调换列的前后位置，一般应用于 XHTML 代码固定不动，后期只可修改、补充 CSS 代码的情况。

例如，在下面实例中，结合布局定位和负边距定位两种定位方式，子元素偏移 50%，然后定义其左边距为子元素宽度的二分之一。

```
<html><head>
<style type="text/css">
body {
    margin:0;                          /* 清除浏览器默认外间距 */
    padding:0;                         /* 清除浏览器默认内间距*/
    text-align:center;                 /* 设置居中对齐方式 */
}
.pa{
    width:600px;                       /* 父元素宽度为600像素*/
    font-size:16px;                    /* 设置字体大小 */
    height:400px;                      /* 父元素高度为400像素 */
    margin:0 auto;                     /* Firefox下居中 */
    background-color:#009933;          /* 设置背景色 */
    position:relative;              /* 设置相对定位，为内部子元素绝对定位定义偏移参考 */
}
.ps{
    position:absolute;                 /* 设置绝对定位，脱离文档流，进而偏移 */
    width:240px;                       /* 定义宽度 */
    height:300px;                      /* 定义高度 */
    border:1px solid #F60;             /* 设置背景色，查看其空间 */
    left:50%;                          /* 将子元素偏移到父元素宽度的300像素位置*/
    margin-left:-120px;                /* 将子元素向左移，子元素宽度为240px/2=120px */
    background:#FF9900;                /* 设置背景色，查看其空间 */
}
</style>
</head><body>
<div class="pa">
<div class="ps">负边距定位</div>
</div>
</body></html>
```

页面演示效果如图 12.13 所示。

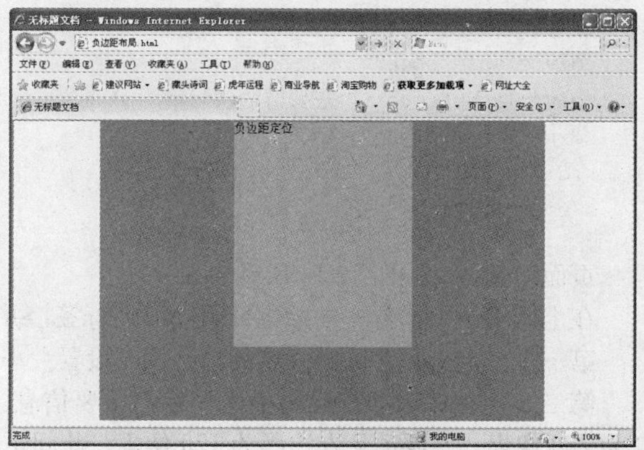

图12.13 负边距布局

在上面实例中，首先初始化页面<body>标签，并设置居中。

class为pa层，定义宽度为600像素、高度为400像素，设置为相对定位，作为内部子元素偏移参考层。

class为ps层，定义宽度为240像素、高度为300像素，设置为绝对定位，定义左偏移50%，即当前子元素将在class为pa层父元素的300像素（600*50%=300）位置，我们需要子层中间位置位于父元素300像素位置，而非子元素起始点位于父元素300像素位置，因而需要将子元素向左移动到子元素宽度的一半，即240/2=120像素，故margin-left:-120px;。

为了让网页重要信息部分优先下载，须在编写XHTML代码时将包含重要信息的结构先写出来，但在页面上显示时，要将重要信息写在次要或者简洁信息之后，通过浮动负边距实现。

例如，在下面实例中，优先编写重要内容信息结构，次要信息通过 CSS 相关属性设置显示在主要信息之前。

```
<html><head>
<style type="text/css">
body {
    margin: 0;                              /* 清除外边距 */
    padding: 0;                             /* 清除内间距 */
    text-align: center;                     /* IE及使用IE内核的浏览器居中 */
}
.cont{
    width:600px;                            /* 父元素宽度为600像素 */
    font-size:16px;                         /* 设置字体大小 */
    height:400px;                           /* 父元素高度为400像素 */
    margin:0 auto;                          /* Firefox下居中 */
    background-color:#009933;               /* 设置背景色 */
}
.import{
    float:left;                             /* 设置左浮动 */
    width:360px;                            /* 定义宽度 */
    margin-left:120px;                      /* 定义左边距，用于存放“次要信息” */
    background-color:#66CC33;               /* 设置背景色，查看其空间 */
    height:200px;                           /* 定义高度 */
    display:inline;                         /* 防止IE 6浮动双倍bug */
}
.ciyao{
    float:left;                             /* 设置左浮动 */
    width:90px;                             /* 定义宽度 */
    background-color:#FF0033;               /* 设置背景色，查看其空间 */
    margin-left:-480px;                /* 定义偏移位置：“主要信息”盒子宽度大小，相反方向*/
    height:200px;                           /* 定义高度 */
    display:inline;                         /* 防止IE 6浮动双倍bug  */
}
</style>
</head><body>
<div class="cont">
<div class="import">主要信息</div>
<div class="ciyao">次要信息</div>
</div>
</body></html>
```

页面演示效果如图 12.14 所示。

在上面实例中，首先初始化页面<body>标签，并设置居中。

第一步，定义包含网站内容的包含框，设置大小为 600*400，设置背景色，观察子元素。

第二步，在 XHMTL 代码中优先编写重要信息。class 为 import 层，定义宽度为 360 像素、高度为 200 像素，左浮动且左边距为 120 像素，此间距位置用于存放次要信息内容。

第三步，XHMTL 代码中次要信息的移动。class 为 ciyao 层，定义宽度为 90 像素、高度为 200 像素，左浮动且左边距为 -480 像素，其计算方式：主要内容宽度 + 主要内容外边距 =360+120=480 像素，因其将次要信息显示在主要信息左侧，故设置负数值，占据主要信息左边距留出的空间。

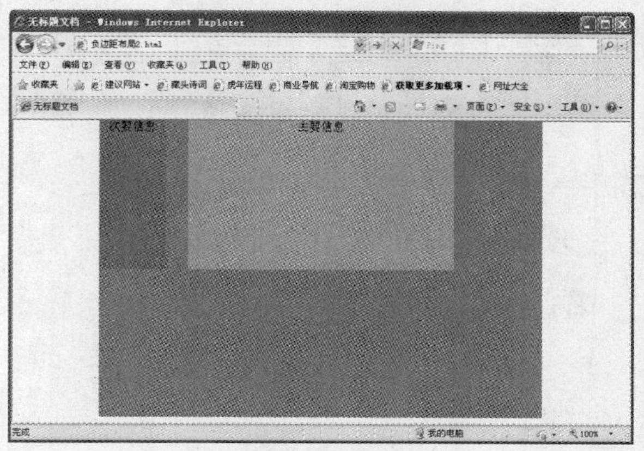

图12.14　负边距布局2

小结

本小节介绍网页常用的布局方式：固定布局、液化布局、弹性布局、伪劣布局、负边界布局、浮动布局以及定位布局。

固定布局、液化布局、弹性布局通过字体单位的不同来改变布局方式。定位布局、伪劣布局、负边界布局、浮动布局通过使用CSS相关属性定义布局方式。

每个布局方式通过最简单的XHTML和CSS编写基本布局方式，然后将此布局方式应用到案例上。网页布局一般都不是只采用一种布局方式，而是多种布局方式的结合。组合应用从频繁到少用分为：固定布局+浮动布局、固定布局+浮动布局+负边距布局、固定布局+浮动布局+伪列布局、固定布局+浮动布局+定位布局、固定布局+弹性布局、固定布局+流动布局。

12.2　案例实战

建筑房产类网站的定位有两种方式：一种是门户类型，一种是企业类型。

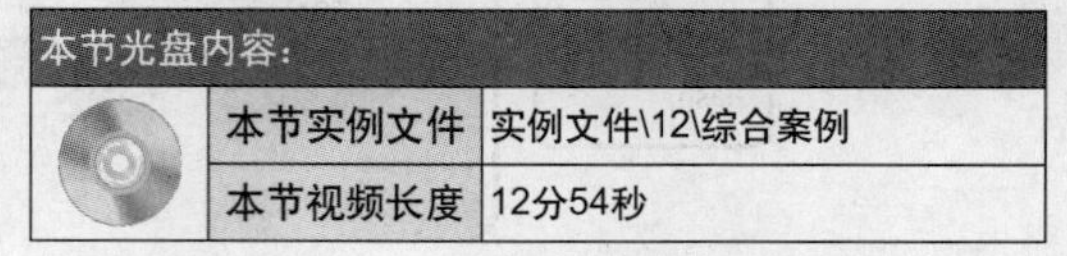

本节光盘内容：

本节实例文件	实例文件\12\综合案例
本节视频长度	12分54秒

12.2.1　产品策划

视频路径：视频文件\files\12.2.1.swf　　实例文件：无

门户网站适用于资源丰富的网站，例如，网易房产频道。而企业类型因其资源有限无法提供很多房产信息，故可提供展示公司实力的信息。本章讲解一个集团网站，着重突出该集团的新闻信息，让浏览者更多地了解该集团公司的实力。

12.2.2　画板

视频路径：视频文件\files\12.2.2.swf　　实例文件：无

该案例中的网站主要分为以下几大块：关于保利、投资者关系、新闻中心、保利中国、企业文化以及服务中心。集团首页导航和广告采用Flash，故Flash效果设计时可以往炫酷的效果上考虑也可以通过使用3D技术来展示，首页其余部分着重突出新闻动态，可以从多方面对集团信息进行展示，例如，集团新闻、图片新闻、新闻动态以及投资者关系等。页面设计草图如图12.15所示。

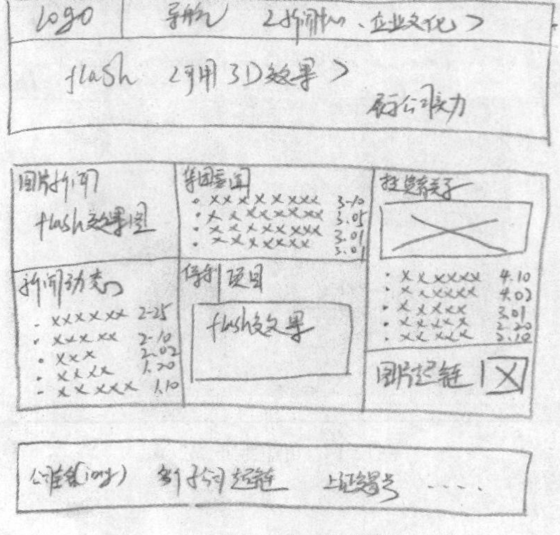

图12.15　画板草稿图

12.2.3　设计图

通过画板对页面进行分析并根据画板设计图划分各个栏目区域。现在需要将各个栏目具体内容通过画图软件 Photoshop 或 Fireworks 设计出来，在后面重构中将给出栏目划分的 XHTML 结构，在布局中将给出页面大体结构以及具体内容编写结构的实现过程。图 12.16 所示为设计模块划分图。

图12.16　设计模块划分图

12.2.4　切图

使用Photoshop软件中的工具将设计图以下部分切出来（因篇幅有限，只讲解设计图一部分，重复部分此处不再讲解），故剪切并组合出图12.17所示的图片，这些图片将作为网页元素的背景图

或插入图片，具体操作步骤在视频中演示。

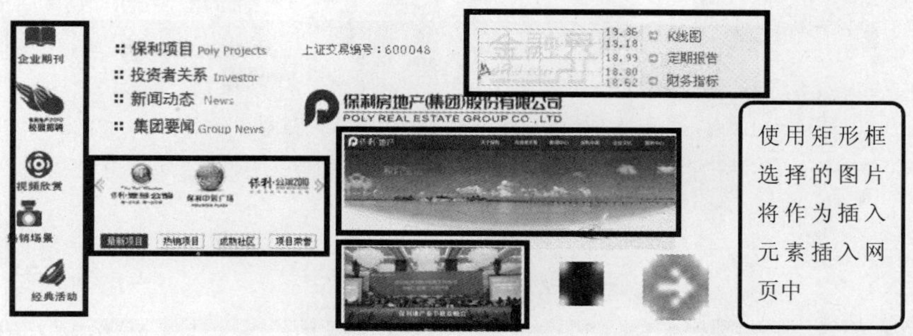

图12.17　切图

12.2.5　重构

视频路径：视频文件\files\12.2.5.swf　　实例文件：无

根据图12.16所示的划分图进行区域划分，可以划分为三大区域，在每个大区域内可以划分几个小区域，A区、C区结构简单，B区内部采用固定宽度浮动布局方式，下面给出简单的二级结构。

```
<html>
<head>
</head>
<body>
<div class="header"><img height="345" width="990" src="images/f1.gif"/></div>
<div class="important">
  <div class="left2-1">
    <h3 class="tit"><span>图片新闻</span></h3>
    <div class="flash2"><img height="162" width="340" src="images/f2.jpg"/></div>
    <span class="blank10"/></span>
    <h3 class="tit news"><a href="#">More>></a><span>新闻动态</span></h3>
    <div class="list">
      <ul><li><a href="#"><span class="newsdate">[02-25] </span>科比抱奥尼尔</a></li> </ul>
    </div>
  </div>
  <div class="left2-2">
    <h3 class="tit jituan"><a href="#">More>></a><span>集团要闻</span></h3>
    <div class="list">
      <ul><li><a href="#"><span class="newsdate">[02-25] </span>科比抱奥尼尔</a></li> </ul>
    </div>
    <span class="blank10"/></span>
    <h3 class="tit jituan"><span>保利项目</span></h3>
    <div class="flash3"><img src="images/fl.jpg" width="315" height="141" /></div>
  </div>
  <div class="right2-1">
    <h3 class="tit touzi"><span>投资者关系</span></h3>
    <img height="63" width="263" alt="走势图" src="images/zs.jpg"/>
    <div class="list">
      <ul><li><a href="#"><span class="newsdate">[02-25] </span>科比抱奥尼尔</a></li> </ul>
    </div>
    <div class="img3"><a href="#"><img src="images/poly_changjing.jpg"/></a></div>
```

```
    </div>
    <div class="clear"></div>
</div>
<div class="footer">
      <div class="links-a">友情链接：<a href="#">中国保利集团</a></div>
      <span class="power"> © 2009 Poly Real Estate Group Co., Ltd.  上证交易号：600048</span>
</div>
</body>
</html>
```

12.2.6 布局

实例文件：无

第一步，打开Dreamweaver软件，执行“文件”→“新建”命令，弹出“新建文档”对话框，如图12.18所示，新建一个空白的XHTML文档页面，并保存文件为“An12.html”。

第二步，创建外部CSS样式表文件，并保存为Astyle.css文件。执行“窗口”→“CSS样式”命令，打开“CSS样式”面板，单击“附加样式表”按钮，在弹出的“链接外部样式表”对话框中单击“浏览”按钮，如图12.19所示，找到Astyle.css文件，将其链接到“An12.html”文档，最后单击“确定”按钮。

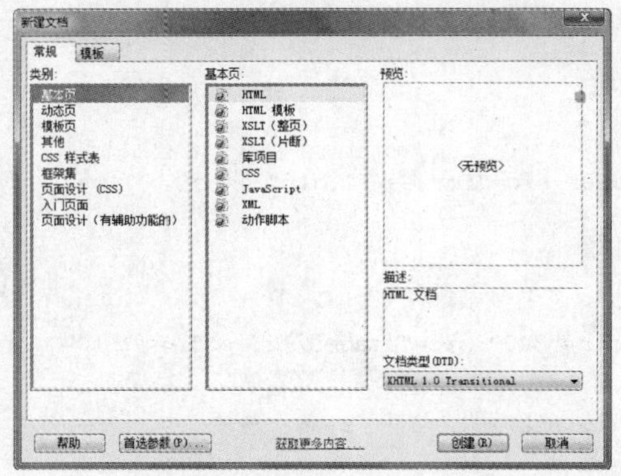

图12.18 “新建文档”对话框

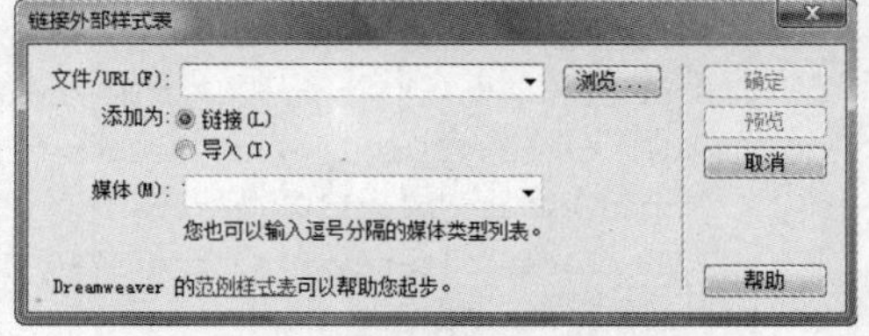

图12.19 “链接外部样式表”对话框

为 XHTML 文件添加如下代码：

```
<link href="css/Astyle.css" rel="stylesheet" type="text/css" />
```

第三步，XHTML 元素初始化，将所有要用到以及即将用到的元素进行初始化，确保所有元素在不同浏览器下默认状态是一致的，其中包括清除内间距、外边距。注意，<body> 标签上下边距为 15 像素、背景色为 #C8C8C8；超链接颜色为 #555，鼠标滑过时的颜色为 #735F00，且显示下划线效果。

```
body{margin:15px auto;padding:0;background:#C8C8C8;}
div,form,img,ul,ol,li,dl,dt,dd {margin: 0; padding: 0; border: 0; }
div{margin:0 auto;}
li{list-style-type:none;}
img{vertical-align:top;}
em {font-style:normal;}
h1,h2,h3,h4,h5,h6 { margin:0; padding:0;font-size:12px; font-weight:normal;}
a{color:#555!important; text-decoration:none;}
a:visited {color: #83006f;text-decoration:none;}
```

```
a:hover {color:#735F00!important; text-decoration:underline;}
a:active {color: #bc2931;}
```

第四步，网站整体框架采用三行一列固定宽度布局方式，其中 B 区采用浮动固定宽度布局方式，这种布局方式是大多数网站所采用的布局方式。A 区使用 flash 实现导航和公司实力展示，故将 A 区命名为 header，定义宽度为 990 像素、高度为 345 像素，子元素通过图片代替 flash，图片大小为 A 区 CSS 属性空间大小。A 区效果如图 12.20 所示。

图12.20　A区效果

```
XHTML:
<div class="header">
   <img src="images/f1.gif" width="990" height="345" />
</div>
CSS:
.header{width:990px; height:345px;}
```

第五步，根据C区XHTML结构代码编写CSS样式代码。C区定义：宽度为960像素、高度为60像素；设置背景图片为footer_logo.jpg，图片大小为260*60，故设置左间距为60像素，以存放背景图片；设置背景色为白色，以便替换<body>标签在该区域的灰色。C区包含两部分：links-a层、<span>标签，其中links-a层存放友情链接，<span>标签存放备案号等信息。

links-a 层定义宽度为 704 像素、高度为 26 像素、行高为 26 像素、右浮动、字体大小为 13 像素；定义背景图片为 links.jpg，其大小为 714*26，通过设置右间距为 11 像素增加整个层大小；左间距为 10 像素，使层内超链接偏离背景图片最左侧。

- links-a层内超链接颜色为#555、左间距为20像素、右间距为5像素，并转换成行内块级元素（display:inline-block; 将对象呈递为内联对象，但是对象的内容作为块对象呈递。旁边的内联对象会被呈递在同一行内，允许空格），接着为其设置小箭头图标arr_v.gif、不平铺、其位置为background-position: left center;。
- links-a 层内 <span> 标签 class 名为 power，首先设置右浮动、文本右对齐、清除浮动，字体颜色为 #A1A0A6、字体大小为 12 像素；其次通过设置右间距为 70 像素，调整 <span> 标签内容在整个 links-a 层内及兄元素友情链接的位置；最后设置行高为 14 像素，针对 IE 7 以下浏览器设置行高为 34 像素。

C 区效果如图 12.21 所示。

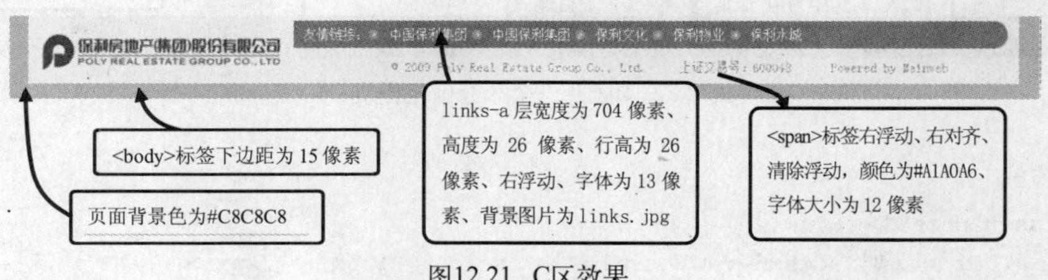

图12.21　C区效果

```
XHTML:
<div class="footer">
   <div class="links-a">友情链接：<a href="#">中国保利集团</a><a href="#">中国保利集团</a><a
```

```
href="#">保利文化</a><a href="#">保利物业</a><a href="#">保利水城</a></div>
      <span class="power">
        <pre>&#169; 2009 Poly Real Estate Group Co., Ltd.上证交易号: 600048 Powered by
Mainweb</pre>
      </span>
   </div><!--footer end-->
   CSS:
   .footer{height:60px;width:930px;background: #fff url(../images/footer_logo.jpg) no-
repeat left 0px;
        padding-left:60px;}
   .links-a{line-height:26px;width:704px;font-size:13px;height:26px; color:#555; padding-
left:10px; float:right;
        background:url(../images/links.jpg) no-repeat left top; padding-right:11px; }
   .links-a a{ color:#fff!important; font-size:13px; background:url(../images/arr_v.gif)
no-repeat left center;
        display:inline-block; padding-left:20px; padding-right:5px;}
   .power{padding-right:70px;text-align:right;clear:both;font-size:12px;float:right;color:#
A1A0A6;
        line-height:14px;+line-height:34px;}
```

第六步，根据B区XHTML结构代码编写CSS样式代码。定义B区important层：宽度为990像素，背景色为白色，替代<body>标签的灰色，设置上间距为20像素、下间距为35像素，此处不设置层高度，通过子元素实现高度自适应效果。B区包含四个区域：left2-1层、left2-2层、right2-1层以及clear层。

left2-1层定义宽度为340像素、左浮动；通过左间距10像素使其空出10像素白色区域，与<body>标签灰色背景左对齐，防止视觉效果感觉突兀；右边距为10像素，拉开该层与left2-2之间的距离，防止left2-2因设置左边距（左浮动+左边距）产生IE 6浏览器双倍外边距bug。

为left2-2层定义宽度为320像素、左浮动。为right2-1层定义宽度为270像素、右浮动；设置右间距为10像素，作用与left2-1层设置左间距为10像素一致（避免产生IE 6浏览器双倍外边距bug）。

clear层实现B区important层高度自适应；定义高度为0像素，不占用空间；清除浮动使之高度自适应；针对IE浏览器设置字体大小为1像素，避免因默认字体大小影响层高度（IE浏览器），故设置为0像素。

B区important层使用1行固定宽度、高度自适应布局，子元素使用固定宽度、浮动布局方式。在图12.22所示的示意图中通过背景色的显示效果观察三个层的区域划分。

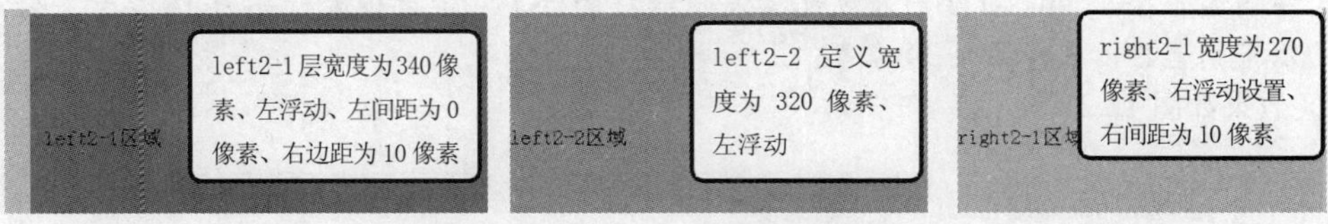

图12.22　B区及三个小分区范围划分

```
XHTML:
<div class="photo">
   <span><img src="images/6.gif" width="22" height="126" /></span>
   <div class="cont">
      <div class="pic">
         <a href="#"><img width="66" height="67" src="images/11.jpg"/></a><br />
         <a class="tip" href="#">全国高校</a>
```

```
        </div>
      </div><!--cont end-->
    </div><!--photo end-->
    CSS:
    .important{width:990px; background-color:#fff; padding-top:20px; padding-bottom:35px;}
    .left2-1{width:340px; margin-right:17px; float:left; padding-left:10px;}
    .left2-2{width:320px; float:left}
    .right2-1{width:270px; float:right;padding-right:10px;}
    .clear{ clear: both; font-size:1px; width:1px; height:0; visibility: hidden; }
```

第七步，left2-1层包含图片新闻<h3>标签、span.blank10、flash2层、新闻动态<h3>标签以及list层。图片新闻<h3>标签和新闻动态<h3>标签可以作为模块，内部更换图片即可。list层作为列表模块，flash2层存放flash（此处用图片代替），span. blank10定义上层与下层之间的距离。图12.23所示为图片新闻和新闻动态。

图片新闻<h3>标签定义class名tit，将作为标题模块层，便于其他位置调用。定义高度为28像素、背景图片为poly_newstitle.jpg，以后调用时更换背景图片即可。子元素<span>标签定义字体大小为0像素、行高为0像素、超出部分隐藏，其作用为搜索引擎搜索的关键字，而非在浏览器中查看。

新闻动态<h3>标签定义class名news，并继承class名tit，通过class名news更改背景图片为poly_projectnew.jpg。新闻动态<h3>标签除了<span>标签需更换文本内容外，还添加了一个子元素<a>标签，用于存放“更多”。扩展标题tit模块，首先定义<a>标签右浮动、字体大小为11像素、字体颜色为#ccc。其次定义字体类型即可。

flash2层定义宽度为340像素、高度为162像素、超出部分隐藏，内部放一张图片代替flash，图片大小为340*162。

span.blank10 用于间隔图片新闻与 flash2 层，首先定义高度为 10 像素、字体大小为 1 像素、超出部分隐藏；其次清除浮动，防止其他位置调用时未起到间隔及清除浮动的作用。

list层为模块层，用于存放新闻列表，设置上间距为9像素、清除浮动，便于其他位置引用。

- <li>标签文本左对齐、清除浮动、行高为22像素、设置方块背景图片调整其位置；接着通过1像素底部虚线区分每个<li>标签。
- 超链接<a>标签存放新闻标题，定义字体大小为13像素，左间距为10像素，用于存放<li>标签设置的方块背景图片。
- <span>标签用于存放新闻发表日期，字体设置小于超链接字体（定义为9像素）、颜色为#BBBBBB、改变字体类型为tahoma。其次调整位置，设置右浮动，并设置右间距为5像素。

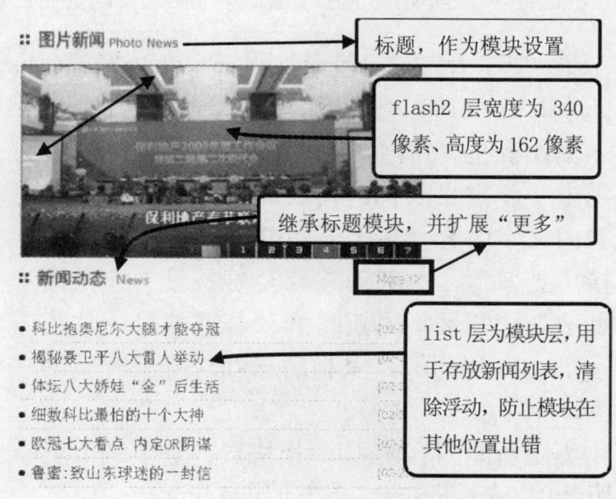

图12.23 图片新闻和新闻动态

```
XHTML:
<div class="left2-1">
   <h3 class="tit"><span>图片新闻</span></h3>
   <div class="flash2"><img src="images/f2.jpg" width="340" height="162" /></div>
   <span class="blank10"></span>
   <h3 class="tit news"><a href="#">More>></a><span>新闻动态</span></h3>
   <div class="list">
     <ul>
```

```
            <li><a href="#"><span class="newsdate">[02-25] </span>科比抱奥尼尔大腿才能夺冠</a></li>
            <li><a href="#"><span class="newsdate">[02-25] </span>揭秘聂卫平八大雷人举动</a></li>
            <li><a href="#"><span class="newsdate">[02-25] </span>体坛八大娇娃“金”后生活</a></li>
            <li><a href="#"><span class="newsdate">[02-25] </span>细数科比最怕的十个大神</a></li>
            <li><a href="#"><span class="newsdate">[02-25] </span>欧冠七大看点 内定OR阴谋</a></li>
            <li><a href="#"><span class="newsdate">[02-25] </span>鲁蜜:致山东球迷的一封信</a></li>
        </ul>
      </div><!--list end-->
   </div><!--left2-1 end-->
   CSS:
   .flash2{width:340px; height:162px; overflow:hidden;}
   .blank10{ height:10px; clear:both;display:block; font-size:1px;overflow:hidden;}
   /******mk start*************/
   .list{clear:both;padding:9px 0 0;}
   .list ul{}
   .list li{text-align:left; clear:both; line-height:22px; border-bottom:1px dashed #e2e2e2;
       background:url(../images/fangkuai.jpg) 0px 10px no-repeat; }
   .list a{ font-size:13px;padding-left:10px;}
   .list span{font-family:tahoma; font-size:9px; color:#BBBBBB; float:right; padding-right:5px;}
   /******mk start*************/
   /******标题 start*************/
   h3.tit{ height:28px; background:url(../images/poly_newstitle.jpg) no-repeat left top}
   h3.tit span{ font-size:0px; line-height:0px; overflow:hidden;}
   h3.tit a{float:right; font-family:Arial, Helvetica, sans-serif; font-size:11px; color:#ccc!important;}
   h3.news{ background:url(../images/poly_projectnew.jpg) no-repeat left top}
```

第八步，left2-2层包含集团新闻<h3>标签、list层、span.blank10、保利动态<h3>标签以及flash3层。span.blank10直接调用即可。

集团新闻<h3>标签、保利动态<h3>标签使用上一步定义的标题模块即可，改变<span>标签内文字内容，集团新闻<h3>标签内存在超链接“更多”，保利动态<h3>标签没有超链接“更多”。定义集团新闻<h3>标签背景图片为poly_jtnewstitle.jpg，保利动态<h3>标签背景图片为baoli.jpg。

集团新闻内容使用list模块层，需要调节上间距为0像素，即.left2-2 .list{padding-top:0;}，且由新闻动态的六条新闻更改为七条新闻。

flash3层定义宽度为315像素、高度为141像素、超出部分隐藏，内部放一张图片代替flash，图片大小为315*141，效果如图12.24所示。

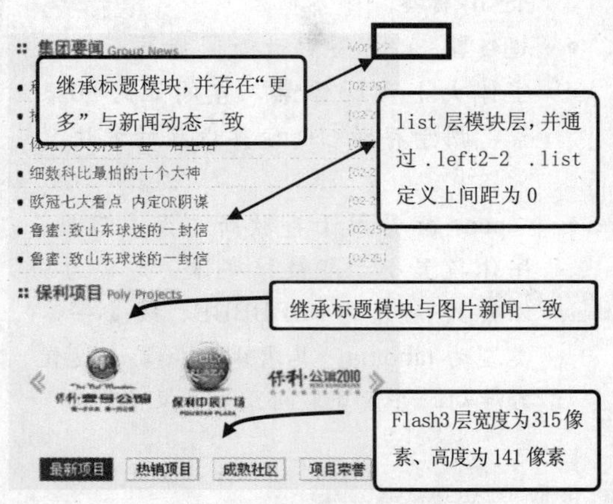

图12.24　集团新闻和保利项目

```
XHTML:
<div class="left2-2">
   <h3 class="tit jituan"><a href="#">More>></a><span>集团要闻</span></h3>
   <div class="list">
```

```
        <ul>
            <li><a href="#"><span class="newsdate">[02-25] </span>科比抱奥尼尔大腿才能夺冠</a></li>
            <li><a href="#"><span class="newsdate">[02-25] </span>揭秘聂卫平八大雷人举动</a></li>
            <li><a href="#"><span class="newsdate">[02-25] </span>体坛八大娇娃“金”后生活</a></li>
            <li><a href="#"><span class="newsdate">[02-25] </span>细数科比最怕的十个大神</a></li>
            <li><a href="#"><span class="newsdate">[02-25] </span>欧冠七大看点 内定OR阴谋</a></li>
            <li><a href="#"><span class="newsdate">[02-25] </span>鲁蜜:致山东球迷的一封信</a></li>
            <li><a href="#"><span class="newsdate">[02-25] </span>欧冠七大看点 内定OR阴谋</a></li>
        </ul>
    </div><!--list end-->
    <span class="blank10"></span>
    <h3 class="tit baoli"><span>保利项目</span></h3>
    <div class="flash3">
        <img src="images/fl.jpg" width="315" height="141" />
    </div>
</div><!--left2-2 end-->
CSS:
h3.jituan{background:url(../images/poly_jtnewstitle.jpg) no-repeat left top}
h3.baoli{background:url(../images/baoli.jpg) no-repeat left top}
.flash3{width:315px; height:141px; overflow:hidden;}
.left2-2 .list{padding-top:0;}
```

第九步，right2-1层包含投资者关系<h3>标签、插入图片、list层以及img3层。

投资者关系<h3>标签使用第七步定义的标题模块即可，改变<span>标签内文字内容，投资者关系新闻<h3>标签背景图片为poly_relation.jpg，插入图片，图片大小为263*63。

投资者关系内容使用 list 模块层，设置层宽度为 263 像素，更换 <li> 标签背景图片为 arr_v.gif，左间距为 5 像素。

img3 层存放图片超链接，定义上间距为 23 像素，内部各个图片大小通过 XHTML 属性定义，设置图片右边距为 6 像素，效果如图 12.25 所示。

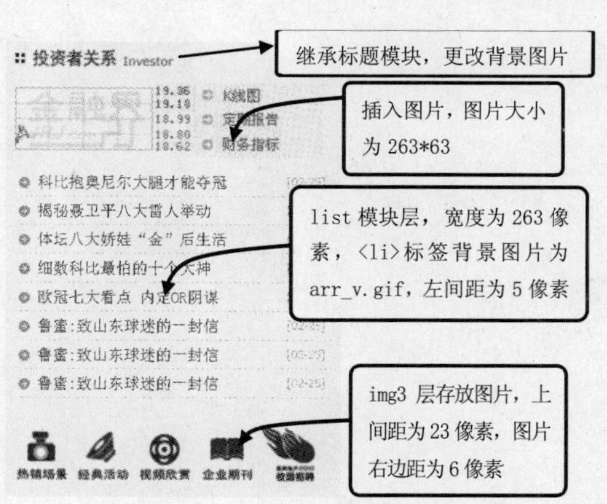

图12.25　投资者关系

```
XHTML:
<div class="left2-2">
    <h3 class="tit touzi"><span>投资者关系</span></h3>
    <img src="images/zs.jpg" width="263" height="63" alt="走势图" />
    <div class="list">
        <ul>
            <li><a href="#"><span class="newsdate">[02-25] </span>科比抱奥尼尔大腿才能夺冠</a></li>
            <li><a href="#"><span class="newsdate">[02-25] </span>揭秘聂卫平八大雷人举动</a></li>
            <li><a href="#"><span class="newsdate">[02-25] </span>体坛八大娇娃“金”后生活</a></li>
            <li><a href="#"><span class="newsdate">[02-25] </span>细数科比最怕的十个大神</a></li>
            <li><a href="#"><span class="newsdate">[02-25] </span>欧冠七大看点 内定OR阴谋</a></li>
            <li><a href="#"><span class="newsdate">[02-25] </span>鲁蜜:致山东球迷的一封信</a></li>
            <li><a href="#"><span class="newsdate">[02-25] </span>欧冠七大看点 内定OR阴谋</a></li>
```

```
        <li><a href="#"><span class="newsdate">[02-25] </span>鲁蜜:致山东球迷的一封信</a></li>
      </ul>
    </div><!--list end-->
    <div class="img3"><a href="#"><img src="images/poly_changjing.jpg" width="46"
height="48" alt="热销场景" /></a><a href="#"><img src="images/poly_huodong.jpg" width="46"
height="48" alt="经典活动" /></a><a href="#"><img src="images/poly_shiping.jpg" width="46"
height="48"  alt="视频欣赏"/></a><a href="#"><img src="images/poly_qikan.jpg" alt="企业期刊
" width="46" height="48" /></a><a href="#"><img src="images/poly_zhaopin.jpg" width="46"
height="48" alt="校园招聘" /></a>
    </div>
  </div><!--left2-2 end-->
  CSS:
  h3.touzi{background:url(../images/poly_relation.jpg) no-repeat left top}
  .right2-1 .list{width:263px;}
  .right2-1 .list li{background:url(../images/arr_v.gif) 0px 8px no-repeat; padding-
left:5px; }
  .img3{ padding-top:22px;}
  .img3 img{margin-right:6px;}
```

第13章 博客类网站的结构与布局——背景图片处理和圆角设计

在网页设计中，应用最多的元素应该是图片了，例如，在游戏网站中图片作为整个网页的主题背景是最常见的应用，如梦幻西游、梦幻诛仙等官方网站。本章将围绕背景图片的应用，介绍如何使用 CSS 属性控制背景图片的显示效果。通过本章的学习，读者将会掌握如何控制背景图片以及利用背景图片制作圆角风格的版块效果。

13.1 处理背景图片

在网页标准布局中，背景图片的应用范围很广，本节将介绍如何设置与背景图片相关的属性。

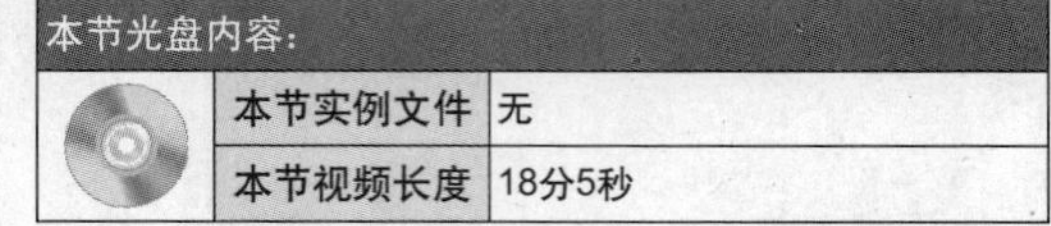

本节光盘内容：	
本节实例文件	无
本节视频长度	18分5秒

在传统布局中，设计师习惯于将背景图片应用到 <body>、<table>、<tr>、<td> 等标签中，而在网页标准布局中，页面制作者将背景图片应该用到更多符合标准的 XHTML 标签中，如 <ul>、<table>、<div>、<span>、<strong>、<em>、<li> 等。

13.1.1 设置背景图片

视频路径：视频文件\files\13.1.1.swf | 实例文件：实例文件\13\基础示例\设置背景图像.html、设置背景图像1.html

在页面中图片通过两种方式显示：一种作为 img 元素，通过 <img> 标签的 src 属性插入到页面；另一种作为背景图片，使用背景图片修饰页面内容。

CSS 属性中 background-image 属性定义背景图片，其属性值 URL 指定图片的来源，包括本地地址或网络地址。URL 可使用相对或绝对地址，默认情况下背景图片是横向和纵向平铺。

background-image 属性指定的图片格式一般为 JPG、GIF、PNG 等三种格式。

- JPG 有损压缩格式能够将图像压缩在很小的储存空间，应用范围广。
- GIF无损压缩格式小于等于256色，支持背景透明。GIF格式在动画中应用比较广，一般用于色彩比较简单的小图，由于IE 6浏览器不支持透明的PNG格式图片，故可用8位GIF格式图片代替。
- PNG无损压缩格式支持背景半透明（IE 6下得用滤镜）、占用空间比JPG、GIF格式图片大的多，若背景色与PNG透明部分颜色一致且需颜色丰富的透明图片时，可用PNG格式图片。

例如，在下面实例中，通过将JPG格式的背景图片应用到<body>标签，在浏览器中可以看到，背景图片在页面中会平铺显示。

```
<html>
<head>
<style type="text/css">
body{
    background-image:url(img/1.jpg);            /* 设置背景图片 */
}
h3{
    font-size:30px;                             /* 设置字体大小 */
    text-align:center;                          /* 文本居中 */
    color:#FF0000;                              /* 字体颜色 */
    font-family:"黑体"                          /* 字体类型 */
}
</style>
</head><body>
<h3>body元素设置背景图片,默认铺满整个屏幕</h3>
</body></html>
```

页面演示效果如图 13.1 所示。

在上面实例中，背景图片的宽度为 595 像素、高度为 336 像素，当为 <body> 标签设置应用背景图片时，浏览器会重复显示多个背景图片，因背景图片小于浏览器大小，所以背景图片会自动横向和纵向平铺。

图13.1　<body>标签设置背景图片

如果将<h3>标签大小设置与背景图片大小一致，则<h3>标签显示的图片就看不见平铺后的背景图片了，即在没设置标签大小时，背景图片显示的部分与标签内部空间一致。如果设置了宽度、高度属性，则背景图片将填满标签空间。如果背景图片小于标签空间大小，则显示效果如图13.1所示。

通过上面实例，我们学会了如何设置背景图片，以及如何防止背景图片的平铺现象产生。现在将 background-image 属性应用到实际项目中。例如，在下面实例中，将背景图片应用到网站头部，设置头部大小与背景图片大小宽度一致，防止背景图片平铺显示。

```
<html>
<head>
<style type="text/css">
body {
    text-align: center;                     /* IE及使用IE内核的浏览器居中 */
    font-family:"宋体", arial;              /* 设置元素宽度为500像素 */
    margin:0;padding:0;                     /* 清除外边距和内间距 */
    background: #282d33;                    /* 设置背景色与背景图片接近 */
    font-size:12px;color:#000;              /* 字体大小、颜色 */
}
div{
    margin:0 auto;                          /* Firefox浏览器下居中 */
}
img{
    vertical-align:top;                     /* 图片的对齐方式 */
}
#CSTX{
    width:990px;                            /* 网站头部大小 */
    height:137px;                           /* 网站头部大小 */
    background-image:url(img/cstx.gif);     /* 背景图片大小与网站头部大小一致 */
}
.zcdl{
    height:30px;                            /* 高度30像素，布局的一小部分 */
    overflow:hidden;                        /* 设置元素宽度为500像素 */
}
```

```
#CSTX .mt38{
    padding-top:2px;                              /* 设置上间距，布局的一小部分 */
    clear:both;                                   /* 清除浮动 */
}
<!——其余CSS代码省略,详细查看"背景图片+插入图片+导航.html"——>
</style>
</head><body>
<div id="CSTX">
  <div class="zcdl">
    <span class="fl2">2009年6月12日 星期一 17:17</span>
    <span class="fr">用户名:<input type="text" />密码: <input type="password" /></span>
  </div>
  <div class="mt38"><a href="#"><img src="img/logo.jpg" title="欢迎来到财视天下" /></a></div>
  <ul class="nav4"><li><a href="#">首页</a></li><li><a href="#">操盘风向标</a></li></ul>
</div>
<!——详细XHTML代码,查看"背景图片+插入图片+导航.html"——>
</body></html>
```

页面演示效果如图 13.2 所示。

图13.2 <body>标签设置背景图片

在上面实例中，给出三块结构的 XHTML、CSS 代码，具体代码请查看“背景图片 + 插入图片 + 导航 .html”文件。实现步骤如下。

第一步，页面初始化。设置 <body> 标签的背景色为黑色，设置整个网站头部的宽度、高度及背景图片，背景图片的大小与网站头部大小一致，宽度为 990 像素、高度为 137 像素，设置 Firefox 浏览器下居中。背景图片的颜色与 <body> 标签颜色接近。

第二步，设置包含用户名、年月日块的高度为 30 像素，为下面插入 logo 图片作铺垫。

第三步，设置 logo 图片位置。设置插入图片对齐方式为顶部对齐，清除上面元素的浮动，设置 logo 层的上间距为 2 像素。

上面的 CSS 代码和 XHTML 可简化为一层，且实现插入图片设置背景图片效果，即 logo 插入图片，以设置背景图片。

```
CSS:
body { text-align: center;margin:0; padding:0; background: #282d33;}
div{margin:0 auto;}
img{border:none;}
.logo{clear:both;width:990px;height:107px; padding-top:30px; background-image:url(img/cstx.gif);}
XHTML:
<div class="logo"><a href="#"><img src="img/logo.jpg" title="欢迎来到财视天下" /></a></div>
```

13.1.2　背景图片的平铺

>> 视频路径：视频文件\files\13.1.2.swf　|　>> 实例文件：实例文件\13\基础示例\背景图片的平铺.html、背景图片的平铺1.html

为了避免背景图片横向和纵向平铺，13.1.1 节介绍了通过设置图片大小和标签大小一致的方法来解决。当然有时确实需要某个方向的平铺，但不愿通过标签实现，此时就用到了 CSS 提供的 background-repeat 属性。background-repeat 属性提供了四个属性值，其取值范围如下所示。

- repeat：完全平铺，背景图片横向、纵向都平铺在元素内。当设置 background-image 时，repeat 是默认值。
- repeat-x：横向平铺，背景图片横向平铺在元素内。即背景图片小于标签设置的宽度时，横向平铺背景，即平铺一行，横向显示多次背景图片。
- repeat-y：纵向平铺，背景图像纵向平铺在元素内。即背景图片小于标签设置的高度时，纵向平铺背景，即平铺一列，纵向显示多次背景图片。
- no-repeat：不平铺。即标签内只显示一次背景图片，若标签设置的宽度小于背景图片大小，则显示部分背景图片，其大小与标签设置的宽度一致。

例如，在下面实例中，定义四个层，分别设置其背景图片平铺的四种属性值，比较四种属性值的不同。

```
<html>
<head>
<style type="text/css">
.a1,.a2,.a3,.a4{
    width:280px;                              /* 设置块的宽度 */
    height:280px;                             /* 设置块的高度 */
    background-image:url(img/2.jpg);          /* 设置背景图片 */
    float:left;                               /* 块元素浮动，在一行内显示 */
    border:2px solid #CC0033;                 /* 边框线，观察块的起始位置 */
    margin-right:3px;                         /* 每个块的距离 */
    font-size:30px;                           /* 字体大小 */
    line-height:280px;                        /* 行高，垂直居中 */
    text-align:center;                        /* 字体居中对齐*/
    font-weight:bold;                         /* 字体加粗 */
    color: #66CC33;                           /* 字体颜色 */
    overflow:hidden;                          /* 超出部分隐藏 */
}
.a1{
    background-repeat:repeat-x;               /* a1背景图片横向平铺 */
}
.a2{
    background-repeat:repeat-y;               /* a2背景图片纵向平铺*/
}
.a3{
    background-repeat:repeat;                 /* a3背景图片横向、纵向平铺*/
}
.a4{
    background-repeat:no-repeat;              /* a4背景图片不平铺*/
}
</style>
</head><body>
```

```
<div class="a1">横向平铺</div>
<div class="a2">纵向平铺</div>
<div class="a3">横向、纵向平铺</div>
<div class="a4">不平铺</div>
</body></html>
```

页面演示效果如图 13.3 所示。

图13.3　背景平铺的四种情况

在上面实例中，首先class名为a1、a2、a3、.a4层进行统一设置，定义宽度、高度都为280像素，行高为280像素，实现单行文本垂直居中。设置背景图片为2.jpg，并为层设置2像素的边框线，便于观察层的起始位置。接着通过左浮动，让四个层在同一行显示，设置右边距，浮动和边距方向不一致，减少为IE 6浏览器设置display:inline;属性。接着设置文本居中、加粗、颜色等。最后，分别针对每个层设置不同的background-repeat平铺方式。层内文字已经表明该层设置的平铺方式。若想看得更加仔细，可以更改层的大小。

```
.a1,.a2,.a3,.a4{width:900px; height:900px; line-height:900px;}
```

背景图片横向、纵向平铺属性应用于博客、空间等场合，背景图片不平铺一般广泛应用于列表项目，如新闻列表、音乐排行榜。例如，在下面实例中，将新闻列表排行榜前三名应用鲜明的背景图片，后七名应用颜色较暗的背景图片，列表排行榜背景图片不平铺。

```
<html>
<head>
<style type="text/css">
body,ul,li{
    text-align: center; font-size:12px;        /* 字体大小、浏览器居中 */
    margin:0; padding:0;                       /* 清除外边距、内间距 */
}
li{
    list-style-type:none;                      /* 隐藏默认列表符号，后面用背景图片代替 */
}
a{
    color: #1f3a87!important;                  /* 超链接字体颜色 */
    text-decoration:none;                      /* 隐藏默认下划线 */
}
a:hover {
    color: #83006f;                            /* 鼠标滑过时，超链接字体颜色 */
    text-decoration:underline;                 /* 鼠标滑过时，添加下划线*/
}
```

```
.content {
    margin:0 auto; width:400px;               /* 定义宽度，Firefox浏览器居中 */
}
.rankList li {
    height:21px;line-height:21px;             /* 单行文字垂直居中 */
    text-align:left;overflow:hidden;          /* 文本左对齐，超出一行隐藏*/
}
.rankList li span{
    color:#FFFFFF; font-family:Arial;         /* 项目符号字体颜色、类型 */
    font-size:11px;font-weight:bold;          /* 项目符号字体大小、加粗 */
    height:13px;line-height:13px;             /* 单行文本垂直居中 */
    float:left;margin:3px 6px 0pt 0pt;        /* 浮动、设置外边距，调整项目符号位置 */
    text-align:center;width:13px;             /* 文本居中对齐、宽度 */
}
.rankList span.front {
    background-image:url(img/p1.gif);         /* 前三名使用的背景图片 */
    background-repeat:no-repeat;              /* 背景图片不平铺 */
}
.rankList span.follow {
    background-image:url(img/p2.gif);         /* 后七名使用的背景图片 */
    background-repeat:no-repeat;              /* 背景图片不平铺 */
}
</style>
</head><body>
<div class="content">
  <ul class="rankList">
    <li><span class="front">1</span><a href="#">联通内测迷你SIM卡:iPad入华渐近</a></li>
    <li><span class="front">2</span><a href="#">IT业被指重金属污染超标 </a></li>
    <li><span class="front">3</span><a href="#">11万iPad用户信息遭泄露</a></li>
    <li><span class="follow">4</span><a href="#">苹果产品中国普及率仅为0.05% </a></li>
    <li><span class="follow">5</span><a href="#">移动将推千元TD智能机</a></li>
    <li><span class="follow">6</span><a href="#">联通iPhone降价击水货</a></li>
    <li><span class="follow">7</span><a href="#">联通秘密内测iPhone 4 迷你版SIM卡</a></li>
    <li><span class="follow">8</span><a href="#">三星发布新款入门级Android机i5500</a></li>
    <li><span class="follow">9</span><a href="#">多点触控太阳能手机 夏普SH7120c </a></li>
    <li><span class="follow">10</span><a href="#">Full HD的魅力全高清摄像DC大盘点</a></li>
  </ul>
</div>
</body></html>
```

页面演示效果如图13.4所示。

在上面实例中，首先进行初始化。隐藏项目图标，然后使用背景图片代替项目符号；清除<body>、<ul>标签外边距、内间距；字体初始化、设置超链接颜色等。

第一步，定义排行榜宽度为400像素并设置居中。

```
.content { margin:0 auto; width:400px;}
```

第二步，针对列表项设置行高，高度为21像素，超出一行隐藏，文本对齐为左对齐。

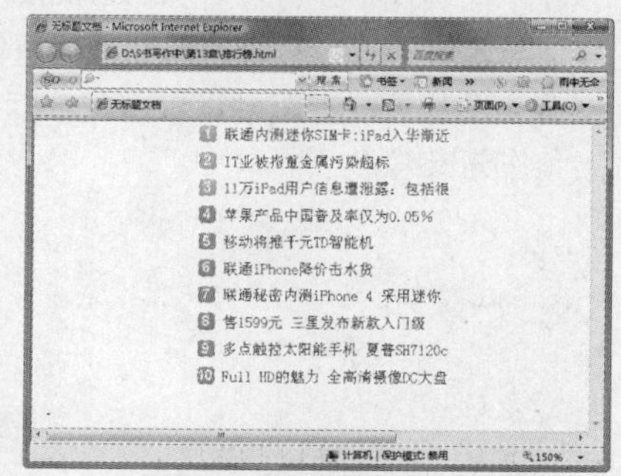

图13.4　排行榜应用背景图片

```
.rankList li {height:21px;line-height:21px;overflow:hidden; text-align:left;}
```

第三步，为列表项设置背景图片。前三名与后七名设置不同的背景图片，以突出前三名。定义<span>标签内字体颜色为白色，字体类型为Arial，字体大小为11像素，文本加粗；宽度、高度、行高均为13像素，单行文本居中。

```
.rankList li span{
color:#FFFFFF;float:left;font-family:Arial;font-size:11px;font-weight:bold;
height:13px;line-height:13px;margin:3px 6px 0pt 0pt;text-align:center;width:13px;
}
```

第四步，前三名设置 p1.gif，且背景图片不平铺；后七名设置 p2.gif，且背景图片不平铺。设置外边距，调整项目图标与后面的文本内容拉开距离，且在同一条线上。

```
.rankList li span{margin:3px 6px 0pt 0pt;}
.rankList span.front {background-image:url(img/p1.gif); background-repeat:no-repeat;}
.rankList span.follow {background-image:url(img/p2.gif); background-repeat:no-repeat;}
```

第四步，调整图标位置，这一步很关键。若缺少 margin 的设置，则项目图标与项目内容不在同一行，无法体现二者是一体。若每项行高设置较大值，例如 .rankList li{line-height:28px;} 时，项目图标需要调整。

```
.rankList span{margin:0;}
```

或

```
.rankList li{line-height:28px;}
```

13.1.3 背景图片位置

视频路径：视频文件\files\13.1.3.swf | 实例文件：实例文件\13\基础示例\背景图片位置1.html~背景图片位置5.html

13.1.2 节讲解学习背景图片平铺属性时，最后出现一个问题：行高发生改变时，背景图片如何调整？依靠外边距属性有可能引起其他内容的位置不对称，CSS 提供可调整背景图片位置的 background-position 属性，其语法格式如下：

```
background-position: length || length
background-position: position || position
```

属性值说明如下。

- length：百分数、负数、像素等长度单位。
- position：top|center|bottom|left|center|right 。

在下面实例中，将针对 background-position 属性的不同属性值进行比较，以便更好地了解它们，尤其是当取值为百分数时，与其他的取值参照点不同。

背景图片可以有三种设置方式：默认值、设置为百分比值、设置为数值，三种方式都是从元素左上角作为参考点。

```
<html>
<head>
<style type="text/css">
body{
    text-align:center                          /* IE及使用IE内核的浏览器居中*/
}
```

```
.bgbfb{
    width:700px;                              /* 包含块的宽度 */
    height:200px;                             /* 包含块的高度 */
    margin:0 auto;                            /* Firefox浏览器下居中 */
    text-align:left;                          /* 文本内容左对齐 */
    background-color:#FFCC99;                 /* 设置背景色，观察包含元素 */
}
.B00,.GLT,.B00Z{
    background-image:url(img/4.gif);          /* 设置背景图片 */
    background-repeat:no-repeat;              /* 设置背景图片不平铺 */
    width:220px;                              /* 层的大小 */
    height:150px;                             /* 层的大小 */
    background-color:#CCCCFF;                 /* 设置背景色 */
    float:left; margin:5px;                   /* 左浮动，设置外边距 */
    display:inline;                           /* 针对IE 6，margin双倍 */
}
.B00{
    background-position:0% 0%;                /* 设置背景图片的位置 */
}
.GLT{}
.B00Z{
    background-position:0 0;                  /* 设置背景图片的位置 */
}
</style>
</head><body>
<div class="bgbfb">
<div class="B00">background-position:0% 0%;与不设置时的区别</div>
<div class="GLT">background-position:0% 0%;与不设置时的区别</div>
<div class="B00Z">background-position:0% 0%;与background-position:0 0;的区别</div>
</div>
</body></html>
```

页面演示效果如图 13.5 所示。

在上面实例中，比较三种设置在浏览器中显示的效果得出如下结论。

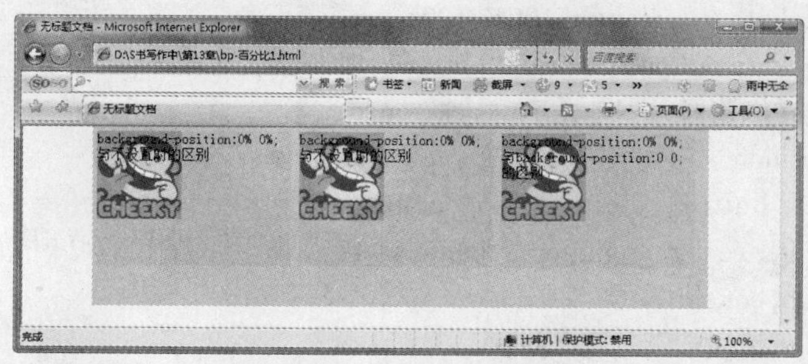

图13.5　背景图片位置在左上角

设置图片后，默认情况下背景图片将在该元素左上角显示，background-position:0% 0%; 与 background-position:0 0 在浏览器中的显示效果是一样的，而这三个图都是在该元素左上角显示，故背景图片默认显示位置、background-position:0% 0%; background-position:0 0 结果都是在左上角开始显示背景图片。

在元素设置背景图片位置偏移时，若值未在元素最左边、最右边、中间，则可以直接用像素表示，如background-position:10px 20px;，反之则可以用关键字表示，如background-position:center center;、background-position:right bottom;。

例如，在下面实例中，标签内设置背景图片，其位置分别为 background-position:100% 100%; 与 background-position:right bottom;，比较二者区别。

```
<html>
<head>
<style type="text/css">
<!——CSS属性沿用上例<body>、class为bgbfb设置"——>
.BFB, .GJZ{
    background-image:url(img/4.gif);          /* 设置背景图片 */
    background-repeat:no-repeat;              /* 设置背景图片不平铺 */
    width:220px;                              /* 层的大小 */
    height:150px;                             /* 层的大小 */
    background-color:#CCCCFF;                 /* 设置背景色 */
    float:left; margin:5px;                   /* 左浮动，设置外边距 */
    display:inline;                           /* 针对IE 6，margin双倍 */
}
.BFB{
    background-position:100% 100%;            /* 设置图片起始地址与right bottom比较 */
}
.GJZ{
    background-position:right bottom;         /*设置图片起始地址与100% 100%比较*/
}
</style>
</head><body>
<div class="bgbfb">
<div class="BFB">background-position:100% 100%;的位置</div>
<div class="GJZ">background-position:100% 100%;与background-position:right bottom;</
div>
</div>
</body></html>
```

页面演示效果如图 13.6 所示。

图13.6 背景图片位置100%与right bottom关键词

在上面实例中，比较两种设置在浏览器下显示效果得出结论：background-position:100% 100%; 与 background-position:right bottom; 都是在浏览器右下角显示。background-position 常用关键字取值：left top、left bottom、left center、center、center center、right top、right center、right bottom 等。

请注意以下几个问题。

- left top 等于 top left 等于 0% 0%，建议使用 left top 书写方式。
- center top 等于 top center 等于 50% 0%，建议使用 center top 书写方式。
- right bottom 等于 bottom right 等于 100% 100%，建议使用 right bottom 书写方式。

其余书写方式类似，读者可以通过本例改变其值，进行测试。

背景图片位置为百分比时，其参考点位置不定，定位距离也不定，即百分比发生变化时，参考点、参考距离也发生变化。若没有完全掌握百分比的使用，建议其位置使用像素作为单位。

例如，在下面实例中，背景图片设置三种百分比取值情况：background-position:82% 15%;、ackground-position:15% 65%;、background-position:50% 50%;，比较其参考点、定位距离。

```
<html>
<head>
<style type="text/css">
<!——CSS属性沿用上例<body>、class为bgbfb设置"——>
.BFBDB1,.BFBDB2,.BFBDB3{
    background-image:url(img/4.gif);          /* 设置背景图片 */
    background-repeat:no-repeat;              /* 设置背景图片不平铺 */
    width:220px;                              /* 层的大小 */
    height:150px;                             /* 层的大小 */
    background-color:#CCCCFF;                 /* 设置背景色 */
    float:left; margin:5px;                   /* 左浮动，设置外边距 */
    display:inline;                           /* 针对IE 6，margin双倍 */
}
.BFBDB1{
    background-position:82% 15%;              /* 设置图片起始地址百分比*/
}
.BFBDB2{
    background-position:15% 65%;              /* 设置图片起始地址百分比 */
}
.BFBDB3{
    background-position:50% 50%;              /* 设置图片起始地址百分比 */
}
</style>
</head><body>
<div class="bgbfb">
<div class="BFBDB1">background-position:82% 15%;</div>
<div class="BFBDB2">background-position:15% 65%;</div>
<div class="BFBDB3">background-position:50% 50%;</div>
</div>
</body></html>
```

页面演示效果如图 13.7 所示。

图13.7　背景图片位置采用百分比

在上面实例中，背景图片大小为 96*98，第三种设置情况为 background-position:50% 50%;，通过浏览器显示结果可以发现背景图片处于层的中间，若背景图片参考点为层的左上角，则背景图片的左上角应位于层中心位置，显然不是，在浏览器中，背景图片的中心位于该层的中心，即 background-position:50% 50%;，即层的横向 50%、纵向 50%，背景图片的横向 50%、纵向 50%，即参考点以背景图片的左上顶点为参考点（50% 50%）位置，定位距离是该点到包含框左上角顶点的距离。可以使用 Photoshop 的测量工具测量第一种情况和第二情况设置的百分比。

背景图片位置为负数时该如何处理呢？当负数的单位为百分比与单位为像素时，背景图片位置的处理方式是一致的，其参考点与为正数像素时的参考点一样，皆为左上角，即（0,0）点，但百分比为整数与百分比为负数时，定位距离不同。

例如，在下面实例中，背景图片的位置可以设置为五种情况：两个数值为负、两个较大负数值、两个负数其中一个使用百分比单位、两个数值为整数、两个数值为0。

```
<html>
<head>
<style type=" text/css" >
<!——CSS属性沿用上例<body>、class为bgbfb设置，并重置class为bgbfb宽度、高度"——>
.bgbfb{
    width:900px;                               /* 设置包含层大小 */
    height:350px;                              /* 设置包含层大小 */
}
.BFBFS1,.EFBFS2,.BFBFS3,.BFBZS1,.B00{
    background-image:url(img/4.gif);           /* 设置背景图片 */
    background-repeat:no-repeat;               /* 设置背景图片不平铺 */
    width:220px;                               /* 层的大小 */
    height:150px;                              /* 层的大小 */
    background-color:#CCCCFF;                  /* 设置背景色 */
    float:left; margin:5px;                    /* 左浮动，设置外边距 */
    display:inline;                            /* 针对IE 6，margin双倍 */
}
.BFBFS1{
    background-position:-20px -15px;           /* 皆为负数 */
}
.BFBFS2{
    background-position:-70px -60px;           /* 较大的负数（像素） */
}
.BFBFS3{
    background-position:-20px -10%;            /* 负数像素、负数百分比 */
}
.BFBZS1{
    background-position:30px 40px;             /* 正数 */
}
.B00{
    background-position:0px 0px;               /* 0作为与其他层的参考 */
}
</style>
</head><body>
<div class="bgbfb">
<div class="BFBDB1">background-position:82% 15%;</div>
<div class="BFBDB2">background-position:15% 65%;</div>
<div class="BFBDB3">background-position:50% 50%;</div>
</div>
</body></html>
```

页面演示效果如图 13.8 所示。

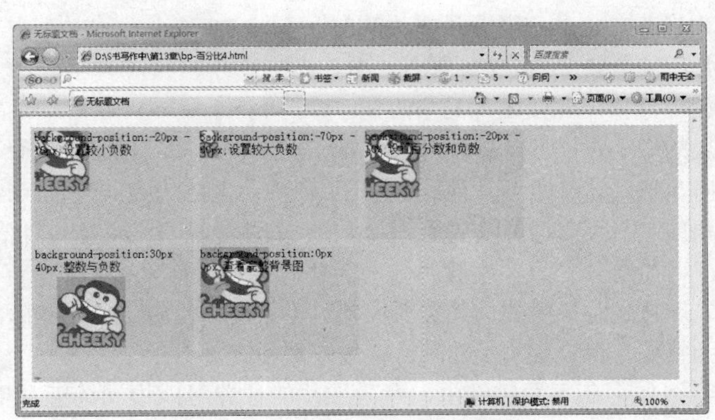

图13.8　背景图片位置为负数

在上面实例中，比较五种设置在浏览器的情况得出结论：当取值为负数时，其参考点是包含框的左上角，定位距离以背景图片自身宽高为准，例如，background-position:-20px -15px; 即表示隐藏自身图像起始位置，左侧为20像素、上侧为10像素；background-position: -20px -10%;即表示隐藏自身图像起始位置，左侧为20像素、上侧为10%，其余设置依次类推。

13.1.4 固定背景图片及属性缩写

» 视频路径：视频文件\files\13.1.4.swf | »  实例文件：实例文件\13\基础示例\固定背景图片及属性缩写.html、固定背景图片及属性缩写1.html

在学习定位时，我们讲解过一个效果：拖动滚动条时，设置固定定位的标签不动，其余标签内容随着滚动条的滚动而滚动，可惜 IE 6 等低版本浏览器总是需要通过特殊手法才能够实现。背景图片也有这么一个属性：拖动滚动条时，内容滚动，背景图片不动，IE 6 等低版本浏览器也支持。

背景图片固定通过 CSS 的 background-attachment 属性来实现，它有两个属性值：scroll、fixed。

- scroll：默认值，默认情况下，背景图片随滚动条滚动而滚动。
- fixed：滚动条滚动时背景图片不滚动。

例如，在下面实例中，为 <body> 标签设置背景图片，且不平铺、固定，通过拖动浏览器滚动条对比文字内容与背景图片。

```
<html>
<head>
<style type="text/css">
body {
     background-image:url(img/3.jpg);       /* 设置背景图片 */
     background-repeat:no-repeat;           /* 背景图片不平铺 */
     background-position:center top;        /* 背景图片的位置 */
     background-attachment:fixed;           /* 背景图片固定，不随滚动条滚动而滚动 */
     height:1200px;                         /* 高度，出现浏览器的滚动条 */
}
p{
     line-height:190%;                      /* 段落行高。滚动条滚动时，段落与背景图片作比较 */
     padding:0 50px;                        /* 段落左右间距 */
}
</style>
</head><body>
<p>上海世博会某国家馆展区总代表胡博特·贾亚库迪已经是第二次光顾浦东新区法院世博法庭了，可与4月14日他来送锦旗不同，这次他是被中国移动告上了法庭。世博法庭立即启动“诉调对接”模式，成功化解纠纷。
</p>
<p>两个月前，上海世博会某国家馆工作人员遭遇了一场房屋租赁纠纷。世博法庭接案后，迅速展开调解工作，10天后就将100万元支票交给该馆工作人员。4月14日，胡博特·贾亚库迪先生给世博法庭送来热情洋溢的感谢信和锦旗，上书“世博助推者，法律守护神”。
</p>
<p>5月31日，世博法庭收到一份来自中国移动上海公司的诉状，称某国家馆去年2月登记使用一个手机号码，但自去年6月起该号码一直未支付电话费，为此要求该馆支付拖欠的移动通信费468元及违约金。</p>
<!——详细XHTML代码,查看"背景图片固定"——>
</body></html>
```

页面演示效果如图 13.9 所示。

在上面实例中，<body>标签设置背景图片不平铺，其位置位于浏览器中间顶部，为查看在浏览器下拖动滚动条而背景图片不滚动的效果，设置高度为1200像素，且在XHTML文档中添加多个<p>标签。滚动条滚动时，文字随之移动、背景图片固定。背景图片固定一般应用在博客或QQ空间里。

margin 属性、padding 属性、border 属性支持属性缩写方式，在此处介绍 CSS 支持的第四个属性缩写：background 属性。背景色、背景图片的路径、背景图片的位置、背景图片的平铺、背景图片的固定都含有众多属性值，background 属性包含了背景图片的全部设置。其语法格式如下所示。

```
background: background-color||background-image||background-repeat
||background-attachment||background-position
```

例如，在下面实例中，class 为 liuyan 层设置背景图片路径、背景图片位置、背景图片是否平铺，使用 background 属性简写所包含的属性。

图13.9 背景图片固定

```
<html>
<head>
<style type="text/css">
.liuyan{
    width:500px;                                    /* 设置层的大小 */
    height:150px;                                   /* 设置层的大小 */
    background:url(img/5.jpg) no-repeat 30px 40px;  /* 背景图片相关属性简写 */
    overflow:scroll;                                /* 超出部分出现滚动条 */
    overflow-x:hidden;                              /* 横向滚动条隐藏 */
    text-align:center;                              /* IE等浏览器居中 */
    margin:0 auto;                                  /* Firefox浏览器居中 */
    border:1px solid #b1c8d7;                       /* 设置边框线 */
}
p{
    margin:0;                                       /* 清除默认外边距 */
    line-height:180%;                               /* 设置段落行高 */
    padding:10px;                                   /* 设置内间距 */
    text-indent:2em;                                /* 首行缩进两个字符大小空间 */
    text-align:left;                                /* 文本左对齐 */
    color:#009900                                   /* 字体颜色 */
}
</style>
</head><body>
<div class="liuyan">
  <p>CSS (Cascading Style Sheet，可译为"层叠样式表"或"级联样式表") 是一组格式设置规则，用于控制Web页面的外观，通过使用CSS样式设置页面的格式,可将页面的内容与表现形式分离。页面内容存放在HTML文档中，而用于定义表现形式的CSS规则则存放在另一个文件中或HTML文档的某一部分，通常为文件头部。将内容与表现形式分离，不仅可使维护站点的外观更加容易，而且还可以使HTML文档代码更加简练，缩短浏览器的加载时间。</p>
</div>
</body></html>
```

页面演示效果如图 13.10 所示。

在上面实例中，使用背景图片相关属性的缩写方式，各个属性值不分前后顺序，且可省略其中属性值。实例中省略背景色和背景图片是否滚动的设置。

拖动 class 为 liuyan 层的滚动条时，IE 浏览器图片随之滚动，而 Firefox 浏览器下图片却是固定的。再者，背景图片若设置平铺，则设置的图片位置将无效，测试代码如下：

```
.liuyan{ background:url(img/5.jpg) repeat 30px 40px; }
```

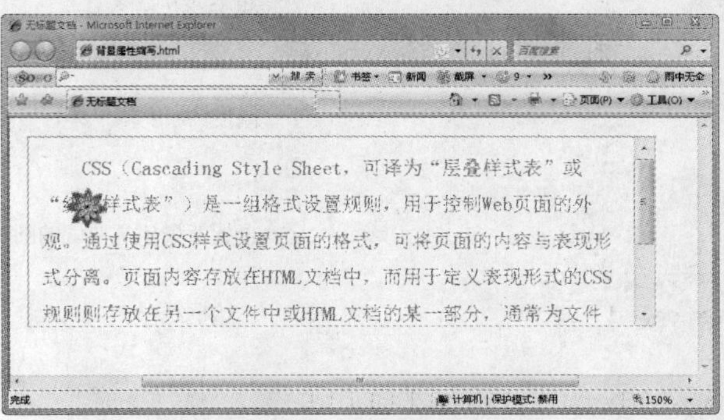

图13.10　背景图片缩写

13.2　圆角风格的版块设计

2008年和2009年可谓是CSS的圆角年，多数网站围绕圆角进行改版，如网易、腾讯等行业巨头。

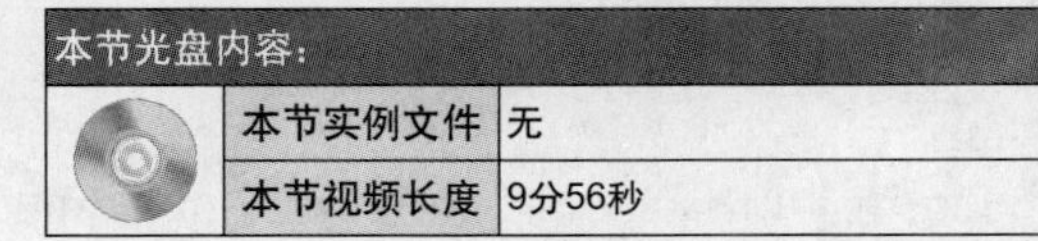

本节光盘内容：	
本节实例文件	无
本节视频长度	9分56秒

由圆角引发CSS深层次的制作方法：纯CSS制作圆角、滑动门制作圆角、背景图片制作圆角以及如何通过多个有意义的标签设置圆角图片。本小节将围绕圆角展开讨论背景图片的应用。

13.2.1　无图定圆角

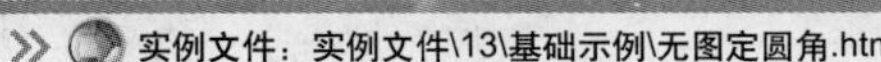

无图定圆角，即CSS制作圆角不需要图片，通过多个毫无意义的标签设置其宽度、外边距、边框属性，最终制作出圆角形状。

例如，在下面实例中，利用外边距的减少或增加的方式实现相应层的宽度的增加或减少，最终实现纯CSS圆角。

```
<html><head>
<style type="text/css">
body{
    font-size:14px;                    /* 字体大小 */
}
  .wrap{
  margin:1em;                          /* 设置外边距，便于观察 */
}
p{
  margin:0 10px;                       /* 设置左右外边距，清除上下外边距 */
}
.Cir-top, .Cir-bottom {
  display:block;                       /* 转化为块元素 */
  background:transparent;              /* 设置为透明*/
  font-size:1px;                       /* 字体大小 */
}
.Cir1,.Cir2,.Cir3,.Cir4 {
```

```
    display:block;                     /* 转化为块元素，.Cir1,.Cir2,.Cir3,.Cir4属性设置重要 */
    overflow:hidden;                                  /* 超出部分隐藏 */
  }
  .Cir1,.Cir2,.Cir3 {
    height:1px;                                       /* 高度为1像素 */
  }
  .Cir2,.Cir3,.Cir4 {
    background:#ccc;                                  /* 设置背景色与要做的圆角层颜色一致 */
    border-left:1px solid #08c;                       /* 左边框线 */
    border-right:1px solid #08c;                      /* 右边框线 */
  }
  .Cir1{
  margin:0 5px;                                       /* 外边距最大，第一个容器宽度最短 */
  background:#08c;                                    /* 设置背景色 */
  }
  .Cir2{
    margin:0 3px;                                     /* 外边距较大，第二个容器宽度较短 */
    border-width:0 2px;                               /* 边框宽度 */
  }
  .Cir3{
    margin:0 2px;                                     /* 外边距小，第三个容器宽度短 */
  }
  .Cir4{
    height:2px;                                       /* 设置高度 */
    margin:0 1px;                                     /* 外边距最小，第四个容器宽度最短*/
  }
  .Content{
    background:#ccc;                                  /* 设置背景色与圆角背景色一致 */
    border:0 solid #08c;                              /* 设置边框线与圆角边框线一致 */
    border-width:0 1px;                               /* 左右边框线宽度 */
    line-height:150%;                                 /* 设置行高，不是重点 */
    text-indent:2em;                                  /* 首行缩进，不是重点 */
    font-size:22px;                                   /* 文本大小，不是重点*/
  }
  </style>
  </head><body>
  <div class="wrap">
    <span class="Cir-top"><span class="Cir1"></span><span class="Cir2"></span><span
class="Cir3"></span><span class="Cir4"></span></span>
    <div class="Content">
      <p>关于胡锦涛主席将出席在塔什干举行的上海合作组织成员国元首理事会第十次会议，外交部表示，当前，国际形势正在经历复杂深刻变化，各种不确定、不稳定因素明显增多。世界经济全面复苏基础脆弱，气候变化、粮食安全、能源资源等全球性挑战交替作用。本地区“三股势力”活动日益猖獗。在此形势下，上海合作组织成员国团结互信和战略协作更加紧密，在涉及独立、主权、安全等重大核心问题上相互支持力度不断加大，在自然灾害、恐怖袭击等危难关头同舟共济、协力应对，充分展示出集体力量的强大。</p>
    </div>
    <span class="Cir-bottom"><span class="Cir4"></span><span class="Cir3"></span><span
class="Cir2"></span><span class="Cir1"></span></span>
  </div>
  </body></html>
```

页面演示效果如图 13.11 所示。

首先将实现的圆角放大，顶部圆角如图 13.12 所示。

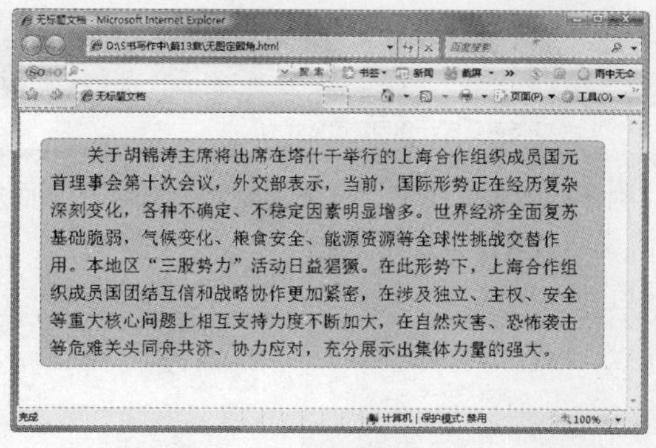
图13.11 纯CSS构成圆角

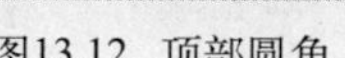
图13.12 顶部圆角

通过上面效果图发现：圆角由五个长短不一的容器（即XHTML标签）组成：最上层容器颜色是蓝色，宽度最短；第二个容器中间是灰色（内容部分设置灰色）、两端是蓝色（即左边框、右边框设置蓝色）；第三个容器、第四个容器以及第五个容器皆如此。不同的是一个容器比一个容器宽度大，注意，从第五个容器开始，宽度不变。为实现圆角宽度自适应，则不设置其五个的容器宽度，而是通过外边距大小减少或增加该容器的宽度。

通过以上分析编写如下XHTML结构：class为wrap层作为圆角层包含框，顶部圆角部分分别编写四个容器层，并放入一个包含框内，避免以后修改代码时误删除，因为是无意义标签（存放圆角，不属于内容的一部分），故使用<span>标签；中间编写一个class为Content层结构存放内容。

```
<div class="wrap">
    <span class="Cir-top"><span class="Cir1"></span><span class="Cir2"></span><span
class="Cir3"></span><span class="Cir4"></span></span>
  <div class="Content">
    <p>内容 </p>
  </div>
</div>
```

顶部和中间结构编写完毕，编写其相应CSS样式。设置顶部圆角部分（四个容器）：高度为1像素，超出部分隐藏，并将行内元素转换为块级元素，使其宽度自适应，通过外边距设置，改变每个层的宽度，第一个容器外边距值为5像素，边框线颜色为圆角区域颜色，依次递减，设置背景色与整个层背景色一致。

```
.Cir1,.Cir2,.Cir3,.Cir4 {display:block; overflow:hidden;}
.Cir1,.Cir2,.Cir3 {height:1px;}
.Cir2,.Cir3,.Cir4 {background:#ccc; border-left:1px solid #08c; border-right:1px solid #08c;}
.Cir1{margin:0 5px; background:#08c;}
.Cir2{margin:0 3px; border-width:0 2px;}
.Cir3{margin:0 2px;}
.Cir4{height:2px; margin:0 1px;}
```

class为Content层设置背景色、左右边框线，背景色、边框线颜色与圆角区域颜色一致即可。对容器内段落文字进行初始化设置，对其行高、文本缩进、字体大小进行设置，最后设置段落的外边距。

```
.Content{background:#ccc; border:0 solid #08c; border-width:0 1px; line-height:150%;
text-indent:2em; font-size:22px;}
p{margin:0 10px;}
```

众所周知，上圆角图片旋转 180 度后，变成下圆角图片，故再通过 XHTML 编写的结构旋转 180 度，层顺序由 Cir1、Cir2、Cir3 、Cir4 变为 Cir4、Cir3、Cir2 、Cir1，外边距逐渐变大。

13.2.2 一图固定圆角

视频路径：视频文件\files\13.2.2.swf | 实例文件：实例文件\13\基础示例\一图固定圆角.html

一图固定圆角，即层设置背景图片，背景图片制作成圆角，宽度、高度固定。例如，在下面实例中，class为fiximg层设置背景图片，其背景图片大小与层设置大小一致。

```
<html><head>
<style type="text/css">
body{
    text-align:center;                                /* IE浏览器下居中 */
    font-size:12px;                                   /* 字体大小 */
}
a{
    color:#2F3A30;                                    /* 超链接字体颜色 */
    text-decoration:none;                             /* 隐藏下划线 */
}
.fiximg{
    width:410px;                                      /* 设置层大小 */
    height:296px;                                     /* 设置层大小 */
    background:url(img/4.jpg) no-repeat left top;     /* 设置背景图片，大小与层大小一致 */
    margin:0 auto;                                    /* Firefox浏览器下居中 */
    text-align:left;                                  /* 文本左对齐 */
}
.fl{
    line-height:24px;                                 /* 设置行高，标题高度 */
    text-indent:10px;                                 /* 文本缩进 */
}
.fl a{
    font-size:14px;                                   /* 设置字体大小 */
    font-weight:bold;                                 /* 字体加粗 */
}
.textArea{
    font-size:14px;                                   /* 设置字体大小 */
    line-height:26px;                                 /* 设置行高 */
    padding:5px;                                      /* 设置间距，偏离左右背景图片。 */
}
.textArea a:hover{
    text-decoration:underline;                        /* 鼠标滑过时添加下划线效果 */
}
</style>
</head><body>
<div class="fiximg">
  <span class="fl"><a href="#">娱乐</a>·<a href="#">音乐</a>·<a href="#">电影</a></span>
    <div class="textArea">
        ·<a href="#">专访犀利哥：想娶媳妇好好过日子</a> <a href="#">19时直播花儿唱区40进20</
a><br/>
        ·<a href="#">新《三国》收视创新纪录</a> <a href="#">江苏卫视：广电整顿拜金风是好事</
```

```
a><br/>
    <!——省略XHTML代码，具体查看"一图固定宽高.html"文件——>
        </div>
    </div>
    </body></html>
```

页面演示效果如图 13.13 所示。

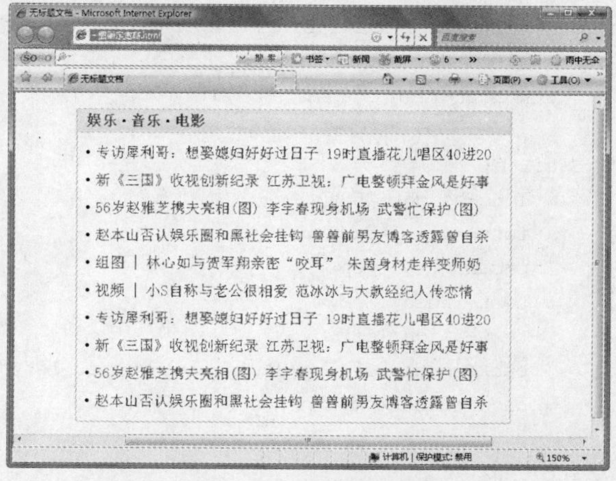

图13.13 圆角固定宽度和高度

在上面实例中，首先进行初始化设置，在 IE 浏览器下居中显示，设置字体大小、超链接颜色并去除其下划线。

第一步，制作圆角图片大小为410*296，层大小与背景图片大小一致，故定义class为fiximg层，宽度为410像素、高度为296像素，设置背景图片为4.jpg，不平铺，文本左对齐，接下来添加文本内容。

```
.fiximg{width:410px; height:296px; background:url(img/4.jpg) no-repeat left top; margin:0 auto; text-align:left;}
```

第二步，定义小标题，高度为 24 像素，占据绿色横条圆角部分，缩进 10 像素。超链接文字大小为 14 像素，文本加粗。

```
.fl{line-height:24px; text-indent:10px;}
.fl a{font-size:14px; font-weight:bold;}
```

第三步，定义内容超链接。class 为 fiximg 层，字体大小为 14 像素、行高为 26 像素、左右间距为 5 像素，定义鼠标滑过时添加下划线效果。

```
.textArea{font-size:14px; line-height:26px; padding:5px; }
.textArea a:hover{text-decoration:underline;}
```

13.2.3 两图定圆角

视频路径：视频文件\files\13.2.3.swf | 实例文件：实例文件\13\基础示例\两图定圆角.html

滑动门技术也是比较流行的技术，背景图片可层叠，并允许它们在彼此之上进行滑动，以创造一些特殊的效果，即宽度长的压在宽度短的图片上，长图在短图上随内容的增加而向后滑动。例如，在下面实例中，使用横向滑动和纵向滑动实现圆角纵向高度自适应、横向宽度自适应。

```
<html><head>
<style type="text/css">
body,p{
      margin:0px;                              /* 清除外边距 */
      padding:0px;                             /* 清除内间距 */
      text-align:center;                       /* IE浏览器下居中 */
}
.wrap{
      width:1200px;                            /* 包含框大小 */
      height:550px;                            /* 包含框大小 */
```

```
        margin:0 auto;                          /* Firefox浏览器下居中*/
        padding-top:30px;                       /* 上间距 */
    }
    .S_cir{
        width:505px;                            /* 宽度大小 */
        padding-top:18px;                       /* 上间距与背景图片大小一致 */
        background:#7f7f9b url(img/H3.jpg) no-repeat left top;        /* 设置背景图片 */
        float:left; /* 左浮动 */
        margin-right:30px;                      /* 右边距，与浮动方向不一致 */
    }
    .S_cir p{
        line-height:160%;                       /* 段落内容行高 */
        font-size:14px;                         /* 字体大小 */
        padding:0px 10px;                       /* 左右间距 */
        text-indent:2em;                        /* 首行缩进两个字符 */
        text-align:left;                        /* 文本左对齐 */
        background:url(img/H4.jpg) no-repeat left bottom;          /* 设置底部背景图片 */
        padding-bottom:18px;                    /* 下间距与背景图片大小一致*/
    }
    .Sec_cir2{
        width:520px;                            /* 设置宽度，不设置宽度，则自适应*/
        height:505px;                           /* 高度必须设置，因背景图片高度是505像素 */
        padding:0px;                            /* 清除内间距 */
        padding-left:18px;                      /* 设置左间距与背景图片大小一致 */
        background:#7f7f9b url(img/H1.jpg) no-repeat left top;        /* 设置背景图片 */
    }
    .Sec_cir2 p{
        padding:0px;                            /* 清除内间距 */
        padding-right:18px;                     /* 设置右间距与背景图片大小一致*/
        padding-top:10px;                       /* 设置上间距*/
        padding-bottom:10px;                    /* 下间距*/
        height:485px;                           /* 高度，必须设置，不然背景图片显示不完整 */
        background:#7f7f9b url(img/H2.jpg) no-repeat right top;      /* 设置右侧背景图片 */
    }
    </style>
    </head><body>
    <div class="wrap">
       <div class="S_cir">
          <p>该问题对web开发者有着直接的影响。开发者总是希望用户使用最新的浏览器，以便能够直接采用新技术和技巧，而不必花费大量的时间来考虑旧浏览器的兼容问题。IE 6的发展是一个特别突出的问题。IE 6的最初版本已经发布8年了，而其至今还拥有20%的用户。</p>
          </div>
       <div class="S_cir Sec_cir2">
          <p>工欲善其事，必先利其器。Opera 可以提供更快速度、更高效率和更优网络体验。Opera有杰出的设计，速度比自带浏览器有明显提升。它还拥有强大的功能，远非自带浏览器所能及。此外，默认浏览器如 Internet Explorer更容易被病毒、恶意软件、间谍软件和流氓软件所感染。</p>
       </div>
    </div>
    </body></html>
```

页面演示效果如图 13.14 所示。

在上面实例中，首先包含两个滑动门元素，宽度为1200像素、高度为550像素，IE浏览器下居中并设置上间距为30像素。

```
.wrap{width:1200px; height:550px; margin:0 auto; padding-top:30px;}
```

第一步，圆角背景图片宽度为505像素，此处class为S_cir层，宽度为505像素，上间距为18像素，用于存放背景图片，设置背景色与背景图片颜色一致。

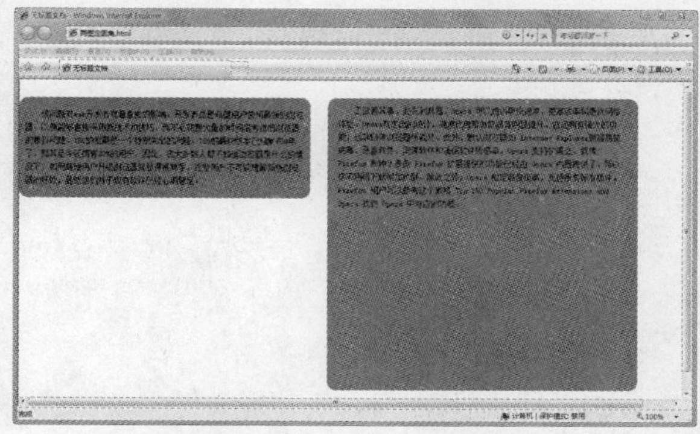

图13.14 两图定圆角

```
.S_cir{width:505px; padding-top:18px;background:#7f7f9b url(img/H3.jpg) no-repeat left top; float:left; margin-right:30px;}
```

第二步，class为S_cir层，存放圆角图片的上半部分，<p>标签存放圆角图片的下半部分，定义图片H4.jpg，其背景图片在左下角位置处显示。设置下间距为18像素，此处高度为背景图片高度。接着对段落内容进行格式化设置：行高为160%，字体大小为14像素，文本对齐方式为左对齐，最后设置左右内间距为10像素，文字与左右两侧边界拉开距离。至此宽度固定，高度自适应的圆角图片设置完毕。

```
.S_cir p{line-height:160%; font-size:14px; padding:0px 10px; text-indent:2em; text-align:left; background:url(img/H4.jpg) no-repeat left bottom; padding-bottom:18px;}
```

TIP CSS代码开始处，<p>标签清除外边距，若存在外边距，则左下角、右上角的圆角将因外边距的撑开，导致背景色压制背景图片现象，可以通过删除定义查看。

```
body,p{margin:0px;padding:0px; text-align:center;}变为body{margin:0px;padding:0px; text-align:center;}
```

若不使用<p>标签，则使用<div>标签可以避免这种现象。再者使用<p>标签，在XHTML代码中，需单独添加一个class名，避免多个段落存在时产生多个下半部分圆角。实例中使用<p>标签是为了Web标准语义化，可以通过多添加一个与<p>标签同级的兄弟元素作为背景图片的存放位置。

```
<div class="S_cir">
<p>该问题对web开发者有着直接的影响。开发者总是希望用户使用最新的浏览器，以便能够直接采用新技术和技巧，而不必花费大量的时间来考虑旧浏览器的兼容问题。IE 6的发展是一个特别突出的问题。IE6的最初版本已经发布8年了，而其至今还拥有20%的用户。因此，在大多数人都不知道浏览器是什么的情况下，如何鼓励用户升级浏览器就显得很棘手。这些用户不可能理解新版浏览器的好处，显然他们对于现有软件已经心满意足。
</p><span> 存放背景图片，注意高度、IE 6浏览器默认字体大小，超出部分隐藏 </span>
</div>
```

第三步，纵向滑动门效果完成，现在实现横向滑动门效果，即浏览器中第二个圆角图效果。首先继承class为S_cir层并添加新class名，进行不同处重新设置以及新添加相关CSS属性。

第四步，所需圆角背景图片宽度为18像素、高度为505像素，故class为S_cir层，高度为505像素，宽度不设置，将内间距重置为0并设置左间距为18像素，存放背景图片宽度，背景图片显示位置为左上角。通过浏览器查看效果，宽度未自适应，而是继承class为S_cir层的宽度，将宽度值设置为自适应。通过浏览器显示效果，该层占用一行。重新设置宽度为520像素，将横向宽度自适应和纵向高度自适应放在一行，便于观察。

```
测试一，去掉<p>标签设置:
body,p{margin:0px;padding:0px; text-align:center;}
body{margin:0px;padding:0px; text-align:center;}
测试二，设置为auto:
.Sec_cir2{ height:505px; padding:0px; padding-left:18px;
background:#7f7f9b url(img/H1.jpg) no-repeat left top;}
.Sec_cir2{width: auto;}
测试三，定义宽度，便于观察:
.Sec_cir2{height:505px; padding:0px;padding-left:18px;background:#7f7f9b url(img/
H1.jpg) no-repeat left}
```

第五步，为 <p> 标签设置背景图片 H2.jpg，并在右上方显示，将内间距重置为 0 并设置右间距为 18 像素，存放背景图片宽度。设置上下间距为 10 像素，拉开文字顶部、底部与圆角距离。

> **TIP** 需设置<p>标签的高度，因其背景图片高度为505像素，不设置高度；因段落内容未达到505像素高度，故设置高度：505像素-上下间距10像素=485像素。

```
.Sec_cir2 p{padding:0px; padding-right:18px; padding-top:10px; padding-bottom:10px;
height:485px;
background:#7f7f9b url(img/H2.jpg) no-repeat right top;}
```

13.2.4 四图定圆角

视频路径：视频文件\files\13.2.4.swf | 实例文件：实例文件\13\基础示例\四图定圆角.html

四图定圆角，显然就需要四张图片构造圆角，将四张图片应用到四个标签内，最终组成圆角。比如古代城池有四个城门，其中有四个将官分守城门，有一天四个将官平分一个西瓜，将西瓜切成四瓣，每人一瓣，取走西瓜至东、南、西、北四个城门。

例如，在下面实例中，通过 <dl>、<dt>、<dd>、<p> 四个标签分别设置一个背景图片，最终组成需要的圆角背景图片。

```
<html><head>
<style type="text/css">
body,dl,dd,dt{
    margin:0px;                                    /* 清除外边距 */
    padding:0px;                                   /* 清除内间距 */
    text-align:center;                             /* IE浏览器下居中 */
}
dl.F_cir {
    margin:0 auto;                                 /* Firefox浏览器下居中 */
    margin-top:50px;                               /* 设置上外边距 */
    text-align:left;                               /* 文本左对齐 */
    background:#7F7F9C url(img/c_tl.gif) no-repeat scroll left top;      /* 字体大小 */
    width:60%;                                     /* 字体大小 */
}
dl.F_cir dt {
    background:url(img/c_tr.gif) no-repeat scroll right top; /* 设置右上方圆角图片 */
    color:#FFFFFF;                                 /* 字体颜色 */
    padding:10px;                                  /* 设置内间距，相当于单行文字垂直居中 */
```

```
        text-align:left;                          /* 文本左对齐 */
    }
    dl.F_cir dd {
        background:#EEEEEE url(img/c_br.gif) no-repeat scroll right bottom;   /* 字体大小 */
    }
    dl.F_cir p{
        margin:0;                                 /* 清除默认外间距 */
        padding:5px 16px;                         /* 图片宽度为16像素，偏离图片左右宽度大小 */
        line-height:180%;                         /* 设置行高 */
        background: url(img/c_bl.gif) no-repeat scroll left bottom;    /* 设置左下方圆角图片 */
    text-align:left; /* 文本左对齐 */
    }
    </style>
    </head><body>
    <div class="wrap">
      <div class="S_cir">
    </div>
    <dl class="F_cir">
      <dt>四张图片构成圆角</dt>
      <dd><p>该问题对web开发者有着直接的影响。开发者总是希望用户使用最新的浏览器，以便能够直接采用新技术和技巧，而不必花费大量的时间来考虑旧浏览器的兼容问题。IE 6的发展是一个特别突出的问题。IE 6的最初版本已经发布8年了，而其至今还拥有20%的用户。因此，在大多数人都不知道浏览器是什么的情况下，如何鼓励用户升级浏览器就显得很棘手。这些用户不可能理解新版浏览器的好处，显然他们对于现有软件已经心满意足。</p>
      </dd>
    </dl>
    </body></html>
```

页面演示效果如图 13.15 所示。

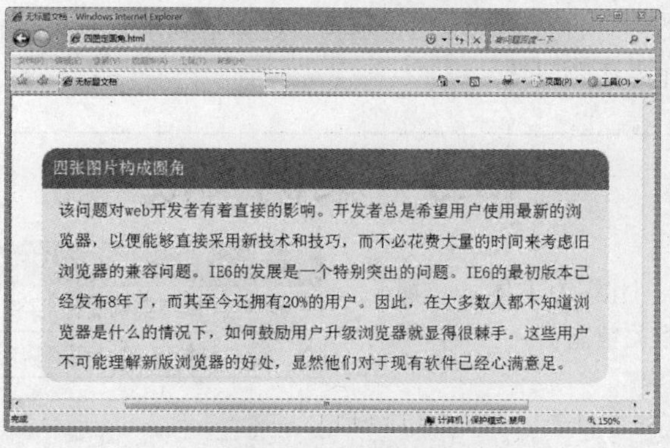

图13.15　四图定圆角

在上面实例中，首先初始化页面，清除<body>、<dl>、<dd>、<dt>等标签的默认样式，实例中总共用了四组标签，一组标签设置一个背景图，其中未使用无意义标签，这点比无图定圆角要好。

第一步，class为F_cir层，定义上边距为50像素，使其偏离浏览器顶端，宽度使用百分比，自适应浏览器宽度。定义圆角背景的左上方圆角部分，其位置位于左上角，背景色设置很关键，它与该层的左上方圆角颜色一致，颜色填充圆角图片未填充部分。

```
dl.F_cir{margin:0 auto;margin-top:50px;text-align:left; width:60%;
background:#7F7F9C url(img/c_tl.gif) no-repeat scroll left top; }
```

第二步，<dt>标签定义圆角背景的右上方圆角，设置文本内容左对齐，内间距为10像素，作用一，这相当于设置了顶部圆角区域高度；作用二，位于顶部圆角区域纵向中间位置，即单行垂直的另一种设置方法。内间距上下方向值越大，顶部蓝色圆角部分越高。

```
dl.F_cir dt { color:#FFFFFF;padding:10px;text-align:left;
background:url(img/c_tr.gif) no-repeat scroll right top;}
测试、设置内间距为40像素：
dl.F_cir dt { padding:40px;}
```

第三步，<dd>标签定义圆角背景的右下方圆角部分，该背景图片颜色与顶部两个圆角的颜色不一致。设置背景色与该圆角颜色一致。

```
dl.F_cir dd {background:#EEEEEE url(img/c_br.gif) no-repeat scroll right bottom;}
```

第四步，<p>标签定义圆角背景的左下方圆角部分，该背景图片颜色与右下方圆角颜色一致。<p>标签外边距为0，左右间距赋新值。作用一，清除默认上下外边距，若不清除，将发生上下外边距叠加问题，直接影响dt元素高度；作用二，圆角图片的宽度为16像素，内间距设置左右间距16像素，文字远离背景左右两侧。

```
dl.F_cir p{margin:0; padding:5px 16px; line-height:180%; text-align:left;
background: url(img/c_bl.gif) no-repeat scroll left bottom; }
```

小结

背景图片处理部分：背景图片默认进行横向、纵向平铺，为掌握背景显示，介绍背景图片的background-repeat属性。接着为解决背景图片在实际项目中的位置而不影响页面中其他元素，介绍了位置控制属性，最后介绍如何实现固定背景图片以及对背景图片的相关属性进行缩写，简化CSS代码。

圆角制作部分：无图定圆角其优势不需要图片即可制作圆角且扩展性好；劣势就是使用多个无意义标签，不属于标准的一部分。一图固定圆角其优势制作最简单，一张图片即可；劣势就是无法扩展，不能作为模块的一部分。两图定圆角其优势是利用滑动门技术，扩展性一般；劣势就是只能横向或纵向自适应，不能同时自适应。四图定圆角其优势是利用所有有用的标签，扩展性好，符合标准化道路，建议采纳此方法做圆角。

13.3 案例实战

博客类网站以个人、团队为主体，一般存放个人、团队方面的相关信息。

本节光盘内容：

本节实例文件	实例文件\13\综合案例
本节视频长度	18分26秒

13.3.1 产品策划

视频路径：视频文件\files\13.3.1.swf　　实例文件：无

前沿视频教室是一个提供CSS、JavaScript、jQuery等Web网页设计开发制作技巧的博客网站。该网站设计以圆角为主，通过圆角投影给人以非常圆润、舒适的感觉。

13.3.2 画板

视频路径：视频文件\files\13.3.2.swf　　实例文件：无

前沿视频教室网站主要分为以下几大块：教室首页、初来必看、读者留言、订购好处、你问我答、前沿论坛。网站页主要分为视频教程下载和在线观看、技术研究、订阅方式、站内搜索等方面。页面设计草图如图13.16所示。

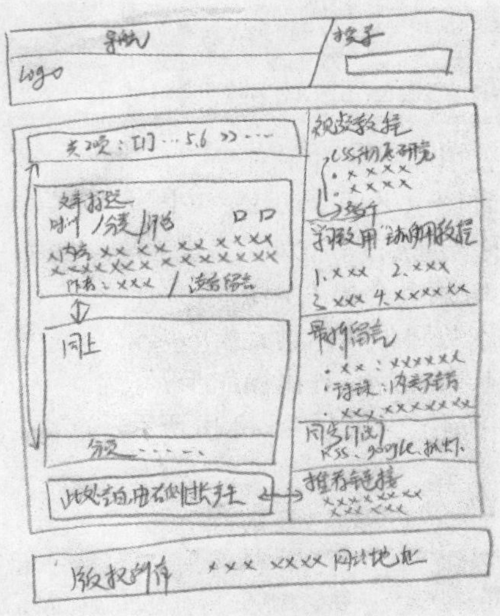

图13.16　画板草稿图

13.3.3　设计图

实例文件：无

通过画板对页面进行分析并根据画板设计图划分各个栏目区域。现在需要将各个栏目具体内容通过画图软件Photoshop或Fireworks设计出来，在后面重构中将给出栏目划分的XHTML结构，在布局中将给出页面大体结构以及具体内容编写结构的实现过程。设计模块划分图如图13.17所示。

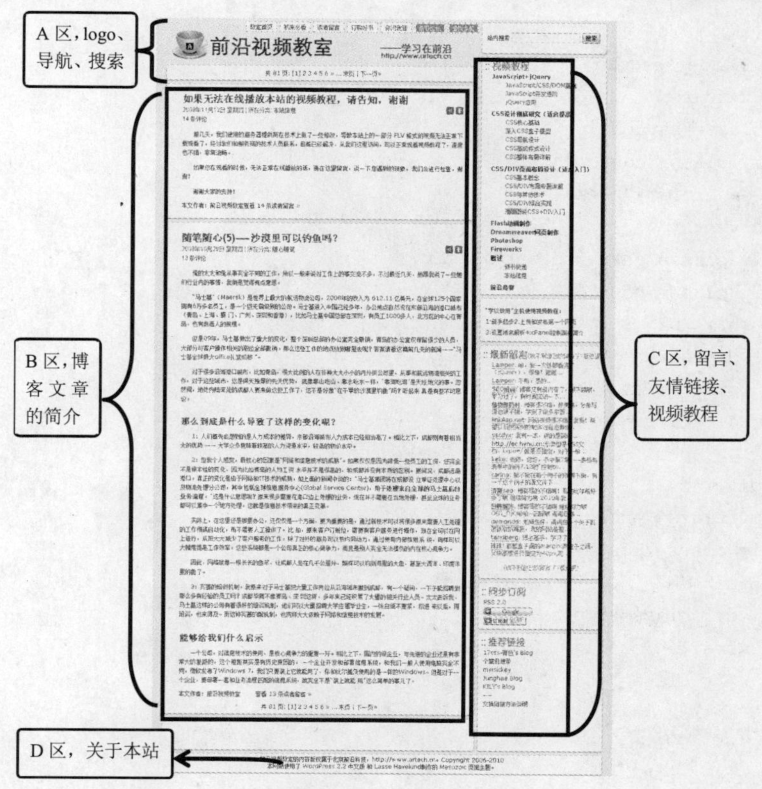

图13.17　设计模块划分图

13.3.4 切图

视频路径：视频文件\files\13.3.4.swf | 实例文件：无

使用 Photoshop 软件中的工具将设计图以下部分切出来（因篇幅有限，重复部分此处不再讲解），故剪切并组合出右侧这些图片，这些图片将作为网页元素的背景图或插入图片，具体操作步骤在视频中演示。切图如图 13.18 所示。

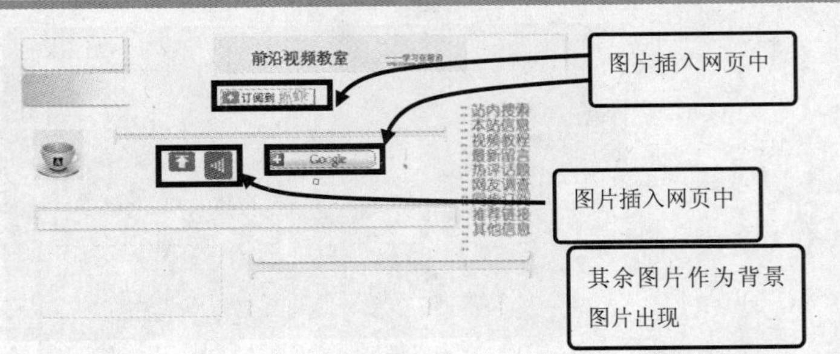

图13.18　切图

13.3.5 重构

视频路径：视频文件\files\13.3.5.swf | 实例文件：无

根据图13.17画板的区域划分，整个页面划分为四个大区域，在每个大区域内可划分几个小区域。该博客网站应用背景图片的编写方式以及切图部分很新颖，建议读者查看图片文件夹内的图片。下面给出区域划分的二级XHTML结构。

```
<html>
<head>
</head>
<body>
<div id="page">
   <div id="header"></div>
   <div id="content">
      <div class="navigation">
         <div class="center">
            <a href="#">2</a>
         </div>
         <div class="entry_spacer"></div>
         <div class="post">
            <h2></h2>
            <div class="top"></div>
            <small></small>
            <div class="entry"></div>
            <p></p>
         </div>
         <div class="entry_spacer"></div>
         <div class="post">
            <h2></h2>
            <div class="top"></div>
            <small></small>
            <div class="entry"></div>
            <p></p>
         </div>
         <div class="center">
            <a href="#">2</a>
```

```
            </div>
            <div class="entry_spacer"></div>
        </div>
    </div>
    <div id="sidebar">
        <ul></ul>
    </div>
    <div id="footer">
        <p></p>
    </div>
</div>
</body>
</html>
```

13.3.6　布局

视频路径：视频文件\files\13.3.6.swf　实例文件：无

第一步，打开 Dreamweaver 软件，执行“文件”→“新建”命令，弹出“新建文档”对话框，如图 13.19 所示，新建一个空白的 XHTML 文档页面，并保存文件为“An13.html”。

第二步，创建外部CSS样式表文件，并保存为Astyle.css文件。执行“窗口”→“CSS样式”命令，打开“CSS样式”面板，单击“附加样式表”按钮，在弹出的“链接外部样式表”对话框中单击“浏览”按钮，如图13.20所示，找到Astyle.css文件，将其链接到“An13.html”文档，最后单击“确定”按钮。

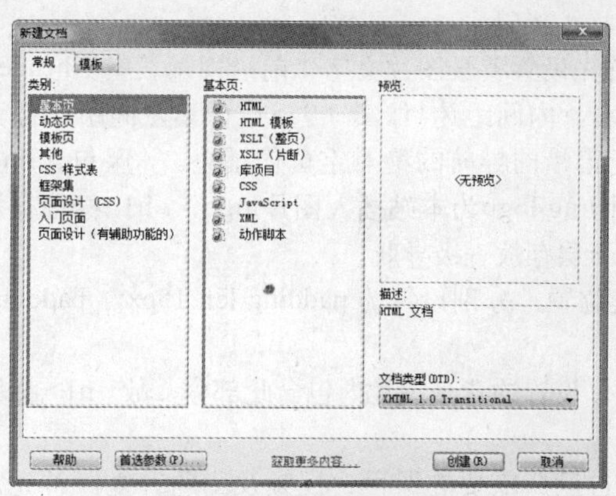

图13.19　“新建文档”对话框

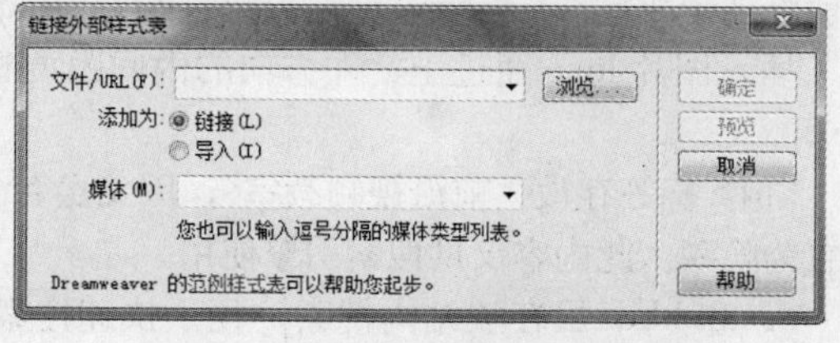

图13.20　“链接外部样式表”对话框

为 XHTML 文件添加如下代码：

```
<link href="css/Astyle.css" rel="stylesheet" type="text/css" />
```

第三步，将XHTML元素初始化。将所有要用到以及即将用到的元素进行初始化，确保所有元素在不同浏览器下的默认状态是一致的，其中包括清除内间距、外边距；<h1>、<h2>、<h3>等标签字体初始化；<small>、<sub>、<sup>、<acronym>、<abbr>等标签设置。针对页面#page层设置宽度为960像素、居中，其所有子元素不必定义大小及居中对齐方式；背景图片bg.jpg纵向平铺、文本左对齐。图13.21所示为设置背景后的页面效果。

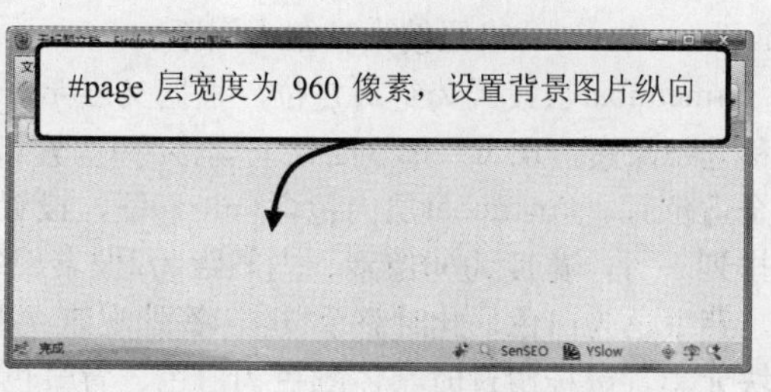

图13.21　设置背景后页面效果

```
XHTML:
<div id="page"></div>
CSS:
body {font-size: 12px; font-family: 'Lucida Grande', Verdana, Arial, Sans-Serif;
background-color: #EFEFEF; color: #333;text-align: center;margin: 0;padding: 0;}
textarea {width:100%;border:1px solid #b0b0b0;}
small {font-family: Arial, Helvetica, Sans-Serif;font-size: 1em;line-height: 1.6em;}
sub, sup {font-family: serif, Georgia;font-size: 1.1em;color: #606e79;}
h1, h2, h3 {font-family: '楷体_GB2312','Trebuchet MS', 'Lucida Grande', Verdana,
Arial;font-weight: bold;}
h1 {font-size: 4em;text-align: center;}
h2 {font-size: 1.8em;}
h3 {font-size: 1.6em;padding-left: 20px;}
h1, h1 a, h1 a:hover, h1 a:visited{text-decoration: none;color: white;}
h2, h2 a, h2 a:visited, h3, h3 a, h3 a:visited {color: #344451;}
h2, h2 a, h2 a:hover, h2 a:visited, h3, h3 a, h3 a:hover, h3 a:visited{text-decoration: none;}
code {font: 1.1em 'Courier New', Courier, Fixed;}
acronym, abbr, span.caps{font-size: 1em;letter-spacing: .07em;}
a, h2 a:hover, h3 a:hover {color: #3b5365;text-decoration: none;}
a:hover {color: #147;text-decoration: underline;}
#page {background: url('../images/bg.jpg') repeat-y top;text-align: left; width:960px;
    margin:0 auto;padding:0px;}
```

第四步，根据 A 区 XHTML 结构代码编写 CSS 样式代码。

定义A区：宽度为958像素、高度为108像素；首先设置背景图片文字“前沿视频教室”header-cup.png，调整其图片位置；接着设置左边距为1像素、内间距为1像素（958+1像素左间距+1像素右间距=960像素）；最后定义为相对定位，为子元素横向导航的绝对定位作铺垫。A区包含img.logo、<h1>标签、#searchbox层、#menubar层，其中img.logo为本站插入图片logo，<h1>标签存放“前沿视频教室”，#searchbox层存放搜索，#menubar层存放一级导航。

插入图片 logo 通过上、左方向的内间距调整其位置，分别设置为 padding-left:15px;、padding-top:5px;。

<h1> 标签存放“前沿视频教室”，因父层 #header 设置的背景图片内包含此部分，故 <h1> 标签设置为隐藏，此内容仅供搜索引擎使用。

#searchbox层存放站内搜索，便于快速搜索到自己所需要的课程、视频及问题答复。首先定义为相对定位，上偏移20像素、右偏移20像素，此处最重要的是右偏移，使其在父层右侧显示，上偏移只是调整一下位置。#searchbox层包含表单#searchform，通过间距、边距调整位置，接着为内部文字“站内搜索”设置文本居中；#searchform包含input#s、input#searchsubmit，input#s是站内搜索框，设置固定宽度为140像素，通过内间距设置调整输入时文字与输入框的距离，input#searchsubmit设置搜索按钮内间距。

#menubar层设置为绝对定位，根据父层#header设置相对定位进行偏移，为Firefox浏览器设置上偏移为-8像素，IE 6、IE 7设置上偏移为4像素。另外关键设置右偏移为280像素，通过它将其移动至合适位置。#menubar层内包含<ul>标签，设置隐藏项目符号。将每个<li>标签通过浮动设置为横向排列一行，宽度为60像素、内间距为2像素、外边距为3像素，宽度为70像素，设置1像素虚线边框、背景色为白色，此时整个<li>标签外观建立出来。为<li>标签内<a>标签设置1像素内边距，转换成块元素，鼠标滑过时字体颜色为白色、背景色为灰色、不需要下划线效果。针对“前沿论坛”，虚拟主机单独定义class名lv1，设置背景色为绿色、字体颜色为白色。图13.22所示为A区效果图。

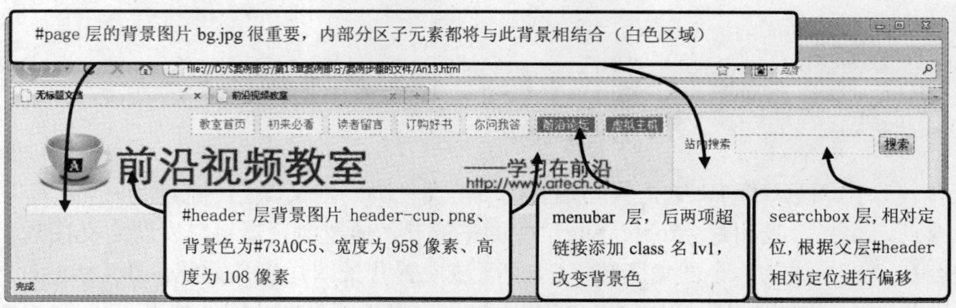

图13.22　A区效果

```
XHTML:
<div id="page">
   <div id="header">
      <img src="images/cup.png" class="logo"/>
      <h1>前沿视频教室——最好的CSS和Web设计与开发的视频教程</h1>
      <div id="searchbox">
         <form action="#" id="searchform" method="get">
            <div>站内搜索 <input type="text" id="s" name="s"/>
               <input type="submit" value="搜索" id="searchsubmit"/>
            </div>
         </form>
      </div><!--searchbox end-->
         <div id="menubar">
         <ul>
            <li><a href="#">教室首页</a></li>
            <li><a href="#">初来必看</a></li>
            <li><a href="#">读者留言</a></li>
            <li><a href="#">订购好书</a></li>
            <li><a href="#">你问我答</a></li>
            <li><a href="#" class="lv1">前沿论坛</a></li>
            <li><a href="#" class="lv1">虚拟主机</a></li>
         </ul>
      </div><!--menubar end-->
   </div><!--header end-->
</div>
CSS:
#page {background: url('../images/bg.jpg') repeat-y top;text-align: left; width:960px;
     margin:0 auto;padding: 0px;}
#header {background: url('../images/header-cup.png') no-repeat bottom center;margin: 0 0 0 1px;
     padding: 1px;height: 108px;width: 958px;background-color: #73a0c5;position:relative;}
#header .logo{padding: 5px 0pt 0pt 15px;}
#header h1{display:none}
#searchbox{position:absolute;top:20px;right:20px;}
#searchform {margin: 3px auto;padding: 3px 3px; text-align: center;}
#searchform input#s {width: 140px;padding: 2px;}
#searchsubmit {padding: 1px;}
#menubar{position:absolute;top:-8px;+top:4px;right:280px;}
#menubar ul{list-style-type:none;}
#menubar li{float:left;width:60px;text-align:center; padding:2px;margin:3px;background-
color:#FFF;
```

```
border:1px #aaa dashed; }
#menubar a{padding:1px;display:block;}
#menubar a:hover{background-color:#BBB;color:#FFF;text-decoration:none;}
#menubar a.lv1{ color: white; background-color:#009900}
```

第五步，根据D区XHTML结构代码编写CSS样式代码。定义D区：宽度为960像素、浏览器居中、清除浮动，定义背景图片为footer.png，并调整位置，通过浏览器可以发现定义图片后该图与A区完全结合在一起，成为一个圆角区域，B、C区域设置背景图片也是如此。D区#footer层内<p>标签设置外边距为0，内间距上下20像素、左右15像素，将其背景图片空间撑开，设置文本居中对齐即可。图13.23所示为D区效果图。

图13.23 D区效果

```
XHTML:
<div id=" page">
   <div id="header"></div>
   <div id="content"></div>
   <div id="sidebar"></div>
   <div id="footer">
      <p>
         <a href="http://learning.artech.cn/">前沿视频教室</a>的内容版权属于北京前沿科技，
         <a href="http://www.artech.cn/" target="_blank">http://www.artech.cn</a>。
         Copyright 2006-2010<br />本网站使用了 <a href="#" >WordPress</a> 2.2
         <a href="http://gtp2p.com/" target="_blank">中文版</a> 和 Lasse Havelund制作的
         <a href="#" >Mesozoic</a>页面主题。
      </p>
   </div><!--footer end-->
</div>
CSS:
#footer {padding: 0 0 0 0px;margin: 0 auto;width: 960px;clear: both;
    background: url('../images/footer.png') no-repeat top;
    _background: url('../images/footer.png') no-repeat 1px bottom;}
#footer p {margin: 0;padding: 20px 15px  10px 15px;text-align: center; line-height:1.3em;}
```

第六步，根据B区XHTML结构代码编写CSS样式代码。定义B区：宽度为600像素、左浮动、左边距为45像素，通过display属性防止IE 6浏览器出现双倍外边距bug。#content层通过左浮动实现在父层#page居左，C区#sidebar层将在父层#page中右浮动。字体使用相对单位1em，字体设置为深蓝色，颜色值为#2c4353，使其与页面背景相融合。B区#content层包含navigation层，它定义层内容对齐方式以及设置下边距为50像素，通过下边距将父层#content层撑开，以致将#page层设置的背景显示出来。

navigation层包含center层、entry_space层、post层、entry_spacer层、post层、center层、entry_spacer层。虽然子层多处重复，但博客内容以及背景图片（背景图片的设置很重要，#page层实现的背景需要子层的截断与起头）的配合需要子层的重复才可以实现。

center 层存放页码，它继承 #content 层的字体颜色、字体大小，并重新设置为文本居中，将其包含的文本以及超链接居中对齐。博客网站首页一般是放置大量的文章标题和文章简介，页码放在网站的头部，这样便于浏览者对以前看过的页面就不必查看，直接翻页即可。在页面底部也插入了页码，这样无论是头部和底部都能让浏览者快速跳转到某页面。

entry_spacer层存放背景图片，通过entry_spacer层实现#page层背景图片的截断以及起头，划开边界，可以说是起到承上启下的作用。定义相对定位，打破常规文档流，定义该层的空间大小：宽度为677像素、高度为25像素；设置背景图片为line-1.png，图片大小与该层大小一致；设置左右边距为-41像素（很重要，和定位相结合），针对IE 7浏览器设置左偏移为-2像素、IE 6浏览器设置左偏移为-1像素，建议读者查看源文件文件夹中此图片文件。图13.24所示为entry_spacer层的背景图片。

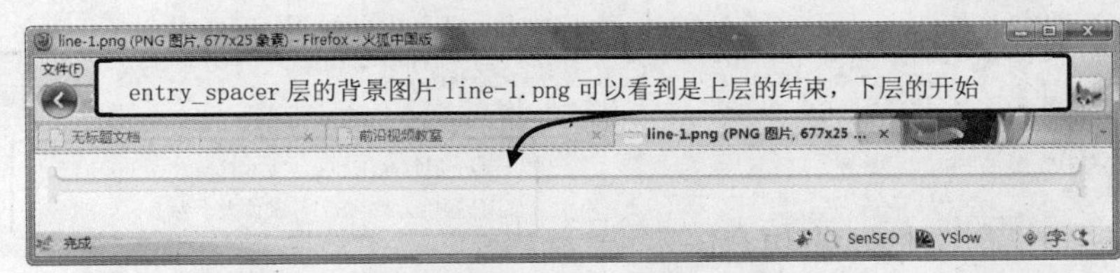

图13.24 entry_spacer层的背景图片

post 层存放博客内容，它包含 <h2> 标签、top 层、<small> 标签、entry 层、<p> 标签。post 层继承 #content 层的字体颜色、字体大小，并重新设置为文本左右对齐 text-align: justify;。

- <h2>标签继承的属性较多，尤其是该网站建立时初始化部分在以前章节中并无此设置。文本内容继承属性如下：字体颜色为#344451、字体大小为1.8em、文本两端对齐、字体加粗、楷体_GB2312；超链接继承如下：字体颜色为#344451、无下划线。<h2>标签重新定义上边距为10像素，通过上边距的设置实现与entry_spacer层实现的背景拉开距离；由于该博客是围绕CSS、JavaScript、Script、jQuery、Flash等方面介绍知识点，故课程标题可能存在介绍某种CSS属性的用法，利用CSS属性中的word-spacing属性实现文字间隔；博客标题可能是文字内容，故通过CSS属性中的letter-spacing属性实现文字之间的间隔。
- top层存放"回到顶端"，引用（Trackback）两张图片，因博客内容在浏览过程中可通过"回到顶端"图标快速回到网站头部，就不必再拖动滚动条回到网站顶端了。通过CSS属性的右浮动使其显示在post层右侧；设置左间距为10像素，防止<small>标签内容过多，二者连在一起。

  <small> 标签存放年月日以及日志分类。<small> 标签同样在以前章节只是格式化标签，并未进行初始化设置，在本章进行了初始化设置。设置字体类型为 Arial、字体大小使用相对单位为 1em，行高为 1.6em，在此处设置字体颜色为 #777777。内部包含的超链接也继承过去的属性设置，具体不再介绍，详细查看下面的 CSS 属性设置（将列出初始化时的属性设置）。

  entry层存放博客内容，此层继承#content层的字体颜色、字体大小，继承post层的文字两端对齐。重新定义字体行高为1.6em，可以看到许多地方都是用相对单位，例如，字体大小、字体行高等属性，便于整体改变博客设置。entry层包含段落<p>标签，定义段落行高为1.6em，字体大小为1em，首行缩进2em，首行缩进2em，字体大小为1em=2，即段落首行缩进两个文字大小的空间。字体大小也可以设置为1.1em，只要使用相对单位即可，大小可随时调整。

  <p>标签存放作者及查看留言，该标签属性完全继承父层、祖父层级别的CSS属性即可。需要注意的是标签初始化时，该标签并未取消外边距设置，故该标签会与上面的段落以及将

父层entry撑开，并与下面的entry层存在间距。

图 13.25 所示为 C 区效果图。

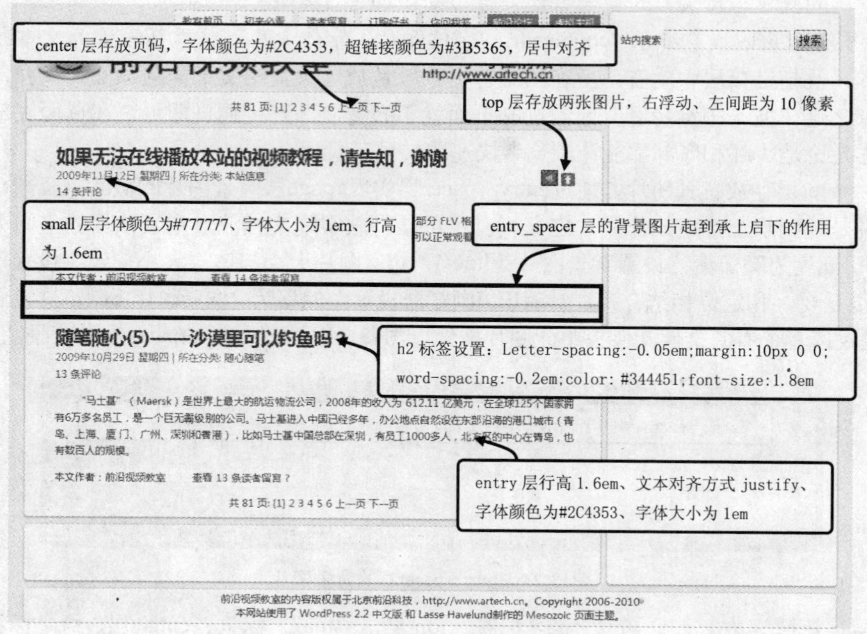

图13.25　C区效果

```
XHTML:
<div id="content">
   <div class="navigation">
      <div class="center">共 81 页: [1] <a href="#">2</a>  <a href="#">3</a>  <a href="#">4</a>  <a href="#">5</a>  <a href="#">6</a> <a href="#">上一页</a> <a href="#">下一页</a>
      </div><!--center end-->
      <div class="entry_spacer"></div>
      <div class="post">
         <h2><a title="#" href="#">如果无法在线播放本站的视频教程，请告知，谢谢</a></h2>
         <div class="top">
            <a href="#"><img alt="TRACK" src="images/trackback.gif"/></a>
            <a href="#"><img border="0"  alt="TOP" src="images/top.gif"/></a>
         </div>
         <small>2009年11月12日 星期四 | 所在分类: <a rel="category tag"  href="#">本站信息</a><br /><a href="#">14 条评论</a>
         </small>
         <div class="entry">
            <p>前几天，我们使用的服务器提供商在技术上做了一些修改，导致本站上的一部分 FLV 格式的视频无法正常下载观看了，经过我们和服务商的技术人员联系，目前已经解决，从我们这里访问，可以正常观看视频教程了，速度也不错，非常流畅。</p>
            <p>如果您在观看的时候，无法正常在线播放的话，请在这里留言，说一下您遇到的现象，我们会进行检查，谢谢！</p>
            <p>谢谢大家的支持！</p>
         </div>
         <p>本文作者: <a href="#">前沿视频教室</a><a  href="#">查看 14 条读者留言 ?</a></p>
```

```
        </div><!--post end-->
        <div class="entry_spacer"></div>
        <div class="post">
            <h2><a href="#">随笔随心(5) —— 沙漠里可以钓鱼吗? </a></h2>
            <div class="top">
                <a rel="bookmark" href="#"><img  src="images/trackback.gif"/></a>
                <a href="#"><img border="0"  alt="TOP" src="images/top.gif"/></a>
            </div>
            <small>2009年10月29日 星期四 | 所在分类: <a rel="category tag" href="#">随心随笔</
a><br/>  <a href="#">13 条评论</a> </small>
            <div class="entry">
                <p>俺的太太和俺从事完全不同的工作，所以一般来说对工作上的事交流不多，不过最近几天，她跟
我说了一些她们行业内的事情，我倒是觉得有点意思。</p>
                <p>“马士基”（Maersk）是世界上最大的航运物流公司，2008年的收入为 612.11亿美元，在全
球125个国家拥有6万多名员工，是一个巨无霸级别的公司。马士基进入中国已经多年，办公地点自然设在东部沿海的港
口城市（青岛、上海、厦门、广州、深圳和香港），比如马士基中国总部在深圳，有员工1000多人，北方区的中心在青
岛，也有数百人的规模。</p>
            </div><!--entry end-->
            <p>本文作者: <a href="#" target="_blank">前沿视频教室</a><a  href="#">查看 13 条读
者留言 ?</a></p>
        </div><!--post end-->
        <div class="center">共 81 页: [1] <a href="#">2</a>  <a href="#">3</a>  <a
href="#">4</a><a href="#">5</a>  <a href="#">6</a> <a href="#">上一页</a> <a href="#">下一页
</a>
        </div><!--center end-->
        <div class="entry_spacer"></div>
      </div><!--navigation end-->
    </div> <!--content end-->
    CSS:
    h1, h2, h3 {font-family: '楷体_GB2312','Trebuchet MS', 'Lucida Grande', Verdana, Arial,
Sans-Serif;
         font-weight: bold;}
    h1 {font-size: 4em;text-align: center;}
    h2 {font-size: 1.8em;}
    h3 {font-size: 1.6em;padding-left: 20px;}
    h1, h1 a, h1 a:hover, h1 a:visited{text-decoration: none;color: white;}
    h2, h2 a, h2 a:visited, h3, h3 a, h3 a:visited {color: #344451;}
    h2, h2 a, h2 a:hover, h2 a:visited, h3, h3 a, h3 a:hover, h3 a:visited{text-decoration:
none;}
    small {font-family: Arial, Helvetica, Sans-Serif;font-size: 1em;line-height: 1.6em; }
    /****************初始化时定义 end***********************/
    .links{ width:915px; background:url(../images/a.gif) no-repeat left top; height:226px;
padding-left:45px;
         overflow:hidden; clear:both}
    #content {font-size: 1em;color: #2c4353;float: left;padding: 0 0 0 0;
    margin: 0 0 0 45px;width: 600px;display:inline;}
    .navigation {display: block;text-align: center;margin-bottom: 50px;}
    .entry_spacer {position:relative;width: 677px;height: 25px;
    margin: 0 -41px;background:url('../images/line-1.png') no-repeat; +left:-2px; _left:-1px;}
    #header{margin-left:0;}/***背景图片调整**/
```

```
.post {margin: 0;text-align: justify;}
h2 {margin: 10px 0 0;letter-spacing:-0.05em;word-spacing:-0.2em;}
h3 {padding: 0;margin: 30px 0 0;}
.top {float: right;padding-left: 10px;}
small{color:#777777}
.entry{line-height: 1.6em;}
.entry p {font-size: 1em;text-indent: 2em;}
.center{text-align:center;}
```

第八步，根据C区XHTML结构代码编写CSS样式代码。定义C区空间大小：宽度为245像素，原本想通过浮动实现与B区在#page层内并列，现通过定位方式实现。首先定义为相对定位，设置左边距为695像素，这样就不必设置display属性，也不会产生IE 6浏览器出现双倍外边距bug问题。通过上偏移值调整该层的位置，接着针对字体进行细化，如字体大小为1em等。

#sidebar层包含<ul>标签，清除Firefox浏览器、IE浏览器下的内间距、外边距设置，在后面的步骤中将重新定义。<ul>标签包含五个<li>标签，每个<li>标签代表一部分：第一个<li>标签为视频教程，第二个<li>标签为“学以致用”主机使用视频教程，第三个<li>标签为最新留言，第四个<li>标签为同步订阅，第五个<li>标签为推荐链接。

<li>标签“视频教程”定义超出部分隐藏，隐藏<li>标签项目符号，字体颜色为#777。“视频教程”<li>标签包含<h2>标签和#cate-sidebar层。

- <h2>标签存放标题，设置空间大小：高度为20像素、宽度为276像素；其次设置背景图片为line-2.png，其图片大小为276*25，设置上间距为25像素，用于存放背景图片，该图片是截断上面的图片以及重新开始新图片部分。调整外边距以及左间距设置，以便背景图片能够起到承上启下的作用，最后设置字体类型和字体大小。<h2>标签包含span.recent和span.text。span.recent用于存放图片文字“视频教程”，设置背景图片为side-title.png，调整其图片定位位置为background-repeat: 0px -40px;，定义宽度为200像素、高度为20像素，即高度为父层<h2>标签的高度，宽度为side-title.png图片的宽度。span.text用于存放文字“视频教程”，便于搜索引擎查看，设置为隐藏即可。
- #cate-sidebar层包含<ul>标签，内部<li>标签子元素包含<a>标签和<ul>标签。<ul>标签设置字体加粗，调整外边距设置。<li>标签设置内间距为0，<li>标签直接的边距为3像素，便于将“JavaScript+jQuery CSS”和“设计彻底研究（适合提高）”等二级标题效果分开。<li>标签子元素包含<a>标签继承初始化时的设置，如字体颜色值为#3B5365；内部<li>标签子元素<ul>标签设置文本不加粗效果，将二级标题“JavaScript+jQuery CSS”效果与“JavaScript/CSS/DOM基础”进行视觉上的区分，通过边距设置，调整与二级标题“JavaScript+jQuery CSS”之间的位置。内部<li>标签子元素<ul>标签中的<li>标签设置方块背景为bullet.gif、不平铺，因其只有一行，故设置为纵向居中即可；设置左间距为15像素，用于存放bullet.gif。

图 13.26 所示为 C 区的视频教程。

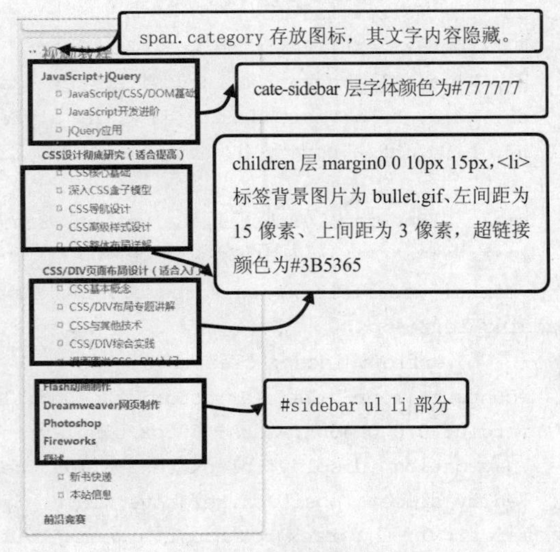

图13.26 C区的视频教程

```
XHTML:
<div id="sidebar">
   <ul>
      <li>
         <h2><span class="category"></span><span class="text">视频教程</span></h2>
         <div id="cate-sidebar">
            <ul>
               <li>
                  <a title="查看 JavaScript+jQuery 下的所有日志" href="#">JavaScript+
jQuery</a>
                  <ul class="children">
                       <li><a href="#">JavaScript/CSS/DOM基础</a></li>
                       <li><a href="#">JavaScript开发进阶</a></li>
                       <li><a href="#">jQuery应用</a></li>
                  </ul>
               </li>
               <li>
                  <a href="#">CSS设计彻底研究（适合提高）</a>
                  <ul class="children">
                       <li><a title="查看 CSS核心基础 下的所有日志" href="#">CSS核心基础</a></li>
                       <li><a href=”#”>深入CSS盒子模型</a></li>
                       <li><a title="查看 CSS导航设计 下的所有日志" href="#">CSS导航设计</a></li>
                       <li><a href="#">CSS高级样式设计</a></li>
                       <li><a href="#">CSS整体布局详解</a></li>
                  </ul>
               </li>
               <li>
                  <a href="#">CSS/DIV页面布局设计（适合入门）</a>
                  <ul class="children">
                       <li><a title="查看 CSS基本概念 下的所有日志" href="#">CSS基本概念</a></li>
                       <li><a href="#">CSS/DIV布局专题讲解</a></li>
                        <li><a title="查看 CSS与其他技术下的所有日志" href="#">CSS与其他技
术</a></li>
                       <li><a href="#">CSS/DIV综合实践</a></li>
                       <li><a href="#">漫画图说CSS+DIV入门</a></li>
                  </ul>
               </li>
               <li><a title="查看 Flash动画制作下的所有日志" href="#">Flash动画制作</a></li>
               <li><a href="#">Dreamweaver网页制作</a></li>
               <li><a title="查看 Photoshop 下的所有日志" href="#">Photoshop</a></li>
               <li><a title="查看 Fireworks 下的所有日志" href="#">Fireworks</a></li>
               <li><a title=” 查看 概述下的所有日志" href="#">概述</a>
                  <ul class="children">
                       <li><a title="查看新书快递下的所有日志" href="#">新书快递</a></li>
                       <li><a title="查看本站信息下的所有日志" href="#">本站信息</a></li>
                  </ul>
               </li>
               <li><a title="查看前沿竞赛下的所有日志" href="#">前沿竞赛</a></li>
            </ul>
         </div><!--cate-sidebar end-->
```

```
        </li>
    <!—下面的先不介绍，只是给出结构，读者可省略编写下面的结构，后面步骤中介绍---->
        <li class="h100">"学以致用"主机使用视频教程</li>
        <li>最新留言</li><li>同步订阅</li><li>推荐链接</li>
    </ul> <!--ul end-->
    </div><!--sidebar end-->
    CSS:
    #sidebar{padding: 0px;margin-left: 695px;width: 245px;position:relative;top:-46px;
        word-wrap: break-word;font: 1em 'Lucida Grande', Verdana, Arial, Sans-Serif;}
    #sidebar ul{margin: 0;padding: 0;}
    #sidebar ul, #sidebar ul li{overflow:visible;}
    #sidebar ul li {list-style-type: none;list-style-image: none;margin-bottom: 0px;color: #777;}
    /***标题如视频教程 start****/
    #sidebar h2 {font-family: 'Lucida Grande', Verdana, Sans-Serif;font-size: 1.2em;}
    #sidebar ul li h2{height:20px;width:276px;background:url('../images/line-2.png') no-
repeat;
        margin:0px -16px;_margin:0px -18px;position:relative;padding-top:25px;padding-
left:10px}
    #sidebar ul li h2 span.category{display:block;height:20px;width:200px;
        background:url('../images/side-title.png') no-repeat 0px -40px; }
    #sidebar ul li h2 span.text{display:none;}
    /***视频教程下面的列表 start****/
    #sidebar #cate-sidebar ul {font-weight:bold;margin: 5px 0 0 10px;}
    #sidebar ul ul li {margin: 3px 0 0;padding: 0;}
    #sidebar #cate-sidebar ul ul{font-weight:normal;margin: 0 0 10px 15px;}
    #sidebar ul ul ul li{list-style-type: none;background: url(../images/bullet.gif) no-
repeat left center;
        padding-left:15px;+margin-bottom: 0px;}
```

第九步，<li>标签内容：“学以致用”、“最新留言”、“同步订阅”以及“推荐链接”。“学以致用”定义class名h100，定义高度为100像素，它包含<h2>标签、<p>标签。<h2>标签在上一步已经定义，存放的背景图片起到承上启下的作用，添加class名noText，接着调整上间距即可。<p>标签存放纯文字内容，通过边距调整即可。图13.27所示为C区的“学以致用”、“最新留言”、“同步订阅”和“推荐链接”。

“最新留言”包含<h2>标签、p.serliuyan、#side-comments层、p.t2，不同于“学以致用”的<h2>标签，它内部元素包含span.recent和span. text，结构与“视频教程”一致。不同于class名，span.recent通过它设置背景图片文字“最新留言”，图片依然为side-title.png，其位置为background-position:0 -60px;。p.serliuyan存放文字“找不到你的留言”，通过绝对定位和外边距设置，使其移至<h2>标签实现的图标右侧，内部超链接颜色设置为#999999。#side-comments层是<ul>的一组标签，设置背景图

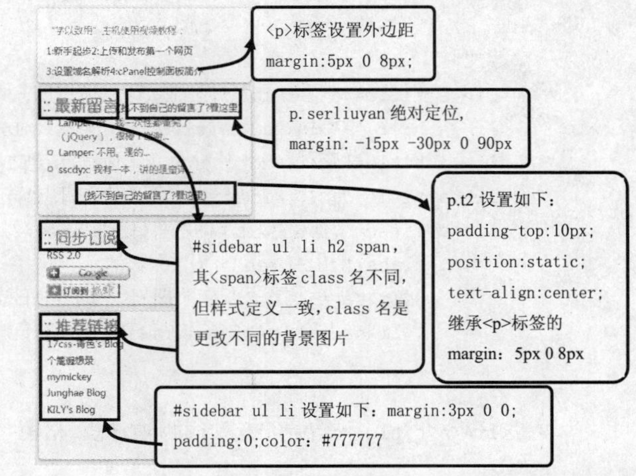

图13.27 C区的“学以致用”、“最新留言”、“同步订阅”和“推荐链接”

片为bullet.gif、不平铺，因其留言行数不定，故设置background-position: left 4px;，纵向不是关键字center而使用具体数值。p.t2存放的内容与p.serliuyan一致，不同的是位置而已，故设置上间距为10像素、文本居中，超链接颜色与p.serliuyan一致。

"同步订阅"和"推荐链接"包含<h2>标签、<ul>标签，前面的定义完全继承下来，需要做的只是改变图标即可，故设置span.rss的背景图片side-title.png，其位置为background-position: 0px -120px;，"推荐链接"的<h2>标签设置位置为background-position: 0px -140px;。最后初始化图片，将其边框隐藏。

```
XHTML:
XHTML:
<div id="sidebar">
   <ul> <li>视频教程</li>
      <li class="h100">
         <h2 class="noText"></h2>
         <p>"学以致用"主机使用视频教程：</p>
         <p><a href="#">1:新手起步</a><a href="#">2:上传和发布第一个网页</a> </p>
         <p><a href="#">3:设置域名解析</a><a href="#">4:cPanel控制面板简介</a>  </p>
      <li>
      <li>
         <h2><span class="recent"></span><span class="text">最新留言</span></h2>
         <p class="serliuyan"><a href="#">(找不到自己的留言了?看这里)</a></p>
         <ul class="side-comments">
            <li> <a href="#">Lamper</a>: 哈，我一次性都看完了（jQuery），很棒！谢谢...</li>
            <li> <a href="#">Lamper</a>: 不用。是的...</li>
         </ul>
         <p class="t2"><a href="#">(找不到自己的留言了?看这里)</a></p>
      </li>
      <li>
         <h2><span class="rss"></span><span class="text">订阅</span></h2>
         <ul>
            <li><a href="#">RSS 2.0</a></li><li><a href="#"><img src="images/add.
gif"/></a></li>
            <li><a href="#"><img src="images/subscribe_12.gif"/></a></li></ul>
      </li>
      <li>
         <h2><span class="link"></span><span class="text">推荐链接</span></h2>
         <ul>
            <li><a href="#" target="_blank">17css-青色's Blog</a></li>
            <li><a href="#" target="_blank">个篱遐想录</a></li></ul>
      </li>
   </ul> <!--ul end-->
</div><!--sidebar end-->
CSS:
#sidebar ul li.h100{ height:100px;}
#sidebar ul li h2.noText{padding-top:10px;}
#sidebar ul p{margin: 5px 0 8px;}
/**************最新留言start********/
#sidebar ul li h2 span.recent{display:block;height:20px;width:200px;
     background:url('../images/side-title.png') no-repeat 0px -60px; }
#sidebar ul li p.serliuyan{margin: -15px -30px 0pt 90px; position: absolute;}
```

```
    #sidebar ul li p.serliuyan a{clor:#999999;}
    #sidebar ul ul.side-comments li{list-style-type: none;
        background: url(../images/bullet.gif) no-repeat left 4px;padding-left:15px;+margin-
bottom: 0px;}
    #sidebar ul li p.t2{padding-top: 10px; text-align:center; position:static;}
    #sidebar ul li p.t2 a{clor:#999999;}
    /**************同步订阅、推荐链接 start********/
    #sidebar ul li h2 span.rss{display:block;height:20px;width:200px;
    background:url('../images/side-title.png') no-repeat 0px -120px; }
    img,a img{border:none;}
    #sidebar ul li h2 span.link{display:block;height:20px;width:200px;
        background:url('../images/side-title.png') no-repeat 0px -140px; }
```

第14章

从页面小工到产品经理——设计高效、可维护的网页

CSS 技术的门槛比较低，学习的难度不是很大，但是要全部使用 CSS 来操纵网页，甚至用 CSS 来描绘完美的设计图就会很困难，而设计高效、可维护的页面就更困难了。所谓技术有限，设计无限，在这个充满色彩斑斓的世界，请读者铭记：学好 CSS 很容易，难的是用好 CSS。网页设计是个眼高手低的活，任何人都可以制作，但是要设计出让人眼睛一亮的页面却并不是一件容易的事情。

从代码的角度分析，网页都是标签组成的，这正如一张地图上的各种提示性标签，它标明了每个点所指示的方位、名称、地理名称等，把这些标签串连在一起，才能够在你的大脑中形成一幅清晰的地图。而网页标签不仅仅要指明网页内容在网页结构中的位置关系、显示效果，更重要的是还要标明网页内容的意思，即所谓的 HTML 标签的语义性。所以说，我们不仅要考虑页面设计的效果，还要考虑页面背后的故事，这些正是本章要探索的问题。

14.1 让页面结构“通情达理”

在标准布局中，外观并不是最重要的，一个结构良好的HTML页面可以以任何形式的外观呈现出来。

本节光盘内容：	
本节实例文件	无
本节视频长度	31分38秒

在我们刚学习网页制作时，总是要先考虑怎么设计，考虑那些图片、字体、颜色、以及布局方案。然后使用Photoshop或Fireworks等软件中的工具画图，再切成小图，最后通过编辑HTML将所有设计还原表现在页面上。如果要用CSS布局，思路恰恰相反，你不需要先考虑网页的外观和布局设计，而是思考网页信息的语义和结构。

CSS Zen Garden（CSS 禅意花园）是一个结构良好的 HTML 页面应用的典型例子。CSS 禅意花园是由 Dave Shea 于 2003 年 5 月创建的个人站点，他的目标就是通过 CSS 禅意花园这个平台提供一个相同的网页结构，鼓励优秀的设计师用 CSS 去创造全新的网页样式作品，禅意花园的 HTML 代码非常简洁，且持久不变，读者可以访问禅意花园（www.csszengarden.com）查看源文件。

你还应该知道，网页不仅仅只为电脑屏幕显示，标准网页能够适应不同的显示设备，如PDA（掌上屏幕设备，如手机）、触摸屏、电视、打印机等。使用Photoshop精心设计的网页图像不可能同时显示在PDA、触摸屏、电视、打印机上。但是一个结构良好的HTML页面可以通过CSS的不同定义显示在任何地方，以及任何网络设备上。 在CSS布局中，结构和语义具有相同的内涵，它意味着网页设计师首先必须清楚自己设计的页面要显示的信息，并根据这些信息把一个网页分成不同的内容块，以及每块内容的目的，然后再根据这些内容的目的用不同语义元素建立相应的HTML结构。

14.1.1 语义是网页重构的基础

视频路径：视频文件\files\14.1.1.swf 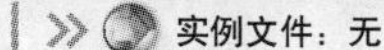 实例文件：无

语义又称作词义，用中文也可以表示字义，它研究的对象是词语，而不是语句或文章，可以理解为构建网页的各种元素，这些元素的名称应该富有语义，即构建网页框架的元素应体现一定的意思。

例如，HTML中的p元素，这个元素的名称p全称为paragraph（段落的意思），那么我们一看到这个元素，就知道它包含的内容应该是文本段。而结构就是由这些语义元素组合搭建起来的框架，所呈现出来的就是网页效果了。

语义 Web（语义网）是 W3C 倡导下的协作项目，它提供了一个通用的框架，允许跨越不同的 Web 应用程序、企业和团体共享和重用数据，这与微软公司所倡导的 .NET 第三代互联网技术平台思想是一致的。

从元数据角度分析，语义 Web 的基本思想就是让网页上的数据都由元数据（网页元素）来描述它，说明它的含义，这样计算机程序能够理解网页上的数据，也能更好地为大家服务；从数据交换角度分析，这样更方便用户进行数据交换，此时你会更加理解为什么 XML 语言是 Web 数据交换的基本格式；从 Web 搜索角度分析，目前的网页是让人看的，如查找信息、网上购物等，语义 Web 上的网页是让计算机看的，它通过制定一个 Web 上数据表示语言的规范，用以描述 Web 内容，且让计算机能够理解，例如，计算机遇到 p 元素就知道其中包含的内容是段落文本，遇到 h1 ~ h6 就知道是标题一样等。

语义化的 XHTML 主要包括语义化元素和语义化命名。

◆ 语义化元素就是我们介绍过的各种结构化布局元素，如标题（header）、段落（paragraph）、列表（list）、表格（table），还有如表示引用（quote）的q元素，表示强调（emphasize）的em元素等。

◆ 语义化的命名主要是元素命名要体现语义化，例如，<div id="header"></div> 这个结构标签，把 div 元素的 id 属性定义为 header，我们就可以知道这个标签包含的内容一定是网页页眉信息。

标准网页布局要求网页结构与网页样式必须分离，这就是要把网页的样式用独立的 CSS 文件来设置，并且使用语义化结构来构建页面。例如，使用 <strong> 元素，而不使用 <b> 元素来表示加粗的文本，因为 strong 元素本身更具有语义；使用 <h2> 元素，而不使用 <div> 元素来表示文档的标题，因为 h2 元素本身就具有标题语义。

传统网页布局仅仅能够辨识数据的结构，而语义网络正在尝试读懂网页所提供的全部数据。实现标准网页布局的目标就是希望计算机能够自动识别网页内不同语义结构，如文档主题、标题、作者、正文等，这些信息就是一个页面的语义，并且这些信息能够帮助计算机去获取并使用数据，而不仅仅是简单的给用户呈现出来。

怎么构建语义化页面呢？

就目前的语言环境来看，我们不可能列出一张元素表来定义互联网上所有的数据类型。但只要留意一下，还是可以写出可读性很强的页面的。例如，使用html元素来描述网页的类型，标题应该用h1～h6来定义，并且放在相应的结构层次里。其中h1是整个页面最为重要的标题，而h6当然就不那么重要了。段落元素p应该用来表示段落，而不是拿来增加两个元素间的间距。所有需要排列的内容都应该用列表元素来表示，当然也包括导航内容。这意味着，一旦你有什么需要排列的东西，它们都应该在以下元素之内：ul、ol或dl。对于div和span这两个通用元素，我们应该尽量少用，只有当划分页面模块结构时才使用div元素，因为模块本身是没有任何语义的，它仅表示一块独立的结构；如果想对段落内部分内联元素或文本应用某种特殊样式时，才可以使用span元素来把它们独立封装在一个容器内。

使用语义化结构，那些主要用来定义样式的元素就应该被舍弃，如 b、i、font 等。如果当你遵循这样的要求时，你会发现利用 CSS 和 JavaScript 来控制整个页面是件很轻松的事情。

目前关于语义网络的规范也很多，如 RDF、FOAF（RDF 的衍生物）以及 OWL 等。这些规范都在努力将数据转换为计算机可读的结构，更详细的介绍读者可以参阅相关书籍。

关于语义网简介，读者可以查阅 Ivan Herman（万维网办事处总管）先生于 2003 年 11 月在中国北京发表的主题演讲，详细地址为 http://www.w3.org/2003/Talks/1112-BeijingSW-IH/Chinese/Overview.html。

14.1.2 让网页标签更懂语义

》 视频路径：视频文件\files\14.1.2.swf | 》 实例文件：实例文件\14\让网页标签更懂语义.html

在传统布局中，网页设计师似乎更熟悉布局三标签：<table>、<tr>和<td>。而标准网页下，我们需要与更多的元素打交道，因此你应该认识它们，了解它们的习性。根据CSS显示分类，XHTML元素被分成三种类型。

1. 块状元素

顾名思义，块状元素在网页中就是以块的形式显示，所谓块状就是元素显示为矩形区域，在 CSS3 中开始支持定义圆角矩形区域显示，但目前还没有支持的浏览器。常用块状元素包括 div、h1～h6、p、table 和 ul 等。更多块状元素的列表说明如表 14.1 所示。

表14.1 块状元素列表

块状元素	说 明
address	表示特定信息，如地址、签名、作者、文档信息，一般显示为斜体效果
blockquote	表示文本中的一段引用语，一般为缩进显示
div	表示通用包含块，没有明确的语义
dl	表示定义列表
fieldset	表示字段集，显示为一个方框，用来包含文本和其他元素
form	说明所包含的控件是某个表单的组成部分
h1-h6	表示标题，其中h1表示一级标题，字号最大，h6表示最小级别标题，字号最小
hr	画一条横线
noframes	包含对于那些不支持 FrameSet元素的浏览器使用的HTML
noscript	指定在不支持脚本的浏览器中显示的HTML
ol	编制有序列表
p	表示一个段落
pre	以固定宽度字体显示文本，保留代码中的空格和回车
table	表示所含内容组织成含有行和列的表格形式
ul	表示不排序的项目列表
li	表示列表中的一个项目
legend	在FieldSet元素绘制的方框内插入一个标题

默认情况下，块状元素都会占据一行，通俗地说，两个相邻块状元素不会出现并列显示的现象。默认状态下，块状元素会按顺序自上而下排列。使用CSS可以改变这种分布形式，而且块状元素都可以定义自己的宽度和高度。

块状元素一般都作为其他元素的容器，它可以容纳内联元素和其他块状元素。我们可以把这种容器比喻为一个个 box（盒子），或者如果你做过剪报的话，那就更加容易理解了，从废报纸杂志中把喜欢的文章剪下来，这些剪下来的小纸片就是一个 block，然后细心地把这些纸片按照自己的排版意图用胶水重新贴到一张大本子的页面上，这就形成了独特的剪报。

2. 内联元素

也有人把inline element翻译为内嵌元素、行内元素、直进式元素等。内联元素一般都是基于语义级（semantic）的基本元素。任何不是块状元素的可见元素都可以称为内联元素，其表现的特性就是行内布局的形式，就是说其表现形式始终以行内逐个进行显示。例如，我们设定一个内联元素，其表现为多行，则显示为每一行下方都会有一条空白。如果是块状元素那么所显示的空白只会在块的最下方出现。

内联元素犹如水，居无定所，随行移动，嵌入行内，不会排斥同行其他元素，也没有自己的形状，不能够定义它的高度和宽度，随包含内容的形状变化而变化。常用内联元素包括 span、a、img 等。更多内联元素的列表说明如表 14.2 所示。

块状元素和内联元素是两种最基本的元素，但是我们可以利用 CSS 来改变各种元素的默认显示状态。例如，把内联元素 span 加上 display:block 声明，就可以定义为块状元素显示，这样 span 元素就拥有块状元素的所有特征。

表14.2 内联元素列表

内联元素	说 明
a	表示超链接
abbr	标注内部文本为缩写，用title属性标示缩写的全称，在非IE浏览器中会以下点划线显示，IE不支持
acronym	表示取首字母的缩写词，一般显示为粗体，部分浏览器支持
b	指定文本以粗体显示
bdo	用于控制包含文本的阅读顺序，如<bdo dir=”rtl”>this fragment is in english</bdo>，浏览器会从右到左显示文本
big	指定所含文本要以比当前字体稍大的字体显示
br	插入一个换行符
button	指定一个容器，可以包含文本，显示为一个按钮
cite	表示引文，以斜体显示
code	表示代码范例，以等宽字体显示
dfn	表示术语，以斜体显示
em	表示强调文本，以斜体显示
i	指定文本以斜体显示
img	插入图片或视频片断
input	创建各种表单输入控件
kbd	以定宽字体显示文本
label	为页面上的其他元素指定标签
map	包含客户端图像映射的坐标数据
object	插入对象
q	分离文本中的引语
samp	表示代码范例
script	指定由脚本引擎解释的页面中的脚本
select	表示一个列表框或者一个下拉框
small	指定内含文本要以比当前字体稍小的字体显示
span	指定内嵌文本容器
strike	带删除线显示文本
strong,	以粗体显示文本
sub	说明内含文本要以下标的形式显示，比当前字体稍小
sup	说明内含文本要以上标的形式显示，比当前字体稍小
textarea	多行文本输入控件
tt,	以固定宽度字体显示文本
var	定义程序变量，通常以斜体显示

3. 可变元素

可变元素是根据上下文关系来确定元素是以块状元素显示，还是以内联元素显示。不过可变元素仍然属于上述两种元素类别，一旦上下文关系确定了它的类别，它就会遵循块状元素或者内联元素的规则限制。常见的可变元素包括 applet（Java Applet）、button（按钮）、del（删除文本）、iframe（内嵌框架）、ins（插入文本）、map（图像映射）、object（Object 对象）、script（客户端脚本）。例如，在下面这个简单的网页文档中，每个标签都包含一个字符串，但是它们所表示的意思是不相同的。

```
<!DOCTYPE html PUBLIC "-//W3C//DTD XHTML 1.0 Transitional//EN" "http://www.w3.org/TR/
xhtml1/DTD/xhtml1-transitional.dtd">
<html xmlns="http://www.w3.org/1999/xhtml">
<head>
<meta http-equiv="Content-Type" content="text/html; charset=gb2312" />
<title>网页标签</title>
</head>
<body>
<h2>标题</h2>
<p>段落</p>
<ul>
   <li>列表项目</li>
   <li>列表项目</li>
</ul>
<table width="100%" border="0" cellspacing="0" cellpadding="0">
   <tr>
      <td>数据表</td>
      <td>数据表</td>
   </tr>
</table>
</body>
</html>
```

针对上面的HTML文档结构，从语义化角度简单说明如下。

- <html>标签表示网页文档的意思，也可以说是HTML文档源代码的分隔符。
- <head>标签表示网页头部信息。
- <body>标签表示网页主体信息。

在<body>标签中包含了不同语义的标签。

- <h2>标签表示二级标题信息。
- <p>标签表示段落文本信息。
- <ul>和<li>标签表示项目列表信息。
- <table>、<tr>和<td>标签表示数据表信息等。

但是在以表格为核心的传统网页布局中，设计师似乎对于各种标签所代表的语义特征并不感兴趣。设计师所追求的目标就是如何把网页设计得更漂亮即可，结果<table>、<tr>和<td>标签就被供奉为网页布局的三剑客，标题和段落文本统统被放置在<p>标签中，然后通过属性设置来控制标题和段落文本的显示效果。

如今表格布局“退休”了，CSS布局临危受命，这本是件很自然的事情，但是对于习惯于传统布局思维，并且熟悉操作传统布局工具的设计师来说，所肩负的担子是不轻的。

学习使用CSS进行布局，能够帮助你编写出更简洁的HTML结构。因为你不再需要在HTML文档中使用各种修饰性的标签和属性。整个页面只剩下构建页面结构的框架标签，以及表达一定语义的服务性标签。整个文档的源代码变得“清瘦”了许多。

当然如果你还在继续使用如下标签，就建议不要再使用了。

- 不使用<font>标签来设置文本样式。
- 不使用<b>和<i>标签来设置文字粗体和斜体。如果必须使用可以选用<strong>和<em>标签来表示粗体和斜体。
- 不使用<table>标签进行布局，记住它仅负责显示表格式的数据。
- 不要在<body>标签内通过各种属性来定义网页基本属性，如background（背景图片）、bgcolor

（背景色）、text（文本）、link（链接）、leftmargin（左页边距）、topmargin（顶部页边距）等。

- 尽量不使用
 换行标签，传统布局中习惯使用
 和空格符号来设计多段文本，换行排版等，现在借助各种语义化标签和 CSS 控制，基本上不用再使用它们了。

如果你从 Web 标准开始学习网页制作，可能会觉得上面的几个问题很好笑，但是对于习惯传统布局的用户来说，戒掉这些毛病还需要一段时间。

对于初学标准网页设计的读者来说，我们不希望你一口吃个胖子，但是下面几个简单的、符合标准的标签及其用法一定要先记住，然后在此基础上不断去积累。

- <div>：网页结构化标签，它负责划分网页结构，并负责包含不同的模块。
- <span>：行内文本和对象包含标签，它负责修饰行内对象样式。
- <p>：负责管理段落文本内容的组织和管理。
- <h>：标题标签，根据重要性分为六个级别，h1 表示一级标题，一般页面中只最好只包含一个一级标题。
- <ul>、<ol> 和 <li>：项目列表标签，主要负责网页内同类信息的列表。

14.1.3 常用语义元素解析

视频路径：视频文件\files\14.1.3.swf　　实例文件：无

实践中，我们会更多地根据元素的上述分类以及语义特性有选择的使用，下面列举常用布局元素以及它们的语义应用。

1. div

div 英文全称 division（分隔的意思），该元素在 Internet Explorer 3.0 版本时开始使用，到 Internet Explorer 4.0 版本时得到更进一步的完善，并在脚本中获得支持。

div 作为通用块状元素，在标准网页布局中是最常用的结构化元素。div 没有明确的语义，但不等于说它没有意思，通过理解它的英文全称和 W3C 对于 div 和 span 元素的定义：

The DIV and SPAN elements, in conjunction with the id and class attributes, offer a generic mechanism for adding structure to documents. These elements define content to be inline (SPAN) or block-level (DIV) but impose no other presentational idioms on the content.

我们可以这样理解，div元素表示文档结构块的意思，它可以把文档分割为多个有意义的区域或模块。因此，使用div元素可以实现网页的总体布局。网页布局方式千变万化，没有定规，但div一定是网页总体布局的首选元素。例如，在下面代码段中，用了三个div元素分割了三大块区域，这些区域分别属于页眉、主体和页脚，然后在页眉和主体区域分别又用几个div元素再次细分几个更小的单元区域，如此就可以把一个网页切分为很多个功能模块。

```
<div><!--[页眉区域]-->
    <div>…</div><!--Logo-->
    <div>…</div><!--导航-->
    …
</div>
<div><!--[主体区域]-->
    <div>…</div><!--模块1-->
    <div>…</div><!--模块2-->
    …
</div>
<div><!--[页脚区域]-->
    …
</div>
```

2. span

span 表示范围的意思，该元素在 Internet Explorer 3.0 版本时开始使用，到 Internet Explorer 4.0 版本时得到更进一步的完善，并在脚本中获得支持。

span 是一个通用内联元素，从元素本身来看，虽然没有明确的语义特征，但它可以作为文本或内联元素的容器，我们通过原文定义的描述也可以看出它的功能：

The SPAN element allows authors to add structure to documents in a flow of text inline. Like DIV, SPAN does not add presentation to enclosed content. Instead, SPAN is used with style sheets to affect presentation.

span 元素与 div 元素一样在 CSS 布局中很有用。我们一般使用 span 元素对部分文本或内联元素定义特殊的样式，辅助并完善排版、修饰特定内容或局部区域，例如：

```
<div><!--信息模块-->
        <span><!--设置字体大小-->
        ...........<span>红色显示</span>
        .......................<span>加粗显示</span>
        ......<span>斜体显示</span>
        </span>
</div>
```

3. h1、h2、h3、h4、h5 和 h6

h1、h2、h3、h4、h5 和 h6 这六个元素具有明确的语义，这些元素的第一个字母 h 是 header（标题）的首字母缩写，后面的数字表示标题的级别。使用 h1~h6 元素可以定义网页标题，其中 h1 表示一级标题，字号最大；h2 表示二级标题，字号较小，其他元素依此类推。

标题元素是块状元素，CSS 和浏览器都预定义了 h1~h6 元素的样式，h1 元素定义的标题字号最大，h6 元素定义的标题最小。

一般搜索引擎对标题元素具有较强的敏感性，特别是 h1 和 h2 元素，有些搜索引擎能够对其进行检索，所以建议读者要使用 h1~h6 元素定义网页的标题，而不是使用其他元素越俎代庖。标题元素的用法如下：

```
<div><!--信息模块-->
        <h2>标题</h2><!-- 可设置其他级别标题-->
        <div><!--文章内容-->
        </div>
</div>
```

4. p

p 是 paragraph（段落）一词的缩写，该元素具有明确的语义特征，用来设置段落。

p 元素是块状元素，每个文本段在默认状态下都定义了上下边界，具体大小在不同浏览器中会有区别。p 元素的用法如下：

```
<div><!--信息模块-->
        <p><!--段落1-->
        </p>
        <p><!--段落2-->
        </p>
</div>
```

5. ul、ol、li、dl、dt 和 dd

ul、ol、li、dl、dt 和 dd 元素被用来实现项目列表，它们都有着明确的语义，其中各个元素的语义如下。

- li 是 item in a list 短语的缩写，表示列表中的项目。
- ol 是 order list 短语的缩写，表示有顺序的列表。
- ul 是 unordered list 短语的缩写，表示无顺序的列表。
- dl是definition list短语的缩写，表示定义列表。定义列表最早是为了呈现术语解释（如词典词条解释，术语解释等）而专门定义的一组元素。术语顶格显示，术语的解释缩进显示，这样即使有多个术语列表时，也会显得井然有条。但定义列表后来被拓展应用到了网页的结构布局中。
- dt 是 definition term 短语的缩写，表示定义术语，即定义列表的标题。
- dd是definition in a definition list短语的缩写，表示定义列表中的定义，即对术语的解释，也就是定义列表项。

列表元素全部是块状元素，如果更详细地说，其中的 li 元素应显示为列表项，即 display: list-item，这种显示样式也是块状元素的一种特殊形式，它们习惯于配对使用，如 ul 和 li 结合可以定义无序列表，ol 和 li 结合可以定义有序列表，而 dl、dt 和 dd 结合可以实现定义列表，具体使用如下：

```
<ol><!--有序列表-->
      <li>列表项</li>
      <li>列表项</li>
      ...
</ol>
<ul><!--无序列表-->
      <li>列表项</li>
      <li>列表项</li>
      ...
</ul>
<dl><!--定义列表-->
      <dt>标题列表项</dt>
          <dd>标题说明</dd>
      <dt>标题列表项</dt>
          <dd>标题说明</dd>
      ...
</dl>
```

列表元素一般不单独使用，因为单独元素不能表示完整的语义，同时在样式呈现上会出现很多意想不到的问题，所以不建议拆开列表组元素单独使用。

列表元素能够实现网页结构化列表，对于常常需要排列显示的导航菜单、新闻信息、标题列表等，使用它们优势比较明显，即使在没有 CSS 支持的情况下，列表元素也能够很好地确保信息的列表显示。

6. table、tr 和 td

table、tr和td元素被用来实现表格化数据显示，它们有着明确的语义，其中各个元素的语义如下。

- table 表示表格的意思，主要用来定义数据表格的包含框，数据如何显示还需要配合内部元素来确定。如果要定义数据表整体样式一般应选择该元素来实现，而数据表中的数据的显示样式应该通过 td 元素来实现。
- tr 是 a row in a table 短语的缩写，表示表格中的一行，由于它内部还需要包含单元格，所以在定义数据表格样式上，该元素的作用不是太明显。
- td 是 a diamonds in a table 短语的缩写，表示表格中的一个方格。td 元素作为表格中最小容器元素，它可以装载任何数据和元素，但在标准布局中不再建议使用 td 装载其他元素来实现嵌套布局，而仅作为数据最小单元格来使用。

这三个元素都是块状元素，具体地说，table显示为表格，即display: table，tr显示为表格行，即display: table-row，td显示为单元格，即display: table-cell，这些都是一些特殊的显示属性。

上面所列六类元素是CSS标准布局中的主力元素，另外还有很多其他元素，但都与特定显示内容相关联，如显示图像的img元素，实现交互的form、input、button、select、textarea等表单元素，定义超链接的a元素等。

14.1.4 让文档结构嵌套更严谨并符合标准

视频路径：视频文件\files\14.1.4.swf | 实例文件：无

在XHTML文档中，并不是任意元素都可以随意进行嵌套，元素嵌套是有严格要求的，也就是说XHTML文档结构是非常严谨，且有章可循的。下面是一份在HTML 4 Strict 和XHTML 1.0 Strict下必须遵守的标签嵌套规则（原文http://www.cs.tut.fi/~jkorpela/html/strict.html）。参考本规则，读者可以快速发现自己书写的HTML结构是否妥当，每个元素该包含什么标签，不该包含什么标签，都能够一目了然，也就不用再为此而犯愁了。

```
HTML
    HEAD
        TITLE （必须）
        SCRIPT, STYLE
            CDATA
        BASE, META, LINK（空的）
        OBJECT （可参阅下面正文模型）
    BODY
        INS, DEL （适用于特殊的规则）
            flow
                block
                inline
        SCRIPT
            CDATA
        block
            P, H1, H2, H3, H4, H5, H6
                inline
                    #PCDATA
                    TT, I, B, BIG, SMALL, EM, STRONG, DFN, CODE, SAMP, KBD, VAR, CITE, 
ABBR, ACRONYM, SUB, SUP, Q, SPAN, BDO
                        inline
                    A
                        inline （拒绝接纳附加的A元素）
                    OBJECT
                        PARAM （空的）
                        flow
                    IMG, BR（空的）
                    SCRIPT
                        CDATA
                    MAP
                        AREA （空的）
                        block
                    INPUT （空的）
                    SELECT
```

```
                    OPTGROUP
                        OPTION
                    OPTION
                TEXTAREA
                LABEL
                    LABEL （拒绝接纳附加的LABEL元素）
                BUTTON
                    flow （拒绝接纳附加的A, INPUT, SELECT, TEXTAREA, LABEL, BUTTON,
FORM, FIELDSET元素
        UL, OL
            LI
                flow
        DL
            DT
                inline
            DD
                flow
        PRE
            inline （拒绝接纳附加的IMG, OBJECT, BIG, SMALL, SUB, SUP元素）
        DIV
            flow
        BLOCKQUOTE
            block
            SCRIPT
                CDATA
        NOSCRIPT
            flow
        FORM
            block （拒绝接纳附加的FORM元素）
            SCRIPT
                CDATA
        HR （空的）
        TABLE
            CAPTION
                inline
            COLGROUP
                COL （空的）
            COL （空的）
            THEAD, TBODY, TFOOT
                TR
                    TH, TD
                        flow
        ADDRESS
            inline
        FIELDSET
            #PCDATA
            inline
            flow
            LEGEND
                inline
```

上面规则的应用说明如下。

- 大写单词代表对应的网页元素，但是根据 XHTML 语法规则，元素的名称必须小写，例如，html 元素应该是标签“<html>”，而不是标签“<HTML>”。
- 小写单词用来描述一组收集元素的特指术语。通俗地说，就是某个元素下面包含的子元素的性质。例如，flow 表示流动类元素，inline 表示流动的行内元素，block 表示流动的块状元素。
- 每个条目（元素）后面如果跟随一组元素，则表明作为子元素它们可以被包含在该元素中。如果元素后面没有跟随元素列表，则表明该元素不可以嵌套任何元素，这也意味着该元素只能够包含纯文本内容。
- 如果在元素后面注明“空白”，则表示该元素内部不包含任何内容。而对于 flow、inline、block、OBJECT 和 BODY 来说，其内部包含的内容请参考上文代码列表说明。
- #PCDATA 是 parsed character data 的简写，表示纯文本内容，它表示不包含任何 HTML 标签的文本，但是可以包含转义字符，例如，<（左尖括号）和 >（右尖括号）是允许的。
- CDATA 是 character data 的缩写，它表示不包括转义字符在内的纯文本内容。
- 如果元素后面附加“拒绝接纳附加的…元素”，则表示它不能够包含指定的元素。

请注意，以上内容是基于 HTML 4.01 Specification 的 Strict DTD。XHTML 1.0 与上面的结构嵌套规则基本上一致，但是也存在两种不同。

- 对于 script 和 style 元素包含的文本内容，在 HTML 4 里是 CDATA，而在 XHTML 里是 #PCDATA，也就是说在 XHTML 中是不能包含转义字符的。
- 在 XHTML 中，table 元素可以直接包含一个 tr 元素，而在 HTML 4.01 里是不允许的，但是 tbody 元素可以省略。通俗地说，如果 table 元素直接包含 tr 元素，对于 HTML 4.01 来说，则会隐性生成一个 tbody 元素，而在 XHTML 里面就没有 tbody 元素，这会影响到样式表使用 tbody 作为选择器。

通过上述 XHTML 文档结构嵌套规则，我们可以总结出几点实用技巧。

- body 元素能够直接包含的元素有 ins、del、script 和 block 类型元素。

block 表示块状类型的元素，换句话说，body 元素能够直接包含任何块状元素。script 是头部隐藏显示的脚本元素，也就是说除了头部网页信息区域外，在网页中（body 元素内）能够包含脚本（script 元素），但是不能够包含任何样式（style 元素）。

ins和del是两个行内元素，其中ins元素表示插入到文档中的文本，而del元素表示文本已经从文档中删除。也就是说除了这两个特殊的行内元素外，其他任何行内元素都不能够直接包含在body中。

- ins 和 del 元素能够直接包含块状元素和行内元素等不同类型的元素，但是行内元素是禁止包含块状元素的。
- p、h1、h2、h3、h4、h5 和 h6 元素可以直接包含行内元素和纯文本内容，但是不能够直接包含块状元素，这是很多设计师最容易忽视的问题，也是最常犯的错误。

但是 p、h1、h2、h3、h4、h5 和 h6 元素能够间接包含块状元素，例如，object、map 和 button 行内元素中还可以包含块状元素。

```
<button><div style="width:400px;">长按钮</div></button>
```

ul 和 ol 元素只能够直接包含 li 元素，但是可以在 li 元素中包含其他元素，例如，下面的结构是允许的：

```
<ul>
    <li><h2>标题</h2></li>
    <li><p>段落</p></li>
</ul>
```

但是下面结构嵌套是不允许的：

```
<ul>
    <h2>标题</h2>
    <p>段落</p>
</ul>
```

- dl 元素只能够包含 dt 和 dd 元素，但不能包含其他元素。同时 dt 元素内只能够包含行内元素，但是不能包含块状元素，而 dd 元素能够包含任何元素。例如，下面的结构是允许的：

```
<dl>
    <dt><span><strong>标题1</strong></span></dt>
    <dd>
        <div></div>
    </dd>
    <dt><span><strong>标题2</strong></span></dt>
    <dd>
        <div></div>
    </dd>
</dl>
```

但是下面的结构是不允许的。一是 dl 元素不能够直接包含 h2 元素，二是 dt 元素中不能够包含 center 块状元素。

```
<dl>
    <h2>标题1</h2>
    <dd>
        <div></div>
    </dd>
    <dt><center>标题2</center></dt>
    <dd>
        <div></div>
    </dd>
</dl>
```

- form 元素不能够直接包含 input 元素。因为 input 元素是行内元素，而 form 元素仅能够包含块状元素。例如，下面的结构是不允许的：

```
form>
    <input type="text" />
    <input type="checkbox" />
</form>
```

正确的写法是：

```
<form>
    <div><input type="text" />
    <input type="checkbox" /></div>
</form>
```

- table 元素能够直接包含 caption、colgroup、col、thead、tbody 和 tfoot，但是不能够包含 tr 以及其他元素。不过我们习惯于在 table 元素中直接包含 tr，浏览器一般都能够自动在 table 和 tr 之间嵌入 tbody 元素。不过还是建议读者养成使用 thead、tbody 和 tfoot 元素的习惯。
- caption元素只能够包含行内元素，这与dt元素使用规则类似。tr元素中只能够包含th和td元素。而th和td元素能够包含任何元素。例如，下面是一个正确、完整的表格嵌套结构。

```
<table>
        <colgroup>
        <col />
    </colgroup>
        <col />
    <caption>表格标题</caption>
        <thead>
        <tr>
            <td><strong>表头行</strong></td>
        </tr>
    </thead>
        <tbody>
        <tr>
            <td><p>主体行</p></td>
        </tr>
    </tbody>
        <tfoot>
        <tr>
            <td><div>表尾行</div></td>
        </tr>
    </tfoot>
</table>
```

14.1.5 让文档信息更丰富

视频路径：视频文件\files\14.1.5.swf | 实例文件：无

在HTML文档结构的头部区域存储着文档的各种基本信息，这些信息主要被浏览器所采用，不会显示在网页正文中。另外，搜索引擎也会检索这些信息，因此重视并设置这些头部信息将有助于提高网页的访问率。

下面重点讲解 meta 信息（元信息）的基本设置。meta 表示关于（about）的意思，以 meta 作为前缀可以表示很多特殊的语义。例如，metadata 表示关于数据的数据，用英文表示为 data about data；而 metalanguage 则表示一种描述其他语言的语言。在 HTML 文档中，meta 标签表示网页的相关信息，即网页元信息。用实例显示其用法如下。

定义网页的描述信息：

```
<meta name="description" content="标准网页设计专业技术资讯" />
```

定义页面关键字：

```
<meta name="keywords" content="HTML, DHTML, CSS, XML, XHTML, JavaScript, VBScript" />
```

<meta> 标签的属性主要分为两组。

◆ name 和 content 属性配合使用。

name属性用来描述网页元信息的名称，name属性值所描述的内容通过content属性进行详细说明，以方便浏览器、搜索引擎和机器人等设备检索。例如，设置网页描述信息、关键字和搜索引擎的检索权限等信息。

◆ http-equiv 和 content 属性配合使用。

http-equiv属性声明HTTP协议的响应头报文（即MIME文档头），同理，http-equiv属性值所描述的内容通过content属性来详细设置。这些元信息通常在网页加载前提供给浏览器等设备使用。例如，设置字符编码、刷新时间、是否缓存等基本信息。

下面列举常用元信息的设置实例，当然更多类型的元素以及元信息的设置格式请读者参考HTML手册。

使用http-equiv等于content-type，可以设置网页的编码信息。设置UTF8编码（国际化编码）如下：

```
<meta http-equiv="content-type" content="text/html"; charset="UTF-8" />
```

设置简体中文gb2312编码如下：

```
<meta http-equiv="content-type" content="text/html"; charset="gb2312" />
```

不同的语言，编码方式也不同，所以使用charset属性为网页定义一种编码方式，否则页面可能会出现乱码，其中UTF-8是国家通用编码，独立于任何语言，因此都可以使用。

另外，也可以使用content-language属性值定义页面语言的代码。如下所示设置中文版本语言：

```
<meta http-equiv="content-language" content="zh-CN" />
```

使用refresh属性值可以设置页面刷新时间或跳转（重定向）页面，如5秒钟之后刷新页面：

```
<meta http-equiv="refresh" content="5" />
```

5秒钟之后转到样吧首页：

```
<meta http-equiv="refresh" content="5"; url=http://www.css8.cn/" />
```

使用expires属性值设置网页缓存时间（即过期时间）：

```
<meta http-equiv="expires" content="Sunday 20 October 2009 01:00 GMT" />
```

还可以使用如下方式设置页面不缓存：

```
<meta http-equiv="pragma" content="no-cache" />
```

继续看几个常用元信息的设置方法。

◆ 网页描述信息。

```
<meta name="description" content="本页面主要内容的描述信息，以方便搜索引擎检索">
```

◆ 网页关键字。

```
<meta name="keywords" content="关键字1, 关键字2, 关键字3 等">
```

◆ 网页编辑器。

```
<meta name="generator" content="Adobe Dreamweaver CS4">
```

表示该页面使用编辑器编辑的。类似设置还有：

```
<meta name="author" content="http://www.css8.cn/" />    <!--设置网页作者-->
<meta name="copyright" content=" http://www.css8.cn/" /><!--设置网页版权-->
<meta name="date" content="2009-01-12T20:50:30+00:00" /><!--设置创建时间-->
<meta name="robots" content="none" />                    <!--设置禁止搜索引擎检索-->
```

14.2 设计高效的CSS

高效的CSS体现在代码的简洁和有效上，也就是说用户必须尽可能地使用最少的代码来实现相同的效果。

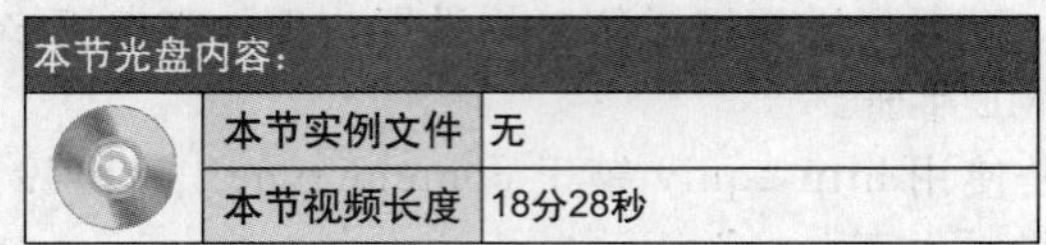

抽象性是编程中一个核心的设计思想，也就是我们常听说的类。当所有类通过一定的逻辑组织在一起，就形成了类库。一般编程语言都有自己的类库，如Java、.Net类库等。CSS虽然不是一种高级语言，但是它也提供对类的支持，这主要表现在类样式上。

14.2.1 CSS类样式

视频路径：视频文件\files\14.2.1.swf　实例文件：无

类样式实际上就是类选择符设计的样式，一般以点前缀（.）来表示，例如：

```
<style type="text/css">
.red {
     color:red;
}
</style>
```

在上面代码中定义了一个红色字体类，然后就可以在HTML文档中任意引用该类样式。例如：

```
<p id="p1" class="red"></p>
<h2 id="header_h2" class="red"></p>
<div id="box" class="red"></div>
```

在上面的代码中分别为段落p1、网页页眉的二级标题以及id为box的div包含框应用了红色字体类，这样该对象包含的所有文本都将显示为红色。这种简单的类样式加强了CSS在网页中的广泛应用，极大地提高了CSS代码的应用效率。

14.2.2 类样式的应用技巧

视频路径：视频文件\files\14.2.2.swf　实例文件：无

类样式的定义方法很简单，但是如何设计好一套比较实用的类样式库就很不容易了。下面几点原则供你在开发类样式时参考。

第一，CSS的类应该体现最小化效果设计原则，这样就能够更灵活的应用类样式。例如，定义一个12像素灰色字体的类。

```
.class1 {
     color:gray;
     font-size:12px;
}
```

也许直接定义上面的类样式仅能够在页面中某一处被引用，但是如果把它们拆分开来，就会具有更大的灵活性和实用价值。

```
.gray {
     color:gray;
```

```
}
.font12px {
    font-size:12px;
}
```

因为在页面中的某处可能仅需要灰色字体，或者仅需要 12 像素的字体大小，此时可以单独引用某一个类样式。但是如果希望某个对象同时显示为灰色、12 像素大小的字体，则可以通过类样式并列引用的方式来实现。

```
<p id="p1" class="gray font12px"></p>
```

通过这种方法，可以把多个样式类并列应用到一个对象身上，它们并列显示的位置顺序也会对样式产生影响，但是类样式在 CSS 样式表中的位置会影响到它们的应用效果。例如，在下面这个小实例中，虽然在 <p id="p1" class="red blue"> 中 blue 类样式名字位于后面，紧靠近包含的文本，但是最终字体显示为红色，因为在样式表中红色字体类放在后面。

```
<style type="text/css">
.blue {
    color:blue;
}
.red {
    color:red;
}
</style>
<p id="p1" class="red blue">类样式的位置关系</p>
```

当然对于这个问题也不是绝对的，如果几个声明被分开之后，没有被重复利用的价值，就不应该再分开进行定义。例如，看看下面这个隐藏类：

```
.hide {
    display:none;
    line-height:0;
    font-size:0;
}
```

对于这个隐藏类，其中定义了三个属性，这些属性都是针对隐藏元素来设计的，此时我们就不能够把它们拆分为三个小类。

```
.none { display:none; }
.l_height0 { line-height:0; }
.font0px { font-size:0; }
```

一方面这三个属性都是针对同一个类样式的效果进行定义的，拆分之后没有意义。另一方面这些被拆分的小类实用价值不高，没有必要为此定义三个小类。

第二，CSS 类应当体现通用性。所谓通用性，就是应该具备广泛的应用价值。除了上面我们讲解的定义类时应该尽可能定义小的样式单元外，同时还应该保证所定义的类具有广泛代表性，最起码应该知道在自己的项目中经常会用到哪些类，不需要哪些类。

第三，当定义 CSS 类库时，建议你一定要遵循一定的规律进行定义。一方面在命名类样式时要有规律，另一方面建议你把所定义的类库进行归类和建立索引，避免时间长了忘记所定义的类样式而反复定义相同的样式所产生的代码冗余，这样在使用和参阅时也可以快速地进行浏览。

14.2.3 设计通用类样式

视频路径：视频文件\files\14.2.3.swf | 实例文件：无

在网站开发中，可能会遇到下面这些通用类样式，你也可以参考这样的思路来设计类样式，并进行扩展。

◆ 字体颜色类：关注常用字体颜色，例如，以颜色名来定义类。

```
.white { color:white; }
.black { color:black; }
.gray { color:gray; }
.blue { color:blue; }
.red { color:red; }
.green { color:green; }
```

以十六进制颜色值来定义类（首位数值为非数字）。

```
.a00 { color: #a00; }
.f66357 { color: #f66357; }
```

如果首位数值为数字，则就不能够使用数字来开头定义类名，此时可以使用复合词的方式来解决（具体方式可以根据团队习惯确定）。

```
.color_333 { color:#333; }
.color_999 { color:#999; }
.color_234567 { color:#234567 }
```

◆ 字体大小类：关注常用字体大小。字体大小类一般比较固定，想一想一个网站基本上就使用那几种字体大小，例如，正文 12 像素字体，标题 14 像素字体等。

```
.font12px { font-size: 12px; }
.font14px { font-size: 12px; }
.font9pt {font-size: 9pt; }
```

字体大小类的命名规则可以根据自己的使用习惯，上面是通用设计习惯，还有的设计师使用简写方式，例如：

```
.font_12 { font-size: 12px; }
.font_14 { font-size: 12px; }
```

或

```
.font12 { font-size: 12px; }
.font14 { font-size: 12px; }
```

使用这种方式的前提应该保证整个 CSS 框架的字体大小单位是统一的，否则就容易出现混乱现象。从语义角度来看，上面的简写显然没有直接拼写更明了。不过如果一个团队习惯了一种简写方式，倒容易提高代码输入效率，这就具体而论了。

还可以使用绝对或相对大小类来定义，例如：

```
.small { font-size:small; }
.large { font-size:large; }
.medium { font-size:medium; }
.smaller { font-size:smaller; }
.xx-large  { font-size:xx-large; }
```

◆ 字体样式类：关注常用字体样式的变化。字体样式也是很有限的，一般框架中应该把常用字体样式都进行类化。例如：

```
.bold  { font-weight:bold; }
.italic { font-style:italic; }
.underline { text-decoration:underline; }
```

对于英文字体来说，可以定义的类样式可能会多些，但是如果把每一种字体样式都定义为类，就显得没有必要了，因为很多字体样式是不常用的，偶尔使用是不值得定义为类的。

◆ 段落样式类：关注段落版式的类型。段落版式可谓千变万化，不能够一一列举，比较常用的，如缩进、字符间距等。

```
.indent2em { text-indent:2em; }
.letter-spacing1em { letter-spacing:1em; }
```

有些样式，如行高，可以在body中定义，且应用比较单一，不适合为此设计一个类。当然，如果项目中需要显示大量的文本，还是应该定义几个行高样式类的。

也许你会觉着这样的类名很长，反倒输入麻烦，因此建议你以简写的方式来设计。当然，在简写设计时一定要遵循语义性规律，否则后期维护时会非常麻烦，因为时间长了，连自己都会忘记所定义的类的作用，这样很容易产生大量的冗余代码。

◆ 边框类样式：关注模块的边框样式。这类样式一般多针对具体的项目、具体的页面而言，把模块间拥有相同的边框进行归类。不过这种做法的抽象性不是很强，所提炼的价值不大，适合直接在模块的id中进行定义。而对于一些特殊的边框样式倒很值得进行类化，例如，虚线框、单线框，以及个人框架中的各种典型线框等。

```
.border_dashed { border:dashed 1px #666; }
.border_dotted { border:dotted 1px #666; }
.border1px { border:solid 1px #666; }
```

由于边框涉及三个属性、四条边，所以要想提炼出CSS框架所需要的各种边框类样式是完全不可能的，也是画蛇添足。

◆ 边距类样式：关注网页模块的内、外边距的类样式。对于这类样式进行类化，必要性不是很大，可以略过。

◆ 背景色和背景图像类：关注网页模块的背景色。这是一个很实用的类别，CSS框架中免不了要设计一些模块的背景色，如果在设计之前在框架中把常用的背景色进行类化，是很值得的。例如：

```
.bg_fef{ background:#fef; }
.bg_fffeee{ background:#fffeee; }
.bg_def2de{ background:#def2de; }
```

但是如果以这种方式来命名背景色类，对于后期引用是非常不利的，因为设计师需要去记忆这些烦琐的类名，甚至还容易出错，这时可以使用颜色名来表示：

```
.bg_aqua{ background:#00ffff; }
.bg_silver{ background: #c0c0c0; }
```

如果感觉颜色名也不好记忆，不妨使用基本颜色加编号或者其他标记来表示：

```
.bg_red_1{ background:#FFCCFF; }
.bg_red_2{ background:#FF99FF; }
.bg_red_3{ background:#FF99CC; }
```

上面三个类样式表示随着后缀数字变大，红色不断加重。当然这仅是一种个人的用法，最后决定者还是根据团队使用习惯而定，没有统一的规则，也没有硬性的要求。

◆ 布局类样式：关注布局中常用类模块。网页布局中一般都是针对具体的模块进行定义，能够提炼的类样式没有很大的实用价值，因为当定义一种布局类型时，你还需要定义相关的布局属性。但是下面这些布局类是比较常用的，特别是在布局中随时改变布局模式或者调整个别属性时，使用比较方便。

```
.float_left { float: left; }
.float_right { float: right; }
.block  { display:block; }
.inline { display:inline; }
.hide { display:none; }
.clear { clear:both; }
.relative { position:relative; }
.absolute { position:absolute; }
.width100 { width:100%; }
.height100 { height:100%; }
.center { text-align:center;}
.left { text-align:left;}
.right { text-align:right;}
.middle { vertical-align:middle; }
```

当然这仅是一个例子，应用中还需要你自己去提炼和扩展。

◆ 功能样式类：关注CSS框架中公共功能的样式。这类样式没有可以直接预期的对象，必须结合具体的项目而定。例如，定义圆角区域类样式。

```
.lt { background:url(images/lt.gif)  left top no no-repeat; }
.rt { background:url(images/rt.gif)  right top no no-repeat; }
.lb { background:url(images/lb.gif)  left bottom no no-repeat; }
.rb { background:url(images/rb.gif)  right bottom no no-repeat; }
```

类似的功能类还有很多，这就要根据需要对项目进行提炼了。

基本模块类样式主要是针对CSS框架中通用基本模块进行定义的类。例如，每个栏目中的标题栏、提示框等。对于这些常用的基本模块不妨通过类的形式进行定制，然后在项目中可以反复引用。例如，图14.1所示的正是Ext JS类库中的一个CSS类模块，这个类似于对话框的标题栏样式正是通过类样式的形式进行定制的，这样能够保证在一个页面中多次重复引用。

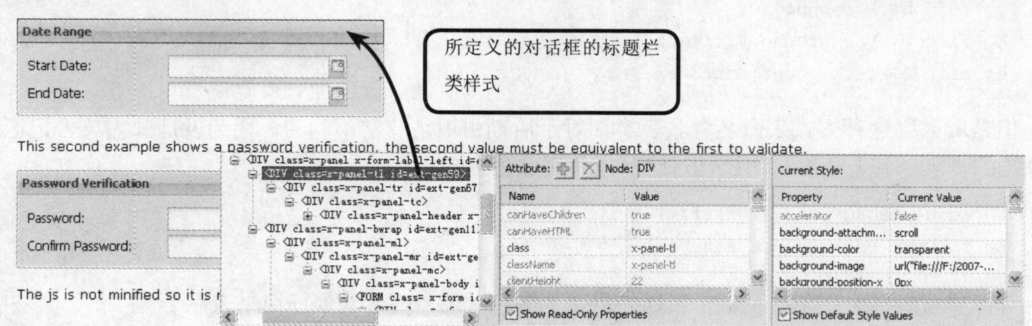

图14.1 Ext JS中的类模块

◆ 特定样式类：关注CSS框架中一些特定样式进行类化。例如，手形指针类型、快捷键下划线等。

```
.hand { cursor:pointer; cursor:hand; }
.accesskey {text-decoration: underline;        }
```

上面针对通用样式类进行简单的小结，上面所列不仅是一个实例，最后还需要你进一步去丰富自己的类库。

14.2.4 应用默认样式

视频路径：视频文件\files\14.2.4.swf | 实例文件：无

每种浏览器都会定义一套默认的样式，CSS 在设计时也专门为 HTML 定制了一套默认的样式（如下所示），请参阅 http://www.w3.org/TR/CSS21/sample.html。

```
   html, address,
   blockquote,
   body, dd, div,
   dl, dt, fieldset, form,
   frame, frameset,
   h1, h2, h3, h4,
   h5, h6, noframes,
   ol, p, ul, center,
   dir, hr, menu, pre
{ display: block }
   li
      { display: list-item }
   head                                                                     {
display: none }
   table
{ display: table }
   tr
      { display: table-row }
   thead
{ display: table-header-group }
   tbody
{ display: table-row-group }
   tfoot
{ display: table-footer-group }
   col
{ display: table-column }
   colgroup
{ display: table-column-group }
   td, th
      { display: table-cell }
   caption
{ display: table-caption }
   th
{ font-weight: bolder; text-align: center }
   caption
{ text-align: center }
   body
{ margin: 8px }
```

```
   h1
{ font-size: 2em; margin: .67em 0 }
   h2
{ font-size: 1.5em; margin: .75em 0 }
   h3
{ font-size: 1.17em; margin: .83em 0 }
   h4, p,
   blockquote, ul,
   fieldset, form,
   ol, dl, dir,
   menu
{ margin: 1.12em 0 }
   h5
{ font-size: .83em; margin: 1.5em 0 }
   h6
{ font-size: .75em; margin: 1.67em 0 }
   h1, h2, h3, h4,
   h5, h6, b,
   strong
{ font-weight: bolder }
   blockquote                                                                  {
margin-left: 40px; margin-right: 40px }
   i, cite, em,
   var, address
{ font-style: italic }
   pre, tt, code,
   kbd, samp                                                                   {
font-family: monospace }
   pre
{ white-space: pre }
   button, textarea,
   input, select
{ display: inline-block }
   big
{ font-size: 1.17em }
   small, sub, sup                                                             {
font-size: .83em }
   sub
{ vertical-align: sub }
   sup
{ vertical-align: super }
   table
{ border-spacing: 2px; }
   thead, tbody,
   tfoot
{ vertical-align: middle }
   td, th
      { vertical-align: inherit }
   s, strike, del
{ text-decoration: line-through }
```

```
   hr
{ border: 1px inset }
   ol, ul, dir,
   menu, dd                                                    {
margin-left: 40px }
   ol
{ list-style-type: decimal }
   ol ul, ul ol,
   ul ul, ol ol
{ margin-top: 0; margin-bottom: 0 }
   u, ins
{ text-decoration: underline }
   br:before
{ content: “\A” }
   :before, :after
{ white-space: pre-line }
   center
{ text-align: center }
   :link, :visited
{ text-decoration: underline }
   :focus
{ outline: thin dotted invert }

   /* Begin bidirectionality settings (do not change) */
   BDO[DIR=”ltr”]                                              {
direction: ltr; unicode-bidi: bidi-override }
   BDO[DIR=”rtl”]                                              {
direction: rtl; unicode-bidi: bidi-override }

   *[DIR=”ltr”]                                                {
direction: ltr; unicode-bidi: embed }
   *[DIR=”rtl”]                                                {
direction: rtl; unicode-bidi: embed }

   @media print {
       h1
{ page-break-before: always }
       h1, h2, h3,
       h4, h5, h6                                              {
page-break-after: avoid }
       ul, ol, dl
{ page-break-before: avoid }
   }
```

除了浏览器（或称代理器）提供的默认样式、CSS定制的一套默认样式外，设计师也可以定义一套网页显示样式，同时浏览者也可以根据阅读设置个性化的用户样式（目前浏览器的支持不是很好）。对于上述四套样式，它们的优先级是这样的：用户（浏览者指定的）样式优先于创作者（设计师设计的）样式，创作者样式高于浏览器（或称为代理）样式，而浏览器样式又优于CSS默认的样式，用示意图表示如图14.2所示。

因此，我们可以根据需要对于这些元素的默认CSS样式进行重定义。例如，重新定义页面基本属性（如字体、字号、字体颜色、行高、超链接样式、标题样式等）。根据需要清除一些元素的默认样式（如页边距、项目列表缩进、项目列表符号、段落间距、超链接下划线等）。根据需要增加一些元素的默认样式（如段落首行缩进，图片不显示边框等）。

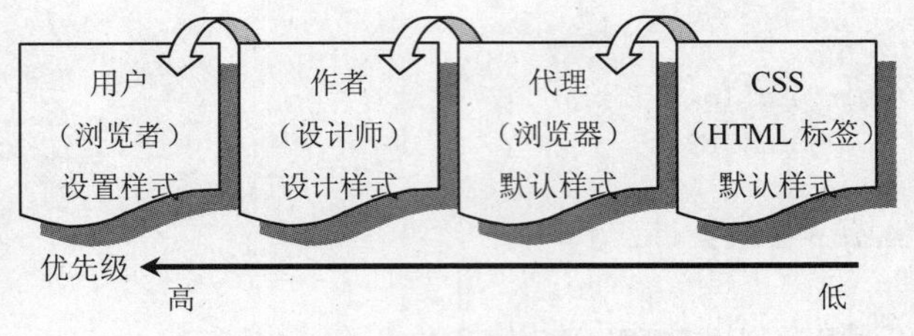

图14.2　不同类型的样式优先级

例如，下面这些 CSS 框架默认样式是网页设计中经常用到的，希望读者能够熟悉并记住它们。

```
body{/* 网页默认属性 */
    position: relative;                    /* 把body定义为包含块，默认为html */
    font-size:62.5%;                       /* 网页字体大小 */
    font-family: "宋体";                   /* 网页字体 */
}
/* 清除常用元素的默认边距 */
body,div,dl,dt,dd,ul,ol,li,h1,h2,h3,h4,h5,h6,pre,form,fieldset,input,p,blockquote,th,td,ins{
    margin: 0px;                           /* 清除外边距 */
    padding: 0px;                          /* 清除内边距 */
}
h1,h2,h3,h4,h5,h6{/* 重定义标题字体大小样式 */
    font-size:100%;                        /* 字体大小 */
}
ol,ul{/* 清除列表样式 */
    list-style-type: none;                 /* 不显示项目列表符号 */
}
address,caption,cite,code,dfn,em,th,var{/* 重定义文本标签样式 */
    font-style:normal;                     /* 恢复正常字体样式 */
    font-weight:normal;                    /* 恢复正常字体粗细 */
}
table{/* 增加表格样式 */
    border-collapse:collapse;              /* 合并单元格边框 */
}
fieldset,img{/* 增加框架和图片样式 */
    border:0;                              /* 隐藏边框 */
}
caption,th{/* 重定义标题样式 */
    text-align:left;                       /* 文本左对齐 */
}
a{/* 清除超链接样式 */
    text-decoration: none;                 /* 清除下划线 */
}
```

当然，对于一个特定的项目来说，上面的元素默认样式仅作为一个参考，项目样式是否必须这样，就要看实际需要了。

另外，不同的项目可能会根据需要定义一批专用类。这些类是根据特定的项目需要而提炼出来的重复样式码。

一般专用类不具备通用性，它只能适用于特定的项目或者网站，例如，栏目的风格样式类、网页特定布局样式类等。由于这些都没有固定的规律，所以这里就不再详细讲解。

14.2.5　其他类型选择符样式处理

视频路径：视频文件\files\14.2.5.swf　　实例文件：无

除了类样式和元素默认样式外，对于其他类型的样式该如何处理呢？下面我们就来简单分析一下。

对于 id 样式来说，由于它是针对某个具体的对象而定义的样式，一般不建议在项目中使用。越大型的项目，它的实用价值就越高。当然你可以针对具体的项目而定义一批 id 样式，以实现在不同页面中的通用性。例如，定义页眉、页脚样式，由于一般页面都会使用相同的页眉和页脚，把它们的样式统一到 CSS 框架中也未尝不可。

对于通配选择符（*匹配所有元素）的样式，可以在CSS框架中使用。例如，针对下面的默认样式：

```
/* 清除常用元素的默认边距 */
body,div,dl,dt,dd,ul,ol,li,h1,h2,h3,h4,h5,h6,pre,form,fieldset,input,p,blockquote,th,td,ins{
    margin: 0px;                                    /* 清除外边距 */
    padding: 0px;                                   /* 清除内边距 */
}
```

你可以使用通配选择符来进行简写：

```
/* 清除常用元素的默认边距 */
* {
    margin: 0px;                                    /* 清除外边距 */
    padding: 0px;                                   /* 清除内边距 */
}
```

对于包含选择符样式，可以在特定结构中适当使用。例如，定义段落中的red类显示为浅红色，而对于标题中的red类显示为深红色，则可以借助包含选择符进行如下定义：

```
<style type="text/css">
.red { color:#ff0000; }
h1 .red, h2 .red, h3 .red, h4 .red, h5 .red, h6 .red { color:#990000; }
p .red { color:#990033; }
</style>
<div class="red">普通文本</div>
<h2><span class="red">标题</span></h2>
<p id="p1"><span class="red">段落</span>文本</p>
```

此外，子对象选择符样式、相邻选择符样式、属性选择符样式等都是非常有价值的样式，特别是属性选择符样式在定制CSS框架时显得异常重要，对于更准确地控制框架中每个细节具有非常重要的作用。但是很遗憾，这些选择符样式在IE 6及其以下版本中不支持，影响了它们的推广使用。

14.2.6　设计高效CSS的其他实用技巧

视频路径：视频文件\files\14.2.6.swf　　实例文件：无

◆　坚持把不同类型的代码分开编写。

在项目开发中，努力分离HTML结构和CSS样式，即使用外部样式代替行内样式和样式属性。例如，下面代码是低效的用法：

```
<p style="color: red">...</p>
```

或者

```
<style type="text/css" media="screen">
p { color: red;}
</style>
```

下面代码是高效的用法：

```
<link rel="stylesheet" href="name.css"type="text/css" media="screen" />
```

◆ 使用 link 导入外联样式。

为了兼容老版本的浏览器，建议使用 link 引入外部样式表的方式来代替 @import 导入外部样式的方式。@import 是 CSS2.1 提出的，所以老版本浏览器不支持，@import 和 link 在使用上也有一些区别，利用二者之间的差异，可以在实际运用中进行权衡。

例如，不推荐 @import 导入方式：

```
<!DOCTYPE html PUBLIC "-//W3C//DTD XHTML 1.0 Transitional//EN" "http://www.w3.org/TR/
xhtml1/DTD/xhtml1-transitional.dtd">
<html xmlns="http://www.w3.org/1999/xhtml">
<head>
<meta http-equiv="Content-Type" content="text/html; charset=utf-8" />
<title>无标题文档</title>
<style type="text/css" media="screen">
@import url("styles.css");
</style>
</head>
<body>
</body>
</html>
```

推荐引入外部样式表方式：

```
<!DOCTYPE html PUBLIC "-//W3C//DTD XHTML 1.0 Transitional//EN" "http://www.w3.org/TR/
xhtml1/DTD/xhtml1-transitional.dtd">
<html xmlns="http://www.w3.org/1999/xhtml">
<head>
<meta http-equiv="Content-Type" content="text/html; charset=utf-8" />
<title>无标题文档</title>
<link rel="stylesheet" href="name.css" type="text/css" media="screen" />
</head>
<body>
</body>
</html>
```

◆ 学会使用继承。

例如，下面 CSS 样式是低效的写法：

```
<style type="text/css">
p { font-family: arial, helvetica, sans-serif; }
#container { font-family: arial, helvetica, sans-serif; }
#navigation { font-family: arial, helvetica, sans-serif; }
#content { font-family: arial, helvetica, sans-serif; }
#sidebar { font-family: arial, helvetica, sans-serif; }
</style>
```

我们完全可以使用一个样式进行定义。例如，下面写法是高效的：

```
<style type="text/css">
body { font-family: arial, helvetica, sans-serif; }
</style>
```

◆ 有用的多重选择器。

例如，下面写法是低效的：

```
<style type="text/css">
h1 { color: #236799; }
h2 { color: #236799; }
h3 { color: #236799; }
h4 { color: #236799; }
</style>
```

而通过选择器分组，可以提高 CSS 的效果：

```
<style type="text/css">
h1, h2, h3, h4 { color: #236799; }
</style>
```

◆ 多重声明。

例如，低效的用法：

```
<style type="text/css">
p { margin: 0 0 1em; }
p { background: #ddd; }
p { color: #666; }
</style>
```

高效的用法：

```
<style type="text/css">
p {
     margin: 0 0 1em;
     background: #ddd;
     color: #666;
}
</style>
```

◆ 使用易记的属性。

例如，低效的写法：

```
margin-top: 1em;
margin-right: 1em;
margin-bottom: 0;
margin-left: 1em;
```

高效的写法：

```
margin: 1em 1em 0;
```

◆ 避免使用 !important。

尽量少使用下面的用法：

```
<style type="text/css">
```

```
#news { background: #ddd!important; }
</style>
```

在特定情况下可以使用选择器嵌套方式提高权重级别：

```
<style type="text/css">
#container #news { background: #ddd; }
body #container #news { background: #ddd; }
</style>
```

14.3 编写可维护性CSS

要保证 CSS 具有可维护性，让别人看得懂，也能保证自己将来能够轻松浏览。

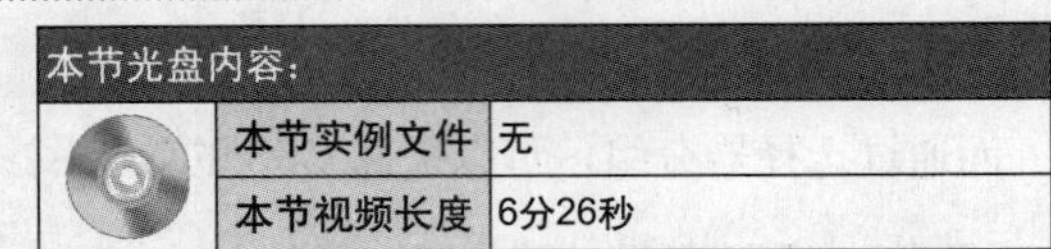

本节光盘内容：	
本节实例文件	无
本节视频长度	6分26秒

CSS 代码不仅仅是作者自己或者团队内部才能够看明白。也许你认为，我的 CSS 仅供自己使用，干吗还要照顾别人的情绪呢？是的，如果时间久了，当你再回头来看看自己曾经写的 CSS 代码，也许会连自己都看不懂，谈何维护和更新呢。

14.3.1 学会注释

视频路径：视频文件\files\14.3.1.swf | 实例文件：无

CSS 注释比较讲究，不是随意可以添加的。首先，看看注释的位置，主要包括样式表首行、样式前、样式中等。例如：

```
/*
css Zen Garden default style - 'Tranquille' by Dave Shea - http://www.mezzoblue.com/
*/
```

或

```
/* 网页基本属性 */
html {
     margin: 0;
     padding: 0;
     }
```

或

```
html {/* 网页基本属性 */
     margin: 0;                              /* 清除外边距 */
     padding: 0;                             /* 清除内边距 */
     }
```

一般来说，样式表首行注释主要是对样式表进行摘要，包括样式表名称、URL、作者、样式表的作用、效果和一些必要的说明等。

样式前的注释主要针对该样式进行简单说明，包括样式的作用、对象和特殊说明等。

而在样式中的注释主要对样式中的某个声明进行说明。

有的设计师喜欢把注释放在属性或属性值中间，甚至利用它来进行样式过滤，当然这些用法比较特殊，这里就不再详细讲解。

注释的语法虽然简单，但是其写法可以多样，通过变化形式能够使注释更容易阅读，或者提高代码的段落层次。

例如，下面是YAML CSS框架的首行注释，分别包括名称、简单说明、用法提示、版权信息、附属信息等。

```
/**
 * "Yet Another Multicolumn Layout" - (X)HTML/CSS Framework
 *
 * (en) YAML core stylesheet
 * (de) YAML Basis-Stylesheet
 *
 * Don't make any changes in this file!
 * Your changes should be placed in any css-file in your own stylesheet folder.
 *
 * @copyright                                  Copyright 2005-2008, Dirk Jesse
 * @license     CC-A 2.0 (http://creativecommons.org/licenses/by/2.0/),
 *
YAML-C (http://www.yaml.de/en/license/license-conditions.html)
 * @link                                       http://www.yaml.de
 * @package                                    yaml
 * @version                                    3.0.5
 * @revision                                   $Revision: 189 $
 * @lastmodified                               $Date: 2008-05-24 08:26:23 +0200 (Sa, 24 Mai 2008) $
*/
```

另外，你还可以利用注释来区分 CSS 代码块，如下所示：

```
/* 大模块名称
---------------------------------------------*/
......
/* 小模块名称
-----------------*/
......
/* 样式名称 */
......
```

当然注释的形式是多样的，你可以利用各种符号设计出各种图画式的注释效果。当然，注释的最终目的是方便阅读，而不是美化 CSS 样式代码。

14.3.2 有效、准确地选用id和class属性

视频路径：视频文件\files\14.3.2.swf | 实例文件：实例文件\14\有效、准确地选用id和class属性.html，有效、准确地选用id和class属性1.html

CSS类名和id名首先应该遵循CSS语法规则的基本要求，一般应使用字母、数字和下划线，其他特殊字符应尽量少用。对于某些特殊键盘字符由于具有特定的功能，因此不要随意使用字符。另外，首字符应该是字母或下划线，而不能够使用数字。

CSS 命名的第一原则就是能够达到用户看名知其意，简单地说就是 CSS 名字的语义性。所谓语义性就是名称应该代表一定的意思，或者看到名称大致知道它的意思。例如，red 类就比 color1 类更具语义性，因为用户一看大致知道该类是定义一个红色字体类。

另外，在语义性和结构性选择方面，我们应该以名称的语义性为主，结构性为辅的原则来进行设计。再例如，对于如下这个圆角区域结构，有的读者使用如下的结构式命名规则来进行设计：

```
<style type="text/css">
.□ { /* 包含框样式 */ }
.┌ { /* 左上角样式 */ }
.┐ { /* 右上角样式 */ }
.└ { /* 左下角样式 */ }
.┘ { /* 右下角样式以及内容区域样式 */ }
</style>
<div class="□">
  <div class="┌">
    <div class="┐">
      <div class="└">
        <div class="┘">内容区域</div>
      </div>
    </div>
  </div>
</div>
```

这是使用Unicode字符来进行命名的，看起来更直观和简洁，但是由于这种方法缺乏语义性，一般不建议使用。恰当的方法应该使用复合词进行命名：

```
<div class="container">
  <div class="left-top">
    <div class="right-top">
      <div class="left-bottom">
        <div class="right-bottom">内容区域</div>
      </div>
    </div>
  </div>
</div>
```

除了要注意名称的语义性外，还应该注意名称的形式。名称可以使用英文、拼音或缩写，这里没有优先之分，根据个人喜好和习惯而定。一般建议使用英文名称，这样更具通用性，如果英文单词太长，可以适当进行缩写或者截取。

当单个单词无法表示名称时，可以使用复合词，多个复合词之间可以通过首字母大写或者连字符进行区分。请注意，CSS 是区分大小写的。例如：

```
#pageHeader { /* 样式声明 */ }
#PageHeader { /* 样式声明 */ }
#page_header { /* 样式声明 */ }
#page-header { /* 样式声明 */ }
```

14.3.3 让CSS代码格式简明直观

视频路径：视频文件\files\14.3.3.swf | 实例文件：无

一般情况下，CSS 代码有两种排版格式：单行样式和多行样式。

所谓单行样式，就是一个样式的所有声明都被放在一行内显示。例如：

```
body { margin: 0; padding: 0; }
a { font-weight: bold; text-decoration: none; color: #B7A5DF; }
acronym { border-bottom: none; }
```

所谓多行样式，就是一个样式的所有声明都被单独放在一行内显示，例如：

```
body {
    margin: 0;
    padding: 0;
}
a {
    font-weight: bold;
    text-decoration: none;
    color: #B7A5DF;
}
acronym {
    border-bottom: none;
}
```

多行样式还可以有多种版式效果，例如，如果一个样式仅包含一个声明，则就不再单独分行显示，或者对于大括号也单独显示在一行，如下所示：

```
body
{
    margin: 0;
    padding: 0;
}
a
{
    font-weight: bold;
    text-decoration: none;
    color: #B7A5DF;
}
acronym { border-bottom: none; }
```

14.3.4　让CSS代码符合阅读习惯

视频路径：视频文件\files\14.3.4.swf　　实例文件：无

有关样式代码的结构顺序很重要，位置先后会影响到它们的优先级别。但是本节所要讨论的是在不影响它们的优先级的情况下，该如何去定义这些样式顺序。

根据大部分设计师的设计习惯，在一个样式表中框架元素的默认样式应该放在前面，然后是各种类样式，接着再定义页面结构的 id 样式和细节样式，如图 14.3 所示。

当然，对于这个问题笔者个人觉得不是很关键，你可以根据团队的阅读习惯进行定义，没有统一的要求。上面所列形式仅是一种建议。

除了类型样式得适当注意排列顺序外，建议你还应该注意样式内部的不同声明之间的排列顺序。具体方法可以根据习惯而定，这个就更没有规律可言了。提供两种排序思路：一是根据属性的性质进行排序，例如，把所有布局属性放在前面，或者把所有字体属性放在前面，然后是段落属性、布局属性等；二是根据属性首字母的顺序进行排列。

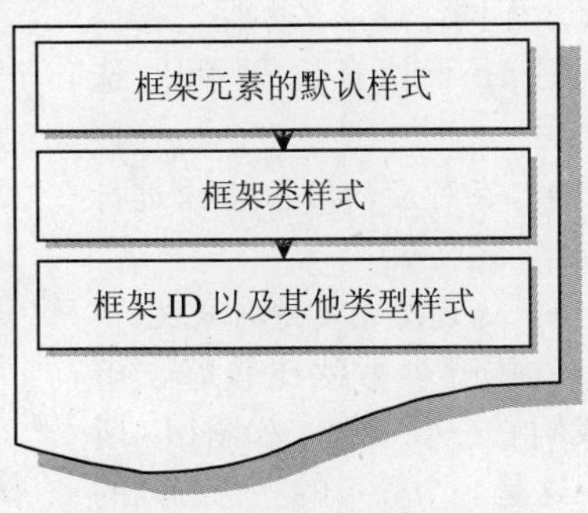

图14.3　样式表中样式的排列顺序

14.4 以模块化管理CSS

模块化管理体现了CSS的可扩展性，这样方便CSS代码能够自由地增加或删除。

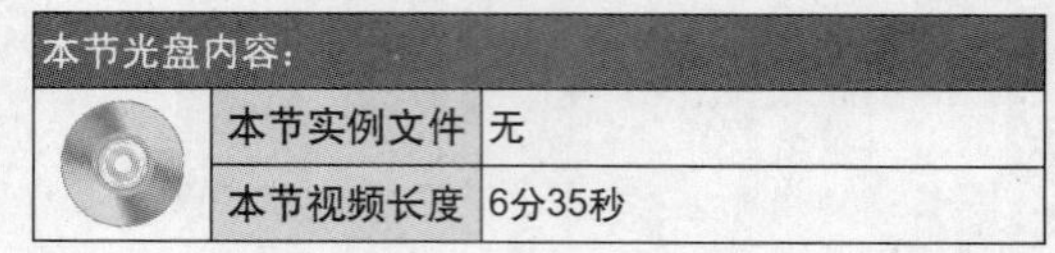
本节光盘内容：

本节实例文件	无
本节视频长度	6分35秒

对于编程语言来说，一般通过类的继承特性来实现功能的可扩展性。CSS也有继承功能，但是没有编程语言中类的继承那么复杂和强大。另外，通过样式表文件的设计也可以优化CSS框架的可扩展性。

14.4.1 CSS的继承性及其利用

视频路径：视频文件\files\14.4.1.swf　　实例文件：无

CSS具有继承性，那么如何利用CSS的继承性，发挥其优势以实现CSS框架的可扩展性呢？下面我们就来详细讲解。

CSS的继承性体现在结构关系上，且与属性本身存在很大联系，这与编程语言中的继承性存在很大的不同。CSS所定义的100多种属性中，只有一部分具有继承性，具体讲，拥有继承性的属性包括如下几大类。

- 字体属性。
- 文本属性（大部分属性，个别属性不支持继承）。
- 表格属性（大部分属性，个别属性不支持继承）。
- 列表属性。
- 打印属性（部分属性支持继承）。
- 声音属性（部分属性支持继承）。
- 另外鼠标样式也具有继承性。

而对于盒模型、布局、定位、背景、轮廓和内容等类属性都不具备继承性。

至于CSS继承的结构性，主要体现在内部结构会自动继承外部结构的可继承属性。因此，当我们希望统一整个CSS框架的字体、字号、字体颜色、行高等基本样式时，不妨在body元素中进行定义，然后通过继承性实现网页内字体属性的统一。

现在问题就来了，如果通过继承性实现网页字体、文本样式的统一，而又希望某个栏目的字体显示不同，该怎么办呢？

这时可以有以下两种选择方法。

- 在对应的结构id中进行定义。
- 通过专用类进行定义。

具体哪种方法比较好，下面我们看一个实例。如图14.4所示，这是一个简单的三行三列的固定宽度布局。结构如下所示。

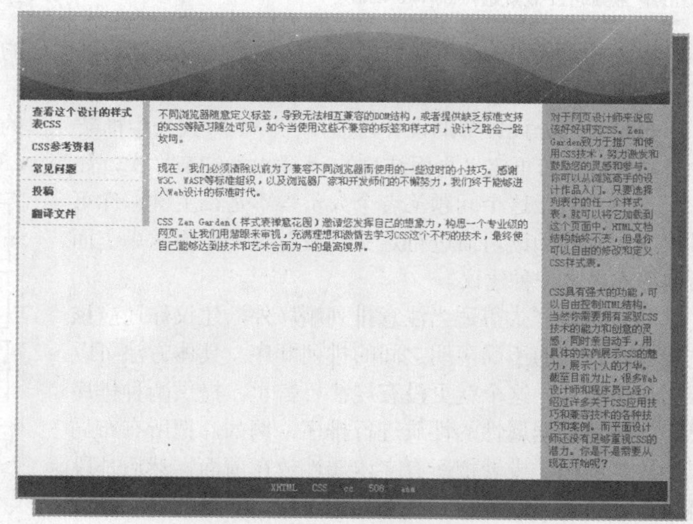

图14.4　样式表中样式的排列顺序

```
<div id="container">
      <div id="header">
            <h1>网页标题</h1>
      </div>
      <div id="wrapper">
            <div id="content"> </div>
      </div>
      <div id="left">
            <div id="sidebar"> </div>
      </div>
      <div id="right" class="black"> </div>
      <div id="footer"></div>
</div>
```

在 body 中定义了字体的默认样式：

```
html, body {
      margin: 0;                                               /* 清除外边距 */
      font-size:12px;                                          /* 定义默认字体大小 */
      font-family: "宋体", Arial, Helvetica, sans-serif;       /* 定义默认字体 */
      color:#666;                                              /* 定义字体默认颜色 */
}
```

可以看到在这个布局模板中，由于页面统一了字体的样式，又由于CSS的继承性，所有栏目的字体显示同样的效果。但是由于不同栏目的背景色不同，所设置的字体颜色显示效果截然不同。例如，右栏字体显示为灰色，但是背景色为浅蓝色，导致字体显示不是很清楚。

这时就应该打破这种继承性，重新为右栏定义其他显示颜色，可以在右栏结构的 id 中进行如下定义：

```
#right {
      color:#000;
}
```

或者定义一个专用类：

```
.black {
      color:black;
}
```

然后在结构中引用该类：

```
<div id="right" class="black"> </div>
```

如果仅就这个页面来说，直接在结构id中进行定义会方便许多，但是对于CSS框架来说，使用专用类来弥补CSS继承性是最佳选择。因为在一个框架中可能会有多处引用，通过类的方式提炼这个样式，就能够达到最优化应用。

类似这样的问题还很多，例如，通用行高与个别栏目的特殊行高，网页默认字体大小与特定栏目的特殊字体大小等。所以希望读者应该认真思考这个问题。笔者的建议如下。

首先，使用 CSS 继承性来统一 CSS 框架中的基本样式。

然后，对于特定页面、特定栏目所需要的特殊样式可以通过重新定义的方法来修正继承所带来的问题。

最后，如果这种特殊样式使用比较普遍，一个页面中超过了两次，则建议通过定义类的方式实线修正；如果这种特殊样式使用不是很普遍，一个页面仅使用一次或两次，则建议在结构的 id 中进行定义，这样可以避免类的泛滥。

14.4.2 CSS继承与包含关系及其应用

视频路径：视频文件\files\14.4.2.swf | 实例文件：实例文件\14\CSS继承与包含关系及其应用.html

CSS 继承性在网页中应用还是比较广泛的，其中涉及到很多技巧。除了继承性之外，CSS 的包含性也是一个重要应用话题。我们知道 CSS 虽然不是一门正宗的编程语言，但是它也具备编程语言的一般特征，例如，CSS 也有运算符。

实际上，CSS语言的运算符不多，包括点运算符（.）、井号运算符（#）、大括号运算符（{}）、冒号运算符（:）以及常用的冒号“”、分号（;）、逗号（,）、中括号（[]）、尖角号（>）等，这些运算符都是常用的定义声明的符号。

另外，还有一个空格号，也许在其他语言中空格是会被忽略的，但是在 CSS 中，它具有特殊的作用，我们可以把它看作是编程语言中的命名空间或类中的点号（.）运算符。通俗地说，就是可以把空格看作路径指向的箭头，表示 HTML 标签的结构关系。

CSS 是与 HTML 紧密相关的，也就是说，CSS 的每一个样式都是与 HTML 元素或者对象相对应的，而 HTML 可以调用多个样式类。一个 CSS 样式类可以根据 HTML 代码来进行复合定义。一个 HTML 标签也可以复合调用多个样式类。因此，CSS 样式定义的复杂性与关联的 HTML 是密不可分的。

这种复杂性给 CSS 框架的应用带来很大挑战，如何在复杂的 HTML 结构中提炼出更精确的 CSS 包含样式呢？下面我们来看一个实例。这是一个典型的布局结构，在每个栏目中都绑定了一个 red 类。

```
<div id="container" class="red">网页包含框
     <div id="header">
          <h1 class="red">页眉区域</h1>
     </div>
      <div id="wrapper">
          <div id="content" class="red">1.主体内容区域 </div>
     </div>
     <div id="navigation" class="red">2.导航栏 </div>
     <div id="extra" class="red">3.其他栏目 </div>
     <div id="footer" class="red">页脚区域 </div>
</div>
```

下面利用 CSS 包含关系定义一组包含样式：

```
<style type="text/css">
/*---------------------------------------------------------------------------
          <<< 一组css包含样式 >>>
-----------------------------------------------------------------------------*/
.red {/* red类 */
     color:red;                                   /* 红色字体 */
}
div.red {/* 仅作用于div元素的red类 */
     color:blue;                                  /* 蓝色字体 */
}
div .red {/* 包含在div元素内的red类 */
     color:orange;                                /* 橙色字体 */
}
```

```
.red div {/* red类中包含的div元素 */
    color:yellow;                          /* 黄色字体 */
}
div div .red {/* 包含在双层div元素嵌套内的red类 */
    color:purple;                          /* 紫色字体 */
}
div div h1.red {/*包含在双层div元素嵌套内的、且仅作用于h1元素的red类 */
    color:green;                           /* 绿色字体 */
}
</style>
```

那么在这一组样式中，如果发生样式层叠之后，该如何判断对象的实际呈现样式呢？

首先，我们来计算这样一组样式的优先级加权比值：

.red = 10

div.red = 1 + 10 = 11

div .red = 1 + 10 = 11

.red div = 10 + 1 = 11

div div .red = 1 + 1 + 10 = 12

div div h1.red = 1 + 1 + 1 + 10 = 13

你可以看到，这些样式选择符的加权比值大小一目了然，当加权比值相同时，则根据位置的先后关系来确定，位置靠后的优先级就大。

但是有一点比较特殊，对于选择符div.red和div .red来说，在IE中，div.red的优先级要大于div .red，虽然div.red复合选择符位于div .red复合选择符的前面，这是因为div.red具有更大的优先权。具体原因不明，可能是IE的一个解析bug。所以最后我们看到的结果如图14.5所示。其中“网页包含框”显示为蓝色，网页标题显示为绿色，左侧区域文本显示为紫色，而右侧区域文本显示为黄色，页脚区域文本也显示为黄色。

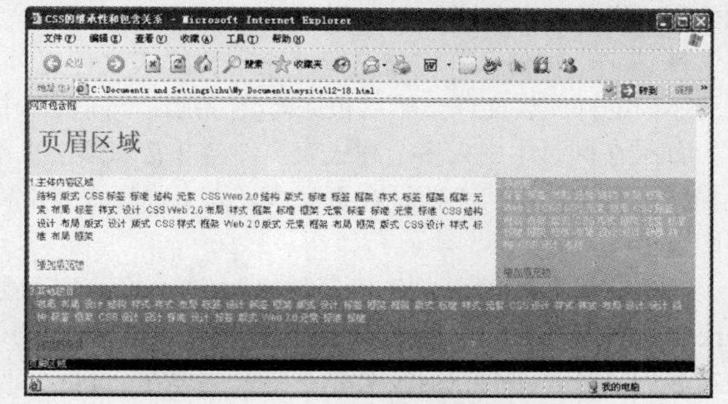

图14.5　CSS样式的继承性和包含关系

经过上面的试验，我们可以这样总结：灵活使用CSS继承性和包含关系，可以设计出更具灵活性的框架样式。在设计多层包含关系的选择符时，一定要注意CSS的优先级，当样式发生层叠时，能够保证CSS在解析时不至于出现各种异常效果。

同时我们也可以看到在包含选择符中，空格作为 HTML 结构的路径，明确表明网页结构的父子级别关系。而对于没有空格的（如 div.red）则表示同一级路径，所以没有空格则表示 HTML 类或 HTML 的 id 自身所代表的元素，不过它要比单独指定元素的名称的优先级要大。很多时候，设计师可以利用这种设计技巧来增强元素的优先级。

在HTML代码中，同样都是red类，但是在CSS定义时，采用的类路径不同，作用就不同了。类路径越完整，优先级越高。在具体应用的时候，我们可以使用完整类路径来定义特殊的样式，以修正CSS框架中因为继承性可能带来的样式层叠弊端。

14.4.3　样式表的模块化分工

>> 视频路径：视频文件\files\14.4.3.swf　|　>> 实例文件：无

对于大中型项目来说，所有的样式一般都被保存在不同的样式表文件中，并生成系列样式表文件，所以如何组织 CSS 框架的样式表文件也是一个重要话题。

为了实现模块化开发，我们不妨遵循这样的设计原则：一个全局、多个扩展。

所谓一个全局，就是由一个样式表文件来统领全部样式，其他样式表文件作为分支分别负责某项功能块的样式。例如，在 Elements CSS Framework 中（http://elements.projectdesigns.org），global.css 就是一个全局文件，其他文件为功能文件，然后通过导入语句，把需要的样式表文件导入到全局文件（global.css）中即可。

```
@import url("/css/reset.css");
@import url("/css/externalLinks.css");
```

最后通过这个全局文件再导入到网页中。

```
<!DOCTYPE html PUBLIC "-//W3C//DTD XHTML 1.0 Transitional//EN" "http://www.w3.org/TR/xhtml1/DTD/xhtml1-transitional.dtd">
<html xmlns="http://www.w3.org/1999/xhtml">
<head>
<meta http-equiv="Content-Type" content="text/html; charset=utf-8" />
<title>无标题文档</title>
<link rel="stylesheet" href="global.css" type="text/css" />
</head>
<body>
</body>
</html>
```

因此，这个全局样式表文件也被称为桥接样式。为什么要添加桥接样式呢？目的是可以随时添加或删除样式而不需要修改 HTML 文档。

所谓多个扩展，其实就是除了全局样式表文件之外的其他 CSS 文件，这样就可以根据功能来设计不同的样式表文件，然后根据需要分别在不同页面中引入不同的功能样式表文件。

如果在网页中引入多个样式表文件会非常麻烦，也不利于管理，通过把扩展样式表文件导入到全局样式表文件中，再通过在页面内导入全局样式表文件，这样在管理时只需要针对全局样式表文件即可。

例如，我们把页面的不同区域（如侧栏、页眉区域、页脚区域）的样式写在不同的文件（如 bar.css、header.css、footer.css）中，如果按传统方法，就需要在网页中使用三个<link>标签来链接。现在我们只导入global.css 文件，然后只需要在global.css文件里加入：

```
@import url(”header.css”) ;
@import url(”bar.css”) ;
@import url(”footer.css”) ;
```

同时在全局样式表文件的顶部可以设计 CSS 框架的基本默认样式以及类样式，因为这些样式在不同页面中都是需要的。例如，下面是 Elements CSS Framework 框架中的全局样式表文件（global.css）部分代码的摘录：

```
/*-------------------------------------------
Name: global.css                              /* 样式表名称 */
Developed by:                                 /* 开发者 */
Date Created:                                 /* 创建日期 */
Last Updated:                                 /* 更新日期 */
Copyright:                                    /* 版权信息 */
-------------------------------------------*/
/* Imports     (导入扩展样式表文件)
```

```
----------------------------------------*/
@import url("/css/reset.css");
@import url("/css/externalLinks.css");
/* Elements  （元素默认样式）
----------------------------------------*/
body
{
    background-color:#FFFFFF;
}
body, p, td, th, li
{
    font-family: Arial, Helvetica, sans-serif;
    font-size:.875em;
    line-height:1.5em;
    color:#000000;
}
/* Standard Definitions （标准定义，即类样式）
----------------------------------------*/
.left       {float:left;}                    /* 向左浮动类 */
.right      {float:right;}                   /* 向右浮动类 */
.clearThis  {clear:both;}                    /* 清楚浮动类 */
.small      {font-size:.625em;}              /* 小字体类 */
.large      {font-size:1em;}                 /* 大字体类 */
.soft       {color:#D3D3D3;}                 /* 软件颜色类 */
.hide       {display:none;}                  /* 隐藏类 */
p.last      {margin-bottom:0px;}             /* 段落最后行类 */
```

除了根据网页独立区域分别定义样式表外，还可以根据媒体类型、模块、样式类型、功能、效果、类型等来定义不同的样式表扩展。例如：

◆ 文本格式化样式扩展（reset.css）。

对CSS框架中的字体、文本、文本版式等样式进行统一处理，这样在设计一个项目时，就不需要再去考虑这些细节问题，以加快项目的开发进度，同时也可以实现项目版式的统一。

◆ 布局样式扩展（layout.css）。

我们在前面几章中曾经详细讲解过不同的布局类型，那么如果在一个扩展样式表文件中把常用类型的布局统一起来，使用时直接引用即可，例如，两列、三列、多行、混合布局、全屏、固定宽度等。

一个网站的设计可能有很多种布局，但是大多数都是由几个具有复用性的布局组成，选择性的引入所需要的布局，可以很快地应用所期望的页面布局。

◆ 表格样式扩展（table.css）。

可以把与表格样式有关的所有代码都集中到一个文件中，这样在需要时引用会非常方便。表格相关标签包括table、tr、td、th、thead、tfoot、tbody、caption等。

◆ 表单样式扩展（form.css）。

与表格一样，表单的样式一般在网站中都是统一的，如文本框、按钮、复选框、单选按钮等，这些标签包括fieldset、label、button、input 、select、textarea等。

◆ 打印样式扩展（print.css）。

把打印页面的样式都集中到print.css，需要打印时直接调用该文件即可。

类似的功能样式表文件还可以分列出很多，如list.css、detail.css、register.css等，这主要看设计师的需要，以最终确定建立哪些扩展样式。

14.5 让CSS代码“自由飞翔”

CSS因标准而诞生，现在设计师却因为浏览器兼容问题而煞费苦心，理想与现实往往就这样发生了错位。

本节光盘内容：	
本节实例文件	无
本节视频长度	14分36秒

标准之争、兼容之苦，各大浏览器厂商为了各自的战略选择而最终牺牲了普通用户的选择。当然，浏览器兼容问题只是极少数现象，它不能掩盖Web标准开发的历史浪潮，目前各大浏览器对于CSS的支持也在不但完善，对规则的解析也渐趋于标准。但是为了适应普天之下已用的不同类型浏览器和不同浏览器的版本，设计师还必须面对现实，以解决好CSS浏览器的兼容问题。

14.5.1 浏览器冲突问题

视频路径：视频文件\files\14.5.1.swf | 实例文件：无

研究网页浏览器兼容问题，自然应当清楚目前浏览器的市场行情。经常也有网友问，网站要在哪些浏览器上测试？如何才能更好的兼容？这或许不仅仅是个个别问题，也许是众多设计师的疑惑。下面我们大致了解一下目前市场上有哪些主流浏览器，网页设计师应该兼容哪些浏览器。

1. IE

IE（Internet Explorer）由微软公司开发，是目前使用人数最多、问题最多，但又必须兼容的浏览器，不过IE 8得到了极大改善，IE 9开始超前支持各种先进的标准技术。

使用IE渲染引擎的浏览器非常多，如傲游、世界之窗浏览器、腾讯TT等。网页设计师在解决浏览器兼容性问题时，主要考虑IE 6、IE 7、IE 8等不同版本浏览器的解析差异。

2. Mozilla

Mozilla是一个开源项目，它提供了一个统一的浏览器渲染引擎，引擎名称为Gecko。使用Gecko引擎开发的浏览器很多，如Firefox、Netscape Navigator（6~9）、Mozilla等。但是能够从Mozilla家族中崭露头角的只有Firefox。除了IE外，Firefox应该算是最优秀的浏览器了，它对于标准的支持远远超过IE，当然也存在一些小的bug和私有属性。在网页设计时，必须考虑兼容Firefox浏览器。

Firefox浏览器的版本很多，版本升级速度也很快，但是对标准的解析还是比较一致的，当然不同版本浏览器在解析时也会存在细微差异，所以在兼容测试时可以不考虑Firefox的版本问题，使用最新版本进行测试即可。

3. Opera

Opera浏览器对标准的支持度最高，也是目前主流浏览器，使用人数很多，但是低于IE和Firefox浏览器。在网页设计中可以作为网页测试的参考，努力兼容Opera浏览器。当然，能够兼容Firefox浏览器的网页，基本上也会兼容Opera浏览器。

4. Chrome

Chrome浏览器是Google最新推出的浏览器，它以超强的计算速度、卓越的执行效率和独立的进程管理而引人侧目，使用人数也在不断飙升。在网页兼容处理时，根据公司要求和用户需求酌情考虑兼容，不过由于Chrome浏览器符合标准，如果能够兼容Firefox浏览器，网页显示效果也应该没有大的问题。

5. Safari

Safari浏览器由苹果公司开发，目前是Macintosh系统的默认浏览器，对Windows系统的支持比较晚。在网页兼容处理时，根据公司和用户实际需求酌情考虑兼容。

14.5.2　CSS兼容性处理方法

>> 视频路径：视频文件\files\14.5.2.swf　|　>> 实例文件：无

Hack本是一种改进或者扩展系统功能的小程序，或者只是一些代码片段的集合，多与电脑黑客（hacker）、病毒程序联系在一起。在CSS中，Hack是指一种兼容CSS在不同浏览器中正确显示的技巧方法，显然这种称呼带有很强的消极情绪，因为它们都属于个人对CSS代码的非官方的修改，或非官方的打补丁。有些人更喜欢使用Patch（补丁）来描述这种行为。

Filter表示过滤器的意思，这里不是IE支持的CSS Filter滤镜特效，它是一种对特定的浏览器或浏览器组显示或隐藏规则或声明的方法，例如，由于IE 5.x及以下版本浏览器对盒模型解析存在bug，需要分别针对IE 5.x及以下版本浏览器与其他类型和版本的浏览器编写不同的规则。CSS Hack（CSS兼容补丁代码，在后面小节中将详细介绍）就可以使用Filer过滤器将一个规则应用到IE浏览器，而将另一个规则应用到非IE浏览器中。本质上讲Filter过滤器是一种用来过滤不同浏览器的Hack类型。

CSS Hack 技术为兼容 CSS 提供了方便，但由于 Hack 是一种非官方技术，它主要依赖各种特殊字符的组合，以及规则和声明的重复定义实现在不同浏览器之间达到相同的显示效果。但这些 Hack 代码也带来一些副作用，例如，降低了 CSS 代码的可读性，增加了代码的负担。设计 CSS Hack 和 Filter 通常有以下两种方法。

- 一种是利用浏览器自身的 bug 来隐藏或显示样式或声明。
- 另一种是利用浏览器对 CSS 支持的不完善，如对某些规则或语法还没有形成支持，来隐藏或显示样式。

一般我们赞成使用第二种方法来实现浏览器兼容，这样当浏览器版本升级时，浏览器会越来越符合标准，如果它支持了这些作为过滤器的CSS代码，那么它应该会按预期设计那样显示页面，而不会出现所设计的Hack CSS代码失效，更不会出现页面出现的bug仍然没有得到解决的尴尬。相反，利用浏览器解析的bug设计的过滤器就会存在失效的风险。

另外，如果使用比较高级的 CSS 规则来克服某个低级版本浏览器中的各种 bug，这样设计出来的 Hack 也是最安全的。

由于在过滤器和Hack代码中使用了大量复杂的注释、转义字符等，有时会使样式代码失效，甚至一些非法的字符会破坏浏览器对样式的解析。因此，设计师在使用Hack时，要三思而后行，不要养成过分依赖Hack的思想，如果没有必要，就不要使用。例如，如果页面仅就宽度在不同浏览器中相差1～2个像素，只要不影响页面的显示效果，就不必为此而大打补丁。

使用 CSS Hack 时，应充分了解 Hack 代码在不同浏览器中的表现，如果经过充分研究，只需要应用很少的 Hack 就能够实现相同的表现效果，这也是最安全的选择。

Filter 过滤器可以过滤整个样式表文件，也可以对某个具体的规则或声明进行过滤。为了帮助设计师正确选择过滤器，这里推荐以下两个站点：

http://centricle.com/ref/css/filters/

http://www.communis.co.uk/dithered/css_filters/css_only/index.html

访问上面两个站点可以查询最新、最权威的 CSS Filters 技术汇总。

14.5.3　使用IE条件语句解决所有问题

>> 视频路径：视频文件\files\14.5.3.swf　|　>> 实例文件：实例文件\14\使用IE条件语句解决所有问题.html

根据不同类型的浏览器分别编写CSS Hack，并保存在不同样式表文件中，然后借用过滤器将它们应用于不同类型的浏览器。这种兼容解决方案体现了模块化管理的优势，实现了CSS兼容与管理的高效统一，避免了因兼容而在主样式表文件中到处打补丁，使后期维护与管理成为一大难题。通过不同浏览器版本的CSS Hack文件，设计师就能够很轻松地跟踪浏览器升级与变化，从而有针对性地修改某个文件，不再需要打开主样式表文件从前到后搜寻需要修改的补丁代码。

从IE 5开始，微软提供了一种非标准的逻辑语句对网页中导入的样式表文件进行判断，它能够实现根据不同浏览器版本引入不同的CSS样式表文件，并且这种功能在IE后继版本中都得到了支持。

IE 条件语句一般放在 HTML 注释语句之中，这样就可以避免其他浏览器因为无法解析这些条件语句时可能会出现的尴尬。其基本语法如下：

```
<!--[if IE]>
    IE下可执行语句
<![endif]-->
```

条件语句放在中括号内，然后嵌入到 HTML 注释中。但是需要注意的是，起始条件标记中省略了 HTML 注释语句的后半部分标记（-->），而结束标记中省略了 HTML 注释语句的前半部分标记（<!--），仅是一个半封闭的形式，这样对于其他浏览器来说，前后两个半封闭的 HTML 注释标记就形成了一个完整的注释标记，从而躲避了其他浏览器无法解析而显示出来的尴尬。

IE 浏览器在解析 HTML 源代码时，如果遇到类似“<!--[if IE]>”或“<![endif]-->”标记时，会立即停下来，仔细分析其中包含的源代码。

在 IE 条件中可以设置一些简单的条件语句，可以设置只能够在某种版本浏览器中才能够执行所包含的源代码。例如，输入下面源代码，然后我们分别在不同版本的 IE 浏览器中预览（如图 14.6、图 14.7、图 14.8、图 14.9 所示）。

```
<!--[if IE]>
<h1>您正在使用IE浏览器</h1>
<![endif]-->
<!--[if IE 5]>
<h1>版本 5</h1>
<![endif]-->
<!--[if IE 5.0]>
<h1>版本 5.0</h1>
<![endif]-->
<!--[if IE 5.5000]>
<h1>版本 5.5</h1>
<![endif]-->
<!--[if IE 6]>
<h1>版本 6</h1>
<![endif]-->
<!--[if IE 7]>
<h1>版本 7</h1>
<![endif]-->
```

在使用上面 IE 条件语句时请注意，<!--[if IE 5]> 条件语句可以表示 IE 5 或 IE 5.0 版本，版本虽然相同，但是名字略有区别。在表示 IE 5.5 版本时应该使用 <!--[if IE 5.5000]> 条件语句，使用 <!--[if IE 5.5]> 是无效的。

除了使用这些指定某种版本浏览器的条件语句之外，还可以结合 lte、lt、gte、gt 和 ! 属性定义 IE 浏览器的版本范围，主要属性及关键字说明如下。

◆ lte：小于或等于某个版本的 IE 浏览器。

- lt：小于某个版本的IE浏览器。
- gte：大于或等于某个版本的IE浏览器。
- gt：大于某个版本的IE浏览器。
- !：不等于某个版本的IE浏览器。

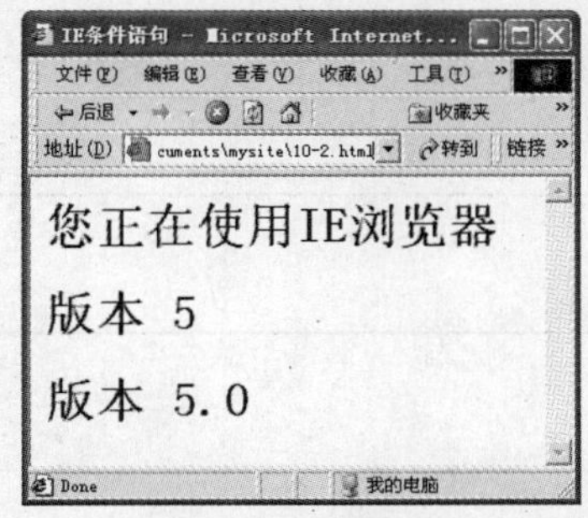

图14.6　IE 5中显示效果

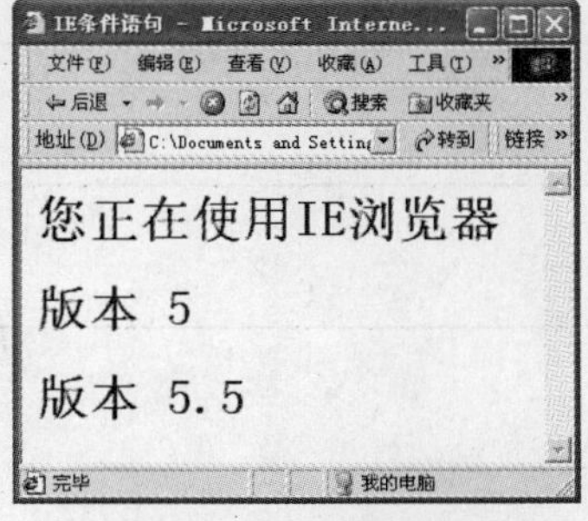

图14.7　IE 5.5中显示效果

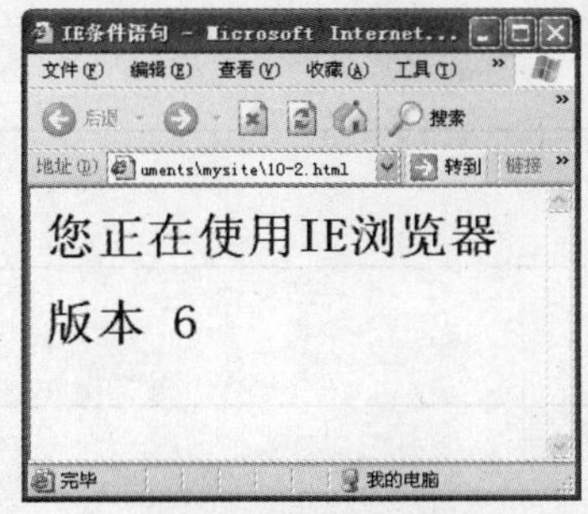

图14.8　IE 6中显示效果

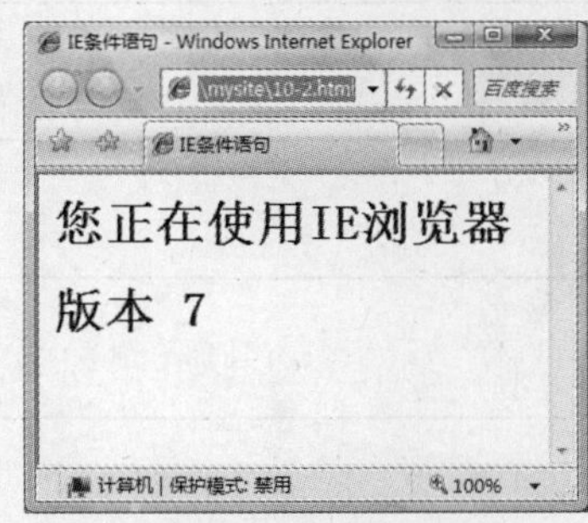

图14.9　IE 7中显示效果

请注意，对于<!--[if gt IE 5]>条件语句来说，是指IE 6及其以上版本，而不包括IE 5.5版本。但是如果修改<!--[if gt IE 5]>条件语句<!--[if gt IE 5.0]>条件语句，则在IE 5.5版本浏览器中会显示。

这些实例具体展示了IE条件语句的应用技巧，当然在使用时，读者还要注意下面两个问题。

- 条件语句的基本结构与HTML的注释语句（<!-- -->）是一样的。因此IE以外的浏览器将会把它们看作是普通的注释而完全忽略它们。而IE浏览器将根据设置的条件来判断如何解析页面内容，并同时解析条件语句包含的内容。
- 条件语句使用的是HTML的注释结构，因此它们只能使用在HTML文件里，而不能在CSS文件中使用。如果想把所有兼容IE浏览器的特殊样式都放在外部样式表文件中，但是这些条件语句在CSS文件中是不能够被解析的。不过可以在HTML使用条件语句来过滤不同的外部样式表文件。

读书笔记